THE OPUS MAJUS

OF

ROGER BACON

HENRY FROWDE, M.A.

PUBLISHER TO THE UNIVERSITY OF OXFORD

LONDON, EDINBURGH AND NEW YORK

THE

'OPUS MAJUS'

OF

ROGER BACON

EDITED, WITH

INTRODUCTION AND ANALYTICAL TABLE

BY

JOHN HENRY BRIDGES

FELLOW OF THE ROYAL COLLEGE OF PHYSICIANS
SOMETIME FELLOW OF ORIEL COLLEGE

'Induire pour déduire afin de construire'
AUGUSTE COMTE

'Omnes scientiae sunt connexae, et mutuis se fovent auxiliis, sicut partes ejusdem
totius, quarum quaelibet opus suum peragit non solum pro se sed pro aliis'
ROGER BACON, *Opus Tertium*

IN TWO VOLUMES: VOL. II

OXFORD
AT THE CLARENDON PRESS
M DCCC XCVII

Oxford
PRINTED AT THE CLARENDON PRESS
BY HORACE HART, M A
PRINTER TO THE UNIVERSITY

FRATRIS ROGERI BACON

ORDINIS MINORUM, OPUS MAJUS.

———◆———

PARS QUINTA [1]

HUJUS PERSUASIONIS.

De Scientia Perspectiva; habens tres partes:

Prima est de communibus ad caeteras duas; secunda descendit in speciali ad visionem rectam principaliter; tertia ad visionem reflexam et fractam. Prima pars habet duodecim distinctiones.

DISTINCTIO PRIMA,

Quae est de proprietatibus istius scientiae, et de partibus animae et cerebri, et instrumentis videndi; habens quinque capitula.

CAPITULUM I.

De proprietatibus hujus scientiae.

Propositis [2] radicibus sapientiae tam divinae quam humanae, The sense quae sumuntur penes linguas a quibus scientiae Latinorum of vision.

---

[1] In O. we have, 'Pars Quinta hujus persuasionis, habens novem distinctiones. Prima habet quinque capitula. Primum est de pulcritudine et utilitate hujus partis in universali.' No intimation is given that this is only the first part of the treatise on Perspective. The heading in the text, the first four words excepted, is that of Reg., the most important authority for this part of the work.

[2] The version of the *Perspectiva* published by Combach in 1614, begins thus: 'Cupiens te et alios sapientiae dignos excitare et disponere ad scientiam

sunt translatae, et similiter penes mathematicam ; nunc volo radices aliquas discutere, quae ex potestate perspectivae oriuntur. Et si pulchra et delectabilis est consideratio quae dicta est, haec longe pulchrior et delectabilior, quoniam praecipua delectatio nostra est in visu, et lux et color habent specialem pulchritudinem ultra alia quae sensibus nostris inferuntur, et non solum pulchritudo elucescit, sed utilitas et necessitas major exsurgunt. Nam Aristoteles dicit in primo Metaphysicae quod visus solus ostendit nobis rerum differentias· per illum enim exquirimus certas experientias omnium quae in coelis sunt et in terra. Nam ea quae in coelestibus sunt considerantur per instrumenta visualia, ut Ptolemaeus et caeteri docent astronomi. Et similiter ea quae in aere generantur, sicut cometae et irides et hujusmodi. Nam altitudo earum super horizonta, et magnitudo, et figura, et multitudo, et omnia quae in eis sunt, certificantur per modos videndi in instrumentis. Quae vero hic in terra sunt experimur per visum, quia caecus nihil potest de hoc mundo quod dignum sit experiri Et auditus facit nos credere, quia credimus doctoribus, sed non possumus experiri quae addiscimus nisi

perspectivam, scias auctores multos tractare de hac scientia Sed quidam nimis parum ut Euclides et Jacobus Alkindi, et quidam alii diversos tractatus componunt de partibus perspectivae, sicut est liber de visu, et liber de speculis et alii praeter istos. Alhazen vero nimis superflue tractavit et in substantia et in modo Ptolemaeus vero satis mediocriter procedit Nunc ergo ad instantiam tuam quaedam medullaria sub compendio ex omnibus auctoribus cupio congregare· Sed semper habendus est prae manibus tractatus meus de generatione specierum et multiplicatione et actione et corruptione earum, sine quo nihil dignum potest intelligi de perspectiva Haec autem scientia est longe pulcrior aliis et utilior, et ideo delectabilior, quoniam praecipua nostra delectatio est in visu '

To whom this remarkable passage was addressed, or at what period of Bacon's life it was written, we do not know Clearly it was not addressed to Pope Clement IV, who is always approached in the *Opus Majus* in a very different style We may, I think, regard it as the preface to a later copy of the *Perspectiva*, written after 1267, but before the rigorous oppression which hampered the greater part of Bacon's life was renewed and intensified

Of the works mentioned, Ptolemy's *Optics* have been recently edited by Govi (Turin, 1885), Euclid's by Heiberg (Leipsic, 1895) Alhazen (Ibn Alhaitan) is accessible in Risner's edition of Gerard of Cremona's translation (Basle, 1572) Alkindi has not, so far as I know, been edited. The book *De Visu* appears to have been an abridgement of Euclid's *Optica*, the *De Speculis* is better known as the *Catoptrica*, erroneously ascribed to Euclid (see Heiberg's Prolegomena to Euclid's *Optica*).

per visum. Si autem allegemus gustum et tactum et olfactum tunc induimus bestialem sapientiam. Nam bruta circa gustabilia et tangibilia versantur, et olfactum exercent propter gustum et tactum, sed vilia sunt et pauca et communia brutis de quibus certificant hi sensus, et ideo non assurgunt in dignitatem sapientiae humanae. Caeterum propter necessitatem et utilitatem et difficultatem constituuntur scientiae, quia ars est de difficili et bono, ut Aristoteles dicit secundo Ethicorum. Si enim facile est quod quaeritur, non oportet scientiam constitui. Similiter etsi sit difficile, et non sit utile, non fit scientia de eo, quia labor stultus esset et inanis. Etiam nisi valde esset utile et multas et praeclaras haberet veritates, non debet scientia separata constitui, sed sufficit ut in aliquo partiali libro vel capitulo determinetur cum aliis in scientia communi. Sed de solo visu scientia separata constituitur apud philosophos, ut perspectiva, et non de alio sensu. Quapropter oportet quod sit specialis utilitas sapientiae per visum, quae non reperiatur in aliis sensibus. Et quod nunc in universali jam tetigi, volo in particulari exhibere revolvendo radices hujus scientiae pulcherrimae. Potest vero aliqua scientia esse utilior, sed nulla tantam suavitatem et pulchritudinem utilitatis habet. [Et ideo est flos philosophiae totius et per quam, nec sine qua, aliae scientiae sciri possunt. Sciendum autem quod Aristoteles primo composuit hanc scientiam, de qua loquitur secundo Physicorum quod subalternatur res, et in libro de sensu et sensato, et redarguit Democritum quia non nominavit fractiones reflexiones visus de opticis et de nervis concavis visualibus, qui est translatus in Latinum. Post eum Alhazen abundantius exponit qui habetur. Abundantius Alkindi etiam aliqua composuit, et auctores librorum de visu et speculis [1].]

---

[1] This passage comes from the Magd. MS. and is not found in the other MSS. of *Perspectiva* which have come to my knowledge. The first reference to Aristotle is, I suppose, to *Nat. Auscult.* lib. ii. cap. 2, where Optic (ὀπτική) is spoken of as a distinct science, and is classed with Harmonic and Astronomy in opposition to pure mathematic. The expression *subalternatur res* is obscure. The second reference is to *De Sensu et Sensato*, cap. 2. This apparently is the work which Bacon speaks of as 'translatus in Latinum.'

Capitulum II.

De virtutibus animae sensitivae interioribus, quae sunt imaginatio et sensus communis.

Organs of
sensation
and per-
ception

Quoniam vero nervi optici, id est, concavi facientes visum, oriuntur a cerebro, atque auctores perspectivae virtuti distinctivae mediante visu ascribunt judicia facienda de viginti speciebus visibilium, quae postea tangentur, nec scitur utrum illa virtus distinctiva sit inter virtutes animae quarum organa sunt in cerebro distincta, multaque alia inferius tractanda supponunt certificationem virtutum animae sensitivae, ideo oportet a partibus cerebri et virtutibus animae inchoare, ut inveniamus ea quae ad visum sunt necessaria. Et auctores perspectivae dant nobis viam ad hoc, ostendentes quomodo a pelliculis cerebri et cute cranii descendunt nervi visuales; sed nullus explicat omnia necessaria in hac parte. Dico ergo, sicut omnes naturales et medici et perspectivi concordant, quod cerebrum involvitur duplici pelle, quarum una vocatur *pia mater*, quae est immediate continens cerebrum; et altera vocatur *dura mater*, quae adhaeret concavitati ossis capitis, quod cranium vocatur. Nam haec durior est, ut resistat ossi, et alia est mollior et suavior propter mollitiem cerebri, cujus substantia est medullaris, et unctuosa, in qua phlegma dominatur, et habet tres distinctiones, quae vocantur thalami, et cellulae, et partes. Et divisiones in prima cellula sunt duae virtutes: et est una sensus communis in anteriori ejus parte consistens, ut Avicenna dicit primo de Anima, qui est sicut fons respectu sensuum particularium, et sicut centrum respectu linearum exeuntium ab eodem puncto ad circumferentiam secundum Aristotelem secundo de Anima[1], qui judicat de singulis sensibilibus particularibus Nam non completur judicium de visibili antequam species veniat ad sensum communem, et sic de audibili et aliis, ut patet ex fine de Sensu et Sensato,

---

[1] This should be *tertio* It is in the third book that most of Aristotle's remarks on *Sensus communis* are to be found, Cap. 1 and 2; cf also *De Somno et Vigilia*, cap 2 Ἐστι δέ τις καὶ κοινὴ δύναμις ἀκολουθοῦσα πάσαις, ᾗ καὶ ὅτι ὁρᾷ καὶ ἀκούει αἰσθάνεται οὐ γὰρ τῇ γ' ὄψει ὁρᾷ ὅτι ὁρᾷ, καὶ κρίνει δὴ καὶ δύναται κρίνειν ὅτι ἕτερα τὰ γλυκέα τῶν λευκῶν οὔτε γεύσει οὔτ' ὄψει οὔτ' ἀμφοῖν, ἀλλά τινι κοίνῳ μορίῳ τῶν αἰσθητηρίων ἁπάντων.

et secundo de Anima, et judicat de diversitate sensibilium, ut quod in lacte sit album aliud a dulci, quod non potest facere visus, nec gustus, eo quod non discernunt extrema, ut Aristoteles vult secundo de Anima. Et judicat de operibus sensuum particularium, nam visus non sentit se videre, nec auditus percipit se audire, sed alia virtus quae est sensus communis, ut vult Aristoteles secundo de Somno et Vigilia. Ejus autem operatio ultima est recipere species venientes a sensibus particularibus, et complere judicium de eis. Sed non retinet eas propter nimiam lubricitatem instrumenti sui, secundum quod vult Avicenna primo de Anima. Et ideo oportet quod sit alia virtus animae in ultima parte primae cellulae, cujus officium est retinere species venientes a sensibus particularibus propter sui temperatam humiditatem et siccitatem, quae vocatur imaginatio, et est arca ac repositorium sensus communis, secundum Avicennam ponentem exemplum de sigillo, cujus speciem aqua bene recipit, sed non retinet propter sui superfluam humiditatem : cera vero bene retinet propter sui temperatam humiditatem cum siccitate. Unde dicit quod aliud est recipere et aliud retinere, sicut patet in his exemplis. Et sic est in organo sensus communis et imaginationis. Et tamen tota virtus composita ex his duabus, scilicet, quae occupat totam cellulam primam, vocatur phantasia. Nam ex secundo de Anima et de Somno et Vigilia et libro de Sensu et Sensato patet quod phantasia et sensus communis sunt idem secundum subjectum, differentes secundum esse, ut Aristoteles dicit, et quod phantasia et imaginatio sunt idem secundum subjectum, differentes secundum esse. Quapropter phantasia comprehendit utramque virtutem, et non differt ab eis nisi sicut totum a parte. Et ideo cum sensus communis recipiat speciem, et imaginatio retineat eam, sequitur judicium completum de re, quod exercet phantasia.

CAPITULUM III.

De sensibilibus, quae sentiuntur a propriis sensibus, et sensu communi et imaginatione.

Sciendum est, quod imaginatio et sensus communis et sensus

particularis non judicant per se nisi de viginti novem sensibilibus; ut visus de luce et colore; tactus de calido et frigido,
humido et sicco; auditus de sono; olfactus de odore; gustus
de sapore. Et haec sunt novem propria sensibilia, quae suis
sensibus, ut nominavi, approprientur, de quibus nullus alius
sensus particularis potest judicare. Sunt autem viginti[1] alia
sensibilia, scilicet remotio, situs, corporeitas, figura, magnitudo,
continuatio, discretio vel separatio, numerus, motus, quies,
asperitas, laevitas, diaphaneitas, spissitudo, umbra, obscuritas,
pulchritudo, turpitudo, item similitudo et diversitas in omnibus his, et in omnibus compositis ex his. Et praeter
haec sunt aliqua, quae collocantur sub aliqua vel aliquibus
istarum, ut ordinatio sub situ, et scriptura et pictura sub
figura et ordinatione; et sicut rectitudo et curvitas, et concavitas et convexum, quae collocantur sub figura; et multitudo et paucitas, quae collocantur sub numero; et sicut
aequalitas, et augmentum, et diminutio, quae collocantur
sub similitudine et diversitate, et sicut alacritas et risus et
tristitia, quae comprehenduntur ex figura formaque faciei;
et sicut fletus, qui comprehenditur ex figura faciei cum motu
lachrymarum; et sicut humiditas et siccitas, quae collocantur
sub motu et quiete, quoniam ex sensu visus non comprehenditur humiditas, nisi ex liquiditate corporis humidi, et ex
motu unius partis illius ante aliam, et siccitas comprehenditur ex retentione partium sicci, et ex privatione liquiditatis
Hic tamen considerandum, quod Aristoteles vult secundo
de Generatione, quod humidum et siccum uno modo sunt
qualitates primae, quae naturaliter elementis debentur, et per
eas oriuntur inelementalis humiditas et siccitas, quae reducuntur ad primas, et causantur ab eis. De primis ergo dictum
est, quod sunt sensibilia propria, et solo tactu perceptibilia.
De aliis fit hic mentio. Prima enim humiditas est, quae de
facili transit in omnes figuras male terminabiles de se, et bene
termino alieno, ut in aere maxime, et deinde in aqua. Siccum

---

[1] 'Intentiones particulares quae comprehenduntur sensu visus sunt multae,
sed generaliter dividuntur in viginti duo, et sunt lux, color, remotio, situs, corporeitas, figura, magnitudo, continuum, discretio, separatio, numerus, motus,
quies, asperitas, laevitas, diaphaneitas, spissitudo, umbra, obscuritas, pulcritudo,
turpitudo, consimilitudo, et diversitas,' Alhazen, ii 15.

e contrario, et hoc maxime in terra, secundario in igne. Hic vero vocatur humiditas pro liquido et lubrico, et siccum vocatur aridum et coagulatum. Et est sic de multis aliis, quae reducuntur ad species et modos visibilium principales superius enumeratos. Et haec omnia patent ex primo[1] Ptolemaei de opticis et ex secundo Alhazen de aspectibus, et ex aliis auctoribus perspectivae. Et sunt sensibilia communia, de quorum aliquibus exemplificat Aristoteles secundo de Anima et in principio de Sensu et Sensato, ut de magnitudine, et figura, motu, quiete et numero; sed non solum sunt ista sensibilia communia sed omnia praedicta, licet vulgus naturalium non consideret hoc, quia non est expertum per scientiam perspectivae. Nam sensibilia communia non sic dicuntur quia sentiantur a sensu communi, sed quia communiter ab omnibus sensibus particularibus vel a pluribus determinantur, et maxime a visu et tactu, quia Ptolemaeus dicit secundo perspectivae, quod tactus et visus communicant in omnibus his viginti. Et haec viginti novem, cum eis quae reducuntur ad ea, sentiuntur a sensibus particularibus, et sensu communi, et imaginatione, et non possunt hae virtutes animae de aliis sensibilibus per se judicare nisi per accidens.

CAPITULUM IV.

De investigatione aestimativae et memoriae et cogitativae virtutis.

Sunt autem alia sensibilia per se, nam bruta animalia utuntur solo sensu, quia non habent intellectum. Et ovis, si nunquam viderit lupum, fugit eum statim, et omne animal timet ad rugitum leonis, etsi nunquam audiverit prius nec viderit, et sic est de multis quae sunt nociva et contraria complexioni animalium. Et eodem modo de utilibus et convenientibus. Nam si agnus nunquam viderit agnum, currit ad eum, et libenter moratur cum eo, et sic de aliis. Bruta ergo aliquid sentiunt in rebus convenientibus et nocivis,

The faculty of judgement.

[1] It seems that Bacon had access to the first book of Ptolemy's *Optics*, which is not now discoverable. [See Govi's edition, Turin, 1885.]

Ergo est aliquid ibi sensibiliter praeter viginti novem praedicta, et praeter ea quae ad illa reducuntur. Nam oportet quod sit aliquid magis activum et alterativum corporis sentientis quam lux et color, quia non solum inducit comprehensionem, sed affectum timoris vel amoris vel fugae vel morae. Et haec est qualitas complexionis cujuslibet rei qua assimilatur aliis in natura speciali vel generali, per quam conveniunt ad invicem confortantur et vigorantur, vel per quam differunt et contra-riantur et mutuo sibi invicem fiunt nociva. Unde non solum lux et color faciunt suas species et virtutes, sed longe magis qualitates complexionales, immo ipsae naturae substantiales rerum sibi invicem convenientes vel contrariae faciunt fortes species, quae immutant animam sensitivam fortiter, ut moveatur affectionibus timoris et horroris et fugae vel contrariis. Et hae species seu virtutes venientes a rebus, licet immutent et alterent sensus particulares et sensum communem et imaginationem, sicut aerem per quem transeunt, tamen nulla illarum virtutum animae judicat de his, sed oportet quod sit virtus animae sensitivae longe nobilior et potentior, et haec vocatur aestimatio seu virtus aestimativa, ut dicit Avicenna primo de Anima, quam dicit sentire formas insensatas circa sensibilem materiam. Sensibilis materia vocatur hic illa, quae a sensibus particularibus et sensu communi cognoscitur, ut sunt viginti novem praedicta. Et insensata forma vocatur quae ab illis sensibus non percipitur per se, quia illi vulgo vocantur sensus, quamvis aliae virtutes animae sensitivae possint aeque bene dici sensus, si vellemus sic vocare, quoniam sunt partes animae sensitivae. Nam omnis pars animae sensitivae potest sensus dici, quia in veritate est sensus, et virtus sensitiva Quod ergo dicitur, quod qualitates complexionales[1] non sentiuntur a sensu, intelligendum est quod a sensu particulari et communi, et imaginatione; sed bene possunt sentiri ab aestimatione, quae licet non dicatur sensus, est tamen pars animae sensitivae.

Animals have an organ of

Sed aestimatio non retinet speciem, licet recipiat eam sicut sensus communis, et ideo indiget alia virtute in ultima parte

---

[1] Qualitates complexionales, as given in Magd, seems better than substantiae, the reading of the other MSS.

postremae cellulae, quae retineat species aestimativae et sit thought
arca ejus et repositorium, sicut imaginatio est arca sensus distinct from that
communis, et haec est virtus memorativa, et hoc dicit Avi- of judge-
cenna in primo de Anima. Cogitatio vero seu virtus cogitativa ment.
est in media cellula, quae est domina virtutum sensitivarum,
et loco rationis in brutis, et ideo vocatur logistica, id est,
rationalis, non quia utatur ratione, sed quia est ultima perfectio brutorum sicut ratio in homine, et quia illi immediate
unitur anima rationalis in hominibus. Et per hanc facit
aranea telam geometricam, et apis domum hexagonam, eligens
unam de replentibus locum, et hirundo nidum, et sic de
omnibus operibus brutorum, quae sunt similia artificio
humano. Et homo in somnis videt mira per hanc virtutem,
et huic serviunt omnes virtutes animae sensitivae et obediunt
tam posteriores quam anteriores, quia propter eam sunt
omnes. Nam species quae sunt apud imaginationem
multiplicant se in cogitationem, licet apud imaginationem
sint secundum suum esse primum propter phantasiam quae
utitur illis speciebus ; sed cogitativa nobilius habet species
illas, atque species aestimativae et memorativae fiunt in
cogitativa secundum esse nobilius quam sit in eis, et ideo
utitur omnibus virtutibus aliis tanquam suis instrumentis.
Et in homine supervenit ab extrinseco et a creatione anima
rationalis, et unitur cogitativae primo et immediate, et utitur
ea principaliter sicut suo instrumento speciali, et ab ea fiunt
species in anima rationali. Unde quando illa laeditur,
pervertitur maxime judicium rationis, et quando illa est sana,
tunc bene et rationabiliter operatur intellectus.

Capitulum V.

De expositione auctoritatum contrariarum circa jam dictas
virtutes.

Sed textus Aristotelis Latinus[1] non ostendit nobis hanc

[1] Bacon had good cause to suspect the accuracy of the Latin translations of
Aristotle, whether made from Arabic versions or directly from the Greek. But
he exaggerates their defects ; and sometimes, perhaps, he finds it a convenient

Aristotle
on this sub-
ject im-
perfectly
translated distinctionem, nam non expresse fit mentio nisi de sensu
communi, et imaginatione, et memoria. Quoniam autem non
potest textus Aristotelis propter perversitatem translationis
intelligi ibi sicut˙ nec alibi, et quoniam ubique Avicenna fuit
perfectus imitator et expositor Aristotelis atque dux et
princeps philosophiae post eum, ut dicit commentator super
caput de Iride, propter hoc sententiae Avicennae, quae plana
et perfecta est, adhaerendum est. Et licet translatores
librorum Avicennae, ut in illo libro de Anima et in libro de
Animalibus et in libris medicinae, aliter transtulerunt et vocabula
mutaverunt, ita ut ubique non sit eadem intentio Avicennae
translata, quoniam in libro de Animalibus Avicennae reperitur
quod aestimatio est loco rationis in brutis, et sic aliquando
invenitur alibi contrarietas respectu praedictorum, tamen non
est vis de hoc quod diversi interpretes diversificantur in
vocabulis, et aliquando a parte rei habent aliquam diversitatem ; sed tenenda est ejus sententia in libro de Anima, quia
ibi ex principali intentione discutit vires animae, alibi autem
magis ex incidenti facit mentionem. Item ille liber est melius

mode of expressing a difference from Aristotle, who even then was beginning
to assert the supremacy which in the two following centuries became so
dangerous

In the present instance the difference between Aristotle and the Schoolmen
is a real one. Their studies of Arabian thinkers, and especially of Avicenna,
had given them far sounder views of animal intelligence than those which
Aristotle had held   Such passages as *De Anima,* iii. 10 (ἐν τοῖς ἄλλοις ζώοις οὐ
νόησις οὐδὲ λογισμός ἐστιν, ἀλλὰ φαντασία), or *Polit* vii. 12 (μόνον γὰρ ἔχει λόγον),
or *Nat. Auscult.* ii 8 (Μάλιστα δὲ φανερὸν ἐπὶ τῶν ἄλλων ἃ οὔτε τέχνῃ οὔτε ζητή-
σαντα οὔτε βουλευσάμενα ποιεῖ) show systematic refusal to admit anything like
reasoning power in animals. Memory as (distinct from recollection) he allowed
them, sensus communis, and phantasia, but not anything which could be called
cogitativa, or the rudimentary syllogizing of which Bacon speaks

Turning to the psychology of Aquinas (S. T. Pars Prima, Quaest lxxviii.
Art 4), we find substantial accordance with Bacon's view For though Aquinas
does not specify *cogitativa* as a distinct faculty of animals as distinct from *aestimativa,* yet he says 'Quae in aliis animalibus dicitur aestimativa naturalis in homine
dicitur cogitativa, quae per collationem quandam hujusmodi inventiones invenit
Unde etiam dicitur ratio particularis cui medici assignant determinatum organum, scilicet mediam partem capitis Est enim collativa intentionum indivi-
dualium, sicut ratio intellectiva est collativa intentionum universalium ' Cf. the
Quaestiones Naturales of Adelard of Bath, cap xiv, *Utrum bruta animas habent.*
The translation of the *De Animalibus* (printed 1500) is, as Bacon says, stuffed
with Arabic words. The *De Anima* of Avicenna (newly translated) was printed
1546.

translatus longe quam alii ; quod manifestum est, quia pauca
vel nulla habet vocabula aliarum linguarum, sed alii ejus libri
habent infinita. Si quis vero consideret praedicta, necesse est
ponere tres virtutes omnino diversas, secundum tres cellulas.
Nam diversitas objectorum ostendit nobis diversitatem virtutum.   Sensibilium enim duo sunt genera, scilicet unum
exterius, ut viginti novem praedicta, aliud interius latens
sensum exteriorem, ut qualitas complexionis nocivae vel
utilis, seu magis ipsa natura substantialis utilis vel nociva.
Et ideo oportet necessario quod ex hac causa sunt duo genera
sensuum, scilicet unum quod continet sensus particulares et
sensum communem et imaginationem, quae moventur per
primum genus sensibile : et aliud quod continet aestimationem
et memoriam, quae feruntur in secundum genus sensibile.
Sed propter operationum nobilitatem quam habet cogitativa
respectu aliarum, ideo distinguitur ab aliis.   Apud translationem ergo Aristotelis vulgatam vocatur omnis virtus memoria,
quae habet potestatem retinendi species, et ideo tam arca
sensus communis quam aestimationis secundum hoc vocatur
memoria.   Et ideo quod hic vocatur imaginatio, comprehenditur sub memoria apud translationem Aristotelis quae est in
usu vulgi.   Sed proculdubio oportet tunc quod memoria sit
duplex et valde diversa, ita quod una erit arca sensus communis et alia aestimationis ; et erunt diversae secundum
speciem et secundum subjectum et organum et operationem.
Et cum jam positae sint istae virtutes in cerebro, intelligendum est, quod substantia cerebri medullaris non sentit, ut
Avicenna docet decimo de Animalibus ; et in hoc corrigit [1]
Aristotelem pia interpretatione et reverenda.

Nam medulla in aliis locis corporis sensum non habet, et Relation of
ideo nec hic.   Sed est vas et arca virtutum sensitivarum, brain and heart.
continens nervos subtiles in quibus sensus et species sensibiles
consistunt. Sed considerandum est, ut omnis tollatur dubitatio,
quod anima sensitiva habet duplex instrumentum seu subjectum: unum est radicale et fontale, et hoc est cor, secundum

---

[1] Aristotle was aware that the substance of the brain was not sensitive.   In
De Animalibus, lib. iii. cap. 19, he remarks: οὐκ ἔχει δ' αἴσθησιν τὸ αἷμα ἀπτομένων ... οὐδὲ δὴ ὁ ἐγκέφαλος, οὐδ' ὁ μυελὸς οὐκ ἔχει αἴσθησιν ἁπτομένων.

Aristotelem et Avicennam in libro de Animalibus ; aliud est
quod primo immutatur a speciebus sensibilium, et in quo magis
manifestantur et distinguuntur operationes sensuum, et hoc est
cerebrum   Nam laeso capite accidit manifesta laesio virtutum
sensitivarum, et laesio capitis est nobis magis manifesta quam
cordis, et pluries accidit, et ideo secundum manifestiorem
considerationem ponimus virtutes sensitivas in capite ; et haec
est opinio medicorum, non aestimantium quod a corde sit fontalis origo virtutum.   Sed Avicenna in primo Artis Medicinae
dicit, quod licet ad sensum opinio medicorum sit manifestior,
tamen opinio Philosophi est verior, quoniam omnes nervi et
venae et virtutes animae oriuntur a corde primo et principaliter, sicut Aristoteles duodecimo de Animalibus demonstrat, et Avicenna tertio de Animalibus.

DISTINCTIO SECUNDA ;

Habens tria capitula   Primum est de origine nervorum
qui ad oculum exiguntur.

CAPITULUM I

Origin and
course of
the optic
nerves

Manifestis ergo his, ne aliquis scrupulus dubitationis in
sequentibus occurrat, consideranda est compositio oculi[1], quia
sine hoc nihil potest sciri de modo videndi.   Sed auctores
quidam minus dicunt, quidam plus, et in aliquibus diversificantur.   Auctores enim perspectivae transeunt generalius de
his, supponentes naturales philosophos et auctores medicinae,
tanquam omnis qui legit perspectivorum scientias praeviderit
medicos et naturales.   Et ideo sermo eorum in se est obscurus,

---

[1] This and the two following Distinctions deal with the anatomy of the eye
and of the optic nerves The description may be compared with that of
Alhazen, lib 1 prop. 4-13, whom, however, Bacon has not followed blindly
Alhazen himself remarks at the end of his description . 'Omne quod diximus de
tunicis oculi et compositione earum jam declaratum est ab anatomicis in libris
anatomiae.'

nec intelligitur nisi recurratur ad intentionem medicorum et
naturalium pleniorem.   Propter quod necesse est hic aliquid
uberius dici quam apud perspectivos inveniatur.   Et quamvis
sit difficile certificare ista, et certificata explanare, tamen spero
per auctores certos haec posse fieri manifesta.   Sed ne singularum opinionum rivulos superflue deducam, recitabo compositionem oculi praecipue secundum tres auctores, scilicet
Alhazen in primo Perspectivae, et Constantinum [1] in libro de
oculo, et Avicennam in libris suis ; nam hi sufficiunt et
certius pertractant quae volumus.   Non tamen possum sequi
verba singula cujuslibet, quia aliquando contrariantur propter
malam translationem, sed ex omnibus formabo unam veritatem.   Concordant ergo omnes, quod duae sunt partes
anterioris concavitatis cerebri, quas vocant ventriculos, vel
concavitates, vel cellulas.   Et hi ventriculi non possunt esse
instrumenta sensus communis et imaginationis de quibus
dictum est prius.   Nam illi sunt ordinati secundum prius
et posterius, hi autem sunt positi secundum dextrum et
sinistrum, ut dicit Constantinus.   Nam tota cellula cerebri
potest dividi in partem anteriorem et posteriorem ut superius
dictum est.   Et nihilominus secundum dextrum et sinistrum.
Et anterius ejus, scilicet locus sensus communis, habet dextrum
et sinistrum, ubi sunt duo ventriculi quodammodo distincti.
Et a pia matre, quae tegit utrumque ventriculum, exit nervus
duplex, unus de dextro ventriculo, et alius de sinistro, et sunt
nervi optici, id est concavi secundum dictos auctores.   Et
inchoatur concavitas non a medio anterioris partis cerebri.
quia ibi est instrumentum odoratus, qui est unus nervus,
habens ex lateribus duas carunculas similes summitatibus
mamillarum, secundum quod docet Avicenna decimo de
Animalibus.   Sed secundum Avicennam, et auctorem perspectivae, et Constantinum, nervi isti visuales de quibus loquimur
exeunt a fundo ventriculorum anterioris partis ; sicut Con-

---

[1] Constantinus Africanus lived in the middle of the eleventh century, and
spent much of his life in Mesopotamia.   His works were printed at Basle 1536
and 1539.   The second volume contains a short anatomical treatise, in which
is a brief and not very accurate description of the brain and of the eye.   It is
dedicated to Desiderius, Abbot of Monte Cassino.

stantinus exponit, docens respicere capita magnorum animalium, cum occiduntur non in aestate nec in calore, et inveniet
foramen parvum in cranio per quod transit nervus, et postea
scrutetur caute panniculum piae matris ne frangatur, et
inveniet nervum exire a fundo anterioris partis cerebri.

Sed duo nervi, ut dictum est, a duabus partibus dextra
scilicet et sinistra, secundum omnes concurrunt, et fiunt unus
nervus, et post conjunctionem iterum dividuntur.   Melius
autem fuit ut concurrerent in foramine quam ante vel post.
Nam sive sic sive sic, facerent duo foramina in osse capitis,
sed melius est fieri per unum, quam per duo.   Et os firmius
est, quanto minus perforatur.   Ergo cum natura facit melioii
modo quo potest, concursus erit in foramine cranii, a quo
loco iterum dividuntur.   Et nervus, qui venit a dextra parte,
vadit ad sinistrum oculum, et qui a sinistra vadit ad dextrum,
ut recta sit extensio nervorum ab origine sua ad oculos.   Nam
si ille qui venit a dextra parte anterioris cerebri, iret ad dextrum
oculum, jam fieret angulus in nervo communi ubi concurrunt
et fieret nervus curvus et non recte extensus ad oculum.   Sed
hoc impediret visum, quia visus semper eligit rectas lineas

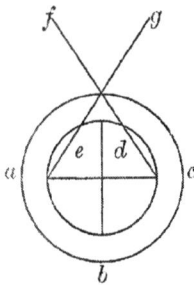

FIG. 24.

quantum potest.   Et tunc cum os oculi sit
concavum habens foramen versus caput,
ingreditur nervus foramen oculi et expandit se in concavitate ossis ad modum
instrumenti, quo ponitur vinum in doliis.
Sit ergo *a b c* cranium, et *d* sit dextra
pars anterioris concavitatis cerebri, et *e* sit
sinistra, involuta pia matre, a cujus fundo
exeant a dextris et sinistris duo nervi
concurrentes in foramine cranii, et postea
se dividentes, ut nervus, qui venit a dextro, vadat ad sinistrum oculum qui sit *f*,
et qui a sinistro, vadat ad dextrum, qui sit *g*, et ingrediantur
foramina ossium concavorum, ut in illa concavitate expan-
dantur, ut patet in figura.   Sed intelligendum quod sicut
a pia matre fiunt duo nervi, sic a dura, et similiter a cute
cranii, in qua exterius involvitur, et isti tres nervi sunt concavi,
et concurrunt in foramine, et fit unus nervus habens tres

tunicas nervales, et iste nervus sic compositus vadit ad
utrumque oculum, et uterque oculus habet naturaliter situm
consimilem respectu concursus eorum in foramine, et aequalem
distantiam ab eo, ut certius[1] compleatur visio.

CAPITULUM II.

De tunicis oculi compositis ex tribus nervis dictis.

Oculus ergo habet tres tunicas seu panniculos, et tres The membran of the cy
humores, et unam telam ad modum telae araneae. Et prima
ejus tunica fit ex tunica nervi interioris, quae venit a pia matre
secundum omnes auctores, et expanditur ab extremitate nervi,
ubi ingreditur foramen ossis, et ramificatur ad modum retis
concavi in prima parte sui, quae ideo vocatur rete vel retina,
secundum Avicennam tertio libro Medicinae et secundum Constantinum, habens venas et arterias et nervos subtiles. Deinde
pars ejus secunda est spissior, ut dicit Avicenna, et expanditur
sphaerice usque ad anterius oculi habens foramen in medio
suae anterioris partis, ut species lucis et coloris et caeterorum
visibilium valeant pertransire per medium oculi usque ad
nervum qui venit a cerebro. Nam hoc foramen opponitur
directe extremitati nervi a qua expanditur retina, et ideo in
hac tota tunica dicit Alhacen esse duo foramina, unum
anterius, et aliud posterius quod est nervi concavi extremitas.
Et haec pars ejus secunda vocatur uvea, quoniam est similis
uveae, eo quod dimittit in anteriori parte sua foramen, sicut
relinquitur in uva quando removetur suspensorium ejus, ut
dicit Avicenna tertio libro Medicinae. Et a tunica nervi quae
venit a dura matre, secundum omnes expanditur tunica oculi
secunda, quae habet duas partes. Nam prima pars componitur
ex venis et nervis et arteriis, et vocatur secundina, quia est
similis secundinae; et secunda pars expanditur usque ad
anterius oculi, et ibi apparet ejus pars manifesta, scilicet
portio cujusdam sphaerae, quae circulatur super extremitatem

---

[1] Certius, the reading of the Harl. MSS. is better than citius, as given in J.

uveae, et est sicut cornu clarum, et ideo vocatur cornea. Et componitur, ut Avicenna dicit libro memorato, ex quatuor tunicis subtilibus corticalibus, et sunt sicut cortices, ut, si excorticetur unus eorum, non propter hoc laedantur alii. Et factum est ita, ut sit haec tunica fortis propter laesiones et impressiones exteriores ab aere venientes, et tum est valde diaphana, ut multitudo tunicarum ejus non impediat transitum specierum rerum visibilium. Tertia tunica oculi fit ex illa pellicula nervi tertia, quae venit a membrana corneae, et ejus pars prima conjungitur ossi oculi, et adeo est dura, et solida, et ideo dicitur sclerotica, reliqua vero pars extenditur usque ad corneam Nam non completur haec tunica, sed deficit ei portio sphaerae, et est repleta carne pingui et alba, sicut videmus exterius in oculis, et vocatur consolidativa seu conjunctiva. Considerandum vero diligenter, quod uno modo dicuntur tres tunicae tantum, alio modo sex: et utraque consideratio vera est et rationabilis. Nam si integras tunicas consideremus, sunt tantum tres Si vero consideremus partes posteriores distinctas a prioribus et nomine et re, sic sunt sex. Nam tres partes sunt a posteriori, et tres ab anteriori, Aliqui etiam voluerunt esse pauciores, et hoc multiplici consideratione; sed de his non est curandum, quia violenta est eorum interpretatio, et deviat a recta ratione. Aliqui etiam septem [1] tunicas posuerunt; sed falsum est, quia telam araneae pro tunica computaverunt, cum non sit: et illi, qui dicunt tres esse, totam primam tunicam vocant uveam, et totam secundam vocant corneam, et totam tertiam vocant consolidativam. Unde auctores perspectivae totam primam vocant uveam, et sic volo principaliter uti in modo videndi exequendo. Et ideo Alhazen dicit quod uvea habeat duo foramina, unum anterius, et aliud posterius quod est foramen nervi, a quo incipit expansio concavitatis uveae, unde extremitas nervi cum tota concavitate sequente usque ad foramen anterius est uvea secundum veritatem.

[1] Constantinus took this view.

Capitulum III.

De humoribus oculi, et tela araneae.

Et ista tunica continet in se tres humores et unam telam. The humours of the eye.
Nam ab anteriori parte illius tunicae oritur una tela parva et
subtilis ad modum telae araneae, et in hac continetur corpus,
quod vocatur glaciale vel crystallinum, vel grandinosum, et est
hoc corpus directe compositum super extremitatem nervi.
Sed habet duas partes; una est interior apud extremitatem
nervi, et est similis vitro liquefacto, propter quod vocatur
humor vitreus. Altera pars anterior est similis glacici, et
grandini, et crystallo, magis alba quam humor vitreus, et
vocatur anterior glacialis, non habens aliud nomen proprium
apud auctorem perspectivae. Sed vocatur apud alios humor
crystallinus, vel glacialis, vel grandinosus, quia est similis eis,
et totum corpus contentum infra telam sic vocatur ab hac
parte sua. Deinde versus anterius oculi extra telam unus
humor similis albumini ovi replet concavitatem uvae anteriorem, et ab una parte contingit anterius glacialis, et ex alia
ingreditur foramen uveae, et contingit usque ad corneam, ita
quod hujus humoris convexitas sphaerica tangit concavitatem
corneae, et vocatur humor albugineus. Erunt ergo cornea, et
humor albugineus, et glacialis, et vitreus, et extremitas nervi
consequenter, ut species rerum transeant per medium omnium
usque ad cerebrum. Et dicit Avicenna quarto de Animalibus,
quod retina ducit nutrimentum secundum veritatem ad partes
oculi, et continet vitreum, ut dicit Constantinus, et auctor
perspectivae concordat, volens quod pars uveae inferior contineat humorem vitreum, et in ultimo sui deferens sanguinem
in venis suis et arteriis bene digestum, quo fiat et nutriatur
vitreus humor, quatenus vitreus possit nutrire humorem
crystallinum. Nam, ut Avicenna dicit tertio libro Medicinae
humor vitreus est nutrimentum crystallini. Et hoc dicit Constantinus. Unde quia crystallinus est nimis albus et clarus, ei
non competit sanguis pro nutrimento immediato, sed indiget
nutrimento medio inter sanguinem et crystallinum, et hujus-

modi est humor vítreus, qui est albior sanguine, et minus albus quam crystallinus. Et dicit Avicenna quod humor albugineus est superfluitas crystallini, et ideo opponitur in situ respectu sui nutrimenti, quod est vitreus, et propter hoc crystallinus est in medio eorum. Et humor vitreus replet totam concavitatem nervi usque ad sectionem communem, et est magis spissus quam anterior glacialis, uterque tamen est diaphanus, quatenus species rerum pertranseant in eis. Et humor crystallinus vocatur pupilla, et in ea est virtus visiva, sicut in subjecto quod primo immutatur, licet non radicaliter, quoniam nervus communis est organum radicale, et ibi completur visio, quantum potest virtus visiva, ut sequentia demonstrabunt.

DISTINCTIO TERTIA.

Habens capitula tria   Primum est de sphaericitate et centris humoris vitrei et glacialis, et corneae, et humoris albuginei et uveae.

CAPITULUM I.

The centres of curvature of the various ocular structures. Considerandum vero deinceps est de figura oculi et partium ejus, et de centris tunicarum et humorum inveniendis : nam haec sunt omnino necessaria, sine quibus modus videndi non patescit. Oculus ergo totus accedit ad formam sphaericam, et tunicae similiter et humores propter proprietates sphaericae figurae laudabiles, quia est magis elongata ab impedimentis quam figura habens angulos, et est simplicior figurarum et amplior isoperimetrorum, ut dicit hic Alhazen auctor perspectivae. Sed in praecedentibus hae proprietates et aliae tactae sunt. Anterior vero glacialis est portio sphaerae diversae a sphaera cujus vitreus est portio : nam diversa corpora sunt, et diversarum diaphaneitatum. Et anterior glacialis est portio majoris sphaerae quam sit sphaera cujus humor vitreus est portio. Unde non sunt corpora sphaerica completa, sed sunt

portiones sphaerarum diversarum, et ideo cum hae sphaerae
secent se, oportet quod habeant diversa centra.   Et cum concavitas vitrei sit versus glacialem, tunc ejus centrum est ultra
centrum oculi versus anterius oculi.   Similiter centrum anterioris glacialis est in profundo oculi.   Sunt tamen ista centra
super eandem lineam rectam quae intrat per foramen uveae
anterioris et per foramen quod est in extremitate nervi, ubi
incipit retina expandi.   Corpora enim haec sic ordinantur,
secundum auctores Perspectivae, videlicet quod a foramine
ossis, ubi intrat nervus, extenditur nervus per aliquod spatium,
et semper magis dilatatur, quousque veniat ad circumferentiam
sphaerae totius glacialis, et consolidatur cum circumferentia
ejus.   Et tunc super extremitatem nervi componitur totum
glaciale, et continetur in inferiori parte uveae, quod Alhazen
vocat punctum concavitatis uveae, in cujus ultimo est foramen
quod est extremitas nervi, ubi incipit uvea.   Sed medium totius
glacialis, scilicet humor vitreus, est in orificio foraminis.   Nam
extremitas nervi continet medium sphaerae totius glacialis, ut
dicit Alhazen, quod medium est humor vitreus; et uvea consolidatur cum circumferentia sphaerae glacialis.   Et humor
albugineus contentus in uvea contingit sphaeram anterioris
glacialis, et ille replet foramen usque ad contactum corneae,
non quod contingat corneam in puncto, sed per applicationem
superficierum, sicut sphaera interior continetur ab exteriori.
Quoniam autem superficies convexa corneae est continuata
cum superficie totius oculi, et cum toto oculo, ut dicit Alhazen,
oportet quod habeant idem centrum.   Et quoniam superficies
corneae concava est, aequidistans superficiei exteriori convexae,
oportet quod utraque superficies corneae et oculus totus
habeant idem centrum, per librum Theodosii de sphaeris:
sphaerae enim aequidistantes continentes se, una continens et
alia contenta, habent idem centrum, ut sphaerae mundi, sicut
coelum stellatum, et sphaera ignis, similiter in aliis: centrum
enim mundi est centrum omnium.   Et quoniam concava
superficies corneae, et convexa superficies humoris albuginei,
qui est in foramine sunt sicut sphaera interior et exterior,
oportet quod convexa superficies humoris albuginei habeat
centrum idem cum praedictis.   Sed quia superficies concava

corneae non contingit uveam in puncto uno, nec applicatur ei ut
sphaera exterior interiori, sed conjungitur ei in circumferentia sui
foraminis, oportet quod cornea secet uveam, et ideo habebunt
diversa centra   Et quoniam cornea est major sphaera quam
uvea, quia continuatur cum superficie totius oculi, et uvea
continetur infra sphaericitatem corneae, ideo oportet quod
centrum corneae sit ulterius in profundo oculi, sicut patet ad
sensum in corporibus sphaericis sic junctis; et hoc patet per
Theodosium de sphaeris, et Alhazen sic dicit.

Capitulum II.

In quo explicatur dubitatio difficilis circa praedicta.

Ocular
structures
only
partially
spherical

Sed tunc grandis est dubitatio, quid replebit spatium inter
ea, ubi declinat sphaera minor a majore, et ideo aestimant
multi quod humor albugineus diffundit se infra concavitatem
corneae, ubi separatur uvea ab ea. Caeterum objicitur, quod
cum humor albugineus sit concentricus corneae, tunc contine-
bitur in concavitate corneae, sicut sphaera applicata ei vel
aequidistans; sed non est aequidistans, quia tangit eam; ergo
applicabitur ei in concavitate sua, et replebit spatium quod
est inter uveam et corneam. Sed contra hoc est, quod auctor
Perspectivae non dicit hoc, sed semper quod sit intra uveam
Et ideo objecta solvuntur per hoc, quod partes oculi non sunt
sphaerae completae, sed portiones sphaerarum, ut patet de
partibus glacialis et sic de aliis quae antecedunt eas quae eis
deserviunt principaliter, ut sunt anterius corneae, et humor
albugineus in foramine uveae, et anterius uveae; unde non est
curandum hic nisi de sphaericitate portionum: et ideo cum
loquitur de sphaericitate corneae, hoc non est nisi in portione
illa quae visui necessaria est, scilicet, quae est in anteriori
parte oculi, alibi vero non est sphaerica. Et uvea licet in
parte superiore sit sphaerica non tamen in inferiori: similiter
albugineus non habet sphaericitatem concentricam corneae,
nisi in foramine uveae, ubi ad corneam applicatur, infra enim
uveam habet concentricitatem cum uvea. Et quia haec ita

sunt, non oportet quod humor albugineus currat inter corneam et uveam. Si enim essent corpora completae sphaericitatis, hoc exigeretur, sed non est sic. Sed ubi declinant cornea et uvea, diffundit se consolidativa, et replet quicquid replendum est inter consolidativam et corneam, vel cornea et uvea relinquentes sphaericitatem completam dilatant se, et exterius coeunt vel interius vel utroque modo, et replent omne quod oportet repleri. Et quia anterior glacialis in sua convexitate secat uveam, oportet similiter quod ejus centrum sit aliud ab uvea, et sit interius in profundo ; et quia totus oculus, et cornea, et humor albugineus habent aliud centrum ab uvea et in profundo oculi, sicut anterior glacialis, et haec requiruntur ut fiat visus in glaciali, melius est, ut dicit Alhazen, quod anterior glacialis habeat centrum idem cum istis. Et ideo totus oculus, et cornea, et humor albugineus, et anterior glacialis sunt concentrici. De anteriori vero glaciali citius manifestabitur in sequentibus, quod oportet ipsum habere idem centrum cum centro corneae et totius oculi, cum ostendetur fractio in vitreo humore. Interim sufficiat quod dictum est.

Capitulum III.

De centro et sphaericitate consolidativae.

De consolidativa aestimatur, quod habeat centrum aliud ab omnibus his interius in profundo. Sed auctor perspectivae non dicit hoc, sed solum de uvea, et de humore vitreo, quod nec ad invicem nec cum aliis habeant centrum idem, atque arguendo quod centrum corneae et centrum uveae non sunt idem, dicit quod sphaera uveae non est in medio consolidativae, sed antecedens ad partem superficiei manifestae in anteriori ipsius oculi, et superficies manifesta oculi est ex sphaera majori sphaera uveae, quare centrum superficiei hujus manifestae erit interius in profundo quam centrum uveae. Sed superficies corneae manifesta et oculi, ut supponit ibi et postea exponit, sunt idem, ergo centrum uveae et corneae non sunt idem. Ex quo arguitur ab aliis, quod centrum

The centres of curvature of these structures not identical, but on one straight line.

concavae superficiei consolidativae et corneae sunt idem,
propter hoc, quod per elevationem uveae a medio consolida-
tionis ostendit uveam habere aliud centrum a centro corneae et
totius oculi.   Sed dicendum est, quod exterior superficies
consolidativae non est concentrica interiori, ut patet, nec etiam
interior est sphaerica plene, quia replet spatium ubi separantur cornea et uvea, propter quod egreditur a recta sphaericitate, et descendit ad interius oculi in illa parte magis quam
alibi, et ideo cornea et interior consolidativa non sunt concentricae.   Sed si sphaera utraque, scilicet cornea et
consolidativa, compleretur, tunc jaceret cornea in concavitate
consolidativae, et essent interior consolidativae et exterior
corneae concentricae.   Et cum superficies exterior consolidativae et interior non sunt concentricae, etiam exterior corneae
et exterior consolidativae non erunt concentricae.   Et etiam
quia consolidativa non habet perfectam sphaericitatem exterius, ut dicit Alhazen, tendit enim in suo anteriori ad
acuitatem, et ideo non recte habet centrum, a quo omnes
lineae ductae ad circumferentiam sunt aequales, ideo nec
extra nec intra est corpus vere sphaericum, et ideo ei non
assignatur centrum ab Alhazen.   Sic tamen potest habere
punctum simile centro, quod erit ulterius in profundo oculi
magis quam centrum alicujus alterius, ut patebit in figura.
Si tamen volumus vitare omnem contentionem, possumus
dicere quod superficies consolidativae exterior non est omnino
sphaerica, sicut totius oculi, quia aliquantulum acuitur in
anteriori parte, et sic non habebit totus oculus centrum
sphaerae, nec superficies exterior consolidativae.   Si vero
interior superficies consolidativae sit sphaerica, tunc non
replet quod replendum esset inter corneam et uveam   Sed
vel cornea contrahit se ad superficiem uveae, et profundatur
declinando a vera sphaericitate, praeterquam in anteriori parte
quae objicitur foramini, vel uvea se exaltat et exit in gibbositatem exterius derelinquens veram sphaericitatem.   Sed
quamvis centra sint diversa in partibus oculi, tamen omnia
sunt in eadem linea, quae est perpendicularis super totum
oculum et partes omnes, quae transit per medium foraminis
uveae, et per centra omnium, ac per medium foraminis in

extremitate nervi, super quem componitur oculus. Quae linea
est axis oculi, per quam oculus videt in fine certitudinis et per
quam discurrit super singula puncta rei visae, ut quaelibet
certificet successive, quamvis unam rem visibilem vel partem
rei visibilis simul et semel comprehendat cum plena
certitudine. Nam quia haec linea est perpendicularis super
oculum et omnes ejus partes, ideo species veniens super eam
est fortissima, quia incessus perpendicularis est fortissimus, ut
habitum est in eis quae dicta sunt de multiplicatione
specierum. Et illud necessum est, quatenus fortissime et
certissime comprehendat quod debet.

Protraham ergo figuram in qua haec omnia declarantur ut
possibile est in superficie, sed completa ostensio esset in
corpore figurato ad modum oculi secundum omnia praedicta.
Et exemplum ad hoc potest esse oculus bovis et porci et
aliorum animalium, si quis vult experiri. Hanc autem figurationem aestimo meliorem sequenti, quamvis sequens sit
antiquorum. Nam impossibile est quod centrum vitrei sit
infra sphaeram anterioris glacialis, quia tunc dextrum videbitur sinistrum, et e contra, ut inferius declarabitur: nec
etiam in superficie corporis sui, quia tunc species dextra
nimis iret in dextram partem, et sinistra in sinistram, et
nunquam concurrerent in nervo communi, quapropter erit
extra versus anterius oculi. Et quoniam foramen uveae est
parvum, et anterius glaciale minus, quia interius est, concentricum humori albugineo in foramine, tunc oportet quod vitreus
secet valde parvam portionem de glaciali, ut est $c\ f\ d$, ita
quod vix potest per manum hominis figurari, nam huic
portioni respondet $m\ o$ foramen uveae, quod est hic majus
quam foramen uveae in oculo cujuslibet hominis istius temporis. Determinatur autem quantitas foraminis per lineas
extremas pyramidis visualis, quae est $a\ b\ l$. Nam sit $a\ l$
basis pyramidis, quae est res visa, cujus species penetrat
corneam sub pyramidali figura et intrat foramen, quae tendit
naturaliter in centrum oculi, et in illud iret, nisi prius obviaret
ei corpus densius, in quo frangitur, scilicet humor vitreus $c\ h\ d$.
Propter hoc ergo sic posui centrum vitrei, et sic figuravi
sphaeram ejus; et patet quod sphaera ejus est minor sphaera

anterioris glacialis. Sed in oculo non sunt sphaerae integrae, sed de illis sunt solum parvae portiones, ut sphaerae anterioris glacialis portio *c f d*, et vitrei portio *c h d*; complevi tamen sphaeras in figuratione propter evidentiam centrorum et portionum. Deinde est uvea figurata in sphaera completa, praeterquam in ejus foramine *m o*, et tamen non est in oculo completae sphaericitatis, ut dictum est, sed in ejus

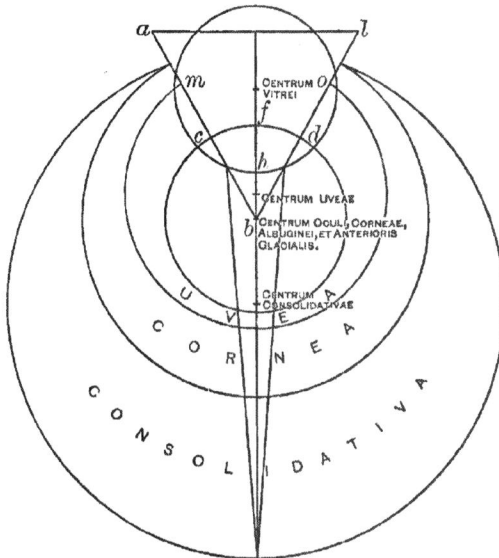

FIG. 25[1].

anteriori parte in qua est foramen, quia non requiritur sphaericitas ad visum, nisi in illo loco; alias est irregularis figurae, ne vacuum intercidat inter uveam et corneam;

---

[1] This figure is an exact copy of Reg. That of Harl. is similar. The alternative diagram (Jebb, Tab. i. 30) is not given in these MSS., and Jebb's version of it is wholly unintelligible, as indeed is his rendering of this one, all letters, for instance, being omitted. It must be remembered that *centrum vitrei* here means *centrum concavitatis vitrei*. The vitreous humour is hollowed out in front to receive the lens or *anterior glacialis*. It will be noted that the circle of the vitreous curvature is slightly less than that of the anterior glacialis; i.e. the curvature of the lens is slightly different on its two faces.

et lineae *c* et *d*, quae trahuntur versus interius oculi, sunt in lateribus nervi uveae, inter quas lineas est foramen uveae, secundum quod est versus fundum oculi. Super quod foramen componitur vitreus, ut patet : nam apertura harum linearum terminatur ad extremitates portionis vitrei, et distantia ejus est inter *c* et *d*, et haec distantia inter latera nervi repletur humore vitreo usque ad nervum communem in superficie cerebri ; nervus tamen iste, in quo est haec via humoris vitrei se diffundit et expandit in circuitu vitrei et glacialis et albuginei, usque ad foramen uveae anterius *m o*, quod opponitur foramini suo interiori, quod est *c d*. Deinde sequitur cornea, et postea consolidativa, ut vocatum est in figura[1].

---

[1] It need not be said that the drawing here given is not intended by Bacon as a picture of anatomical structures, but as a geometrical diagram representing the various curvatures of the ocular media.

The technical terms used by him need a few words of explanation. *Consolidativa* means, generally speaking, the Sclerotic, the opaque strong fibrous tunic covering the greater part of the globe of the eye, and uniting in front with the transparent cornea. But Bacon is not quite consistent in the use of this term, since, in cap. ii, he seems to use it as comprehending, in addition to the Sclerotic, the muscular and other tissues filling the bony cavity of the orbit. (Alhazen's description of it is, ' pinguedo alba quae implet concavum ossis.') *Uvea*, as used by him, and also by Vesalius three hundred years afterwards, is the Choroid, inclusive of the Iris. The resemblance of the globe of the eye, when the Sclerotic is removed, to a dark grape plucked from the stalk, suggested the name : the opening where the stalk had been attached representing the pupil. *Glacialis* includes the vitreous humour and the lens : the former being called *vitreus humor*, the latter *anterior glacialis* or sometimes, *anterius glaciale*, or again *humor crystallinus*. *Humor albugineus* answers to what is now called the aqueous humour. *Tela araneae* appears to denote, in a somewhat confused way, the ciliary processes of the choroid, and also the capsule of the lens ; or at least the anterior portion of this capsule.

It will be observed that by centres, Bacon means centres of curvature. Thus the concave surface formed in the vitreous humour by the lens has its central point in the anterior part of the eye. The centres for the cornea and the anterior surface of the lens are identical. The centre for the globe of the eye (*uvea*) is somewhat anterior. Throughout the whole of this description, Bacon in the main follows Alhazen. (Cf. Alhaz. *Opt.* i. cap. 4, 5.) See, however, Alhazen's remark quoted on p. 12. Galen was well known to the Arabs in the ninth century through the translations of Thâbit ben Corra and others. Note that Alhazen is often called by Bacon, auctor Perspectivae.

DISTINCTIO QUARTA.

Habens capitula quatuor. Capitulum primum est de proprietatibus corneae, albuginei, et uveae.

CAPITULUM I

Cornea, aqueous humour, uvea

Tunicae vero et humores secundum Alhazen habent proprietates suas laudabiles, ex quibus sequuntur utilitates visus, secundum quod ipse ostendit. Et prima utilitas cornea est, quod cooperit foramen uveae, ne humor albugineus fluat, et est diaphana, ut transeant species lucis et coloris per eam, quoniam non transeunt sensibiliter nisi per diaphana, ut pius verificatum in multiplicatione specierum [1]. Fortitudo autem ejus est, ut non corrumpatur cito, quoniam est exposita aeri, et potest cito corrumpi ex fumo et pulvere et similibus, et ideo habet quatuor tunicas ut superius expositum est. Humor albugineus est diaphanus, ut pertranseant species in illum et ultra. Humiditas autem ejus est, ut semper humefaciat humorem glacialem, et telam araneam quae valde tenuis est, unde ex nimia siccitate posset corrumpi Uvea vero est nigra ut in pluribus, quatenus obscuretur humor albugineus et glacialis ita quod appareant in ea species lucis et coloris debiles, quoniam lux debilis valde apparet in locis obscuris, et latet in locis luminosis; et est aliquantulum fortis, ut retineat humorem albugineum, quatenus non resudet ex eo aliquod exterius; et est spissa ut sit obscura. Et tamen invenitur in oculis hominum aliquando glauca, et multoties in oculis equorum, et hoc est, quia calor naturalis non potuit sufficienter digerere materiam uveae vel humorum, et ideo albescunt aliquantulum, quia actio caloris digerentis debilis in humido est causa albedinis. Vel aliquando accidit ex perfecta digestione humiditatis et victoria siccitatis, ut patet in foliis arborum in autumno Et haec glaucitas oculorum vel potest esse

[1] This is not necessarily a reference to the special treatise on the subject. See vol 1 p 114

propter uveam, nam si uvea est glauca, oculus est glaucus ;
si nigra, oculus est niger.   Vel potest causari glaucitas
propter humores, quoniam si fuerint humiditates clarae, et
fuerint positae prope extra, et fuerit crystallinus multae
quantitatis, et albugineus sit modicus, erit oculus glaucus, nisi
accidat contrarium a tunica.   Et si fuerint humiditates
obscurae, et crystallinus sit tendens ad interius oculi, et fuerit
parvus et albugineus multus, ita quod faciat obscurationem,
sicut aqua multum profunda quae submergit et cooperit res,
tunc oculus erit niger.   Hoc voluit Aristoteles, et Avicenna
decimo nono de Animalibus.

CAPITULUM II.

De proprietatibus anterioris glacialis.

Anterior autem glacialis habet multas proprietates.   Nam The lens.
prima et principalis est, quod virtus visiva est tantum in eo,
secundum Alhazen et caeteros.   Alia enim omnia ante ipsum
sunt instrumenta ejus, et propter ipsum.   Nam si ipse
laedatur, aliis salvis, destruitur visio, et si ipse sit salvus, et
aliis accidat laesio, dummodo maneat eorum diaphaneitas, non
destruitur visio, quin fiat ; nam dum remanet diaphaneitas
inter glacialem continuata cum diaphaneitate aeris, non destruitur visio, dummodo salvus sit ipse anterior glacialis.   Et
anterior glacialis est humidus, ut citius patiatur a specie lucis
et coloris, nam bene sicca non de facili recipiunt impressiones ;
et est subtilis, quia subtilitas corporis facit ad subtilitatem
sensus ; et est aliquantulum diaphanus, ut recipiat formas
lucis et coloris, et per ipsum transeant usque ad nervum
communem ; et est aliquantulum spissus, ut retineat in eo
diu species, quatenus appareant virtuti visivae, et possit
fieri judicium.   Nam si esset nimiae diaphaneitas, tunc per-
transirent species in eo, et non remanerent ut fieret aliquod
judicium, et ideo oportet ut sit aliquantulum spissus, quatenus
patiatur a speciebus passionem quae est de genere doloris.
Videmus enim quod fortes luces et colores angustant visum et
laedunt, et dolorem inferunt.   Sed omnis actio lucis est unius

naturae et coloris similiter, nisi quod aliqua est fortior et
aliqua debilior. Ergo visus semper patitur passionem quae
est de genere doloris, licet non semper hoc percipiat, quando
scilicet species sunt temperatae. Sed passio dolorosa non
fieret in corpore, nisi sit bene densum, quia si esset nimiae
raritatis, non maneret species quatenus actionem doloris
posset facere. Et superficies ejus est ex majori sphaera quam
humor vitreus, ut superficies ejus sit aequidistans superficiei
anteriori visus, quatenus idem habeant centrum, quod est
centrum totius oculi et corneae et humoris albuginei quae ei
principaliter deserviunt ad actum videndi, et magis quam
uvea. Et est superficies seu portio anterioris glacialis minus
medietate sphaerae suae. nam aliter non sequeretur quod ejus
centrum esset interius in profundo oculi, ut suppositum est.

CAPITULUM III.

De proprietatibus vitrei, telae, et nervi visibilis, et consolidativae

Vitreous,   Humor vero vitreus est spissior anteriori glaciali, quoniam
optic nerve, oportet, quod species quae non est perpendicularis frangatur
sclerotic.   in eo inter perpendicularem ducendam a loco fractionis, et
inter incessum rectum, de qua fractione in parte praecedente
de multiplicatione lucis est satis dictum. Et nisi sic fieret
fractio nunquam perficeretur visio, ut inferius exponetur. Et
est color vitrei magis albus quam sanguis, et minus albus
quam anterior glacialis, quae est nutrimentum ejus, ut superius
est praetactum. Et est portio minoris sphaerae, quatenus
centrum sphaerae ejus sit diversum a centro anterioris
glacialis, quoniam hoc necesse est propter fractionem praeno-
tatam. Et ejus nobilissima proprietas est quod sensus, qui
est in anteriori glaciali, continuatur in eo per totum nervum
opticum usque ad ultimum sentiens, quod est in anteriori
cerebro, ut dicit Alhazen. Circumvolvuntur vero hi duo
humores una tela, quoniam humores nisi retinerentur, aliquo
fluerent, et non remanerent secundum unam figuram. Et ista
tela est valde rara, ut non occultet species, et est sphaerica,

quia continet portionem sphaerae, quamvis aliae sint rationes
de hoc, sicut de toto oculo et partibus ejus.   Nervus autem,
ut dicit Alhazen, super quem componitur oculus, est totaliter
opticus, ut currat species in eo usque ad cerebrum, et quatenus
species rei visibilis, et calor naturalis ei debitus et virtus primi
sentientis veniant libere ad oculum, et ideo opticitas est idem
quod concavitas.   Consolidativa quoniam est exterior, ut
congreget et conservet omnia, et est aliquantulum humida,
ut melius praeparentur loca tunicarum in ea, quia citius et
facilius capiunt figuram loci in ea propter mollitiem quam si
esset dura ; et adhuc est humida, ut non accidat velociter
siccitas in tunicis.   Et est aliquantulum retentiva et fortis, ut
conservet situs et figuras tunicarum, quatenus non alterentur
cito ; et est alba, ut per ipsam forma faciei sit pulchra.

Capitulum IV.

De palpebris, ciliis, et toto oculo.

Palpebrae autem sunt, ut conservent oculum apud somnum, *Eyelids,*
et ut faciant oculum quiescere quando fatigatur a forti specie. *lashes.*
Et licet species sint temperatae adhuc, ne continue laboret
oculus, indiget clausione palpebrarum.   Et similiter nocet visui
fumus et pulvis et alia, propter quod indiget clausione, et ideo
sunt velocis motus, ut cito supponantur oculo cum appropinquant nocumenta.   Cilia vero sunt ad temperandam lucem,
quando generatur visus, et propter hoc adunat aspiciens
oculum suum, et constringit ita ut possit aspicere ab angusto,
quando lux fortis nocuerit ei.   Duos autem oportet esse
oculos ex benignitate Creatoris, ita quod si uni illorum
acciderit occasio vel laesio, remaneat alter.   Et iterum ut
forma faciei sit pulchrior. Oculi autem ambo sunt consimiles in suis dispositionibus, et in suis tunicis, et figuris
suarum tunicarum, et in situ cujuslibet tunicae respectu totius
oculi ; et ambo habent consimilem positionem respectu nervi
communis et cerebri. Et quamvis causae generales de
rotunditate oculorum et partium suarum datae sint superius
penes proprietates sphaerae, tamen oportuit specialiter ipsos

esse rotundos propter duo, scilicet propter motum velocem ejus, ut possit visus discurrere quando volumus de uno visibili in aliud, et de parte una ejusdem visibilis ad aliam, quatenus quilibet comprehendatur in plena certitudine per hujusmodi motum velocem. Sed omnium figurarum sphaera est maxime apta motui. Atque oportuit oculos esse rotundos et partes ejus similiter, nam si esset planae figurae, species rei majoris oculo non posset cadere perpendiculariter super eum, quia lineae perpendiculares super planum tendunt ad puncta diversa, et singula secundum angulos rectos ut patet in figura. Nam lineae possunt cadere perpendiculariter super oculum *f g*, quod veniunt a *c d* visibili, quod aequatur oculo, sed ab *a* puncto et *b* non potest species venire

FIG. 26.

perpendiculariter, sed ad angulos obliquos. Sed sensibilis actio, et talis qualis in visu exigitur, non est nisi quando species perpendiculariter cadit super visum. Cum ergo oculus videt magna corpora, ut fere quartam coeli uno aspectu, manifestum est quod non potest esse planae figurae nec alicujus nisi sphaericae, quoniam super sphaeram parvam possunt cadere perpendiculares infinitae quae a magno corpore veniunt, et tendunt in centrum sphaerae, et sic magnum corpus potest ab oculo parvo videri, ut patet in figura.

DISTINCTIO QUINTA.

Habens tria capitula. Primum est, quod species lucis et coloris exiguntur ad sensum.

CAPITULUM I.

Vision takes place through

Habitis his, quae proponenda sunt propter modum videndi, nunc oportet considerare quid sit iste modus, et quomodo fiat.

Et primo determinanda sunt, quae requiruntur ad visum rays of light and colour passing from object to eye.
factum per lineas rectas. Primum autem quod hic consideratur
est, quod visus indiget specie rei visibilis, nam sine illa non videbit, secundum quod Aristoteles dicit secundo de Anima, quod
universaliter sensus suscipit species sensibilium ad hoc, ut fiat
operatio sentiendi. Item oportet patiens assimilari per agens ;
sed visus est virtus passiva, ut ostendit Aristoteles secundo de
Anima, et ideo oportet quod assimiletur agenti, quod est
visibile. Sed similitudo agentis non est nisi species, ut omnes
sciunt. Item res continue facit speciem undique secundum
omnes diametros. Sed cum obstaculum est inter speciem rei
et visum non fit visus. Quando vero omne impedimentum
amovetur, ut species ad oculum veniat, tunc videtur res.
Quapropter oportet, quod visio fiat per speciem ; sed praecipue per speciem lucis, et coloris. Quod enim colores
operantur in visum, patet per hoc, quod cum aliquis aspexerit
viridarium multae spissitudinis herbarum super quod oritur
lux solis, et moretur in aspiciendo ipsum, deinde auferat visum
suum et convertat eum ad locum obscurum, inveniet in illo
loco obscuro formam illius lucis coloratam a virore herbarum.
Et si in hac dispositione aspexerit visibilia alba in umbra, et in
loco debilis lucis, inveniet colores rerum admixtos cum virore.
Et si clauserit oculum et fuerit intuens in eo, inveniet in suo
oculo formam lucis cum virore. Et eodem modo inveniet
hujusmodi alterationem, si aspexerit colorem lazuleum vel
purpureum, vel alium colorem fortem, ut quilibet potest
experiri. Ergo oportet quod color operetur in visum. Sed
lux magis ; quoniam secundum diversitatem lucis orientis
super visum et visibilia, accidit diversitas visionis in singulis.
Nam lux multum excellens occultat visibilia caetera, et etiam
laedit et gravat visum, et debilitat actionem videndi. Lux
vero valde debilis non immutat visum ut oportet nec res
revelat. Lux vero mediocris confortat visum in actione sua,
et res denudat sufficienter. Quapropter species lucis maxime
requiritur ad visum. Et iterum nos videmus, quod secundum
diversitatem casus lucis ejusdem super eandem rem mutatur
aspectus, et apparet visui color diversus, ut in collo columbae
secundum quod vertit collum diversis sitibus ab luce, et sic

de cauda pavonis. Similiter multae res, ut squamae piscium, vel quercus putrida, et vermis quidam et avis quae vocatur noctiluca, quando lux oritur, occultatur eorum lux, et videtur color · quando vero sunt in tenebris, tunc lux eorum apparet. Manifestum est igitur, quod species lucis maxime operatur in visum. Et sine contradictione experimur, quod sine luce nihil videtur ; oportet enim quod lux extrinseca solis, vel stellarum, vel ignis sit praesens in aere, vel lux propria oculi multiplicata ab oculo, sicut accidit de oculo cati. Quapropter oportet semper speciem lucis requiri ad visum.

CAPITULUM II.

Quod visio non compleatur in oculis, sed in nervo.

Vision effected not in the eye, but in the brain

Sciendum est, quod visio non completur in oculis secundum quod docent auctores Perspectivae Nam duae species diversae veniunt ad oculos, et diversitas speciei diversificat judicium, quia per diversas species judicabitur una res esse duae. Similiter per diversitatem judicantis. In duobus enim oculis judicia fiunt diversa. Ergo una res visa aestimabitur adhuc diversa. Oportet ergo quod aliud sit sentiens praeter oculos, in quo completur visio, cujus instrumenta sunt oculi qui reddunt ei speciem visibilem ; et hoc est nervus communis in superficie cerebri, ubi concurrunt duo nervi venientes a duabus partibus anterioris cerebri, qui post concursum dividuntur, et extenduntur ad oculos. Ibi igitur est virtus visiva, ut in fonte, et quia tunc virtus fontalis est una, ad quam continuantur virtutes oculorum per medium nervorum opticorum, ideo potest una res apparere una, quantum est ex hac causa. Sed adhuc oportet quod duae species venientes ab oculis concurrant ad unum locum in nervo communi, et una fiat ex eis intensior et plenior, quam altera illarum. Naturaliter enim miscentur duae formae ejusdem speciei in eadem materia et eodem loco, et ideo non distinguuntur, sed fit una[1] postquam ad unum locum veniunt, et tunc quia virtus judicans est una, et species una, fit unum judicium a re una. Cujus signum est, quod

---

[1] fit una, i e una species; or una forma.

quando non veniunt species a duobus oculis ad unum locum in nervo communi, videtur una res duae. Et hoc patet, quia situs naturalis oculorum mutatur, ut si supponatur digitus alteri oculo aut obliquetur aliqualiter a loco suo, tunc species ambae non veniunt ad unum locum in nervo communi, et tunc videtur una res duae ; sicut accidit de lusco, qui non habet situm consimilem oculorum respectu nervi communis, et ideo suorum oculorum species, nisi diligenter caveat et rectificet situm eorum, venient ad loca diversa in nervo communi, et ideo ei saepius apparet unum duo. Sed naturaliter oculi bene compositi et sani habent situm consimilem respectu nervi communis, et ideo species duae veniunt ad eundem locum in eo et fiunt una, ut sic per unam speciem et unum sentiens fiat judicium unum de re una. Et experientia docet, quod quando laeditur nervus communis, destruitur visio in oculis, et non destruitur virtus in nervo communi, propter laesionem oculorum. Et quando curatur nervus communis, fit visio in oculis sanis, et quando oculi sanantur, iterum fit visio, propter hoc quod virtus in nervo communi fuit salva, et non destruitur in nervo communi.

Capitulum III.

De ultimo sentiente.

Quoniam autem Alhazen dicit, quod istud ultimum sentiens est in anteriori parte cerebri, videretur sic alicui, quod esset sensus communis, et imaginatio, vel phantasia, quae sunt in anteriori cerebro, ut prius dictum est : praecipue cum ibi dictum sit, quod non completur judicium de aliquo sensibili antequam veniat species ad sensum communem. Sed dicendum est quod ultimum sentiens potest esse origo omnium sensuum, et sic non loquitur hic de ultimo sentiente : hoc enim est sensus communis in anteriori cerebro. Aliter est ultimum sentiens specialiter in visu, vel auditu, vel odoratu, vel aliis, loquendo de uno sensu particulari, et sic ultimum sentiens est nervus communis in visu respectu duorum oculorum, qui sunt instrumenta, quae primo immutantur a visibili,

The act of vision begins in the eye, but is completed at the point in the brain where the optic nerve originates.

sicut carunculae similes summitatibus mamillarum ; nam illa
sunt instrumenta quae primo immutantur ab odore, et nervus
ad quem continuantur apud anterius cerebri est radicale et
fontale instrumentum olfaciendi.   Quod autem dicit hic ultimum sentiens esse in anteriori parte cerebri, dicendum quod
non sumitur hoc anterius cerebri pro cellula prima cerebri, sed
locus propinquus ei, scilicet in foramine cranii, ubi est concursus
nervorum ; quia enim est ante cerebrum et prope, vocatur
anterius cerebri.   Similiter est de instrumento olfactus ; nam
oritur ex medio anterioris cerebri, et extenditur inter duas
summitates uberum prope cerebrum, et propinquius quam
nervus visualis, quia maxime necessarium est animali ut per
odorem confortetur cerebrum.   Et praecipue in homine, quia
habet majus cerebrum respectu sui corporis quam aliud animal,
ut dicit Aristoteles in libro de Animalibus.

Et sic patet quod non solum oculi judicant de visibili, sed
incipitur judicium in eis, et completur per ultimum sentiens,
quod est virtus visiva fontalis in nervo communi.   Et similiter
patet quod oculi sentiunt, et non solum nervus communis.
Sed quoniam oculi ordinantur ad virtutem radicalem, et ab illa
fluunt virtutes ad oculos, et continuatur virtus sensitiva per
totum nervum a nervo communi ad oculos, ut dicit Alhazen,
ideo una est operatio visiva, et judicium quod perficitur per
oculos et nervum communem.   Et licet dicat, quod oculus est
instrumentum ultimi sentientis, et medium inter ipsum et
visibile, tamen oculus necessario habet judicium et virtutem
videndi, licet incompletum.   Nam angulus, per quem rei
quantitas cognoscitur glacialem non excedit, atque ordinatio
rei visae secundum esse suum fit in superficie glacialis, per
quam ordinationem res distincte cognoscitur, et hoc est quod
statim declaratur [1].

[1] With the foregoing description the words of Alhazen may be compared.
'Spiritus visibilis emittitur ex anteriori parte cerebri, et implet duas concavitates
duorum nervorum primorum conjunctorum cum cerebro, et pervenit ad nervum
communem et implet concavitatem ejus, et venit ad duos nervos secundos
opticos, et implet ipsos, et pervenit ad glacialem, et dat ei virtutem visibilem.'

DISTINCTIO SEXTA.

De evacuatione confusionis videndi, habens capita quatuor.

Capitulum I.

In quo principaliter excluditur confusio videndi, quae videtur oriri ex parvitate pupillae.

Considerandum ergo est, quod, ut in superioribus verificatum est[1], actio naturalis completur per pyramidem, cujus conus est in patiente, et basis est superficies agentis. Nam sic virtus venit a toto agente objecto patienti, ut prius declaratum est, quatenus actio fortis sit et completa ; et ideo in visu sic exigitur, ut a tota superficie agentis veniat species. Sed licet in alteratione naturali patientium exigatur quod singulae pyramides veniant ad singulas partes patientis, propter hoc quod quilibet punctus patientis debet alterari, tamen in alteratione visus principaliter non exigitur nisi quod una pyramis veniat ab agente, et conus cadat in oculum, quae pyramis cadit perpendiculariter super oculum, ita quod omnes ejus lineae sint perpendiculares super ipsum. Nam principaliter non requiritur, nisi quod visus percipiat distincte rem ipsam et certitudinaliter et sufficienter, et hoc fieri potest per unam pyramidem in qua sint tot lineae quot sunt partes vel puncta in corpore viso, super quas species singulae veniant a singulis partibus usque ad anterius glaciale in quo est virtus visiva. Et illae lineae terminabuntur ad singulas partes glacialis, ut ordinentur species partium rei visae in superficies membri sentientis sicut sunt partes in re ipsa ordinatae, quatenus distinctum fiat judicium de singulis partibus et non confusum. Et sunt istae lineae perpendiculares super oculum ut fortiores species veniant, quatenus posset fortiter et potenter ac sufficienter videre, et judicare de re ipsa secundum esse suum. Nam oculus aut non

Rays perpendicular to the ocular surface need alone be considered.

[1] Cf. vol. i. p. 119.

judicat, aut male per solas lineas non perpendiculares propter
debilitatem speciei venientis per illas, quamvis tamen illae
concurrentes cum perpendicularibus abundantius operentur ad
cognitionem visibilis, ut inferius patebit. De perpendicularitate
vero linearum et specierum, quare exigantur ad bonitatem
actionis, satis habitum est in superioribus de multitudine
specierum[1].

These may pass through the pupil in infinite numbers. Sed nunc verificandum est, quod in superficie glacialis, licet
sit modica, potest fieri distinctio visibilis cujuscunque per
ordinationem specierum venientium ab eis, quoniam species
rei, quantacunque sit, potest in minimo spatio ordinate collocari, quia tot sunt partes minimi corporis, quot sunt maximi,
quia omne corpus est divisibile in infinitum, et omne quantum,
sicut clamat tota philosophia. Et Aristoteles probat sexto
Physicorum[2], quod non sit divisio quanti ad indivisibilia, nec
componitur quantum ex indivisibilibus, et ideo tot sunt partes
in grano milii, sicut in diametro mundi, quod patet in figura.
Si fiat triangulus vel pyramis magnae basis *a b c*, et subtendatur cono ejus linea brevissima *e d*, constat autem quod
a quodlibet puncto lineae *a b* potest duci linea in *c*, quia

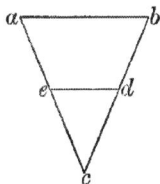

FIG. 27.

a puncto in punctum possumus lineam rectam
ducere, et qua ratione ab extremitatibus basis
potest duci linea in *c*, et ab aliis ejus punctis
potest, et ab omnibus ejus partibus, quia
lineae infinitae possunt ad unum punctum terminari. Hoc satis notum est. Si ergo omnes
istae lineae pertingunt ad *c*, tunc pertranseunt
per puncta *d e* lineae; cum ergo non con-
currant ante *c*, transibunt per diversa puncta in *d e* linea, quia
si per idem punctum omnes vel aliquae transirent, fieret
concursus ante *c*, sed positum est quod non. Si enim fieret
concursus omnium vel aliquarum in aliquo puncto *d e* lineae,
proculdubio tunc post concursum separarentur ab invicem
in infinitum, et non unquam concurrerent in *c*, ut patet ad
sensum in hac pyramide breviori *f g h*. Quoniam ergo

---

[1] Cf. vol. i. pp. 120–123.
[2] *De Nat. Auscult.* vi. § 3 φανερὸν δὲ καὶ ὅτι πᾶν συνεχὲς διαίρετον εἰς ἀεὶ
αἱρετα. Cf. *Metaph.* xii. 8, § 9 μέγεθος δ' ἐξ ἀδιαιρέτων συγκεῖσθαι πῶς δυνατόν;

species partium rei visae quantaecunque possunt ordinari in superficie glacialis propter divisibilitatem quantitatis quae vadit in infinitum, et quae ponit tot partes in parvo corpore quot in magno, non accidit confusio quando species magna venit ad parvam superficiem glacialis.

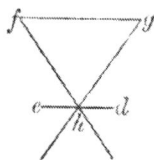

FIG. 28.

CAPITULUM II.

In quo evacuatur confusio secunda propter concursum radiorum declinantium cum perpendicularibus.

Caeterum oportet quod excludatur alia confusio quae potest fingi aliunde. Nam a qualibet parte rei visae exeunt species infinitae, ut in legibus[1] multiplicationis habitum est. Ergo tunc ad quamlibet partem glacialis venit species a tota re, et singulae pyramides, quarum coni sunt in quolibet puncto oculi et corneae et foraminis uveae, et basis omnium est res visa. Et ideo quilibet punctus corneae et foraminis uveae habebit species omnium partium confusas in se; quare fiet judicium confusum. Nec dicendum est, quod quilibet punctus oculi est divisibilis in infinitum, ut cadamus in cavillationem priorem. Quoniam nos hic accipimus punctum pupillae vel partem pro minimo sensibili in divisione partium pupillae, qua divisione hic utimur in distinctione partium membri sentientis secundum divisionem partium rei visae. Et propterea exclusa hac cavillatione possumus dicere, quod licet veraciter ad omnem punctum oculi et corneae veniat conus unius pyramidis a tota re, et quod species omnium partium sint ibi mixtae, tamen ad unum punctum oculi vel corneae et foraminis uveae non venit species perpendiculariter nisi ab uno puncto rei visae, quamvis ad eundem punctum veniant species infinitae declinantes ad angulos inaequales. Et ideo cum corpus oculi sit densius aere, oportet secundum leges

The oblique rays are neutralized by the greater force of the direct.

---

[1] speciebus, J. The reading of O., legibus, is better. Cf. vol. i. p. 117.

fractionis superius determinatas quod omnes lineae[1] declinantes frangantur in superficie corneae. Et quia casus ad angulos inaequales debilitat speciem, et similiter fractio, et perpendicularis incessus est fortis, ideo species perpendicularis occultat omnes declinantes, sicut lux major et fortior occultat multas debiles luces, ut lux solis luces stellarum infinitas occultat, unde ad *b* punctum venit perpendicularis ab ipso *c*, et ad idem *b* venit *a b* non perpendicularis, cum non cadat ad centrum oculi, et ideo occultatur species ipsius *a*, quamvis a puncto *b* possit species ipsius *a* venire ad glacialem per lineam *b d* fractam, et ideo penes perpendiculares est judicium. Et quia species perpendiculares sunt distinctae et ordinatae in superficie visus, ideo accidit distinctio[3].

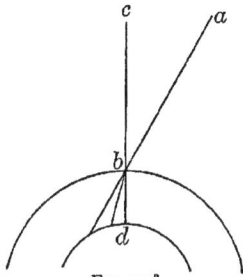

FIG 29[2]

Pyramis ergo perpendiculariter veniens facit visum adeo fortem, ut per ejus fortitudinem occultentur formae declinantes, et nihilominus distinctum ut excludat confusionem quae accidere videtur ex radiis declinantibus infinitis qui occupant quodlibet punctum pupillae. Et haec pyramis dicitur pyramis visualis et radiosa, per quam fit visus principaliter.

Some however by refraction may take part in vision

Hoc dico, quia radii exeuntes a puncto rei a quo venit species perpendicularis ad punctum oculi, licet non cadant in illum punctum directe, sed ad alia puncta, tamen possunt ab aliis punctis in quae cadunt pertingere, per fractionem in tunicis oculi, ad eundem locum glacialis et nervi communis ad quem species perpendicularis super oculum venit ab eodem puncto rei, a quo veniunt illae declinantes; ut sic abundantius fiat visio cujuslibet partis rei visae, cum videatur per radios suos rectos et fractos. Sed de hoc fiet mentio in his quae de fractione dicentur. Atque propterea dixi fieri visum princi-

---

[1] illae. J   [2] The figure is omitted in J
[3] The reading in O is, 'accidit distinctio, ut per ejus fortitudinem occultentur formae declinantes Pyramis ejus perpendiculariter veniens facit adeo visum fortem et nihilominus distinctum ut excludat confusionem,' &c.

paliter per pyramidem radiosam : quoniam enim haec sola
pyramis est perpendicularis super oculum, et cadit in foramen
uveae, et directe opponitur centro oculi, ideo facit visionem
bonam et principalem ; et tamen nihilominus possunt species
venire extra istam pyramidem ad oculum, quae cadent non
perpendiculariter super corneam, et frangentur omnes, ut sic
fiat visus per eas ; sed debilis fiet, quia non perpendiculariter
visa non manifeste apparent oculo.   Et ideo possumus hic
considerare duas pyramides ; scilicet principalem, quae cadit
in foramen uveae, vel unam majorem, compositam ex hac et
ex speciebus venientibus ex utraque parte foraminis super
corneam ; quae tota sic aggregata non dicitur pyramis visualis,
nec pyramis radiosa, cum tamen oculus per eam videat, sed
aliquod principaliter et manifeste, ut omne illud quod cadit
infra pyramidem visibilem, et alia oblique et debiliter, scilicet
quae extra illam cadunt.   Unde res potest esse ita magna,
quod aliquod ejus cadet in pyramidem visualem, et bene
videbitur, et alia a lateribus cadent extra pyramidem super
oculum, et male videbuntur.   Vel potest contingere, quod
una res mediocris cadat in pyramidem visualem, et aliae res
diversae videbuntur a lateribus.   Vel potest esse, quod plures
res parvae cadent in pyramide visibili, et a latere similiter
cadent aliae.   Sed semper videbitur principaliter et manifeste
quod cadit in pyramide visibili, et nihil aliud.   Maxime vero
et in fine certitudinis videbitur illud, ad quod terminatur
axis pyramidis visualis.   Nam ille est perpendicularis super
omnes tunicas et humores, et transit per omnia centra ; et ideo
species quae venit super eum est fortissima et plenissima, et
facit certificationem.   Sed de hoc inferius fiet sermo.

Capitulum III.

In quo evacuatur confusio tertia propter mixtionem specierum in aere.

Sed adhuc non modica dubitatio est, circa evacuationem
tertiae confusionis, quae[1] habet ad purum discuti in tractatu

---

[1] From *quae* to the end of the following sentence is omitted from J.'s text,

Why rays from objects of many colours are not blended and blurred in transit. de generatione et multiplicatione et corruptione et actione specierum, sine quo tractatu non' potest sciri perspectiva. Sed tamen debet hic haec dubitatio propter necessitatem visionis aliquo modo brevius exponi, ne nimiam turbationem ingerat in modo videndi. Nam secundum veritatem species colorum miscentur in omni puncto medii, quoniam ex coloribus extremis fit medius, et ex duobus ejusdem naturae specificae fit una. Contraria enim scilicet extrema, dicit Aristoteles in decimo Metaphysicae[1], medium faciunt, ut album et nigrum ; et duae albedines concurrunt in unum, quando sunt in eodem subjecto, non enim in eodem loco et subjecto possunt numerari, sed fit una Sed sicut est de coloribus, sic de speciebus colorum, nam species est ejusdem naturae cujus est agens eam, et ideo de genere colorum est species colorum, quoniam species albedinis non potest esse in substantia nec in alio praedicamento, quam in qualitate, nec potest esse in aliquo genere vel specie specialissima alia quam in albedine, non enim est nigredo vel viriditas, nec aliqua alia. Ergo relinquitur quod species albedinis, quae est ejus similitudo, erit individuum in specie albedinis praedicamentali. Quapropter sicut albedo cum nigredine miscetur in eodem subjecto, sic species albedinis cum specie nigredinis. Et si hoc, ergo species mixta venit ab omni puncto aeris ad oculum perpendiculariter, et tota pyramis radiosa erit mixta a loco mixtionis in aere, et hoc est necessarium.

The reply that the ray is of immaterial nature is erroneous Et multitudo philosophantium vult in hac parte illud impedire, et dicunt quod species habent esse spirituale in medio et in sensu, et imponunt hoc Aristoteles et Averroes in libro de Anima secundo. Et quia esse habent spirituale et non materiale, ideo non servant leges formarum materialium, et propter hoc non miscentur, quia propter esse materiale miscentur formae materiales. Et ideo ponunt, quod diversae species lucis in medio et lumina infinita numerantur in eodem puncto aeris ac

and inserted in a foot-note It should be restored to the text however, as it is found in the Harl MSS and in Combach's edition [Cf *De Multiplicatione Specierum*, Part III, cap 3]

[1] Apparently the reference is to *Metaphys* lib ix 7, where proof is given that intermediate degrees must be of the same γένος as the extremes

distinguuntur, ac species coloris et omnes hujusmodi species rerum, et propter hoc visus potest distincte videre res. Hic error est gravis valde : nam multa continet falsa et absurda, et oritur ex hoc, quod creditur quod oporteat ponere distinctionem visus, quam non aestimant fieri nisi species sint omnino distinctae in aere. Primo ergo salvabo distinctionem visus, ut videatur quod non est necesse sic errare. Deinde evacuabo facilius errorem, et exponam auctores qui videntur esse contrarii.

Dico ergo, quod species habent esse materiale et naturale in medio et in sensu : et quod vera mixtione miscentur species contrariae, ut species albi et nigri et mediorum colorum, et quod una sit species duarum albedinum et duarum lucium, et sic de caeteris speciebus ejusdem speciei praedicamentalis, et a loco mixtionis veniet species mixta ad oculum, et tota pyramis mixta erit. Sed species unius visibilis habet principalem et primam multiplicationem, caeterae autem habent accidentalem. Principalis autem multiplicatio seu prima est recta, fracta, et reflexa, et venit ab agente, ut superius verificatum est. Accidentalis vero seu secundaria non venit ab agente, sed a specie principali; sicut est de luce, quae venit ad angulos domus a radio solis cadente per fenestram; et haec est ita debilis ut non habeat comparationem ad principalem, nec ducit oculum in rem a qua venit multiplicatio. Unde homo in angulo domus habens speciem secundariam lucis solaris in oculo non videt solem sed radium cadentem per fenestram. Si vero ponat oculum ad radium principalem bene videbit solem. Dico ergo quod sicut radius perpendicularis occultat omnes declinantes qui cum eo terminantur; sic radius principalis occultat omnes radios accidentales. Unde in *d* puncto est vera mixtio albedinis, nigredinis, et rubedinis, et ab eo venit species mixta usque ad oculum super lineam *d e.* Sed in linea *d e* non est principalis multiplicatio nisi ab ipso *b* visibili, non ab *a* neque *c*, sed accidentalis et secundaria; quia non venit multiplicatio similis *a* et *c* nisi a speciebus eorum non ab ipsis. Sed principalis multiplicatio occultat omnes accidentales, sicut perpendicularis occultat omnes declinantes ei conterminales. Et sic tota pyramis est mixta ubique, sed

nulla mixtio secundum multiplicationem principalem venit
ad oculum.

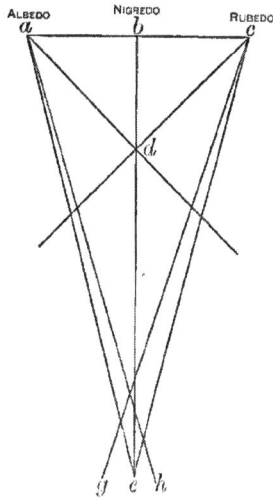

ALBEDO   NIGREDO   RUBEDO

FIG. 30.

Et istud confirmatur per hoc,
quod quando colores diversi habent
eandem multiplicationem principalem, tunc apparet oculo color
mixtus ; ut quando vitrum vel crystallus, vel aliud corpus perspicuum
coloratum opponitur visui, et aliud
corpus densum retro illud perspicuum sit in directo illius et visus,
tunc species utriusque corporis
vadit in visum in eodem loco
secundum multiplicationem principalem, et ideo mixtus color apparet.
Et ideo per oppositum color simplex apparebit, quando unus color
multiplicat se secundum lineam
principalem, et alius accidentaliter,
licet in eodem loco. Si ergo philo-
sophantes istam visus distinctionem adverterent, nunquam
ponerent species non misceri in medio, quia propter distinctionem visus, quam nesciunt salvare, cadunt in illum errorem.
Et si dicatur, quod sicut species illae miscentur principali
mixtione in quolibet puncto aeris, sic in oculo ; ergo tunc erit
confusio plena, quia vera et principalis erit ibi mixtio ; dicendum est, quod vera et principalis potest esse mixtio in quolibet
puncto oculi ; sed una sola species in uno puncto erit perpendicularis, quae cadit in centrum oculi, et omnes aliae erunt
declinantes, ut sunt *a h, c g*, et ideo occultabuntur, et non fiet
judicium de eis, sed de perpendiculari quae est *b e*, et per eam
de re ipsa quae est *b*[1].

---

[1] The figure in J. is incorrectly drawn ; and further, as no reference is made
to it in the text, the reasoning is made difficult to follow.

Capitulum IV.

In quo probatur vera mixtio specierum in quolibet puncto medii, cum evacuatione cavillationum in contrarium.

Cum autem dicunt, quod species habet esse spirituale in medio, hoc non est secundum quod spirituale sumitur proprie et primo, a spiritu, secundum quod dicimus Deum et angelum et animam esse res spirituales: quia planum est quod species rerum corporalium non sic sunt spirituales. Ergo de necessitate habebunt esse corporale, quia corpus et spiritus opponuntur sine medio. Et si habent esse corporale, etiam habent esse materiale, et ideo debent servare leges rerum materialium et corporalium, et ideo misceri, quando sunt contrariae, et una fieri, quando sunt ejusdem speciei praedicamentalis. Et hoc iterum patet, quoniam species est similitudo rei corporalis et non spiritualis: ergo habebit esse corporale. Item est in medio corporali et materiali, et omne quod recipitur in alio est per modum recipientis, ut dicitur in libro de Causis, et Boetius dicit in libro quinto de Consolatione. Ergo oportet quod habeat esse corporale in medio corporali. Caeterum species facit operationem corporalem, ut species caloris calefacit corpora, et exsiccat, et putrefacit, et sic de aliis speciebus. Ergo cum hoc facit calorem univoce, et mediante calore facit alia, necesse est quod sit res corporalis, quia res spiritualis non facit actionem corporalem univoce. Atque maxime facit ad hoc, quod species est ejusdem essentiae cum effectu agentis completo, et fit ille, quando agens invalescit super patiens. Quoniam in principio, quando ligna calefiunt, dum adhuc manent ligna, habent speciem ignis, et postea fortificatur actio, et species promovetur in ignem completum, quando ignis corruperit naturam specificam lignorum, et fit flamma, et carbo. Non ergo differt species a carbone et flamma, nisi sicut incompletum a completo, sicut embryo a puero, et puer a viro. Sed constat quod completum est materiale: ergo et incompletum, ubicunque accipiamus ea, quia incompletum fit completum. Manifestum est ergo, quod species rerum

Proof that the ray is material, not spiritual.

corporalium et materialium habebunt semper esse materiale et corporale, unde insania est contrarium sentire.

Cum ergo Aristoteles et Averroes dicunt, quod species habet esse spirituale in medio et in sensu, patet quod non sumitur spirituale a spiritu, nec proprie Ergo aequivoce et improprie, et hoc est verum. Nam pro insensibili sumitur. quia enim omne vere spirituale, ut Deus, angelus et anima, est insensibile, et non cadit sub sensum, ideo convertimus terminos et insensibilia vocamus spiritualia. Sed hoc est aequivoce, et extra verum et proprium sensum rei spiritualis. Unde species rerum non cadunt sub sensu forti et distinguenti et per se : cum enim nihil sit sensibile per se nisi densum, quia id solum potest visum terminare, lux vel species coloris in aere perspicuo non est visibilis per se, sed per accidens, quia scilicet aliquod densum est ultra aerem, ad quod visus terminatur, et sic percipit perspicuum esse in medio ad quod non terminatur visus, et per consequens claritas lucis in eo apparet. Et similiter cum cadit per fenestram radius, videtur per accidens propter figuram determinatam fenestrae a qua figuratur lux, et propter loca opaca undique, ut sic oppositum juxta suum contrarium positum facilius appareat Similiter quando radius solaris transit per vitrum vel per pannum fortiter coloratum, apparet species coloris in opaco. Sed hoc est dupliciter per accidens, tum propter nimiam claritatem lucis respectu coloris, tum respectu opaci, quod luci opponitur Et in corporibus stellarum videtur species lucis solaris, sed non per eam, sed propter densitatem corporis stellae, quae densitas terminat visum ; et densum etiam est causa illuminationis, ut superius est annotatum His ergo casibus videtur species per accidens, et similiter aliquando propter debilitatem visus nimiam et propter negligentiam videndi, sicut in certis casibus exponetur inferius Et quia solum per accidens, ut ex defectu visus et negligentia videndi, possunt aliquando quasi a casu species visibilium percipi quodammodo, ideo non dicuntur visibiles nec sensibiles simpliciter, et nomine absoluto. Similiter in tangibilibus et odorabilibus et aliis speciebus sensibilium, nec per se nec per accidens accidit sensus de eis, et ideo species sunt insensibiles. Et quia insensibiles sunt, vocantur spirituales: sed haec spiritualitas non contradicit corporalitati nec materialitati in rebus materialibus et corporalibus.

Quod etiam species concurrant in unam, et quod vere fiat una ex pluribus, patet per auctorem perspectivae Alhazen [1], et per Ptolemaeum, qui hoc dicunt, et per ea quae dicta sunt de primo sentiente. Nam oportet quod in eo duae species venientes ab oculis fiant una, ut res visa appareat una, et non duae. Et dicit Alhazen in primo libro quod luces miscentur medio; et Ptolemaeus manifeste docet mixtionem specierum in libro tertio. Quod autem Alhazen per experimentum [2] vult probare, luces non misceri in aere, cum tres candelae opponuntur uni foramini; nam tunc luces apparent ultra foramen distinctae, ergo et in foramine, ut videtur dicere: dicendum est, quod uno modo intelligitur vera mixtio, et alio modo dicitur esse distinctio. Nam in veritate miscentur in foramine; sed quia lux incedit directo incessu, dum in eodem medio multiplicatur, ideo oportet quod lux cujuslibet candelae, sicut ante foramen per diversas lineas rectas transivit, sic ultra foramen quantum ad multiplicationem principalem, et ideo incessus primi et principales dividuntur ultra foramen sicut ante. Sed multiplicatio accidentalis duarum candelarum decurrit cum multiplicatione principali tertiae candelae, et sic est mixtio ultra foramen. Sed quia multiplicatio accidentalis non ponitur in nervum cum principali, nec visus de illa judicat, quia occultatur per principalem, ideo non apparet nobis confusio, nec mixtio in locis ubi cadunt lumina candelarum. Est ergo mixtio in casu luminum, scilicet accidentalis lucis cum principali; et auctor negat apparentiam mixtionis,

True blending of rays.

---

[1] Alhazen, i. cap. 5, § 28. Cf. Ptol. *Opt.* p. 79 (ed. Govi). Ptolemy deals specially with the union of the two *formae* (= species, or impressions) received by the two eyes. Alhazen, in the passage referred to, is speaking of the mixture of *formae* in the medium. His account of the matter is less clear than Bacon's. 'Proprietas coloris et lucis est,' he says, ' ut formae eorum extendantur secundum verticationes rectas.' Bacon admits the mixture, but asserts the preponderance of the vertical radiation. With regard to the experiment with the candles, the only difference between Alhazen and Bacon seems to be that the latter asserted that a mixture of rays took place in the opening, from which secondary rays proceeded. The distinctness, however, of the image of each candle is obvious to any one who tries the experiment.

[2] Alhazen, i. cap. 5, § 29.

quia occultatur, atque negat mixtionem principalium multiplicationum in locis ubi cadunt; et hoc concedo, et tum est
ibi mixtio quam dixi de foramine.   Dico vero quod lux considerata ut est in foramine absolute, oportet quod misceatur
naturali mixtione, et fiat una lux indivisa, et hoc non negat.
Sed si consideremus luces in foramine in quantum natae sunt
ad incessus rectos principales divisos post foramen, sicut ante,
sic dicuntur dividi et non misceri.   Unde absolute loquendo
miscentur, sed respectu incessuum principalium diversorum
in quos ipsae luces jam derivandae dicuntur esse in foramine,
divisae et distinctae.   Sed sic esse distinctum est aequivoce
acceptum, nec opponitur verae mixtioni absolute, quia hoc est
effective, non formaliter: solum enim in foramine dicuntur esse
distinctae, quia faciunt post foramen incessus distinctos, sicut
sol dicitur calidus, quia facit calorem, non quia informetur
calore   Quicunque ergo vel stoici, vel philosophi, vel quicunque sapientes antiqui dicunt, quod species lucis et coloris
vel aliae species simul sunt distinctae in medio, non est hoc
intelligendum absolute, sed quia faciunt incessus distinctos
principales ultra locum mixtionis, sicut ante[1].

[1] The problem discussed by Bacon in the two foregoing chapters is one that
presented great difficulties to natural philosophers, not merely in antiquity and
in the middle ages, but down to a period at least as late as the middle of the
eighteenth century. Assuming that light, heat, or sound were conveyed to
our senses by progressive disturbances of the medium interposed between the
sensory organ and the object apprehended (and this, as will be seen, was
Bacon's view), how was it that these lines of disturbance proceeding simultaneously from different objects or from different points in the same object
did not produce confusion when they intersected? The explanation offered by
some that these lines of radiating force were of immaterial and spiritual
nature, and therefore like other spiritual things had no relation to space, Bacon
rejects as an untenable evasion of the difficulty one of the barren solutions
characteristic of scholastic logic when unimpregnated by scientific research (Cf
Mult Sp iii 2.) His own solution was that the line of force which impinged
vertically on the sense-organ was so much more effectual than those which
fell upon it obliquely as to neutralize them The solution was at least real,
so far as it went, though of course entirely insufficient But it was much to
have conceived distinctly the importance of the problem For a better solution
the world had to wait until Daniel Bernoulli solved the problem of the
coexistence of small oscillations, proving that the oscillations due to different
causes went on as though each took place separately. (Cf Comte, *Philosophie
Positive,* 1 530, ed Littré)

DISTINCTIO SEPTIMA.

Habens capitula quatuor. Primum evacuat errorem visus, qui fieret si vitreus et glacialis essent ejusdem naturae.

CAPITULUM I.

Postquam evacuata est confusio videndi, nunc ostendum est quomodo alia, in quibus inest error, vitentur. Nam si radii pyramidis visualis concurrant in centrum anterioris glacialis, tunc oportet quod dividantur ab invicem, et quod fuit dextrum fiat sinistrum et e contra, et superius fiat inferius, et sic totus ordo rei visae mutabitur, ut facile patet in figura: et ita non veniet species dextrae partis rei ad locum suum, sed ad contrariam partem, et sic de sinistro, et de aliis differentiis positionis. Quatenus ergo hic error vitetur et species dextrae partis currat secundum suam partem, et sinistra secundum suam, et sic de aliis, oportet quod sit aliud inter anterius glacialis et inter centrum ejus, quod impediat hujusmodi concursum. Et ideo ingeniata est natura, ut poneret humorem vitreum ante centrum glacialis, quod est alterius diaphaneitatis et alterius centri,

The vitreous denser than lens, so that ray entering from latter is refracted.

FIG. 31.

ut posset fieri fractio in eo, quatenus radii pyramidis elongentur a concursu in centrum anterioris glacialis. Cum ergo omnes radii pyramidis radiosae praeter axem, qui transit per omnia centra, sint declinantes ad angulos obliquos super humorem vitreum, quod est alterius diaphaneitatis, oportet quod omnes illi radii frangantur in ejus superficie, sicut superius in fractionibus certificatum est. Et quoniam humor vitreus est densior anteriori glaciali, ideo oportet, quod fractio fiat inter incessum rectum et perpendicularem ducendam a loco fractionis, ut in multiplicationibus specierum patuit. Quapropter oportet quod radius *m q*, cum venit in puncto *q* in superficie vitrei humoris, qui est *g d f*, non transeat per rectum incessum in *a* centrum anterioris glacialis, quod est *g h f*, sed frangetur in puncto *q*, inter incessum rectum qui est *q a* et inter perpendicularem ducendam a loco fractionis, qui est *q*, in humorem vitreum, qui perpendicularis est *b l*; nam *b l* vadit in centrum humoris vitrei[1], quod est *b*. Et sic species dextra semper ibit secundum partem suam usque veniat ad punctum nervi communis, qui est *c*, et non ibit secundum partem sinistram. Eodem modo *p u* radius non curret in *a* centrum anterioris glacialis, sed frangetur inter incessum rectum, qui est *u a*, et perpendicularem *b s* ducendam a loco fractionis, qui est *u*, et sic *p u* radius curret ad punctum nervi communis in *c*, et fiet semper secundum partem sinistram. Et sic est de speciebus venientibus ab aliis partibus omnibus, quod semper ibunt secundum vias sibi debitas, et per situm quem debent habere, ut nullus error accidat.

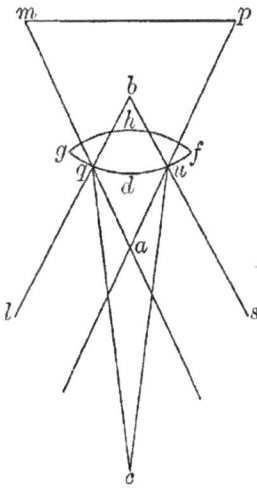

FIG. 32[2].

Quoniam vero nervus repletur a vitreo humore consimili usque ad nervum communem, ideo non est alia fractio, sed currit species uniformiter sine fractione, nec in aliquo immutat incessum rectum, nisi secundum tortuositatem nervi. Et in hoc est miranda potestas virtutis animae, quod facit speciem sequi

[1] It must again be repeated that by *centrum* Bacon means the centre of curvature of the concave surface of the vitreous humour formed by the convexity of the lens. So, too, the *centrum anterioris glacialis* means the centre of curvature of the anterior surface of the lens. Bacon was mistaken as to the refractive properties of these two media. The lens has the higher refractive index.

[2] In J's figure a straight line is drawn from *g* to *f*, and *q* and *u* are placed in this line, which spoils the reasoning. The refraction of the ray on entering the lens is not given.

tortuositatem nervi, ut secundum lineam fluat tortuosam, non
secundum rectam, sicut facit in corporibus mundi inanimatis.
Dum enim est in uno medio inanimato, semper vadit secundum
vias rectas, ut superius declaratum est : sed propter necessitatem et nobilitatem operum animae, species in medio animato
tenet incessum medii, et derelinquit leges communes multiplicationum naturalium, gaudens privilegio animae speciali.
Sic ergo considerandum est, quod species rei visae necessaria
est ad visum, et quomodo cadit in visum et omnes partes
ejus [1].

Capitulum II.

In quo ostenditur, quod species seu virtus oculi fiat usque
ad visibile propter actum videndi.

Nunc considerandum est, an species visus exigatur ad
actum videndi. Manifestum est autem, quod species fit a visu
sicut ab aliis rebus, quia accidentia et substantiae viliores visu
possunt facere suas virtutes, multo magis ergo potest visus.
Et patet per hoc, quod oculus est visibilis a se, ut per
speculum, et ab alio potest videri. Sed nihil videtur nisi per
speciem venientem a re visa. Sed an species haec, seu virtus
visiva, seu radii visuales fiant ab oculo usque ad rem visam,
dubium fuit semper apud sapientes. Sed Aristoteles sua
dissolvit auctoritate decimo nono de Animalibus [2] hanc quaestionem, dicens quod nihil aliud est videre, quam virtutem
visivam fieri ad rem visam. Et Ptolemaeus [3] in libro de Opticis,

*Force
radiates
from the
eye to the
object.*

[1] This remark on the propagation of force in living nervous tissue deserves
attention.

[2] If to the nine books of *Historia de Animalibus* we add the four *De Partibus*,
the one *De Incessu*, and the five *De Generatione*, we get nineteen. In *De Generatione Animalium*, lib. v. 1, Aristotle speaks of both theories, radiation to and
radiation from the eye, without expressing a distinct preference for either.
Οὐδὲν γὰρ διαφέρει τὸ λέγειν ὁρᾶν, ὥσπερ τινές φασι, τῷ τὴν ὄψιν ἐξιέναι . . . ἢ τὸ
τῇ ἀπὸ τῶν ὁρωμένων κινήσει ὁρᾶν. On the other hand in the *Treatise de Sensu*,
cap. ii. he condemns the latter decidedly ; remarking, ἄλογον δ' ὅλως τὸ ἐξιόντι
τινὶ τὴν ὄψιν ὁρᾶν, καὶ ἀποτείνεσθαι μέχρι τῶν ἄστρων.

[3] e. g. *Optica*, p. 17 (ed. Govi) 'Visus discernit situm corporum . . . per
ordines radiorum a visu cadentium super illa.' And again, p. 29, 'Figuras cognoscit visus per figuras basium super quas cadunt visibiles radii.' But Ptolemy,
while asserting the activity of the eye in vision, does not countenance the crude

id est, de aspectibus seu in perspectiva sua qui prius quam
Alhazen dedit hanc scientiam, quam a Ptolemaeo acceptam
Alhazen exposuit, vult per totum librum suum, quod ab oculo
fiant radii visuales, usque ad rem visam. Et Tideus in libro
Aspectuum affirmat hoc, et infert, quod visus nunquam certifi-
caret distantiam inter ipsum et rem visam, neque quantitatem rei visae, neque locum et situm ejus, nisi radii visuales
fierent a visu usque ad rem visam, et starent super ipsam, et
comprehenderent superficiem ejus, et extremitates continerent.
Et hoc similiter asserit Jacobus Alkindi in scientia sua de
aspectibus et Euclides, et omnes. Et si volumus per sanctos
hoc confirmare, dicemus, quod ipsi concordant in hoc, et praecipue Augustinus ; nam vult in sexto Musicae [1] quod species
visus veniat et vegetetur in aere usque ad rem. Unde sicut
res inanimata facit suam speciem inanimatam, sic res animata
facit speciem quae habet quodammodo virtutem animae. Nam
sicut se habet res inanimata ad suam speciem, quae similis est
ei, sic se habet animata res ad speciem ei similem. Non
tamen propter hoc medium quod est inanimatum erit animatum, sed assimilabitur animato per suam similitudinem jam
receptam.

CAPITULUM III.

In quo objectiones solvuntur.

Apparent
opposition
of Alhazen
and Aris-
totle to this
view.

Et si contra hoc allegentur Alhazen, et Avicenna tertio de
Animalibus, et Averroes in libello suo de Sensu et Sensato,
respondeo quod non sunt contra generationem speciei visus,
nec contra hoc quod faciat ad operationem visus, sed contra
eos, qui posuerunt aliquod corpus ut speciem visibilem vel

---

view which Aristotle condemns, that the eye projects something from its
substance towards the visible object. Euclid, again, in his *Optica*, and Theon,
in his commentary on Euclid's work, speak of rays drawn from the eye to the
object; as e. g. in the first of the definitions or postulates; ὑποκείσθω τὰς
ἀπὸ τοῦ ὄμματος ἐξαγομένας εὐθείας γραμμὰς φέρεσθαι διάστημα μεγέθων μεγάλων.
But they use this language rather as geometers than as physiologists.

[1] See Aug. *de Musica*, vi. 10, in which Augustine dwells on the activity of
the soul (anima) in the act of sensation. But his language is hardly as explicit
as Bacon represents it.

consimilem protendi a visu usque ad rem visam, per quod
visus sentiret rem ipsam, et quod raperet speciem rei visae ac
reportaret eam in visum. Haec enim fuit opinio aliquorum
antiquorum in hac parte, qui nondum fuerunt experti certitudinem visionis. Dicendum est ergo quod praedicti philosophi,
scilicet, Alhazen et Avicenna et Averroes, nihil aliud impugnant, sicut patet ex eorum textu. Sed tamen vulgus
imbuitur contrario propter exemplum Aristotelis in Topicis,
quia quod quilibet audit a juventute trahit in consuetudinem,
ut aliud recipere non velit. Aristoteles enim in libro Topicorum, quia dat artem arguendi ad omne problema, ponit
exempla, quae sunt positiones philosophorum de quibus fuit
dubitatio et sermo communis inter eos, sicut manifestum est
ex libro illo. Et ideo illud exemplum famosum, quod visus
fiat intus suscipiendo et non extramittendo, recitat secundum
opiniones famosas. Nam Stoici sic posuerunt, ut patet per
Boetium quinto de Consolatione in illo metro, Quondam porticus
attulit obscuros nimium senes. &c. Atque in libro Priorum
dicit, quod exempla non ponimus semper quia vera sunt, sed
ut assentiat qui addiscit. Non ergo asserit Aristoteles quod
visus non fiat extramittendo, sed recitat secundum opinionem
vulgatam, et pro exemplo non pro veritate. Quod etiam
secundo de Anima[1] nitatur ostendere, quod universaliter sensus
est de genere virtutum passivarum, et non docet sensum esse
activum; dicendum est, quod hoc fuit necessarium propter
positionem sui magistri Platonis, et multorum Platonicorum.
Nam vulgatum fuit inter eos, quod visus tantummodo fuit
activus, et quod emitteret speciem visibilem ad omnia visibilia
contuenda, unde subito ad astra visus secundum eos mittit
speciem visibilem qui contuetur ea et reddit visui species

---

[1] J. has *animalibus*; but the reference is clearly to *De Anima*, ii. 12 § 1
(ἡ αἴσθησίς ἐστι τὸ δεκτικὸν τῶν αἰσθητῶν εἴδων, et seq.). The passage in the
Topics (i. 12, § 2) merely expresses a view which might be held with a fair
degree of probability, based on the analogy of the sense of sight with the
sense of hearing.

The excuse here given for what Bacon evidently considers Aristotle's
obscurity, if not error, is curious. This time it is not bad translation. By his
use of the word *Stoici*, here and elsewhere, Bacon shows that he did not
distinguish between the two Zenos.

earum. Et ideo Aristoteles, qui voluit certificare de singulis secundum possibilitatem sui temporis, reprobavit utramque opinionem de visu, scilicet Stoicorum, qui posuerunt eum tantum esse passivum, et Platonicorum, qui voluerunt esse tantum vel principaliter activum et erronee. Sed unam scilicet Stoicorum libro de Animalibus destruit, aliam Platonicorum libro de Anima, sicut ei placuit. Exercitati vero in philosophia Aristotelis et praecipue in perspectiva aestimant quod visus est activus et passivus. Nam recipit speciem rei visae, et facit suam virtutem in medium usque ad visibile. Quoniam multiplicatio speciei ad omnem distantiam est in instanti, ut plures aestimant, vel magis in tempore sed tamen insensibili, et latet sensum hoc tempus propter sui parvitatem.

CAPITULUM IV.

In quo redditur ratio veritatis.

Force travels simultaneously from object to eye and from eye to object.

Et ratio fit hujus positionis, quod omnis res naturalis complet suam actionem per solam virtutem suam et speciem, ut sol et caetera coelestia per suas virtutes immissas in res mundi causant generationem et corruptionem rerum ; et similiter res inferiores, ut ignis per suam virtutem exsiccat, et consumit, et multa facit. Et ideo oportet quod visus faciat operationem videndi per suam virtutem. Sed operatio videndi est certa cognitio visibilis distantis, et ideo visus cognoscit visibile per suam virtutem multiplicatam ad ipsum. Praeterea species rerum mundi non sunt natae statim de se agere ad plenam actionem in visu propter ejus nobilitatem. Unde oportet quod juventur et excitentur per speciem oculi, quae incedat in loco pyramidis visualis, et alteret medium ac nobilitet, et reddat ipsum proportionale visui, et sic praeparet incessum speciei ipsius rei visibilis, et insuper eam nobilitet, ut omnino sit conformis et proportionalis nobilitati corporis animati, quod est oculus. Sed quoniam haec positio est dubia multis, ideo praeter verificationes nunc habitas afferam veras et certas experientias multiformes, secundum quod in diversis locis occurrent inferius circa alias conclusiones, quae necessario hanc positionem comitantur. De multiplicatione autem ejus intelligendum est quod jacet in loco eodem cum specie rei visae inter visum et rem visam, et fit secundum pyramidem cujus conus est in oculo et basis in re visa. Et secundum quod species rei in eodem medio recte incedit et frangitur diversis modis, quando occurrit medium alterius diaphaneitatis, et reflectitur quando venit obstaculum densi corporis: sic est de specie visus, quod omnino incedit secundum incessum speciei ipsius visibilis. Et quamvis species oculi jaceat in forma pyramidis, cujus conus est in oculo, et basis stat super omnes partes rei visae, tamen a superficie glacialis fiunt pyramides infinitae, quarum omnium una basis est, et earum coni cadunt in singula puncta rei visae, ut sic videantur omnes partes visibilis in ea fortitudine quae fieri potest. Et tamen una pyramis est principalis, scilicet illa cujus axis est linea transiens per centrum omnium partium oculi, quae est axis totius oculi; nam illa certificat omnia, sicut superius dictum est, et uberius exponetur.

Et licet species visibilium, ut lucis et coloris, misceantur in medio, scilicet quod plures luces in unam concurrant, et plures colores misceantur, ut dictum est, et haec species rei et species visus jacent in eodem loco indiviso; tamen non est confusio istarum specierum, nec mixtio, nec fit unum ex eis, quoniam non sunt ejusdem speciei, nec ejusdem generis; quoniam pupilla colorem non habet, nec color et lux habent virtutem animae. Species autem oculi est species animati corporis, in qua virtus animae dominatur[1], et ideo non habet comparationem ad speciem inanimatae rei, ut unum fiat ex eis, sicut nec ex albedine et dulcedine in lacte; et multo minus hic, quia magis distat animatum ab inanimato, quam duo inanimata.

Being of different nature, no confusion arises from their meeting.

---

[1] This is not inconsistent with what has been said before, that the *species*, or ray, is in all cases of material not of spiritual nature. *Animatum corpus* was, in Bacon's view, as material as *inanimatum*. His peculiar views as to the diversity of matter, of which something has been said in the Introduction, made this way of thinking easy to him.

DISTINCTIO OCTAVA.

In qua proponitur quod praeter speciem exiguntur novem[1] ad visum, habens tria capitula. In primo docetur, quod lux et distantia debita requiruntur ad visionem.

CAPITULUM I.

Conditions of vision. (1) Light.

Post haec vero considerandum est, quod praeter speciem, novem requiruntur ad visum, sicut docent auctores perspectivae. Unum est lux, quia nihil videtur sine luce. Lux enim est primo visibile, deinde color et caetera viginti quae prius numeravi, et omnia alia mediantibus eis videntur, sed nullum videtur nisi luce perfundatur. Cujus causa aestimatur multis modis esse, scilicet aut quia color non habet esse verum in tenebris, secundum Avicennam tertio de Anima, aut si habeat, non potest facere speciem in eis secundum Alhazen, aut si potest non operabitur in visum, nec immutabit ipsum ut fiat actus visionis, secundum eundem Alhazen. Primum destruit Ptolemaeus in secundo Perspectivae dicens[2]: Si enim sic esset, etiam quaelibet res duae habentes situm eundem respectu lucis et visus viderentur similis coloris, cujus contrarium videmus in diversis rebus quasi universaliter, et in eadem re in diversis temporibus, ut in chameleone, qui mutat colorem secundum diversitatem rerum quae appropinquant ei, et in eo qui rubescit ex verecundia et pallescit in timore; quamvis eundem situm habeat res semper respectu lucis. Secundum patet esse falsum per simile de omni re alia activa, quae speciem faciunt in tenebris et in luce. Tertium est verum, et causa, quia visibile primum et principale est lux, et ideo nihil potest videri nisi mediante ea; sicut in aliis sensibus, nihil olfacimus nisi mediante odore, nec tangimus nisi mediantibus quatuor

---

[1] The first six of those conditions are laid down by Alhazen, lib. i. prop. 36–42.

[2] Ptolem. *Optica*, pp. 11–12. Bacon has condensed Ptolemy's remarks, but has given his meaning accurately.

qualitatibus primis, quae sunt calidum, frigidum, humidum, siccum.

Secundum, quod ad visum exigitur, est distantia. Nam (2) Distance. universaliter sensibile positum super sensum[1] non sentitur, ut Aristoteles dicit secundo de Anima : cujus causa est, quia omnis sensus fit extramittendo, id est, faciendo virtutem suam a se in medium, ut species sensibilis reddatur magis proportionalis sensui, et recipiat esse nobilius a specie sensus quatenus sit magis conformis sensui. Et hoc invenimus in omnibus sensibus. Nam de visu prius ostensum est ; et similiter est in aliis duobus sensibus, qui habent medium extrinsecum, ut olfactus et auditus, quoniam Aristoteles dicit decimo nono de Animalibus[2], quod virtutes fiunt ab olfactu et auditu, sicut aqua de canalibus. Et similiter de sensibus qui non habent medium extrinsecum sed intrinsecum, ut tactus et gustus. Nam de tactu dicit Aristoteles secundo de Animalibus, quod ejus medium est caro et ejus instrumentum est nervus. Sed in duodecimo de Animalibus vult quod caro sentiat in tactu, sicut oculus in visu. Et Avicenna primo et secundo et tertio de Animalibus vult, quod cutis et caro sentiant. Ergo virtus sensitiva quae est in nervo, diffundit suam virtutem in medium tactus, quod est caro et cutis. Sed gustus est quidam tactus, ut Aristoteles dicit secundo de Anima, et habet medium intrinsecum, sicut tactus. Et ideo virtus gustandi, quae est in nervo, suam facit speciem in carnem et cutem linguae, immo quod plus est, in palatum et oris partes reliquas, ut quodammodo illae partes videantur sentire saporem.

Ad quantam vero distantiam possumus videre in planitie terrae et in montibus docet auctor de crepusculis[3], dicens, quod

---

[1] *De Anima*, ii. cap. 7, § 8. Aristotle shows that what is true of vision is also true of hearing and smell. Οὐθὲν γὰρ αὐτῶν ἁπτόμενον τοῦ αἰσθητηρίου ποιεῖ τὴν αἴσθησιν. It is even true, he goes on to say, though less evidently, of taste and touch.

[2] The nineteenth book *De Animalibus* is the fifth book *De Generatione*. The reference is apparently to the second chapter ; though all that Aristotle says there is that animals which have something like long canals (οἶον ὀχετούς) connected with the senses of hearing and smell, hear and smell at greater distances. The twelfth book *De Animalibus*, shortly afterwards referred to, seems to be the second book *De Partibus*. The reference is to cap. 8. See note on p. 170 of Dr. Ogle's admirable edition of this treatise.

[3] See vol. i. p. 229. The distance that would be visible from the summit of

prope tria milliaria ad plus videmus in terra plana; et in altissimo monte, cujus altitudo maxima est octo milliaria, non videbimus adhuc in superficie terrae nisi circiter 250 milliaria; et hoc facit gibbositas terrae visui resistens.

CAPITULUM II.

De tertio, quod est oppositio visibilis respectu visus.

Third condition. The object must confront the eye.

Tertium est oppositio visibilis respectu visus. Hoc enim exigitur in visu fracto secundum lineas rectas, sicut hic est intentio, quamvis per reflexionem et fractionem possit res videri sine oppositione. Sed mirabile est hoc, cum nos audiamus undique et olfaciamus, et in fronte sentiamus calorem ignis retro positi, si multus sit et fortis; et visus, qui est sensus nobilior, non facit sic. Et causa hujus rei est valde occulta et adhuc inaudita et invisa apud sapientes. Aristoteles enim in libro Problematum[1] debuit nos certificare de hoc, nam ibi tangit istud inter alia sua problemata secreta. Sed vel mala translatio, vel falsitas exemplaris Graeci, vel aliqua alia causa nos impedit in hac parte.

Propagation of sound and odour differs from that of light.

Certum tamen est, quod audimus ex omni parte sonos sine fractione et sine reflexione, ut proferens audit vocem propriam; sed impossibile est quod hoc sit secundum multiplicationem accidentalem, quia species accidentalis non facit nos sentire objectum, ut prius habitum est. Nec est per fractionem, quia unum est medium; nec est ibi densum, a quo fit reflexio; quapropter necesse est, quod sit secundum lineas rectas factas[2] in aurem. Ergo oportet quod sonus verus et non sola species soni sit opposita auri, et fiat multiplicatio in

a mountain eight miles in height is put, in J.'s ed., as *viginti quinque*, which is of course a gross understatement. In Alhazen's work, and in most MSS. of Bacon it is written in Arabic numerals, and the smallness of the final cipher led perhaps to the mistake.

[1] The reference is probably to sect. xi. 58, of this spurious work.

[2] Some MSS. have fractas (as in J.'s ed.) or fracta: but factas seems obviously right.

The meaning of the paragraph is that sound itself, consisting in tremor of aerial particles, and not merely the *species*, or radiation, from sound was diffused through space. (Cf. *De Mult. Spec.* i. 2.)

eam; sed primus sonus non potest objici auri. Ergo oportet
quod sonus verus generetur in oppositione auris; et hoc est
verum per hunc modum quem dicam. Nam sonus generatur
ex hoc, quod partes rei percussae egrediuntur a situ suo
naturali, ad quem situm sequitur tremor partium in omnem
partem cum quadam rarefactione, quia motus rarefactionis est
a centro ad circumferentiam, et sicut cum primo tremore
generatur primus sonus, sic cum secundo secundus in secunda
parte aeris, et cum tertio tertius in tertia parte aeris, et sic
ulterius. Et quia hi tremores sunt impetuosi et maxime in
aere, qui de facili mobilis est, et cum movetur bene, retinet
impressionem motus, ideo secundus sonus et ultra usque ad
bonam distantiam non est sola species soni, sed verus sonus
saltem habens plus quam species. Et quia sic est, ideo voci
multiplicatae ab ore juxta superficiem auris[1] secundum incessum primum potest consimilis per hujusmodi tremores aeris
in omnem partem factos generari in aurem, non accidentali
generatione sed principali, quia causa ejus est ibi, scilicet
tremor dictus qui facit aerem tremere in aurem, et facit sonum
verum in eam, et in omnem partem. Et sonus factus in aure
vel prope aurem, et in directo ejus, non est species speciei,
sed est ipse sonus factus a tremore. Et signum, quod sonus
in partibus medii aeris a primo loco generationis non est
species sola soni, sed habet magis de natura objecti, est quod
violentior est sonus quam aliud sensibile, quia subito confundit
auditum et interficit, quando multum excedit.

Odor autem non solum facit speciem, sed ab odorabili exit
fumus, qui est corpus subtile diffundens se ubique in aerem,
et cum venit in oppositione narium, multiplicat speciem suam
usque ad instrumentum olfactus, et ideo fumus ille habet
verum odorem, sicut odorabile primum; et propter hoc non
solum species, sed verus odor invenitur hic in apertione
narium, sed non primus, immo secundus, qui est in fumo.

Quatuor vero qualitates, ut superius tactum est[2] in legibus

[1] 'superficiem auris' is the reading of O. Four lines afterwards O. has
'aerem tremere in aurem.' The reading of J. 'aurem tremere in aurem' is
unintelligible.

[2] The whole question of propagation of force is dealt with, though in a comparatively cursory way, in the fourth part of the *Opus Majus*. But it does

multiplicationum, possunt complere species suas, sicut quatuor elementa propter necessitatem generationis. Nam videmus, quod ignis non solum generat speciem suam, sed verum et perfectum ignem, in flamma et carbone; et sic calor ignis potest generare verum calorem, habens plus quam species sola, et hoc potest fieri undique in aere. Et ideo potest pertingere in oppositione partis animalis, quae non est exposita igni, scilicet, quando venit extra umbram ignis, quam facit res objecta usque ad punctum *a*, et tunc potest facere speciem in superficie rei, quae non est exposita igni per lineam *a b*. Sed hujusmodi casus non accidunt in istis visibilibus consuetis, et ideo oportet quod res sit in oppositione visus.

Capitulum III.

De quantitate sensibili ipsius visibilis.

Fourth condition. The object must be of a certain magnitude. Quartum quod ad visionem exigitur est, ut res sit quantitatis sensibilis respectu sensus. Nam ita parvum potest esse visibile, quod non videbitur. Cujus causa est, quod species venientes a partibus visibilis debent ordinari distincte in superficie glacialis, et hoc sensibiliter respectu virtutis sentientis. Sed quando res est nimis parva, tunc species venientes a partibus visibilis singulis ad partes membri sentientis, licet secundum positionem quantitatis, ut est divisibilis in infinitum, distinguantur, tamen respectu sensus non distinguuntur, sed confunduntur propter nimiam propinquitatem in parva parte membri sentientis quam occupat pyramis visualis.

Extreme limit of angle of vision said to be a right angle. Et huic annexum est considerare quantum in magnitudine maxima possumus videre per pyramidem visualem. Et hic est ingens dubitatio, quantum scilicet in maxima magnitudine potest ab oculo videri. Et homines dediti considerationibus perspectivae aestimant, quod oculus in superficie terrae, ut nunc videmus, non potest videre quartam coeli per pyramidem

not appear to contain any passage to which this can be a reference. On the other hand, in the treatise *De Multiplicatione Specierum* (Part I, cap. 6), this point is specially considered. The *Perspectiva* was often copied; and this reference to *De Mult. Spec.* may have been inserted afterwards.

radialem ; sed si oculus esset in centro mundi, videret quartam coeli sub illa pyramide ; quoniam ponunt, quod pyramis contineat in oculo angulum rectum, eo quod illi angulo sub-tenditur latus quadrati descriptibilis in sphaera uveae, scilicet, quod portio uveae, in qua est foramen, potest capere latus quadrati, et lateri quadrati respondet angulus rectus ; et cum ita sit secundum opinionem istorum, tunc aestimant quod in portione visa de coelo possit contineri latus quadrati, et ideo tota quarta videretur, si oculus esset in centro terrae. Quod si hoc, tunc sine dubitatione non potest quarta videri ab oculo existente in superficie terrae, per[1] vicesimam primi Elementorum Euclidis. Nam secundum eam, si a terminis basis trianguli ducantur duae lineae infra triangulum continebunt angulum majorem, ut patet in figura. Ergo conus pyramidis venientis in quarta coeli ad oculum in superficie terrae, contineret angulum ob-tusum. Cum ergo angulus pyramidis secundum eos rectus est, ipsa pyramis non habebit quartam coeli pro basi, quando oculus est in superficie terrae, sed minus quam quarta.

FIG. 33.

Sed quod supponitur, quod pyramis radialis contineat angulum rectum, neque habet auctoritatem neque experien-tiam neque demonstrationem usque ad hunc diem, et ideo eadem facilitate contemnitur qua probatur. Et cum redditur hujus causa per latus quadrati descripti in sphaera uveae hoc stare non potest : quia sphaera uveae et anterior glacialis non sunt concentricae, et ideo lateri quadrati in sphaera uveae non respondebit angulus rectus in sphaera glacialis, nec erunt portiones glacialis et uveae similes, et ideo nec portio coeli erit similis portioni uveae in qua protrahitur latus quadrati ; quod tamen oporteret. Et voco hic portiones similes, quae habent portiones proportionabiles respectu suarum sphae-rarum, cum secentur ab ejusdem diametris terrae, ut patet in figura. Nam sit sphaera coeli *a c i*, sphaera glacialis ei con-centrica *d o*, et sphaera uveae, cujus centrum est aliud versus anterius oculi scilicet *t*, sit *e f g*. Patet ergo quod *a c* quarta

This not borne out, either by theory,

---

[1] The twenty-first proposition in modern editions of Euclid.

coeli, et *d o* quarta glacialis sunt similes, et habebunt eundem angulum rectum, scilicet *o h d*; sed illud non habet *e g* quarta uveae, quoniam respicit angulum *g h e*, qui est pars anguli recti *o h d*, sed est major portio quam sit illa quarta scilicet

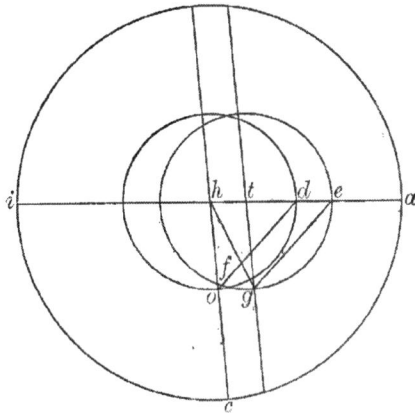

FIG. 34 [1].

e f, et ideo latus quadrati, describendi in quarta uveae non potest respicere angulum rectum pyramidis et glacialis, et ideo per illud latus non potest concludi angulum pyramidis. Quod si concludatur, erit acutus, non rectus, ut patet ad sensum in angulo *g h e*, quoniam est pars recti anguli *f h d*, et *o h d*, quod idem est. Sed melius esset dicere, quod portio anterioris glacialis est quarta sphaerae; nam sic angulus pyramidis esset rectus, quia tota portio illa, quantacunque sit, est occupata per angulum pyramidis, quia tota est instrumentum videndi, et non sola pars aliqua. Et tunc latus quadrati describendi in glaciali subtenditur angulo recto pyramidis; et similiter in portione humoris albuginei, quae est in foramine uveae; et eodem modo in portione corneae, nam erunt quartae tunc sphaerarum suarum, quia sunt concentricae glaciali. Et quia coelum esset concentricum eis, si centrum oculi esset in centro mundi, tunc quarta coeli eis responderet cum latere quadrati describendi in ea, et sic videretur quarta coeli. Sed nec est certificatum, an portio anterioris glacialis sit quarta suae

[1] J. omits reference to this and the following figure.

sphaerae, et ideo nobis non est certificatum, quod oculus in centro mundi videret quartam coeli, nec per hanc viam potest nobis certificari quod oculus in superficie terrae videbit minus quarta, nec quantum minus.

Sed per experientiam[1] certum est, quod oculus non potest ^{or by e} videre quartam coeli in superficie terrae. Nam si aliquis ^{perime} inspiciat stellam aliquam quae est super caput ejus, et stet in loco plano, non poterit usque ad terram respicere, quantum-cunque nitatur; sed quarta coeli est a zenith capitis usque ad terram. Et ideo quartam non videbit. Sed tamen parum minus, quia si sic aspiciens parum inclinet caput videbit terram, et non videbit stellam, et hujus causa non est alia quam dis-positio oculi, eo quod pupilla est sic situata, et foramen uveae sic dispositum, quod non potest plus videre. Quod manifestum est per hoc, quod aliquis propter dispositionem oculi videbit plus de quarta et alius minus. Nam qui habet foramen uveae parvum, et pupillam in profundo, minus videbit de hac quarta, et ubi est e converso, plus videbit, ut patet in figura; ut si pupilla sit in *a* puncto, et chorda foraminis sit, *b c*, videbit minus, quam si pupilla esset in *d*, quia magis expanduntur lineae *d b* et *d c*, quam *a b* et *a c*. Similiter si foramen sit majus cum propinquitate pupillae plus videbitur, ut patet per *d f* et *d g* lineas, quae magis separantur; et haec est causa certa in hoc casu; et ideo in vanum finguntur, quae praetacta sunt.

FIG. 35.

---

[1] What the greatest angular magnitude is that can be appreciated by the eye at any one moment (i. e. the maximum of the visual angle) is a problem which Bacon's knowledge did not enable him to solve: though he showed his usual 'positivity' in proposing it. As the angle becomes larger, the extreme rays will fall on portions of the retina nearer to its anterior border and less adapted for vision. The practice of landscape artists would indicate that the largest available visual angle was between 60° and 45°. The precise determination of the angle is complicated by the extreme mobility of the eye round its focal centre. Dr. Young calculated that the range of motion in the eye-ball is 55° in every direction, so that, the head being fixed, a single eye may have perfect vision of any point within a range of 111° (Todd's *Cycl. of Anat.* iv. p. 1442).

DISTINCTIO NONA.

Habens quatuor capitula. Primum est de densitate et raritate objecti.

Capitulum I.

Fifth
condition.
The object
must be
denser than
the
medium.

Quintum est, quod oportet ut visibile, quod communiter vocamus objectum visus, excedat densitatem aeris et coeli, ut docet Alhazen. Ideoque videmus aquam bene, quia densior est aere, et vapores, et nubes, et vitra et hujusmodi perspicua, quae parum habent de denso respectu eorum quae perfectam habent densitatem. Sed tamen sciendum est, quod Ptolemaeus dicit in secundo libro Perspectivae, quod nos videmus aerem vel perspicuum coeleste a longe et in superflua distantia, quamvis non in propinqua; multum enim de perspicuo cumulatur in magna distantia et se habet ad visum sicut illud quod est perfecte densum in parva distantia. Multum ergo de perspicuo cumulatum in magna distantia fit umbrosum, sicut nos videmus in aqua profunda, per cujus medium non possumus videre terram sicut per aquam parum profundam. Nam partes aquae profundae projiciunt umbram priores in posteriores, et fit obscuritas quae proprietatem raritatis absorbet, ut sic tanquam aliquod densum appareat tota aqua, et sic de aere vel perspicuo coelesti longinquo, propter quod redditur visibile, et non de prope.

Limitation
of visual
power even
in a rare
medium.

Sed et alia causa est, scilicet quod visus terminatur ad perspicuum longinquum. Nam ut dicit Alhazen in septimo, raritas corporum mundi finita est, et ideo quodlibet eorum habet aliquid densitatis et raritatis, licet non bene sensibilis et maxime a propinquo: nam species visus fit ab ipso ad visibile, et debilitatur in distantia, ita ut licet propter fortitudinem sui penetret aerem propinquum, non tamen perspicuum coeleste remotum; et ideo terminatur visus ad illud. Sed Avicenna dicit tertio de Anima, quod illud est verum visibile, quod terminat visum, et ideo hoc perspicuum coeleste est vere visibile a longe. Et pono exemplum in aere vaporoso et nebuloso in hyeme, qui a longe videtur sed non de prope, et tamen aer vaporosus uniformis est in densitate et raritate. Sed a distantia magna videtur propter hoc quod potest terminare speciem visus et ei resistere; et sic fit visibile, quod non potest facere de prope propter fortitudinem speciei visus. Nec est deceptio visus, quia aer ille vaporosus habet rationem objecti, quae ratio consistit secundum Avicennam in hoc quod potest visum terminare. Similiter dico hic, quod aer, vel sphaera ignis, vel coelum, de prope et a longe est similis raritatis quantum ad sensum: sed tamen habet aliquid densitatis de sua natura, et haec densitas potest speciem visus in magna distantia terminare, quod non potest facere in parva, et ideo bene videbitur a longinquo, sed non de prope. Quod ergo dicit Alhazen, quod visibile habet excedere densitatem aeris, et vocat aerem perspicuum totum usque ad stellas, intelligendum est in visibilibus consuetis quae in debita distantia et in fortitudine visus possunt videri. Quare vero appareat coloris vergentis ad nigrum, scilicet coloris caerulei, est propter hoc, quod sicut in aqua profunda apparet similiter ille color propter umbras projectas a partibus, ex quibus umbris redditur obscuritas, quae est similis nigredini, sic est in aere sive medio inter nos et coelum ultimum. Si vero aliquod corpus coeleste esset densum, tunc posset dici quod illud esset visibile principale quod visum terminaret, et totum perspicuum inter ipsum et oculum non perciperetur, nisi quia visus percipit se non terminari, antequam species ejus veniat ad illud densum. Et aestimatur a sapientibus astronomis, qui theologiam ignorant, quod coelum stellatum sit ubique densum. Sed aliter aestimatur, scilicet quod illud, quod videtur superius ad quod terminatur visus, sit coelum aqueum. Nam colorem habet sicut aqua maris hic, et illud coelum videmus per medium coelorum omnium octo quae sunt citra. Non enim est dubium theologis et philosophantibus secundum theologiam quin coelum nonum sit aqueum[1]; et tunc ultra illud est decimum. Sed de his alibi sermo est proprius.

---

[1] This corresponds to the *cielo crystallino* of Dante, *Parad.* xxvii–xxix. Neither here, however, nor in the second section of the *Convito*, in which the heavenly

Sed objicitur de radio vel aere lucido cadente per fenestram
quod ille est bene visibilis, et tamen aer ille est rarus, et

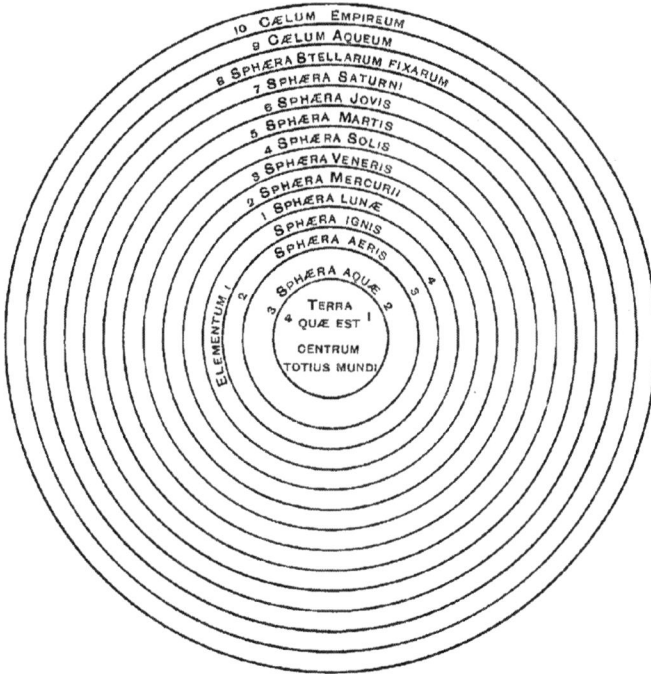

FIG. 36.

spheres are described, is anything said of the aqueous nature of the ninth sphere.
I subjoin the diagram contained in Bacon's commentary on Aristotle's *Secretum
Secretorum* (Bodleian, Tanner MSS., 116), which illustrates this view of the
celestial spheres. It is appended to his note on ch. 67 of the *Secretum Secretorum*, in which he observes: ' Sphaera circumdans scilicet omnia, scilicet
coelum nonum ; et est coelum aqueum et empireum, ut intelligamus hos duos
coelos hic ab Aristotele comprehendi sub sphaera continente. Quia primo
Metaphysicae facit mentionem de coelo decimo quod est empireum circumdans
scilicet omnia visibilia, et haec habet duas sphaeras scilicet coelum empireum
et coelum aqueum. Hi duo coeli sunt invisibiles mortalibus et circumdant
octo coelos inferiores et quatuor sphaeras elementorum. Unde quatuordecim
sunt sphaerae mundi. De istis autem decem coelis non solum theologi sed
philosophi loquuntur ut antiquissimus Pythagoras et Aristoteles in secundo

rarior quam extra casum lucis, quia lux rarefacit aerem ut generat calorem; calor enim non generatur nisi ex rarefactione. Et hic aliqui conati sunt ostendere, quod densitas non exigitur in corporibus luminosis, unde aestimant stellas non esse densas, sicut nec orbes. Sed propter nimium fulgorem lucis dicunt quod visus non potest eos penetrare, sed reverberatur aut deficit ex nimietate splendoris. Exemplum autem de radio cadente per fenestram solvitur evidenter, ut superius tactum est. Nam non est de se visibile nec visum terminat, sed densum circumstans terminat visum, et non radius: si enim non esset densum ultra illum non videretur, sicut nec aer lucidus extra videtur, nisi per densitatem coeli alicujus terminetur. Accedit tamen ad majorem sensibilitatem aer in fenestra, quia coarctatur in figura determinata propter partes fenestrae, et terram ad quam cadit. Non est ergo visibile nisi secundario et non primo, nec est visibile de quo loquimur hoc quod scilicet potest de se debita distantia visum terminare. Et sicut hujus exempli intellectu jam falsitas evacuatur, sic oportet de illo quod confirmant per jam dictum exemplum de corporibus luminosis. Nam postquam antecedens falsum est, non oportet quod credatur consequentiae. Superius [1] vero in mathematicis declaratum est quod orbes non sunt lucidi, sed stella sola propter suam densitatem, ut dicit Averroes, sicut ibi notatum est. Et licet nimius fulgor confundat visum, ut patet aspiciendo ad solem in sua puritate, tamen hoc non excludit densitatem solis, quia densitas est causa illuminationis, ut dicit Averroes, atque luna et stellae fixae cum aspiciuntur non confundunt visum ex nimio splendore. Ergo visus penetrabit eas, nisi esset densitas corporum.

Ex hoc autem capitulo patet bene consideranti, quod oportet visum fieri per suam speciem factam ad visibile. Nam si perspicuum unum continuatum in superflua distantia terminat visum, et non terminat propter densitatem debitam, quae secundum se sit sensibilis in omni distantia, sed propter debilitatem speciei visus, quae deficit ad nimiam distantiam,

---

Metaphysicorum in translatione Boethii; et Messolana astronomicus in libro de causis orbis et commentator Ptolemaei super Almagesti.'

[1] Vol. i. p. 128.

oportet quod visus fiat extramittendo speciem, id est, faciendo speciem a se propter actum videndi [1].

CAPITULUM II.

De raritate medii.

Sextum quod ad visum requiritur est raritas medii.   Nam si densum ponatur inter visum et visibile, non potest species pertransire hinc inde, et sic abscindetur visus de necessitate. Sed aliqui, multa bene intelligentes in scientia Perspectivae, objiciunt de flamma interposita inter visum et visibile impediente visionem ; et flamma, ut dicunt, est corpus rarissimum, propter quod Alhazen dicit libro tertio quod flammae raritas egreditur temperamentum.   Ergo rarum magis impedit quam densum.   Hic autem est magnus error nam oportet de necessitate quod flamma sit densior aere, quia Aristoteles dicit secundo de Generatione quod flamma est fumus terrestris ardens ; et ideo egressus raritatis a temperamento potest intelligi, vel per declinationem ad extremum deficiens, vel ad extremum superabundans, quia temperamentum est medium [2] utriusque, sicut largitas inter prodigalitatem et avaritiam.   Et ideo sicut avaritia egreditur temperamentum largitatis per defectum ejus, sic flamma egreditur temperamentum raritatis deficiendo ab ea, non excellendo.   Et hoc intendit Alhazen ; nam sic se exponit in sequentibus.   Si vero objiciatur de lynce, qui videt per medium parietem, ut Boetius [3] tertio de Consolatione imponit Aristoteli, dicemus, etsi hoc sit verum de visu lyncis, tamen non de visu humano de quo datur scientia Perspectivae.   De illo enim est hic sermo.

[1] It must be owned that in this fanciful conception of lines of force proceeding from the eye to the object, in addition to the lines of force proceeding from the object to the eye, Bacon shows himself inferior to his teacher, Alhazen ; whose demonstration (lib. v. cap. v. § 23) that any such view was 'superfluus et otiosus' ought to have been conclusive.

[2] This reference to Aristotle's *Ethics* without mention of the treatise is significant as showing how familiar it had already become among students. It illustrates also the dominant tendency of Bacon's method ; that of illustrating one science by another.

[3] *De Consolatione*, lib. iii. Prosa viii.

Sed si vacuum [1] poneremus inter coelum et terram, nec esset densum nec rarum. Et tamen aestimavit Democritus oculum in terra posse videre formicam in coelo, ut Aristoteles dicit secundo de Anima. Atque vacuum non habet aliquam naturam, unde impediat speciem, nec unde resistat speciei, quia nulla natura est ibi, ut Aristoteles dicit quarto Physicorum. Ergo species pertransirit a coelo ad oculum, et sic videremus stellas sine raro et denso. Dicendum est autem hic, quod non videremus aliquod, si vacuum esset. Sed hoc non esset propter aliquam naturam impedientem speciem, et resistentem ei, sed propter defectum naturae convenientis multiplicationi speciei ; species enim est res naturalis, et ideo indiget medio naturali, sed in vacuo nulla natura est. Nam vacuum recte imaginatum est sola quantitas mathematica extensa secundum trinam dimensionem, stans per se sine calido et frigido, molli et duro, raro et denso, et sine omni passione naturali occupans locum, ut posuerunt philosophi ante Aristotelem tam infra coelum quam extra.

No vacuum between earth and heaven.

Septimum vero quod exigitur ad visum est tempus sensibile. Nam Aristoteles dicit libro de Memoria et Reminiscentia, quod omnis intellectus noster est cum continuo et tempore ; multo ergo magis sensus [2]. Nam operatio intellectus est spiritualis, et operatio sensus est corporalis. Caeterum si repente ante oculos res deferatur, non videtur distincte et perfecte, et ideo ad sufficientem visum exigitur tempus sensibile, in quo fiat judicium visus. Unde Ptolemaeus secundo Opticorum dicit, quod res quae pertranseunt pyramidem visualem aestimantur velociter moveri, sicut sunt favillae ignis et res transeuntes per foramina et angusta loca, ad quae penetrat visus. Quia enim in parvo tempore pertranseunt pyramidem, aestimantur ferri velociter. Sed non est ita.

Seventh condition. Propagation of light occupies time.

---

[1] *De Anima*, ii. 7, § 6 Πάσχοντος γάρ τι τοῦ αἰσθητικοῦ γίνεται τὸ ὁρᾶν· Ὑπ' αὐτοῦ μὲν οὖν τοῦ ὁρωμένου χρώματος ἀδύνατον· λείπεται δὴ ὑπὸ τοῦ μεταξύ, ὥστ' ἀναγκαῖόν τι εἶναι μεταξύ· κενοῦ δὲ γενομένου, οὐχ ὅτι ἀκριβῶς, ἀλλ' ὅλως οὐθὲν ὀφθήσεται. Cf. *Natur. Auscult.* lib. iv. cap. 6–9. See also *De Multipl. Specierum*, iv. cap. 2. The reference to Democritus immediately precedes the passage quoted.

[2] sensu, J. O. has sensus.

Capitulum III [1].

Quod species visus et visibilis fiat in tempore.

View of
Aristotle
and Al-
kindi as to
instan-
taneous
propaga-
tion of
light.

Sed hic oritur dubitatio maxima circa speciem visus et visibilis, an fiant subito et in instanti, an fiant in tempore; et si in tempore, an in tempore sensibili et perceptibili, vel non [2]? Nititur autem Alkindus ostendere in libro suo de Aspectibus, quod radius pertranseat in instanti omnino indivisibili, et affert rationem satis curialem et probabilem, cum dicit: Si in tempore aliquo species, ut lux solis quando oritur, fiat in prima parte aeris, tunc si illud tempus dupli- caretur in secunda parte aequali, et in tertia triplicaretur, et sic quando veniret ad occidens, fieret unum tempus multi- plex in magna proportione ad primum tempus; et quamvis primum esset insensibile, istud tamen tempus totum propter sui magnitudinem quasi incomparabilem respectu primi tem- poris erit sensibile. Et Aristoteles dicit secundo de Anima, quod licet in parva distantia posset sensum nostrum latere lucis multiplicatio, non tamen in tanta quae est inter oriens et occidens [3]. Ergo si in tempore fieret aliquo, hoc esset per- ceptibile sensu; sed non percipimus. Ergo non fiet in tempore sed subito. Et Aristoteles dicit libro de Sensu et Sensato quod de lumine alia ratio [4] est quam de aliis sensibilibus, et de

---

[1] This subject is also discussed in *De Mult. Spec.* iv. cap. 3. The present chapter and that which follows are specially interesting as showing the independent manner in which Bacon criticized his authorities, Aristotle in- cluded, while allowing due weight to their objections. He dissents from the conclusion of Aristotle and Alkindi that the propagation of light was instan- taneous. He adopts the conclusion of Alhazen, while explaining that some of Alhazen's reasons for it were fallacious. Bacon's own reasoning on the subject is remarkable as an anticipation of the discovery made by Roemer in 1675.

[2] In Combach's edition we find the words 'Quae licet in tractatu de speciebus habet ad plenum determinari hic tamen tangenda est et exponenda, ut sufficit huic loco.' This, like other similar passages, was probably inserted in some version of the *Perspectiva* subsequent to that of 1267.

[3] *De Anima*, ii. cap. 7, § 3 ἐν μικρῷ μὲν γὰρ διαστήματι λάθοι ἄν, ἀπ' ἀνατολῆς δ' ἐπὶ δυσμὰς τὸ λανθάνειν μέγα λίαν τὸ αἴτημα.

[4] *De Sensu*, cap. 6 περὶ δὲ τοῦ φωτὸς ἄλλος λόγος, &c. The distinction drawn here by Aristotle between vision and the other senses seems hardly consistent with other passages in which he speaks of light as κίνησίς τις.

aliis docet quod multiplicationes eorum sunt in tempore. Ergo multiplicatio lucis est in instanti.

Et omnes auctores istud dicunt praeter Alhazen qui conatur hoc destruere in secundo libro arguens sic[1]; Accipiatur ultimum instans in quo lux est in termino a quo et primum in quo est in termino ad quem. Cum ergo instantia sunt diversa, sicut nititur per experimentum probare, erit inter illa tempus medium; et dicit quod omnis alteratio est in tempore, sed medium et oculus alterantur per speciem. Sed hae rationes ipsius Alhazen non habent aliquam efficaciam, quia alibi[2] solvitur prima. Non enim oportet dare semper ultimum instans existantiae rei in termino a quo, sicut universaliter accidit in generatione rerum permanentium, sed oportet dare primum instans termini ad quem, sicut docet Aristoteles octavo Physicorum. Unde cum Socrates de non albo fit albus, non potest dici nunc ultimo est non albus, sumendo nunc pro instanti, sed nunc primo est albus: nam non albus est in toto tempore mensurante alterationem, et fit albus in fine illius temporis, scilicet in instanti quod est terminus ejus, ut Aristoteles docet, et est certum, licet sit nimis difficile ad intelligendum nisi optime explanetur; sed alias requiritur hoc Secunda ratio ejus nihil valet; nam omnes contrarium sentientes negant lucis multiplicationem esse alterationem successivam et temporalem.

Potest tamen sumi argumentum insolubile pro opinione Alhazen ex eis quae dicit in septimo. Nam ibi docet, quod ab eodem termino radius perpendicularis fit citius ad terminum spatii quam non perpendicularis. Sed citius et tardius non sunt nisi in tempore, ut Aristoteles dicit quarto Physicorum et sexto. Et istud demonstratur sine contradictione possibili. Nam nulla virtus finita agit in instanti, ut Aristoteles dicit sexto Physicorum[3]; et probat hoc, quia tunc major

Alhazen opposes them, but on insufficient grounds.

Better reasons may be given.

[1] Alhazen, lib. ii. prop 21. Cf. lib. vii. prop. 8.
[2] Cf. vol. i. p. 150.
[3] *Nat. Ausc.* vi. cap. 3, § 6 ὅτι δ' οὐδὲν ἐν τῷ νῦν κινεῖται ἐκ τῶνδε φανερόν· εἰ γὰρ ἐστίν, ἐνδέχεται καὶ θᾶττον κινεῖσθαι ἐν αὐτῷ καὶ βραδύτερον ... ἐπεὶ δὲ τὸ βραδύτερον ἐν ὅλῳ τῷ νῦν κεκίνηται, τὸ θᾶττον ἐν ἐλάττονι τούτου κινηθήσεται. Ὥστε διαιρεθήσεται τὸ νῦν. Ἀλλ' ἦν ἀδιαίρετον. Cf. iv. cap. 11, and viii. cap. 10

virtus ageret in minori quam sit instans, quod est impossibile. Sed virtus oculi, et suae speciei, et cujuslibet rei creatae est finita. Ergo nulla potest agere in instanti Et in octavo Physicorum in fine ultimi, quod virtus finita et infinita non possunt agere in aequali et eadem duratione, quoniam tunc possent habere operationes aequales, et sic ipsae sibi invicem aequarentur. Sed proprium est virtutis infinitae agere in instanti Ergo virtus finita non potest in eo aliquid facere, quapropter in tempore. Item sicut se habet instans ad tempus, sic punctus ad lineam Ergo permutative, sicut se habet instans ad punctum, sic tempus ad lineam ; sed pertransitus puncti est in instanti. Ergo omnis lineae pertransitus est in tempore. Ergo species pertransiens spatium lineare quantumcunque parvum pertransibit in tempore. Item prius et posterius in spatio sunt causa prioris et posterioris in translatione facta super spatium et in duratione, ut Aristoteles dicit quarto Physicorum Ergo cum spatium per quod fertur species habet prius et posterius, oportet quod translatio facta habeat prius et posterius in se et sua duratione : sed prius et posterius in duratione non est nisi in tempore, quoniam in instanti esse non potest. Et si dicatur quod hoc est verum de illis quae habent esse corporale in medio, non de his quae habent esse spirituale, ut hic fingitur, jam patet per praedicta quod hoc nihil est. Et iterum si dicatur hoc esse verum de his quae commetiuntur se partibus spatii, quod non est species, ut fingitur, adhuc nihil est, quia illud secundum non dicitur nisi propter esse spirituale Cum ergo species rei corporalis habeat verum esse corporale in medio, et sit vera res corporalis, ut prius ostensum est, oportet de necessitate quod sit dimensionata, et ideo dimensionibus medii coaptata.

Caeterum si in instanti eodem fieret per totum medium, tunc esset in termino a quo, et in medio spatii, et in termino ad quem, scilicet simul et semel. Sed hoc est multipliciter impossibile. Nam primo sequitur ex hoc, quod res creata esset simul et semel in pluribus locis, et qua ratione in pluribus, etiam in infinitis, sicut prius habitum est in capitulo de materia. Ergo haberet potentiam infinitam et esset Deus, vel aequalis Deo. Secundo arguitur ex hoc, quod dum res est in termino a quo, quiescit omnino, nec aliquo modo transmutatur; et quando est in termino ad quem, facta est jam transmutatio, et inter hos terminos fit transmutatio. Ergo simul et semel quiescerent species ante translationem, et finiretur transmutatio, et transmutaretur actualiter per totum spatium. Ergo simul transmutaretur et non transmutaretur, quae sunt contradictoria, ut arguit Aristoteles ad impossibile in alio casu sexto Physicorum.

Ratio autem ultima ad hoc est, scilicet quod postquam lucis multiplicatio non dependet ab aliquo motu alio, ponamus ergo coelum quiescere et motum non esse, nam stante coelo bene potest fieri lucis multiplicatio, et fiet in fine mundi, si coelum stabit sicut creditur. Si ergo lucis multiplicatio est in instanti, et non in tempore, erit instans sine tempore; quia tempus non est sine motu. Sed impossibile est instans esse sine tempore, sicut nec punctum sine linea. Relinquitur ergo quod lux multiplicatur in tempore, et omnes species rei visibilis et visus similiter. Sed tamen non in tempore sensibili et perceptibili a visu, sed insensibili, quia quilibet experitur quod ipse non percipit tempus in quo fit lux ab oriente in occidens. Time needed for light, though less than sense can appreciate.

Capitulum IV.

De solutione objectorum contra veritates.

Ad hoc autem quod allegat Jacobus Alkindi, dicendum est, quod sicut primum tempus est insensibile, sic duplum ejus et triplum, et millesimum: unde totum tempus est insensibile, licet habeat partes multas quae omnes compositae ad invicem faciunt totum insensibile, tantae enim velocitatis est hic motus speciei, quod potest fieri in tempore insensibili in spatio maximo. Quod vero Aristoteles dicit, verum est secundum intellectum ejus, nam ipse arguit ibi contra Empedoclem, qui posuit lucem esse corpus et defluxum corporis, sicut aqua defluit a fonte; et non est possibile quod corpus mutaret locum secundum se totum ab oriente in occidens, quin perciperetur propter magnitudinem distantiae. Sed species Alkindi and Aristotle answered non est corpus, neque mutatur secundum se totam ab uno loco in alium, sed illa quae in prima parte aeris fit non separatur ab illa, cum forma non potest separari a materia in qua est, nisi sit anima, sed facit sibi simile in secundam partem, et sic ultra. Et ideo non est motus localis, sed est generatio[1] multiplicata per diversas partes medii ; nec est corpus quod ibi generatur, sed forma corporalis non habens tamen dimensiones per se, sed fit sub dimensionibus aeris : atque non fit per defluxum a corpore luminoso, sed per educationem de potentia materiae aeris, ut superius dictum[2] est quando tractabatur de generatione specierum. Et si adhuc diligentius quaeratur, quare non percipimus hanc generationem lucis fieri successive in partibus aeris, dici potest, quod lux in aere non est objectum, sed species habens esse debile et quasi insensibile secundum se, et suum subjectum inter oriens et occidens est insensibile, scilicet ipse aer, et propter hoc sensus non potest hujusmodi generationem successivam percipere.

Differences in propagation of light and sound.

Ad illud autem quod dicit Aristoteles aliam rationem esse de luce et in aliis ; dicendum est quod hic decipiuntur multi : nam verum est quod dicit, sed haec alia ratio non est intelligenda ut lux fiat in instanti et caetera in tempore, immo intelligendum est quod licet lux habeat successionem in suo transitu, non tamen habet tantam sicut sonus et odor, de quibus loquitur ibi. Nam sonus habet motum egressionis partium rei percussae a situ suo naturali, et motum tremoris consequentis, et motum rarefactionis in omnem partem, sicut dictum est prius, et patet ex secundo de Anima ; et hi sunt tres motus locales partium aeris, sicut rei percussae, quorum nullus accidit propter multiplicationem lucis. Nam licet ad hoc quod lux faciat calorem, oporteat aerem rarefieri, tamen propter sui ipsius multiplicationem non oportet, quoniam in coelestibus multiplicatur lux, ubi non est possibilis rarefactio nec caloris generatio. Quoniam ergo non est successio a parte lucis praeter ipsam successionem in multiplicatione, sed in multiplicatione soni triplex successio temporalis cui accidit,

[1] This view of light, not as an emanation of particles but as a propagation of motion, is in striking conformity with the undulatory theory.

[2] This appears to be a reference to *Mult. Spec.* Part. iii. cap. 1. See note on p. 68.

quarum trium nulla est in lucis multiplicatione, ideo longe
aliter est in luce quam in sono. Et tamen utriusque multiplicatio secundum se est successiva et in tempore.

Similiter de odore longe alia ratio est, quam de luce, et Propaga-
tamen utriusque species transibit in tempore, nam in odore tion of
accidit fumi subtilis evaporatio, qui in veritate corpus est
diffusum in aere usque ad sensum praeter speciem. quae
similiter fit. Est etiam narium attractio fortis hujusmodi fumi
et speciei ad hoc quod fiat sensus, sicut Avicenna docet tertio
de Anima, et scimus per experimentum, et hoc est, ut removeatur cooperculum quod est super instrumentum olfactus
secundum Aristotelem secundo de Anima[1]. Et ideo in sensu
odoris est duplex motus localis, unus ex resolutione vaporis, et
alius ex attractione ejus, praeter successionem in multiplicatione
speciei; sed in visu nihil invenitur nisi successio multiplicationis. Et adhuc aliter potest exponi illud, quod alia ratio est
de luce, et sono, et odore, nam lux citius longe fertur in aere
quam illi, ut videmus de aliquo a longe percutiente cum malleo
vel baculo, citius videmus eum percutere, quam sonum
generatum audiamus. Nam secundam percussionem percipimus visu, antequam sonus primae percussionis veniat ad
auditum. Et sic est de coruscatione, quam prius videmus
ante auditum tonitrui, cum tamen fiat prius sonus in nube,
quam coruscatio, quia ex ruptione nubis per vaporem
inflammatum in eo nascitur coruscatio. Et ideo quod dicit,
alia ratio est de luce et aliis, intelligi potest, quod ista alietas
non est penes instans et tempus, sed penes minus tempus et
majus. Omnes enim auctores, sive sancti sive alii, dicentes
lucem multiplicari in instanti, intelligendi sunt de instanti
divisibili, quod est tempus insensibile, et non de vero instanti,
quod est indivisibilis terminus temporis, sicut punctus lineae.
Si ergo speciei visus et visibilis multiplicatio sit in tempore
in sensibili, quomodo dictum est prius quod visus erat in
tempore sensibili? Et patet quod praeter hanc multiplicationem est judicium visus de visibili, et hoc judicium debet
esse notum sensui; propter quod oportet quod fiat judicium
in tempore sensibili.

[1] This seems a misunderstanding of *De Anima*, ii. cap. 9, § 7.

Eighth condition. Healthy state of eye. Octavum quod exigitur ad visum est sanitas visus cum naturali sua dispositione : nam oculus erutus, vel caecus, vel multum laesus, vel turbatus ex aliquo humore fluente, vel ex resolutione vaporum confundentium pupillam non potest judicare de rebus, ut patet, et ideo non oportet hic immorari. Si enim oporteat dici aliquid, plus de hoc patebit in sequentibus. De situ quidem, qui est ultimum in visu, non potest hic explicari, quia coincidit cum aliis de quibus postea dicendum est.

DISTINCTIO DECIMA.

Habens capitula tria. Primum docet expressius quam superius, quae sunt sensibilia per se et per accidens.

CAPITULUM I.

Of what things vision takes cognizance. Habitis his octo sine quibus non potest fieri visio, videndum est quae sunt cognoscenda per visum, et quibus modis cognoscantur et certificentur, et qualiter et quare errat visus in cognitione visibilium, cum fuerit visus per radios rectos factus. Sciendum ergo quod quando haec novem[1] non egrediuntur temperamentum, scilicet nec excellunt nec diminuuntur, tunc fit visus certificatus. Quando ergo egrediuntur modum vel deficiendo vel excedendo, tunc fit error in visu. Sunt autem certificabilia per visum viginti duo prius enumerata, ut lux, color, remotio, &c. ; et praeter hoc visus percipit hominem et equum et caeteras res hujus mundi. Nam per lucem et colorem illa viginti cognoscuntur. Deinde mediantibus luce et colore et illis viginti alia fiunt nota, ut est possibile sensui, nam sensus particulares non possunt de omnibus certificari ; sed illa viginti duo sensus particularis et communis et imaginatio possunt comprehendere sine errore, dummodo octo praedicta non egrediantur temperamentum. Vocantur autem

---

[1] The ninth condition is *situs* of which the consideration, as stated at the end of the last chapter, is postponed.

sensibilia per se de quibus possunt certificare, sed de quibus non possunt certificare sunt sensibilia per accidens.

Et licet prius[1] tactum sit de his sensibilibus per se et per accidens, tamen ne aliquis error incurrat, necesse est ut uberius exponantur. Dico ergo quod sensibilia per accidens sunt dupliciter : quaedam possunt certificari ab aliis virtutibus animae sensitivae, ut ab aestimativa et memorativa, ut prius dictum est, quaedam[2] tamen dicuntur sensibilia per accidens respectu sensuum particularium, et sensus communis et imaginationis, quoniam sensus, tales non percipiunt hujusmodi secundum se et per se, sed quia reperiuntur in eisdem rebus cum suis sensibilibus per se ; ut quia inimicitia respectu agni est simul cum figura et colore lupi, agnus in videndo lupum videt inimicum et coloratum, sed de inimico nihil judicat oculus per se, sed solum quia invenitur cum colorato. Et quia sensus particularis et communis vulgariter vocantur sensus, ideo sensibilia de quibus illi certificant vocantur sensibilia per se, et de quibus illi non certificant vocantur sensibilia per accidens, quamvis aliqua illorum possint ab aliis virtutibus animae interioribus cognosci. Aestimativa enim, et cogitativa, et memorativa non vocantur sensus vulgato nomine, quamvis sint partes animae sensitivae, et ideo sensibilia ab illis vocantur sensibilia per accidens, propter hoc quod sensibilia referuntur ad sensus particulares et communem.

Sed alia sunt sensibilia per accidens quam[3] ea quae a virtutibus animae sensitivae cognoscuntur. Ut quando video hominem extraneum non possum per sensum percipere cujus sit filius, nec de qua regione sit, nec qua hora nec quo loco fuerit natus, aut quomodo vocetur, an Petrus an Robertus ; et hujusmodi infinita sunt, quae accidunt cuilibet, de quibus nulla virtus animae sensitivae potest certificare, nec potest homo scire veritatem nisi per doctrinam. Et tamen in videndo illum

Analysis of perception.

Reasoning process involved.

---

[1] Cf. *Distinct.* i. cap. 3-4.

[2] quae, J., which makes the sentence quite unintelligible, by destroying the contrast between the two acceptations, of sensibilia per accidens. O. has quaedam.

[3] The reading in J. is quoniam, but quam is equally consistent with the MSS., and the sentence should end with cognoscuntur. A new order of sensibilia per accidens is introduced, requiring further analysis.

hominem visus cadit super omnes ejus proprietates. Nam si sit filius Roberti, et Gallicus[1], et prima hora noctis natus Parisiis, et vocetur Petrus, videns eum videt Petrum Parisiensem natum prima hora noctis filium Roberti, quia haec coincidunt cum colore et figura et caeteris visibilibus. Et similiter naturae substantiales rerum, tam in rebus animatis, quam in rebus inanimatis non sunt sensibiles ab aliqua virtute animae sensitivae nisi per accidens: exceptis illis quae sunt nocivae vel utiles, quas comprehendit aestimativa, et tum sensus cadit super hoc per accidens. Unde cum video hominem video substantiam et rem animatam, et ideo visus cadit quodammodo super naturam ejus substantialem, et super animam etiam, quae est res spiritualis; sed hoc est valde per accidens. Et iterum sensibilia propria unius sensus sunt sensibilia per accidens aliorum sensuum, unde calidum et frigidum, humidum et siccum, odor, sonus, sapor sunt sensibilia per accidens respectu visus, et sic quaelibet sensibilia propria unius sunt sensibilia per accidens respectu aliorum. Sensibilia ergo per se, ut dictum est dupliciter sunt, quaedam sunt propria ut novem, et quaedam communia ut viginti, quia communiter possunt sentiri a sensibus pluribus, et maxime a visu et tactu. Nam ut Ptolemaeus[2] dicit in secundo libro, omnia quae visus percipit tactus discernit, praeter lucem et colorem; et omnia quae tactus certificat, visus potest certificare, praeter quatuor propria, scilicet calidum, frigidum, humidum et siccum.

CAPITULUM II.

De his quae faciunt speciem in visum.

Of sensible qualities light and

Ad hoc autem ut sciamus, quomodo hujusmodi sensibilia per se cognoscantur, oportet primo scire an omnia faciunt

---

[1] Gallus, J.

[2] 'In omnibus quae secundum principium nervosum communia sunt sensibus tactus et visus communicant sibi excepto in colore : color enim nullo sensuum dignoscitur nisi per visum. Debet ergo color esse sensibile proprium visui, et ideo factus est color id quod primum videtur post lumen ;' Ptol. *Optica*, lib. ii. p. 11.

species suas in sensum. Cujus certificatio difficilis est, sed colour only are concerned in vision.
tamen Ptolemaeus in secundo libro Opticorum determinat hanc
quaestionem, dicens, quod lux et color tantum faciunt suas
species in visum. Et hoc vult Alhazen quarto libro ; unde
alia [1] non sunt activa in sensum nec in medium. Et causa
quare haec non sunt activa est, quia omnia vel sunt quantitates
vel proprietates quantitatum, ut patet, et quantitatis non est
agere, quia debetur materiae cui non competit actio sed passio,
ut Aristoteles dicit primo de Generatione, et Avicenna in
secundo de Anima concordat. Nam medium vel instrumentum susceptivum soni est absonum, et susceptivum
coloris non coloratum, ut dicit. Et ideo ejus sententia
est, quod medium et sensus non debent habere naturas
sensibilium quorum species debent suscipere, ut judicent de
sensibilibus per eas. Unde humor glacialis non habet naturam
aliquam lucis vel coloris sub illo gradu quem habent res
visibiles extra. Nam licet oculus habeat lucem, hoc est
respectu coloris videndi non respectu lucis, quia patiens non
habet actu sed in potentia quo assimiletur agenti. Nec habet
glacialis anterior aliquem gradum coloris, quo assimiletur vere
coloratis extra de quibus habet judicare ; licet habeat oculus in
suis humoribus et tunicis quoddam esse coloris debile, per
quod colores phantastici aliquando appareant, ut patebit cum
de iride fiet sermo. Sed bene habet figuram, et quantitatem et
corporeitatem, et alia sensibilia communia, quae [2] ei competunt,
et ideo non est natum recipere species horum, nec ipsa sunt
activa. Et quamvis Aristoteles dicat secundo de Anima, quod
ultima perfectio omnis sensus est, quod ejus instrumentum est
medium sensibilium, tamen ille gradus medietatis non
invenitur in rebus sensibilibus ; quia si inveniretur et fieret
ejus species in sensum, non judicaret sensus de illa medietate,
et ideo visus non potest species rerum recipere, ut judicet per
eas de rebus, quarum naturae similes sunt in visu [3]. Cum ergo

[1] J. has haec, which is clearly wrong. Combach has alia. The reference to Alhazen seems wrongly given. It should be lib. ii. cap. 11, §§ 17, 18; or else, iii. cap. 5, § 20. His language is quite distinct: ' non fit comprehensio per sensum (visus) nisi lucis et coloris tantum.'

[2] quod, J.

[3] The meaning seems to be that the medium and also the sense-organ must

objicitur quod haec sunt sensibilia per se, ergo agunt in sensum, sicut propria ; dicendum est, quod non dicuntur per se sensibilia propter actionem in sensum, sed propter hoc quod sensus potest de eis certificare. Et si objiciatur, quod tunc visio non certificabitur de eis, postquam non faciunt in visu species suas : dicendum est quod sic : nam non exigitur in omnibus species propria, sed sufficit species visus cum specie lucis et coloris, et cum quibusdam aliis considerationibus ; quae cum omnia congregata fuerint potest haberi certitudo, ut postea explicabitur. Si dicatur, quod auctores perspectivae multoties dicunt quod figura et qualitas rei visae et hujusmodi ordinantur in superficie membri sentientis, et non possunt ibi attingere nisi per species ; dicendum est, quod non est sermo proprius, vel non bene translatus ; nam non plus volunt dicere, nisi quod a tota quantitate et figura veniunt species lucis et coloris quae ordinantur in superficie membri sentientis, et hoc sufficit.

Et cum superius dictum est, quod nos videmus aerem vel coelum a remotis, et certum est quod in aqua fluminis vel alia quae magnam habet latitudinem videtur coelum per reflexionem, sicut res in speculo ; et res in speculo videtur per hoc, quod species sua reflectitur a speculo ad visum ; tunc diceret aliquis, quod perspicuum coeleste vel aer remotus faciat speciem per quam in aqua videatur. Sed dicendum est, quod nulla rei visae species est ibi, sed species visus, quae in aere sine aqua multiplicatur secundum lineam rectam ad perspicuum coeleste distans, et apprehendit illud perspicuum cum adjutorio speciei lucis illuminantis illud perspicuum ; et cum videtur per aquam reflexive, reflectitur species visus ab aqua usque aerem visum a remotis, et non species rei. Non ergo omne quod videtur per reflexionem, videtur per speciem suam.

---

be of different nature and properties from the object perceived. The eye does not see the ether through which light passes ; nor again has the eye (with one exception) in its own structure anything akin to light and colour. On the other hand the eye does possess other sensible qualities as shape, texture, &c. For that very reason the visual organ takes no direct cognizance of these latter properties.

Sed hoc est ut in pluribus visibilibus consuetis, non tamen universaliter est hoc intelligendum, quia aquam videre possum per speculum, sed species aquae non fit ibi, sed species visus, et sic est hic [1].

Capitulum III.

Distinguens tres universales modos cognoscendi per visum.

Deinde oportet scire, quod praeter modos particulares cognoscendi sensibilia per se, sunt tres modi universales [2] secundum auctores perspectivae. Sed praecipue Alhazen exponit hos modos et sufficienter, nisi quod aliquando intercurrit inepta verborum translatio. Est ergo prima cognitio solo sensu sine aliqua virtute animae, et sic cognoscuntur lux et color in universali. Nam visus potest judicare quod sit color vel lux sine errore quando aspicit rem, dummodo octo praedicta sunt in suo temperamento ; et ideo haec duo cognoscuntur solo intuitu sensus. Sed species et modi coloris et lucis non possunt ita leviter cognosci ; nam si occurrat extraneus color quem non vidimus prius, nesciemus cujus sit color ille. Similiter si aliquod lucidum renovetur in aere, quod habeat lucem difformem ab aliis consuetis, ut stella comata vel aliud, et non prius vidimus, non possumus judicare per visum quae lux sit illa. Similiter si nos viderimus prius aliquem colorem, et postea tradiderimus oblivioni memoriam ejus, tunc quando iterum apparebit visui, colorem possumus judicare, sed quis color sit non percipiemus. Similiter quando in infantia vidimus lunam plenam, non percipiebamus an esset lux solis vel lunae, donec fuerimus assueti et fixum fuerit in animabus nostris quod talis lux est

Three modes of knowing. (1) Sensation pure.

---

[1] Cf. Alhazen, lib. iv. 1, § 20, which is in direct opposition to this view.

[2] These three modes are called by Bacon, following previous writers, sensation, science, and syllogism (see the final chapter of the second part of *Perspectiva*). He admits that the names are imperfect, but explains their meaning clearly enough. 1. A simple sense impression, as in the case of vision, that of light and colour. 2. The comparison of such sense impression with others of a like kind reproduced by memory. In this way we distinguish universals from particulars, and one particular from another. 3. Apprehension by a reasoning process, which often may be extremely rapid, and carried on unconsciously. See Alhazen, ii. prop. 10-13.

lunae, non solis. Et hoc modo accidit de stellis : quia multi homines vident aliquando Jovem, vel Venerem, vel Mercurium, et propter pulchritudinem earum libenter aspiciunt, et dicitur eis tunc ab astronomis quod talis est lux illius stellae, et talis alterius, et perpendunt differentiam ad sensum. Sed elapso tempore, quando alias vident unam illarum stellarum, non discernunt an sit lux Mercurii vel Veneris vel alterius, quia jam tradiderunt oblivioni imaginationem lucis propriae cujuslibet illarum.

(2) Memory of past sensation

Sed si non tradiderunt oblivioni imaginationem lucis propriae cujuslibet stellarum prius visarum, cognoscunt luces earum cognitione secunda, quae est per similitudinem [1] secundum Alhazen. Et hic modus cognitionis non solum est circa colorem et lucem, sed circa omnes res in quibus distinguimus universale a particulari, et particularia ab invicem; ut cum video hominem quem prius vidi, si habeo imaginationem quod prius vidi eum, tunc cognosco non solum hominem in communi, sed istum particularem quem ab aliis discerno per hoc genus cognitionis, si autem tradidi oblivioni, video hominem, sed nescio quis sit.

Considerandum autem, quod cum dictum est quod visus cognoscit colorem vel lucem universalem solo sensu, et non particularem, excluditur particulare quod est inferius in linea praedicamentali, ut species coloris. Iterum particularia signata specie alicujus, ut lux solis, et lux lunae, quia forsan lux non habet species [2] sed modos, quia omnes luces stellarum a sole oriente proveniunt. Sed non excluditur particulare vagum, nam illud est ita commune sicut suum universale et convertitur cum eo, ut aliquis color, aliqua lux, aliquis homo, aliquis bos. Cognoscere ergo universalia ab invicem et a

---

[1] J 's reading, *sensibilem*, deprives the passage of its meaning Alhazen's words with regard to this form or degree of knowledge are (lib ii cap. i, § 11) 'Cognitio est comprehensio consimilitudinis duarum formarum, scilicet formae quam comprehendit visus apud cognitionem, et formae illius rei visae vel sibi similis quam comprehendebat in prima vice et propter hoc non erit cognitio nisi per rememorationem.' It is a ratiocinative process, he goes on to say, but distinguishable from the third degree of the (modus rationis) knowing process, in that it takes place 'non per inductionem omnium intentionum quae sunt in forma, sed per signa'

[2] species seems used here in its ordinary acceptation.

particularibus, et particularia ab invicem per comparationem
rei visae ad eandem prius visam, recolendo quod prius fuerit
visa et nota videnti, facit hic secundum modum compre-
hendendi per visum.

Cognitio vero tertia adhuc est, quae non potest fieri solo (3) Inter-
sensu, et non est per comparationem ad prius visum, sed pretation of
object by
absolute considerat praesentem rem ; ad cujus cognitionem an instinc-
plura requiruntur, et est quasi quoddam genus arguendi. Sicut ing process.
cum aliquis tenet in manu lapidem perspicuum, et non percipit
ejus perspicuitatem, sed si exponat eum aeri, et sit aliquod
densum retro illud in debita distantia et lux sufficiens, videbit
lucem et densum ultra lapidem ; et tunc cum non potest
mediante lapide rem videre quae est retro nisi sit diaphanus,
arguit quod sit transparens et perspicuus. Sed in rebus
consuetis nos utimur hac cognitione subito, et non percipimus [1]
nos arguere, cum tamen arguamus. Homo enim arguit ex
natura sine difficultate et labore ; ut cum puero offeruntur duo
poma, quorum unum est alio pulchrius, puer elegit quod
pulchrius est, sed non nisi quia melius sibi videtur, et ideo
magis eligendum. Unde facit hoc argumentum, quod est
pulchrius in quantum hujusmodi est melius, et quod est melius
est magis eligendum, ergo pulchrius est magis eligendum ; et
tamen non percipit quod arguit, propter velocitatem arguendi
innatam homini, sicut docet Alhazen.

Et jam in mathematicis et logicalibus confirmavi hanc
sententiam Alhazen, et probavi quod scientiam arguendi, quae
est logica, scimus a natura [2], sed vocabula propria ignoramus
a principio, et illa per studium inventionis habuerunt primi
auctores logicae, nos autem per doctrinam. Et propter haec
vocabula fit tractatus et sermo de logica, non propter scientiae
ipsius potestatem, quia haec est cuilibet innata, ut hic vult
Alhazen et alias demonstravi. Et sic comprehenduntur viginti
sensibilia communia, cum suis speciebus, non enim possent

---

[1] 'Homo est natus ad distinguendum sine difficultate et arguendum sine
labore, et non percipit quod arguit ; ' Alhazen, ii. prop. 13.

[2] On the slight importance attached by Bacon to formal logic cf. *Opus
Tertium*, cap. xxviii. The reference here however is to other works not included in the *Opus Majus* ; another proof that this copy of the *Perspectiva*
contains additions posterior to 1267.

certificari nisi per hanc cognitionem, et patet quod solus sensus non potest in hos duos modos ; et vocatur hic solus sensus, ut visus in pupilla et in nervo communi usque ad sensum communem. Nam nisi adsit imaginatio et memoria visionis prius factae circa rem, non fiet comprehensio in secundo modo. Sed imaginatio et memoria sunt ultra sensum communem. Et tertius modus magis elongatur a solo sensu, quia ibi considerantur plura quam in secundo modo, et magis accedit ad opus rationis propter viam arguendi. Sed hi modi non habent nomina recte translata. Primum vocat Alhazen cognitionem solo sensu. Secundum principaliter vocat cognitionem per scientiam. Tertium vocat cognitionem per syllogismum propter modum arguendi. Sed haec nomina non sunt propria, quia virtutes animae sensitivae habent has cognitiones, quibus non debetur scientia nec syllogismus ut communiter accipiuntur Sed de hoc certius fiet quando inquiretur, quae sunt virtutes animae quae faciunt hic judicia mediante visu, quod fieri non potest antequam magis pateat, in exemplis de diversis visibilibus, qualiter certificentur.

PERSPECTIVAE PARS SECUNDA:

DISTINCTIO PRIMA.

Hic incipit pars secunda hujus tractatus, quae est de modis particularibus et causis videndi per[1] lineam rectam principaliter. Et habet distinctiones tres. Prima est de visione penes compositionem oculi, et habet tria capitula. Primum est de his quae a longe vident vel quae prope.

CAPITULUM I.

Et quoniam eadem est scientia oppositorum, ut dicit Aristoteles in Topicis, et in primo de Animalibus asserit quod rectum est index sui et ejus obliqui, quia per privationem sanitatis cognoscitur infirmitas, ideo simul modos particulares certificandi visibilia cum defectibus visus et erroribus ejus designabo, ut statim ipse defectus et error pateat per determinationem contrariae veritatis. Primo vero recurrendum est ad reddendam rationem videndi penes ea quae ad compositionem oculi spectant. Qui vero habent oculos profundos, necesse est ex hac causa quod possunt videre magis remota quam habentes oculos prominentes. Et hujus ratio prima est propter majorem fortitudinem quam habet oculus profundus propter majorem ejus appropinquationem ad nervum communem in quo est virtus visiva, sicut in fonte. Alia causa est, quod oculus profundus magis conservatur a nocumentis et plus elongatur a laesionibus quam prominens, et ideo fortior est. Tertia causa est, quod magis congregatur virtus visiva et adunatur, dum magis cooperitur interius in concavitate ossis, ut sic capiat viam strictiorem et rectiorem in rem visam, et minus dispergatur et dilatetur, ut sic cadat in locum pyramidis visualis. Et propter hoc homo, quando vult diligenter aspicere aliquid a longe, apponit concavitatem

Connexion of deep-set eyes with long sight.

---

[1] secundum, J.

G 2

manus suae ad os oculi, ut plus congregetur virtus visiva et minus dispergatur. Et signum est ad hoc, quod oculi animalium, ut in piscibus qui non habent custodiam palpebrarum, male vident a longe, quoniam virtus visiva dispergitur et dilatatur nimis, cum non habeat oculus circumdans et coarctans ipsum. Hujus sententiae est Aristoteles in decimo nono de Animalibus [1], et confirmatur hoc per experientiam. Nam homo existens in puteo vel alio loco profundo poterit videre stellas de die, quas non videbit cum est in superficie putei, sicut dicit Plinius in secundo Naturalis Philosophiae, et experientia docet. Et una causa hujus est propter angustiam viae, quia virtus visiva coarctatur diu, ut rectius incedat ad locum stellarum quae sunt super puteum, et hoc fit propter cooperimentum quod habet in profunditate putei. Et sic oculus profundatus in capite eodem modo potest videre fortius ex hac causa, quae inferius tangetur. Et hoc dicit Ptolemaeus expresse in secundo Opticorum, sub his verbis; Illi qui habent concavos oculos vident a remotiori; cujus causa est virtus visibilis, quae fit propter coarctationem [2], id est, congregationem et adunationem, et propter loci angustiam. Cum enim processio fuerit ex angustis locis, protenditur visus et elongatur, quia necessario magis colligitur virtus oculi, et in minorem locum coarctatur, et ideo fortior est: quia omnis virtus unita est fortioris operationis. Et ejus coarctatio patet in figura. Si *b c* sit foramen uveae, et *a* sit pupilla alicujus oculi interius, planum est quod virtus ejus cadit inter *e* et

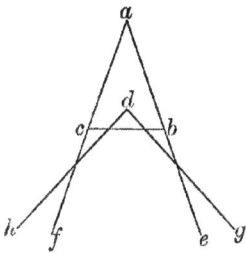

FIG. 37.

---

[1] i. e., as before stated, the fifth book of *De Generatione Animalium.* In the latter part of the first chapter, the whole of this foregoing statement as to the connexion of deep-set eyes with long sight, including the illustration of stars seen from a well, is clearly stated. In the same passage Aristotle distinguishes between long sight and fine discrimination of the colours of near objects; these are not, he says, always found in the same person. His views on this point form part of Bacon's next chapter.

[2] Jebb has cohabitationem. I substitute the word used in the passage of Ptolemy referred to (p. 38, ed. Govi).

f lineas; quod si esset in *d*, iret virtus per *g h* lineas
magis dilatatas. Et tamen aliqui multa percipientes in hac
scientia perspectivae, contradicunt causae quam Ptolemaeus
et Aristoteles assignant et quam experientia docet, allegantes
quasdam persuasiones quae in auctoritate tam valida et experientia efficaciori merito eliduntur. Hoc dico, quia non
oportet hic dissolvere omnes cavillationes quae possunt fieri
contra veritatem, nam infinitae contra quamlibet possunt
adduci.

Praeter autem hanc rationem de concavitate, potest alia Other conditions of
long sight.
assignari penes humores oculi, et est paucitas humoris albuginei: nam cum humor multus est in albugineo, accidit
glaciali sicut illi qui aspicit in aquam multam et profundam,
cujus multitudo ita abbreviat visum quod non potest longius
videre. Et hujus sententiae est Avicenna decimo nono de
Animalibus[1]; et Averroes in libro suo de Sensu et Sensato
ponit causam videndi a remotis custodiam palpebrarum;
dicens quod palpebrae conservant et custodiunt oculos a
calore et frigore et multis impedimentis, et ideo fortior virtus
est in oculis habentibus palpebras, et vident a longe; et
affert exemplum de multis animalibus quae vident remotius
quam homo, propter hoc quod habent palpebras spissiores[2].

Juxta hoc considerandum, quare senes multi cum distincte The sight
of old age.
volunt videre res, ut cum legunt literas, vident melius a longe
quam prope. Nam protendunt a se longius res, quas volunt
videre. Et hujus causam docet Ptolemaeus in secundo Perspectivae, nam multa humiditas abundans in oculis eorum est
in causa; senes enim multas humiditates accidentales super-
fluas habent. Cum ergo est modica humiditas, tunc visus

---

[1] This work, translated by Michael Scotus, and dedicated to his patron the
Emperor Frederick II, was printed in Venice in 1500. The book is not so
distinctly a commentary on Aristotle as are the principal philosophical works of
Averroes and Aquinas, though it follows to some extent the Aristotelean
arrangement. Not knowing Arabic, I can not speak of the accuracy of the
translation. But it is clumsily and ungrammatically written, is filled with
untranslated Arabic words, and gives the impression that the translator knew
little of the subject. See pp. 10, 11 of this volume.

[2] See however Aristotle, *De Partibus*, ii. 14, and Dr. Ogle's note on the
passage. Aristotle says that 'of hairy animals man alone has lashes on both
lids'; also that very few birds have lashes.

transiens per eam statim expeditur ab ea, et sic potest rem
occurrentem prope cito distincte videre; cum vero est superflua humiditas accidentalis, tunc confunditur oculus, et non
ita cito expeditur propter quantitatem humiditatis. Et ideo
oportet quod res longius distet ab oculis antequam distincte
videatur, nam humiditas haec, quae decurrit in oculo et in
superficie corneae et palpebrarum, non solum corpus oculi
occupat, sed aerem humectat prope oculum; et ideo de
prope non possunt oculi tales videre, sed oportet visum
expediri ab ea et longius transire. Prior ratio tangebat
causam videndi a remotis per humiditatem naturalem oculi,
hic fit mentio de humiditate accidentali superflua[1]. Caeterum
hic loquimur de visione a longe aliter quam prius: nam
quod hic vocamus prope et longe continetur ibi sub altero
illorum, scilicet sub prope, eo quod remotio ibi sumitur pro
magna distantia, et hic loquimur de distantia et discreta
cognitione quae sit semper prope. Sed potest fieri propinquius vel remotius, qui tamen sunt gradus in propinquitate
contraria remotioni de qua in prioribus loquebamur.

Capitulum II.

In quo dantur causae de certa vel discreta visione in
tenebris et luce.

Depen-
dence of
vision on
size of lens
and on
trans-
parency of
humours
and of
cornea

Et quia facta est mentio de discretione visus, quia aliud
est videre a longe, aliud discernere; considerandum est, quae
exiguntur ad discretionem visus et distinctionem, quantum
est de compositione oculi. Et proculdubio necesse est quod
humor glacialis sit bonae quantitatis, ut in eo possint partes
rei bene distingui et sensibiliter. Si enim parvus est, species

---

[1] Fantastic as this explanation of Presbyopia may be, it should be remembered how very recent is the true explanation. Not till midway in the last
century was it suggested (by Porterfield) that accommodation of sight to near
objects depended on an increase in the curvature of the lens produced by con-
traction of the ciliary muscle, and that weakness of the muscle and rigidity of
the lens came on with age. Knowledge of the precise mechanism of the process was reserved for our own time.

partium rei visae occupabunt loca nimis propinqua, et fiet confusio major. Item oportet quod sit mundus, et similiter humor albugineus: nam impressiones et maculae cito deprehenduntur in re munda, ut patet de maculis in panno mundo, et ideo species rerum impressae oculo melius et certius apparebunt, si humores sunt mundi et defaecati. Caeterum oportet quod humor albugineus sit temperatae quantitatis: nam aliter erit respectu glacialis sicut aqua profunda, ut dictum est, et obscurabitur visus. Praeterea oportet quod tela aranea et cornea sint tenues et subtiles et bene perviae, ne umbram faciant glaciali. Insuper oportet quod non sint rugosae, sed lenem et expansam habeant superficiem. Quoniam si rugas habeant faciunt umbram: et haec est causa quare senes impediantur a visione distincta et discreta, quoniam aranea et cornea habent rugas in senibus, sicut et cutis totius corporis.

Non solum considerandum est de acumine visus ad videndum longius, et de discretione videndi per naturam compositionis oculis; sed de hoc conferendum est, quare quidam vident in tenebris et crepusculo et parva luce melius quam in pleno lumine, et alii e contra. Et proculdubio illi qui habent multum de humore albugineo indigent multa luce, antequam clarificetur; praecipue si est spissus, et maxime immundus; et ideo tales oculi non vident bene de nocte ad modicum lumen. Et ad hoc facit si humor glacialis sit multus et spissus et immundus, et si tela aranea et cornea sunt spissae et rugosae: necessaria [1] enim est multa operatio lucis et fortis, ut omnia ista clarificentur, et in die et in pleno lumine bene vident, et non aliter. Sed illi qui habent paucam humiditatem in humoribus, et claram et mundam, et telam et corneam bene perspicuas et sine ruga, non possunt videre in magna luce: quia lux multa confundit oculum talem ex nimia claritate, et in tantum occupat visum lucis fulgore ut fiat respectu rerum visibilium exteriorum inhabilis ad discernendum in illis. Sicut homo qui stetit in forti lumine, quando convertit se ad loca tenebrosa, non potest discernere res in eis propter speciem lucis fortem quae in oculis suis

Relation of sight to quantity of light.

---

[1] nociva, J. obviously an error. necessaria, O.

superflue operatur : nam fortior motus animae semper occultat debiliores. Et ideo homines habentes dispositionem hujusmodi oculi vident bene in crepusculis, et ad lumen candelae de nocte, et ad lumen stellarum. Et in his omnibus quae dicta sunt de distinctione et de visu in tenebris et in luce, Aristoteles et Avicenna dant auctoritatem in libris suis de animalibus superius annotatis.

Some eyes have intrinsic light. De visu tamen in tenebris et in luce potest alia causa assignari, scilicet quando oculus habet multum de luce propria : nam oculus in hominibus, et equo, et cato[1], et multis animalibus lucet de se, sicut squamae piscium, quod patet quando homo in tenebris movet oculum a situ suo per digitum. Sed quidam homines habent plus de luce, quidam minus : et illi qui multum habent possunt videre in parvo lumine et tenebris, si aliae causae a parte humorum, et telae et corneae adsint, quae dixi. Sed qui parum habent de luce, non sic : praecipue si caeterae causae assint a parte humorum et telae et corneae.

Capitulum III.

De variis erroribus visus propter compositionem et complexionem oculi.

Double vision has many causes. Praeterea ex bonitate compositionis oculi accidit, quod res una videtur una ; quando scilicet pupillae habent eundem situm respectu nervi communis ; quoniam tunc species veniunt a duobus oculis ad eundem situm in nervo communi, et fit Strabismus. unum judicium Quando vero natura errat, ut accidit in lusco quod glacialis unius oculi non habet situm consimilem ad glacialem in alio, tunc species naturaliter vadunt ad loca diversa in nervo communi, et ideo oportet luscum laborare multum et ingeniari ad hoc, ut reducat oculos ad situm consimilem quatenus non erret, ut unitatem rei possit comprehendere Et licet oculus bene sit compositus, nihilominus Cold or heat. tamen accidit multiplex impedimentum ex nimio calore vel frigore, secundum quod homines stant multoties in locis

[1] caro J

calidis, ut fabri, et pistores, et coquinarii, et hujusmodi ; nam resolvitur oculus et destruitur per fortitudinem ignis et destruitur a naturali complexione, et impeditur judicium videndi. Similiter, ut Averroes dicit libro suo de Sensu et Sensato, accidit impedimentum quando instrumentum videndi fuerit infrigidatum a rebus intrinsecis infrigidatione intensa. Nam debilitatur et obscuratur oculus in locis in quibus est multa nix aut multa aqua, et ideo apparent ripae maris turbidae et paucae lucis, et similiter loca nivis.

Et similiter in ebriosis et infirmis et iracundis accidit recessus oculi a naturali complexione : unde ebriis et infirmis videtur unum duo et res visa vacillare et moveri, propter hoc, quod nimia humiditas vaporum ascendentium ad oculos resolutorum per fortitudinem vini, aut humoris calidi dominantis in causa morbi, turbat oculos et cogit egredi a suo situ naturali, sicut in irato. Nam calor accenditur circa cor, et accendit sanguinem, et resolvit vapores, qui de facili surgunt ad oculos et penetrant propter poros eorum, et movent oculos a suo situ naturali, ita quod species non possint figi in uno loco nervi communis ; atque nec in uno loco glacialis oculi ejusdem, secundum Averroem loco memorato. Nam propter motum et ebullitionem vaporum accidit quod species formatur in diversis partibus, sicut species solis et lunae in aqua mota, et dum formatur in una non adhuc abscinditur ab alia, et ideo duae apparent, sicut apparet nobis duplex species solis et lunae in aqua mota.

Passion or intemperance.

Et similiter ex passione capitis accidit aliquando resolutio vaporum ad oculum quibus visus movetur, ut in scotoma[1] et vertigine, et tunc aestimatur res visa moveri, ut exemplificat Ptolemaeus in secundo Opticorum, et illud operatur ad intelligendam causam scintillationis, et sic apparet unum duo et res visa moveri. Et Avicenna dicit tertio de Animalibus, cum contingit aliqua causarum quae scriptae sunt in libris philosophiae, quae moveat spiritum qui est in anteriori ventriculo cerebri circulariter, et virtus visibilis reddidit ei formam sensatam, non quiescit species in loco uno, sed circulariter movetur secundum motum spiritus revoluti, et sic videbitur res

Nervous derangement or disturbance of vitreous humour.

---

[1] Ptol. *Optica*, p. 51.

circulariter moveri. Et Avicenna tertio de Animalibus dat causas tres a parte dispositionis nervi communis et oculi, quod unum potest videri plura. Nam humor vitreus, qui extenditur ab oculo ad nervum communem, et spiritus visibilis, qui fluit a sensu communi in nervum communem et in oculum, sunt subtilia corpora et mobilia multum, et ideo de facili mutantur a situ suo, et hoc potest esse vel secundum dextrum et sinistrum, vel secundum ante et retro. Quod si in nervo communi vacillent secundum dextrum et sinistrum tunc species duae quae veniunt ab oculis duobus non possunt figi in eodem loco nervi communis, sed una cadit in dextrum, et alia in sinistrum, et sic duae apparent, et oportet quod res una videatur duae. Similiter si vacillent secundum ante et retro, figetur una anterius et reliqua posterius, et ideo duae distinctae apparebunt Et quando uterque motus accidit erit motus speciei, sicut vertigo, et apparebit res vacillare secundum duos situs.

Compression of globe of eye

Tertiam causam assignat de uvea; quae de facili recepit motum. Nam per motum spirituum et calorem foitem et multum, potest interius concuti, atque per conatum oculi dilatatur, et per suum nervum ex quo componitur potest dilatari vel comprimi secundum quod nervus ille contrahitur vel distenditur. Potest etiam exterius concuti ex multis occasionibus, ut quando digitus comprimit uveam vel aliis modis, et per has concussiones aliquando mutatur foramen in diiectum, aliquando in obliquum, et haec variatio potest fieri in uno oculo et non fiet in alio, aut in ambobus oculis simul fiet, sed diversis modis Quapropter ipsa species diversificabitur in utroque oculo et per consequens in nervo communi, ut major vel minor appareat res et species, et sic majorem locum in nervo communi una species habebit quam alia, et ideo res quae est una videbitur duplicata.

Double vision in a single eye through obstruction of lens, or debility.

Praeter omnia quae dicta sunt de hoc quod unum videatur duo, sunt adhuc casus diversi naturales cum suis causis. Et accidit ergo aliquando quod humor extraneus coagulatur infra uveam inter glacialem et foramen; et aliquando a superius ad inferius secundum longitudinem, aliquando ex transverso secundum latitudinem, aliquando circulariter; et ita fit divisio glacialis, ut videat per partes suas diversas eandem rem, et ideo ei apparet una res duae. Hanc causam tangunt medici in libris et docent curationem, ut per Avicennam patet in cura oculi. Quod si non contingeret, aestimatur quod potest fieri hic deceptio. Et vero aliter creditur posse fieri apparitionem duorum ex eo, quod visus fit extramittendo, et quod species potest aliquo modo videri. Nam sunt multi homines, qui quum aspiciunt aliquam rem unam, apparent eis duae, et non est propter oculorum diversitatem, quoniam si uno oculo aspiciant idem eis accidit. Uno ergo oculo vident duo omnibus causis exclusis praedictis. Quapropter non potest esse, nisi vel quia species rei, dum fit prope rem, est fortior et plus habet de natura rei, et ideo magis est sensibilis quam longius multiplicata. Cum ergo homo habeat debiles oculos, tunc virtus non solum secundum se est debilis, sed magis debilitata ex distantia stabit ad speciem rei prope eam, et fiet species ei pro objecto, ut terminetur virtus debilis ad illam, sicut ad vaporem terminatur visus ex distantia debilitatus. Sed oculus fortis penetrat aerem, in quo est species prope rem, et occultatur ei species propter fortitudinem visus, sicut vapor in aere prope oculum occultatur et penetratur propter vigorem oculi. Et illud frequentissime accidet hominibus habentibus debiles oculos, maxime scilicet quando negligenter vident. Et aliquando homines habentes bonos oculos cadunt quoquo modo in istam passionem, quando scilicet negligentissimi sunt in videndo et oculum semiclaudunt, et sunt ipsi et res visa in locis obscuris et temporibus caliginosis, sicut in crepusculis.

Et necesse est istud, vel quod oculus unus habeat geminas Double pupillas; quod licet sic hoc possibile, non sum hoc expertus. pupil. Solinus enim in libro de Mirabilibus Mundi facit mentionem de quadam regione in qua mulieres solebant habere duas pupillas. Et Plinius sexto libro per diversa loca mundi ostendit homines habentes geminas pupillas in oculis; quod si contingat unum potest videri duo.

DISTINCTIO SECUNDA.

De modo videndi recto considerato penes speciem visus et rei visae ; habens quatuor capitula.

Capitulum I.

That a cloud can be seen from without not fromwithin, proves ocular radiation.

Deinde considerandae sunt causae visionis a parte specierum visus et visibilium.   Et jam in promptu est causa quare oculus existens extra aerem vaporosum et nebulosum videt eum, et quando est in aere tali non videt nec percipit vapores et nubilia.   Hoc enim superius tactum est incidenter, nunc autem ex causa principali.   Oportet enim quod fortitudo et debilitas radii visualis sit causa hujus : nam quando est prope aerem talem, et in eo virtus visiva est fortis ex propinquitate sua ad oculum, propter sui fortitudinem potest penetrare aerem spissiorem, et nihil videtur nec percipitur a visu, nisi quod potest visum terminare, ut dictum est prius.   Et ideo tunc[1] non percipitur aer vaporosus.   Sed quando oculus longe fit ab illo aere vaporoso, tunc species oculi debilitata invenit resistentiam et terminationem, et ideo valet a longe videre aerem nebulosum.   Et ex hoc experimento patet manifeste, quod fit visus extramittendo.   Nam si sola species rei visae fieret, tunc non posset ratio reddi hujus visionis.

The axis of vision.

Et a parte speciei considerandum est ulterius non solum absolute, sed per comparationem ad situm, sine quo non potest fieri, nec distincte, nisi diligenter observetur.   Dicendum ergo quod unus oculus facit speciem usque ad rem visam, et res visa facit ad oculum suam speciem in eodem loco, unde habent axem communem, qui est perpendicularis super omnes partes oculi, eo quod transeat per centrum omnium.   Et ideo cum perpendicularis incessus sit fortis et potens, oculus judicat

---

[1] Tunc is the reading of O., not etiam, as in J.   The punctuation in J., and the insertion of et before propter sui fortitudinem, obscure the meaning. See p. 62.

fortissime per speciem partis quae venit super hanc lineam, et eam comprehendit in fine certitudinis, quantum potest unus oculus comprehendere. Et ideo dicitur in libro de Visu [1], quod nullum visorum videtur simul secundum totum, et hoc est intelligendum in fine certitudinis, sed una pars tantum super quam cadit axis dictus: nihilominus tamen eodem aspectu videtur tota res quae est basis pyramidis visualis, et plus ut tactum est, et ideo simul plura videntur. Sed propter complementum certitudinis et partes ex utroque latere propinquiores termino axis certius videntur, et remotiores minus certe. Quando vero oculus movetur ut certificet singulas partes visas, tunc axis decurrit super eas, et certificat successive unam post aliam.

Et quoniam naturaliter duo oculi situm habent consimilem respectu nervi communis, tunc se habebunt axes oculorum uniformiter ad omnem punctum super quem cadunt, et cadent necessario super eundem punctum rei, et tunc ille punctus melius et certius videbitur a duobus oculis quam ab uno. Et intelligendum est, quod a nervo communi dirigatur linea recta imaginabilis inter duos oculos, usque ad rem visam, concurrens in eandem partem rei visae cum axibus oculorum, et haec linea est axis communis, et ille punctus super quem cadunt isti tres axes, videtur in fine certitudinis, ut patet in figura, et aliae partes secundum magis et minus, secundum quod habent situm diversum respectu hujus axis. Nam *a* punctus videtur certissime, quia tres axes concurrunt in eo, et *b* atque *c* certius videbuntur quam *e* et *d*.

Binocular vision.

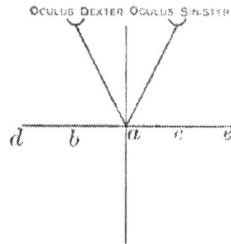

FIG. 38.

---

[1] This is the first proposition of Euclid's *Optics*. Οὐδὲν τῶν ὁρωμένων ἅμα ὅλον ὁρᾶται. His mode of explaining this proposition is curious. Rays proceed from the eye to the object (αἱ προσπίπτουσαι ὄψεις). These impinge upon certain points leaving other points unaffected, and therefore unseen. It takes time for all the points to be touched so that the image becomes continuous; although the time is too short for us to be conscious of it. Δοκεῖ ὁρᾶσθαι ἅμα τῶν ὄψεων ταχὺ παραφερομένων. But Euclid did not combine as Bacon did, the geometrical point of view with the physiological. The dependence of vision upon ocular movement could hardly be better stated than Bacon states it.

Sed inter omnia pars illa certissima videtur ad quam cum terminantur axes est species propria ei perpendicularis, nam

FIG. 39.

tunc est duplex fortitudo. Et propter hoc *a* videtur fortius per axes, quam *c* et *b*, nam species visus ipsius *a* est perpendicularis super ipsum, ut patet, non sic super *b* et *c* est species eorum perpendicularis species enim *b* et *c* sunt perpendiculares super oculum, sed non super se ipsas. Species autem ipsius *a* est perpendicularis super ipsum et super oculum.

CAPITULUM II.

In quo ostenditur duobus diversis experimentis, et diversis figurationibus, quomodo unum videatur duo [1].

Experiments on double vision.
(1) Pressure on the globe of one eye.
(2) An object placed nearer than the point of convergence of the axes, appears double.

Sed non solum propter causas in praecedenti distinctione memoratas videtur unum duo, sed propter multas alias. Et frequentius et evidentius accidit haec passio ex hoc quod oculus alter vel uterque moveatur a situ suo, sicut quando homo gratis revolvit alterum oculorum a situ debito, aut quando supponit digitum oculo, et pellit eum a situ suo. Nam tunc duae species veniunt ad loca diversa in nervo communi, et apparet una res duae. Et contingit quod unum videatur duo secundum magnam elongationem ab axibus propter sensibilem diversitatem anguli, quam faciat species in oculis, ut patet in figura. Nam sit *m c* res visa, et *a* et *b* oculi, et *a c* et *b c* sint axes fixi super punctum *c*, quod ab eis videtur in fine certitudinis: tunc potest aliqua pars in tantum removeri ab

---

[1] The account of binocular vision in the foregoing chapter, and that of diplopia (double sight) in this chapter and the following, are taken from Alhazen (lib. iii. cap. 2, §§ 2-15). Bacon's exposition is far shorter and clearer than that of his teacher. In consulting Risner's edition of the Latin version of Alhazen it must be borne in mind that the diagrams, and the headings of each section, were added by Risner.

axibus, ut *m*, quod videbitur duo propter sensibilem diversitatem anguli quem constituit in oculis, quoniam *m a c* est longe major in oculo *a* quam *m b c* in oculo *b* ; et ideo non potest species utraque propter hanc diversitatem venire ad eandem partem nervi communis, sed oportet quod major occupet majorem partem nervi communis, et ideo videtur visui, quod *m* sit duo. Et non solum accidit hoc, quando punctus visus cadit a dextris et a sinistris axium, ut nunc figuratum est, sed quando in aliqua distantia fit dexter respectu unius axis, et sinister respectu alterius, scilicet quod quando inter concursum axium cadit vel ultra, ut apparet in figura. Nam si oculorum *a* et *b* axes figantur diligenti intentione in *o* partem visibilis *m o n*, tunc visibile *k* infra concursum axium videbitur duo, et *h* visibile ultra concursum similiter videbitur duo necessario. Nam hoc potest experimentator probare, accipiendo unum asserem latitudinis unius palmae, et longitudinis quatuor, vel quinque, vel sex, et sit superficies ejus laevis, et accipiat tria individua visibilia, vel de cera vel de ligno formata ad quantitatem supremi articuli digiti minoris in figura pyramidali, et sint diversimode colorati propter evidentiam majorem, et ordinet ea secundum ordinem *h o k*, ita quod sit sensibilis distantia inter ea, ut medium eorum sit in medio tabulae, et unum aliorum sit in extremitate tabulae remotiore, et tertium sit in medio inter medium videndum et oculum, et tabula in extremitate sua respectu oculi habeat quandam concavitatem, ut bene possit applicari oculis, et quod tabula possit bene applicari super extremitatem nasi ad oculos, et tunc oculi figant axes super medium individuum, quod videbitur unum, et utrumque aliorum duorum videbitur duo, nam *k* et *h* videbuntur quatuor et *o* videbitur unum.

Fig. 40.

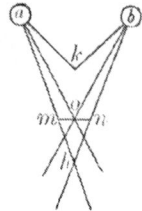

Fig. 41.

CAPITULUM III.

In quo ad hos duos errores componitur una figuratio per unum experimentum, cum consideratione imaginum plurium disparentium.

Et per eandem tabulam, si latitudinem habeat sufficientem, potest fieri experimentum de priori errore.   Sufficiat ergo una pro utroque et sit hujusmodi, ut apparet in hac figura

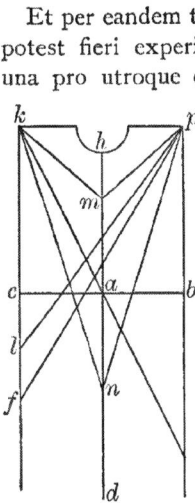

FIG. 42.

Nam *a* et *c* et *b* videbuntur ut sunt, dummodo oculi aptentur recte, ut extremitates pyramidis visualis cadant super *c* et *b*, et axes super *a*.   Sed si alia individua, vel illa eadem, scilicet *a b c* ordinentur secundum longiorem diametrum *h a*, ut *c* ponatur in loco *m*, et *b* in loco *n*, videbuntur *m* et *n* esse quatuor; et sicut *c* videbitur esse unum, quando est in diametro minori et transversali, sic *l*, quod parum ab eo distat[1] et ab axibus; sed *f* quod multum obliquatur videbitur duo, secundum quod in priore errore fuit annotatum.   Nam ab oculo *p* videbitur sub angulo *f p k*, qui est minor recto, et ab oculo *k* videtur sub angulo *f k p* qui est rectus, et ideo oportet quod ob diversitatem anguli videatur duo.   Et experimentator potest sine tabula experiri multa in hac parte.   Nam potest de nocte elevare digitum inter ipsum et candelam.   Si ergo figat axes super candelam, videbitur unus digitus duo.   Et in his considerandum est, quod si claudatur oculus dexter, disparebit imago sinistra, et clauso oculo sinistro dextra evanescet imago; quod admiratus est beatus Augustinus, et longum fore dare causam hujus rei scribit in undecimo libro de Trinitate capitulo secundo[2].   Et vere longum est homini ignoranti perspectivam, quia oportet ipsum primo addiscere hanc scientiam.   Similiter est longum ut doceat

---

[1] distant J.   [2] primo J.

causam hujus rei, quia oportet ipsum ea quae scripta sunt in hac parte quinta hujus persuasionis bene considerare, et maxime quae in hoc capitulo de causis visionis a parte specierum dicuntur et scribuntur. Certum ergo est, quod axibus oculi fixis super *a* visibile, nihilominus tamen virtus visiva tendit in *m* visibile, sed species veniens ab oculo dextro tendit in sinistrum, si procedatur ultra, et similiter species oculi sinistri tendit ad dextrum, nam hae species intersecant se in *m* puncto, et separantur ita, ut dextra transeat ad sinistram partem, et sinistra ad dextram, ut patet ad sensum. Quoniam ergo *m* apparet duo, necesse est ut imago quae respondet dextro oculo sit ultra *m* in partem sinistram, quia species oculi dextri tendit in partem illam. Et ideo quando oculus dexter clauditur, oportet quod evanescat imago sinistra ; et con-

Fig. 43.

similis ratio est de oculo sinistro et imagine dextra, et istud patet in figura.

Et tamen non semper disparebit imago dextra oculo sinistro clauso, nec sinistra ad clausionem dextri oculi ; sed bene accidit quod clauso dextro oculo, imago dextra disparcat, et clauso sinistro imago sinistra disparebit, ut potest quilibet experiri ad stellas fixas in aestate in crepusculo ante obscuram noctem, et ita posset fieri de ignibus longe distantibus.

It is otherwise with rays from very distant objects.

Capitulum IV.

De hoc, quod appareat unum duo propter elongationem axium particularium ab axe communi, cum expositione omnium modorum situs [1] et assignatione causae visionis bonae vel malae in omnibus.

Non solum est diversitas visionis erroneae, eo quod diversa sit positio rei visae respectu axium, ut dictum est, sed ipsi

Dependence of double

---

[1] Omnium modorum situs is omitted in J. *Situs* is the ninth of the conditions of vision referred to on p. 74 as needing further explanation.

vision on the relative position of ocular axes. axes possunt obliquari nimis ab axe communi, ut patet in figura. Nam *a b d* angulus in *b* oculo est longe major quam *a c d* angulus in oculo *c*, et ideo erit error, et videbitur *a* duo,

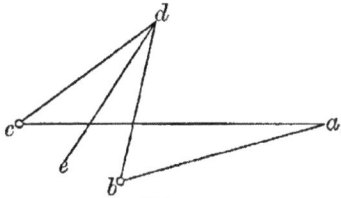

FIG. 44.

ad quod terminantur axes *b a*, et *c a*, et hoc quia declinant ab *e d* axe communi[1]. Et hoc est quando oculi convertunt axes suos ab axe communi ad partem unius oculi, et alius oculus sequitur quantum fieri potest declinatio, et ideo axes non terminantur ad *d*, nec sunt *b d*, et *c d*, sed *b a* et *c a*, nam axes sic declinant a situ suo naturali et obliquantur. Possunt etiam terminari ad punctum rei visae idem, sub tamen diverso situ respectu nervi communis; et tunc videtur ille punctus duo, sicut patet per elevationem unius oculi a situ suo recto vel utriusque. Et ex his obliquationibus patet manifeste, quod sive axes obliquantur nimis ab axe communi, sive res visa, vel pars rei visae nimis obliquetur ab axibus oculorum, videbitur male res, et hoc sive uno oculo, sive duobus, sive etiam fiat obliquatio extremitatum rei a faciali oppositione. Et per oppositum erit, quod illud quod facialiter erit objectum, ad quod axis specialis et communis concurrunt, videbitur in fine certitudinis. Si vero sit prope axes, res ab eadem parte videbitur sufficienter; et sic minuetur visio ejusdem rei usque ad locum tantae obliquationis quod unum videtur duo, ut praedictum est. Et horum omnium causa est, secundum Alhazen in tertio libro, et Ptolemaeum similiter in tertio, quod quando res facialiter videtur vel prope, tunc species ejus venit ad superficiem glacialis sub magno angulo et occupat magnam partem pupillae, in qua sensibiliter possunt partes distingui; sed quando est magna obliquatio, tunc species venit sub parvo angulo ad membrum sentiens, et occupat parvam partem illius, ita quod insensibiliter congregantur species partium rei visae, et collocantur confuse, et ideo non est judicium certum de eis. Et sic patent omnia quae habent

[1] This is wrongly lettered, both in the text and the figure, in J.

sciri de situ respectu oculi. Nam de facili potest quilibet differentias situs jam elicere. Est enim situs facialis, quando res facialiter opponitur oculo vel oculis, nec elevatur una extremitas, nec alia declinat. Et est situs obliquatus per elevationem unius extremitatis et depressionem alterius ; et hic dicitur situs obliquus. Item in situ faciali est situs partis unius respectu axium, et aliae partes magis declinant ; et similiter in situ obliquo quaedam partes sunt remotiores ab axe, quaedam proximiores. Et dictum est quomodo fit comprehensio et error in omnibus similibus. Situs autem, qui est extra pyramidem non solum visualem, sed totam, excludit visionem omnino.

DISTINCTIO TERTIA.

In qua consideratur de triplici modo videndi penes octo praedicta, habens septem capitula. Et primo ponuntur exempla de cognitione solo sensu.

Capitulum I.

His habitis a parte oculi et specierum situs, nunc considerandum ulterius de triplici modo videndi penes octo quae necessaria sunt sine quibus non potest fieri visio. Lux ergo Perception et color videntur solo sensu, et non erratur circa ea, quando of light and colour. haec octo non egrediuntur a suo temperamento ; immo tunc videtur lux sicut est, et color sicut est. Quando vero egrediuntur a suo temperamento, tunc accidit error vel defectus. Nam lux stellarum de die non videtur quando ad oculum venit plenitudo lucis solaris propter egressum illius lucis a temperamento respectu oculi et lucis stellarum, ut quando homo est in superficie putei, ad ejus oculos venit lux solaris principalis excellens lucem stellarum principalem. Sed si homo ingrederetur profundum putei videret stellas quae essent super caput ejus; non solum propter causam prius tactam, sed propter hoc quod temperaretur lux solaris, eo

quod sola lux ejus accidentalis veniret ad oculum et nullus
radius principalis, et ideo stellae videntur per radios suos
principales, et non occultarentur.

The milky way. Sed de galaxia [1] mirum est, quod non potest apparere in
sphaera coelesti, nec in sphaera aeris, sed in sphaera ignis.
Galaxia vero uno modo est circulus in coelo coelestis, quae
lactea via vocatur, habens multas stellas minutas congregatas,
et haec pars coeli facit, secundum Aristotelem primo Meteorologicorum, impressionem luminosam continuam per concursum
lucis solaris cum lucibus hujusmodi stellarum parvarum, et
haec impressio vocatur similiter galaxia. Unde aequivocatur
nomen ad causam et effectum : et apparet continuum lumen
et oblongum, licet stellae sint distinctae. Sed distantia facit
hoc, sicut si quis a longe aspiceret ollam perforatam in
partibus multis propinquis, in qua ignis contineretur : appareret
enim ei propter distantiam ignis continuus propter propinquitatem foraminum, quam non discerneret visus propter
remotionem. Hanc tamen impressionem non perciperet
oculus in orbe coelesti, licet hoc lumen transeat per eum, nec in
aere licet similiter transeat. Sed in igne fit sensibilis, quia
orbis coelestis est tam excellentis subtilitatis, quod non potest
lux incorporari in eo, ut sit visibilis. Aer autem est majoris
densitatis quam hic requiratur. Nam quia ista impressio
debilis est propter debilitatem lucium parvarum stellarum,
cito potest opprimi loci obscuritate, nec sufficit ad purgandum
aeris tenebras densioris. Sed in suprema parte ignis potest
galaxia visui apparere, quia proportionalis est apparitioni
propter mediocritatem sui inter nimiam subtilitatem coelestis
perspicui, et inter majorem densitatem in aere quam hujusmodi apparitio [2] requirat ; et ideo in igne potest apparere, ut
Aristoteles dicit, licet parum exprimat de causa. Sed lumen
stellarum aliarum fixarum majorum, et similiter planetarum,

---

[1] Bacon refers to Aristotle's explanation of the milky way (*Meteorologica*,
lib. i. cap. 8) as though it were his own. But his own is far nearer the truth.
Aristotle attributes it to a disturbance at the confines of the sphere of air and
of fire caused by the motion of the many *large* stars which are situated in the
milky way. Bacon speaks of it as *multas stellas minutas* from which a continuous luminous impression is conveyed to the eye.

[2] appericatio J.

habet tantum fortitudinis, quod non recipit occultationem in aere, sicut nec in sphaera ignis et coelesti, et ideo uniformiter illustrat totum medium, scilicet orbes coelorum et ignis et aeris ; et ideo visus non percipit in aliquo diversitatem incorporationis lucis istarum. Et ideo non fit aliqua impressio distincta apparitionis per luces cadentes ab aliis stellis quam a stellis galaxiae, propter quod philosophi non faciunt mentionem de aliqua alia impressione, quae sit pura lux, quam de illa quae galaxia vocatur. Et sic patet, quod galaxia non potest apparere in sphaera aeris nec coeli, propter egressum medii a temperamento raritatis. Non in aere, propter defectum raritatis sufficientis, in coelo vero propter superfluitatem. Sciendum tamen quod multum facit ad notitiam galaxiae consideratio fractionum in sphaera ignis ; omnes enim radii qui cadunt ad angulos obliquos in superficie ignis franguntur. Sed hujus explanatio alibi requiratur.

Similiter mirum est de luce aurorae, qualiter apparet nobis The dawn. tunc et non ante : nam coelum totum illuminatur, praeterquam in umbra terrae. Et coelum voco hic totum mundum, unde extra umbram terrae aer illuminatur, et sphaera ignis et orbes coelestes. Et nos [1] bene videmus stellas de nocte in omni parte horizontis ; ergo similiter videtur quod deberemus videre species coelorum et ignis et aeris illuminari extra umbram. Nam inter nos et stellas est aer illuminatus necessario, et sphaera ignis, et orbes coelorum, non solum per lucem stellarum, sed per lumen solis, quod transit in aere per latera umbrae, et ideo sicut in aurora videmus aerem illuminatum, sic probabile est quod aer illuminatus videretur prius. Sed egressus distantiae a temperamento cum egressu raritatis a temperamento solvit hoc. Nam stellae sunt corpora densa, et habent multum de luce [2] propria et fixa, et ex hac utraque

---

[1] Combach reads non ; but O. and Reg. have nos, which is the reading adopted by J. The punctuation however of J. needed altering. The question asked is this : Why is there not twilight all through the night? We see the stars which derive light (at least indirectly) from the sun. Why not then the diffused light from the spheres in which the stars are placed, and also from the sphere of air? for these are illuminated all through the night by the sun. The answer contains much more truth than error.

[2] See the discussion of this point in vol. i. p. 129. On twilight cf. vol. i. p. 229.

causa possunt videri per species suas diffusas in umbram usque ad oculum. Sed partes orbium illuminatae, et sphaera ignis et aer extra umbram sunt corpora nimis rara, nec habent lucem fixam sed transeuntem, et ideo debilis lux est, et multum distant, ex quibus causis videri non possunt de nocte, quia species veniens ab eis in umbram est nimis debilis, nec potest oculum immutare. Sed quando sol appropinquat ad ortum, et hoc est quando est in decimo octavo gradu circuli suae depressionis sub horizonte, secundum quod Ptolemaeus docet in Almagesti[1], tunc radii ejus cadunt in aere propinquiori ad nos, et ingrediuntur summitatem umbrae et latera ejus, et sic potest aer illuminatus propinquior facere speciem fortiorem ad oculum, et incipit videre eum, et magis videtur secundum quod propinquior illustratur Additur autem ad hanc causam, quod aer propinquior est densior, et praecipue quando lux venit ad aerem vaporosum, cujus altitudo maxima est quinquaginta et unum milliaria, et quaedam partes milliaris, secundum quod demonstratur in libro de Crepusculis; et propter densitatem hanc plus retinetur de luce in tali aere denso, sicut in stellis, et ideo fit fortior species ad oculum. Et haec nobis ostendunt, quod aurora non fit per fractionem vel reflexionem lucis in nube, sicut sciunt instructi; sed fit per speciem solis accidentalem, quae venit ad nos a radiis ejus transeuntibus in aere vaporoso et nubiloso, sicut a radio solis per fenestram cadente venit species accidentalis per totam domum.

Luminous bodies in rapid motion. Accidit etiam, quod lux parva, sive corpus lucidum modicae quantitatis, appareat aliquando magnae extensionis in aliquibus propter sensibilem distantiam et motus celeritatem in stellis discurrentibus[2], sicut dicit Ptolemaeus in secundo Perspectivae. Nam impressiones inflammatae in aere ex vaporibus ignitis in similitudinem stellarum, quae vocantur Arabice Assub[3] ascendens et descendens, sunt corpora parvae quanti-

---

[1] This word is properly written al-mijasti, the i being long, corresponding to the Greek η in μεγίστη. In its Latin form it is usually, though not uniformly, treated as indeclinable

[2] Ptol *Optic* p. 41

[3] An orientalist friend referred me to Freytag's Arabic Lexicon. ''asb, nubes rubicunda, apparens in magna siccitate anni' But Professor Rieu, who has kindly examined this passage for me is clearly of opinion that the word in

tatis. Sed propter distantiam et motus celeritatem apparent
habere lumen longum. Similiter accidit in scintillis ascen-
dentibus velociter de igne ; nam motus celeritas facit quod
multotiens apparent extendi in magna longitudine, cum
tamen sint parvae quantitatis.

Sicut vero lux percipitur solo sensu, sic color : et si illa Modifica-
novem, de quibus dictum est quod sint necessaria ad visum, tions of colour.
non egrediantur temperamentum, visus percipiet veritatem
coloris. Si autem egrediantur, non percipiet : ut si corpus
coloratum sit solidum sufficienter, quatenus visum possit
terminare, aestimabitur color visus esse illius corporis. Sed
si non sit satis solidum, ut crystallus, cui si applicetur a parte
posteriori corpus coloratum, apparebit visui quod sit color
crystalli, cum non sit[1]. Et cum viderit oculus colores fortes et
postea convertat se ad loca luminosa, remanebit species coloris
fortis in oculo suo ad tempus, et primo apparebit ei color
puniceus, deinde purpureus, et postea niger, et sic evanescit,
ut Aristoteles dicit secundo de Somno et Vigilia[2]. Et
hic error contingit ex superfluitate lucis variantis sicut judicium
coloris. Et Ptolemaeus in secundo Perspectivae docet, quod
diversi colores[3] videntur unus propter duas causas. Prima
causa est ; nam in re diversorum colorum apparet unus propter
distantiam superfluam, ita quod angulus qui totam rem continet non habeat idoneam quantitatem. Cum singuli autem
anguli, qui continent diversos colores, fuerint insensibiles,
accidit ex compressione partium quae non discernuntur, quod
color totius rei sit unus aliter quam singularum partium.
Alia causa est ; nam accidit ex motu rei veloci, ut in motu
trochi plures colores habentis, quod non moratur unus et idem
radius super unum et eundem colorem, quoniam recedit color
ab eo propter celeritatem motionis ; et sic idem radius cadens
super omnes colores non potest discernere inter primum et
novissimum, nec inter eos qui sunt in toto trocho, sed apparent

question is الشُّهُب *ash-shuhub*, plural of الشهاب *ash-shihāb*, a shooting star ;
ascendens et descendens ought therefore to be in the plural.

[1] The sentence is incomplete, though the sense is clear.
[2] What Bacon calls the second book *De Somno et Vigilia* is what is now
called *De Insomniis*. The passage quoted is in cap. iii.
[3] Ptol. *Optic.* pp. 40-1.

quasi unus, et videtur quod ille sit quasi mixtus ex omnibus. Et de his sunt exempla infinita, et posita sunt aliqua in principio[1], et in diversis locis ; et ideo pertranseo.

CAPITULUM II.

De cognitione per scientiam.

Facts about the moon learnt by repeated experience.

Quae vero comprehenduntur per scientiam[2], sunt per distinctionem universalium ad invicem vel particularium vel universalium a particulari, ut dictum est : unde diversitas et distinctio rerum visibilium consideratur in hac cognitione, et haec cognitio primo et per se attenditur circa lucem et colorem, quoniam sunt maxime sensibilia. Quando ergo luna est extra umbram terrae, habet lumen clarum et album, quando est in superiori parte umbrae habet lumen rubeum, quando vero est in inferiori parte non videtur lumen, quando etiam soli conjungitur in novilunio non apparet ei lumen. Et ideo visus percipit hanc diversitatem : sed non potest solus sensus hoc certificare, sed postquam pluries vidit has diversitates et aspiciat lunam, potest cognoscere quod in tali tempore vel in tali sic vel sic apparet, et in aliis non videtur.

Explanation of these facts.

Causa vero hujus rei difficilis est ; certum tamen est quod lumen lunae causatur a sole, sicut omnium stellarum, ut superius dictum est. Sed ut dicit Ptolemaeus in libro secundo Opticorum, quando conjungitur soli[3] tunc illud quod impedit lunam illuminari versus nos est propinquum lunae, quoniam est fere medietas corporis lunaris nobis objecta, quia alia pars illuminatur. Et ideo radii solares non possunt attingere ad partem versus nos ; neque principales[4], ut patet ; sed multum

---

[1] See pp. 39–46.

[2] The word is here used in the sense attributed to it, provisionally, on pp. 79–80, of memoria visionis prius factae. The knowledge to be considered under this head is that which results from reiterated experience : no faculty being needed other than the power to discriminate between one universal and another, or one particular and another, or again, between a particular and a universal. The instance here given applies of course only to the facts discerned ; not to the disquisition as to their cause ; which, however interesting, is a digression.

[3] Ptol. *Optic.* p. 39.

[4] Neque principales, should be followed by neque accidentales, but the structure of the sentence was altered, in the hurry of composition, as is often the case with Bacon. The explanation why the Moon is completely hidden

recedunt et separantur. Et ideo radii accidentales non sufficiunt accendere lunam. Sed quando est in umbra, tunc
terra quae obtegit lunam a sole, est multum elongata a luna,
et ideo radii solares principales multum prope concurrunt
propter strictitudinem umbrae in parte superiori ; et propter
hoc radii accidentales possunt venire de prope in magna
fortitudine ad corpus lunae, et ideo accendunt lunam. Sed
quia accidentales sunt debilioris operationis quam principales,
propter hoc non clare illuminant lunam nec plene, et ideo
fit subrubea vel pallida, declinans ad ruborem, et magis rubea
est, quando minus cadit in spissitudinem umbrae, et magis
pallida, quanto magis cadit in eam. Et tamen potest ingredi
spissitudinem umbrae, et descendere in eccentrico suo versus
terram, quod non possunt radii accidentales eam accendere
propter magnam separationem radiorum principalium ipsius
solis, et remanet tota tenebrosa, sicut in conjunctione, quia de
se lumen non habet, sed est corpus densum.

Similiter de colore potest poni exemplum. Nam si per *Second
example.*
medium panni valde rari colorati diversis coloribus in par- *Colour of*
tibus suis visus aspiciat aliquod corpus unius coloris, tunc si *object seen
through a*
foramina panni sunt magna, videbit colorem corporis sicut *fine parti-*
est, sed si sint parva et subtilia, apparebit ei color rei post- *coloured
web.*
positae mixtus, et ideo ex diversitate raritatis medii per quod
videtur videbitur color diversus, et sic errabit in scientia.
Cujus causa est dubia. Nam constat, quod colores partium
corporis non veniunt ad visum nisi per foramina panni inter
fila, et colores filorum veniunt secundum suas lineas et
verticationes proprias ad alia puncta quam species colorum
partium postpositi corporis : quapropter figuntur colores partium illius corporis ad puncta alia in oculo quam colores

when in conjunction with the Sun (i. e. when new) and only partially hidden
when in eclipse, is quite just, if allowance be made for the difference in
technical language between his time and ours. He observes that, in the first
case the source of light is near to the object obscured (propinquum lunae), being,
in fact, the further side of the moon lit by the sun's rays. The direct rays
(principales), therefore, diverge so much that the diffused rays (accidentales) are
inoperative. In the second case the direct rays which bound the cone of the
earth's shadow, coming from a more distant source, are far less divergent,
and the accidental rays, being less remote, produce a dim reddish colour on
the eclipsed surface.

filorum, quare non videtur quod color erit mixtus. Sed dicendum est, quod sic : nam quando foramina sunt minuta, tunc colores transeuntes per foramina sunt multum propinqui filis, et ideo colores filorum et colores transeuntes per foramina sunt valde propinqui, et attingunt ad puncta habentia insensibilem distantiam : et quia sic est, ideo non erit sensibilis diversitas colorum istorum, et per hoc apparebit visui mixtus.

CAPITULUM III.

Appreciation of distance by a series of intermediate objects.
De his vero quae per syllogismum comprehenduntur accidunt similiter exempla notabilia. Primum quidem inter ea est distantia seu remotio. Circa quod primo consideratur, quod distantia superflua impedit visum; quia eadem res distans facit parvum angulum in oculo quae faceret magnum quando est propinqua, ut patet in figura. Et quoniam ex parvitate anguli accidit quod parva res pupillae occupatur, non potest res sensibiliter quantum oportet distingui in oculo, et ideo res male percipitur ex superflua distantia. Comprehenditur vero et certificatur distantia, si sit mediocris, per continuationem et ordinationem corporum sensibilium interjacentium inter visum et rem remotam. Ut cum aliquis sit juxta murum unum, et aspiciat alium murum ultra primum elevatiorem eo et satis ab illo distantem, non percipit aliquam distantiam inter ipsos, quia aut non sunt corpora continuata inter eos, aut ea non potest percipere propter interjectionem primi muri sub quo stat.

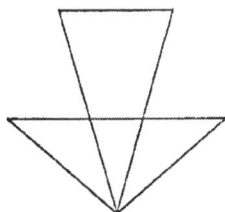

FIG. 45.

Height of clouds.
Et inde accidit, quod quando non sumus prope altos montes, sed in locis planis, non percipimus altitudinem nubium[1]; immo aestimamus quod sint longe remotiores a nobis quam sunt, quia non sunt corpora sensibilia posita inter nos et eas sed solus aer qui non est sensibilis nobis, et ideo tunc non percipimus altitudinem nubium. Sed cum fuerimus prope altos montes, quamvis non sint multum alti ultima altitudine quae est circiter octo milliaria, videbimus

[1] See vol. i. p. 229.

nubes in capitibus montium et cacumina superiora nubibus. Ex quo concludit Alhazen in secundo libro quod nubes non sunt magnae altitudinis, quamvis vapores bene ascendant usque ad unum et quinquaginta milliaria, sicut demonstratur in libro de Crepusculis. Sed non omnes vapores faciunt nubes, soli enim aquei ; et non omnes sunt materia nubium, terrestres vero altius ascendunt quamvis sint graviores, quia siccum est subjectum caloris et bene calorem retinet postquam receperit, ut lapis melius quam lignum. Inde accidit quod calor solis fortior et abundantior retinetur in vaporibus terrestribus quam aqueis, et propter hoc altius elevantur. Nunc autem ne fieret objectio de altitudine nubium, per contrarietatem libri de Crepusculis, feci mentionem de hoc libro.

Remotio [1] ergo comprehenditur quando corpora continuata sunt inter visum et rem, et hoc in mediocri distantia, et tunc quando visus illa corpora aspexerit et mensuras eorum certi-ficaverit. Quod si aliquid istorum defuerit non certificabitur remotio. Et remotio mediocris respectu visus, id est cujus quantitas certificatur a visu, est remotio apud cujus ultimum non latet visum aliqua pars illius spatii habens quantitatem sensibilem ad totam remotionem. Et remotio mediocris respectu rei visae, in qua visus comprehendit unam partem rei visae, est apud cujus ultimum non latet pars illius rei visae habens proportionem sensibilem ad quantitatem rei visae. Remotio vero quae est extra mediocritatem respectu visus est illa, apud cujus ultimum latet quantitas habens proportionem sensibilem ad totam illam remotionem. Et remotio intem-perata respectu rei visae est, quae partes proportionales toti proportioni sensibili abscondit a visu.

Erratur ergo de certificatione distantiae propter intem-

Difficulty of estimating extreme distances.

---

[1] This is treated of in Alhazen (lib. ii. cap. 11, prop. 22, 24, 25. and 39). He points out in a way that would be clear enough, were it not for his extreme diffuseness, that our estimate of the distance of an object depends on the existence of a series of familiar things interposed between the eye and the object. We gain an estimate of the distance of things round us by measuring the time taken in walking to them, or by reference to parts of our own body, as the foot or hand, as measures of this distance. When the distance is very great, and no such series of objects is interposed, the eye has no means of determining distance. Bacon is less verbose, and more lucid.

perantiam longitudinis rerum a visu. Nam sic arbores multum a longe positae, quamvis sint satis distantes videntur tamen continuari aut sibi propinquae. Et ɔb hoc stellae erraticae aestimabuntur in eadem superficie cum stellis fixis, propter immoderatam distantiam stellarum a visu : cum tamen stellae erraticae plurimum distent a fixis. Et figura multorum aequalium laterum directe visui opposita videtur circularis figurae, et circulus videtur recta linea, et sphaera aestimabitur plana figura. Nam propter immoderatam longitudinem anguli figurae, licet sint sensibiles respectu totius in debita distantia, quando tamen fuerit immoderata distantia, occultabuntur a visu respectu totius, et ideo judicabitur res angularis rotundae figurae, quia quando est clausus talis angulus, tunc est rotundae figurae. Similiter cum gibbositas arcus circuli objiciatur visui, licet medium gibbositatis circuli sit propinquius visui quam extremitates ad diametrum, tamen haec propinquitas non apparet visui propter distantiam immoderatam : et ideo occultatur accessus partis propinquioris visui, et aufertur in judicio visus ipsa gibbositas ; quapropter curva linea apparebit recta[1]. Et ob hoc accidit, quod quando luna est septima vel vicesima prima, tunc linea circularis basis pyramidis luminosae solaris occupantis corpus lunae apparet linea recta, cum tamen in aliis temporibus apparet curva. Et sphaerica videbitur plana propter eandem causam. Propinquitas tumoris ejus excedit imperceptibiliter propinquitatem extremitatis illius tumoris propter immoderatam distantiam. Et ideo sol et luna videntur esse superficiei planae, cum tamen sint sphaericae.

Capitulum IV.

De figuratione lunae secundum diversas aetates ; et additiones aliquorum in fine.

Et per jam dicta potest apparere causa de diversa apparitione figurationis luminis lunaris secundum quod crescit et

---

[1] See Euclid's *Optica*, prop. 22. Ἐὰν ἐν τῷ αὐτῷ ἐπιπέδῳ ἐν ᾧ τὸ ὄμμα κύκλου περιφέρεια τεθῇ, ἡ τοῦ κύκλου περιφέρεια εὐθεῖα γραμμὴ φαίνεται. Euclid goes on to explain, as Bacon does, that the illusion is more complete the greater the distance of the object.

decrescit. Nam aliquando basis pyramidis lucis solaris occupantis corpus lunae, apparet linea arcualis, ut ante septimum diem et post, sed in septimo apparet linea recta. Cujus causam Aristoteles secundo Coeli et Mundi et Averroes imperfectis et transitoriis sermonibus[1] occultant; atque liber Problematum Aristotelis Latinus suae translationis obscuritate dubios nos relinquit. Mirum enim satis est, quare eadem linea curva apparet aliquando recta, aliquando curva, ex eadem distantia. Si enim secundum causam datam de immoderata longitudine linea arcualis debet apparere recta : quomodo ergo poterit pluries, immo fere per totum mensem lunarem, apparere curva, et bis tantum recta judicari?

plained by Aristotle and Averroes.

Abstrahamus ergo nos a sensu, et imaginemur secundum veritatem, lunam esse corpus sphaericum, et primo intelligamus eam esse positam juxta nos in distantia moderata, et solem similiter, ita tamen quod habeant eandem comparationem ad invicem, et motus suos sicut in coelo, et quod eundem respectum habeant respectu visus nostri sicut quando sunt in coelo, excepto quod distantia non sit immoderata. Tunc hic videbimus duas pyramides ; una est visualis, cujus basis est portio superficiei lunae nobis objecta, et alia est pyramis luminosa solaris, cujus basis principalis est superficies solis. Et quoniam haec pyramis est curva, eo quod antequam possit pervenire ad conum suum occurrit ei superficies lunae, oportet quod habeat ibi basim secundariam[2], licet longe minorem prima, et est major portio lunae objecta soli. Ante vero quam pars lunae objecta visui nostro incipit in aliquo illuminari, scilicet dum sol et luna sunt in conjunctione, basis pyramidis lucis solaris non apprehendit aliquid de basi pyramidis visualis. Sed quam cito separatur luna a conjunctione sua, ut aliqua pars de portione illuminata objiciatur nobis, tunc basis pyramidis solis occupat illam partem basis pyramidis visualis, et ideo circuli illorum statim intersecant se in duobus locis, et includunt infra se partem illuminatam. Et

True explanation.

---

[1] Aristotle's remark on the moon's phases in *De Coelo* (ii. cap. 11), is undoubtedly meagre.

[2] That is, it is a truncated cone. The use of the word *conus* to denote the apex of the cone has been already noted. Cf. vol. i. p. 119.

secundum quod portio basis pyramidis solaris plus secat de basi pyramidis visualis secundum hoc crescit lumen in portione nobis objecta. Circulus ergo basis pyramidis solis in distantia moderata semper curva linea apparebit, et nunquam recta · quia sola distantiae immoderatio facit quod aliquando potest apparere recta. Sed in distantia superflua sicut nunc est oportet quod pluries appareat circularis[1]. Nam circuli dupliciter possunt intelligi in sphaera ; scilicet, ut aequidistantes ad invicem, ut sunt aequinoctialis in sphaera mundi, et tropici et caeteri aequinoctiali aequidistantes, ex utraque sui parte ; et alii sunt circuli intersecantes se et hujusmodi aequidistantes, ut qui transeunt per polos sphaerae sicut coluri in sphaera mundi, et omnes sunt circuli majores in sphaera. Priorum autem una sola est de majoribus, scilicet major aequidistantium, ut aequinoctialis in coelo : nam illi soli circuli sunt majores in sphaera qui transeunt per centrum sphaerae et dividunt sphaeram in duas partes aequales.

Explanation continued Sic ergo consideremus sphaeram corporis lunae, et hoc in portione nobis objecta, ita quod in hac portione quae respicit terram, intelligamus majorem aequidistantium, quae dividit corpus lunae in duas partes aequales, et post eam versus nos intelligamus alias, quot volumus versus polum corporis lunae nobis objectum, et intelligamus magnos circulos intersecantes se in polis sphaerae lunaris, unus tamen nobis sufficit hic, cujus gibbositas directe objiciatur visui nostro, separans lunam in duas partes aequales versus oriens et occidens, qui transit per polum nobis objectum, et per alium ejus oppositum, et vocemus hic ipsum colurum. Certum ergo est, quod immoderata distantia occultat gibbositatem istius coluri, secundum superius declarata Unde oportet, quod aliquando appareat linea recta Sed nulla distantia potest occultare gibbositates aequidistantium, quoniam tota circumferentia cuilibet earum habet penitus eundem situm respectu oculi, et non accedit aliqua pars circumferentiae ad visum magis quam alia, ut

[1] The Magd MS has plures circularis et aliquando recta. The addition, however, seems hardly needed Even with the condition of distance (Bacon means`, the straight line can only appear twice in the lunation Circularis is apparently used in a comprehensive sense for *curved* In reality the line, when not straight, is elliptical.

appareat visui in omni distantia, et ideo nihil occultandum est
in eis ; propter quod semper apparent in sua circumferentia et
circulatione. sicut nos percipimus de linea circulari quae est
circumferentia basis pyramidis visualis. Illa enim est una de
aequidistantibus istis, et major inter omnes quae possunt
visui objici, et patet quod visus cujuslibet judicat eam perfecte
circularem ; et sic faceret de omnibus aequidistantibus quae
signarentur in portione nobis objecta, sed nulla est assignata
quantum est de ratione lunae secundum se. Pyramis tamen
visualis signat unam, quae est circumferentia suae basis, et
pyramis solis signat aliam, quae similiter est basis suae circumferentia. Cum autem haec circumferentia basis pyramidis
solis attingit portionem lunae nobis objectam, necesse est ejus
gibbositatem esse versus solem, sicut nos ad oculum videmus.
Et causa hujus est, quia est portio circularis quae est prope
majorem in sphaera ; nam est portio unius de aequidistantibus
describendis circa portionem sphaerae lunae nobis objectae,
quae aequidistans est major omnium quae possunt ibi de-
scribi. Sed non est simpliciter major, quae secet sphaeram
lunae in partes aequales, quia non est medietas sphaerae
lunae nobis visibilis, sed portio parum minor ejus medietate,
ut nunc supponitur, et sequentia explicabunt magis loco suo.
Quia tamen arcus basis pyramidis solaris est fere portio
majoris circuli, ideo nullo modo potest ejus concavitas in
portione lunae nobis visibili jacere versus solem. Si enim
esset arcus circuli bene parvi, tunc posset concavitas esse
versus solem, ut patet. Erit ergo arcus illius gibbositatis
versus solem in novilunio : et quando attingit primo circumferentiam basis pyramidis visualis, tunc arcus visualis
pyramidis et arcus solaris sunt aequales, et jacent simul
et terminantur ad terminos chordae portionis visibilis ipsius
lunae. Sed quando pyramis solaris occupat aliquam partem
portionis lunae nobis objectae, tunc arcus pyramidis solaris
relinquit arcum basis pyramidis visualis, semper tamen ei
conterminalis, et separantur ad invicem continentes portionem illuminatam, et intersecant se in terminis chordae
portionis lunae nobis objectae ; et tunc arcus pyramidis
solaris est sicut arcus unius aequidistantis prope magni-

tudinem majoris aequidistantium. Et debet imaginari primo fuisse in circumferentia basis pyramidis visualis, et postea continue mota ab ea versus colurum de quo dictum est prius, qui transit per polos lunae, scilicet per illum polum nobis objectum et per ejus oppositum, dividens lunam in duas medictates, ac si moveretur per quartam lunae a [1] circumferentia basis pyramidis visualis usquequo fiat colurus. Quando ergo erit colurus, tunc oportet quod ejus gibbositas nos lateat propter intemperatam distantiam, et apparebit linea recta. Sed ante non ; quoniam semper prius fuit arcus unius aequidistantis, et partes circumferentiae aequidistantium habent eundem situm respectu oculi. Nulla enim magis accedit ad oculum quam alia, ut prius visum est.

Quapropter a prima illuminatione lunae, usquequo portio basis pyramidis veniat ad locum coluri, erit semper arcualis et in se et secundum judicium visus. Sed quando in septima die venict ad locum coluri, oportet quod appareat visui in linea recta tanquam diameter superficiei lunae, quae nobis plana apparet. Et tunc cum sit in altera medietate lunae fit iterum arcualis, quia jam accedit ad naturam aequidistantis. Et quoniam est arcus aequidistantis prope majorem aequidistantium, necesse est quod ejus concavitas sit versus solem. In illa enim medietate lunae non posset tanta aequidistans designari, cujus gibbositas sit versus solem, bene enim posset in parva aequidistante, ut patet consideranti [2]. Et si tunc

---

[1] The Magd. MS. has ad circumferentiam, but clearly the first quarter of the lunation is being described, not the fourth.

[2] This is the reading of Reg. Magd. has 'quod ejus gibbositas sit versus solem: in illa enim medietate lunae posset aequidistans tam parva assignari quod ejus concavitas sit versus solem.' The passage is somewhat obscure. During the first quarter both curves of the illuminated surface are convex towards the sun.

Bacon's explanation of the moon's phases is remarkable as a piece of lucid exposition addressed to a vigorous intellect with such elementary mathematical knowledge as we may suppose Pope Clement IV to have possessed. It will be noted that the whole description is brought in to illustrate an error of vision caused by distance: namely, that a circle or half-circle in the plane of the eye appears a straight line. The proposition has to be qualified by noting that the illusion does not take place except under the condition of distance (distantiae immoderatio).

The use of the words aequidistantes for lines parallel to the equator of a sphere, major aequidistantium for the equator and coluri for great circles movebitur ille arcus pyramidis donec jaceat super arcum basis pyramidis visualis, et tota circumferentia illius aequidistantis jacebit super totam basim pyramidis visualis, tunc oportet quod tota superficies lunae nobis objecta sit illuminata, et eadem erit basis utriusque pyramidis, et tunc erit luna plena. Deinde propter situm solis variatum respectu lunae, arcus basis pyramidis solaris incipit recedere a basi pyramidis visualis, et incipit luna deficere a luce, sicut in novilunio crevit, ita quod semper apparet basis pyramidis solaris linea curva propter rationem aequidistantis, usquequo basis pyramidis solaris veniat ad locum coluri in prima et vicesima die, et tunc iterum apparet linea recta, sicut in die septima. Sic ergo potest per hujusmodi immoderatam distantiam et rationes circulorum intelligi figuratio lucis lunaris per aetates suas variatas [1].

Patet ergo quod impossibile est ut coelum sit planae figurae : quamvis hoc visus aestimet, vel saltem quod accedit multum ad planam figuram. Nam sicut hic dictum est, anguli figurae polygoniae aequalium laterum apparent ex immoderata distantia habere rotunditatem. Paulatim enim absconduntur anguli, quia non habent proportionem ad immoderationem distantiae, nec accessus anguli ad oculum excedit sensibiliter partem circuli inscribendi in tali figura, vel sphaerae inscribendae, propter hoc quod anguli quantitas modica est vel nulla sensibilis respectu tantae remotionis. Et hoc non solum apud Alhazen dicitur in tertio suo libro, sed in libro De Visu hoc idem vult auctor, cum dicit in decima propositione [2],

The heavens present a concave spherical surface.

passing through the poles, has been illustrated in the geographical section. Attention is fixed in this case on one particular colure, that which lies in the plane of the eye.

[1] It is not at first sight very easy to reconcile this description with the denial in vol. i. p. 129, that lunar light was reflected from the sun. But it will be observed that Averroes in that passage, while maintaining that the moon (as well as other planets and stars) had intrinsic light, yet held that solar influence was needed to call it forth.

[2] J. has, a propositione ; Combach gives decima propositione. It is the ninth proposition of Euclid's *Optica*, τὰ ὀρθογώνια μεγέθη ἐξ ἀποστήματος ὁρώμενα περιφερῆ φαίνεται. Cf. Eucl. *Optica* (ed. Heiberg), p. 17. But the demonstration given is by no means complete or satisfying. The treatise *De Visu*, if not identical with Euclid's *Optica*, was at least founded on it. Cf. Alhazen, iii. 24, 25, 26.

Rectangulae magnitudines e distantia visae peripheriae apparent. Sed quia rectangulae figurae hujusmodi non possunt esse nisi aequilaterae, ideo alia translatio subjungit, quadrata per distantiam apparent rotunda, et non solum quadrata, sed omnis figura aequilatera, quia eadem est ratio de omnibus. Sicut de aliis polygoniis, in quibus circuli et sphaerae inscribi non possunt, non est verum, quia potest esse sensibilis accessus anguli ad oculum licet magna distantia sit. Hoc addidi propter intellectum istius occultationis. Si ergo anguli corporis aequilateri paulatim occultentur, donec corpus appareat rotundum, ita quod non semel et simul occultatur tale corpus propter angulorum protensionem, tunc corpus rotundum, quia non habet angulos, simul et semel totum occultabitur, et ex magna distantia apparebit planae figurae. Ergo si coelum extenderetur ad oriens et occidens sub plana figura, tunc stellae in occasu occultarentur secundum se totas simul et semel, cum sint sphaericae figurae. Sed nos videmus contrarium, quia pars post partem occidit et occultatur, ac similiter oritur. Quapropter non potest hoc esse in plana distantia et ideo nec coelum erit planae extensionis, sed curvae.

CAPITULUM V.

De comprehensione magnitudinum.

As with distance, so with magnitude: a Sicut vero exemplificatum est de comprehensione distantiae pro syllogistica cognitione, sic potest exemplificari in magnitudine. Et auctor libri de Visu[1] et multi aestimabant

[1] The fourth of the seven definitions of Euclid's *Optica* lays it down that τὰ μὲν ὑπὸ μείζονος γωνίας ὁρώμενα μείζονα φαίνεσθαι, τὰ δὲ ὑπὸ ἐλάττονος ἐλάττονα, ἴσα δὲ τὰ ὑπὸ ἴσων γωνιῶν ὁρώμενα. The Latin translation quoted by Bacon is exact.

Alhazen, lib. ii. 36, shows clearly enough that other data besides the angle of vision are needed to determine the magnitude of an object. 'Non est possibile,' he observes, 'ut sit comprehensio quantitatum rerum visarum a visu ex comparatione ad angulos quos res visae respiciunt apud centrum visus tantum.' If an object is held at a foot from the eye and then again at two or three feet, it is judged of the same size though the visual angle is very different. Transverse diameters of a circle held before the eye in various planes subtend very different visual angles. In props. 37 and 38, he shows one element of the perception of magnitude to be the proportion that the part of the object embraced

magnitudinem comprehendi per quantitatem anguli apud reasoning
oculum.   Unde in principio illius libri supponitur, quod visa process necessary.
sub majori angulo apparent majora,
et sub minori minora, et sub aequalibus angulis visa apparere aequalia.
Sed hoc non sufficit, sicut docet Alhazen per exempla ; quoniam si in
circulo signentur diametri diversae ut
a b, c d, patet ad sensum quod *a b*
videtur longe sub minori angulo, et
tamen diametri sunt aequales. Similiter de lateribus quadrati, nam *a b*
latus facit longe minorem angulum
in oculo quam *d c,* et tamen latera

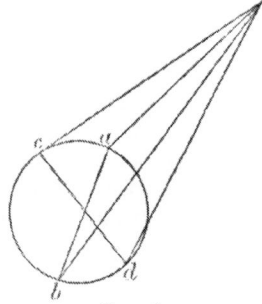

Fig. 46.

sunt aequalia, et visus apprehendet hujusmodi latera esse
aequalia : et similiter diametros circuli ejusdem, vel circulorum
aequalium, judicat visus ae-
quales in mediocri distantia.
Ergo quantitas anguli comprehensa non sufficit.   Praeterea
una re visa in minori distantia
et majori, dummodo sit mediocris excessus, diversificabitur

Fig. 47[1].

angulus sensibiliter.   Sed visus non judicabit rem visam esse
majorem et minorem ; ut si oculus ponatur in cono pyramidis
brevioris, major in eo erit angulus quam in cono longioris, per
xxi primi Euclidis. Atque si triplicaretur distantia, scilicet ut
prima sit unius cubiti, secunda sit duorum, tertia sit trium, erit
extranea diversitas anguli, et tamen judicabitur esse ejusdem
quantitatis. Quoniam ergo ita est, non potest esse certificatio
magnitudinis rei secundum quantitatem anguli.   Sed oportet

by the visual angles bears to the whole object, and another element to be the
length of the visual cone, in other words, our estimate of the distance of
the object. The question of distance has been already spoken of.

[1] This diagram is accurately copied from Reg. It supposes the eye of the
observer to be at the vertex of the visual angles, i. e. to the left (in the diagram)
of the shaded area. Thus *a b* represents the side of the square which being
farthest from the eye, has the smallest visual angle. The diagram in J. is
without meaning

quod consideretur angulus et longitudo pyramidis, et his comparetur basis pyramidis quae est res visa. Longitudo vero pyramidis comprehenditur per comprehensionem quantitatis corporum interjacentium, sicut prius dictum est de remotione. Et hoc fit in rebus consuetis et mediocris distantiae per compositionem et resolutionem subjectam ad aliquam certam mensuram memoriae promptam, cujusmodi est quantitas hominis mensurantis secundum se totum vel secundum partem, et haec omnia certificat axis visualis super visibilia transportatus.

Effect of excessive distance on estimate of magnitude.
Accidit autem error in magnitudinis comprehensione quando est immoderata remotio, quoniam videbitur multo minus quam sit in veritate. Cujus causa est quoniam longitudo intemperata est, quae partes proportionales toti in proportione etiam sensibili abscondit visui; et cum fuerit occultatio partium sensui perceptibilium, anguli in quos cadunt non sentiuntur, licet sint totali angulo proportionales. Unde cum discurrerit axis super rem visam, absconduntur lineae ex ea et partes multae, unde minor efficitur totalis apparentia. Et etiam propter male sensibilem parvitatem anguli non bene ordinabitur species in parte sensibili membri sentientis, et ideo non bene judicabitur quantitas.

Capitulum VI.

In looking at a sphere we see less than half.
De corporibus autem sphaericis, sicut sunt stellae et alia, non est possibile quod oculus videat medietatem, sed oportet quod videat minorem portionem. Nam radii extremitatum rei concurrunt in oculum : radii autem, qui ab extremitatibus medietatis sphaerae venirent, contingerent terminos diametri, per xix tertii Elementorum, et facerent angulos rectos cum terminis diametri, sicut ibidem dicetur. Ergo relinquitur quod non concurrent per petitionem.

Quod autem stellae ex causa perpetua videantur majores[1]

[1] Ptolom. *Optica*, p. 78; 'Visibilis radius, quando cadit super res videndas aliter quam inest ei de natura et consuetudine, minus sentit omnes diversitates quae in eis sunt; similiter etiam erit sensibilitas ejus de distantiis quas comprehendit minor. Videtur enim hac de causa quod de rebus quae sunt in coelo et subtendunt aequales angulos inter radios visibiles, illae quae propinquae sunt

in oriente et occidente quam in medio coeli, dicit Ptolemaeus Why stars
in tertio et quarto; et Alhazen in septimo. Et potest demon- seem larger near the
strari per hoc, quod visus judicat coelum quasi planae figurae horizon.
extensae super caput in orientem et occidentem, quando aspicit
ad alterum illorum. Sed quod videtur prope caput propinquius videtur, et ideo stella quando est in medio coeli videtur
esse propinquior, et ideo in horizonte videtur magis distare.
Sed quod magis videtur distare videtur esse majus, postquam
sub eodem angulo videtur. Sed quod secundum veritatem
magis distat est majus postquam sub eodem angulo cum re
minori videtur. Ut $a\,b$ magis distat ab oculo, et majus est
quam $c\,d$, et $c\,d$ quam $e\,f$. Ergo tunc relinquitur quod stellae
apparent majoris quantitatis in oriente quam
in medio coeli. Et hoc patet aliter. Remotio
earum quando sunt in oriente comprehenditur
per interpositionem terrae; sed sic non possunt
comprehendi quando sunt in medio coeli
propter insensibilitatem aeris. Ergo cum
magis percipitur earum remotio quando sunt
in oriente quam in medio coeli, sequitur
quod magis videntur tunc distare, quam
quando sunt in medio coeli. Ergo ut prius apparebunt
majora.

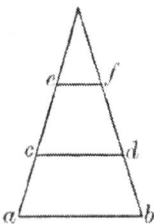

FIG. 48.

Potest etiam exemplificari de motu et quiete, quantum ad Optical illusions in
cognitionem quae dicitur esse per syllogismum. Motus autem perception
cognoscitur ex comparatione rei motae ad aliam respectu of motion and rest.
cujus mutat situm. Unde non comprehendit visus motum,
nisi quando comprehenderit rem in duobus locis et sitibus
diversis; et situs rei visae non diversificatur, nisi in tempore.
Quapropter motus non comprehenditur nisi in tempore
sensibili. Quies similiter comprehenditur a visu, ex comprehensione rei visae in eodem loco et eodem situ tempore
sensibili. Et visus multipliciter errat in comprehensione
motus et quietis. Nam aliquando motis nubibus aestimatur

puncto qui super caput nostrum est apparent minores; quae vero sunt prope
horizontem videntur diverso modo, et secundum consuetudinem.' Cf. Alhazen,
lib. vii. cap. 7, prop. 51. He attributes the apparent enlargement in great part
to mists and vapours near the horizon.

esse lunae motus, et accidit error iste ex intemperata longitudine : nam ex temperata non fit ita. Unde baculum fixum in aqua videmus semper quiescere, et motum aquae transeuntis percipimus. Accidit autem error praedictus in motu lunae cum nubes fuerint multae et continuae, quoniam non comprehenditur motus nisi per accessionem alicujus ad aliud vel recessum. Cum autem paucitas et diminutio fuerint nubium motus, possumus discernere motum earum per accessum ad invicem et ad stellam per recessum. Et ideo per contrarium cum coelum fuerit nubibus coopertum, propter continuationem earum et multitudinem non decernimus motum in eis ; et tamen lunam videmus moveri motu celerrimo, propter hoc quod pertransit velociter partes diversas nubis, tum propter motum proprium tum propter motum nubium. Et quando videns vadit in partem in qua est luna vel aliae stellae, videtur ei quod stellae moveantur ante se in partem in quam vadit ; quoniam in fine motus sui eandem distantiam et eundem situm judicat se habere, sicut in principio motus. Et quia sic, concludit virtus distinctiva mediante visu, quod stella moveatur ante faciem videntis in partem ad quam movetur videns ; et similiter si fugiat videns in partem contrariam videbitur ei quod stella sequatur. Sicut si viderit hominem ante se qui semper habeat eundem situm ad ipsum, necesse est quod aequali motu moveantur in partem eandem, et ideo aestimat videns quod stellae moveantur in partem suam, aut procedendo aut subsequendo. Nam situs ejus respectu stellae quantum ad judicium visus est idem.

Et causa hujus est distantia immoderata inter ipsum et stellam, propter quam non percipit se per motum suum elongari vel appropinquare stellae, et ideo judicat se habere semper situm eundem. Et eodem modo accidit, quod quando sol est in meridie et homo vadit ad oriens, semper videtur quod sol sit in ejus directo ; et si plures homines stent in eadem linea inter oriens et occidens, licet multum distent, tamen sol apparet in directo cujuslibet eorum. Et hoc verum est propter immoderatam distantiam et solis magnitudinem. Et umbrae illorum hominum videntur aequidistantes ; et similiter radii solis venientes ad eos videntur aequidistantes, quamvis concurrant in centrum solis ; sed propter distantiam superfluam non percipitur concursus, et ideo videntur radii aequidistare et umbrae similiter. Cum autem homo aspicit stellas erraticas, licet moveantur in coelo motu veloci ad occidentem, tamen quando visus aspicit ea, aestimet quod quiescant nec percipit motum. Et causa hujus est, quia propter immoderatam distantiam, non percipit visus accessum vel recessum eorum respectu alicujus fixi, nec situs diversitatem : et ideo radius visibilis judicatur immobilis, habens eundem situm respectu rei, et ideo aestimat visus rem esse immobilem.

Et quando homo revolvitur saepius in circuitu, cum quiescit putat quod visus moveatur et res aliae in circuitu, quoniam moto vidente movetur interius vis visibilis. Et licet videns steterit, non statim res visibilis stabit, sed motus ejus in videntis quiete durabit : quia humores oculi sunt de facili mobiles, et cum receperint motum retinent ipsum bene, sicut aqua et species etiam visibiles quae sunt corpora subtilia sunt facilis motus, et ipsum bene continuant. Nam sunt de genere evaporationum et resolutionum, et ideo visus movetur interius quiescente ipso vidente ; et quia visus movetur, aestimat res visas moveri, sicut dicit Aristoteles secundo Coeli et Mundi, et Averroes et Ptolemaeus in secundo et Alhazen in tertio Perspectivae[1]. Et quando homo est in navi mota, videntur ei arbores et alia in ripa moveri, et hoc est propter motum virtutis visivae. Et maxime res illae videntur moveri quae longe sunt ab axibus : nam si axes bene figantur super rem propinquam aquae, non videtur moveri.

Illusion from rapid rotatory motion.

---

[1] Cf. Alhazen, iii. 7, § 70 : 'Si quis enim saepius in circuitu volvitur, cum quiescit putat quod parietes moveantur. Et est, quoniam moto vidente, movetur intrinsecus vis visibilis : et licet videns steterit, non tamen vis visibilis stabit, sed motus ejus in videntis quiete durabit ; et ob hoc motus visarum rerum aestimatio insurgit.' Alhazen's third book is chiefly occupied with optical illusions of the kind spoken of in this chapter by Bacon, who has selected some of the most significant. The illusory appearance of the moon moving in clouds is noticed in cap. iv, § 19 of this book. The reference to Aristotle is *De Coelo*, ii. 8, § 6, a passage which is further discussed in the next chapter.

Capitulum VII.

De scintillatione.

Difficulties of the problem not overcome by Aristotle.

Et his annexa est difficultas philosophica valde, sed magis insolubilis quam aliqua praeter iridem. Omni nocte possumus intueri res in quibus accidit hujusmodi dubitatio, unde nihil totiens videmus cujus causam minus sciamus; et est de scintillatione stellarum. Stellae vero fixae aliquando manifeste scintillant, et aliquando non. Planetae quidem secundum Aristotelem [1] non scintillant. Scintillatio vero est quidam tremor stellae, et motus apparens, et hoc maxime accidit quando stellae sunt in ortu vel in occasu, ut Aristoteles vult in secundo Coeli et Mundi, quia tunc videntur magis distare, ut habitum est, et ideo visus minus certificat eas. Nam Aristoteles primo Posteriorum et secundo Coeli et Mundi dicit, quod causa hujus rei est propter distantiam stellarum fixarum, unde quia planetae sunt prope, ideo non scintillant, ut dicit. Et ait quod non est haec passio in stellis, sed videtur solum propter resolutionem et tremorem visus, quia ut infert, planetae prope sunt, et ideo potens est super eos visus. Ad fixas autem porrectus tremit propter longitudinem : quia tremor visus facit ipsius astri videri motum nihil enim differt moveri visum, aut quod movetur. Haec est sententia Aristotelis secundum quod ex pluribus translationibus colligitur evidenter, et maxime per eam quae immediate de Graeco purior est transfusa [2].

Comparison of stars with planets.

Sed cum dicat absolute, quod planetae non scintillant, tamen vult secundo Coeli et Mundi, quod sol quodammodo tremit,

---

[1] Aristotle's view on Scintillation throws such light on the discussion that follows that it is well to quote it fully. (*De Coelo*, ii. 8, § 6): ἡ γὰρ ὄψις ἀποτεινομένη μακρὰν ἑλίσσεται διὰ τὴν ἀσθένειαν. Ὅπερ αἴτιον ἴσως καὶ τοῦ στίλβειν φαίνεσθαι τοὺς ἀστέρας τοὺς ἐνδεδεμένους, τοὺς δὲ πλάνητας μὴ στίλβειν· οἱ μὲν γὰρ πλάνητες ἐγγύς εἰσιν, ὥστ' ἐγκρατὴς οὖσα πρὸς αὐτοὺς ἀφικνεῖται ἡ ὄψις· πρὸς δὲ τοὺς μένοντας κραδαίνεται διὰ τὸ μῆκος, ἀποτεινομένη πόρρω λίαν. Ὁ δὲ τρόμος αὐτῆς ποιεῖ τοῦ ἄστρου δοκεῖν εἶναι τὴν κίνησιν· οὐθὲν γὰρ διαφέρει κινεῖν τὴν ὄψιν ἢ τὸ δρώμενον.

[2] Probably the translation of William of Moerbecke, made from the Greek at the suggestion of Thomas Aquinas, is here referred to. See Jourdain, *Traductions Latines d'Aristote*, p. 67 (ed. 1843).

et maxime quando est in oriente et prope. Cujus ratio est quia hic tremor non est motus scintillationis, sed debilior eo. Fortior enim tremor requiritur ad scintillationem, nec est nisi in horizonte vel prope ; sed stellae scintillantes tremunt ubique. Quod autem Venus et Mercurius prope ortum et occasum aliquantulum tremere videntur, ut experientia docet, non reputatur scintillatio, quia modicus est, et non fit nisi in illis locis. Unde hic tremor in sole et in istis propter debilitatem sui non habet evidentiam respectu scintillationis in stellis fixis, nec fit ubique in coelo sicut in eis ; et ideo non computantur tremores isti inter scintillationes. Sed cum longior orbis Saturni sit aequalis remotionis cum stellis fixis, tunc Saturnus quando est in sua longiori longitudine scintillabit propter distantiam, sicut stellae fixae : hoc autem non videmus. Et potest dici, quod cum spissitudo Saturni sit 29,240 milliaria, ut patet ex prius declaratis in his quae de arithmetica tacta sunt, propinquior nobis est per hujusmodi quantitatem quam stellae fixae, et ideo distantia ejus non tanta.

Praeterea lux intensa et bene sensibilis exigitur in re visa ad hoc quod scintillet, eo quod videtur projicere jacula lucis ; unde Averroes dicit, quod sol habet illum motum, de quo dictum est superius, plusquam alii planetae, propter fulgorem sui luminis. Et si dicatur quod non omnes stellae fixae scintillant, cum tamen plus distent quam planetae ; dicendum est quod illae quae majores sunt et plus habent de lumine scintillant abundantius quam stellae aliae. Unde ad scintillationem requiritur splendor sufficiens, eo quod visio manifesta et sensibilis accidit in scintillatione. Si vero objiciatur, quod lux solis et stellarum est fortior et splendidior quando sunt in meridie quam quando sunt in horizonte, quia tunc cadunt radii stellarum magis ad angulos rectos, quare[1] tunc magis apparet tremor in eis, si hujusmodi splendor requiritur, et operatur ad scintillationem ; dicendum est, quod sicut diminutus splendor non sufficit ad scintillationem, sic superfluus

A certain degree of brilliancy required.

---

[1] J. has quam tunc, which is unintelligible. The reading in the text is that of Reg. In the same sentence, and on the same authority, sic has been substituted for sicut before superfluus.

confundit oculum et absorbet in totum, ut tremor non percipiatur.

Strain of
the eye in
regarding
distant
objects.

Atque quod stellae magis videntur distare in horizonte
quam in meridie, facit visum errare in cognitione visibilis; quia
enim erronee aestimat stellam plus distare quando est in
horizonte, plus conatur intueri stellam, et ex conatu est motus
oculi fortior et involutio. Nam ex magno conatu exprimitur
oculus et recedunt tunicae et humores a situ naturali, et tamen
statim naturaliter inclinantur ad eundem, et ideo accidit
involutio et tremor. Atque natura semper recurrit ad locum
laesum vel indigentem, et mittit abundantius spiritus et
calores, et ideo a nervo communi in hujusmodi conatu oculi
resolvuntur spiritus et calor naturalis, et hujusmodi superfluitas humores concutit et facit recedere a situ naturali ad
quem statim reinclinantur. Et sic accidit tremor oculi et per
consequens in re visa secundum apparentiam ; sicut Ptolemaeus hanc assignat causam secundo Perspectivae. Et etiam
quia visus aestimat solem et stellas plus distare quando sunt
in horizonte, ideo magis conatur et involvitur. Et secundum
hoc potest reperiri causa praecisa de planetis splendidis, ut
maxime de sole et luna, et Venere, et Mercurio, et Jove,
quare non scintillant ; quia visus aestimat illa bene et reputat
per consequens ea esse propinquius, secundum quod dicit
Ptolemaeus in libro Opticorum secundo, quod splendida, ut
sol et luna, reputantur prope ; quae vero minus sunt luminosa
non sic. Et dicit Alhazen in tertio, quod color fortis licet
sit remotior tamen apparet propinquior, quia bene immutat
visum ; et quia sic est, visus non conatur circa hujusmodi
planetas, et ideo non involvitur. Praeterea secundum veritatem sunt propinquiores stellis fixis, et ideo species debilior
venit ad visum a stellis fixis, et species visus debilitatur ex
distantia et ideo magis conatur circa stellas fixas.

Objections
to this ex-
planation
discussed.

Quod si dicatur quod magis conatur oculus in contuendo
stellas minutas quam majores, ergo citius erit involutio ;
dicendum est, quod alia causa, quae est penes splendorem,
deficit in eis. Et si dicatur quod conatus iste sit secundum
voluntatem hominis, ergo ab arbitrio ejus dependet, quare in
potestate ejus est hic conatus ; ergo aequaliter potest conari

ad majorem stellam sicut ad minorem, et ad planetam sicut ad stellam fixam, et ad stellam in horizonte sicut in medio coeli; quapropter hujusmodi conatus nihil operatur hic : dicendum est quod sic.   Nam visus ex consuetudine habet quod conatur plus et minus secundum distantiam visibilis, et secundum debilitatem ipsius visus, et secundum quod visibile habet parum de visibilitate.   Et[1] quia in hoc visus est exercitatus et consuetus, et consuetudo est altera natura, ut dicit Aristoteles, et maxime in visu, ut docent auctores perspectivae.   Unde non percipit se videre per reflexionem et fractionem, sed per lineas rectas tantum, quia consuevit videre per lineas rectas, sicut inferius declarabitur.   Et ideo in potestate animae rationalis non est conatus visus, sicut nec caetera judicia consueta, quamvis hic nitantur aliqui per hujusmodi cavillationem conatum hunc, et quaedam consimilia naturalia visui consueta, reprobare.   Si objiciatur, quod visus non judicat de distantia planetarum et stellarum, sola enim ratiocinatione comprehendimus stellarum distantias, ergo visus aequaliter judicabit de stellis fixis et planetis, quantum ad passiones rerum visibilium quae fundantur super distantiam ; dicendum est, quod non.   Nam licet non potest certificare distantiam stellarum, quia non sunt corpora continuata inter stellas, tamen propter majorem sensibilitatem planetarum splendidorum, ut dictum est, apparent propinquius, licet non sciat visus dicere quantum sint propinquius.   Et iterum quia speciem debiliorem recipit a fixis stellis quam a planetis, quia species debilitatur ex distantia, magis conatur visus circa species fixarum quam circa species planetarum, et similiter species visus debilitatur ex distantia, et ideo non est tantae virtutis cum pervenit ad visibile multum distans, et ideo conatur plus et accidit ejus involutio et motus major.

Si[2] objiciatur, quod sicut ex distantia debilitatur visus, et Density deficit et conatur et revolvitur, sic ex densitate medii deficit of the medium.

[1] This sentence is grammatically incomplete, the inference being drawn in the next but one.   The intermediate sentence is a parenthetical illustration. The sense, however, is clear enough.

[2] This in O. begins a new chapter.   It seems, however, hardly necessary. The usual dicendum est does not follow here.   Its place is taken by Et Averroes respondet.

a vera comprehensione visibilis. Ergo posita densitate medii proportionali distantiae stellarum scintillantium scintillarent. Quod non creditur esse verum. Et Averroes respondet ad hoc in secundo Coeli et Mundi: nam bene vult, quod densitas medii faciat ad scintillationem et tremorem, dicens quod si sol tremit solum in occasu et ortu, est propter densitatem medii. Si autem ubique, tunc est propter fortitudinem lucis magis quam in aliis planetis. Vult ergo quod densitas medii operetur ad tremorem. Et ideo licet vulgus hoc neget, tamen hoc non est improbabile: et ideo stellae magis scintillant in ortu et occasu, non solum ex causa superius dicta, sed propter spissitudinem medii vaporosi, quia multitudo vaporum abundat in medio circa illas horas, eo quod sol elevat tunc vapores, et non consumit sicut in meridie; propter hoc quod radii ejus sunt debiles in ortu et occasu, eo quod cadunt ad angulos obliquos super horizontem, ut in prioribus habitum est.

Motion of the medium. Quod si spissitudo medii non faceret hoc, potest tamen motus medii hoc operari, sicut ibidem docet hoc Averroes. Nam medium est in continuo motu, et ideo species rei dum cadit in unam partem, remanet in ea mota a loco suo, dum reliqua pars succedat in locum primae partis, et ideo utraque habet speciem visibilem, et faciunt necessario sibi similes species in oculo eodem, et in diversis ejus partibus, et in nervo communi: sicut idem Averroes docet per exemplum in libro de Sensu et Sensato de specie solis cadente super aquam motam. Non enim statim absconditur species a parte mota, sed manet in ea ad tempus donec reliqua pars veniat in locum suum, et tunc utraque facit speciem in partes ejusdem oculi et nervi optici, et sic videtur eadem res habere diversitatem situs continue, et ideo tremere. Et hanc sententiam approbat[1] Ptolemaeus in secundo Opticorum ponens exemplum hoc de aqua mota, et de medio moto.

Intermittent vision from exhaustion of visual power. Affert et Averroes tertiam causam, propter abscissionem visus: ponens exemplum de homine qui aspicit rem aliquam in uno loco, et si oculum moveat digito suo constringens tunc videbit rem in alio loco propter motionem oculi, quia non figitur species rei in uno loco certo, sed in pluribus. Et

[1] Ptol. *Optica*, pp. 54–55.

similiter si homo aspiciat rem aliquam secundum permuta-
tionem frequentem, scilicet nunc uno oculo nunc alio, vel uno
oculo saepius interveniente clausione, dummodo continue
aperiatur et claudatur, videtur res tanquam in diversis locis ;
et sic quasi in tremore et vacillatione de loco ad locum. Et
hoc facit oculus quando magna distantia est rei ad ipsum ;
nam saepe claudit oculos et aperit. Atque licet palpebrae
possint esse apertae, virtus visiva in pupilla et nervo fatigatur
ex conatu, et abscinditur actus videndi omnino vel distincte ;
et ideo species rei distantis non figitur apud visum, propter
quod aestimatur res vacillare.

Si vero dicatur, quod tunc aere moto fortiter per ventum,
fieret major scintillatio et vehementior ; dicendum est, quod
sicut splendor debitus, nec superfluus nec diminutus, requiritur
ad scintillationem, ut superius dictum est ; (et sicut distantia
certa similiter : nam tantum possent stellae distare quod non
scintillarent, sicut tam parvum lumen aliqua habent quod non
scintillant ;) sic potest dici de motu medii. Nam ad scintillationem sufficit motus aeris qui est per motum coeli et
vaporum, qui continue in eo invenitur ; et hic determinatus
est scintillationi stellarum, ita quod major non requiritur, nec
minor sufficit. Si etiam dicatur, quod species multiplicat se
secundum vias rectas in eodem medio, nec recedit a verticatione recta propter motum medii[1], quia non variatur incessus
ejus nisi per fractionem et reflexionem quae non accidunt in
motu ejusdem medii, et ideo non fiet species in diversis locis
sed uno tantum, et sic non habebit situm diversum in oculo ;
dicendum est, quod verum est speciem tenere semper eandem
verticationem in eodem medio, et se multiplicat directe
secundum unam viam et unum locum. Sed tamen quia
partes diversae cadunt successive in eundem locum, et pars
prima habens speciem retinet eam postquam a verticatione
speciei recessit, et prius venit alia pars in locum vertica-
tionis antequam species abscindatur a prima, ideo partes duae

In what sense motion of the medium is suggested as a solution.

[1] The question whether the propagation of radiant force is influenced by transverse currents in the medium is discussed in *Multipl. Specierum*, iii. cap. 1, and answered in the negative. What is meant here is that the impression made by the ray on one retinal point lasts for a part of the time occupied in making a second impression on an adjacent point.

habentes situs diversos faciunt species in partes diversas oculi, et causant passionem quae dicta est. Si vero dicatur quod radii omnium stellarum et planetarum transeunt sic per medium tremulum ; dicendum quod aliae rationes de conatu oculi et splendore rei visae desunt, secundum quod ex solutionibus objectionum manifestum est.

It may be that all these causes co-operate.

Ex omnibus his colligi potest causa scintillationis, quamvis cum difficultate propter varias objectiones occurrentes. Oportet enim quod a parte oculi sit conatus propter quem involvitur. Nam propter eum accidit superflua resolutio spirituum et calorum cogentium humores oculi egredi a situ naturali, et nihilominus ex conatu est compressio oculi et constrictio, ex quibus partes oculi non tenent situm suum. Iterum tertio oritur ex hoc abscissio visionis, propter quod visibile apparet situm mutare, ut exemplificatum est per Averroen. Hic ergo tria causantur ex conatu oculi, qui conatus causatur non solum ex debilitate virtutis visivae et speciei propter distantiae veritatem, sed propter judicium apparentis distantiae, et ideo abundantius conatur ad fixas quam ad planetas splendidos, quos prope aestimat propter superfluum splendorem. Sed non solum iste conatus requiritur, sed splendor sufficiens, a parte rei scintillantis, quia res scintillans videtur jacula lucis spargere, et ideo Saturnus et stellae parvae non scintillant. Necesse quidem similiter est, quod tremor medii sit, ut dictum est, et omnia haec requiruntur ad scintillationem propter distantiam rei visibilis, quia res in debita distantia posita non scintillat : et propter hoc Aristoteles adscribit passionem principaliter distantiae licet multa circumstent consideranda. Sic intelligendum est de scintillatione in coelestibus, de qua loquitur Aristoteles, quamvis tamen sit specialis modus scintillationis in his inferioribus, de qua inferius dicetur.

CAPITULUM VIII[1].

Can animals reason ?

Et jam in fine istius sermonis de modo videndi secundum lineas rectas propter tres modos visionis, solo sensu, scientia,

[1] What follows is rightly marked off as a distinct chapter in O. An entirely

et syllogismo, merito dubitatur quae virtus animae sit, quae
in scientia et syllogismo negotiatur circa visibilia mediante
sensu visus. Et si accipiamus scientiam et syllogismum, sicut
in logicalibus et naturalibus et mathematicis, ut est in usu
vulgi philosophantium, necesse est quod sit anima rationalis ;
quia syllogismus et scientia pertinent ad eam solam, ut accipiuntur in dictis scientiis. Et Alhazen hanc partem animae
vocat virtutem distinctivam, quae ratiocinatur et intelligit
secundum eum : aliquando enim inveniuntur haec verba et
consimilia, ut videatur ad literam quod sit anima intellectiva
et rationalis.

Sed constat canem cognoscere hominem prius visum cum
iterum viderit eum. Et simia et bestiae multae sic faciunt,
et distinguunt inter res visas quarum habent memoriam, et
cognoscunt unum universale ab alio, ut hominem a cane vel
ligno, et individua ejusdem speciei distinguunt ; et ideo cognitio quam perspectivi vocant per scientiam, debetur brutis
sicut hominibus. Ergo est per virtutem animae sensitivae.
Quod similiter de cognitione quae dicitur per syllogismum
manifestum est : nam motus cognoscitur per eum, sicut canis,
quando elevat aliquis baculum ut ipsum percutiat, fugit ;
quod non faceret nisi perciperet baculum mutare situm suum
respectu ipsius rei et ei appropinquari. Similiter, quando
brutum, ut canis vel catus vel lupus vel aliud, tenet animal
aliquod quo cibetur, dum praeda quiescit depraedator stat
immobilis ; quando vero animal captum fugit, tunc depraedans
insequitur donec apprehendat si potest. Quod non faceret
nisi quia percipit situm praedae mutatum respectu sui, et
ideo percipit motum et quietem et distantiam. Et concedendum est, quia bruta habent hujusmodi cognitiones aliquas
quadam industria naturali et instinctu naturae sine deliberatione, et virtus quae operatur est cogitativa, quae est

They can store up impressions, and can draw conclusions from them.

new subject is discussed, viz. how far the functions of sensation, judgement, and
ratiocination are common to men with animals. Bacon, and indeed some other
mediaeval thinkers, as Adelard (cf. vol. i. p. 6), held views on this subject far
more scientific than those ordinarily held, under the influence of the Cartesian
philosophy, until our own century. Some of Bacon's remarks, as, e. g. the
capacity of an animal for recognizing an 'universal,' recall the celebrated *Lettres
sur les Animaux* of Georges Leroy, one of the first restorers of the sounder view.

domina virtutum, quae utitur caeteris virtutibus animae.
Nam hic exigitur recordatio hujusmodi visibilium propter
distinctionem universalium et particularium, et haec recordatio
est ipsius imaginationis, ut prius dictum est, si sit respectu lucis
et coloris et viginti sensibilium communium, quia imaginatio
est arca specierum venientium ab eis. Si vero sit rerum
quae pertinent ad aestimationem et memoriam, tunc illa
memoria deservit hic in recordando. Nam etsi agnus lupum
quem non viderit fugit, tamen, si eum prius viderit, citius fugit
et diligentius quando secundo eum viderit. Et accidit sic
distinctio per cogitativam mediante memoria, quae est arca
intentionum insensatarum circa materiam sensibilem, ut prius
expositum est. Et ideo cognitio qua distinguuntur res prius
visae ab aliis erit in brutis. Propter quod aequivocatur hic;
vel magis est vitium translationis quae non habet vocabulum
proprium ad hunc modum cognoscendi[1]. Similiter quia
oportet syllogismum arctari[2] in proposito. Nam proculdubio
nulla ratione potest dissimulari, quin[3] bruta percipiant distantiam rerum et motum et quietem, licet de aliis sensibilibus
communibus non sit ita.

They are not conscious of their mental processes. Sed de argumento oportet considerare quod dispositio
argumenti in figura et distinctio conclusionis a praemissis non
pertinet nisi ad animam rationalem. Sed quaedam collatio
plurium ad unum ex naturali industria et instinctu naturae,
quae plura assimilantur praemissis, et quod unum sit simile
conclusioni quia colligitur ex eis, potest bene reperiri apud
bruta. Nam videmus simias offensas parare insidias hominibus,
et multa ordinare ad hoc ut sequantur vindictam, et ideo
colligunt unum quod intendunt ex multis[4]. Videmus etiam
araneas ordinare telam, et non quocunque modo, sed per

---

[1] cognoscendum, J.

[2] The word syllogism (Bacon means), should be limited to its ordinary use,
and not extended to unconscious and instinctive reasoning, as was done by
Alhazen and others.

[3] quoniam, J. See the list of *sensibilia* on p. 6 of this volume. On many of
these it is obvious that the lower animals could not 'syllogize' consciously or
unconsciously. Cf. also p. 82.

[4] Here follows in Combach's edition of the *Perspectiva* an anecdote of a
malicious ape. I can confirm Jebb's exclusion of it, as it is not found in any
MS. known to me.

varias texturas geometricas, ut muscae involvantur de facili.
Et lupus devorat terram ut sit ponderosior quando capit
equum vel taurum vel cervum per nares, ut vi ponderis
terrestris facilius deprimat animal atque detineat. Atque vidi
murilegum qui desideravit pisces natantes in magno vase
lapideo, et cum non potuit propter aquam deprehendere eos,
abstraxit clepsydram et deduxit aquam donec vas siccabatur,
ut in sicco pisces caperet. Plura ergo opera hic concepit ut
finem intentum haberet. Et apis facit omnes domos hexa-
gonas, eligens unam de figuris replentibus locum ne spatium
vacuum inter domos relinquatur; et non vult spatium hoc
ne mella vel pulli cadant extra vasa et pereant. Propter
ergo hunc finem qui assimilatur conclusioni multa colligit in
sua cogitatione quae praemissis similantur. Et sic est de
infinitis, in quibus bruta animalia cogitant multa per ordinem
respectu unius rei quam intendunt, ac si arguerent apud se
conclusionem ex praemissis. Sed decursum suae cogitationis
non disponunt in modo et figura, nec ex deliberatione
distinguunt ultima a primis. Nec percipiunt se hujusmodi
discursum facere, quia ex solo intuitu et instinctu naturali sic
decurrit cogitatio eorum. Et hic decursus est similis argumento
et syllogismo, et ideo auctores Perspectivae vocant argumentum
et syllogismum. Et certe magis proprie hanc cogitationem
vocant syllogisticam, quam distinctionem universalium et
particularium prius visorum vocant cognitionem per scientiam[1].

[1] It will be seen that no attempt is made in this passage to distinguish
between instinctive processes like nest-building or hive-building, and the
intentional adaptation of means to ends of which Bacon gives several instances.
Cf. the nineteenth chapter of Romanes' work on *Mental Evolution in Animals*.

PERSPECTIVAE PARS TERTIA:

DISTINCTIO PRIMA.

In qua descendit auctor ad visionem reflexam et fractam, et habet tres distinctiones. Prima est de reflexo visu, habens sex capitula. Primum est de reflexione in universali [1].

CAPITULUM I.

Habito de visu facto secundum lineas rectas, nunc dicendum est de aliis modis, scilicet per lineas reflexas et fractas. Quoniam autem ea quae sunt dicta de partibus animae et compositione oculi, et de incessu speciei in tunicis et humoribus oculi usque ad nervum communem, et de triplici modo cognoscendi sensibilia per solum sensum, et syllogismum, et scientiam, sunt communia visioni factae per lineas rectas et reflexas et fractas, ideo pauciora sunt de his dicenda. Primo ergo circa visus reflexionem recolendum est, quod quantum ad judicium visus humani densum [2] potest impedire speciem omnino ut paries et hujusmodi densa, vel in parte ut aqua et vitrum et crystallus. Nam omne densum in quantum densum reflectit speciem, sed non quia fiat violentia speciei, immo quia species sumit occasionem a denso impediente transitum ejus ut per aliam viam se multiplicet ei possibilem. Et duplex est densum; asperum et politum. Partes vero asperi corporis non habent conformitatem ad invicem, et ideo quaelibet facit suam propriam reflexionem. Et propter hoc dissipant totam speciem, nec potest integra ad oculum pervenire, et ideo non potest fieri sensibilis reflexio nec repraesentatio rei videndae.

Nature and cause of reflexion.

---

[1] This heading is omitted in O. With the treatment of reflexion in this *Distinctio* should be compared cap. 5-7 of the second part of *De Multiplicatione Specierum*.

[2] Cf. vol. i. p. 114.

Sed propter aequalitatem et laevitatem superficiei corporis politi, ut in speculis, omnes partes concordant in unam actionem, et redit species integra et sensibilis usque ad oculum et fit visio manifesta; veruntamen non ita perfecta sicut quando oculus videt per lineam rectam, quia reflexio debilitat speciem, ut dictum est in libro de Multiplicationibus[1].

Et quoniam, si species transiret per medium speculi faceret angulum *a* aequalem angulo incidentiae qui est *b*, per quintam decimam[2] primi Elementorum Euclidis, quae dicit angulos oppositos esse aequales, oportet quod angulus reflexionis, ut *d*, sit aequalis angulo incidentiae, quoniam qualem angulum constituerit infra speculum, talem constituit citra. Et hoc adhuc probatur leviter[3] sic: Sit *a b c* speculum planum, et *d* sit visibile, et *e* sit oculus, et sint *a b* et *b c* aequalia, et *d a* et

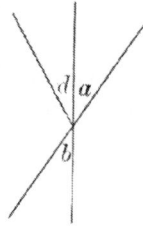

Fig. 49.

e c sint perpendiculares et aequales, et *d b* sit radius incidentiae, *b e* sit radius reflexionis, tunc cum *c e* et *c b* aequantur ad *a d* et *a b*, et anguli contenti infra latera sunt aequales, quia recti sunt, oportet per quartam primi Elementorum quod reliqui anguli sese respicientes sint aequales, scilicet *g* et *f*, quod est propositum. Si ergo trianguli sunt aequales, patet propositum. Si autem unus sit major

Fig. 50.

alio, adhuc anguli incidentiae et reflexionis sunt idem, et non mutantur, ut patet, et ideo semper stabit propositum. Sed auctor libri de Speculis supponit triangulos esse similes, et ideo proportio erit *a b* et *c b*, sicut et *d a* et *e c*, et ideo *g* et *f* anguli sunt aequales.

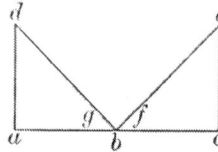

Et per hoc patet de convexis speculis et concavis. Nam *a* et *b* faciunt aequales angulos cum speculo plano, quod est *d c*, sed anguli contingentiae sunt aequales. Ergo illis separatis

---

[1] Note the reference to this treatise as a distinct work.

[2] J. has xix. In Reg. the Arabic numerals 15 are given. The primitive form of 5. ୳, is always used in the oldest MSS. of Bacon, and might easily be mistaken for 9.

[3] That is, sufficiently for a *persuasio preambula*; not by the elaborate experimental process described by Alhazen, in the fourth book of his *Optica*.

ab angulis constitutis cum speculo plano, erunt residui anguli scilicet *f* et *g* aequales, quod intendimus. Eodem modo de

 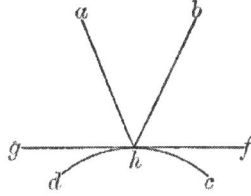

Fig. 51.   Fig. 52.

convexo speculo. Nam *a b* cum speculo plano *g f* facit angulos aequales. Ergo si eis addantur anguli contingentiae, qui sunt semper aequales, fient *a h d* et *b h c* aequales, quod est propositum. Sic fit demonstratio in libro de Speculis, et in libro Alkindi de Aspectibus.

CAPITULUM II.

Reflexion produces no effect on the mirror. The ray from object to eye is continuous though bent.

Deinde considerandum est diligenter quod nihil est in speculo nec aliquid in eo videtur, ut vulgus aestimat. Sed res objecta a qua venit species videtur, sicut multis modis docet Alhazen in quarto libro. Nam sicut terminus lineae rectae *o a*, quando fit visus per eam, est ipsum visibile, sic oportet quod terminus lineae reflexae scilicet *o d a*, erit *a*. Praeterea species non videtur nisi in casu, et per accidens, ut superius expositum est. Item tunc esset de specie sicut esset de macula aliqua impressa in speculo vel de parte speculi aliqua signata, in qua imprimeretur species, sed non oportet quod habeat situm determinatum, ut videat maculam in speculo, vel aliquam partem ejus signatam ; ergo nec in visu facto per reflexionem exigitur determinatus oculi situs ; quod falsum est.

Fig. 53.

Nam nisi oculus sit in *o*, non videbit aliquid per reflexionem ad *o*. Si enim esset alibi species haec reflexa, non veniret ad eum, propter aequalitatem angulorum incidentiae et reflexionis.

Multis ergo modis hoc ostendi potest, sed quia certissimum est omnibus scientibus perspectivam, ideo non oportet amplius immorari. Et ex hoc tunc patent infinita pertractanti : nam primo sequitur, quod species non infigitur in substantia speculi, nec imprimitur in eo, ut aestimat vulgus, sed solum transit per ejus superficiem usque in oppositam partem secundum aequalitatem angulorum incidentiae et reflexionis.

Et cum ita sit, tunc si lumen, quod venit a luna et stellis esset lux solis reflexa a superficiebus earum, ut vulgus philo- sophantium aestimat, tunc in videndo lunam et stellam videremus solem. Et ideo non solum patet hoc esse falsum [1], propter aequalitatem angulorum incidentiae et reflexionis, ut in superioribus demonstratum est, secundum Averroen in secundo Coeli et Mundi, sed propter causam nunc tactam. Et eodem modo sequitur, quod cometa non fit per reflexionem lucis solaris a superficie stellae, secundum quod multi posuerunt comam quam trahit cometa nihil aliud esse quam lux solis reflexa a superficie stellae ad nos, vel quod lumen veniens ad nos a cometa sit lux solis reverberata a superficie alicujus stellae. Sed hoc falsum est. Nam tunc in videndo cometam videremus solem, quod falsum est. Et cum iris nihil aliud sit quam imago solis reflexa a nube rorida, ut omnes aestimant et certum est, sicut probatur inferius in Scientia Experimentali, tunc in videndo nubem videremus solem, et nihil aliud ; quod tamen videtur absurdum, cum visus aestimet se videre colores et arcum coloratum. Sed in sole nec est talis figura, nec sunt ibi tales colores. Sed de hoc certificabitur posterius sermone latiori.

Et cum his sciendum est, quod res non apparet visui per reflexionem in loco suo, quia visus est assuetus videre per

Light from the moon, stars, and comets, and rainbow.

Apparent position of reflected object.

[1] See vol. i. p. 129; also note on p. 113 of this volume as to the difficulty of reconciling these statements with Bacon's lucid explanation of the moon's phases. What he says here as to the non-existence of the sun's image in the moon is explained to the modern mind by what is said in the first chapter of the present section, in which the difference between rough and polished surfaces with regard to reflexion is now spoken of. But the mediaeval mind found a difficulty in conceiving the surface of any one of the heavenly bodies as being other than perfectly smooth and uniform. Cf. the discussion in the *Paradiso* (Cant. ii. 49-148) as to the lunar spots.

lineas rectas in extremitatibus earum, et ideo non percipit incurvationem reflexionis; et propter hoc aestimat rem esse semper in radio visuali, et locum imaginis, quam vocamus apparitionem rei, esse in aliquo puncto ejus. Ad hoc facit quod visus fit extramittendo, et ideo in directione speciei oculi judicat visus esse rem. Sed tamen non semper in eodem loco, sed ut in pluribus[1], in concursu radii visualis cum catheto, qui est perpendicularis ducta a re super speculum. Et aliquando non in concursu illo, sed in solo radio visuali, quia potest aequidistare catheto, ut in speculo concavo, sicut exponetur. Et quando concurrit cum catheto tunc variatur ejus concursus multis modis. Nam aliquando retro caput concurrunt, aliquando in oculo, aliquando in superficie speculi, aliquando in speculo, aliquando ultra speculum, et hoc diversimode. Nam contingit quod tantum ultra appareat res, quantum ipsa distat a speculo aliquando, et haec diversitas accidit propter diversitatem speculorum. Propter quod ad illam accedendum est.

CAPITULUM III.

Seven varieties of mirrors. Specula[2] ergo sunt septem, in quibus visus secundum auctores perspectivae variatur, scilicet sphaerica, pyramidalia, columnaria, extra et intra polita, et haec sunt sex; septimum est planum. Nam quodlibet de primis potest esse concavum quod est intra politum, vel convexum quod est extra politum, et sic sunt sex; planum vero unam habet dispositionem. In his ergo volo secundum sententias auctorum Perspectivae et

---

[1] i.e. in the ordinary case of plane mirrors. The *concursus* spoken of is, of course, that of the perpendicular from the object with the visual ray, supposing these two lines produced behind the mirror.

[2] The third and fourth discourses of Ptolemy's Optics are devoted to the study of reflexion (pp. 60-142). He (or rather the Latin translation from the Arabic) speaks of it as *reverberatio radii*; the words *reflexio* or *flexio* being used for refraction. Bacon has called attention to the confusion thus caused (*Mult. Sp.* pt. ii. cap. 2).

Alhazen occupies his fourth, fifth, and sixth books (128 closely printed folio pages) with the investigation of reflexion; dealing successively with the seven kinds of mirrors here spoken of. Geometrical problems of great intricacy are raised, as Cantor has remarked; *Gesch. der Mathem.* i. p. 677.

praecipue Ptolemaei et Alhazen, revolvere quantum possum brevius modos videndi secundum diversitatem speculorum.

In planis ergo speculis minimus error accidit, quia res Plane apparent in figura et quantitate debita. Solus enim situs mirrors. variatur, quia dextra apparent sinistra, et e converso, ac superiora inferiora, unde turres videntur in aqua eversae, cum fiat reflexio a plana superficie aquae. Est tamen in planis speculis error communis qui est in omnibus, scilicet quod res non apparet in loco suo, nec locus imaginis est ibi. Cum autem dicimus locum imaginis, vocamus apparitionem rei, nihil enim aliud intelligimus per vocabulum. Nec res ergo in his speculis nec locus imaginis apparent in loco rei, sed in radio visuali semper, propter duas causas dictas. Sed in planis apparitio determinatur in concursu radii visualis cum catheto, tantum scilicet ultra speculum, quantum res visa distat a speculo; quod non reperitur in aliis speculis. Et hoc probari potest per demonstrationem. Nam sit *a* res visa, *o* oculus, *a d* cathetus, *o d* radius visualis. Dico quod *d b* aequatur ipsi *a b*. Sed *b d* est distantia imaginis rei a superficie speculi, et *a b* est distantia rei ab eadem superficie speculi; veruntamen ultra speculum apparet, quantum distat a speculo. Nam *e* et *f* anguli, cum sint recti, sunt aequales, et *g* et *h* aequantur, per xv primi Elementorum Euclidis, et *h* et *c* sunt aequales, quia sunt anguli incidentiae et reflexionis. Ergo patet, quod *c* et *g* aequabuntur. Cum ergo *e* et *g* anguli trianguli *e g d* aequantur *f* et *c* angulis trianguli

FIG. 54.

a c f, et latus interjacens est commune utrique triangulo, patet per xxvi primi Euclidis triangulos istos aequari in omnibus. Ergo *a b* et *b d* latera erunt aequalia. Quare visus aestimat rem esse tantum ultra speculum in continuum et directum quantum est citra, in speculis planis. Et per hoc et superius dicta eliditur error multorum, qui credebant speciem rei secundum veritatem esse ibi, et diffundere se per medium speculi et apparere ibi. Sed non est ibi species visibilis, ut dictum est, nec ingreditur speculum quatenus fiat

visio per hujusmodi ingressum, sed solum transit per superficiem speculi usque ad terminum reflexionis in parte opposita
ad aequalitatem angulorum incidentiae et reflexionis. Unde
non videtur locus imaginis esse in conjunctione radii visualis
cum catheto propter veritatem existentiae ejus ibi, sed
propter apparentiam tantum.

Spherical convex mirrors Et in sphaericis etiam extra politis secundum judicium
visus apparet res in concursu radii visualis cum linea ducta
a re in centrum sphaerae, qui concursus potest esse ultra
speculum, vel intra, vel in superficie speculi Et sic intellige
in columnari et pyramidali. Omnes autem errores qui sunt
in planis, accidunt et in convexis, et plures, quia in his frequenter res visa apparet minor quam sit , aliquando tamen
aequalis vel major, sed rarissime. Minor autem apparet ideo,
quia minor est latitudo superficiei speculi a qua reflectuntur
radii ad oculum concurrentes quam in speculis planis ; radii
enim reflexi a convexo magis disgregantur quam a plano ; ut
ergo in visu currant sicut a plano, oportet quod a breviori
superficie fiat reflexio quam a plano Repraesentatio autem
idoli sequitur conditionem reverberantis superficiei. In his
ergo speculis pene nihil apparet secundum quod est, excepta
ordinatione partium, quae talis est in speculo sicut in re. In
istis recta apparent curva ; cum enim reflexio sit ad superficiem convexam radiorum extremorum, termini magis distant
a centro oculi quam extremitates radii medii, et quod accidit
in verticatione judicatur inesse rei. Rarissime tamen contingit
recta apparere recta, quando scilicet visus fuerit in superficie
in qua sunt linea visa et centrum sphaerae. Cujus demonstratio mathematica diffusior est quam sit nunc opus[1]. Iterum
notandum, quod in speculis convexis minor est distantia idoli
a speculo quam rei visae, cum tamen in planis sit aequalis :
cujus causa est, quia in convexis citius concurrit radius cum
catheto quam in planis, ut patet inquirenti.

Convex cylindrical mirrors. In columnaribus extra politis idem error accidit qui in convexis sphaericis, et plures. In his enim res visa longe apparet

---

[1] One of many indications that the limit of Bacon's mathematical attainments
is not to be defined by the *Opus Majus.*

minor quam in convexis [1]. Cujus causa patet consideranti
diversitatem hujus et illius superficiei. In his ergo maxima
apparent minima, et recta multo curviora quam in convexis.
Sed notandum quod in his aliquando fit reflexio a longitudine
columnae, ut cum linea visa aequidistat lineae longitudinis
columnae, et tunc est reflexio sicut a planis, hoc excepto, quod
quia linea, a qua fit reflexio, habet latitudinem, et apparet
linea visa aliquantulum curva, aliquando fit reflexio a transverso columnae, et tunc est imago turpissima et brevissima.
Aliquando vero fit reflexio a situ medio, et hoc aut magis
appropinquando longitudini aut latitudini, et sic in imaginibus erit.

In pyramidalibus vero extra politis accidunt similiter iidem
errores qui in convexis, quia idolum minus est re visa, et recta
apparent curva, et diversificatur in his reflexio sicut in columnaribus, quia aut fit reflexio a longitudine pyramidis, aut
latitudine, aut medio modo. Iterum in his forma apparet
pyramidalis. Generaliter enim verum est, quod species comprehensa per reflexionem assimilatur formae superficiei
speculi. In his etiam quanto res magis distat a speculo,
tanto videtur minor, et quanto magis appropinquat, tanto
major apparet.

Convex conical mirrors.

Capitulum IV.

Inter omnia specula maxima deceptio est in sphaericis
concavis : accidit enim in his deceptio in quantitate sicut in
aliis, quia quandoque major, quandoque minor, quandoque
aequaliter ; et praeter hoc in numero, quia quandoque unum
apparet duo, quandoque tria, quandoque quatuor, secundum
diversos situs, ita quod hunc numerum impossibile est excedere. Item in his apparet partium inordinatio, quia res
aliquando apparet erecta, aliquando eversa ; et ita manifestum
est quod in his nihil apparet nisi cum fallacia. In speculis
tamen concavis lineae rectae quandoque apparent rectae,
quandoque convexae, quandoque concavae ; et lineae convexae

Concave mirrors more illu- sive than convex.

---

[1] The word convex is used here only of spherical mirrors, not of cylindrical
or conical. These are spoken of *extra polita* or *intra polita*.

quandoque apparent convexae, quandoque concavae; et
quandoque concavae comprehenduntur convexae ut probatur
libro sexto Alhazen, capitulo septimo; et hoc secundum
diversitatem situs ad speculum. In his ergo speculis aliquando
cathetus aequidistat radio visuali, et tunc est locus imaginis
cum puncto reflexionis, et hoc quia punctus reflexionis divisibilis est, et ratione unius medietatis apparere deberet ultra
speculum, ratione alterius citra, ut patebit. Sed quia una est
forma et continua, apparet tota in media distantia, scilicet in
ipso puncto reflexionis. Sed quando concurrunt cathetus
et radius visualis, apparet res in eorum concursu, et hoc
diversimode juxta situm diversum. Aliquando enim est locus
imaginis in speculo, aliquando ultra, aliquando citra, et hoc
aut intra visum et
speculum, aut in ipso
centro visus, aliquando
retro oculum.

Example
of those
illusions.

Quae omnia patent
in figura subscripta [1].
Nam forma reflectitur
ab *e* ad *a* per *e a*
radium aequidistantem
perpendiculari *t d*, et
apparet in *e*; et *m*
reflectitur ab *n* ad *a*,
et concurrit cum per-
pendiculari *m l*; et *k*
reflectitur a puncto *c*
ad oculum *a*, et apparet
in *s*; et *q* cadit in *g*,
et reflectitur in *a*,
concurrit autem cum
catheto retro oculum,
scilicet in *o*; et *z*

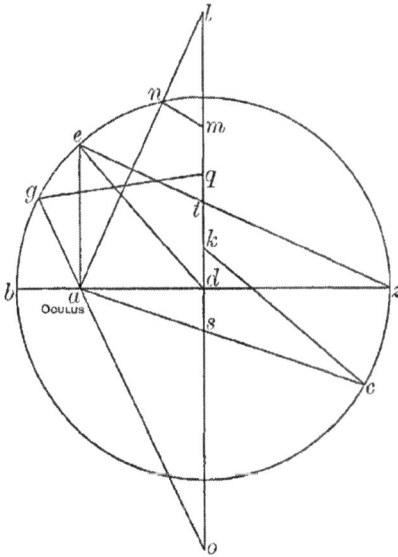

FIG. 55.

cadit in *e*, et reflectitur ad oculum. Nusquam vero concurrit
a e radius cum catheto ducto a puncto *z* per *d*, nisi in ipso

---

[1] The points which this figure is intended to illustrate are discussed with very
much greater fullness by Alhazen, lib. v. prop. 60, whose exposition is copied

centro oculi, unde ibi apparet *z*. In his autem omnibus diversitatibus apparitionum nusquam apprehenditur veritas imaginis nisi cum ejus locus fuerit ultra speculum, aut inter visum et speculum ; unde ea quae apparent in centro oculi aut retro caput apparent non certificata. Visus enim non est natus apprehendere verticationem formarum, nisi sibi sint oppositae. Cum autem oculus est in centro speculi concavi, ipse sibi tantum apparet : nulla enim reflectitur in centrum nisi quae egreditur a centro, sola quidem perpendicularis in se redit. Si autem ponatur oculus in peripheria vel extra, ipse sibi non apparet, sed est reflexio in partem oppositam. Si vero ponatur infra peripheriam, nihil apparet eorum quae sunt in semidiametro in qua est. Si autem visibile aliquod ponatur in centro, videri non potest reflexione, ejus enim species non reflectitur nisi supra se.

De numero imaginum sciendum, quod quando ita situatur oculus, ut a quatuor partibus speculi fiat reflexio formae ejusdem rei, et in diversis locis fuerit concursus singulorum radiorum cum catheto quatuor erunt imagines, quando a tribus tres, quando a duobus duae, quando ab uno una, ut subtilissime declaratur libro quinto parte secunda[1]. Et nota quod omnes demonstrationes loca reflexionis rimantes hoc inquirunt, scilicet, ubi angulus incidentiae possit esse aequalis angulo reflexionis, et quot sunt tales puncti sub eodem situ et respectu ejusdem oculi, tot imagines simul apparent ; si tamen radii in diversis locis concurrant cum perpendiculari distantia sensibili. Quando enim remotio puncti visi major fuerit ab uno oculo quam ab alio, erunt loca imaginum diversa respectu utriusque oculi, sed imperceptibiliter remota, propter quod apparent una.

Notandum quod diversimode reflectuntur a speculis con- Contrast
cavis propinque et longe distantia ; quod patet ex undecima between distance

---

by Vitello or Witelo, Bacon's contemporary, in the eighth book of his *Optica*, prop. 11. The figure in the text, copied from the contemporary MS. Reg., is more accurate than that of J. But the explanation is too condensed to be intelligible.

[1] Cf. Alhazen, lib. v. prop. 70, 71, 72 (corresponding to Vitello, lib. viii. prop. 24, 25, 26).

and prox-
imity in
concave
mirrors.
propositione de speculis [1]. Visibile enim *e d* cadit in speculum per radios concurrentes in *z*, licet enim ab omni puncto fiat reflexio, tamen soli se intersecantes concurrunt a tanta distantia in oculo. Visibile enim *k n*, quod est intra radiorum confluentiam, apparet aliter quam est; quia universaliter altitudo et profunditas, quae sunt intra radiorum confluentiam, apparent eversae; quae autem extra, apparent erectae sicut sunt, ut dicit illa propositio. Quod patet, quia radius *b a*, qui est elevatior, reflectitur ad *e*, quod est superius in re visa et superius cum catheto concurrit, quia in *l*, et *bg*, qui est inferior radius, reflectitur ad *d* punctum in visibili *e d*, et inferius concurrit cum catheto ut in *m*, unde apparet res sicut est. Sed *b g* radius inferior reflectitur usque ad *k*, quod est superius in visibili *k n*, et *b a*

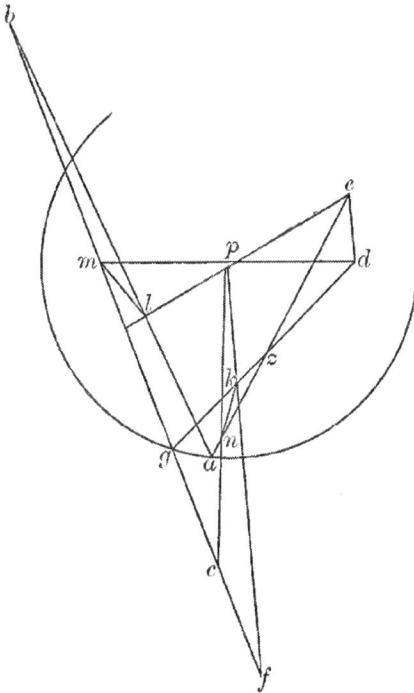

FIG. 56.

radius ad *n*, unde necessario *k* apparet in *f*, et *n* in *c* [2], et ita res eversa. Et currit haec demonstratio juxta hoc primum primi

[1] The proposition illustrated here is discussed in *Catoptrica* attributed (though, according to Heiberg, wrongly) to Euclid (prop. xi and xii). See Heiberg's Prolegomena to Euclid's *Optica*, p. xlix. Cf. Vitello's *Optica* (viii. 52 and 53). Bacon's criticism of the two figures given in the *Catoptrica* is just. In his own figure the lines *e l* and *d m* passing through the centre *p* are of course vertical to the mirror.

[2] Reg. has *n* in *c*. J. has *n c*.

libri de visu, 'sub elevatioribus radiis visa elevatiora apparere, sub humilioribus humiliora[1].' Sed tamen considerandum quod male figuratur demonstratio in libro de Speculis, quia catheti debent cadere in centrum sphaerae, quod ibi non servatur, et ideo hic pono rectam figurationem.

In speculis columnaribus intra politis accidunt similia ut in speculis concavis tam in quantitate rei visae, quam in numero imaginum: quoniam eversione visibilium fit etiam diversimode reflexio in his, ut in columnaribus exterioribus, a longitudine, latitudine, a situ medio; et juxta hoc diversificantur imagines et variantur nihilominus loca imaginum, secundum diversitatem situs respectu columnae, sicut in concavis sphaericis. In pyramidalibus concavis accidunt similia ut in columnaribus et sphaericis concavis; variatur etiam in his reflexio, ut in pyramidalibus extra politis, a longitudine, latitudine et medio modo; et juxta hoc diversificantur imagines in figura et quantitate.

CAPITULUM V[2].

Et juxta jam dictas reflexiones possumus adhuc aliqua alia proponere exempla speciosa in rebus naturalibus. Nam cum saepe dictum sit quod ex diversitate casus lucis et reflexionis a coloribus et rebus ad oculum apparet diversus color et diversa lucis relucentia in rebus lucidis, intelligendum est quod hoc est propter casum et reflexionem ad angulos diversos. Nam quando incidit et reflectitur ad angulos rectos fortior est actio lucis, et quando ad angulos minus rectos debilior, et quando ad angulos multum acutos tunc multo debilior, et sic lux cadens diversimode potest vel manifestare, vel occultare, vel mitigare intensionem coloris, vel augmentare in diversis modis, ut patet in collo columbae et canda pavonis, et multis rebus. Non tamen dico, quin[3] veri colores sint in

Dependence of colour on the angle of incidence.

---

[1] Vid. Eucl. *Optica*, def. 5 ὑποκείσθω ... τὰ μὲν ὑπὸ μετεωροτέρων ἀκτίνων ὁρώμενα μετεωρότερα φαίνεσθαι, τὰ δὲ ὑπὸ ταπεινοτέρων ταπεινότερα.

[2] I follow O. in marking this as a distinct chapter. The subject changes altogether. The distinction is not, however, indicated in Reg.

[3] quoniam, J.

cauda pavonis et collo columbae, licet aliqui negant, maxime de collo columbae; figura enim determinata coloribus in cauda pavonis manifesto continet colorem certum, sed propter plumarum tenuitatem in collo columbae, quia non habent spissitudinem, et propterea magnam vicinitatem, non percipimus sic colores veros qui sunt in eis. Non tamen nego, quin per diversum casum lucis ad diversos angulos nunc manifestentur magis colores illi, nunc magis occultentur, nunc clarificentur et vivificentur, nunc obscurentur et debilitentur. Et sic est in parte de coloribus iridis : nam in rei veritate non sunt nisi secundum apparentiam quantum facit casus lucis ad angulos determinatos. Et generatio ejus est per reflexionem non per fractionem; quoniam variatur secundum aspectum videntis, ut Scientia Experimentalis docebit.

Illusions due to enfeebled sight.

Ebrii vero et infirmi secundum Aristotelem tertio Meteorologicorum [1], et secundum Senecam libro de Iride vident se, et videtur eis quod vident se ipsos ambulare ante se. Cujus causam Seneca assignat [2], dicens quod species ab eis venientes, id est, visus eorum sunt debiles, et ideo aer licet parum spissus potest resistere speciei et reflectere in visum, et ideo coram se ipsis fit species in aere et redit ad oculos, et ad totum corpus. Unde vident se sicut viderent in speculo. Et hic solum fit visio per speciem oculi, et non per speciem rei visae, nisi quia oculus cum toto homine videtur, et species oculi reflectitur ad omnes partes anteriores corporis, et videtur homo ante se, quia locus imaginis est ante hominem in concursu radii visualis cum catheto. Quod autem solum fiat haec visio per speciem oculi manifestum est, quia species aliarum partium corporis et pannorum sunt fortes, ut penetrent aerem qui speciem oculi debilem reflectit. Et per hoc manifestum est quod visus facit speciem suam a se. Et haec visio debilis est quia per solam speciem oculi fit; et species visus magis et citius debilitatur quam alterius partis oculi, quia oculus tenuiorem et imbecilliorem habet substantiam.

[1] Lib. iii. cap. 4.

[2] Seneca, *Naturales Quaestiones*, i. 3, quoting from Aristotle: 'Quidam hoc genere valitudinis laborant, ut ipsi sibi videantur occurrere, ut ubique imaginem suam cernant. Quare? quia infirma vis oculorum non potest perrumpere ne sibi quidem proximum aera, sed resistit.'

Si dicatur tunc quod radii visuales, cum deficiunt versus The air round diseased persons may be so densified as to possess reflecting power. coelum in profunditate aeris vel perspicui coelestis, ut dictum est prius, possent reflecti, et similiter in aqua profunda, et tunc homo videret se quando aspicit a longe illam aquam profundam, quod non est verum; dicendum, quod non accidit hoc, nisi aer sit prope eos densus aliquantulum, quod in ebriis potest esse propter humiditates vaporum vini resolutorum, et in infirmis similiter propter vapores semper prope eos resolutos ex morbo. Unde mali et foetidi vapores sunt semper prope eos in aere, quibus aer inficitur prope eos et densatur, ut possit esse vice speculi in parte sua prope illos, quod non fieret in alia parte aeris remotiori. Et similiter aer prope terram densatur vaporibus resolutis a terra et aqua; et ideo ex utraque causa densitatis potest aer propinquus habere vicem speculi. Et ideo propter hanc difformitatem in partibus aeris accidit quod una pars habet vicem speculi et alia non, respectu oculorum ebriosorum et infirmorum. Sed oculus fortis aspiciens in aqua invenit eam uniformis densitatis. Et similiter a longe in sphaera coeli; et non invenit ibi partem magis densam quae vicem speculi possit habere, immo semper magis raram, et ideo multiplicatur species usque deficiat sine reflexione. Quod si dicatur quod oculus fortis invenit vapores in aere et partes nubium, ut fiat reflexio; dicendum est quod vapores pertransit propter fortitudinem, et nubes leves et tenues; sed spissas non pertransit. Nec tamen se videt propter elongationem speculi, et propter defectum plenae politurae: non enim habent superficies politas omnino et regulares. Distantia tamen impedit maxime, sicut si ad unam leucam poneretur speculum magnum, vel ad duas vel tres, quantumcunque magnum esset, non propter hoc homo se videret; et ideo nec per nubes, quoniam distant a nobis circiter quinquaginta milliaria, sicut docetur in libro de Crepusculis.

Potest vero visio infirmorum et ebriorum aliter aestimari, Another explanation of the illusion. scilicet per visum rectum. Nam species eorum sunt in aere ante eos, et quia virtus visiva est debilis ideo statim terminatur et fit species in aere ei pro objecto, sicut prius dictum est de debili oculo quod videt aliquando speciem cum re ut appareat unum duo, quae non accidunt in forti oculo propter causam ibi datam.

Rays from a candle.

Quando vero oculus aspicit candelam et demittit palpebras, videt candelam projicere radios in modum pyramidis radiosae cujus conus est in candela, et dispersio radiorum valde sensibilis fit versus oculum. Cujus causa est, quod radii candelae cadunt super cilia, et pili illi sunt politi habentes rationem speculi, propter quod fit reflexio ab eis in oculum, quando sic inclinantur ut oculus possit recipere radios reflexos ad aequalitatem angulorum incidentiae. Et ideo non in quocunque situ ciliorum hoc accidit, sed in determinato.

Scintillation from a metal cross on a tower due to solar motion.

Quando vero homo aspicit aliquid splendidum et politum, ut crucem de electro super campanile vel turrim altam, videbit hujusmodi corpus valde scintillare, quando radii solis vel lunae cadunt super illud et reflectuntur in visum. Cujus causa est sensibilis variatio anguli propter motum stellae. Nam licet propter distantiam stellae a nobis, non percipimus motum ejus, tamen propter mediocritatem distantiae corporis talis scintillantis possumus judicare de casu lucis secundum angulos variatos ad motum stellae, et ideo videtur projicere radios secundum diversa loca et scintillare. Si enim imaginaremur rotam, cujus centrum esset centrum mundi, et circumferentia esset coelum motum, tunc licet radii extensi a centro usque ad circumferentiam, id est, rami seu baculi infixi in centro et deducti ad circumferentiam, non apparerent moveri prope circumferentiam propter distantiam visus, videntur tamen sensibiliter moveri circa centrum ab oculo posito prope illud. Et ideo similiter radii solis cadentes super rem hic inferius facient sensibilem variationem anguli, licet in sole non appareret nobis motus. Et hic est novus modus scintillationis quod promisi in praecedentibus me fore dicturum[1].

CAPITULUM VI.

Double image when a mirror is immersed in water.

Est autem vulgatum apud perspectivos, quod speculo posito in vase habente aquam, cum duplex appareat ibi imago, una

[1] See the concluding sentence of the chapter on Scintillation, p. 126.

erit solis, alia erit alicujus stellae existentis prope solem.
Sed stella fixa esse non potest quia sol occultat eas, nec est
aliquis de planetis, quoniam planetae distant aliquando minus
aliquando plus. Sed imagines habent semper uniformem
distantiam. Praeterea ad lumen lunae sicut solis accidit ; item
ad lumen candelae ; quod negligunt experiri. Quapropter
non est stella quae apparet, sed est duplex imago solis vel
lunae vel candelae de duplici speculo reflexa. Nam superficies aquae est specularis, et ab illa fit una imago et alia a
speculo. Et aestimatur quod illa quae ab aqua fit major
est et sensibilior, quoniam radius qui facit aliam imaginem
multum debilitatur propter hoc, quod primo frangitur in
superficie aquae, deinde reflectitur a speculo, tertio frangitur
ad superficiem aeris. Sed reflexio et fractio multum debilitant
speciem, ut non possit sufficienter repraesentare rem ; et ideo
est imago illa debilior et minor et minus sensibilis. Sed
intentioni meae dominatur quod imago major fit per reflexionem a speculo ; quia speculum densum est et habet
plumbum ex altera sui parte quod impedit transitum speciei ;
et ideo speculum habet unde recipiat imaginem et reddat.
Nam aqua propter sui raritatem habet minus de natura
speculi, et ideo debilem reddit imaginem. Quod autem objectum est de fractionibus ; dicendum est quod debilitatio
quae accidit per eas non facit minorem imaginem quam
ab aqua, sed minorem quam fieret[1] si speculum esset in sicco
extra aquam.

Aestimatur vero a vulgo quod omnino verum sit quod in Images
speculo fracto apparent tot imagines quot sunt partes fractae. tured mir-
Sed non est ita nisi quando partes fractae non recipiunt ror.
eundem situm sed diversum. Si enim retineant eundem
situm quem habuerunt in speculo integro, non apparebit
nisi una imago, quia species veniens fit una et remanet una
sive fuerit integrum speculum sive fractum, dummodo partes
retineant situm suum eundem ; quia punctus reflexionis est
unus, et unus locus est in quem cadit. Quando vero partes
speculi fracti recipiunt diversum situm, tunc species necessario

---

[1] fieret, Reg. J. has faceret.

mutatur, quia locus ejus in quem recipiuntur diversus est, et
puncta reflexionum sunt diversa et in diversis locis, et ideo
diversae apparent imagines.

DISTINCTIO SECUNDA.

Tertiae partis, quae est de visu fracto, habet quatuor capitula. Primum est in universali de visione per fractionem [1].

CAPITULUM I.

Refraction
of rays
falling
obliquely
on the eye. Manifestato quomodo visio fiat per lineas rectas et reflexas,
nunc tertio manifestandum est, quomodo fiat per fractas. Et
licet istud sit difficilius praedictis, tamen jam habemus magnam
dispositionem ad sciendum per praedicta, eo quod in multis
convenit hoc cum illis, ut in parte illa quae est de visu recto
dictum est. Quomodo necesse est radios frangi in humore
vitreo omnes praeter axem pyramidis radiosae, quae transit
per centra tunicarum et humorum, et quod non frangitur
aliquis radius pyramidis visualis super corneam, nec humorem
albugineum, nec super anterius glacialis, quoniam tota pyramis cadit perpendiculariter super ista tria corpora. Et irent
radii in centrum eorum, nisi occurrerent humor vitreus ante
punctum illud, et ideo abscinditur necessario conus pyramidis,
et fit curta pyramis et detruncata. Possunt autem multa
videri praeter ea a quibus venit haec pyramis; sed non per
radios reflexos super oculum, quia tunc recederent ab eo; et
ideo per fractos. Nam sit *a c* anterius glaciale et *b d* cornea,
et *f e o* pyramis radialis, tunc *p n* radius venit a re visibili

[1] Refraction, always spoken of by Bacon as *fractio*, is discussed in the fifth
discourse of Ptolemy's *Optica*, and in the seventh book of Alhazen. There is
no mention of it in Euclid or in any of the works which pass under his name,
though as has been already said, the word *refringere* and its derivatives are
used in the mediaeval translation of *Catoptrica* to describe reflected rays; the
Greek original being ἀνακλᾶν, ἀνάκλασις, &c. By Ptolemy the words *fractio* or
flexio are used of both reflexion and refraction : the first being distinguished as
reverberatio radii, the second as *penetratio radii*.

extra pyramidem visualem, qui non cadit super corneam
perpendiculariter, nec ingreditur foramen uveae, aut si ingrederetur non iret ad glacialem, sed transiret ultra usque
ad latus oculi, sicut ad *l* punctum.

Ergo, cum virtus visiva non sit nisi
in glaciali, non videbitur *p* per
radium *p l*; sed quia cornea est
densior aere, et *p n* radius non cadit
perpendiculariter super corneam,
licet cadat infra pyramidem antequam venit ad corneam, oportet
quod frangatur in ingressu ejus.
Similiter si a puncto extra pyramidem radialem cadat radius super
corneam, et extra pyramidem
visualem, ut *q d*, non ibit in *s*, sed

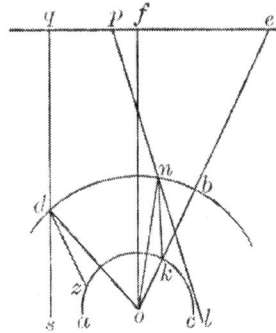

FIG. 57.

frangetur in *d* puncto in superficie corneae, inter incessum
rectum *d s*, et inter perpendicularem *d o*, usque ad *z* punctum
in glaciali. Et sic videbitur *p* inter incessum rectum qui

est *n l* et perpendicularem
ducendam a loco fractionis qui
est *n o*, et ibit fractio usque
ad *k* punctum in glaciali, et sic
videbitur *p* per radium fractum
scilicet *p k*. Et ideo minus
bene videtur quam res quae
sunt in basi pyramidis, quoniam
illae videntur per radios rectos
et perpendiculares. Et eodem
modo est de *q* visibili, ut patet
ex figura.

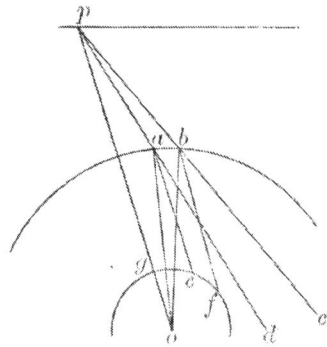

FIG. 58.

Similiter quicquid videtur
per radios rectos et reflexos, videtur necessario simul per
fractos, et sic certius videtur, quia duplici modo; et in hoc
completur bonitas et certitudo visionis. Nam *p* punctus
videtur per radium perpendicularem *p g*, quae vadit in centrum
o, et nihilominus videtur per *p e*. Nam *p a* non vadit in *d*,
sed frangitur in *a* puncto corneae, inter incessum rectum *a d*,

et perpendicularem *a o* usque in *e* punctum in superficie glacialis.

These oblique refracted rays take part in vision.

Et non solum videtur *p* per unum radium fractum, sed per infinitos. Nam ab ipso *p* possint infiniti declinantes protrahi ad superficiem corneae, et quaelibet illarum frangetur et cadet in foramen, ut veniat ad aliquem punctum glacialis, sicut patet in radio *p b*; nam non vadit in *c*, sed frangitur in *b* puncto corneae inter incessum rectum qui est *b c*, et perpendicularem quae est *b o*, ut vadat in *f* punctum glacialis, et sic est de infinitis. Et ideo multum melioratur et completur visio per hujusmodi radios fractos infinitos in quibus omnis res visa videtur, praeter hoc quod videatur per radium perpendicularem. Praeterea sciendum est quod aliquod quod objicitur foramini potest videri fracte et non videbitur recte, quando scilicet aliquod obstaculum parvae latitudinis interponitur; ut festuca parva stans contra oculum inter ipsum et aliquod visibile impediet transitum speciei alicujus partis ejus directum. Et tunc radii declinantes cadent super corneam ab illa re; quia praeter unam perpendicularem quae caderet nisi esset obstaculum, cadunt infinitae declinantes, ut nunc visum est. Et ideo videbitur solum per radios fractos et non per rectos, ut patet per experientiam, si quis teneat inter oculum suum et aliquam rem festucam vel acum; et praecipue ad candelam potest hoc experiri.

CAPITULUM II.

De diversitate apparitionis loci imaginis per fractionem in planis.

Refraction at plane surfaces.

Sciendum vero quod visio per fractionem est in concursu radii visualis cum catheto, sicut dictum est de reflexione. Sed hoc potest esse modis variis et mirabilibus. Quatenus autem omnem diversitatem hujusmodi apparitionis comprehendamus, oportet considerare quando in planis corporibus et concavis et convexis accidit hujusmodi diversitas. Et secundum hoc quod oculus est in medio subtiliori vel densiori, et res visa e contra. Si vero oculus sit in perspicuo subtiliori et inter oculum et rem visam sit medium densius, ut aqua planae superficiei vel crystallus, vel vitrum, et hujusmodi alia perspicua, tunc res apparet longe major quam sit : nam videtur sub majori angulo, et satis propinquius quam si medium esset uniforme. Cujus demonstratio patet in figura ista. Nam *f* visibile videbitur in *d*, ubi radius visualis *a d* concurrit cum catheto *f h* ; et similiter *g* apparebit in *c*, ubi *a c* radius visualis concurrit cum *g m* catheto [1], et ideo tota res *g f* apparebit in loco *c d* propinquius oculo, et videbitur sub majori angulo, quam si corpus unum esset. Nam sub angulo *o a p* videbitur per

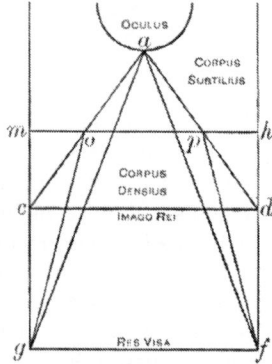

FIG. 59.

haec duo corpora, sed sub angulo *g a f* videretur per unum medium sine fractione. Si vero oculus sit in densiori medio, et res visa in subtiliori, tunc est e contra. Nam res videbitur minor, tum quia sub minori angulo videbitur, tum quia remotius apparebit. Nam *o* videbitur in *h*, et *f* in *k* ultra rem visam, ita quod *o f* apparebit in *k h* : nam radius visualis *a b* concurrit in *h* cum catheto *h c*, et radius visualis *a d* concurrit in *k* cum catheto *p f k* ; et sub minori angulo videtur, quam si per unum medium videretur. Nam nunc videtur res tota sub *d a b* angulo propter fractionem ; et sine fractione videtur sub *f a o* angulo majori.

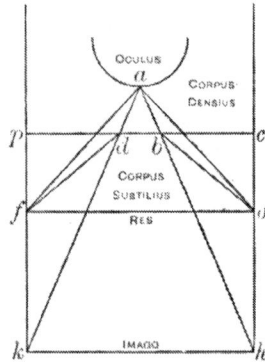

FIG. 60.

[1] This reading of Reg. is obviously right. J. has *g* in catheto.

Capitulum III.

De diversitate loci imaginis in sphaericis.

Si vero non sint corpora plana per quae visus videt sed sphaerica, tunc est magna diversitas. Nam vel concavitas corporis est versus oculum vel convexitas. Si concavitas tunc est quatuor modis. Nam duobus modis est, si oculus sit in subtiliori medio, et duobus modis si in densiori. Si ergo oculus sit in medio subtiliori, et concavitas medii sit versus

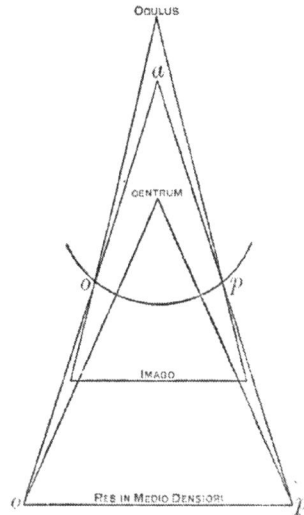

Fig. 61.   Fig. 62.

oculum, potest oculus esse inter centrum medii et rem visam, aut centrum inter oculum et rem visam. Et non fiat hic vis de centro medii densioris vel subtilioris, quia idem est centrum utriusque, et concavitas utriusque est versus oculum, quia idem est centrum sphaerici continentis et contenti. Ponam ergo primo omnes istos modos, deinde exemplificabo in figuris; nam sic oportet fieri propter canonum singulorum parvitatem et figurarum magnitudinem[1]. Et haec omnia patent in his figuris, quae hic ponuntur secundum ordinem octo articulorum praedictorum.

Si ergo oculus sit in subtiliori medio et concavitas sit respectu oculi, et oculus sit inter centrum et rem visam, videbitur res propinquius quam sit. Nam angulus visualis sic erit major, quam si lineae rectae trahantur ab oculo sine fractione ad extremitates rei, et sub majori angulo, et tamen imago minor est re ipsa. Si vero oculus sit in subtiliori medio et concavitas sit versus oculum, et centrum densioris

Eight cases illustrated; four, of refracting surfaces concave to the eye;

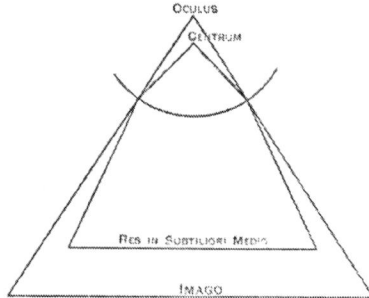

FIG. 63.   FIG. 64.

corporis sit inter oculum et rem, adhuc videbitur res propinquior. Sed angulus erit minor, et imago minor. Si vero oculus sit in densiori medio, et concavitas versus oculum, et oculus sit inter centrum concavi corporis et rem, tum res videbitur ultra locum suum remotius, et sub minori angulo, et imago erit major. Si vero centrum corporis concavi sit inter oculum et rem visam, caeteris conditionibus remanentibus, adhuc res visa videbitur remotius et sub angulo majori, et imago erit major.

[1] Each of the following eight figures in Reg. covers one side of a folio. In a side note on each of the eight pages, the point to be illustrated is briefly stated: thus on the first (answering to fig. 61 in this edition) are the words, 'Exemplum quum oculus est in subtiliori medio et concavitas est versus oculum, et oculus est inter centrum et visibile'; and so with the others. The words *sub signo* appended to the chapter in J. are unintelligible.

Si autem convexitas corporis sit versus oculum, erit similiter quatuor modis: nam duobus, si oculus sit in subtiliori medio, et duobus, si oculus sit in grossiori. Si

FIG. 65.

FIG. 66.

ergo oculus est in subtiliori medio et convexitas medii in quo res est sit versus oculum, tunc potest res visa esse inter centrum et oculum, vel centrum inter oculum et rem visam.

FIG. 67.

FIG. 68.

Si res sit inter oculum et centrum, tunc imago erit propinquior et major et angulus major. Si centrum fuerit inter oculum et rem visam, erit adhuc imago major, et angulus major. Sed locus imaginis erit remotior. Si autem oculus sit in medio

densiori, et res visa sit inter oculum et centrum, imago erit
remotior et minor, et sub minori angulo videbitur. Si vero
oculus sit in medio densiori, et centrum sit inter oculum et
rem, erit imago propinquior et minor et sub minori angulo
videbitur, et quantitas anguli sub quo videtur res cognoscitur
esse minor quam deberet esse, si medium esset unum. Et hoc
etiam est quando continet angulum illum, quem faciunt lineae
incessus recti, et terminantur extra ipsum ad alium punctum ;
major vero perhibetur, ut patet in figura prima, quando infra
ipsum concurrit ad punctum alium, sed tunc angulus quem
lineae incessus recti faciunt est minor quam angulus sub quo
videtur res, et ideo angulus sub quo videtur res est major
quam si esset medium unum. Nam[1] tunc videtur sub angulo
b c a contento sub lineis rectis. Et in figura sequenti sub
angulo *o a p* contento ex lineis rectis videretur, si medium
esset unum, et ita sub majori angulo quam sit angulus
contentus ex lineis fractis sub quo videtur res per duo media.
Et secundum hunc modum intelligendum est, in aliis omnibus
sequentibus figuris.

CAPITULUM IV.

De exemplis penes hujusmodi fractiones.

Descriptis his figuris circa modum videndi per fractionem
possunt poni exempla in rebus visis. Et primo de baculo
qui videtur fractus, quando una pars est in aere et alia pars in
aqua, et oculus est in aere. De hoc enim est vulgata contentio
apud philosophantes quando disputant de quolibet, et nunquam
solvitur apud vulgus eorum, quia nesciunt hanc tertiam partem
Perspectivae. Quando autem oculus est in eodem medio cum
superiore parte baculi, videbit ipsam per visum rectum, sicut
est. Sed quando oculus est in subtiliori medio respectu partis
inferioris baculi, quae est in aqua, primus canon supradictus de
medio plano, vel quintus de medio densiori in quo res est cujus
convexitas est versus oculum, habet hic locum[2]. Nec est vis

Applica-tion to natural pheno-mena. An oar under water.

[1] Cf. fig. 61 and 62.　　　　[2] Cf. fig. 59 and 65.

de qua loquamur hic in aquis fluminum et fossarum consuetis, quoniam licet aqua habeat naturaliter superficiem convexam ubicunque sit propter hoc quod semper fluit ad locum inferiorem, ut in superioribus est declaratum [1], tamen aquae consuetae in fluminibus et fontibus et caeteris concavitatibus apud nos habent quantum ad sensum superficiem superiorem planam. Et quocunque modo loquamur oportet quod res visa in aqua appareat propinquius oculo quam sit ejus locus verus, et major, sicut patet in utraque figuratione. Et ideo pars baculi, quae est in aqua, non apparebit visui in continuum et directum alterius partis, sed propinquius oculo, et ideo necesse est baculum apparere in figura curva, et angulari, ac si esset fractus in ingressu aquae, quod patet in figura. Nam sit *f b* baculus, *a* oculus, et *h m* superficies aquae, *b* faciet speciem suam usque ad *c*, sed non ibit in *o* per incessum rectum, sed frangetur in medio subtiliori usque *a*, ut incessus rectus sit inter fractionem et perpendicu-

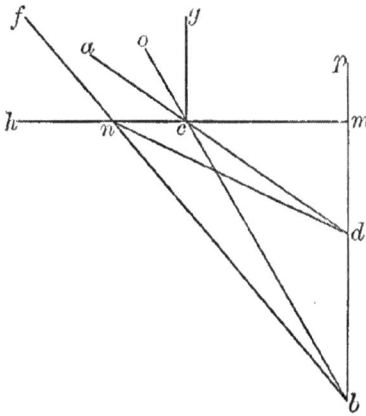

Fig. 69.

larem ducendam a loco fractionis quae est *g c*. Sed res apparet in concursu radii visualis cum catheto, et cathetus est *b d p*, atque concurrit radius visualis *a c* in *d* puncto catheti. Ergo *b* extremitas baculi videbitur in *d*, et eodem modo quaelibet particula ipsius quae est in aqua videbitur in directo ipsius *d*. Ergo totum quod est in aqua apparebit in linea *n d.* Quare baculus totus videbitur in *f n d* linea, et ideo in linea curva habente angulum in *n*, et sic fractus apparebit. Et cum homo possit videre in aqua, tunc per artificium debitum sciens morari infra aquam videret baculum fractum in superficie aeris, sicut nunc videt in aqua propter canonem secundum de

[1] Cf. vol. i. p. 158.

corpore plano cum ejus figura, vel propter canonem tertium cum sua figura, ubi oculus est in medio densiori cujus concavitas est versus oculum[1].

Similiter accidit, si in vas mittatur aliquod sumaturque distantia ut jam non videatur, eodem spatio existente inter videntem et vas videbitur quod immissum est, si aqua infundatur, ut dicitur in principio libri de speculis[2]. Et hoc quilibet potest experiri, licet inexpertis videatur mirabile vel magis falsum : cujus causa ex canonibus memoratis, scilicet primo de planis et quinto de concavis, manifesta est. Nam propter hoc quod oculus est in subtiliori medio, et res in grossiori, oportet quod res appareat propinquius et elevatius versus oculum, ubi est concursus radii visualis cum catheto, et apparebit major. Quapropter videbitur visui quod res posita in vas elevatur a fundo vasis usque ad superficiem aquae. Nec est haec alia figuratio quam quae in praedictis locis facta est, et ideo illa sufficit.

Object in a vessel rendered visible by adding water.

Si vero aspiciamus solem vel lunam et stellas in oriente et occidente mediantibus vaporibus aqueis, sicut saepe accidit in aestate et autumno, videmus ista luminaria insolitae magnitudinis, ut quilibet experitur. Sed causa hujusmodi accipitur ex canone primo cum ejus figura[3], ubi oculus est in medio subtiliori, et res in medio densiori, cujus concavitas est versus oculum, et oculus est inter centrum et rem visam, Nam hujusmodi vapores sphaerici sunt et concentrici mundo, quia aequaliter recedunt a centro; et ideo erit eorum concavitas versus oculum, et oculus erit inter eos et centrum eorum, quod est centrum mundi. Et ideo, ut patuit ex illa figuratione, imago rei est propinquior et sub majori angulo videtur, et ideo major et propinquior apparet res.

Apparent magnitude of sun and moon near horizon.

Si objiciatur quod imago minor est quam res, propter quod diceret aliquis quod minor deberet videri ; dicendum est quod majoritas anguli cum propinquitate praevalet in hac parte.

Is this due to vapour? Objections and replies.

---

[1] Cf. fig. 60 and 63.

[2] This observation occurs as an isolated remark in the introduction to the *Catoptrica* attributed to Euclid. Ἐὰν εἰς ἀγγεῖον ἐμβληθῇ τι, καὶ λάβῃ ἀπόστημα ὡς μηκέτι ὁρᾶσθαι, τοῦ αὐτοῦ ἀποστήματος ὄντος ἐὰν ὕδωρ ἐγχυθῇ, ὀφθήσεται τὸ ἐμβληθέν. No conclusions seem to have been drawn from it.

[3] See fig. 61.

Res enim propinquior caeteris paribus apparet evidentius in sua quantitate, et praecipue quando sub majori angulo videtur. Si iterum dicatur, quod radii stellarum inveniunt vapores et nubes non solum in horizonte et prope, sed versus medium coeli et in illo medio; sed sol quando est prope medium coeli vel in medio non apparet insolitae quantitatis; ergo nec prope ortum et occasum [1]. Et quidam probabiliter instructi in rebus perspectivis aestimaverunt vapores non esse causam hujus rei, propter hanc objectionem. Sed decepti sunt, quia aliam causam dare non possunt: nam illa quae prius assignata est de magnitudine stellarum in horizonte est perpetua, haec autem apparitio [2] magnitudinis est ad tempus, nec semper, et ideo habet causam temporalem. Atque nos videmus, quando aer est serenus et siccus in ortu et occasu carens vaporibus, tunc stellae habent solitas magnitudines: quando vero vaporosus est, in illis temporibus accidit apparitio insolitae magnitudinis. Manifestum ergo est, quod vapores sunt in causa. Objectio vero solvitur per hoc, quod radii stellarum prope ortum et occasum cadunt omnino ad angulos obliquos et ideo franguntur in superficie aeris secundum tenorem canonis dicti. Sed quando stella tendit ad medium coeli, accedunt radii ad rectitudinem angulorum, propter quod non sic franguntur ut quando stella est in oriente. Et si objiciatur, quod omnes radii planetarum franguntur circa tropicum Cancri, ut prius habitum est, quia non cadunt in centrum mundi, sed versus horizonta; concedendum est: sed tamen longe minus franguntur, et magis accedunt ad perpendicularitatem, quando stella est versus medium coeli; et ideo licet tunc apparet majoris quantitatis propter vapores, non tamen insolita magnitudine, de qua hic loquimur. Majoritas autem anguli fractionis et major recessus ab incessu recto facit, quod res major apparet et propinquior.

Apart from vapour, refraction affects our
Si vero consideremus stellas et media secundum suam naturalem dispositionem, exclusis vaporibus et exclusa reliqua causa perpetua de qua superius dictum est, tunc accidit canon

---

[1] The usual form, dicendum est, is wanting here.

[2] Here, as often elsewhere, this word is frequently written in J. apericatio. It is always apparitio in Reg.

tertius [1] de sphaericis corporibus, quorum concavitas est versus oculum et oculus est in densiori medio, quoniam in medio elementari, et res in subtiliori, scilicet in coelesti, et oculus est inter centrum et visibile. Et apparebunt stellae minores quam sunt, et quam apparerent si medium unum esset, quoniam sub minori angulo videntur, et sic erit error in judicio visus de stellis. Si dicatur quod imago est longe major re, et ideo apparebit major: iterum si dicatur quod locus imaginis est longe ultra rem, et ideo magis distare videbitur, et ideo majora apparebunt, nam superius habitum est quod ea quae magis videntur distare majora videntur: dicendum est ad primum, quod quantitas anguli praevalet in istis apparitionibus. Et ideo quia sub minori angulo videtur stella, non obstat magnitudo imaginis ad sensum quod propter mediorum perspicuorum transparentiam corpora interjacentia non percipiuntur, et ideo non percipitur distantia imaginis, quia a remotiori, ut prius habitum est, non cognoscitur a visu nisi percipiantur corpora interjacentia. Et ideo licet locus imaginis sit remotior, et appareat hic visui per errorem, tamen secundum veritatem visus non percipit hanc remotionem, et ideo non debet res apparere major propter hoc.

Si vero homo aspiciat literas et alias res minutas per medium crystalli vel vitri vel alterius perspicui suppositi literis, et sit portio minor sphaerae cujus convexitas sit versus oculum, et oculus sit in aere, longe melius videbit literas et apparebunt ei majores. Nam secundum veritatem canonis quinti [2] de sphaerico medio infra quod est res vel citra ejus centrum, et cujus convexitas est versus oculum, omnia concordant ad magnitudinem, quia angulus major est, sub quo videtur, et imago est major, et locus imaginis est propinquior, quia res est inter oculum et centrum. Et ideo hoc instrumentum est utile senibus et habentibus oculos debiles. Nam literam quantumcunque parvam possunt videre in sufficienti magnitudine. Si vero sit portio major sphaerae vel medietas tunc

---

[1] Fig. 63. It will be noticed that what Bacon says is, that in that case the object will be seen further off, under a smaller angle, and the image will be greater.

[2] See fig. 65.

secundum canonem sextum[1] accidit majoritas anguli, et majoritas imaginis, sed propinquitas deest, quia locus imaginis est ultra rem, eo quod centrum sphaerae est inter oculum et rem visam. Et ideo non ita valet hoc instrumentum, sicut si esset minor portio sphaerae. Et instrumenta planorum corporum crystallinorum secundum primum canonem de planis, et sphaericorum concavorum secundum primum canonem et secundum de sphaericis, possunt facere hoc idem. Sed inter omnia portio minor sphaerae, cujus convexitas est versus oculum, evidentius ostendit magnitudinem propter tres causas simul aggregatas, ut notavi.

Why a light may seem greater at a distance than near.

Quod autem candela appareat major a longe quam de prope, dummodo non sit in superflua distantia, accidit quod non solum videtur per radios rectos sed fractos, et visus non percipit fractionem, propter quod aestimat se videre per lineas rectas ubi radius visualis concurrit cum catheto ducta a re. Unde res visa videtur propter hoc dilatari usque ad *g r*, eo quod ejus puncta extrema non solum videntur per *a u* radium, et per *c p* radium aliquando, sed per *a o* radium fractum in *b* puncto in superficie oculi et per *c d* radium fractum in *m* puncto, et *o b* radius visualis concurrit in *g* puncto cum catheto *c a*, et *d m* radius fractus concurrit in *r* puncto cum catheto *a c*, et ideo diameter rei visae apparet esse *r g*, et major longe quam *a c*. Posset etiam esse alia causa praecipue debili oculo et negligenti, quod species prope rem est fortis, et ideo nata est terminare debilem oculum et negligentem, et propter hoc rei quantitas videtur major secundum quantitatem spatii in qua species apparet sensibilis. Multotiens enim hoc contingit debilibus oculis et infirmis et ebriis

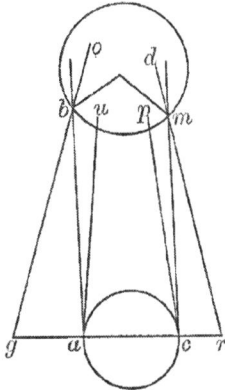

FIG. 70.

---

[1] See fig. 66. By *portio major sphaerae* is meant here a lens of great convexity, therefore of short radius; so that the lens is half, or nearly half, of the sphere.

et negligentibus ac languide conspicientibus rem visam. Possunt quidem alia exempla proponi, in quibus multitudo sapientiae resplendet sicut in his; sed quia sermo praesens est magis persuasionis gratia quam tractatus componendi, ideo nunc dicta sufficiant [1].

ULTIMA DISTINCTIO.

De comparatione perspectivae ad sacram sapientiam et mundi utilitates [2], habens capitula quatuor.

Capitulum I.

Et jam dictum est de rebus perspectivis prout ad sapien- tiam philosophiae et rerum hujus mundi cognitionem neces- sariae sunt. Volo nunc in fine innuere quomodo haec scientia habet ineffabilem utilitatem respectu sapientiae divinae. Et primo considerandum est, quod cum haec scientia res naturales certificat, ut planum est per ea quae dicta sunt, et per consequens liquet quod cacteras scientias elucidat et declarat, necesse est quod haec scientia sit utilis divinae veritati, propter hoc quod illa requirit notitiam scientiarum et rerum hujus mundi. Praeterea cum divina sapientia absolute consideratur intelligenda et exponenda, et ad regimen hujus mundi ordinatur, utroque modo necessaria est haec scientia Perspectivae. Nam in scriptura Dei nihil

All that relates to the eye is of spiritual significance,

---

[1] It is clear from the foregoing, and especially from the discussion illustrated by fig.69, that Bacon had a clear conception of an image as resulting from a series of points, each point in the *res visa* being separately refracted. But he did not apprehend the necessity for focussing an image of the object on the retina, as was so clearly demonstrated, nearly four centuries afterwards, by Descartes in the fifth discourse of his *Dioptrique.* 'We find in Roger Bacon's works,' says Whewell (*Hist. of Inductive Sciences*, vol. ii. p. 275, 3rd edit.), a tolerably distinctive explanation of the effect of a convex glass.' But of the combination of two lenses necessary for the construction of the telescope, there is no evidence whatever.

[2] Sic Reg. O. has sacram scripturam et ejus utilitates.

tantum multiplicatur sicut ea quae pertinent ad oculum et visionem, ut manifestum est perlegenti ; et ideo nihil magis necessarium est sensui naturali et spirituali, sicut hujus scientiae certitudo. Quod nunc transeundo volo innuere, quoniam non opus hic talibus multis immorari, quia scita veritate rerum quae in Scriptura ponuntur, facillimum est omni theologo sensus utiliter elicere spirituales. Cum enim dicitur, 'custodi nos, Domine, ut pupillam oculi,' impossibile est scire sensum Dei in hoc verbo, nisi primo consideret homo quo modo pupillae custodia perficitur, quatenus ad ejus similitudinem Deus nos custodire dignetur: quando enim aliquid in exemplum et similitudinem proponitur, non potest exemplatum cognosci, nisi exempli ratio habeatur. Veluti cum dicit Dominus, 'estote prudentes sicut serpentes,' voluit Dominus discipulos suos considerare serpentinas proprietates in quibus prudentia ejus consistit, et columbae naturam in qua simplicitatis suavitas reperitur.

which without the science of Optic cannot be appreciated.
Sed non sciemus custodiam pupillae nisi per scientiam Perspectivae. Nam pupilla est anterius glaciale, quod duobus humoribus ante et post innititur: et una tela et tribus tunicis continetur, insuper continuam et superfluam influentiam spirituum et virtutum recipiens a fontali plenitudine in sectione crucea[1] consistente; et ita septem requirit ad sui custodiam. Haec est ergo literalis expositio, cui assimilari spiritualem vult Psalmista cum petit custodiam pupillae spiritualis, id est, animae ; pro qua perfecte custodienda necessaria sunt septem, scilicet virtus, donum, beatitudo, sensus spiritualis, fructus, et revelatio secundum modos raptus, et insuper continua influentia charismatum gratiae a plenitudine Crucifixi. Caeterum virtutes principales septem sunt, ut tres theologicae, caritas, fides et spes, et quatuor cardinales, justitia, fortitudo, temperantia, et prudentia, per quas habet nostra pupilla spiritualis custodiri. Necnon dona Spiritus Sancti sunt septem, et petitiones Dominicae orationis septenario concluduntur. Sed beatitudines octo sunt, ut patet ex quinto Matthaei, et ideo septem custodiis pupillae corporalis dabimus octavam palpebrarum, ut octo spiritualibus

---

[1] The optic commissure seems to be meant.

totidem corporalia valeant respondere. Sensus vero spirituales
sunt quinque, et ea quae immediate deputantur ad custodiam
pupillae sunt quinque, scilicet tela, et humor albugineus, ac
tres tunicae. Nam humor vitreus potest in hac consideratione
cum pupilla intelligi, eo quod in tela araneae cum anteriori
glaciali continuetur. Et proculdubio totum vocatur pupilla,
licet specialius anterius glaciale. Vel possunt quinque annotari sic, crux, humor, tela, tunica, palpebra. Nam haec quinque
sunt radices custodiae, licet in ramos aliquot et humor et
tunica dividantur. Sed fructus duodecim sunt, ut enumerat
apostolus ad Galatas v, et ideo si accipiamus pupillam stricte
pro anteriori glaciali, et consideremus omnia quae possint hic
inveniri ad custodiam ejus tam remota quam propinqua,
inveniemus duodecim, scilicet octo praedicta, et cilia, et
supercilia, quae habent speciales utilitates in custodia oculi,
ut superius est annotatum. Atque cum nervi visuales de-
scendant ab anteriori parte cerebri, in qua sunt sensus
communis et imaginatio, a quibus fluunt virtutes et spiritus
in visum, nec compleatur visio antequam species visibilis
veniat ad ista duo, ut prius habitum est, erunt in universo
duodecim custodiae pupillae corporalis deputandae, sicut sunt
duodecim fructus in custodia oculi spiritualis. Et dictum est,
quod ad visionem exigitur non solum ut fiat intus suscipiendo,
sed extramittendo, et cooperando per virtutem et speciem
propriam : similiter et visio spiritualis non solum requirit ut
anima recipiat ab extra, scilicet a Deo, gratias et virtutes,
sed cooperetur per virtutem propriam. Nam motus liberi
arbitrii et consensus requiritur cum gratia Dei ad hoc ut
videamus et consequamur statum salutis.

Capitulum II.

Octo etiam exiguntur ad visionem ; scilicet lux, distantia
et caetera praenotata, et hoc statim occurrit similiter in visu
spirituali per octo beatitudines. Sed et aliter patet illud ; nam
horum octo similia de necessitate requiruntur ad visionem
spiritualem : nam sicut nihil videmus corporaliter sine luce
corporali, sic impossibile est nos aliquid videre spiritualiter

Spiritual interpretation, (1) Of the eight conditions of vision.

sine luce spirituali divinae gratiae. Et sicut distantia corporis temperata requiritur ad visionem corporis, ut nec ex superflua distantia videatur, nec ex nimia appropinquatione, sic spiritualiter exigitur in hac parte; nam elongatio a Deo per infidelitatem et multitudinem peccatorum tollit visionem spiritualem, et nihilominus praesumptio nimiae familiaritatis divinae, et perscrutatio majestatis. Sed qui moderate appropinquant pedibus ejus exclamantes cum apostolo, 'O altitudo divitiarum sapientiae et scientiae Dei, quam incomprehensibilia sunt judicia ejus, et ininvestigabiles viae ejus,' accipient de doctrina ejus secundum prophetam, 'et ibunt paulatim de virtute in virtutem, donec videatur Deus Deorum in Sion.' Et sic de aliis sex facile patet consideranti quomodo cooperantur eorum similitudines in visu spirituali; et ideo non est singulis immorandum.

(2) Of the three modes of perception.

Et cum triplex est visio, scilicet solo sensu, scientia, et syllogismo: similiter necesse est homini, ut triplicem habeat visionem. Nam solo sensu pauca cognoscimus et parum, ut lucem et colorem, et hoc debiliter, scilicet an sint seu quod sint; sed per scientiam cognoscimus cujusmodi sint et quales, an lux solis vel lunae, an color albus vel niger. Per syllogismum quidem cognoscimus omnia quae circumstant lucem et colorem secundum omnia viginti sensibilia communia. Et ideo prima cognitio est debilis, secunda est perfectior, tertia est perfectissima. Similiter accidit in visione spirituali: nam quod homo scit solo sensu proprio modicum est, quoniam indiget duplici cognitione praeter istam, scilicet per doctores a juventute usque ad senium. Nam semper possumus addiscere per sapientiores nobis. Et ideo tertia cognitione indigemus, quae est per divinam illuminationem.

(3) Of the three modes in which luminous rays are propagated.

Aliter vero triplicatur visio secundum quod fit recte, fracte, et reflexe. Prima est perfectior aliis, et secunda certior est, tertia incertissima. Propter hoc ostensum est superius quod operatio secundum lineam rectam est fortissima, et fractio minus debilitat quam reflexio. Et haec sicut sunt in aliis, sic sunt in visione; et sicut in visione corporali, sic in spirituali oportet esse. Et hic potest fieri multiplex comparatio; nam rectitudo visionis Deo debetur: declinatio a rectitudine per fractionem, quae debilior est, angelicae naturae convenit: reflexiva visio, quae est debilior, homini potest assignari. Nam sicut speculum cooperatur ad visionem propter suam aptitudinem, et dat speciei occasionem multiplicandi se in oculum, ut fiat visio, sic corpus animatum anima sensitiva ex sua proprietate et idoneitate adjuvat animam intellectivam in sua cognitione, et dat ei cognitionem a parte ista quam intellectus ex sensu corporali deprehendet. Et ideo cognitio hominis quantacunque sit perfecta, est debilior cognitione angelica ex hac causa, et merito dici potest specularis propter dictam similitudinem. Loquor de homine puro cum exceptione Beatae Virginis, et secundum statum communem hominis et angeli. Et homo habet triplicem visionem, unam perfectam, quae erit in statu gloriae post resurrectionem; aliam in anima separata a corpore in coelo usque ad resurrectionem, quae debilior est; tertiam in hac vita, quae debilissima est, et haec est recte per reflexionem. Secundum quod dicit apostolus, 'videmus nunc per speculum in aenigmate, sed in gloria a facie ad faciem,' et post resurrectionem secundum plenam rectitudinem, et ante eam in anima secundum obliquationem ab illa rectitudine: eo quod non complebitur anima plenitudine visionis antequam uniatur suo corpori, sicut nec alias dotes habebit plenas ante illud tempus, ut theologi non ignorant, et quia appetitus quidam naturalis[1] inest animae ad suum corpus, qui perfici non potest nisi resurrectione. Et in statu praesenti est visio triplex, scilicet recta in perfectis; fracta in imperfectis; et in malis et in negligentibus mandata Dei est etiam per reflexionem, secundum Jacobum Apostolum; nam comparantur viro consideranti vultum nativitatis suae[2] in speculo.

---

[1] Cf. Dante, *Parad.* xiv. 61-66. But the poet touches the thought with a magic finger:

> Tanto mi parver subiti ed accorti
> E l'uno e l'altro coro a dicer: 'Amme,'
> Che ben mostrar disio dei corpi morti;
> Forse non pur per lor, ma per le mamme,
> Per li padri, e per gli altri che fur cari
> Anzi che fosser sempiterne fiamme.

[2] Cf. the Greek version: τὸ πρόσωπον τῆς γενέσεως αὐτοῦ (James i. 23).

Capitulum III.

Applica-
tion to
political
problems
of the laws
of reflexion

Secundum vero quod sapientia Dei comparatŭr ad regimen universi, sic patenter et utiliter et ad suam pulchritudinem haec scientia visionis. Et ponam aliqua exempla tam de fractione quam de reflexione Nam per reflexionem contingit unum apparere multa et infinita ; sic enim visi sunt aliquando in coelo simul plures soles et lunae, secundum quod Plinius recitat in Naturalibus. Et hoc non accidit nisi quando vapor dispositus fuit ad modum speculi, et hoc ut sit multiplex vapor, et in diverso situ. Et quod natura potest facere, ars perficiens naturam multo magis potest illud operari ; unde possunt specula sic fieri et taliter poni et ordinari, quod una : ies apparebit quotquot volumus Et ideo unus homo videbitur plures, et unus exercitus plures Et jam praetactae[1] sunt radices ad hoc, una scilicet de speculo fracto, cujus partes recipiunt situm diversum, et diversae erunt imagines secundum diversitatem fractionum ; et alia radix de aqua et speculo, a quibus diversa imago resplendet. Si ergo ordinarentur specula utroque istorum modorum quot voluerimus mani-festum est, quod una res apparebit in tot imaginibus, quot cupimus, et sic pro utilitatibus reipublicae et contra infideles possent hujusmodi apparitiones fieri utiliter et in terrorem. Et si quis noverit aerem densare, ut reflexio fieret ab eo, posset multas hujusmodi apparitiones insolitas procurare. Sic vero creditur quod daemones ostendunt castra et exercitus et multa miraculosa hominibus ; et possunt per visionem reflexivam omnia occultata in locis abditis in civitatibus, exercitibus, et hujusmodi deduci in lucem. Nam draconem, qui infecit et animalia et homines suo anhelitu corrupit, Socrates philosophus inter latibula montium deprehendit, sicut historiae certificant

Similiter possent specula erigi in alto contra civitates contrarias et exercitus, ut omnia quae fierent ab inimicis viderentur , et hoc potest fieri in omni distantia quam de-sideramus ; quia secundum librum de speculis [2] potest una et

---

[1] Pp 144–145
[2] See prop. 13, 14, and 15, of the *Catoptrica* attributed to Euclid

eadem res videri per quotcunque specula volumus, si debito
modo situentur. Et ideo possunt propinquius et remotius
situari, ut videremus rem quantum a longe vellemus. Sic
enim Julius Caesar, quando voluit Angliam expugnare, refertur maxima specula erexisse, ut a Gallicano littore dispositionem civitatum et castrorum Angliae praevideret.
Possunt autem specula sic ordinari ut appareant quot voluerimus et quaecunque in domo vel platea ; et omnis aspiciens
res illas videbit secundum veritatem, et cum currat ad loca
visionis nihil inveniet. Nam sic situabunt specula in occulto
respectu rerum, ut loca imaginum sint in aperto, et appareant
in aere in conjunctione radiorum visualium cum cathetis,
et ideo aspicientes currerent ad loca visionis, et aestimarent
res ibi esse cum nihil fuerit, sed apparitio tantum. Et sic
secundum hujusmodi nunc tacta de reflexione et consimilia
possent fieri non solum utilia amicis et terribilia inimicis,
sed solatia maxima valent philosophice procurari, ut omnis
joculatorum vanitas obfuscetur ex pulchritudine miraculorum
sapientiae, et gaudeant homines ex veritate, longius exclusa
magicorum fallacia.

Capitulum IV.

De visione fracta majora sunt ; nam de facili patet per Similar ap-
canones supradictos, quod maxima possunt apparere minima, plication of
et e contra, et longe distantia videbuntur propinquissime et e fraction.
converso. Nam possumus sic figurare perspicua, et taliter ea
ordinare respectu nostri visus et rerum, quod frangentur radii
et flectentur quorsumcunque voluerimus, ut sub quocunque
angulo voluerimus videbimus rem prope vel longe. Et sic ex
incredibili distantia legeremus literas minutissimas et pulveres
ac arenas numeraremus propter magnitudinem anguli sub quo
videremus, et maxima corpora de prope vix videremus propter
parvitatem anguli sub quo videremus, nam distantia non facit
ad hujusmodi visiones nisi per accidens, sed quantitas anguli.
Et sic posset puer apparere gigas, et unus homo videri
mons, et in quacunque quantitate, secundum quod possemus
hominem videre sub angulo tanto sicut montem, et prope ut

volumus. Et sic parvus exercitus videretur maximus, et longe
positus apparet prope, et e contra · sic etiam faceremus solem
et lunam et stellas descendere secundum apparentiam hic
inferius, et similiter super capita inimicorum apparere et multa
consimilia, ut animus mortalis ignorans veritatem non posset
sustinere [1].

[1] With the two foregoing chapters should be compared the concluding section
of Part vi, and also Bacon's letter *De secretis operibus artis et naturae et de nullitate
magiae*, inserted as an appendix to Brewer's work (pp. 523-551).

The exaggerated claims sometimes set up for Bacon as an inventor must not
blind us to the thoroughly scientific spirit which inspired these forecasts. It is
enough for his fame that he conceived the possibility of the telescope, and gave
solid grounds for his belief, more than three centuries before the conception
was realized. And the same may be said of many other of his anticipations of
man's mastery over physical forces.

PARS SEXTA

HUJUS PERSUASIONIS.

Et est [1] sexta pars majoris operis,

DE SCIENTIA EXPERIMENTALI.

CAPITULUM I.

Positis·radicibus sapientiae Latinorum penes Linguas et Mathematicam et Perspectivam, nunc volo revolvere radices a parte Scientiae Experimentalis, quia sine experientia nihil sufficienter scire potest. Duo enim sunt modi cognoscendi, scilicet per argumentum et experimentum. Argumentum concludit et facit nos concedere conclusionem [2], sed non certificat neque removet dubitationem ut quiescat animus in intuitu veritatis, nisi eam inveniat via experientiae; quia multi habent argumenta ad scibilia, sed quia non habent experientiam, negligunt ea, nec vitant nociva nec persequuntur bona. Si enim aliquis homo qui nunquam vidit ignem probavit per argumenta sufficientia quod ignis comburit et laedit res et destruit, nunquam propter hoc quiesceret animus audientis, nec ignem vitaret antequam poneret manum vel rem combustibilem ad ignem, ut per experientiam probaret quod

Experiment and reasoning compared

[1] est, which is the reading of O., is obviously better than etiam.

[2] J. has concludere quaestionem. The text in the first edition of this part of the work has more errors than the rest. Of the two MSS, O. and D, on which this section almost entirely depends, the first was not known to Jebb; the second (which I have elsewhere given reasons for thinking a copy of O.) was not very carefully examined by him. The errors noted here often obscure, and sometimes nullify, the author's meaning. Every correction made here, as elsewhere, is authorized by the MSS.

argumentum edocebat. Sed assumpta experientia combustionis ceitificatur animus et quiescit in fulgore veritatis. Ergo[1] argumentum non sufficit, sed experientia.

Experiment in mathematics.
Et hoc patet in mathematicis, ubi est potissima demonstratio. Qui vero habet demonstrationem potissimam de triangulo aequilatero sine experientia nunquam adhaerebit animus conclusioni[2], nec curabit, sed negliget usquequo detur ei experientia per intersectionem duorum ciiculorum, a quorum alterutra sectione ducantur duae lineae ad extremitates lineae datae ; sed tunc recipit homo conclusionem cum omni quiete. Quod ergo dicit Aristoteles quod demonstratio syllogismus[3] est faciens scire, intelligendum est si experientia comitetur, et non de nuda demonstratione. Quod etiam dicit primo Metaphysicae, quod habentes rationem et causam sunt sapientiores expertis, loquitur de expertis qui solum noscunt nudam veritatem sine causa. Sed hic loquor de experto, qui rationem et causam novit per experientiam Et hi sunt perfecti in sapientia, ut Aristoteles vult sexto Ethicorum[4], quorum sermonibus simplicibus tunc credendum est ac si afferrent demonstrationem, ut dicit ibidem.

Errors due to neglect of experiment.
Qui ergo vult sine demonstratione gaudere de veritatibus rerum, oportet quod experientiae sciat vacare ; et hoc patet ex exemplis[5]. Nam multa scribunt auctores, et vulgus tenet per argumenta quae fingit sine experientia, quae sunt omnino falsa. Vulgatum enim est apud omnes quod adamas non potest frangi nisi sanguine hircino[6], et philosophi et theologi hac sententia abutuntur. Sed nondum ceitificatum est de fractione per hujusmodi sanguinem, quanquam elaboratum est ad hoc ; et sine illo sanguine potest frangi de facili, Hoc enim vidi oculis meis ; et necesse est hoc, quia gemmae non possunt sculpi nisi per fragmenta hujus lapidis. Similiter vulgatum est quod castorea quibus medici utuntur sunt testes masculi animalis. Sed non est ita, quia castor habet ea sub pectore, et tam mas quam foemina hujusmodi testes producit.

---

[1] Quo, J ; ergo, D and O   [2] quaestioni, J., conclusioni, D and O
[3] similis, J., syllogismus D and O   [4] Cf *Eth Nic.* vi. 11, § 6.
[5] The last five words of this sentence omitted in J
[6] Cf Plin xxxvii. 3

Et praeter ista castorea habet mas sua testimonia in loco naturali; et ideo quod subinfertur est mendacium horribile[1], scilicet quando ipsi venatores insequuntur castorem, ipse sciens quid quaerant dentibus abscindit castorea. Deinde vulgatum est, quod aqua calida citius congelatur quam frigida in vasis, et arguitur ad hoc quod contrarium excitatur per contrarium, sicut inimici sibi obviantes. Sed certum est quod aqua frigida citius congelatur experienti. Et imponunt hoc Aristoteli secundo Meteorologicorum[2]; sed pro certo non dicit hoc, sed simile affirmat quo decepti sunt, scilicet quod si aqua frigida et calida infundantur in locum frigidum, ut super glaciem, citius congelatur calida, et hoc est verum. Sed si in duobus vasis ponantur aqua calida et frigida, citius congelabitur frigida. Oportet ergo omnia certificari per viam experientiae.

Sed duplex est experientia; una est per sensus exteriores, et sic experimenta ea, quae in coelo sunt per instrumenta ad haec facta, et haec inferiora per opera certificata ad visum experimur. Et quae non sunt praesentia[3] in locis in quibus sumus, scimus per alios sapientes qui experti sunt. Sicut Aristoteles auctoritate Alexandri misit duo millia hominum per diversa loca mundi ut experirentur omnia quae sunt in superficie terrae, sicut Plinius testatur in Naturalibus. Et haec experientia est humana et philosophica, quantum homo potest facere secundum gratiam ei datam; sed haec experientia non sufficit homini, quia non plene certificat de corporalibus propter sui difficultatem, et de spiritualibus nihil attingit. Ergo oportet quod intellectus hominis aliter juvetur, et ideo sancti patriarchae et prophetae, qui primo dederunt scientias mundo, receperunt illuminationes interiores et non solum stabant in sensu. Et similiter multi post Christum fideles. Nam gratia fidei illuminat multum, et divinae inspirationes, non solum in spiritualibus, sed corporalibus et scientiis philosophiae; secundum quod Ptolemaeus dicit in Centilogio quod duplex est via deveniendi ad notitiam rerum, una per

[Marginal note: Physical experience should be supplemented by spiritual.]

---

[1] Cf. Plin. xxxii 3

[2] The reference is apparently to *Meteor.* i. 13, § 18. J. has Metaphysicae.

[3] pervenientia, J.

experientiam philosophiae, alia per divinam inspirationem, quae longe melior est, ut dicit.

Intellectual
reaction of
moral
purity illus-
trated by
Bacon's
disciple Et sunt septem gradus hujus scientiae interioris, unus per illuminationes pure scientiales. Alius gradus consisit in virtutibus. Nam malus est ignorans, ut dicit Aristoteles secundo Ethicorum Et Algazel[1] in Logica dicit, quod anima deturpata peccatis est sicut speculum rubiginosum, in quo non possunt species rerum bene apparere; sed anima ornata virtutibus est sicut speculum bene politum, in quo formae rerum bene apparent. Et propter hoc philosophi veri plus laboraverunt in moralibus pro virtutis honestate, diffitentes apud se quod causas rerum videre non possunt nisi animas a peccatis mundas haberent Sicut Augustinus[2] recitat de Socrate in octavo de Civitate Dei, capitulo tertio Propter quod ait Scriptura, in malevolam animam, &c Nam impossibile est quod anima quiescat in luce veritatis dum est peccatis maculata, sed sicut psittacus vel pica recitabit verba aliena quae per longam meditationem didicit Et hoc experimentum est, quod pulchritudo[3] veritatis cognitae in suo fulgore allicit homines ad ejus amorem, sed probatio amoris est exhibitio operis Et ideo qui contra veritatem operatur, necesse est ut eam ignoret, licet sciat verba decoratissima componere, et alienas sententias recitare, sicut brutum animal quod voces humanas

[1] The name of this writer is Muhammad ben Muhammad (Zain Al Din) Al Ghazzâlî His *Logica et Philosophia* was translated by Dominicus Gundisalvi at Toledo in the twelfth century , and the translation was printed in Venice, 1506 In the second chapter occurs the following passage, more than once referred to in the *Opus Majus*

'Perfectio animae constat in duobus, munditia scilicet et ornatu. Munditia vero animae est ut expurgetur a sordidis moribus; et suspendatur a phantasiis turpibus Ornatus vero ejus est ut depingatur in ea certitudo veritatis ita ut revelentur ei veritates divinae . . . . Verbi gratia : Sicut est speculum cui non est perfectio nisi appareat in eo forma pulcra secundum quod ipsa est sine deformitate et permutatione, quod non fit nisi sit omnino tersum a sorde et rubigine, et nisi postea apponantur ei formae pulcrae in rectitudine Anima vero speculum est ; nam et depinguntur in ea formae totius esse cum munda et tersa fuerit a sordidis moribus, nec potest ipsa discernere vere inter mores honestos et inhonestos nisi per scientiam Depingi autem formas omnium quae sunt in anima nihil aliud est quam scientiam omnium esse in ea '

[2] 'Non eas [causas] putabat nisi mundata mente posse comprehendi' *De Civitate Dei*, viii. 3

[3] plenitudo, J.

imitatur, et velut simia quae opera hominum nititur peragere, quamvis non intelligat horum rationem. Virtus ergo clarificat mentem ut non solum moralia sed etiam scientialia homo facilius comprehendat. / Et hoc probavi diligenter in multis juvenibus mundis, qui propter animae innocentiam profecerunt ultra id quod dici potest, quando habuerunt consilium sanum de doctrina. De quibus est lator praesentium, ad cujus radices paucissimi Latinorum attingunt. Cum enim sit satis juvenis[1], ut circiter viginti annorum, et pauper omnino, nec potuit habere magistros, nec quantitatem unius anni posuit in addiscendo magnalia quae scit, nec est magni ingenii nec memoriae, non potest esse alia causa nisi gratia Dei quae propter munditiam animae suae dedit ei illa quae fere omnibus studentibus donare denegavit. Nam virgo immaculata recessit a me nec aliquod genus peccati mortalis potui in eo invenire, quanquam diligenter inquisivi, et ideo habet animam ita claram et perspicuam quod modica instructione cepit plus quam potest aestimari. Et feci ut juvarem ad hoc, ut hi duo juvenes forent vasa utilia in Ecclesia Dei, quatenus totum studium per gratiam Dei rectificent Latinorum.

Tertius gradus est in septem donis Spiritus Sancti, quae enumerat Isaias. Quartus est in beatitudinibus, quas Dominus in evangeliis determinat. Quintus est in sensibus spiritualibus. Sextus est in fructibus, de quibus est pax Domini quae exsuperat omnem sensum. Septimus consistit in raptibus[2] et modis eorum secundum quod diversi diversimode capiuntur, ut videant multa, quae non licet homini loqui. Et qui in his experientiis vel in pluribus eorum est diligenter exercitatus, ipse potest certificare se et alios non solum de spiritualibus, sed omnibus scientiis humanis. Et ideo cum omnes partes philosophiae speculativae procedant per argumenta, quae vel fiunt per locum ab auctoritate vel per caeteros locos argumentandi praeter hanc quam nunc investigo, necessaria est nobis scientia, quae experimentalis vocatur. Et volo eam explanare, non solum ut utilis est philosophiae, sed sapientiae Dei, et totius mundi regimini; sicut in prioribus comparavi

Other stages of spiritual experience.

---

[1] Cf. vol. i. p. 22. Cp. also, *Opus Tertium*, caps 19 and 20.
[2] J. captibus.

linguas et scientias ad suum finem, qui est divina sapientia
qua omnia disponuntur.

ii

Capitulum II.

Discrimi-
nation of
truth from
imposture

Et quia haec Scientia Experimentalis a vulgo studentium
est penitus ignorata, ideo non possum persuadere de ejus
utilitate, nisi simul ejus virtus et proprietas ostendantur.
Haec ergo sola novit perfecte experiri quid potest fieri per
naturam, quid per artis industriam, quid per fraudem, quid
volunt et somniant carmina conjurationes invocationes depre-
cationes sacrificia, quae sunt magica, et quid fit[1] in illis ut
tollatur omnis falsitas et sola veritas artis teneatur. Haec
sola docet considerare omnes insanias magicorum, non ut
confirmentur sed ut vitentur, sicut logica considerat sophisti-
cam artem

First pre-
rogative of
experimen-
tal science
illustrated
in the case
of the
rainbow.

Et haec scientia habet tres magnas praerogativas[2] respectu
aliarum scientiarum   Una est quod omnium illarum conclusiones nobiles investigat per experientiam.   Scientiae
enim aliae sciunt sua principia invenire per experimenta,
sed conclusiones per argumenta facta ex principiis inventis.

---

[1] J sit

[2] This word is used (see p. 215) as the equivalent of *dignitas*, which is
sometimes, in mediaeval Latin, the translation of ἀξίωμα. 'Leading feature'
will perhaps best express its meaning   In any case, these prerogatives are as
follow :—

1 Experimental science confirms conclusions to which other scientific
methods already point

2. It reaches results which take their place in existing sciences, but which
are entirely new

3 It creates new departments of science.

It will be seen by reference to the *Novum Organum* (lib. ii 21) and to the note
on that passage on page 406 of Dr Fowler's edition (1878), that Francis Bacon
uses the word in an entirely different sense from that intended in the *Opus Majus*.
With regard to the first of Roger Bacon's *prerogatives*, a passage from Whewell
(*Hist of Induct. Sciences*, vol i p 373, ed. of 1857) may be quoted   'We may
observe that by making Mathematics and Experiment the two great points of
his recommendation, Bacon directed his improvement to the two essential parts
of all knowledge, Ideas and Facts, and thus took the course which the most
enlightened philosophy would have suggested   He did not urge the prosecution
of experiment to the comparative neglect of the existing mathematical sciences
and conceptions ; a fault which there is some ground for ascribing to his great
namesake and successor'

Si vero debeant habere experientiam conclusionum suarum particularem et completam, tunc oportet quod habeant per adjutorium istius scientiae nobilis. Verum est enim quod mathematica habet experientias universales[1] circa conclusiones suas in figurando et numerando, quae etiam applicantur ad omnes scientias et ad hanc experientiam, quia nulla scientia potest sciri sine mathematica. Sed si attendamus ad experientias particulares et completas et omnino in propria disciplina certificatas, necessarium est ire per considerationes istius scientiae, quae experimentalis auctoritate vocatur. Et /autonomos pono exemplum in iride et ei annexis, cujusmodi sunt circulus circa solem et stellas, virga quoque jacens a latere solis vel stellae, quae apparet visui in linea recta, et vocatur ab Aristotele tertio Meteorologicorum[2] perpendicularis, sed a Seneca dicitur virga, et circulus dicitur corona, quae pluries habent colores iridis. Naturalis vero philosophus sermocinatur[3] de eis, et perspectivus habet multa addere, quae pertinent ad modum videndi, qui necessarius est in hac parte. Sed nec Aristoteles nec Avicenna in suis Naturalibus hujusmodi rerum notitiam nobis dederunt, nec Seneca, qui de eis librum composuit specialem. Sed Scientia Experimentalis ista certificat.

Experimentator ergo consideret, in rebus scilicet visibilibus, ut inveniat colores ordinatos in praedictis et figuram. Accipiat enim lapides de Hibernia vel India hexagonos, qui irides vocantur apud Solinum de Mirabilibus Mundi, et eos teneat in radio solari cadente per fenestram, et colores omnes iridis, et ordinatos sicut in ea, inveniet in opaco juxta radium. Et ulterius idem experimentator convertat se ad locum aliquantulum tenebrosum, et ponat lapidem ad oculum fere clausum, et videbit colores iridis manifeste ordinatos sicut in iride. Et quia multi utentes lapidibus istis aestimant quod sit ex speciali virtute illorum lapidum et propter figuram hexagonam, ideo experimentator procedet ulterius et inveniet hoc in lapide crystallino recte figurato, et in aliis perspicuis lapidibus. Et non solum in albis sicut sunt Hibernici, sed in nigris ut patet in crystallo fusco et in omnibus lapidibus

Induction from similar phenomena.

---

[1] J. utiles. In the same sentence J. has quaestiones, instead of conclusiones.
[2] J. has Metaphysicae. [3] J. judicat.

perspicuitatis consimilis. Insuper in figura alia ab hexagona, dummodo sint rugosae superficiei, ut lapides Hibernici, et non omnino politae, nec magis asperae quam illi, et sunt tales in proprietate superficiei, quales natura producit Hibernicos. Nam rugarum diversitas facit diversitatem coloris. Et ulterius considerat remigantes, et in rorationibus distillantibus ab instrumentis elevatis colores eosdem experitur quando radii solares penetrant hujusmodi rorationes. Similiter est de aquis cadentibus a rotis molendini; et quando homo aspicit in aestate de mane herbas contingentes guttas roris in prato vel campo, videbit colores. Et similiter quando pluit, si stet in loco umbroso et radii ultra eum transcurrant in stillicidiis, tunc in opaco prope apparebunt colores; et multoties de nocte circa candelam apparent colores Atque si homo in aestate, quando surgit a somno et habet oculos nondum bene apertos, subito aspiciat ad foramen per quod intrat radius solis, videbit colores. Et si sedens ultra solem extendat capitium suum ultra oculos, videbit colores; et similiter si claudat oculum, contingit idem sub umbra superciliorum: et iterum idem accidit per vas vitreum plenum aqua in radiis solis Vel similiter si quis tenens aquam in ore, et fortiter spargat aquam in radiis, et stet a latere radiorum; et si per lampadem olei pendentis in aere transeant radii in debito situ, ut lumen cadat super olei superficiem, fient colores. Et sic per infinitos modos, tam naturales quam artificiales, contingit colores hujusmodi apparere, sicut diligens experimentator novit reperire.

CAPITULUM III.

The form of the rainbow. Similiter quoque figuram colorum poterit experiri. Nam per lapidem crystallinum et hujusmodi inveniet figuram rectam. Et per cilia et supercilia et multa alia, atque per foramina pannorum, inveniet circulos coloratos integros. Similiter in loco, ubi fit roratio plena et sufficienter ad capiendum circulum integrum, et locus ubi circulus iridis debet fieri sit obscurus proportionaliter, quia in lucido non apparet, tunc circulus completus fiet. Similiter integri circuli apparent saepius circa candelas, ut Aristoteles dicit et experimur.

Capitulum IV.

Postquam autem conformiter impressionibus in aere, iridis scilicet coronae et virgae, sic invenimus colores et figuras varias, confirmamur et excitamur multum ad intelligendam veritatem in his quae in coelo contingunt. Et ulterius capiat experimentator instrumentum debitum, et inveniat altitudinem solis super horizonta, et instrumento immobili manente convertat se in oppositam partem et aspiciat per foramina instrumenti, donec videat gibbositatem iridis supremam, et respiciat altitudinem iridis super horizonta; et inveniet quod quanto sol est altius, tanto iris est inferius, et e converso[1]. Per hoc scit quod iris semper est in opposito solis, et quod linea una transit per centrum solis, et per centrum oculi aspicientis, et per centrum iridis usque ad nadir solis, quod est punctus in coelo oppositus centro solis. Et secundum quod extremitas illius lineae versus solem elevatur super horizontem, reliqua deprimitur, quae per centrum iridis transit, et e converso; sicut est de regula in dorso astrolabii, cujus una extremitas deprimitur secundum quod altera elevatur. Et experimentator perfectus potest experiri ad hoc, quod inveniat oppositam altitudinem iridis et solis, scilicet illam ultra quam non potest esse iridis apparitio. Et tunc oportet considerare rationem altitudinis circulorum.

Accurate determination of relation between altitude of sun and that of summit of rainbow.

Considerandum est ergo horizontem esse circulum, et in centro ejus elevari axem usque in coelum stellatum ad zenith capitis aspicientis, et transeat unus circulus per illum punctum et per duas partes horizontis, ut si velimus per orientem et occidentem, et sub terra declinet usque ad punctum oppositum zenith capitis. Et hic circulus est circulus altitudinis stellae fixae, et transit per corpus ejus, nam quando stella oritur super horizontem, dicimus quod ascendit secundum gradus illius circuli donec venit ad lineam meridiei. Et tunc est in maxima altitudine, et hic circulus intersecat horizontem

Definition of astronomical altitude.

---

[1] J. here, and a few lines further on, gives *ergo* which vitiates the reasoning. As the well-known abbreviation of *e contrario* is accurately interpreted in other parts of the work, the doubt occurs whether this sixth part underwent J.'s personal revision.

ad angulos rectos; et dividunt[1] se mutuo in partes aequales, et uterque eorum est major circulus in sphaera. Altitudo igitur stellae fixae super horizontem est arcus hujus circuli interceptus inter stellam et finem horizontis. Sed altitudo Saturni et caeterorum super horizontem non est notanda per circulum intersecantem horizontem, sed per minorem et ei concentricum, quia circulus transiens per corpus Saturni, vel alterius rei inferioris, non transit per extremitatem axis horizontis, sed per aliud punctum in axe inferius, quod est punctum suppositum zenith capitis, et ideo transit hic circulus non per fines horizontis qui est *a b* circulus, sed per concentricum ei, ut per *c d* circulum, et hic circulus altitudinis Saturni transit per corpus Saturni, quod in eo elevatur super horizontem et deprimitur sub horizonte. Et circulus Jovis transit per minorem concentricum et per punctum inferius in axe suppositum zenith capitis, et sic de caeteris planetis; ita quod quanto res est inferior, tanto habet minorem circulum transeuntem per punctum inferius in axe horizontis et intersecantem circulum minorem concentricum horizonti. Et quamvis ita sit secundum veritatem, tamen in usu loquendi non distinguimus illa puncta in axe a zenith capitis, nec circulos aequidistantes horizonti distinguimus ab horizonte, sed omnes vocamus horizontes; et circulos altitudinis reputamus omnes aequales et transire per zenith capitis, cum tamen sint inaequales; et licet propter evidentiam posui sic omnes in eadem superficie, et quia hoc potest contingere[2], tamen pluries contingit eos esse in diversis superficiebus et intersecare se multipliciter.

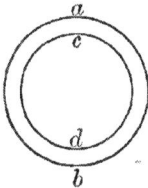

Fig. 71.

Correction for position of observer. Considerandum est etiam ulterius quod radius visualis aequidistat horizonti et circulis ei concentricis, et ideo arcus circuli altitudinis qui est inter horizontem et radium visualem debet annotari, qui est secundum quantitatem elevationis corporis aspicientis. Verum licet communiter sumpta altitudo rei super horizontem dicitur arcus circuli altitudinis interceptus

[1] dividit, J.
[2] The words, ' et quia hoc potest contingere,' seem superfluous.

inter rem elevatam et inter[1] horizontem, tamen si proprie loquendo sumatur altitudo rei, tunc arcus circuli altitudinis inter horizontem inter rem et radium visualem est ejus altitudo ; quia oculus non est in centro horizontis ; sed superius in axe suo, et ideo res, quae sunt in aere et luna, considerantur secundum hujusmodi altitudinem. Nam habent diversitatem aspectus quia prope terram sunt, sed sol et caetera remotiora non sic, propter nimiam remotionem. Nam quantitas elevationis aspicientis non habet differentiam sensibilem ad remotionem corporum illorum, sed solum habet comparationem ad ea quae in aere apparent, ut sunt cometae et irides. Ex his igitur patet quod altitudo iridis proprie sumpta erit arcus sui circuli altitudinis interceptus inter supremam gibbositatem iridis et inter radium visibilem aequidistantem horizonti, quod necessarium est sciri propter sequentia.

Experimentator igitur, sumpta altitudine solis et iridis super horizontem, inveniet quod ultima altitudo qua potest apparere iris super horizontem est 42[2] graduum, et haec est maxima elevatio iridis. Et haec elevatio continet arcum inter suppositam gibbositatem et inter radium visualem, et est propria ejus altitudo, quamvis praeter eam sit arcus, qui est inter radium et finem horizontis, vel fines circuli concentrici horizontis, per quem transit circulus altitudinis iridis. Et ad[3] hanc maximam elevationem pervenit iris, quando sol est in horizonte, scilicet in ortu vel occasu ; et etiam quando est prope ortum vel occasum sub horizonte, non usque ad finem crepusculi vespertini, neque[4] usque ad principium crepusculi matutini, sed prope ortum aut occasum, ut dictum est. Et tunc, si materia rorida sit superius praeparata in nubibus, apparebit gibbositas iridis, licet sol sit parum sub horizonte, quando ejus radii possunt attingere ad vapores altos in aere, licet non ad vapores prope horizontem. Et experimentator novit experiri quod quando sol est in altitudine 42 graduum tunc

The result of the inquiry.

---

[1] The repetition of inter in this sentence, and in another a few lines further, is a common mannerism of Bacon.

[2] Arabic numerals in MS. [3] J. has per, instead of ad.

[4] J. has licet for neque.

iris non apparet in coelo, nisi quod modicum gibbositatis
lividae[1] suae potest apparere juxta horizontem, si materia rorida
sit ibi praeparata. Et quando sol ascendit ulterius, tunc
nusquam potest iris apparere. Et ideo dicit Aristoteles et
Seneca quod in aestate apud fervorem diei non apparet iris.
Et hujus causa est, quia in climate[2] Parisius est altitudo solis in
meridie aequinoctii 41 graduum et 12 minutorum, tunc sol est
fere in tanta altitudine, ut non possit iris apparere, et ideo post
paucum debet elevari in tantum altius, ut sit in meridie super
horizontem ultra 42 gradus in circulo altitudinis, et ideo in
fervore aestatis non accidit iris in meridie usque sol descendat
ad altitudinem minorem quam[3] sit 42 gradus.

CAPITULUM V.

Conditions determining the portion of the circle of which the bow consists.

Postquam igitur experimentator invenit hoc, tunc cogitur
per suas experientias cognoscere quantitatem et figuram iridis,
et ad hoc habendum imaginatur unam pyramidem rotundam
cujus conus est in oculo, et basis est circulus iridis cujus portio
apparet colorata. Et axis pyramidis est linea de qua superius
dictum est, quae transit per centrum oculi et centrum solis et
centrum iridis usque ad nadir solis. Et basis hujus pyramidis
elevatur et deprimitur ad elevationem et depressionem solis,
ut dictum est de illa linea, et secundum quod deprimitur cadit
aliquando in terram, et secat eam, et secatur ab ea. Et potest
haec pyramis imaginari ut non secet terram, sed tota sit
elevata super horizontem, et tota basis sua sit super horizontem, et haec varietas accidit secundum brevitatem et longitudinem pyramidum. Nam aut potest esse tam brevis
quantitatis quod basis sua sit super horizontem, et tunc potest
totus circulus apparere coloratus, sicut potest fieri in asper-
sionibus debitis si prope sint, sicut prius exemplificatum est in
rorationibus, quando aqua spargitur ab homine debito modo,
et quando descendit aqua ab alto loco. Quando vero extenduntur pyramides in tantum ut contingant terram, tunc ad
ultimum potest circulus integer apparere.

[1] J. has lucidae.
[2] The words, in climate, are omitted in J.
[3] quae, J.

Si vero in tantum extendantur quod basis secetur a terra, The hori-
tunc secundum quantitatem sectionis apparebit portio circuli zon cuts off
a larger or
colorati. Et primo potest apparere major portio quando minus smaller
secatur basis pyramidis; et deinde si medietas circuli secetur, portion of
the circle
altera[1] medietas tunc apparebit; et minor portio, si plus according
to the sun's
secetur. Sic secundum quod majus vel minus secatur, et altitude.
extenditur pyramis, major vel minor apparebit portio; et in
tantum potest extendi quod nihil apparet; et sic secundum
longitudinem et brevitatem pyramidum fiunt majores bases
vel minores, et circuli majores colorati vel minores, et majores
portiones vel minores resecatae, et portiones majorum circulorum et minorum, ut jam satis patet cuilibet consideranti.
Et haec apparitio circulorum et portionum consideratur penes
brevitatem et longitudinem pyramidum, ut dixi, licet non
consideremus elevationem et depressionem solis. Sed tamen
. in nubibus nunquam apparet circulus integer iridis, sed ut in
pluribus minor[2] portio, et aliquando semicirculus et major
portio. Nam basis pyramidis secat terram semper in generatione iridis in[3] nubibus propter ejus longitudinem ab oculo, et
ideo nunquam apparet circulus completus. Quando vero sol
est in oriente, et iris elevatur super horizontem quasi per 42
gradus, et materia sit praeparata rorida distillans habens
stillicidia infinita, tunc apparet major portio circuli per quantitatem arcus inter radium visualem et horizontem; et quando
sol est in altitudine illius lineae[4], tunc iris habet semicirculum;
et quando sol transcendit illam lineam, tunc fit minor portio
circuli; sic ulterius quanto sol altius ascendit, fit iris minor et
minor, quia magis abscinditur de suo circulo per terram.

Considerandum est tamen hic quod secundum Aristotelem, Curvature
praecipue in nova translatione[5], minor portio circuli apparens of the bow

---

[1] J. has alia.   [2] J. necnon instead of minor.

[3] J. cum nubibus.

[4] illius lineae, i e. the radius visualis directed to the centre of the iris makes
an angle with the horizon of 21°.

[5] The old translation was probably that of Gerard of Cremona, who in the
twelfth century translated from the Arabic the first three books of the
Meteorologica. [See Jourdain (ed. cit.) p. 168] Whose was the new version
here spoken of, is more doubtful; probably that of William of Moerbeke, of
whom the Slavian chronicle, quoted by Jourdain, p. 67, says, 'transtulit omnes
libros Aristotelis de Graeco in Latinum, verbum ex verbo, qua translatione

varies with its elevation. est portio majoris circuli, et major portio est portio minoris circuli.   Verum quando sol est in oriente, licet appareat plus semicirculo coloratum, tamen illud est portio minoris circuli quam quando sol est in elevatione magna immo in elevatione maxima super radium visualem, in qua potest minimum iridis apparere : verum quando sola ejus gibbositas apparet prope terram, dum sol est in maxima altitudine determinata generationi iridis, tunc illa modica portio est pars basis majoris circuli.   Nam non est aestimandum quod pyramis eadem maneat et eadem basis in elevatione et depressione solis, sed intelligendum quod nova et nova renovari debet in imaginatione habenda de iride, ita quod major aestimatur quando iris est inferior, et minor quando est superior.   Quum vero major portio circuli iridis apparet, quando sol est in oriente secundum quantitatem aspicientis, tunc si esset in alto monte vel in turri alta videret longe majorem portionem secundum quantitatem totius elevationis.

Rainbow possible when sun is below horizon. Et considerandum est quod quando sol est sub horizonte prope, tamen potest iris apparere.   Sed tamen est portio minor, et non major, nec semicirculus, et hoc non est nisi propter defectum materiae, nam tunc radii solares non attingunt vapores prope terram, sed in alto positos, et ideo non potest compleri semicirculus coloratus nec major portio sed parum circa gibbositatem, quamvis major portio circuli sit super horizontem.

Position of the eye with respect to the rainbow. Et intelligendum est quod pyramis visualis et pyramis iridis non sunt eaedem, licet sint aequales, et jaceant superius in eodem loco.   Nam dicunt, quando oculus fit immotus sunt

scholares adhuc hodierna die utuntur in scholis ad instantiam Domini Thomae de Aquino.' Whether the expression omnes libros included the *Meteorologica* we cannot be quite sure.   Michael Scot certainly translated *De Coelo* of Aristotle, and perhaps the *Meteorologica* also.   His translation seems to have been made from the Arabic. [Jourdain, p. 127.]

The statement that 'major portio est portio minoris circuli' is borne out by reference to the Greek text (*Meteor.* iii. 2, § 3) : δύνοντος μὲν καὶ ἀνατέλλοντος, ἐλαχίστου μὲν κύκλου μεγίστη δ' ἡ ἀψίς, αἰρομένου δὲ μᾶλλον, κύκλου μὲν μείζονος, ἐλάττων δ' ἡ ἀψίς.   Bacon's theory of the rainbow as being, partly, an optical illusion, made him readier to accept this view.   The passage in Aristotle immediately preceding is conclusive evidence that the true theory of the rainbow was unknown to him.   Τῆς δ' ἴριδος οὐδέποτε γίνεται κύκλος, οὐδὲ μεῖζον ἡμικυκλίου τμῆμα.

hae pyramides simul[1]. Quando vero oculus flectit se ad
dextram vel sinistram, sursum vel deorsum, capite tamen
manente immobili, cadit pyramis visualis secundum partem
vel secundum totum extra locum pyramidis iridis. Quod fieri
potest quia centrum oculi in hoc motu est immobile per
quod transit axis pyramidis iridis, et ideo pyramis haec iridis
jacet fixa in loco suo, licet pyramis visualis moveatur et
mutetur secundum quod oculus aspicit inferius vel superius,
aut a latere. Et tunc nihil de iride apparebit, nisi quantum
de basi pyramidis iridis capit basim pyramidis visualis, quum
nihil videtur nisi quod cadit infra pyramidem visualem, nihil
dico per speciem venientem ad rectos angulos, et quod fit
visibile principale, sicut hic est iris (vel pars, secundum quod
pyramis visualis capit de loco suo), et secundum hoc apparebit
arcus iridis major vel minor. Et istud est valde considerandum, ut sciatur veritas iridis, et de hoc inferius fiet sermo.

Et cum jam habitum est, quod cum altitudo solis fuerit 42
graduum vel major, non potest iris apparere, potest de facili
apparere quo tempore anni et in quibus locis debeat iris ut
poterit apparere in meridie diei[2].

Capitulum VI.

Et cum jam habitum est de altitudine et magnitudine et In latitudes
figurae varietate, potest de facili patere de tempore generationis et loco. Nam quare in aestate apud fervorem diei non
apparet, causa assignata est per rationem altitudinis compositae
a parte solis et iridis deputatae suae generationi; sed tunc ante
meridiem et post dum sol est infra altitudinem 42 graduum,
potest apparere. Sed tamen hoc potest esse in climatibus
notis, quae septem vocantur; sed non oportet quod sit in
omnibus regionibus a medio mundi usque ad polum.
Considerandum est igitur quod major altitudo solis super
horizontem est in hora meridiei, et minor altitudo solis in
omnibus climatibus in quibus sol lucet super horizontem, tam

(marginal note) In latitudes lower than 24° 25′, no rainbow possible at noon even in winter.

---

[1] J. has similiter. What is meant is that the two cones coincide.
[2] This sentence properly belongs to the next chapter, but since it is repeated there, I have left it as it stands.

in hyeme quam in aestate est in Capricorno, scilicet in solstitio hyemali ; et propter hoc sunt breviores dies [1] . Sed iris non potest generari in omnibus his locis, quando sol est in meridie. Nam in regione cujus latitudo, id est, distantia zenith capitis ab aequinoctiali circulo seu medio mundi, est 24 graduum et 25 minutorum vel minus, et hoc est habitantibus prope finem secundi climatis sub tropico Cancri ultra Jerusalem, nunquam potest iris esse, quando sol est in meridie. Nam si hoc posset esse, fieret quando sol est minoris altitudinis super horizontem, et hoc esset quando foret in solstitio hyemali, scilicet in primo gradu Capricorni. Sed non potest esse, quoniam tunc altitudo solis est 42 graduum super horizontem Quod autem altitudo solis in regione illa apud solstitium hyemale fuerit 42 graduum, manifestum est per hoc, quod quarta coeli est ab horizonte ad zenith capitis; et zenith capitis distat ab aequinoctiali per 24 gradus et 25 minuta, ut dictum est; subtrahatur enim hoc a quarta coeli, scilicet a 90 gradibus, et iterum tota solis declinatio quae est inter aequinoctialem et Capricornum, scilicet 23 gradus et 35 [2] minuta, quae simul juncta faciunt 48 gradus, quibus subtractis a 90, remanebunt 42 gradus, qui sunt altitudo capitis Capricorni. Ergo cum sol fuerit in eo erit in meridie super horizontem per 42 gradus; quare iris non poterit generari in meridie illa. Quare nec in aliqua totius anni, quia et ante et post erit meridies majoris altitudinis.

From this limit to latitude of 66° 25' a noon rainbow in winter is possible,

Sed si ambulaverimus ab illo loco versus septentrionem usquequo latitudo regionis sit 66 graduum et 25 minutorum, et hoc est ultra Scotiam, ubi in solstitio hyemali nullus est dies, nisi quod subito medietas corporis solaris super terram apparet, potest in omnibus his regionibus iris apparere quando

---

[1] The words after aestate to end of sentence are omitted in J., so that both sentence and sense are mutilated.

[2] D and O have 35. J 's reading of 25 makes the calculation wrong. Subtracting from 90° first 24° 25', and secondly 23° 35', we get 42° as the result It will be observed that Bacon regards the greatest North and South declinations of the sun as 23° 35'. In reality they are 23° 28' (nearly). Hence the latitude of 66° 25' of which he speaks in the next paragraph would be stated in a modern treatise as 66° 32'. But it has to be remembered that the diminution in the obliquity of the ecliptic during the six centuries which separate Bacon's time from ours amounts to something over four minutes.

sol est in meridie, et in Capricorno, quia semper minuitur altitudo capitis Capricorni, et ideo altitudo solis in meridie. Et magis ac magis potest iris grandior apparere, non solum illa die in hora meridiei in omnibus regionibus, sed in diebus prope solstitium, et secundum quod plus et plus deambulaverimus versus septentrionem, et fuerit latitudo regionis major. Sed hoc plus potest apparere dum sol est in meridie, non solum dum sol est prope Capricornum, sed in multis aliis temporibus; secundum quod in septimo climate, ubi latitudo est 48 graduum et 42 minutorum, potest apparere iris, sole exeunte in meridie ab autumnali aequinoctio usque ad vernale. Nam sol in isto tempore in meridie non habet in septimo climate altitudinem 42 graduum, nec etiam in diebus aequinoctiorum, quoniam altitudo capitis Arietis et Librae super horizontem non est nisi 41 gradus et 10 minuta, ut prius tactum est, et patet hoc per latitudinem regionis subtractam a 90. Nam 48 gradibus et 48 minutis, quae sunt latitudo regionis, subtractis a 90, non remanent nisi 41 gradus et 12 minuta, et hoc est minus quam 42 gradus, qui faciunt altitudinem solis in qua potest iris apparere.

Et si ultra hoc clima deambulaverimus ad septentrionem, adhuc poterit iris in fervore aestatis apparere, quando sol est in meridie. Nam altitudo capitis Arietis est parva, et similiter altitudo capitis Cancri quando latitudo regionis est 54 graduum vel 60 [1], et maxime quando est 66 graduum et 25 minutorum. Nam tunc nulla altitudo est Capricorni, quia horizon transit per idem, et in solstitiis in instanti jacet horizon sub zodiaco, non declinans ab eo. Et quia zodiacus movetur cum coelo, subito separatur ab horizonte, et revolvitur caput Capricorni sub horizonte per diem naturalem, nisi quod medietas solis apparet super terram. Verum ei nulla est altitudo super horizontem in solstitio hyemali. Et tunc iris potest apparere, quando sol est in meridie, dum medietas apparet super terram [2], et potest esse major quam semicirculus. Et quia repente occidit medietas solis, ideo statim disparet iris. Similiter in aliis diebus fere totius anni apud illum locum

and towards the northern limit at other time of year.

---

[1] After 60 J. interpolates minutorum, which is not in either D. or O.

[2] super terram, omitted in J.

potest apparere, quia maxima altitudo solis est quando sol est in Cancro, sed non elevatur tunc sol super horizontem nisi per ambas solis declinationes maximas, quarum una est 23 graduum et 35 minutorum, et altera totidem, quorum summa est 47 graduum et 10 minutorum, quae non excedunt maximam altitudinem solis, in qua potest iris apparere, nisi in 5 gradibus et 10 minutis, et ideo in paucis diebus respectu totius anni impedietur generatio iridis sole exeunte in meridie.

What happens beyond this latitude

Sed si deambulaverimus ultra haec loca, nunquam erit sol in meridie [1], sed in aquilone et oriente et occidente tantum, quia sol semper hominibus habitantibus ultra loca illa apparet ante eos versus polum mundi, et aliquando per mensem sine nocte, aliquando per duos, aliquando per plures usquequo appareat per 6 menses, scilicet habitantibus sub polo. Et ideo ille locus, cujus latitudo 66 graduum et 25 minutorum, est ultimus in quo iris potest apparere dum sol est in meridie; sicut primus in quo sole exeunte in meridie, fuit ille locus cujus latitudo incipit esse plus quam 24 gradus et 25 minuta.

Sic ergo considerandum est in quo tempore, et praecipue sole exeunte in meridie, et in quibus climatibus potest iris apparere. Et in istis regionibus potest accidere in vero aquilone, quando scilicet sol est in meridie, et in aliis partibus inter orientem et aquilonem, et inter occidentem et aquilonem. Et etiam in aestate potest accidere in vespere inter orientem et meridiem, et in mane inter occidentem et meridiem, quia in solstitio aestivali sol declinat mane multum ad aquilonem, et tunc in opposito loco inter occidentem et meridiem fieri potest iris; et

---

[1] Cf vol i p. 297, Et deinde semper apparet sol in aquilone versus polum · the meaning of which though awkwardly expressed, is that from the Arctic circle to the pole there are days when the sun does not set. The description of the polar day and night that follows is perfectly clear, and is evidently taken from Ptolemy's *Syntaxis* (lib xi cap 6) with the Latin version of which, translated from the Arabic, Bacon was perfectly well acquainted. But what is the meaning of the words, 'nunquam erit sol in meridie'? Of course in the latitude of 90°, the equator coinciding with the horizon, the sun during that half of the year when he is north of the equator describes in every twenty-four hours circles parallel with the horizon, so that no one point in the revolution could be called south more than another But this is true of the polar point only, and of no other within the Arctic circle and the words in question do not bear out this interpretation. I think the passage has probably been vitiated by the transcriber.

in vespere declinat ad aquilonem, et ideo fieri potest iris inter
orientem et meridiem. Sed nunquam in vera meridie potest
esse iris in his climatibus ab aequinoctiali usque ad latitudinem
66 graduum et 25 minutorum. Potest tamen bene fieri in
meridie in locis ultra hanc latitudinem, et hoc usque ad[1]
polum; quoniam sol in illis regionibus est semper in parte
aquilonari vel in oriente aut occidente; et iris fit in oppositum
solis, et tunc omni hora diei potest fieri iris. Nam nunquam
elevatur sol super horizontem nisi per maximam solis
declinationem per 23 gradus et 35 minuta, propter quod
iris semper potest eis apparere de die, quando materia est
praeparata.

Ex his igitur patet quod iris sequitur motum solis
dupliciter; uno modo secundum elevationem et depressionem
solis in suo circulo altitudinis, prout prius dictum est; et alio
modo secundum motum solis super horizontem motu diurno,
quia iris semper sequitur nadir solis, et nadir vadit continue in
oppositum solis.

Capitulum VII.

Experimentator ulterius inquirere nititur annon fiat iris per
radios incidentes vel per reflexionem vel per refractionem, et
an sit solis imago, ut suppositum est in his quae de Perspectiva
dicta sunt, et an sint veri colores in ipsa nube, et de varietate,
et de causa figurationis; cum superius tantum sit dictum de
quantitate figurae, scilicet quod aliquando sit circulus completus, et aliquando major portio, et aliquando minor. Sed ad
haec intelligenda necessarium est uti experientiis certis. Quae
sunt hujusmodi, videlicet[2] quod aspiciens iridem, si moveatur
aequidistanter iridi, tunc iris sequitur ipsum a latere; si vero
moveatur versus iridem, iris fugit; si vero retro cedat, iris
sequitur ipsum, et non solum tardo motu, sed eadem velocitate
qua videns movetur. Verum si velocissime currat homo vel
equitet, videbitur iris pari velocitate transferri, sicut manifeste
potest homo deprehendere, si villae vel nemora, vel alia
corpora sint ante eum circa locum iridis; videbit enim iridem

Experiments as to the nature of the rainbow.

Motion of the rainbow with the observer.

[1] The words, hanc latitudinem, et hoc usque ad, are omitted in J.
[2] videlicet—not vel, as in J.

accedere ad ea valde velociter, si sint[1] post illam, vel recedere
si sint[1] ante.

Item[2] per experientiam scimus quod sol, propter distantiam
maximam a nobis quam non possumus judicare, videtur
semper esse in eadem distantia fugienti ante ipsum; et
propter hoc videtur quod sol sequitur fugientem, quia aliter
. eadem distantia non judicaretur.   Et similiter quando accedit
versus solem, videtur quod sol fugiat ante eum propter hoc
quod apparet semper in eadem distantia; quae apparentia
salvari non potest nisi visus judicet solem moveri ante se.   Et
hujusmodi motum apparentem videmus manifeste, quando sol
transit super nemora vel caetera elevata in aere a quibus
recedit, vel ad quae accedit.   Item scimus quod sol videtur
esse in directo aspicientis et apparet moveri aequidistanter, et
hoc propter superfluitatem distantiae.   Et propter hoc semper
apparet sol in oppositum videntis iridem, quocunque moveatur
aequidistanter iridi   Ut si sol sit in meridie, et iris in
aquilone, videns motus ad orientem aspicit solem ex uno
latere contra eum, et iridem ex alio, ita quod linea transit a
centro solis per centrum oculi et iridis; et variatur motus
iridis per hoc quod sol videtur moveri aequidistanter aspicienti
et iridi   Si enim sol staret secundum judicium visus, tunc iris
moveretur secundum motum videntis, sed plus pertransiret de
spatio quam videns et transiret videntem.

Nam sic est generaliter, quod visibili quieto, si videns
moveatur, imago movebitur si speculum continuetur[3]; sed
si res visa simul moveatur in partem videntis, motus imaginis
non pertransibit nisi spatium aequale motui videntis.   Si
vero visibile quiescat, imago majus spatium pertransibit.
Nam sit a centrum solis immobile, b centrum oculi, c centrum
iridis in linea $a\ b\ c$, et b et c moveantur ita quod b in d, et
c in f, manifestum est quod $c\ f$ spatium est majus quam $b\ d$,
et tunc linea $a\ c$ et linea $a\ f$ non aequidistant sed a parte

---

[1] J.'s substitution of fuit for sint in both cases in this sentence is a most
bewildering mistake.

[2] Cf *Perspect* Pt ii. Dist. iii cap. 6, where this and other similar phenomena
are discussed

[3] Continetur is the reading of D. and O.: but U has continuetur, which is
doubtless correct.

a concurrunt, et ab altera parte separantur, ut apparet in figura. Si vero *a* moveatur versus *g* in directo *d*, tunc *c* erit in *h*, et tunc linea *b d*, et *c h*, et *a g* erunt aequales, et *a c* linea et *g h* aequidistantes. Sed centrum iridis est semper in directo centri oculi facialiter. Quapropter oportet ponere quod sol videtur moveri in directo videntis, ut sic possit iris moveri aequidistanter videnti.

Item scimus quod sol apparet in oculum cujuslibet. Si mille homines ordinarentur secundum lineam unam ab oriente ad occidens; umbrae eorum essent aequidistantes secundum sensum, et radii solares cadentes super eos. Et hoc est propter hoc, quod non percipimus concursum radiorum solarium in centrum ejus propter nimiam distantiam. Item propter eandem distantiam, non percipimus motum solis diurnum in parvo tempore, sed videtur nobis quod sol stet in coelo.

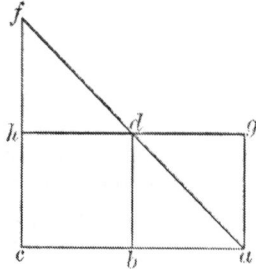

Fig. 72.

Parallelism of solar shadows.

Ex quo ostenditur quod nihilominus experimur, scilicet quod iris numeratur secundum numerum hominum aspicientium. Nam si duo simul stent aspicientes iridem in aquilone, et unus recedat ad occidens, iris movebitur aequidistanter ei, et si alius vadit ad oriens, iris movetur aequidistanter illi, vel si stet in loco primo, stabit iris. Manifestum est ergo quod iris numeratur secundum numerum hominum aspicientium; et ideo impossibile est quod duo videant unam et eandem iridem, quamvis inexpertus hoc non percipiat. Nam umbra cujuslibet dividit arcum iridis in duo aequalia, et ideo, cum umbrae sint aequidistantes quoad sensum, non concurrunt ad medium ejusdem iridis, et ideo cuilibet aspicienti debetur propria iris. Et hoc patet, quia si in diversas et contrarias partes duae moveantur irides, movebuntur secundum motum videntium, et ideo quot sunt videntes, tot sunt irides.

Each observer sees his own rainbow.

Ex his[1] ergo sequitur quod iris non videtur nisi per radios

[1] It was left for Descartes to explain that the ray of light was twice refracted and once reflected in the raindrop. He discovered much more than this; as

OPERIS MAJORIS PARS SEXTA.

The rain-
bow con-
sists of
reflected
rays

solis reflexos, quia si per radios incidentes, tunc esset iris res fixa in uno loco nubis, quae non variaretur secundum motum aspicientis, neque secundum numerum eorum, nam quando radii solares transeunt nubem aliquam raram, apparet nubes illa colorata colore albo, et si per multum spissam, colore nigro, et si per mediocrem, colore aliquo de mediis Sed idem color nubis diversis apparet aspicientibus, nec sequitur motum aspicientis, quia non videtur per radios reflexos, sed per incidentes vel fractos Similiter quando fit color per radios incidentes per lapidem crystallinum, ibi fit fractio, sed idem color in eodem situ videtur a diversis. Manifestum ergo est quod non fit iris per rectos radios incidentes vel fractos Ergo per reflexos, quia non est nisi triplex radius principalis. Nec per radios accidentales videbitur, quum illi situm non mutant nisi causentur a reflexione. Verum ex proprietate reflexionis patet idem; nam locus reflexionis et imaginis mutatur secundum mutationem aspicientis. Sed sic est hic, ergo fit per reflexionem

It is not
due to
refraction.

Nec potest dici quod substantia iridis manet, et locus imaginis variatur in fractione radiorum, quum loci mutatio in iride est secundum distantiam sensibilem valde, ut pari velocitate qua homo curreret vel equitaret quantum posset velocissime[1]. Sed locus imaginis rei quietae, quamvis varietur, tamen non eadem velocitate qua iris, quia tota varietas imaginis est in loco uno communi, et ideo vocatur transitus spatii. Item imago rei visae per fractionem non sequitur videntem si retrocedit, neque fugit si appropinquat, neque movetur ei aequidistanter; quod patet cum videmus piscem quietum in aqua, aut baculum fixum in ea, aut solem aut lunam per medium vaporum, aut literas mediante crystallo vel vitro. Sed potest objici, quod non sit nisi locus imaginis motus, et ideo potest fieri per refractionem sicut per reflexionem. Quod autem non sit nisi mutatio loci imaginis videtur, quia speculum[2], ut materia apta iridi, est immobile;

will be seen when Bacon's explanation of the form and of the colour of the bow is considered

[1] velocissime, U ; a better reading than velocius

[2] The mirror is the cloud—materia apta iridi—or rather, as Bacon explains, it is a collection of mirrors, each raindrop being one.

sed quando sic est, licet videns accedit ad speculum, non
propter hoc mutatur nisi solus locus imaginis, ut citius con-
currat radius visualis cum catheto, et non fugiet locus
reflexionis mutari, praecipue cum speculum non in superficie
sit, sed in profundo, quum tota materia rorationis habet
naturam speculi, et ideo locus reflexionis mutat situm sensibiliter secundum judicium visus.

Sed totum hoc est, cum sol secundum veritatem sit in
eadem distantia respectu speculi, non est diversitas in hora
apparitionis iridis de qua curandum est, sive moveatur a
Cancro versus meridiem sive a Capricorno versus septentrionem, quia in die naturali non movetur per unum gradum.
Et ideo in hora apparitionis iridis non est aliqua[1] distantia
solis a nube diversa de qua sit curandum. Quapropter
apprehendet ejus radius eandem rorationem vel partem rorationis, ut primam vel secundam ; et ideo pars aliqua certa, vel
ipsa roratio tota, fit speculum immotum. Et non sufficit
dicere quod iris fugit ante videntem, quum sol videtur per-
sequi, quamvis hoc sit verum, ut sic videretur variari locus
reflexionis et iridis, quia solis radii penetrant totam materiam
roridam, et ab omni stillicidio fit reflexio. Et propter hoc,
nisi aliud esset in causa, iris una appareret immobilis et fixa
per totam rorationem, habens spissitudinem secundum totam
rorationem.

The motion of the sun may be left out of account.

Quapropter dicendum est, quod iris non apparet nisi in
certa dispositione aeris secundum majorem et minorem luci-
ditatem, ut a parte oculi sit illuminatio debita, et in loco iridis
obscuritas determinata, quia res debilis est et non apparet
nisi in loco obscurato. Quum ergo aer inter oculum et
iridem est debito modo dispositus, tunc extenditur pyramis
ab oculo cujus basis est circulus iridis et terminatur in nube
rorida ad locum debitae tenebrositatis, et apparet iris in illo
loco. Sed quando oculus[2] mutatur in partem iridis, jam
attingit aerem ulteriorem qui lucidus est, et appropinquat

Conditions of light and shadow necessary.

---

[1] aliqua, not alia as in J.

[2] The meaning seems to be when the eye shifts its position with reference to
the rainbow in consequence of the observer approaching it, the base of the visual
cone may fall on bright illuminated cloud instead of on dark cloud, and there
will be no rainbow.

ad locum priorem iridis, ita quod propter approximationem videntis jam non invenitur locus idem ejusdem dispositionis, immo clarior quam requiratur ad iridis apparitionem. Non enim in omni dicta loci dispositione potest apparere, quoniam licet materia sit rorida usque ad oculum, non tamen videbitur nisi in loco proportionalis obscuritatis ; ideo oportet quod basis pyramidis cadat in nube ulterius in loco debitae obscuritatis. Et sic tota pyramis mutat locum secundum motum aspicientis, ac si portetur pyramis ante faciem hominis ambulantis, cujus conus sit in oculo fixus, et corpus ejus extendatur in aere usque ad locum iridis, ubi propter distantiam ab oculo invenitur umbrositas propter spissitudinem vaporum et nubis obumbrantis. Et est simile de homine aspiciente vaporem nebulosum a longe quem videre non potest de prope, nam propter distantiam debilitatur species visus, et potest a spissitudine vaporum terminari, quem de prope potest penetrare ; et propter hoc patet quod licet ubique sit in materia rorida reflexio, tamen non ubique apparet iris, sed in loco determinato. Sic solvitur illa[1] objectio prima.

Secunda patet ex eodem ; nam non manet hic idem speculum, nec in eodem loco, propter umbrositatem quae exigitur ad apparitionem colorum, et ideo nunc in una parte rorationis apparet iris, nunc in alia.

Si dicitur, quod moto vidente ad orientem sol movetur ad occidentem[2], ideo punctum reflexionis mutabitur secundum motum solis, et ideo accedet iris ad solem magis quam ad videntem, patet per supradicta quod non ; quia motus solis ad orientem in hora apparitionis iridis est insensibilis, et ideo aestimatur stare, id est non moveri ad occidentem.

CAPITULUM VIII.

What causes the colours of the bow.

Sed tunc patet per hoc, quod nihil erit in loco iridis nisi apparentia colorum, et non erit nisi quando apparet. Nam dictum est quod secundum diversitatem aspicientium diversificatur iris. Sed aspectus non facit colores. Visus enim non

---

[1] illa, omitted in Jebb.

[2] sol movetur ad occidentem, omitted in J.

potest creare colores in nube, ut patet; quare nihil erit nisi
per apparentiam. Item visio per reflexionem habet visibile
in termino radii visualis reflexi, ut patuit prius, et ideo non in
puncto reflexionis nec alibi; quia res visa est terminus reflexionis et lineae reflexae, ergo per reflexionem nihil videtur
in nube[1].

Si vero dicatur, quod sensibiliter et vivaciter movetur
visus per iridem, et apparent colores valde vivi in iride,
ergo non potest esse sola apparentia colorum; dicendum
est quod sicut est sola apparentia colorum, sic est sola
apparentia sensus et vivacitatis immutationis visus; quoniam hujusmodi immutatio non est nisi ex defectu visus,
sicut videmus in exemplis. Quum enim in aestate de mane
aliquis demittit caput ad terram, ut videat guttulas roris in
summitatibus herbarum, si sit negligens in videndo et languidus, et semiclaudat oculos, videbit secundum apparentiam
omnes colores iridis. Et similiter de circulo colorato circa
candelam; et similiter quando aliquis surgit de somno in
aestate, habens oculos male apertos et vaporosos, et aspiciat
ad aliquid foramen parvum per quod transit radius solaris,
apparebunt ei colores; et maxime eis qui habent debiles
oculos et male vident a longe. Et ideo oportet quod apparitio sit propter defectum visus, et propter hoc est sola
apparentia, et non veritas. Fortificatur autem haec apparitio,
tanquam in loco iridis sit, propter hoc quod cito concurrit
radius visualis cum catheto propter parvitatem stillicidiorum;
et ideo prope punctum reflexionis fit hujusmodi apparitio, et
propter hoc in ipsa materia et loco iridis.

They are due to the weakness of visual organs.

Si vero dicatur, quod radii solares transeuntes per crystallum faciunt colores veros et fixos, qui speciem faciunt et sunt
in ratione objecti; dicendum est, quod aliud est hic et ibi.
Solum aspiciens facit iridem, nec est ibi nisi sola reflexio.
Hic autem est causa naturalis, scilicet radius et lapis rugosus
qui habet magnam superficiei diversitatem, ut secundum casum
lucis diversitas colorum resultet. Et aspectus in illos facit
hic adesse colores[2], nam prius est color quam videatur hic,
et a diversis videtur in eodem loco. Sed hic ex aspectu est

Prismatic colours have a different cause.

[1] Cf. *Perspect.* Pars iii. Dist. i. cap. 2.   [2] ad essentiam colorum, J.

apparitio, et ideo non potest esse veritas sed sola apparentia.
Et hoc est manifestum per superius dicta de pyramide visuali ;
quae quum cadit tota in locum pyramidis iridis, tunc apparet
tota iris secundum quantitatem ei possibilem juxta altitudinem
et depressionem solis et juxta materiae dispositionem; ita
quod si sol sit in horizonte, et materia sit praeparata, apparet
iris semicircularis vel major portio sphaerae, dummodo pyramis visualis tota cadat in locum pyramidis iridis. Quod si
sol sit in horizonte et materia sit praeparata, sed pyramis
visualis non cadat tota in locum pyramidis iridis, tunc solum
apparebit de arcu iridis, quantum capit basis pyramidis visus
de loco iridis ; ergo manifestum est quod iris non est nisi
solum in conspectu.

CAPITULUM IX.

Each drop   Deinde considerandum est quod iris est imago solis, et ad
in the rain-
cloud re-   hoc imaginandum debemus considerare sententiam Senecae in
flects its   libro de iride, quoniam oportet ponere nubem suspensam in
own image. aere, et rorationem descendentem ab ea, cujus conus cadit in
terram, et basis circularis attingit concavitatem nubis. Sunt
ergo stillicidia infinita parvae quantitatis, et a quolibet fit
reflexio sicut a sphaerico speculo, et quoniam sine intervallo
descendunt, videntur ex distantia continuari, et ideo videtur
imago solis continua et non multiplex secundum multitudinem stillicidiorum ; et similiter est in circulis coloratis per
aspersionem. Et sic solvitur objectio quae posset fieri de
multitudine imaginum. Sed de figura, quantitate et colore
dubitatur; et dicendum est, quod specula sphaerica et maxime
parva mutant quantitatem et figuram rei visae multis modis,
et reddunt figuras monstruosas, et dissipant totam proportionem partium rei ab invicem, ut patet in perspectivis. Et
dissipata figura et quantitate, etiam per consequens dissipatur
ordinatio proprietatum, quae exigunt figuram et debitam
quantitatem, et possunt colorem immutare, et de non colorato
facere colorem apparere, et e converso. Et quia lux incorpo-
rata in materia assimilatur colori, licet in veritate non sit color,
ut nubes rarae videntur albae et spissae videntur nigrae

quando radii penetrant eas, sic potest hic de facili lux solis cadens ad hujusmodi specula ostendere quid simile colori, praecipue cum non sit nisi sola apparentia, ut dictum est.

Capitulum X.

Cum his considerandum est de diversitate colorum. Et omnes dicunt quod accidit ex diversitate nubis roridae, et hoc habetur in textu Aristotelis vulgato, unde dicunt secundum quod materia spissior est, videtur esse nigrior; et secundum quod minus spissa, videtur esse color lazuli; et secundum quod minus spissa, videtur viridis esse; et si minus, videtur vinosa, et rubea; secundum quod adhuc minus, videtur esse glauca et subrubea; et secundum quod rarior, videtur esse alba. Secundum quod ponitur exemplum Aristotelis de flamma, quae propter raritatem et spissitudinem fumi terrestris apparet clara et rubea et nigra, et sic diversis modis. Sed istud nihil est, sicut patet per experientiam lapidis crystallini. Nam ibi generantur colores, et nulla est diversitas materiae in spissitudine et raritate, et tamen hic veri colores generantur. Et iterum, cum non sit verus color in iride, sed apparentia, non oportet ponere nisi causam apparentiae, vel apparentiam causae. Item per experientiam in rorationibus ex aspersione non accidit aliquid de his diversitatibus, nec in guttis roris in summitatibus herbarum; ergo manifestum est, quod haec causa diversitatis falsa est. Et non est contra Aristotelem, quia multa alia falsa continentur in capitulo de iride, et alibi in translationibus vulgatis, sicut manifestum est per totam philosophiam Latinorum, si quis diversas translationes inquirat et Graecum ipsum, a quo transumptum est quod habent Latini. Verum non est sententia Aristotelis ubique translata, sed error fuit exemplarium[1] Graecorum et Arabicorum, vel potius vitium translatorum, quorum nullus perfecte scivit linguas nec scientias, ut praetactum est.

Necesse autem est aliud mendacium quod in hoc capitulo

Errors in Aristotle's statements due to faulty text or to bad translation

---

[1] J. has interpretum. Cf. what is said on Aristotle's theory of the rainbow in vol. i. pp. 40 and 212–13.

de iride reperitur evacuari; et ideo sic intelligendum est de hac falsitate jam evacuata. Et ne animus suspendatur, dico, quod idem est falsum quod habetur in textu vulgato, scilicet quod iris non causatur a luna nisi bis in quinquaginta annis. Nam quandocunque luna plena est, et non impeditur per nubem, et sit materia rorida in opposito ejus, potest iris apparere sicut per solem; et hoc potest expeiientia cujuslibet probare, et probatum est per experientias certas.

Capitulum XI.

The form of the bow cannot be explained by treble refraction.

De figura vero iridis est maxima difficultas. Nam aliqui aestimant quod debeat figurari sicut est basis pyramidis-rorationis distillantis; et hoc est impossibile. Nam in rora-tionibus ex aspersione, patet per experientiam, quod in globo rorationis irregularis figurae apparet figura iridis Similiter illi[1], qui dicunt iridem causari ex fractione, ut habeat figuram pyramidis assimilatae curvae superficiei pyramidis rotundae expansam in oppositum solis, propter quod figurae aestimatur secundum eos arcualis. Et quia conus praedictae pyramidis, ut dicunt, est prope terram, et ejus expansio est in oppositum solis, necesse est ut medietas illius figurae vel amplius cadat in superficiem terrae, et reliqua medietas vel minus cadat in oppositum solis[2] in nube. Sed istud reprobatur per hoc quod probatum est quod iris non potest generari per fractionem, quoniam in roratione aspersionis non possumus hujusmodi causam figurae dare. Dicunt enim quod radii prius franguntur in contiguitate aeris et nubis, et postea in contiguitate nubis et partis superioris ipsius rorationis, ut per has fractiones concurrant radii in parte inferiori rorationis et densiori, nam pars densior est inferior quia gravior Ibi enim radii fracti sicut a cono pyramidali se diffundunt non in pyramidem rotundam, ut dicunt, sed in figuram assimilatam curvae superficiei pyramidis rotundae[3]. Patet ergo quod per tres

---

[1] The sentence is not completed, errant, or some such word must be understood

[2] The twenty-one words from necesse est to oppositum solis are omitted in J.

[3] It is not quite clear what figure is meant, apparently a cone with elliptic

fractiones veniunt ad hanc figuram. Sed non possunt esse tres in aspersione facta in radiis, sed una tantum; et tamen eadem figura accidit sicut in coelo; quapropter non est causa hujusmodi fractionis.

Postremo [1], quare non dabunt pyramidem rotundam, sed figuram assimilatam curvae superficiei pyramidis rotundae? non enim secundum legem fractionis erit hoc, quia fractio pyramidem rotundam habet facere regularem, quia fractio omnium radiorum cadentium in unam circulationem corporis sphaerici est ad angulos aequales, et ideo non incurvabitur magis in una parte quam in altera, et erit omnino regularis figurae et uniformis. Nec a roratione potest esse haec curvitas, quia roratio non est talis figurae, sed est globus ex stillicidiis infinitis compositus pyramidalis figurae rotundae secundum eos, et ideo non est ratio illius figurationis per hunc modum.

Quaerenda [2] est igitur alia ratio; et potest dici quod necesse est quod sit in figura arcuali circulari. Nam secundum diversitatem situs rei respectu lucis apparet diversus color, ut in collo columbae. Cum igitur idem color in uno circulo iridis apparet

Circular form of the bow.

base. Bacon sometimes tries to popularize his scientific language, for the benefit it may be supposed of the Pope to whom he was writing.

[1] J. has fractionis postremae. O. has postremo, which begins a new argument.

[2] The reasoning in this paragraph is a remarkable combination of observation and inference. The colours in the bow do not shift like those on the dove's neck. In the case of the dove, this shifting of colour is caused by varying incidence of light. In the case of the bow, therefore, the permanence of each colour throughout the whole arch indicates that the incident and reflected angles are constant. Therefore all parts of the bow must be similarly situated with regard to the eye and the sun. But from this it follows that the bow must be of circular form.

The question raised in the succeeding paragraph is one that admitted of no solution till Snell and Descartes had discovered that the direction of the refracted ray varied not with the angle of incidence but with the sine of the angle of incidence. Applying this law to the rainbow Descartes ' showed that the rays which, after two refractions and a reflection, come to the eye at an angle of about forty-one degrees with their original direction, are far more dense than those in any other position. He showed also that the existence and position of the secondary bow resulted from the same laws.' See Descartes, *Météores*, Discours viii; and Whewell, *Hist. of Induct. Sciences*, vol. ii. p. 277 (ed. 1857). Bacon's attempt to explain the facts is of course a failure, as every other attempt must have been till the 'law of sines' was discovered.

ab extremitate una ad alteram, oportet quod eundem situm
habeant omnes partes respectu radii solaris et respectu oculi.
Sed talis situs identitatis non potest esse nisi in circulari
figura propter aequalem partium declinationem. Et etiam
in vapore sphaerico possunt signari duo genera circulorum.
Unum est transiens per polos, ut sunt coluri in sphaera ; aliud
est aliquod de aequidistantibus intersecantibus istos coluios
ex transverso. Circulatio vero coluri absconditur semper ex
distantia, quia non habet eundem situm respectu oculi in
extremitatibus et in medio, sed aequidistantes bene apparent
in sua circulatione, propter aequalem situm respectu oculi, ut
dictum est in Perspectiva de luna. Cum igitur circulus iridis
fit de aequidistantibus, poterit in sua circulatione apparere

Why the whole con-tained sur-face is not coloured
Sed si objiciatur contra hoc, quod non solum coloraretur in
gibbositate sua arcus basis pyramidis sed alibi in superficie
per totum, sicut luna plena tota illuminatur in parte nobis
objecta, et ideo tota superficies basis quae est super terram,
coloraretur, ad hoc potest dici differenter, quod stillicidia non
sunt ubique a quibus reflectuntur radii ad oculos ad angulos
aequales angulo incidentiae. Hoc enim non est nisi in situ
circuli, sicut apparet in reflexionibus et fractionibus speculi
concavi et aliorum ; et ideo cum circulationes quatuor vel
quinque iridis possunt esse in stillicidiis a quibus fiunt reflexiones in visum ad angulos aequales angulo incidentiae,
potest color generari in eis, et impressio iridis apparere.

CAPITULUM XII.

Thus, the rain-cloud is not coloured.
Aliqui vero aestimabant, quod nubes rorida esset colorata
per totum, quia in omnibus stillicidiis est reflexio, et iris ex
reflexione causatur. Item quia secundum numerum videntium
et diversitatem situs ejusdem videntis apparet iris ubique.
Sed dicendum est ad primum, quod ubique est aptitudo ut
fiat iris, sed actualiter non est nisi in stillicidiis a quibus
reflexio venit ad oculum ; quia apparentia colorum sola est,
quae apparentia venit ex fantasia et deceptione visus, ut dictum
est. Et ideo nusquam in nube rorida est coloris veritas, nec
apparentia nisi in stillicidiis a quibus fit ad visum reflexio.

Sed ab omni stillicidio non fit reflexio in eodem tempore, dum oculus est in uno loco, propter aequalitatem angulorum incidentiae et reflexionis. Ad secundum dicendum, quod colores ubique apparere possumus imaginari ex duabus causis. uno modo quod color esset fixus, sicut in aliis rebus; et faceret speciem a se ad oculum, et tunc ubique esset, et sic ubicunque essent aspersiones, videret colorem. Sed sic non est hic, quia non est verus color, sed solum ex visus fantasia ; et ideo causa apparentiae est solius visus erroneum judicium, et ideo non apparet nisi in loco a quo ad oculum fit reflexio ; et ex hac causa, non prima, mutatur secundum mutationem videntis.

Quinque vero sunt colores principales, ut albedo, glaucitas, rubedo, viriditas, et nigredo. Rubeus enim aequidistat ab extremis, et habet unum medium respectu albi, et aliud respectu nigri. Quum enim Aristoteles dicit in Sensu et Sensato septem esse colores. hoc est verum dividendo glaucum in plures gradus, ut caeruleum et puniceum, et similiter dividendo viriditatem in gradus diversos ; sed quinque principales colores sunt per naturam distincti. Nam quinarius est melior numeris omnibus, ut Aristoteles dicit libro Secretorum, et hoc quantum ad numerum certitudinaliter distinguendum ; licet quantum ad proprietatem naturalem in quolibet repertam ternarius est melior. Nam hunc extrahimus a natura rerum. ut Aristoteles dicit primo Coeli et Mundi, quia in omni re trinitas consistit, ut ibi docet, tam in Creatore quam in creatura. Et quia numerus quinarius res certius distinguit et melius, ut dictum est, ideo natura magis intendit quinque colores. Et ideo isti quinque colores sunt in iride, magis quam alii, ex ordinatione communi naturae operantis et intendentis quod melius est. Color quidem lazuli, quem vocant coelestem, niger est cum [1] quadam splendoris suavitate, et ideo sub nigro computatur.

Enumeration of colours.

Et aestimatur ab expertis quod isti colores causantur ab humoribus et tunicis oculi; isti enim sunt colores tantum apparentes, et oculi partes habent aliquid de natura colorum licet debiliter, secundum quorum esse apparent colores in

Their connexion with ocular structures.

[1] in quadam, J.

iride. Et quinque sunt corpora in oculo, scilicet tres humores, et duae tunicae, scilicet uvea et cornea ; consolidativa quidem nihil operatur ad visionem, et ideo quinque colores apparent secundum proprietates eorum. Et quandoque [1] illa corpora non habent distinctos colores   Nam in oculis diversorum variantur, et apparent irides diversae aliter et aliter variari in eadem hora, etiam in diversis temporibus, secundum quod aer inter ipsum et iridem in dispositione sua secundum lucidum et obscurum variatur.   Signum autem quod colores iridis possunt apparere per oculum, est quod lapide hexagono posito ad oculum in loco tenebroso fiunt hujusmodi colores, et ideo similiter in materia apta in loco tenebroso in nube possunt saltem apparere.

Haloes.   Et juxta jam dicta patet facilius causa coronae, et similiter impressionis apparentis in figura recta, quam Seneca vocat virgam, et Aristoteles perpendicularem; istae enim impressiones sunt coloratae et non aliae   Dicit igitur Seneca [2], si vaporem erexeris, virga est ; si incurves in portione circuli, iris est ; si in completum circulum, corona est ; quam Aristoteles vocat circulum circa solem et lunam, et Halo et Halaleti. Et aliam differentiam [3] assignant, quod iris generatur in opposito solis, virga a latere, corona sub sole. Sed quae de circulo et corona dicta sunt possunt dici sine calumnia [4].   De perpendiculari tamen et virga aliud est. Nam non est nisi portio parva coronae, quae ex distantia superflua videtur esse linea recta,

Attempt at explanation. quum materia deficit ad ejus complementum.   Globus autem vaporis grossi aliquando concurrit in directum solis sub eo, scilicet qui est densior aere, et tamen non est superfluae densitatis sed proportionatae ad hujusmodi impressionem.   Dico

---

[1] quoniam, J.

[2] See *De Sensu et Sensili*, cap 4. The passage is curious from the attempt made to correlate savours with colours. Ἑπτὰ γὰρ ἀμφοτέρων εἴδη, ἄν τις τιθῇ, ὥσπερ εὔλογον, τὸ φαιὸν μέλαν τι εἶναι λείπεται γὰρ τὸ ξανθὸν μὲν τοῦ λευκοῦ εἶναι ὥσπερ τὸ λιπαρὸν τοῦ γλυκέος, τὸ φοινικοῦν δὲ καὶ ἀλουργὸν καὶ πράσινον καὶ κυανοῦν μεταξὺ τοῦ λευκοῦ καὶ μέλανος, τὰ δ' ἄλλα μικτὰ ἐκ τούτων. Cf *Meteorol* i. 5, and iii 2, §§ 4, 5. In the latter passage the bow, both inner and outer, is described as three-coloured, the colours of the outer bow being fainter and following the reverse order of the inner.

[3] J. has doctrinam for differentiam.

[4] The sentence ends here. J. confuses the meaning by carrying it on, as in many other passages too numerous to mention

ergo quod cum vapor ille sit densior aere, et sit quasi
sphaericae figurae, quae aequidistat terrae quantum potest
propter naturam gravis, radii omnes exeuntes a puncto o [1]
praeter perpendicularem $o\,d$ franguntur in superficie vaporis
inter incessum rectum et perpendicularem ducendam a loco
fractionis, et omnes qui cadent in una circulatione circa axem
illum franguntur ad angulos aequales, quia anguli incidentiae
omnes sunt aequales, sicut a et f, et anguli fractionum intra
corpus sunt aequales, et sic de omnibus angulis radiorum
cadentium in circumferentia, quae transit per puncta $a\,g\,f$, et
eodem modo radii qui cadunt in circumferentia, quae transit
per $b\,g$, omnes franguntur ad angulos aequales, quia incidunt
ad aequales, sicut manifestum est per demonstrationem
geometricam.   Radii ergo unius circulationis ut $o\,a$ et $o\,f$ et
omnes qui in circumferentia transeunt per a et f, cadunt
et vadunt post fractionem in corpore vaporis aequidistantis.
Deinde quum ad concavitatem vaporis occurrit aer, quod
est corpus subtilius, franguntur declinando a perpendiculari
ducenda a loco fractionis, et concurrunt necessario ad punctum
unum ut in o.   Et similiter est de illis qui cadunt in alia circulatione, ut $o\,b$ et $c\,g$, et sunt in eadem circumferentia conterminales, et concurrunt per secundam fractionem ad punctum
remotius ut in d, quia radii cadentes in circulatione majori
concurrunt in punctum remotius.   Et sic de aliis cadentibus in
aliis circumferentiis semper verum est quod omnes radii unius
circulationis cadent in unum punctum diversum a puncto,
a quo concurrunt radii aliarum circulationum.   Et sicut radii
unius circulationis stant in introitu vaporis in figura circulari
super eum, sic quando exeunt, fiunt a basi circulari, et concurrunt in unum punctum pyramidis ; nam lumen hoc totum,
quod pertransit vaporem veniens ab uno puncto solis fractum
in radiis infinitis est quasi una columna rotunda, et habet
figuram circularem in utraque extremitate, dum est in vapore,
sed postquam exivit vapores declinantur radii in corpus
pyramidale, cujus basis est extremitas lucis columnaris, et

[1] No figure is given for this theorem in either D. or O. which makes it difficult
to follow the reasoning. With the punctuation used in J., it is impossible.

conus cadit in terram. Si igitur oculus[1] conum recipiat unius pyramidis, videbit basim illius pyramidis, et quia ille vapor densior est tanta densitate ut sit visibilis, praecipue cum habeat in se lumen potest videri infra bases pyramidis, et ideo in circulari.

Further researches are needed on this subject Sed sicut experientiae multae requiruntur ad certificationem iridis, et de colore et de figura, sic est hic, ubi considerandum est quod radii possunt dupliciter intelligi, vel scilicet venientes ab uno puncto et in unum circulum in vapore qui concurrunt ad conum unius pyramidis ; et alii qui ab eodem puncto et in alium circulum cadunt faciunt[2] aliam pyramidem, et sic de aliis ; sed coni omnium illarum pyramidum cadunt in axem et perpendicularem venientes a puncto illo, a quo veniunt radii fracti, et pyramides fiunt curtae[3], nec transeunt ad puncta concuisus propter objectum aspicientis, et ideo nullus videbit per illas pyramides curtas. Quare si plures aspiciant coronam, oportet unum eligi ex duobus, vel quod ab aliis punctis solis veniant radii frangendi in pyramidem, ita quod ad singulos aspicientes radii veniant a singulis punctis solis, vel quod a basi pyramidis unius, cujus conus cadit in oculum aspicientis unius, veniant ad alios aspicientes pyramides aliae quae fiunt ex radiis accidentalibus ; ut basis pyramidis piincipalis quae venit ad oculum unius videatur ab aliis per pyramidem accidentalem, sicut illi qui sunt in angulo domus vident per radios accidentales lumen incidens per fenestram. Sed hoc secundum non potest stare, quia judicium per radios principales et accidentales non potest esse aequale, sed aspicientes simul coronam judicant aequaliter. Item quilibet judicat solem esse centrum coronae ; ergo quilibet videt solem, sed radii accidentales non ducunt visum in rem, sed in speciem, ut exiens in angulo domus non potest videre solem, licet videat radium cadentem per foramen. Manifestum est ergo quod ad oculum cujuslibet venit una pyramis, cujus radii veniunt a puncto solis determinato, ita quod ab uno puncto ad unum oculum veniant radii, et ad alium oculum ab alio, et ad tertium a tertio.

---

[1] Omitted in O but given by U.　　　[2] Sic O. J has ut faciant.

[3] Not curvae, as in J.

Sed haec omnia docet experientia, sicut de iride. Unde Scientific argumenta non certificant haec, sed grandes experientiae per instrumenta perquiruntur, et per varia necessaria ; et ideo nullus sermo in his potest certificare ; totum enim dependet ab experientia. Et propter hoc non reputo me attigisse hic plenam veritatem ; quia nondum expertus sum omnia quae sunt hic necessaria, et quia in hoc opere procedo via persuasionis, et ostensionis[1] quae oporteat requiri in studio sapientiae, et non per viam componendi scripta de ea. Et ideo non pertinet ad me hac hora dare certificationem impossibilem, sed sub forma persuadendi de studio sapientiae pertransire.

De circulo vero circa candelam aestimatur quod sit a vaporibus resolutis a cibis et potibus in mensa ; vel quando aer humidus est potest apparere, aut in vaporibus oculi humidi generatur distans a candela. Sic igitur quilibet sapiens de facili recipiet quod experientia certificat quaestiones circa has res, et non argumentum. Sed nunc transeo ad secundam praerogativam istius scientiae experimentalis[2].

Scientific experiment rather than reasoning must decide.

---

[1] This and the preceding thirteen words omitted in J. This passage is of great importance as indicating the purpose and the limitations of the *Opus Majus*.

[2] The foregoing chapters must be judged partly as a piece of scientific research, partly as a method ; as an illustration that is of Roger Bacon's first *prerogative*, the confirmation of mathematical reasoning by experiment and observation. It will be noted that these last words are used in the widest sense ; being made applicable, as the first chapter shows, to the drawing of a geometrical diagram : an extension of ordinary use which reminds us of the opening sentences of Wallis' *Arithmetica Infinitorum*, in which the inductive method is frankly applied to the investigation of series.

Bacon was led by his method to some sound results. He begins with a collection of phenomena, colours in crystals or half-polished surfaces, in spray from a mill-wheel, or from an oar when lit by the sun, and the like, which, as Whewell says, 'are almost all examples of the same kind as the phenomena under consideration.' He combines astronomical theory with astronomical observation in explaining the connexion between the altitude of the bow and that of the Sun. In his proof that the centre of the bow, of the eye, and of the Sun are always in one straight line the union of theory with observation is equally marked. The conclusion that each observer sees a distinct rainbow is clearly drawn. Not less striking is his discussion of the form of the rainbow ; which was pushed as far towards the truth as was possible at a time when the law of variation in the angles of refraction was still undiscovered.

With regard to the colours of the rainbow, and indeed with regard to colour in general, he shared the ignorance, not of his own time only, but of the three

Capitulum de secunda praerogativa scientiae experimentalis.

Haec autem est quod[1] veritates magnificas in terminis aliarum scientiarum, in quas per nullam viam possunt illae scientiae, haec sola scientiarum domina speculativarum potest dare; unde hae veritates non sunt de primarum substantia, sed penitus extra eas, licet sint in terminis earum, quum nec sint conclusiones[2] ibi, nec principia. Et possunt poni exempla manifesta de his; sed in istis omnibus quae sequuntur, non oportet hominem inexpertum quaerere rationem ut primo intelligat, hanc enim nunquam habebit nisi ~~prius habeat~~ post experientiam; unde oportet primo credulitatem fieri, donec secundo sequitur experientia, ut tertio ratio comitetur. Si enim inexpertus magnetem trahere ferrum, nec audiens ab aliis, quod trahat, quaerat rationem, ante experientiam nunquam inveniet. Et ideo in principio debet credere his qui experti sunt, vel qui ab expertis fideliter habuerunt, nec debet reprobare veritatem propter hoc, quod eam ignorat, et quia ad eam non habet argumentum. Recitabo igitur ea, quae per experientiam teneo esse probata[3].

Exemplum I.

Mathematica bene producere potest astrolabium sphaericum, in quo describuntur quaecunque de coelo necessaria sunt homini, secundum longitudines et latitudines certas, tam de circulis quam de stellis juxta artificium Ptolemaei in octavo Almagesti, juxta quod dixi per quandam similitudinem, sed non tamen omnino per artificium illud, oportet enim plus

---

centuries and a half that followed, till Descartes initiated the analysis of white light into the spectrum (*Météores*, Discours huitième).

[1] Haec . quod omitted in J.

[2] J. has quaestiones, as in several other passages.

[3] The second *prerogative* corresponds to the class of cases in which deductive reasoning, while not excluded, holds yet a position subordinated to experiment An apt illustration of it is afforded by the whole career of the great physicist Faraday, who, while not denying the value of mathematical reasoning in his electrical researches, yet made no personal effort to acquire the use of this instrument, feeling, as he used to say, that it would withdraw him from his experiments.

esse operis. Sed quod hoc corpus sic factum moveatur naturaliter motu diurno, non est in potestate mathematicae. Experimentator autem perfectus potest considerare vias hujus motus, excitatus ad eas considerandas per multas res quae sequuntur motum coelestium, ut sunt primo tria elementa, quae rotantur circulariter per influentiam coelestem, sicut dicit Alpharagius in libro de Motibus Coelestibus, et Averroes in primo Coeli et Mundi; deinde cometae, maria, et flumina fluentia, medullae et cerebella et morborum materiae. Herbae etiam in partibus suis multum aperiunt se et claudunt secundum solis motum. Et multa talia inveniuntur quae secundum motum localem totius vel partium moventur motu coeli. Sapiens igitur excitatur per considerationem hujusmodi rerum similem in parte illi quod intendit, ut ad illud perveniat aliquando. Et tunc thesaurum unius regis valeret hoc instrumentum et cessarent instrumenta astronomiae, et horologia, et esset pulcherrimum spectaculum sapientiae. Sed pauci de tanto miraculo et similibus in mathematicae terminis praeclare et utiliter scirent cogitare [1].

[1] A copy of Ptolemy's astrolabe is given on the title-page of Halma's edition of the *Syntaxis.* For the remarkable conception of a globe revolving with the daily revolution of the sky, moved, not by mechanical appliances, but by magnetic force, Bacon was indebted to the remarkable and almost unknown genius to whom he so often confesses his obligations, Peter Peregrinus, of Maricourt (see biographical remarks in the Introduction). In Gilbert's work *De Magnete, Magneticisque corporibus et de magno Magnete Tellure* (translated by Mottelay, 1893), many references to Peter Peregrinus will be found. 'The manner,' says Sir Kenelm Digby, 'in which this great man (Gilbert) arrived to discover so much of magnetical philosophy .... was by forming a little loadstone into the shape of the earth' (Treatise of Bodies, quoted on p. xviii of Mottelay's edition). For the initial step in his investigations, the mode of finding the poles in this spherical magnet, Gilbert was undoubtedly indebted to Peter Peregrinus. Of this any reader of Gilbert's work may convince himself by comparing lib. i. cap. 3 of Gilbert's work with the only known work of Roger Bacon's friend, his letter to a certain Sygerus, or Sygerius, which was printed at Augsburg in 1558. (The copy in the Brit. Mus. has marginal notes by John Dee, some of which refer to the connexion of Peter Peregrinus with Bacon.)

The connexion of magnetic force with the rotatory movement of the earth was no unreasonable hypothesis; and was not so regarded by Gilbert. (See p. 332 of Mottelay's ed.)

EXEMPLUM II.

Prolonga-
tion of
human life.

Potest vero aliud exemplum poni in terminis medicinae, et est de prolongatione vitae humanae, ubi ars medicinalis remedium non habet nisi regimen sanitatis. Est autem ulterior longae vitae extensio possibilis. A principio mundi fuit magna [1] prolongatio vitae, sed nunc [2] abbreviata est ultra modum. Causam autem hujus prolongationis et abbreviationis aestimaverunt multi esse a parte coeli. Nam aestimaverunt quod coeli dispositio fuerit optima a principio, et mundo senescente omnia tabescunt, aestimantes stellas fuisse creatas in locis convenientioribus, in quibus stellae suas habent dignitates, quae vocantur domus, exaltatio, triplicitas, facies et terminus, et in meliori proportione earum ad invicem secundum diversitatem aspectuum [3] vel projectionem radiorum invisibilem, et quod ab illo statu paulatim recesserunt, et secundum hunc recessum ponunt vitae decurtationem usque ad aliquem terminum fixum, in quo est status. Sed hoc habet multas contradictiones et difficultates, de quibus est modo dicendum.

Rules of
Hygiene
neglected.

Et sive hoc fuerit verum sive non, necesse est aliam causam assignari, quae nobis prompta est et plana, cui contradici non potest, quam scimus per experientiam. Et ideo circa illam negotiandum est, ut appareat mirabilis et ineffabilis utilitas et magnificentia Scientiae Experimentalis, et aperiatur via ad maximum secretum secretorum, quod Aristoteles occultavit in libro de Regimine Vitae [4]. Cum enim regimen sanitatis debeat esse in cibo et potu, somno et vigilia, motu et quiete, evacuatione et retentione, aeris dispositione, et passionibus animi; ut haec in debito temperamento habeantur ab infantia; de his temperandis nullus homo vult curare, etiam nec medici, quia nos videmus quod de millenario medicorum vix erit unus qui saltem leviter curabit. Et rarissime accidit quod aliquis curat sufficienter, et hoc nunquam accidit in juventute, sed aliquando inter tria millia unus [5] cogitat de his, quum senescit

---

[1] longa, J   [2] nec, J.
[3] aspicientium, J.   [4] See note on vol 1 p 10
[5] aliquis, J.

et tendit ad mortem, tunc enim timet sibi et cogitat ut valet. Sed tunc non potest apponere remedium propter debilitatem virium et sensus et propter experientiae defectum. Et ideo patres corrumpuntur, et generant filios corruptos, et habentes dispositionem ad mortis festinationem. Et deinde per defectum regiminis filii corrumpunt seipsos, et sic filius filii habet dispositionem malam duplicem, et tertio seipsum corrumpit propter defectum regiminis. Et sic currit de patre in filios corruptio complexionis, usquequo festinatio facta sit ultimata, sicut accidit his temporibus.

Et non solum haec causa accidentalis invenitur, sed alia quae consistit in defectu regiminis morum. Peccata enim debilitant vires animae, ita quod impotens est ad corporis regimen naturale ; et ideo debilitantur vires corporis, et festinat ad mortem ; et haec corruptio currit a patre ad filium, et sic ulterius. Et ideo oportuit propter has duas causas naturales, quod longaevitas hominis non servaret ordinem naturalem a principio ; sed propter has duas causas abbreviata est longaevitas hominis contra naturam. Praeterea certis experimentis probatum est, quod ista festinatio nimia est retardata pluries, et longaevitas prolongata per multos annos per experientias secretas ; et multi hoc scribunt auctores. Propter quod oportet quod sit haec nimia festinatio accidentalis, habens remedium possibile.

Postquam vero ostensum est, quod causa hujusmodi festinationis est accidentalis, et ideo quod remedium sit possibile, nunc redeo ad hoc exemplum quod volui in terminis medicinae declarare, in quo potestas artis medicinalis non habet unde compleat. Sed ars experimentalis supplet defectum medicinae in hac parte. Non enim potest ars medicinalis nisi dare regimen sanitatis sufficiens secundum omnes aetates. Quamvis enim de sufficienti regimine senum insufficienter locuti sunt auctores noti, hoc tamen fuit arti medicinae possibile. Et hoc regimen consistit in temperato usu cibi et potus, motus et quietis, somni et vigiliae, evacuationis et retentionis, aeris et passionum animae. Quod si a nativitate homo haberet sufficiens regimen usque ad finem vitae, tunc veniret ad terminum vitae quem Deus et natura constituerunt, secundum possibilitatem regiminis sufficientis. Sed quia impossibile est quod hoc regimen servetur ab aliquo, et pauci immo etiam quasi nullus a juventute curat de hoc regimine, et paucissimi senes servant hoc regimen ut possibile est, ideo oportet quod veniant accidentia senectutis ante senectutem et senium, scilicet in tempore consistendi, quae est aetas pulchritudinis et fortitudinis humanae, quae his temporibus non durat ultra quadraginta quinque vel quinquaginta annos.

Failure of medical art in dealing with old age. Et haec omnia accidentia senectutis et senii sunt canities, palliditas, cutis corrugatio, multitudo mucilaginis, excreatus putridus, lippitudo oculorum, et universalis laesio organorum sensibilium, diminutio sanguinis et spirituum, debilitas motus et anhelitus et totius corporis, defectus virium animae tam animalium quam naturalium, insomnietas, ira, et inquietatio animi, et oblivio, de qua dicit Haly[1] regalis, quod senectus est domus oblivionis: et Plato, quod est mater lethargiae. Et propter defectum regiminis sanitatis haec accidentia omnia et plura alia veniunt hominibus in aestate consistendi, scilicet secundum majus et minus: et secundum quod melius et pejus se rexerint homines in sanitate, et secundum quod sunt melioris et fortioris complexionis et secundum quod melius vel pejus rexerunt se in moribus. Sed ars medicinae non dat remedia contra istam corruptionem quae venit ex impotentia et defectu regiminis, sicut sciunt omnes medici in sua arte experti, cum tamen fateantur medicinae auctores quod remedia possibilia sunt, sed non docent. Haec enim remedia semper fuerunt occultata non solum a medicis, sed a vulgo sapientium omni, et solum manifestata maxime notis, quos

[1] The reference is to the work called 'Liber totius medicinae necessaria continens quem sapientissimus Haly filius Abbas discipulus Abimeker filii Moysi filii Seiar edidit regique inscripsit unde et regalis dispositionis nomen assumpsit'; translated from Arabic at Antioch, A. D. 1127, by Stephen his disciple. It was printed at Frankfurt in 1523. The passage referred to is in Pars II, lib. i. cap. 24, *De regimine senum.* The rules for diet, exercise, and general management of health there given are extremely sensible, and quite in accordance with the best modern practice.

Whether this Haly (or Ali) is identical with the Haly spoken of, vol. i. p. 389, and elsewhere, as a commentator on the *Centilogium* of Ptolemy, does not seem certain; but it is probable. Bacon's treatise, *De retardandis senectutis accidentibus* (edited at Oxford by John Williams in 1590), is, as he says himself in the course of this treatise, largely indebted to Haly's work.

Aristoteles tangit primo Topicorum in dictione probabilis. Et non solum sunt remedia possibilia contra passiones senectutis venientes in tempore consistendi et ante tempus senectutis, sed etiam si regimen senectutis esset completum, possunt adhuc passiones senectutis et senii retardari, ne [1] statim suo tempore venirent, et cum venerint possunt mitigari et temperari, ut sic tum per retardationem tum per mitigationem eorum, prolongetur vita ultra terminum qui secundum regimen plenum senectutis consistit in dictis sex articulis. Et alius est terminus ulterior, qui positus est a Deo et a natura, secundum proprietatem remediorum retardantium accidentia senectutis et senii et mitigantium malitiam eorum, et primus terminus transgredi [2] potest, sed secundus non.

Et propter hos duos terminos dicit Scriptura pluraliter, Constituisti terminos ejus, qui praeteriri non potuerunt: impossibile enim est ultimum terminum praeteriri, sed tamen prior pertransiri potest, licet raro pertranseatur; sed secundus non potest. Regimen ergo sanitatis sufficiens, quantum homo possit habere, prolongaret vitam ultra communem terminum vivendi accidentalem, quem homo piopter stultitiam suam sibi non servat; et sic vixerunt aliqui per multos annos ultra communem statum vivendi. Sed regimen speciale per remedia retardantia dictum communem statum quem ars regendi sanitatem non transgreditur, potest longe plus vitam prolongare. Et quod sit possibile patet per Dioscoridem, qui dicit, possibile est quod sit medicina aliqua, quae prohibeat hominem a velocitate senectutis et frigore et siccitate membrorum, ut per illud elongetur vita hominis. Et hoc vult Haly supra Tegni [3] circa finem. Et dicit iterum, Illi qui vixerunt diu usi sunt medicinis quibus elongata est vita eorum. Et de hujusmodi Avicenna in secundo Causarum dicit sic, Est medicina quae ponit et dividit omnem complexionem ad partem quam meretur. Sed auctores medicinae non dederunt medicinas istas, nec in libris eorum scriptae sunt, solum artem

Agents by which the limits of life can be enlarged.

[1] From ne to temperari, omitted in J.

[2] We should expect transiri or praeteriri.

[3] This word comes from the Latin version of the Arabic version of Galen's word τέχνη As in the word *Almagesti*, the last letter represents the Greek η. Both words are used as indeclinables.

regiminis sanitatis attendentes; et hoc non ut oportet sufficienter de senibus et senioribus, [ut] est jam dictum. Sed
sapientes dediti experimentali scientiae de his excogitaverunt,
non solum moti propter utilitatem, sed excitati per brutorum
animalium industriam, quae multis modis obviant festinationi
moriendi, ut cervus et aquila et serpens, et multa alia suam
vitam prolongantia per industriam naturalem, sicut auctores
scribunt et experientia docuit. Quorum exemplis excitati
crediderunt, quod Deus ipse brutis hoc concessit ad instructionem hominis mortalis. Et ideo insidiati sunt animalibus
brutis ut scirent vires herbarum et lapidum et metallorum
et aliarum rerum, quibus sua corpora rectificabant multis
modis tanquam miraculosis, sicut ex libris Plinii, Solini,
Avicennae de Animalibus, et Tullii de Natura Divina, ex
philosophia Artephii, et libris aliis et auctoribus variis, certissime colligitur, et experti sunt multi. Nam Parisius nuper
fuit unus sapiens, qui serpentes quaesivit et unum accepit et
scidit eum in parva frusta, nisi quod pellis ventris, super quam
reperet[1], remansit integra, et iste serpens repebat ut poterat ad
herbam quandam, cujus tactu statim sanabatur. Et experimentator collegit herbam admirandae viriditatis. Et quia
potest humana ratio supra omnem prudentiam bestialem,
ideo sic excitati per exempla brutorum excogitaverunt vias
meliores et majores.

The
ancients
knew of
these.

Et praecipue haec sapientia mundo concessa est per primos,
scilicet per Adam et filios ejus, qui receperunt ab ipso Deo
specialem cognitionem in hac parte, quatenus vitam suam
longius protenderent. Sic videndum est per Aristotelem in
libro Secretorum, ubi dicit quod Deus excelsus et gloriosus
ordinavit modum et remedium ad temperantiam humorum
et conservationem sanitatis, et ad plura adquirenda scilicet
ad obviandum passionibus senectutis et ad retardandum eas,
et mitigandum hujusmodi; et revelavit ea sanctis et prophetis
suis, et quibusdam aliis, sicut patriarchis, quos praeelegit et
illustravit spiritu divinae sapientiae, &c. Et infra dicit[2] quod
est medicina, quae vocatur gloria ineffabilis et thesaurus
philosophorum, quae totum corpus humanum rectificat ad

---

[1] J. repit.   [2] J. has infudit.

plenum, quae dicitur inventa ab Adam vel ab Enoch, habita
per visionem, sicut ipsemet refert, licet non fuerit certificatum
ad plenum, quis eorum eam primo perceperit. Sed haec et
hujusmodi secretorum secretissima semper fuerunt occultata
a vulgo philosophantium, et maxime postquam homines
coeperunt abuti sapientia, disponentes ad malum quod Deus
in salutem hominum et utilitatem plenam concessit.

Horum autem exempla scribuntur multa. Artephius, qui
omnes regiones orientis peragravit propter sapientiam in-
quirendam, Tantalum magistrum regis Indiae invenit in aureo
throno sedentem, de natura et motibus coelestibus docentem,
cui Artephio idem Tantalus humiliavit se in discipulum [1], fertur
in libro suae philosophiae vixisse multis annorum centenariis
per secretas experientias. Verum [2] et Plinius vicesimo secundo
libro Naturalis Historiae coram Octaviano Augusto refert
hominem stetisse, qui ultra centum annos vitam suam prolon-
gasset, fortis et robustus et strenuus in stuporem astantium :
itaque imperator admiratus quaesivit ab eo, quid faceret ut ita
viveret; et ipse respondit in aenigmate, ut ait Plinius, quod
posuerat oleum exterius, et mulsum interius. Deinde quod
dicitur libro de Accidentibus Senectutis [3], a tempore regis
Guillelmi Siciliae inventus est homo, qui statum juventutis
in robore et sensu et prudentia renovavit [4] ultra omnem
aestimationem humanam circiter sexaginta annos ; et de
rustico bubulco factus est regis bajulus. Qui recepit liquorem
optimum aureo vase in campis occultato sub terra, quod vas,
aratro terram dividente, reperit, et aestimans rorem coelestem
bibit, et faciem lavit, et renovatus est mente et corpore supra
modum. Et in libro nunc tacto scribitur, quod homo totus
perunctus unguento optimo, praeter plantas pedum, vixit
pluribus annorum centenariis incorruptus, excepto quod in

---

[1] disciplinam, J.

[2] J. has rerum, affixed to foregoing sentence. Cf. Plin. xxii. 24.

[3] This is Bacon's treatise above referred to. The reference to it here fixes
the date of its composition before 1267, which some have doubted. It was
written, as Bacon says himself, in Paris. 'Hanc epistolam suasu duorum
sapientum Parisius composui.' The anecdote of the countryman's treasure trove
is told in cap. 8, and it is repeated in the Epistola de secretis operibus Artis et
Naturae (see Brewer, p. 539).   [4] revocavit, J.

plantis, quas'neglexerat ungere, recepit corruptionem, et ideo quia semper equitavit. Et auctor istius libri testatus est, quod hominem videret et cum eo locutus fuerat, qui pluribus annorum centenariis vixerat, eo quod medicinam a sapientibus magno regi paratam desperanti pro seipso et volenti indocto homini probare medicinam, recepit eam. Et sic prolongata est vita hominis, et a summo pontifice illius temporis et aliis habuit litteras bullatas de hac veritate.

Ingredients of the remedy
Et ideo dicit experimentator bonus in libro de Regimine Senum, quod si illud quod est in quarto gradu temperatum, et quod natat in mari, et quod vegetatur in aere, et quod a mari projicitur et planta Indiae, et quod est in visceribus animalis longae vitae, et duo repentia quae sunt esca Tyrorum et Aethiopum, praepararentur et adhiberentur, ut oportet, et minera nobilis animalis adesset, multum posset vita hominis prolongari et passiones senectutis et senii retardari et mitigari Quod vero est in quarto gradu temperatum est aurum, secundum quod dicitur in libro de Spiritibus et Corporibus, quod est maxime amicum naturae inter omnia. Et si per experientiam certam fieret optimum quod potest esse, vel saltem longe melius quam natura et ars alkimiae possunt facere, sicut fuit vas quod rusticus invenit, et resolveretur illud in aquam qualem bibit bubulcus, tunc miram operationem faceret in corpus hominis. Et si jungitur illud quod natat in mari, videlicet, margarita, quae est res multum efficax ad vitae conservationem, ac etiam addatur res quae in aere vegetatur, et est *anthos*, et est flos roris marini, qui ineffabilem habet virtutem contra passionem senectutis. Sed quod ponitur in electuario *dianthos* non est flos, sed mixtum ex foliis et fragmentis arbusti et parum de flore. Purus enim flos in tempore suo debet colligi, et multis modis contingit uti eo tam in cibis quam in potibus et electuariis. Quibus addendum est quod a mari projicitur et est ambra [1], quae est sperma cetae, res mirae virtutis in hac parte. Planta Indiae his est conformis, et est bonum lignum aloes, novum, non sophisticatum. Quibus annectitur quod est in corde

---

[1] Not arubra, as in J It is ambergris

animalis longae vitae, scilicet cervi, et est os quod generatur in corde cervi, habens magnam proprietatem contra festinationem senectutis. Repens autem quod est esca Tyrorum, est tyrus serpens de quo fit Tyriaca, et cujus carnes praeparantur ut oportet, et comeduntur cum rebus aromaticis; et haec est res omnino electa contra passionem senectutis et contra omnes corruptiones complexionis, si cum rebus accipiatur congruis cuilibet complexioni et passioni, ut docetur in libro de Regimine Senum. Et Aristoteles in libro Secretorum docet maximum documentum contra malas passiones per hujusmodi carnes tyri. Repens quod est esca Aethiopum est draco, secundum quod David dicit in psalmo, Dedisti eam escam populis Aethiopum. Nam certum est quod Aethiopes sapientes[1] venerunt in Italiam et Hispaniam et Franciam et Angliam, et in istas terras Christianorum in quibus sunt dracones boni volantes, et per artem occultam quam habent excitant dracones de cavernis[2] suis, et habent sellas et froena in promptu, et equitant super eos et agitant in aere volatu fortissimo, ut dometur rigiditas carnium et temperetur durities, sicut apri et ursi et tauri agitantur canibus et variis percussionibus flagellantur, antequam occidantur pro comestione. Cum ergo sic domesticaverint eos, habent artem praeparandi carnes eorum, sicut est ars praeparandi carnes tyri, et utuntur eis contra accidentia senectutis, et vitam prolongant et intellectum subtiliant ultra omnem aestimationem. Nam nulla doctrina quae per hominem fieri potest tantam sapientiam inducere valet sicut esus istarum carnium, secundum quod per homines probatae fidei didicimus sine mendacio et dubitatione.

Si vero elementa praepararentur[3] et purificarentur in aliquo mixto quocunque, ita quod nulla infectio esset unius per aliud, sed reducerentur ad puram simplicitatem, tunc aestimaverunt sapientissimi quod summam medicinam haberent. Nam sic essent elementa aequalia. Et Averroes arguit contra Galienum[4] super decimo Metaphysicae[5], quod si mixtum esset per aequalitatem miscibilium, tunc non esset actio et

Principles on which the remedy is founded.

---

[1] serpentes, J.   [2] concavis, J.   [3] praeparentur, J.
[4] Salienum, J.   [5] Mathematicae, J.

P 2

passio elementorum nec corruptio. Et hoc vult Aristoteles in
quinto Metaphysicae, ubi sanxit, quod potentiae activae cum
fuerint aequales non accidit corruptio, et hoc est certum.

Equality of
elements
approached
in Adam's
body, and
attained
after the
resurrec-
tion
Nam sic erit in corporibus post resurrectionem Aequalitas enim elementorum in corporibus illis excludit corruptionem in aeternum. Nam haec aequalitas est ultimus finis
materiae naturalis in corporibus mixtis, quia nobilissimum
est, et ideo in eo quiesceret appetitus materiae, et non desideraret aliquid ultra. Corpus autem Adae non habuit
elementa in plena aequalitate, et ideo fuerunt in eo actio et
passio elementorum contrariorum, et per consequens[1] deperditio, et ideo indiguit nutrimento. Et propter hoc fuit ei
praeceptum, ut non comederet de fructu vitae. Sed quia
elementa in eo fuerunt prope aequalitatem, ideo modica fuit
in eo deperditio, et propter hoc fuit aptus ad immortalitatem quam posset consequi, si fructum ligni vitae semper
comedisset. Hic enim fructus aestimatur habere elementa
prope aequalitatem ; et ideo potuit continuare incorruptionem
in Adam, quod factum fuisset, si non peccasset. Sapientes
ergo laboraverunt, ut in aliquo comestibili vel potabili reduce-
rent elementa ad aequalitatem vel prope, et docuerunt vias
ad hoc. Sed tum propter difficultatem istius experientiae
maximae, tum quia pauci curant de experientiis, quia multiplex est ibi labor et expensarum magna effusio, nec advertunt
homines naturae secreta et artis possibilia, ideo accidit quod
paucissimi laboraverunt in hujusmodi arcanum scientiae
maximae, et pauciores venerunt ad finem laudabilem.

Illi tamen de quibus facta est mentio, qui per annorum
centenarios vitam protraxerunt, habuerunt hujusmodi medicinam secundum magis et minus praeparatam. Nam
Artephius[2], qui legitur vixisse mille viginti et quinque annis,
habuit meliorem medicinam quam bubulcus senex, in quo
renovata fuit juventus per sexaginta annos. Liquor ille, quem
bibit ille rusticus, aestimatur versus aequalitatem elementorum

---

[1] J alters this to gradus

[2] A work bearing the name of this alchemist was printed at Frankfurt in 1685,
with the title, 'Artefii Arabis philosophi Liber Secretus ; nec non Saturni Tris-
megisti sive Fratris Heliae de Assisio libellus, quorum primus magicum ignem
ab omnibus occultatum aperit, alter operandi modum aperte docet.'

accessisse longe ultra cibos et potus communes; sed tamen multum deficit ab aequalitate plena. Gradus enim multi sunt in accessu ad ultimum aequalitatis; quod etiam non attigit Artephii medicina, sicut nec illa quae per quingentos[1] annos fecit illum vivere qui literam papalem habuit in attestatione tanti miraculi, de quo dictum est superius[2]. Nec mirum si Aristoteles non tantum vixit, nec Plato, nec multi famosi philosophi; quum in praedicamentis dicit Aristoteles se ignorasse quadraturam circuli[3], quae non habet comparationem ad hujusmodi secretum. Et Avicenna dicit in tertio Physicorum, se nondum scivisse praedicamentum habitus; et modo aestimo hoc sciri de facili, et miramur eos tam aperta nescivisse. Omnis enim sapientia a Domino Deo est; et ideo aliquando simplicibus dantur quae studiosissimi et famosissimi scire non possunt. Sed medicina ista dare non potest, nec loquitur; sed magnitudo secreti scientiae experimentalis hujusmodi probavit. Quae vero sunt remedia et quas res accipiunt, invenitur maxime in libro Secretorum Aristotelis et in philosophia Artephii, et in libro de Passionibus Senectutis, et in tractatu de Senum et Seniorum Regimine, et in libris Plinii, et alibi multis modis[4].

---

[1] centum sextos, J. [2] See p. 210.

[3] *Categ.* v. 18 Ἐπιστήμης μὴ οὔσης, οὐδὲν κωλύει ἐπιστητὸν εἶναι· οἷον καὶ ὁ τοῦ κύκλου τετραγωνισμός· εἴ γέ ἐστιν ἐπιστητόν, ἐπιστήμη μὲν αὐτοῦ οὐκ ἔστιν οὐδέπω, αὐτὸς δὲ ἐπιστητόν ἐστιν. The quadrature of the circle, or the method of approximating to it which is rightly called by that name, was discovered by Archimedes in the century succeeding that of Aristotle.

[4] Bacon's treatise *De retardandis senectutis accidentibus* was translated into English in 1684 by a member of the College of Physicians, Dr. Richard Brown, with notes on each chapter which not merely throw some light on the ingredients of his *elixir vitae*, but show, what is even more important, that to the medical mind four centuries after Roger Bacon, and half a century after Harvey, there was no *a priori* absurdity in the supposition that these ingredients were of value.

The amazing want of relativity which still continues to vitiate historical judgements, and especially judgements in the history of science, suggests a caution analogous to that already given in the case of Astrology. Till the laws of living bodies were studied at the close of the eighteenth century by Bichat, Hunter, and others in the light of physical and chemical science, there was no antecedent improbability in supposing the possibility of indefinite prolongation of human life. Limits very different from those imagined by Bacon are now universally recognized; but it would be rash to say that all has been done that can be done to reach them. Again, as to the nature of the remedies. What

EXEMPLUM III.

Improve-
ments to be
effected in
Alchemy.

Tertio exemplificari potest hujus scientiae dignitas in alkimia. Nam tota ars illa vix attingit ad hoc, ut de levioribus metallis fiant veraciter majora, ut aurum de plumbo, et argentum de cupro. Sed illa ars nunquam sufficit ad ostendendum gradus auri naturales et artificiales et modos graduum istius. Nam scientia experimentalis utrumque produxit in lucem, quoniam et gradus auri invenit, et quatuor naturales et modos horum septendecim, et artificiales. Experimenta est possibile produci quantum placet ultra viginti quatuor. Sic vas, in quo continebatur liquor, de quo bubulcus factus est regis bajulus, auri tenuit dignitatem longe ultra viginti quatuor, ut ejus probatio et pretium manifestaverunt. Quum vero isti viginti quatuor gradus inveniuntur in massa auri, tunc est optimum aurum quod potest per naturam produci; quum vero sunt viginti quatuor gradus auri et una pars argenti vel unus gradus, tunc est pejus aurum quam prius, et sic vadit diminutio graduum auri usque ad sexdecim, quatenus octo sunt gradus auri cum admixtione argenti. Virtus vero mineralis in ventre terrae non potest aliquando digerere materiam et naturam auri, et facit quod potest digerens eam in formam argenti. Et ne illud fingam ex me, inveniuntur homines in pluribus partibus mundi, qui istos sexdecim modos apti sunt generare, et invenerunt frusta et massas auri, secundum istos septendecim; deinde procuraverunt fieri mixtionem argenti et aeris cum auro secundum modos praedictos, ut frusta haberent auri artificialiter facti septendecim, per quae cognoscant modos auri naturales. Et quia haec ars ignoratur a vulgo eorum qui auro inhiant, oportet quod multiplices fraudes fiant in hoc mundo. Ars

physician thirty years ago, looking at a case of the disease now called Myxoedema (which presents many of the appearances of premature old age), would not have smiled on hearing that it might be arrested or even cured by swallowing an extract from the thyroid gland of a sheep? This would be precisely one of the cases covered by Bacon's second *prerogative*: a discovery made within the limits of the science of medicine, but arrived at experimentally, and independently of medical principles hitherto recognized Vaccination would be another instance.

igitur alkimiae non solum omittit hos modos, sed ad aurum viginti quatuor graduum rarissime invenitur, et cum summa difficultate, et pauci fuerunt semper, qui simul viventes sciverunt hoc secretum alkimiae ; et non pervenit haec scientia ultra istud. Sed Scientia Experimentalis novit per Secreta Secretorum Aristotelis producere aurum non solum viginti quatuor graduum, sed triginta et quadraginta et quantum volumus. Propter hoc Aristoteles dixit ad Alexandrum 'volo ostendere secretum maximum'; et vere est secretum maximum, nam non solum procuraret bonum reipublicae et omnibus desideratum propter auri sufficientiam, sed quod plus est in infinitum, daret prolongationem vitae. Nam illa medicina, quae tolleret omnes immunditias et corruptiones metalli vilioris, ut fieret argentum et aurum purissimum, aestimatur a sapientibus posse tollere corruptiones corporis humani in tantum, ut vitam per multa secula prolongaret. Et hoc est corpus ex elementis temperatum, de quo prius dictum est [1].

Capitulum de tertia praerogativa vel dignitate artis experimentalis.

Tertia autem dignitas hujus scientiae est. Et est ex propriis per quae non habet respectum ad alias scientias, sed sua potestate investigat secreta naturae. Et hoc in duobus consistit ; scilicet in cognitione futurorum praeteritorum et praesentium, et in operibus admirandis quibus excedit astronomiam judiciariam vulgatam in potestate judicandi. Nam Ptolemaeus in libro introductorio Almagesti dicit, quod alia est via quam per astronomiam vulgatam certior; et haec est via experimentalis, quae vadit secundum cursum naturae,

Definition of the third preroga- tive.

---

[1] The subject of Alchemy was more fully treated by Bacon in the *Opus Minus*, of which all that is known to be extant is to be found in Brewer, (see pp. 313–15, and 359–89). See also *Opus Tertium*, cap. xii. Other works of Bacon on Alchemy are (1) *Speculum Alchemiae*, printed in 1541 and translated both into French and English ; (2) *De secretis operibus artis et naturae* reprinted as an Appendix to Brewer's work : (3) The treatise *De retardandis senectutis accidentibus* already spoken of ; (4) *Sanioris medicinae magistri Rogeri Baconis angli de arte chymiae scripta*, printed in 1603, and sometimes spoken of under the title given to it in the second edition of 1620, of *Thesaurus chemicus*.

For the position of Alchemy in the history of science, the remarks of Comte (*Philosophie Positive*, vol. vi. p. 209, ed. Littré) may be consulted with advantage.

ad quam intendunt multi fidelium philosophorum, sicut Aristoteles et turba multa auctorum judiciorum astroıum, ut ipse dicit, et nos scimus per proprium exercitiùm, cui contradici non potest. Et haec sapientia inventa est in purum remedium humanae ignorantiae et imprudentiae; difficile enım est habere ınstrumenta astronomiae certa et sufficienter, et difficilius est habere tabulas verificatas, praecipve in quibus sit motus planetarum aequatus Et difficilis est harum tabulaıum usus, sed difficılıor usus instrumentorum. Haec autem scientia definitiones et [1] vias adinvenit, per quas expedite ad omnem quaestionem respondeat, quantum potest philosophiae sıngularis propⁿetas, et per quas[2] ostendat nobis figurationes coelestıum virtutum ; et impressıones coelestium : in hoc mundo, sıne difficultate astronomıae vulgatae. Et haec pars judicativa habet quatuor radices principales, seu scientias secretas.

Alteratıons of environ-ment affectıng character Opera vero hujus scıentiae, quae ostendunt philosophiam, quıdam testantur esse ın alteratione regionis, ut mores vulgi alterentur, de quibus Alexandro quaerenti ab Arıstotele de gentibus quas invenit, an eos exterminaret propter morum ferıtatem, an permitteret eos vivere, ipse Aristoteles philosophorum doctissımus in libro Secretorum respondit, Si[3] potes alterare aerem ipsorum, permitte eos vivere ; si non, interfice eos. Voluit enım quod aer eorum potuıt alterari utiliter, ut complexiones corporum eorum alterentur, et deinde animi excitati per complexiones elicerent bonos mores ex arbıtrii libertate , et hoc est unum ex secretis.

Quidam vero plus assentiunt[4] in alteratione per solem, de quıbus est exemplum Aristotelis dicentis ad Alexandrum, da calidum grano plantae in usum cui volueris, et ipse obediet tibi toto tempore vitae tuae. Quidam ponunt ut exercitus obstupescat et fugiat de quibus Aristoteles dicit ad

---

[1] definıtıones et, om in J.

[2] per quam ostendent, J   O has per quam ostendat, but I thınk quas ıs called for.

[3] Cf. vol. ı p 393.

[4] J leaves a hıatus here. The readıng here gıven I belıeve to be that of O. though the MS ıs somewhat defaced The word phılosophı ın J. ıs certainly not ın thıs MS.

Alexandrum, Accipe talem lapidem super te. et fugiet omnis exercitus a te. Haec et hujusmodi innumerabilia testantur esse vera, non intendentes quod violentia fiat libero arbitrio ; cum ipse Aristoteles, qui hoc proponit, dicit in Ethicis, quod voluntas cogi non potest. Potest autem corpus alterari per virtutes rerum, et animi deinde excitantur et moventur ut omnino gratis velint illud ad quod inclinantur ; sicut per potiones et medicinas multas in libro Medicorum, [videmus] [1] multos non solum in corpore posse alterari sed in passionibus animae et inclinatione voluntatis.

Sunt autem alia opera quae sunt magis naturalia, quae sic non respiciunt inclinationem voluntatis mirabilem. et hujus sunt diversitatis. Quaedam habent pulchritudinem sapientiae cum aliis utilitatibus, ut de balneis perpetuis humano usui aptissimis absque renovatione artificii alicujus : sicut de luminaribus perpetuo lucentibus sine extinctione; videmus enim multas res igne non posse comminui, immo purificantur ex igne, sicut pellis salamandrae, et multa talia, quae etiam sic praeparari possunt ut luceant secundum se extra et virtutem ignis retineant, et flammam et lucem reddant. Et contra inimicos rejpublicae adinvenerunt magnas artes, ut sine ferro, et absque eo quo tangerent aliquem, destruerent omnes resistentes, et eorum sunt multa genera. Et quaedam nullo sensu percipiuntur, aut solo olfactu, et horum patet liber Aristoteles de alteratione aeris, non de quo [2] prius tetigi sed alterius rationis, quoniam per viam infectionis procedunt. Et alia sunt, quae sensum aliquem immutant, et haec diversitas fit secundum omnes sensus.

Unsuspected inventions.

Ever-burning lamps.

Quaedam vero solo tactu immutant et sic tollunt vitam. *Greek fire.* Nam malta, quae est genus bituminis et est in magna copia in hoc mundo, projecta super hominem armatum comburit eum. Istud autem Romani gravi caede perpessi sunt in expugnationibus regionum, sicut Plinius testatur secundo Naturalis Historiae, et historiae certificant. Similiter oleum citrinum petroleum, id est, oriens ex petra, comburit quicquid occurrit, si rite praeparetur. Nam ignis comburens fit ex eo qui

---

[1] Some such word as videmus is wanting to complete the sense.
[2] cujus, J.

Explosive
com-
pounds.

cum difficultate potest extingui; nam aqua non extinguit. Quaedam vero auditum perturbant in tantum, quod si subito et de nocte et artificio sufficienti fierent, nec posset civitas nec exercitus sustinere. Nullus tonitrui fragor posset talibus comparari. Quaedam tantum terrorem visui incutiunt, quod coruscationes nubium longe minus et sine comparatione perturbant ; quibus operibus Gideon in castris Midianitarum consimilia aestimatur fuisse operatus. Et experimentum. hujus rei capimus ex hoc ludicro puerili, quod fit in multis mundi partibus, scilicet ut instrumento facto ad quantitatem pollicis humani, ex violentia illius salis qui sal petrae vocatur tam horribilis sonus nascitur in ruptura tam modicae rei, scilicet modici pergameni, quod fortis tonitrui sentiatur excedere rugitum, et coruscationem maximam sui [1] luminis jubar excedit.

Antidotes
for animal
poisons.

Sunt etiam res quamplurimae, quae omne animal venenosum tactu lenissimo interficiunt, et circulo facto circa illa animalia per res hujusmodi, non possunt exire, sed moriuntur licet non tangantur. Quod si homo sit percussus veneno animalis, rasura pulveris hujusmodi rerum sanatur, sicut Beda scribit in Ecclesiastica Historia et scimus hoc per experientiam. Et sic sunt res innumerabiles, quae habent hujusmodi virtutes extraneas, quarum potestates [2] ignoramus ex sola negligentia experiendi.

Magnetic
and other
attractions.

Sed alia sunt opera quae non tantam habent utilitatem reipublicae, sunt tamen spectanda miracula naturae, sicut est de experientiis magnetis, non solum respectu ferri, sed auri et aliorum metallorum. Et si experimentum respectu ferri non esset notum mundo, videretur magnum miraculum. Et certe circa operationem magnetis respectu ferri sunt opera incognita eis qui utuntur magnete, quae dissolutiones naturae mirabiliter ostendunt. Sicut etiam experimentator fidelis motum rerum ad invicem aliarum ab his novit experiri, ut de lapide qui currit ad acetum, et de bitumine quod capit ignem a se longius distantem, secundum quod narrat Plinius secundo Naturalium ; et de quibusdam aliis rebus localiter distantibus ad invicem motu naturali concurrentibus. Quod est omnino

[1] i. e. of the lightning accompanying the thunder.   [2] proprietates, J

stupendum super omnia quae vidi et audivi. Postquam enim
hoc intuitus sum, nihil fuit meo intellectui difficile ad credendum, dummodo habuit auctorem certum. Et ne lateat
Vestram Reverentiam, hoc accidit in partibus plantarum
divisis et localiter separatis. Nam si surculus unius anni
suscipiatur qui oritur juxta radices coruli, et secundum ejus
longitudinem dividatur, et separentur partes divisae per
spatium palmae seu quatuor digitorum, et unus teneat ex
una parte extremitates duarum partium, et alius ex alia parte
similiter, et semper teneant aequaliter et leniter, ita quod
sicut partes in toto fuerant contra se positae sic teneantur,
infra spatium dimidii milliaris incipient partes virgae sibi
appropinquare paulatim, sed fortius in fine, ut tandem omnino
concurrant et sint simul, extremitatibus tamen existentibus [1]
diversis, quia per violentiam detinentium praepediuntur. Et
hoc est valde admirabile. Et ideo magici utuntur hoc experimento, et dicunt carmina diversa, et credunt quod ex virtute
carminum istud contingat. Et ego neglexi carmina et inveni
opus naturae mirabile. Et simile est de magnete et ferro.
Nam sicut propter similitudinem naturae quae est in ferro
et magnete, unum currit ad aliud, sic est hic, unde virtus
naturalis, quae est similis in utraque parte plantae, movet
eas ad conjunctionem. Quod si debito modo aptarentur,
concurrerent in extremitatibus sicut in medio et citius [2], ut
si subtiliter perforarentur extremitates et transirent fila per
foramina, quatenus in aere suspenderentur sine impedimento.
Et non solum hoc est de surculis coruli, sed de multis aliis,
ut in salicibus, et forsan in omnibus, si debito modo aptarentur. Sed quia in talibus aptius cogitat animus quam
calamus scribat, ideo supersedeo ad tempus. Hic non scribo
nisi recitando dicta sapientum et quae facta sunt ab eis,
quorum ingenia magis admiror quam intelligo.

Et sic faciens finem de scientia ista experimentali absolute, Applica-
convertam eam ad utilitatem theologiae, sicut in aliis egi tion to religious
consimiliter. Cum vero jam monstravi proprietatem hujus and civil uses.

---

[1] exeuntibus, J. In the same sentence J. has propediuntur.
[2] citius om. in J.

scientiae secundum se, jam cuilibet patet quod utilissima est
haec scientia post moralem, et primo ipsi theologiae absolutae
propter sensum literalem et spiritualem, in quibus ipsa consistit. Superius enim habitum est quod literalis sensus consistit in veritate creaturarum per definitiones et descriptiones
earum exprimenda, et similiter habitum est quod argumentum
non attingit ad hanc veritatem, sed experientia. Quapropter
haec scientia post moralem maxime dabit veritatem Scripturae-
literalem, ut per convenientes adaptationes et similitudines
extrahantur sensus spirituales. propter proprietatem Scripturae
sacrae et secundum vias sanctorum et omnium sapientum.

Deinde ut refertur ad rempublicam fidelium valet haec
scientia, ut tactum est in futurorum praesentium et praeteritorum cognitione speciali, atque in operum mirabilium
exhibitione pro Ecclesia et Republica, ut promoveantur omnia
negotia utilia, et impediantur contraria tam in paucis quam
in multitudine, sicut exemplificatum est   Et si procedamus
ad conversionem infidelium, patet quod valet duobus modis
principalibus, qui habent ramos infinitos, quantum persuasio
fidei notabiliter fieri potest per scientiam hanc; non argumentis
sed operibus, quod fortius est. Neganti enim veritatem fidei,
quia intelligere eam non valeat, proponam cursum naturalem
rerum ad invicem, sicut exemplificatum fuit. Similiter quod
sine violentia humana dolium frangatur, et vinum contentum
stet immobile per tres dies non fluens; et quod aurum et
argentum in marsupio, et ensis in vagina, consumantur, eis
in quibus continentur illaesis; ut Seneca docet in libro Naturalium Quaestionum[1]; et quod aves qui vocantur halcyones
mare tempestuosum in profunda hyeme cogant quiescere et
se retrahere donec, ova fecerint et foetus produxerint, sicut
Basilius et Ambrosius in Hexaemeron, et philosophi et poetae
scribunt. Haec enim et his similia debent hominem movere,
et ad receptionem divinarum veritatum excitare. Quoniam
si in vilissimis creaturis reperiuntur veritates, quibus oportet
subdi superbiam intellectus humani[2] ut credat eas licet non
intelligat, aut injuriabitur veritati infallibili, quanto magis

[1] Seneca, *Nat. Quaest.* ii. 19   Seneca is speaking of the effects of lightning
[2] interius humanam, J.

debet homo humiliare mentem suam veritatibus Dei gloriosis. Certe non est comparatio.

Est autem alius modus utilissimus ; quoniam[1] ad hanc, ut dixi, scientiam pertinet judicare quid potest fieri per naturam aut per artis industriam, et quid non. Et novit illa separare magicas illusiones, et deprehendere omnes earum errores in carminibus et invocationibus et conjurationibus et in sacrificiis et culturis. Sed infideles occupantur his insaniis et confidunt in eis, et crediderunt Christianos uti talibus in operibus miraculorum. Quapropter summae utilitatis est haec scientia in fidei persuasione, quum per eam solam inter partes philosophiae contingit procedere in hoc casu, eo quod haec sola considerat hujusmodi, et potest convincere omnem falsitatem et superstitionem et errorem infidelium quantum ad hujusmodi magica, ut sunt carmina et caetera praetacta. Qualiter autem valeat ad infidelium obstinatorum reprobationem, jam patet per opera violenta quae jam tacta sunt[2], et ideo pertranseo.

Elimination of magic.

Est tamen considerandum, quod licet aliae scientiae multa mirabilia faciant, ut geometria practica facit specula comburentia omne contumax, et sic de aliis ; tamen omnia hujusmodi utilitatis mirificae in republica pertinent principaliter ad hanc scientiam. Nam haec se habet ad alias, sicut navigatoria ad carpentariam, et sicut ars militaris ad fabrilem ; haec enim praecipit ut fiant instrumenta mirabilia, et factis utitur, et etiam cogitat omnia secreta propter utilitates reipublicae et personarum ; et imperat aliis scientiis, sicut ancillis suis, et ideo tota sapientiae speculativae potestas[3] isti scientiae specialiter attribuitur. Et jam ex istis scientiis tribus patet mirabilis utilitas in hoc mundo pro ecclesia Dei contra inimicos fidei, destruendos magis per opera sapientiae, quam per arma bellica pugnatorum ; quibus Antichristus copiose et efficaciter utetur, ut omnem hujus mundi potentiam conterat et confundat ; et per quae tyranni, retroactis temporibus, orbem sibi subjugabant. Quod manifestum est per exempla infinita.

Paramount importance of this science.

Sed nunc affero unum pro omnibus de Alexandro magno, qui quum de Graecia profectus est ut mundum expugnaret,

Illustrated by history of Alexander.

[1] quantum, J.   [2] Cf. vol. i. pp. 401-2.   [3] proprietas, J.

non habuit peditum nisi triginta duo millia, et equitum quatuor millia et quingentos ; tamen, ut dicit Orosius ad Augustinum in libro de Ormesta Mundi, inferens hac tam parva manu bellum universo terrarum orbi, utrum admirabilius sit quod vicerit aut quod aggredi ausus fuerit, incertum est. Primo ergo cum Dario rege congressu sexcenta millia Persarum prostravit, sed in suo exercitu centum viginti equites et novem pedites defuere In secundo vero congressu devicit quadraginta millia hominum, et de suo exercitu centum triginta pedites et centum quinquaginta equites ceciderunt ; per hoc residuum mundi territum facilius subjecit. Sed Orosius dicit, non minus arte quam virtute Macedonum superavit. Nec mirum, cum Aristoteles fuerit cum eo in his bellis, ut legimus in vita Aristotelis Et etiam Seneca in Naturalibus dicit, quod mundum vicit Alexander, Aristotele et Callisthene ducibus, qui magistri ei fuerunt in omni sapientia Sed Aristoteles extitit principalis ; et facile patet per praedicta quomodo per vias sapientiae potuit Aristoteles mundum tradere Alexandro. Et hoc deberet ecclesia considerare contra infideles et rebelles, ut parcatur sanguini Christiano et maxime propter futura pericula in temporibus Antichristi, quibus cum Dei gratia facile esset obviare, si praelati et principes studium promoverent et secreta naturae et artis indagarent [1].

---

[1] Bacon's third *prerogative* deals with the phenomena lying outside the boundaries of any science recognized in his time, in which new departments of knowledge were to be created by experiment and observation alone Here obviously the restraining influence of deduction from established principles could be no longer exercised ; and observation unguided by rational hypothesis, led to strange results For rules of induction, even faintly analogous to those of the *Novum Organum*, the student of the *Opus Majus* will seek in vain. Yet those who are disposed to be severe on the credulity of Roger Bacon, or of his century, will find it well matched if not surpassed in the *Silva Silvarum* of his namesake We may go farther His description of the mutual attraction of the split hazel wands is curiously suggestive of the procedure followed even now by water-finders, who are not seldom consulted by practical men

In his attempt to handle scientifically the real or pretended wonders exhibited by the wizards of his time, and to sift true from false, Bacon showed singular audacity as well as insight. The few physicians of our time who have striven to do the same with the allegations of *clair-voyants*, have had to run the gauntlet of imputations dangerous to their fame, though not, as in Bacon's case, to liberty or life

PARS SEPTIMA[1]

HUJUS PERSUASIONIS.

MORALIS PHILOSOPHIA : PARS PRIMA.

Manifestavi in praecedentibus, quod Cognitio Linguarum et Definition and rank of Moral Science. Mathematica, atque Perspectiva, nec non Scientia Experimentalis sunt maxime utiles et principaliter necessariae in studio sapientiae, sine quibus nullus potest ut oporteret[2] in ea proficere; et non solum absolute sumpta, sed relate[3] ad Dei Ecclesiam et cetera tria praenarrata. Nunc vero radices quartae scientiae volo revolvere quae melior est omnibus praedictis et nobilior; et haec est inter omnes practica, id est operativa, et de operibus nostris in hac vita et in alia constituta. Omnes enim aliae dicuntur esse speculativae. Nam licet quaedam sint activae, et operativae, tamen sunt de operibus artificialibus et naturalibus, non moralibus, et speculantur veritates rerum et operum scientialium quae referuntur ad intellectum speculativum et non sunt de eis quae pertinent ad intellectum practicum; qui ideo dicitur practicus quod praxim, id est operationem boni vel mali, exercet. Unde practica hic stricte sumitur, ad opera moris quibus boni vel mali sumus; licet largo modo sumendo practicam pro omni operativa scientia, multae aliae sunt practicae; sed autonomatice haec dicitur practica, propter

---

[1] In D. and O. the heading is 'Incipit Pars Septima hujus Persuasionis de Morali Philosophia; habens Distinctiones et Capitula.' It must be remarked, however, that the division into Distinctions and Chapters is very imperfectly carried out in these two MSS.

[2] oporteret, O.; oportet, M.   [3] relate, O.; relata, M.

principales operationes hominis, quae sunt circa viitutes et
vitia [1], et felicitatem et miseriam alterius vitae.

Its relation
to Theo-
logy

Haec vero practica vocatur moralis et civilis scientia quae
ordinat hominem ad Deum et ad proximum, et ad seipsum,
et probat has ordinationes, et ad eas nos invitat et excitat
efficaciter   Haec enim scientia est de salute hominis per
viitutem et felicitatem complenda, et aspirat haec scientia
ad illam salutem, quantum potest philosophia ; ex quibus in
universali patet quod haec scientia est nobilior omnibus
partibus philosophiae. Nam cum sit sapientiae humanae [2]
finis internus, et finis est nobilissimum in re qualibet, oportet
quod haec scientia sit nobilissima   Similiter [3] de iisdem negotiatur haec sola scientia, vel maxime, de quibus Theologia ·
quia Theologia non considerat nisi quinque praedicta licet
alio modo scilicet in fide Chiisti. Et [4] haec scientia multa
praeclara testimonia de eadem fide continet, et- a longe
articulos principales olfacit in magnum adjutorium fidei
Christianae ut sequentia declarabunt. Sed Theologia est
scientiaium nobilissima ; ergo illa quae maxime convenit
cum ea est nobilior inter caeteras   Sed ut hujus scientiae
utilitas pateat maxima, oportet ejus partes investigari, quatenus de partibus et toto quod volumus extrahatur.

It presup-
poses the
results of
preceding
sciences

Et quoniam Moralis Philosophia est finis omnium partium
philosophiae, necesse est ut conclusiones aliarum scientiarum
sint principia in ea secundum formam praecedentium scientiarum ad sequentes, quia conclusiones praecedentium sup-
ponuntur in subsequentibus [5] naturaliter. Et ideo conveniens
est ut sint in praecedentibus bene probatae et certificatae, ut
mereantur accipi in usu scientiarum sequentium secundum
quod ex metaphysicis patens est. Et ideo principia Moralis
Philosophiae certificantur [6] in scientiis praecedentibus . et
propter hoc debent haec principia extrahi ex aliis scientiis,
non quia sunt illarum sed quia ea suae dominatrici praeparaverunt. Unde ubicunque inveniantur ascribenda sunt Morali
Philosophiae, quoniam secundum substantiam suam sunt

---

[1] et vitia om M
[3] caeterum, M , similiter, O
[5] sequentibus, M.

[2] humanae om M
[4] Quanquam et, M.
[6] verificantur, M

moralia. Et licet in aliis scientiis recitentur, hoc est propter
gratiam philosophiae moralis. Quapropter omnia hujusmodi
reputanda sunt de philosophia morali et ei ascribenda[1]. Et
ideo si volumus uti eis secundum jus suum, necesse est ut
in scientia morali ab omnibus aliis colligantur. Nec mirum
si philosophi per totam philosophiam speculativam sparserunt
moralia: quia sciverunt ea esse de salute hominis; et ideo
in omnibus scientiis sententias pulcras miscuerunt ut semper
homines excitarentur ad bonum salutis, ut sciretur ab omnibus quod non quaeruntur scientiae ceterae nisi propter istam
quae est humanae sapientiae dominatrix. Et ideo si allegem
auctoritates de aliis locis quam eas quae in libris moralibus
continentur: considerari oportet quod hae in hac scientia
debent proprie collocari; nec possumus negare esse scripta
in libris hujus scientiae: quia non nisi secundum partes in
Latino habemus philosophiam Aristotelis, Avicennae, et Averrois, qui sunt auctores in ea principales. Sicut enim Theologia
veritates salutiferas esse suas intelligit, ubicunque eas invenit,
ut a principio[2] allegavi, et posterius tactum fuit; sic et Moralis
Philosophia[3] in suum jus vindicat quicquid de rebus sui generis
reperit alias esse scriptum. Haec vero scientia moralis vocatur
ab Aristotele et ab aliis civilis scientia, quia jura civium et
civitatum demonstrat. Et quoniam solebant civitates domi-
nari regionibus ut Roma imperabat mundo; ideo haec scientia
civilis denominatur a civitate, jura tamen Regni et Imperii
construendo.

Haec autem scientia primo docet componere leges et jura
vivendi: secundo[4], docet ea credi et probari, et homines ex-
hortari ad operandum et vivendum secundum illas leges.
Prima pars dividitur in tres; nam primo naturaliter occurrit
ordinatio hominis in Deum et respectu substantiarum angeli-
carum. Secundo ad proximum; tertio ad se ipsum, sicut Scriptura facit. Nam primo in libro Moysi sunt mandata et leges
de Deo et cultu divino. Secundo de comparatione hominis
ad proximum in eisdem libris et sequentibus. Tertio docetur[5]

Twofold
division of
subject.
First divi-
sion falls
under three
heads: duty
to God, to
neighbour,
and to self.

---

[1] imponenda, M.   [2] Cf. vol. i. pp. 56-59.   [3] Moralis Scientia, M.
[4] In the fourth part, and the missing fifth and sixth parts of this seventh
section.   [5] docet, O.

de moribus, ut in libris Salomonis   Similiter in Novo Testamento, haec tria tantummodo continentur.   Nam homo non potest alias recipere comparationes.

Relation of Metaphysics to Moral Philosophy

Non solum vero propter primum sed propter omnia sequentia necesse est quod principia hujus scientiae in principio praeponantur, per quae caetera verificantur.   Horum autem principiorum quaedam sunt mere principia et solum metaphysice nata sunt declarari.   Alia licet sint principia, respectu sequentium, tamen vel sunt primae conclusiones hujus scientiae, vel licet aliquo principii gaudent privilegio, tamen propter eorum maximam difficultatem, et quia eis minus contradicitur[1], atque propter excellentem utilitatem respectu sequentium, debent sufficienter stabiliri.   Secundum quod Aristoteles in principio naturalis philosophiae probat primum principium istius scientiae, scilicet quod motus est contra eos qui posuerunt tantum unum esse immobile[2].   Sciendum autem quod Metaphysica et Moralis Philosophia maxime conveniunt; nam utraque de Deo negotiatur et angelis et vita aeterna et hujusmodi veritatibus[3], licet diversimode.   Nam Metaphysica per communia omnium scientiarum investigat propria metaphysice, et per corporalia investigat spiritualia : et per creata reperit Creatorem, et per vitam praesentem negotiatur circa futuram, et multa praeambula ad moralem philosophiam praemittit Quae Metaphysica[4] propter scientiam civilem perquirit, ut secundum quod jus est conjungentis hanc scientiam cum Metaphysica ; quatenus hic supponantur quae in Metaphysica habent declarari, ne scientias diversas ad invicem confundam si quae propria sunt Metaphysicae hic intendam probare.

Primary principles established by Metaphysic

Dico igitur quod Deum esse oportet sicut ibi debet ostendi. secundo quod Deum esse naturaliter cognoscitur ab omni

---

[1] The sense seems to demand, *ut eis minus contradicatur* This, in fact, is Bacon's meaning. there is, or will be less contradiction, if the principle is demonstrated

[2] The passage referred to is probably *Nat. Auscult* 1 cap 2, § 3 τὸ μὲν οὖν εἰ ἓν καὶ ἀκίνητον τὸ ὂν σκοπεῖν οὐ περὶ φύσεώς ἐστι σκοπεῖν, et seq He goes on to show that since φύσις is ἀρχὴ κινήσεως, the study of the one and immovable, and the study of motion, are wholly distinct and disparate inquiries

[3] hujusmodi multis, O

[4] I give the reading of M · O. has, ' unde recitabo solum hic quae in Metaphysicis habent declarari neque scientias diversas ad invicem confundam.'

homine : et tertio, quod Deus est potentiae et bonitatis infinitae, et simul cum hoc quod est substantiae et essentiae infinitae, ut sic sequatur quod sit optimus, sapientissimus, et potentissimus. Quarto, quod est unus Deus in essentia et non plures. Quinto, quod non solum est unus in essentia sed alio modo trinus, qui modus a metaphysico in universali proferri habet, hic autem in propria disciplina explicandus. Sexto, quod omnia creavit et gubernat [1] in esse Naturae. Septimo, quod praeter corporalia formavit substantias spirituales quos vocamus Intelligentias et Angelos ; quia intelligentia est nomen materiae, angelus vero est nomen officii ; et quot sunt, et quae sunt operationes earum, secundum quod ad metaphysicam pertinent, prout possibile est sciri per rationem humanam. Octavo, quod praeter Angelos fecit alias [2] substantias spirituales quae sunt animae rationales in hominibus. Nono, quod fecit eas immortales. Decimo, quod felicitas alterius vitae est summum bonum. Undecimo, quod homo est capax illius felicitatis. Duodecimo, quod genus humanum Deus gubernat in via moris, sicut caetera in esse naturae. Decimo tertio, quod illis qui recte vivunt secundum gubernationem Dei Deus promittit futuram felicitatem, sicut Avicenna docet decimo Metaphysicae, et quod male viventibus debeatur infelicitas futura horribilis. Decimo quarto, quod Deo cultus cum omni reverentia et devotione debeatur. Decimo quinto, quod sicut homo ad Deum naturaliter ordinatur per debitam reverentiam sic ad proximum per justitiam, et pacem, et ad se ipsum per vitae honestatem. Decimo sexto, quod non potest homo per propriam industriam scire qualiter Deo placeat cultu debito nec quomodo ad proximum, nec ad se ipsum se habere debeat, sed indiget in his revelanda veritate. Decimo septimo, quod uni tantum debet fieri revelatio ; quod iste debet esse mediator Dei et hominum, et vicarius Dei in terra, cui subjiciatur [3] totum genus humanum, et cui credere debet sine contradictione, quando probatum fuit certitudinaliter quod iste sit talis ut modo assignatum est ; et est legislator et summus sacerdos qui in temporalibus et spiritualibus habet plenitudinem potes-

---

[1] gubernavit, M. [2] alias, O. ; illas, M. [3] subjiceretur, O.

tatis tanquam Deus humanus, ut dicit Avicenna in decimo
Metaphysicae, quem licet adorare post Deum.

Transition from Metaphysic to Ethic.

Et per haec continuatur Metaphysica cum Morali[1] Philosophia, et descendit in eam sicut in finem suum, sicut Avicenna pulcre conjungit eas in fine Metaphysicae[2]. Caetera vero sunt propria istius scientiae nec sunt in Metaphysicis explicanda, quamvis Avicenna plura addat. Sed in principio sui voluminis dat causam hujus quod non fecerat moralem philosophiam et nescivit an compleret eam ; et ideo plura miscuit cum his quae tamen sunt propria morali philosophiae ut patet inquirenti. Et his consideratis tunc debet Legislator in principio descendere ad proprietates Dei in particulari, et Angelorum, et ad felicitatem alterius vitae ac miseriam et ad immortalitatem corporum post resurrectionem[3], et hujusmodi ad quae Metaphysicus non potuit aspirare. Nam ipse negotiatur in omnibus istis principaliter de quaestione an sit ; quia ejus proprium est quaestionem hanc declarare de omnibus, eo quod consideret ens et esse in sua communitate. Sed aliae scientiae descendunt ad caeteras quaestiones in rebus · scilicet quid est unumquidque et quale et quantum, et hujusmodi, secundum decem praedicamenta. Non tamen debet philosophus moralis omnia secreta Dei et Angelorum et aliorum explicare, sed ea quae necessaria sunt multitudini in quibus convenire habent omnes, ne cedant in quaestiones et haereses, ut docet Avicenna in radicibus Moralis Philosophiae.

The Trinity regarded as a doctrine of Moral Philosophy.

Dico igitur quod Moralis Philosophia primo explicat de Deo Trinitatem, quam veritatem habet Legislator per revelationem magis quam per rationem. Ratio quidem unde philosophi multa locuti sunt de divinis in particulari quae

---

[1] moralibus, M.

[2] The first and, as far as I know, the only printed edition of Avicenna's *Metaphysics*, is that of Venice, 1498 It is in ten books, of which the eighth, ninth and tenth deal with questions of moral philosophy, as Bacon understood the word. Mehren, in his memoir on *La philosophie d'Avicenne* (Louvain, 1882) remarks that ' La théologie ou la philosophie spéculative d'Avicenne peut être désignée comme un déisme spiritualiste dont l'auteur se tient autant que possible au dedans du domaine de l'Islam Bien qu'il ait été reconnu après sa mort comme disciple de l'Islam, ses écrits ont generalement été estimés herétiques. C'est pourquoi l'on s'est efforce de les détruire '

[3] post resurrectionem, om M

excedunt humanam rationem et cadunt sub revelatione[1], tacta est prius in Mathematicis[2]. Nam ibi ostensum est qualiter potuerunt habere multas nobiles veritates de Deo quae habitae sunt per revelationem factam eis secundum quod Apostolus dicit, Deus enim illa revelavit. Sed magis patriarchis et prophetis de quibus constat quod revelationem habuerint[3] a quibus philosophi omnia didicerunt, ut prius est evidenter probatum[4]. Nam patriarchae et prophetae non solum divina tractabant theologice aut prophetice, sed philosophice, quia totam philosophiam adinvenerunt, sicut in secunda parte hujus operis probatum est. Potuit autem Metaphysicus satis docere quod Deus est, et quod naturaliter cognoscitur, et quod est infinitae potentiae, et quod est unus, et quod est trinus. Sed quomodo ibi sit Trinitas non potuit ad plenum explicare; et ideo hic est hoc verificandum.

Est igitur beata Trinitas, Pater et Filius, et Spiritus Sanctus. Nam Claudius[5], unus de expositoribus Scripturae Sacrae, in eo libro quo contra hanc heresim, Deus nihil sentit passionis sensu vel compassionis affectu, disputat, infert dicens, 'Plato tres in Divinitate personas laudabili ausu, mirabili ingenio immutabili consilio[6] quaesivit[7], invenit, prodidit; Patrem Deum, paternam quoque mentem artem sive consilium, et utriusque amorem mutuum.' Unam summam aequitrinam indivisam Divinitatem non solum ita credi oportere docuit, sed ita esse convicit. Haec ex libro suo de divinis rebus manifesta sunt. Et Porphyrius, ut Augustinus dicit, decimo de Civitate Dei capitulo vigesimo nono, praedicavit Patrem et ejus Filium quem vocavit paternum intellectum et mentem, et horum medium quem, ut ait Augustinus, putamus ipsum dicere Spiritum Sanctum, et more suo[8] appellans tres Deos, ubi etsi verbis

Anticipations of the doctrine by Greek and Arabian philosophers.

---

[1] et . . . revelatione, om. M.

[2] Vol. i. p. 175 et seq. Cf. also the whole of the second part.

[3] per revelationem habuerunt, D. et O.   [4] ut . . . probatum, om. M.

[5] I presume this to be the Bishop of Turin, who in the ninth century held acrimonious controversy with Jonas Bishop of Orleans, with regard to images; Claudius being an Iconoclast, and even suspected of Nestorianism. His works, or some of them, are in the 104th volume of Migne's *Patrologia.*

[6] immutabili consilio, om. M.   [7] quae sunt, M.

[8] nostro is the reading of D., O., and M. But this seems a mistake for suo.

utatur indisciplinatis, videt tamen quid tenendum sit. Et
Augustinus eodem libro, capitulo trigesimo secundo[1], quendam
Platonicum philosophum, cujus nomen tacet, recitat principium Evangelii secundum Joannem dixisse, usque ad incar-
nationem Christi, in quo principio distinctio personarum
divinarum evidenter habetur. Et Augustinus in decimo de
Civitate Dei capitulo trigesimo sexto, et trigesimo septimo,
asserit Porphirium dicentem in libro primo de regressu animae
quod non possunt peccata purgari, nisi per Dei Filium. Et
Aristoteles dicit in principio Coeli et Mundi quod in cultu
divino adhibemus nos magnificare Deum unum per numerum
ternarium[2] eminentem proprietatibus rerum quae creatae sunt.
Et ideo cum omnis creatura, ut ex Metaphysicis patet, est
vestigium Trinitatis, oportet quod in Creatore sit Trinitas.
Et cum Aristoteles compleverit philosophiam praecedentium[3]
secundum possibilitatem sui temporis, longe certius sentire
habuit de beata Trinitate personarum ut confiteretur Patrem
et Filium et Spiritum Sanctum Et propter hoc in lege

In the original it is more vestro ; because Augustine is addressing Porphyrius
Quemlibet appellasse Deum, is the reading of the following words in M But
the reading in the text, which is that of O and D , is closer to the quotation
from *De Civitate*, x 29 Reference to this passage shows how St Augustine
maximizes the heterodoxy of Porphyrius, which Bacon is minimizing

[1] capitulo trigesimo secundo, om M The passage is not in the thirty-second
chapter, but at the end of the twenty-ninth of the tenth book *De Civitate Dei.*
The reference to the thirty-sixth and thirty seventh chapters in the following
sentence appears to be to the thirty-second chapter, as commonly edited It is
only by a large and lax interpretation of Porphyrius that the doctrine attributed ·
to him by Bacon can be extracted

[2] Bacon here, as in the case of Porphyrius, somewhat stretches Aristotle's
meaning Aristotle says (*De Coelo*, i. cap i § 2), τὸ πᾶν καὶ τὰ πάντα τοῖς τρισὶν
ὥρισται τελευτὴ γὰρ καὶ μέσον καὶ ἀρχὴ τὸν ἀριθμὸν ἔχει τὸν τοῦ παντός, ταῦτα δὲ
τὸν τῆς τριάδος Διὸ παρὰ τῆς φύσεως εἰληφότες ὥσπερ νόμους ἐκείνης, καὶ πρὸς τὰς
ἁγιστείας χρώμεθα τῶν θεῶν τῷ ἀριθμῷ τούτῳ In the commentary of Averroes on
this passage the words occur, 'Et secundum istum numerum tenemur magnificare
Creatorem remotum a modis creaturum in orationibus et sacrificiis , nam omnia
ista non sunt nisi ad magnificandum Creatorem' Without reference to the
Arabic, it is impossible to say how far this passage was modified by the Latin
translator. The preamble to the Venice edition of 1495, from which this extract
is made, frankly avows that such interpolations in defence of Christian orthodoxy
have been made.

[3] praecedentium, om O. et D.

Aristotelis fuerunt sacrificia tria, et orationes tres, sicut
Averroes dicit super principium Coeli et Mundi : et manifes-
tum est hoc per politicam [1] Aristotelis quae est liber legum.
Et Avicenna praecipuus Aristotelis expositor ponit Spiritum
Sanctum in radicibus moralis philosophiae.

Sed longe magis potuit veritatem de Patre et Filio sentire, The third
quia difficilius est intelligere processionem Spiritus Sancti a person of
the Trinity
duabus personis distinctis quam generationem unius earum [2] less clearly
ab alia. Propter quod philosophi magis deficiebant a com- apprehended by them.
prehensione Spiritus Sancti quam a notitia Patris et Filii.
Et ideo illi qui potuerunt habere notitiam Spiritus Sancti
longe magis habuerunt de aliis personis. Et Ethicus philosophus in libro suo [3] de divinis et humanis et naturalibus, quem
Hebraeo sermone. Graeco, et Latino, propter secretorum
magnitudinem conscripsit, ponit in Deo Patrem, et Verbum
Patris, et Spiritum Sanctum ; et quod sunt tres Personae,
Pater scilicet et Filius et Spiritus Sanctus. Et hoc necesse
est per rationem haberi. Quae tamen ratio non debuit poni
ante ea quae de Deo in particulari habent exprimi, nec ante
philosophorum magnalium [4] auctoritates, quae ad hoc idem
introducuntur in hac scientia tanquam in loco eis appropriato.

Dico igitur quod Deus est infinitae potentiae ; et potentia Definite
infinita potest in operationem infinitam ; ergo potest fieri a statement
of the
Deo aliquid infinitum, sed non aliquid [5] per essentiam, quia tunc doctrine,
plures possent esse Dii ; cujus contrarium ostensum [6] est in reserving
the proof.
Mathematicis [7]. Ergo oportet hoc quod est genitum a Deo
deus esse, cum habeat essentiam generantis ; alterum tamen in

[1] ex politica, M.   [2] earum, om. O. et D.
[3] This is the *Cosmographia* of Ethicus, about whom somewhat more controversy has taken place, ancient and modern, than the subject merited. In the
note to p 302 of vol. i. I ought to have included a reference to the work of Karl
Friedrich Pertz (Berlin 1853) who claims to have proved that the Latin *Cosmographia*, as we now have it, is a version from the Greek made by Jerome. See
also Wuttke's two works on Ethicus, of 1853 and 1854.
[4] moralium, M.   [5] aliud, D. et O.   [6] ostensum, om. M.
[7] The reference seems to be to vol. i. p. 164, where the plurality of worlds is
discussed. Nothing is said in that place directly as to the plurality of Gods.
But compare the corresponding passage in cap. 41 of the *Opus Tertium.* ' Si
plures [mundi], tunc essent plures dii secundum pluralitatem mundorum ; quod
est impossibile.'

persona. Et cum hoc genitum habeat potentiam infinitam, cum sit bonum infinitum, potest producere infinitum: ergo potest in [1] aliam personam. Aut tunc ergo eandem personam producit Pater, et erit tunc Spiritus ab utroque procedens; aut solum a Filio producetur; et tunc non attinebit Patri, nec erit plena germanitas, et tunc non erit plena convenientia in Divinis, quod est contra rationem. Item nec paritas amoris potest esse, secundum hoc quia Pater plus diligeret Filium, quam Spiritum Sanctum, quia generat Filium, et non producit Spiritum Sanctum Sed cum Spiritus Sanctus sit Deus, quia habet essentiam divinam, oportet quod ei debeatur amor infinitus; et ideo infinito amore Pater amabit ipsum sicut Filium Et etiam quia amor Patris non potest esse nisi infinitus, quia ejus amor est secundum suam potentiam, relinquitur ergo quod tantus erit amor Patris ad Spiritum Sanctum sicut Filii ad eundem. Quare oportet quod a Patre producatur tam Spiritus Sanctus quam Filius. Quod autem non sint nec possint esse plures personae non potest hic nec debet declarari, sed supponi, usque in quarta parte hujus scientiae probetur, cui attribuetur plenitudo persuasionis. Trinitatem vero personarum, scilicet Patris et Filii et Spiritus Sancti necessarium fuit hic probari et exponi, quia est radicale fundamentum in hac scientia propter cultum divinum statuendum [2] et propter alia multa. Nec oportet allegari in contrarium quod nulla scientia habet probare sua principia Nam hoc quomodo est intelligendum patuit superius Caetera vero quae possunt de Deo quaeri et in quibus debet esse dubitatio probabilis, sunt conclusiones partis quartae, et ideo ibi determinabuntur.

Forecasts of the Incarnation

Non solum vero locuti sunt philosophi de Deo absolute, sed de Deo incarnato qui est dominus Jesus Christus, et de eis quae ad ipsum pertinent. Nam hujusmodi veritates sunt necessariae humano generi, et non est salus homini nisi per notitiam istarum veritatum. Et ideo oportuit quod omnibus salvandis a principio mundi essent hujusmodi veritates notae, quantum sufficit saluti. Hoc dico propter hoc quod quidam

---

[1] in, om M.   [2] statuendum, om. D. et O.

magis[1] quidam minus noverunt hujusmodi veritates. Decuit etiam ut philosophi sapientiae dediti aliquid scirent de hac veritate, sive salvarentur sive non: quatenus mundus praepararetur et disponeretur ad hanc veritatem perfectam, ut facilius reciperetur quando tempus daretur. Et uberius persuasum est de hoc[2] in superioribus, ideo quod sufficit persuasio universalis hic, quatenus per experientiam cognoscamus philosophos sensisse multa de Christo praeclara, nec non de Virgine gloriosa. Et prius in astronomicis[3] recitata est sententia Albumazar in libro majoris introductorii sexto, ubi confirmat per auctoritatem omnium a principio philosophiae quod Virgo pareret filium qui Christus Jesus vocaretur. Et in libro Conjunctionum similiter locutus est. Sed haec sententia, licet dicatur in Astronomicis et verificetur ibi sicut conclusio, tamen est proprium principium in hac scientia. Unde haec scientia recipit hoc principium nobile probatum in Astronomia; et in hoc deservit ei tanquam Dominae ancilla, sicut in quibusdam aliis, ut innotescit ex praecedentibus, et inferius recitabitur. Et Porphirius dixit non posse peccata tolli nisi per Dei filium ut superius dictum est. Et super illud verbum, De disciplina scolarium Platonis probata divinitas[4], dicit expositor quod in tumba Platonis aureis literis quaedam scriptura inventa est super pectus ejus continens haec verba, Credo in Christum nasciturum de virgine, passurum pro humano genere et tertia die resurrecturum. Sed et Ethicus philosophus libro supradicto ait, Justi merebuntur videre Dominum Jesum Christum Regemque suum et signa et figuras clavorum, Verbumque Patris atque principium, cum eo cuncta componens. Et excitari potest mens humana ad partum Virginis per hoc quod quaedam animalia in virginitate permanentia concipiunt et pariunt, ut vultures et apes, sicut dicit Ambrosius in Hexaemeron. Et equae in pluribus regionibus concipiunt quoque sola virtute ventorum[5], quando masculas desiderant, sicut Plinius[6] quinto libro Naturalium dicit, et Solinus narrat libro

---

[1] quidam magis, om. M.

[2] ad hoc, M. The reference is to Part II. of *Opus Majus*.

[3] Cf. vol. i. p. 257.   [4] deitas, M.   [5] virtute masculorum distantium, M.

[6] Plin. iv. 22; viii. 42. Lisbon is mentioned as the locality of this marvel.

de Mirabilibus Mundi.   Et Aristoteles vult secundo de Vege-
tabilibus quod fructus palmarum feminarum maturescunt
ex odore a masculis veniente.

Prophecies
as to Anti-
Christ   Et quia notitia Antichristi pertinet ad fidem de Christo,
quia fides Christiana tenet Antichristum fore venturum, quem
Christus destruet   ideo annexum est articulis fidei quod
credatur Antichristus venturus; ideo unum principium istius
scientiae est de adventu Antichristi in confirmationem eorum
quae pertinent ad fidem Christi.   Dicit igitur Ethicus philosophus quod circa tempora Antichristi erit una gens de stirpe
Gog et Magog contra ubera Aquilonis circa portum Euxinum,
pessima inter omnes nationes quae cum semine eorum pessimo
recluso post portas Caspias Alexandri [1] facient multam hujus
mundi vastationem, et occurrent Antichristo et vocabunt eum
Deum Deorum [2].   Et Albumazar in libro Conjunctionum veri-
ficat similiter hoc principium, dicens et ostendens quod veniet
princeps cum lege foeda et magica post legem Machometi,
qui destruet alias leges ad tempus.   Sed parum durabit
propter malitiae magnitudinem; hoc superius expositum est.
Et proculdubio multum considerandum est hoc principium
hujus scientiae.   Nam gens Tartarica exivit de locis illis, ut
certum est, quoniam habitabant post portas illas, inter aquilonem et orientem, inclusi in montibus Caucasi [3], et Caspii, et
secum ducunt populos qui jam a montibus dictis dominantur
usque ad finem Poloniae [4], Boemiae et Hungariae quae sunt
longe citra ubera Aquilonis.   Verum enim est quod aliae
exiverunt gentes de locis illis, et mundum invaserunt meri-
dianum usque ad terram sanctam, sicut nunc Tartari faciunt, ut
Hieronymus scribit in epistolis et historiae narrant.   Atque
gens Gothica et Vandalorum quae postea invasit meridiem

The reference that follows to the spurious Aristotelian treatise *De Plantis* (i. 17)
is curious, as bearing on the question of the date of recognition of the sex of
plants   After speaking of the results that follow from the apposition of corresponding parts of the male and female palm, and of the distinction of the two in
the size of the leaf and in odour , the writer adds, τυχὸν δὲ καὶ εἰ ἐκ τῆς εὐωδίας
τοῦ ἄρρενος ἐπαγάγῃ τι ἄνεμος πρὸς τὸν θῆλυν, πεπαίνονται καὶ οὕτως οἱ καρποί, ὥσπερ
ὁπόταν τὰ φύλλα τοῦ ἄρρενος τῷ θήλει ἀπαιωρῶνται.

[1] Alexandri, om M   [2] Vol 1 p. 268
[3] Vol. i. pp 303, 354.   [4] Poloniae, om. M.

sunt de finibus Aquilonis. Et ideo discursus Tartarorum non sufficit verificare[1] tempus de adventu Antichristi, sed alia exiguntur ut sequentia explicabunt.

Aliud vero principium est de judicio futuro[2]. Nam in hoc cadit unus articulus fidei Christianae de quo dixit Ethicus philosophus, Diabolus, qui primo conditus fuerat[3] et primus corruerat, ante omnes pessimos homines punietur et in inferno recludetur; qui quia creaturae praefulsit in ordine primus, et viarum Dei claruit in miraculum, idem primus in novissimo judicio terribili venturo poenas patietur, et ei quales ab initio datae sunt in caverna laci, tot ante tribunal regis ipso judicio sunt dilatae, ut cernant impii truculentissimum suae mortis auctorem.

De Creatione vero est aliud principium, quod quia in mathe- Views of Greeks and Arabians on Creation; maticis habet probari, notum est; ideo solum moraliter hic tangendum est. Aristoteles quidem in libro de Regimine Regnorum expresse ponit et nominat Adam et Enoch, et ideo primum hominem et principium mundi intellexit. Quod si principium habuit, necesse est creatum fuisse, ut superius est edoctum. Et Albumazar in libro Conjunctionum egregie serviens morali philosophiae ponit primum hominem, scilicet Adam, et docet quantum fuit ab eo usque ad diluvium, et quantum a diluvio usque ad Christum, et quantum a Christo usque ad Machometum, et quantum ab eo usque ad legem foedam. Et Avicenna in Moralibus omnino ponit creationem. Et Ethicus philosophus dicit, Primum omnium Deus omnes creaturas aedificavit, et summo opere unam molem[4] instituit, atque ea quae ex nihilo fecit multipliciter dilatavit. Et Trismegistus in libro de Divinitate ad Asclepium ait, In Creatore sunt omnia antequam creasset ea; ut concordat cum Joanne Evangelista qui dicit, Quod factum est in ipso vita erat; cum tamen hic Trismegistus fuit circiter tempus Moysi et Josuae, ut habetur ab Augustino libro de Civitate Dei.

Circa vero primo creata, invenitur principium hujus scientiae: hujusmodi autem sunt Angeli boni et mali. Primo on Angels. igitur per motus corporum mundi, quos invenerunt circiter

---

[1] determinare (*pro* verificare), M.   [2] venturo, M.
[3] Vol. i. p. 190: also *Opus Tertium*, cap. 41.   [4] molam, M,

sexaginta, posuerunt Angelos bonos tot esse, quia illi motus
sunt voluntarii et ideo fiunt per Angelos. Et istud patet ex
Metaphysicis Aristotelis et Avicennae. Deinde extenderunt
se ad ulteriorem considerationem, invenientes quasi numerum
infinitum correspondentem nobis, sicut multiplicantur individua
in hoc mundo inferiori sub una specie, et distinguuntur ab
invicem numero, sicut individua sensibilia, sicut in libro De
Causis scribitur; differenter tamen, quia Angeli ita separantur
ab invicem quod non corrumpantur, sed maneant in esse
stabili. Haec autem individua nota separantur ab invicem
ita quod aliquando corrumpantur. Et si volumus ulterius
admirari verba Ethici, possumus dicere, sicut ipse dicit in
libro suo, Viginti[1] ordines Angelorum sunt; quos etiam posuit
stetisse in gloria coelesti.

Quotation
from
Apuleius of
Mandara·
De Deo
Socratis
Sed longe magis admirandus est Apuleius[2] Mandarensis, in
libro de Deo Socratis, in quo multa mirabilia edisserens de
Angelica natura transfert sententiam Platonis in Symposio,
videlicet quod cuilibet uni homini deputatur unus Angelus
ad custodiam contra mala omnia, et ad promovendum et
excitandum ad bona. Et postquam anima separata est,
bonorum et malorum omnium quae gessit illa in corpore fit
testis coram Deo judice. Atque asserit Angelos deferre
petitiones hominum ad coelestia et reportare dona ab eis
ad homines; et aliquis praeest uni provinciae, et alius alii;
et multa talia dicit sub his verbis; 'Sunt quaedam divinae
mediae potestates in isto interstitio inter homines celicolasque
per quas desideria nostra et merita ad eos comeant, vectores[3]
hinc precum inde donorum, qui ultra cito petitiones portant
hinc inde suffragia, seu quidam utriusque interpretes, et
salutem geri per hos curant singuli eorum ut est cuique tributa
provincia, vel somniis confirmandis, vel praepositis guber-

---

[1] D. and O. have novem

[2] See *De Civitate Dei*, lib viii cap. 14 et seq The difference in tone between
St Augustine and Bacon is similar to that noticed in the case of Porphyrius.
That the word Daemon should be used in any sense but a bad one was not
acceptable to St Augustine That something analogous to the conception of
Angels should have been reached by a pre-Christian thinker was welcome to
Bacon

[3] motores hinc precum, M

nandis, vel obscurioribus[1] erudiendis, vel vatibus inspirandis, vel
caeteris quae a Deo dinoscimus. Quae cuncta coelesti voluntate
et numine et auctoritate, sed Angelorum ministerio, obsequio,
et opera fieri arbitrandum est. Ex hac igitur Angelorum
copia Plato autumat singulis hominibus in vita agenda testes
et custodes singulis addictos, qui menti perspicui semper
adsunt arbitri non solummodo actorum verum etiam
cogitatorum. Ac ubi vita edita remeandum est eundem illum
qui nobis praeditus fuit, raptare illico et trahere veluti custodiam suam ad judicium ; atque illic in causa dicenda assistere
et prorsus illius testimonio ferri sententiam.' 'Deinde vos
omnes admoneo qui hanc Platonis sententiam divinam me
interprete auscultatis, ita et animos vestros ad quaecunque
agenda vel judicanda formate, ut sciatis nihil homini prae
istis custodibus intra animam nec foris esse secreti, quin omnia
curiose ille percipiat, visat omnia et intelligat hic custos
singularis praefectus, domesticus speculator, proprius tutator,
intimus cognitor, assiduus observator, individuus arbiter,
inseparabilis testis, malorum improbator, probator bonorum,
in rebus incertis prospector, in dubiis praemonitor, in periculosis
tutator, egenis opitulator, qui vobis queat tum in somniis, tum
in signis, tum coram cum usus postulat, mala truncare, bona
prosperare, secunda regere, adversa corrigere.' Mira enim
haec sententia et omnino favorabilis Christiano, nec in litera
nec in sensu aliquid indignum continet ; immo[2] valde dino-
scitur praeclaros fidei annexos habere articulos ; nec oportet
philosophum hic interpretari in pejus, cum nihil nisi consenta-
neum veritati mirabiliter pateat continere. Hoc dico quia
aliquando nituntur alii obscurare sententias Catholicas in libris
philosophorum repertas : sed gaudenter debemus eas recipere
in testimonium nostrae fidei ; et quia certum est eos haec
habuisse per revelationem factam eis et sanctis patriarchis
et philosophis, sicut prius est ostensum[3].

Et Porphyrius, sicut recitat Augustinus, decimo de Civitate
Dei, dixit Angelos [esse] qui deorsum descendentes hominibus
divina pronuntiant, et alios qui in terris ea quae Patris sunt et

Similar testimony from Porphyry and others.

[1] necessitatibus erudiendis, M.   [2] immo . . . articulos, om. O. et D.
[3] Another reference to the second part of the *Opus Majus.*

altitudinem ejus et profunditatem declarant   Et de Diabolo
et Angelis ejus multa locuti sunt.   Nam Ethicus philosophus
de eo sententiam fidelem expressit, ut prius habitum est[1],
tam ad creationem quam de peccato et damnatione sua
primordiali et finali post judicium   Et etiam praesumpsit
dicere decimum ordinem cecidisse post peccatum in poenam
inferni   Et Apuleius et Plato et alii distinguunt duo genera
Daemonum, quia Daemon graece idem est quod sciens latine.
Ideo quoque sunt calo-daemones et caco-daemones, id est boni
et mali   Calon[2] enim est bonum et cacon est malum.   De
bonis vero intelligendum est quae dicta sunt de custodia
hominum   Mali vero sunt diaboli nomine et hi passionibus
animi irrationabiliter cedunt secundum Apuleium ; unde
indignari et angi et laetari de malo et irasci, et caeteros
malignos motus habent.   Et ii sunt de quibus loquuntur
poetae, ut dicit Apuleius, et quos fingunt esse Deos[3] et
amatores quorundam, et odiosos aliis ; et quidam sunt incubi,
et ducunt homines ad peccata et vitia, et postea ad poenam
inferni, de qua loquuntur Hermes Trismegistus et Ethicus
philosophus.

De Immortalitate Animae in Metaphysicis est tactum.   Sed
hic moraliter et praecipue de corporis resurrectione est
dicendum, de qua non potuit Metaphysicus dare sententiam
nec universalem nec particularem.   Non solum autem Aristoteles et Avicenna dederunt vias utiles ad immortalitatem
animarum de quibus prius dictum est, sed philosophi in
moralibus sunt locuti.   Nam primo de Quaestionibus Tusculanis, Cicero sententiat immortalitatem animae, et per totum
librum istum[4] investigat, et persuasiones varias ad hoc revolvit,
quae ex libro illo patent, nec possunt hic poni propter
prolixitatem.   Et similiter in libro de Senectute eadem
immortalitas a Marco Tullio determinatur.   Et in libro de
Natura Divina Hermes Mercurius pulcre dicit, Deus et pater
omnium et dominus, et is qui solus est omnia in omnibus, se

Witness of non-Christian thinkers to immortality, not merely of soul but of body

---

[1] ut prius habitum est, om O et D
[2] Probably these words were originally written by Bacon in Greek letters
But in the fourteenth and first half of the fifteenth century knowledge of Greek
in northern Europe was even rarer than in the thirteenth
[3] Deos et, om M.		[4] primum, *pro* istum, D et O.

libenter ostendit : non ubi sit loco, nec qualis sit qualitate nec
quantus sit quantitate ; sed hominem sola intelligentia mentis
illuminans qui discussis ab animo errorum tenebris et veritatis
claritate percepta, toto se sensui divinae intelligentiae com-
miscet, cujus amore a parte naturae, qua mortalis est, liberatus
immortalitatis futurae concipit fiduciam. Et dicit Avicenna in
Moralibus quod Machometus[1] solum locutus est de gloria
corporis ; sed nos scimus, ut ait, quod major est gloria animarum, quia non sumus asini reputantes tantum corporis delicias ;
et ideo suum legislatorem Avicenna comprehendit, et vult
alium investigare qui non solum corporum promittit gloriam,
sed magis animarum. Et in hoc consentit Seneca per totum,
et Socrates et Plato, ut patet in Phaedone. Et Avicenna in
Moralibus dicit quod ponenda est corporum resurrectio, ut
totus homo in anima et corpore glorificetur, si Dei mandatis
obediat. Et hoc non solum Avicenna et caeteri de domo
Aristotelis senserunt, sed Democritus antiquior et philosophus
magnae auctoritatis, sicut Plinius refert in Naturalibus, libro
septimo. Et etiam ipse Plato dixit sine corporibus[2] animas
in aeternum esse non posse, sed ad ea redire, sicut Augustinus
docet vicesimo secundo de Civitate Dei. Et Varro in libro de

---

[1] Avicenna's remarks on this subject will be found in his *Metaphysics*, lib. x.
cap. 2. He there shows that if Mahomet wished his spiritual truths to be
apprehended by the people, he had no alternative but to use physical images
in a parabolic sense. 'Vulgus enim non potest imaginare has dispositiones pro
modulo suo, pauci enim possunt imaginare certitudinem hujus unitatis et singu-
laritatis ; et quia non credunt esse hujusmodi ideo incidunt in haereses, et
convertuntur ad inquisitiones et argumentationes quae retrahunt eos a suis
operibus civilibus, et aliquando faciunt eos incurrere in sententias contrarias
utilitatibus civitatis et contradicentes debito veritatis. . . . Non enim fuit in
Sapientia divina ut omnia essent facilia. Non debet autem legislator dicere
vulgo se occultasse aliquid quod eis non revelaverit, quia non oportet eum esse
facilem ad dicendum eis aliquod de his, immo oportet ut insinuet eis gloriam Dei
et magnitudinem ejus aliquibus nutibus et parabolis sumptis a rebus quae sunt
apud eos gloriosae et magnificae, et quod hoc dicat eis quod non est sibi aliquod
aliud compar nec simile. Similiter etiam oportet ut affirmet eis id quod dicitur
de promissione taliter ut possint imaginare ejus qualitatem, et quiescant in eo
animae eorum, et ut felicitatis et terroris inducat exempla, per quae ipsi intelligunt et imaginant de eis ; veritatem autem non detegat eis, nisi aliquid
commune, scilicet quod est aliquid quod nec oculus vidit nec auris audivit, et
quod illis est regnum delectationis maximae, et doloris est horror aeternus.'

[2] Aug. *De Civ. Dei*, lib. xxii cap. 27.

gente populi Romani refert multos philosophantes dixisse ad eadem, Anima in idem corpus enimvero aliquando redibit. Si ergo Plato voluit animas redire ad corpora, et Varro ad idem corpus, et Porphyrius[1], philosophorum maximus secundum Augustinum, vult quod anima purgata nunquam ad malum, neque ad hunc mundum, sed ad Deum patrem itura est ; tunc oportet quod ex dictis philosophorum sequatur resurrectio.

Et hoc necesse est, quoniam ex fonte[2] philosophiae eruerunt quod virtus est totius conjuncti ex anima et corpore, id est hominis, non animae tantum nec animae in homine, sed hominis per animam, sicut intelligere et aedificare, ut dicit Aristoteles primo de Anima[3]. Et ideo felicitatem posuerunt totius[4] conjuncti esse, unde non posuerunt hominem esse animam in corpore sed vere compositum ex anima et corpore ita quod essentia hominis sit constituta ex anima et corpore, et non quod sua essentia sit sola anima in corpore. Illud enim quod est nobilius a parte hominis posuerunt subjectum praecisum virtutis et felicitatis, hoc autem est conjunctum in quantum hujusmodi, quia ipse qui est compositus ex anima et corpore est nobilis substantia[5]. Et quamvis felicitas spiritualis et virtus insint homini ratione animae, tamen non sunt animae, ut ibi sit status, sed propter hominem ipsum conjunctum , et ideo posuerunt felicitatem, quae est finis hominis, complere hominem totum, tam a parte corporis, ut debetur ei, quam a parte animae   Et ideo posuerunt corpus aliquando conjungi cum anima, ut utrumque perficeretur secundum sui proprietatem.   Sciebant autem per rationem, quod forma appropriatur materiae suae, et e contrario.   Et ideo forma incorruptibilis appropriat materiam incorruptibilem, et e contrario.   Sciebant autem quod appetitus formae non completur nisi in sua materia.   Et posuerunt appetitum animae totaliter

How this
conclusion
was
reached

---

[1] *De Civ Dei*, lib. xxii cap. 3 teste Porphyrio, nobilissimo philosopho Paganorum.

[2] sic M.   virtus secundum eos, D et O

[3] *De Anima*, 1 4, § 12 τὸ δὲ λέγειν ὀργίζεσθαι τὴν ψυχὴν ὅμοιον κἂν εἴ τις λέγοι τὴν ψυχὴν ὑφαίνειν ἢ οἰκοδομεῖν, et seq.

[4] totius, om. M.

[5] 'quia ipse homo non est compositus ex anima sola, quia corpus humanum est nobilis substantia,' D et O.

compleri per felicitatem. Quapropter posuerunt quod foret in corpore.

Rationes vero et persuasiones philosophorum ad hoc sunt hujusmodi. Sciverunt enim quod potentia Dei infinita est, et ideo potest facere quod idem corpus redeat. Et agens potentiae finitae potest facere idem specie[1], ut natura de grano corrupto facit alia grana ejusdem speciei. Quare multo fortius agens infinitae potentiae poterit facere idem numero. Nam potentia infinita excedit finitam in infinitum. Sed productio ejusdem secundum numerum[2] excedit in infinitum productionem ejusdem secundum speciem. Caeterum Aristoteles dicit nono Metaphysicae[3], quod ex mortuo fit vivum si fiat resolutio ad materiam primam. Cum ergo Deus potest facere hanc resolutionem, ut planum est, potest fieri resurrectio. Item magna persuasio est nobis de phoenice quo resoluto in pulveres suos iterum reviviscit, et fit phoenix. Sed major est de verme qui natus cito post moritur; et iterum reviviscens, remanet immortalis, ut philosophi et sancti narrant, sicut ex libris Hexaemeron qui determinant opera sex dierum, demonstratur.

De felicitate quidem alterius vitae, et de miseria malis praeparata oportet moralem philosophiam ponere principia propter hoc quod tactum est in Metaphysicis. Nam ibi in universali, hic in particulari habent ista tractari. Pulcre enim determinant philosophi causas quibus impedimur a cognitione[4] vitae aeternae; et sunt quatuor: peccatum; occupatio circa corpus; mundi sensibilis amplexus; et defectus revelationis. Nam revelatio non est in potestate nostra. Sed de quaestione, an sit promissio aeterna, potuerant habere cognitionem ut dixi, et in universali, quantum ad quaestionem quid sit haec et quae et qualis. Non tamen in particulari et in propria disciplina; et hoc praecipue propter quatuor causas nunc dictas. Unde Avicenna in radicibus moralis philosophiae,

[marginal notes:] Future state of happiness. Four causes of spiritual blindness; pointed out by Avicenna. 1st. Sin.

---

[1] Et agens ... specie, om. D. et O. [2] naturam, *pro* numerum, M.

[3] The reference seems to be to *Metaph.* vii. 5. § 4 ὅσα δὴ οὕτω μεταβάλλει εἰς ἄλληλα, εἰς τὴν ὕλην δεῖ ἐπανελθεῖν, οἷον εἰ.ἐκ νεκροῦ ζῷον, εἰς τὴν ὕλην πρῶτον, εἶθ᾽ οὕτω ζῷον.

[4] cogitatione, M.

post multa concludit, Nostra dispositio erga illa est sicut
dispositio surdi qui nunquam audivit in sua privatione imaginandi delectationem armonicam, cum ipse sit certus de amoe-
nitate ejus, an sit, seu quid sit. Et non solum intellectus sic
se habet in cognoscendo, sed affectus et voluntas in desi-
derando, et amando et sapiendo seu gustando dulcedinem
vitae aeternae, ut Avicennae utar eloquio. Comparat enim nos
paralytico, cui apponatur cibus delectabilis; non sentit ejus
suavitatem, donec curetur ejus paralysis, et auferatur mala
dispositio. Sic quae dicit esse in nobis respectu dulcedinis
vitae aeternae, et propter peccata, et propter communionem
corporis mortalis; peccata[1] enim inficiunt appetitum animae
rationalis, et moles corporis aggravat. Unde dicit Avicenna
eleganter, Quod nos, in saeculo nostro et hoc corpore, demersi
sumus in multa turpia, et ideo non sentimus illam delectationem, cum tamen apud nos fuerit aliquid de causis ejus.
Et ideo non inquirimus eam, nec allicimur ad eam, nisi prius
deposuerimus a cervicibus nostris jugum voluptatis et irae, et
sorores earum, et sic degustemus aliquid delectationis illius;
et sic fortassis imaginabimur de illa parum, tanquam per
interpositum, quia adhuc revelatio necessaria est. Et ideo
dicit, quod tunc verius sentiemus, praecipue cum solutae
fuerint quaestiones de Deo et felicitate et immortalitate
animarum et resurrectione corporum; et revelata fuerint
hujusmodi quaesita nobilia. Tunc, ut Avicenna dicit, Comparatio istius nostrae delectationis ad illam nostram delectationem erit comparatio delectationis sensibilis, quae est
odorandi odores gustatorum delectabilium, ad delectationem
comedendi ea.

2nd cause: care for bodily comfort   Sed et animae occupatio cum corpore, ut infert, facit eam
oblivisci sui ipsius et ejus quod amare debet; sicut infirmus
obliviscitur ejus quod opus est restaurare pro eo quod resolvitur de eo. Substantiam enim animae, ut ipse dicit, corpus
occupat et reddit eam stultam, et facit eam oblivisci sui
proprii desiderii, et inquirendi perfectionem quae sibi competit
et percipiendi delectationem perfectionis suae. Non quod
anima sit impressa corpori, et immersa sed quia ligatio est

[1] peccata .. rationalis, om. M.

inter illa duo, quod est desiderium naturale gubernandi corpus et agitandi affectiones ejus.

Et quartum[1] impedimentum est occupatio hominis cum isto mundo sensibili, quamvis homo non peccaret nec de corpore curaret. Quia enim sumus dediti mundo sensibili, ideo negligimus insensibilem et spiritualem, secundum quod edocet Avicenna. In quibus evidenter et magnifice tangit causas impedientes nos a consideratione et amore felicitatis. *3rd cause: worldly occupations.*

Et per contrarium ostendunt nobis sua verba, quae sunt adjutoria cognoscendi et amandi et gustandi delectationem futurae felicitatis. Quorum unum est mundificatio animae a peccatis ; et aliud est subtractio animi a naturali suo desiderio regendi corpus. Et tertium est suspensio mentis ab hoc mundo sensibili, ut adhaereat saeculo intelligibili. Et quartum est, certificatio per revelationem et prophetiam de eis, de quibus mens humana non potest praesumere, sicut sunt quaesita nobilia de quibus loquitur ; nam in hujusmodi, ut dicit, Credimus testimonio prophetae et legislatoris, qui recepit legem a Deo. Qui vero haec quatuor haberet non poneret felicitatem in hoc mundo, sed miseriam et mortem, sicut satis exponetur inferius : et cum Aristotele et cum Theophrasto, et Avicenna, et aliis vere philosophantibus, vacaret contemplationi felicitatis futurae, quantum homini ex potestate sua est possibile ; quatenus pius et misericors Deus pleniorem revelaret veritatem, sicut probatum est ipsum revelasse aliis quam eis qui in lege veteri vel nova nati sunt et educati, ut in Metaphysicis habet declarari. Et quoniam perceperunt quod ad cognitionem felicitatis necesse fuit eis separare se a peccatis et a corporali amore superfluo et a mundo, ut quartum possent a Deo recipere, scilicet illuminationem interiorem, quatenus articulos veritatum fidelium perciperent, omnibus abjectis vacabant contemplationi sapientiali futurae felicitatis. *The four remedies indicated by him.*

Nam sapientia, ut Aristoteles dicit quarto Ethicorum, est fere idem quod felicitas, quoniam sapientia non est nuda scientia sed est virtus intellectualis, ut ipse determinat, per- *Example of wisdom set by Aristotle.*

[1] This should have been *tertium*. The fourth cause, want of revelation, as Bacon has pointed out before, was one that only Christian writers could obviate.

ficiens magis affectum quam intellectum et initium felicitatis futurae; quoniam utraque est cognitio et amor Dei. Sed sapientia haec duo habet ut possibile est in hac vita, et felicitas comprehendit illa imperfecte. De felicitate enim planum est, et de sapientia patet hoc idem per primum Metaphysicae, et sextum Ethicorum, et decimum. Et ideo ipse Aristoteles omnium philosophorum excellentissimus, omnibus renuntiavit quatenus contemplationi vacaret sapientiali, quia haec vita est simillima vitae divinae; et ideo a sapiente visa est dignissima, ut Tullius scribit de Aristotele, in quinto[1] Academicorum libro. et similiter de Theophrasto ejus successore in philosophia.

Perfect bliss as conceived by Boetius and Avicenna Postquam vero fuerunt praeparati ad illuminationes divinas recipientes eas, posuerunt quod felicitas haec est totius hominis, tam in corpore quam in anima, beatitudo, quam oculus non vidit[2] nec auris audivit, ut dicit Avicenna. Quae felicitas est status omnium bonorum aggregatione perfectus, sicut docet philosophia Boetii[3], in tertio Consolationum libro. Et ibidem probat, quod non potest esse, nisi participatione summi boni, quod est Deus, quia completa boni participatio non est nisi in participatione Dei qui est bonum perfectum. Et ideo beati et felices non possunt esse nisi fruendo Dei bonitate. Et ideo philosophia nobile concludit corollarium, scilicet quod beati sunt Dii; sed unus est Deus naturae, participatione deitatis[4] multi, scilicet omnes beati[5]. Et Aristoteles primo Moralis Philosophiae docet quod appetitus humanus non potest terminari in aliquo bono nisi in summo quo clauditur; quia desiderium animae rationalis transcendit omne bonum finitum et vadit in infinitum. Et ideo oportet quod bono summo et infinito, quod est Deus, participet si ejus appetitus debet compleri. Sed constat per felicitatem complendus, quare oportet quod Deo fruatur in aeternum. Et tunc quantum ad intellectum speculativum fiet anima, secun-

---

[1] All the MSS. have quinto. Perhaps the reference is to *De Finibus*, lib v. cap. 25.

[2] videt . . . audit, M.   [3] Boetii, om. M

[4] deitatis, M.; dignitatis, O. et D.

[5] Boet *De Consol.* lib iii Prosa 10 'Uti justitiae adeptione justi, sapientiae sapientes fiunt, ita divinitatem adeptos Deos fieri simili ratione necesse est'

dum Avicennam, seculum intelligibile, et describetur in ea forma totius universi et ordo omnis a primo, scilicet Deo, et per omnes substantias spirituales et coelos, etc., quousque perficiatur in ea dispositio universitatis, ut sic transeat in seculum intellectum, cernens id quod est pulcritudo absoluta et decor verus. Et quantum ad intellectum practicum, dicit quod perficietur bonitate pura, et erit sua delectatio non de genere delectationis sensibilis, quae solum est per conjunctionem superficierum corporum sensibilium immutantium sensus nostros; immo intrat animam, et infunditur in substantiam ejus, et est delectatio conveniens dispositioni naturali quae est in substantiis vivis et puris et spiritualibus. Et est excellentior et nobilior omni delectatione ; et haec est delectatio felicitatis, ut affirmat.

Et non solum de felicitate locuti sunt, sed de miseria alterius vitae quae malis reservatur. Unde posuerunt quod Deus obedientibus sibi preparavit promissionem felicem quam oculus non vidit nec in cor hominis ascendit; et inobedientibus promissionem terribilem, sicut Avicenna dicit. Et Tullius et Trismegistus et Socrates et multi alii locuti sunt expresse de eis promissionibus. Unde Tullius ait primo de Tusculanis Quaestionibus [1] duas vias duplicesque cursus hominum : qui autem integros castosque se servassent quibusque fuisset minima cum corporibus contagio, essentque in corporibus humanis vitam imitati divinam, iis ad eum a quo erant profecti, scilicet ad Deum, reditum facilem patere. Qui autem se vitiis humanis contaminassent iis demum iter seclusum a consiliis Dei. Et Hermes Mercurius [2], in libro de Divina Natura sic ait, Cum fuerit animae a corpore facta discessio tunc arbitrium examenque meriti ejus transit in summam potestatem, quae eam cum piam justamque perviderit, in sibi competentibus locis manere permittit. Sin autem delictorum illitam maculis vitiisque oblitam viderit, desuper ad ima deturbans tradit aeternis poenis agitandam, ut in hoc obsit

[1] *Tusc. Disput.* lib. i. cap. 30 [Orelli's ed. 1861]. It will be noted that here (as in many of the numerous extracts from Seneca that follow), Dii is changed to Deus.

[2] Cf. *De Civitate Dei*, lib. viii. cap. 23, 24 ; which contain long quotations from this writer, foretelling the downfall of paganism.

animae aeternitas quae sit immobili sententia aeterno supplicio subjugata. Ergo ne iis implicemur verendum timendum cavendumque esse cognoscimus. Incredibiles enim post delicta cogentur credere non verbis sed exemplis, non minis sed ipsa passione poenarum. Et Ethicus philosophus, et Alchimus[1], in libris suis docent quod mali passuri sunt in inferno cum diabolo, ut cernant[2] impii truculentissimum ac furibundum mortis auctorem quem secuti fuerunt in desideria multa et inutilia et nociva. Et justi merebuntur videre Dominum Deum suum, sicut expositum est superius.

Worship of God: principles laid down by Avicenna and others.

Positis principiis respectu subsequentium, quamvis sint conclusiones respectu suarum declarationum praetactarum, et hujusmodi aliarum, nunc accedendum est ad leges cultus divini, prius quam ad alia jura inter homines publica vel privata. Et patet quod propter reverentiam Dei infinitus debetur ei cultus debitus, et propter beneficium creationis, quod est potentiae infinitae effectus[3], et propter futuram felicitatem. Propter primum dicit Avicenna in Moralibus Radicibus quod de jure ejus est ut obediatur ejus praeceptis; propter secundum vero dicit, quod oportet ut ejus mandatis obediatur cujus est creatura. Propter tertium dicit quod obedientibus sibi preparavit promissionem felicem et inobedientibus promissionem terribilem. Et propter purgationem humani generis a peccatis per Filium Dei, de qua Porphyrius locutus est, debetur ei cultus; quia plus est hoc quam creare. Et propter acceptionem humanitatis nostrae in unitate Divinae personae de qua Albumazar, Plato et Ethicus locuti sunt; nam hoc debet esse gaudium infinitum· atque propter fixuras clavorum, et passionem et redemptionem quas Plato et Ethicus firmaverunt. Et non solum hoc, sed totum quod praedictum est excitat homines ad cultum divinum; et concludit hunc fieri debere.

---

[1] Wuttke, in one of the works on Ethicus referred to p 231, identifies Alchimus with Alcimus Avitus, Bishop of Vienne, who wrote a poem *De Origine Mundi, etc*, which was printed at Basle in 1545. Alcimus died more than a hundred years after Jerome, and he is twice mentioned in the *Cosmographia* of Ethicus. The personality of Ethicus is wrapped in utter obscurity, where it may well be left

[2] cernant, O.; quaerant, M.   [3] effectus, om. O. et D.

Propter quod Marcus Tullius dicit primo de Quaestionibus By Cicero.
Tusculanis[1], Philosophia omnium artium mater [quid est aliud]
nisi, ut Plato, donum, ut ego, inventum Dei? Haec nos
primum ad ejus cultum, demum ad jus hominum, quod situm
est in generis humani societate, erudivit. Et idem in secunda
de Natura Divina ait, 'Cultus Dei est optimus idemque sanctissimus castissimus plenissimusque pietatis, ut eum semper
pura, integra, incorrupta mente et voce veneremur. Non enim
philosophi solum sed majores nostri superstitionem a religione
separaverunt. Nam qui totos dies precabantur, et immola-
bant ut ipsi et sui liberi superstites essent, superstitiosi sunt
appellati. quod nomen patuit[2] postea latius. Qui autem omnia
quae ad Dei cultum pertinent diligenter curabant[3] et tanquam
relegentes, sunt dicti religiosi ex relegendo, eligentes eligendo,
tanquam legentes ex legendo, et intelligendo intelligentes.
Alterum nomen vitii est; alterum laudis.' Nam Augustinus
quarto de Civitate Dei sententiam hanc Tullii de superstitione
et vera religione, nec non, octavo ejusdem, de religione et
religiosis, accipit et exponit; volens quod religiosi dicti sunt
quod Deum eligant et relegant relegentes, et iterum et iterum
eligentes per verum cultum et continuum.

In isto autem cultu, secundum Avicennam et alios, habent Avicenna
ordinari templa, et orationes, et oblationes, et sacrificia, et and Aris-
totle on
jejunia, et peregrinationes maximae ad locum legislatoris ut public
habeatur in memoria et veneratione. Et Aristoteles in suis ceremonial.
considerationibus[4] de hoc cultu dicit nunquam verecundiores
nos esse debere quam cum de divinis agitur; si intramus
templa simus compositi, ad sacrificium accessuri vultum
demittamus, si in oratione argumento modestiae fungamur.
Et ideo dicit Avicenna, Oportet ut doctor doceat oratorem

---

[1] *Tusc. Disput.* lib. i. cap. 26. The words in brackets are omitted in the
MSS., and Deorum is substituted for Dei. The quotation which follows is
from *De Natura Deorum*, ii. 28. It is transcribed correctly; excepting that
ipsi et sui liberi is substituted for sibi sui liberi. St. Augustine quotes the
passage, *De Civitate Dei*, iv. 30.

[2] patebit, D. et O.   [3] curarent, O.; relegerent, M.

[4] Cf. the spurious treatise *Rhetorica ad Alexandrum*, cap. 2. But the quotation is perhaps from the *Theologia* of Aristotle, a work written in Greek, and
translated into Arabic, thence into Latin. I have not seen it, but compare
Ravaisson's *Métaphysique d'Aristote*, vol. ii. p. 542.

dispositiones quibus preparetur ad orandum, quemadmodum homo consuevit praeparare se ad occurrendum regi humano in munditia et decore, et ut faciat assuescere munditiae et decori firma consuetudine; et instituat eum ad modum hominis preparantis se ad occursum regis cum humilitate et vultu demisso compressis membris, cessans a revolutione et ab omni perturbatione. Et determinant philosophi ut Avicenna et alii quod solemnitates magnae debent statui eo quod faciunt gentes congregari, et dant eis audaciam et emulationem legis; et ut orationes multitudinis exaudiantur : et propter eas inveniunt benedictiones a Deo Et similiter fraternitates generales debent fieri propter easdem causas.

Hermes
Mercurius
on worship. Et quo modo in speciali oratio convenienter fiat, docet Hermes Mercurius in libro de divinis, incipiens sic, Praeclare nihil deest ipsi Deo, sed nos agentes gratias adoremus. Hae enim sunt summae incensiones Dei cum gratia aguntur a mortalibus. Et infert 'Gratias tibi summe, exsuperantissime, tua enim gratia tantum sumus cognitionis tuae lumen consecuti. O nomen sanctum et honorandum nomen tuum, quo solus Deus est benedicendus religione paterna, quoniam omnibus paternam pietatem et religionem et amorem et quaecunque sunt dulciori efficacia praebere digneris, et donas nobis sensum rationem et intelligentiam. Sensum ut te cognoscamus; rationem ut te limpidius[1] indagemus, intelligentiam ut te cognoscentes gaudeamus, ac numine tuo salvati gaudeamus quod te nobis ostenderis totum, gaudeamus quod nos in corporibus sitos aeternitati fueris consecrare dignatus[2]. Haec enim est sola humana gratulatio, tuae cognitio majestatis. O vitae vera vita ! O naturarum omnium faecunda praegnatio ! cognovimus te, aeterna perseveratio ! In omni igitur ista oratione te adorantes hoc tantum deprecamur ut nos velis servare perseverantes in amore cognitionis tuae, et nunquam ab hoc vitae genere separari. Hoc optantes convertimus nos ad puram et sine animalibus coenam.'

Pagan
ritual
worthless,
and ob-
served by De sacrificiis vero eorum, oblationibus, et caerimoniis non est opus sermonem texere, quia superstitiosa fuerunt et inutilia pro majori parte, nisi in quantum aliqua absumpse-

[1] limpidius, O. et D , suspicionibus, M   [2] consecrare digneris, O et D.

runt a sacerdotibus legis Hebraeorum. Unde etiam ipsi philoso-
philosophi talibus vacabant propter statuta civilia et propter phers only on legal
multitudinem, non propter veritatem, sicut Seneca dicit in grounds.
libro quam composuit contra superstitiones. Nam licet, quia
Senator erat, statuta publica oportuit eum dissimulare, tamen
dicit hujusmodi caerimonias non ad rem pertinere, sed ad consuetudinem vulgi ; et quod nullus sapiens deberet ea apud se
reputare. Etiam observationes Judaeorum reputavit absurdas
et indignas homini sapienti, sicut et Deus magis concessit eis
hujusmodi caerimonias ne fierent Idololatrae, quam propter
veritatem, sicut Sancti testantur. Et sic terminantur radices
primae partis Philosophiae Moralis.

PARS SECUNDA
PHILOSOPHIAE MORALIS[1].

Capitulum I.

De lege matrimonii et reipublicae servanda.

Human institutions Marriage laws

Secunda pars descendit ad leges et statuta hominum inter se Et consideratur primo salus humanae speciei secundum lineam generationis pro populo multiplicando legibus ligaturo[2]. Et ideo dantur leges conjugii et statuunt quomodo habent fieri et qualiter impedimenta amoveantur. Et praecipue quod a civitatibus excludantur fornicatores et sodomitae, qui inducunt contrarium constructioni civitatis, quoniam retrahunt homines ab eo quod melius est in civitatibus[3], scilicet conjugio, ut Avicenna et alii volunt.

Government, classes, and gradations of rank.

Deinde dantur leges secundum quas ordinantur subditi ad praelatos et principes, et e contrario, et servi ad dominos secundum omne genus servitii et dominii, et secundum quas paterfamilias debet vivere[4] in regimine prolis et familiae, et magister ad discipulos. Deinde statuuntur doctores et artifices in singulis scientiis et artibus : et eliguntur ex

---

[1] In D and O the heading is Incipit Secunda Distinctio habens duo capitula ; capitulum primum de lege matrimonii et reipublicae servanda As however the divisions of the seventh part of the *Opus Majus* are always spoken of as *partes*, both here and in the references made to *Moralis Philosophia* in the *Opus Tertium*, it seems best to abide by the word chosen by Bacon. It will be remembered that the fifth part (*Perspectiva*) is also divided into three parts The fragments that are extant of Bacon's *Scriptum Principale*, notably his *Communia Mathematicae*, show that he attached great importance to careful divisions and subdivisions The inequality in this respect of the seven parts of the *Opus Majus* is possibly due to the different degrees of haste with which the various parts were written

[2] So in all the MSS   [3] civitate, M   [4] regi, pro vivere, O.

juvenibus instruendis ad hujusmodi studia et officia exercenda
aptiores juxta consilia sapientum; et reliqui ad officium
militare deputantur pro justitia exsequenda et malefactoribus
compescendis. Et oportet ut dicit Avicenna, ut instituendo
legem, sit haec prima intentio, scilicet ordinare civitatem in
tres partes scilicet in dispositores, ministros, et legis peritos, et
quod in unoquoque eorum[1] ordinetur aliquis praelatus. Post
quem ordinentur alii praelati inferiores eo, et post hos iterum
alii ordinentur, quousque perveniant ad paucos; ad hoc ut
nullus sit in civitate inutilis quin habeat aliquem statum
laudabilem, et ut ab unoquoque proveniat utilitas civitati.
Unde apud Platonem illa civitas justissime ordinata traditur
in qua quisque proprios noscit[2] affectus. Et ideo, ut Avicenna
dicit, prohibere debet princeps civitatis otiositatem et vacationem. Qui autem non possunt compesci debent expelli
a civitate, nisi causa hujus sit infirmitas vel senectus; et tunc
instituendus est locus in quo permaneant hujusmodi et
deputetur eis procurator. Oportet autem quod in civitate sit
quidam locus reipublicae pecuniariae quae partim proveniat
ex jure quod instituitur contractibus, partim ex calumniis quae
pro poena infliguntur, partim ex praediis et praedis rebellium,
partim ex aliis, et ut haec respublica[3] sit partim praeparata
illis qui non possunt lucrari propter infirmitatem et senectutem, et partim legis et medicinae doctoribus, et partim communibus usibus.

Et deinde docet legislator statuere patrimonia et haeredi- Laws of
tates et testamenta; quia dicit Avicenna quod substantia $\frac{\text{inheritanc}}{\text{and con-}}$
necessaria vitae partim est ramus, partim est radix. Sed tract.
radix est patrimonium et aliquid quod est ex testamento
legatum et datum, ex quibus tribus radicibus firmius, est
patrimonium. Ramus autem substantiae venit ex adquisi-
tione per species negotiationis. Deinde debent ostendi leges
circa contractus omnium specierum negotiationis in emendo,
vendendo, locando, conducendo, mutuando, commodando,
expendendo, servando et hujusmodi, ut removeatur in contractibus quicquid potest nocere, sicut dicit Avicenna.

[1] istorum, M.   [2] nescit, O.
[3] respublica is here used in the sense of a public fund.

Laws against turbulent or gambling sports.
　　Deinde jura habent statui secundum quae in omnibus causis et casibus [1] ostendatur quid juris sit et secundum quae causae possint terminari, ut pax et justitia foveantur inter cives. Postea ut dicit Avicenna, prohiberi debent studia propter quae amittuntur hereditates et census, et pax et concordia civium turbantur; et artifices horum studiorum sunt qui cupiunt vincere causa lucri alicujus, ut luctator, aleator, et 'hujusmodi. Similiter debent prohiberi studia quae inducunt contraria utilitatibus, sicut exemplificat in doctrina furandi et rapiendi et in caeteris hujusmodi.

War
　　Et ulterius debent fieri ordinationes, sicut dicit Avicenna, ut homines se adjuvent mutuo et defendant, et contra inimicos legis sint unanimes etiam ad expugnandum eos. Si autem alia civitas vel regimen sit bonarum constitutionum et legum, hoc non adversatur ei nisi tempus fuerit debere non esse aliam legem, cujus institutio, quoniam optima est, tunc dilatanda est per totum mundum. Et in hoc verbo lex Christiana innuitur, ut inferius exponetur. Si autem aliqui sint inter eos qui a lege discordant, prius corrigantur ut resipiscant; quod si facere noluerint, occidantur.

CAPITULUM II.

Change of government.
　　Et ultimum quod hic exigitur est quod Legislator sibi constituat successorem. Et hoc fit secundum Avicennam per hunc modum. Debet enim hoc facere cum consensu majorum et vulgi, et talem eligat qui bene regere possit et sit prudens et honestorum morum ; audax, mansuetus, peritus gubernandi, et peritus legis, quo nullus sit peritior, et hoc sit manifestum omnibus Si autem post hoc discordaverint ut alium velint eligere, jam negaverunt Deum, et ideo debet interponere judicia in lege sua ut quisquis se intrudere voluerit potentia vel pecunia, tota civitas unanimiter irruat in eum et occidat. Quod si potuerint facere et non fecerint, jam contradixerunt Deo, nec est reus sanguinis qui interfecerit hujusmodi, ita

_____
[1] omnibus rationibus, O. et D.

tamen ut prius populo innotescat. Si autem ille qui debet institui non sit dignus et probatum fuerit, alius instituatur [1].

Et sic terminatur intentio radicum secundae partis cum consequentibus ad radices in summa. Et sub hac parte comprehenditur jus civile quod nunc est in usu Latinorum ; ut manifestum est ex radicibus hujus partis. Et certum est quod Latini a Graecis habuerunt jura et leges ; scilicet a libris Aristotelis ac Theophrasti ejus successoris, praeter leges duodecim tabularum quas primo transtulerunt de legibus Solonis Atheniensis.

[1] Cf. the very remarkable observations of John of Salisbury on the justification of tyrannicide; *Polycraticus*, lib. viii. cap. 18 21. The mediaeval Church was no believer in absolute submission. I speak of course of the Western Church. In the East it was far otherwise.

In his somewhat meagre treatment of this branch of his subject, Bacon compares unfavourably with St. Thomas Aquinas, whose masterly treatment of the virtue of Justice would occupy two hundred of these pages. Cf. *S. T.* Secunda Secundae Quaest. lvii–lxxx.

PARS TERTIA

PHILOSOPHIAE MORALIS[1].

Capitulum I.

De regimine hominis in comparatione ad se ipsum.

Relation of third part to second. Tertia vero pars Scientiae Moralis et Civilis est de moribus cujuslibet personae secundum se, ut honestas vitae in quolibet habeatur, et turpitudo vitiorum relinquatur propter futuram felicitatem et horrorem aeternae poenae Et quod haec debet esse tertia pars patet evidenter, quoniam quod illa pars quae continet cultum Dei sit prima planum est, sicut declaratum est. Bonum autem commune praeponitur bono privato, ut Aristoteles dicit primo[2] Metaphysicae. Sed pars praecedens bonum habet commune , pars ista bonum exhortatur privatum. Caritas enim maxima virtus est, et haec ordinatur ad bonum commune, et Pax et Justitia eam comitantur; quae virtutes excedunt mores singularum personarum. . Nam homo est animal sociale, et de sua proprietate est, ut dicit Avicenna quinto de Anima, ut non vivat solus sicut brutum animal quod sibi soli in vita sua sufficit. Et ideo leges quae ordinant hominem ad proximum sunt majores.

Graeco-Roman views on social ethic. Et secundum [3] Aristotelem et Averroem, decimo Metaphysicae, vir eremita qui non est pars civitatis, sed sibi soli vacat, non est bonus neque malus. Et Tullius in libro de Officiis verba Platonis recitans[4] dicit praeclare scriptum esse a

---

[1] In D. and O , the heading is, Incipit Tertia Distinctio habens tria capitula. In M there is no heading at all

[2] This seems the right reading , O. and D have septimo. Perhaps the reference is to *Met* i. 2, § 6

[3] eundem, pro secundum, O.

[4] recitans . . . quod, M , narrans dicit clare, D. et O.

Platone quod nobis solis nati non sumus. Ortus nostri partem patria vendicat, partim amici, atque ut placet Stoicis ad usum hominum omnia creari, homines hominum causa esse generatos ut ipsi inter se alii aliis prodesse possint. Quoniam ipse Tullius, quinto Academicorum libro, dicit, Nihil est tam illustre quam communicatio utilitatum. Innatum est enim homini ut habeat quiddam civile et populare, quod Graeci *politicon* vocant. Unde in libro de Vita Beata dicit Seneca, Hoc verbum exigitur ab homine ut prosit omnibus si fieri potest, aut multis [1]; si minus paucis; si minus proximis; si minus sibi. Quapropter oportet quod secunda pars principalis philosophiae moralis sit de legibus communibus, ut assignatum est; et tertia erit de vita et honestate quam quilibet debet sectari. Et hoc est verum secundum ordinem dignitatis Naturae, et simpliciter loquendo, licet Aristoteles hunc modum non teneat in libris suis; quia procedit secundum viam inquisitionis, et ideo ab eis quae notiora sunt nobis non naturae. Sed quoniam jam sumus certificati per eum et alios quid requirat potestas hujus scientiae, ideo possumus partes ejus collocare secundum ordinem quem Naturae dignitas exposcit.

Et hic philosophi mira locuti sunt circa virtutes et vitia; Value of ut omnis Christianus confundi possit, quando infideles homines Graeco-Roman tam sublimia virtutum habuisse concipimus, et nos turpiter writings on a virtutum gloria cadere videmur. Caeterum multum ani- personal ethic. mari debemus ut ad virtutis culmen aspiremus, et exemplis nobilibus excitati nobiliores fructus virtutum producamus, quoniam majus juvamen in vita habemus quam ipsi philosophi, et sine comparatione majora auxilia [2] per Dei gratiam recipere comprobamur. Et primo in universali recitabo quaedam circa virtutes et vitia : secundo ad particularia declinabo.

CAPITULUM II.

Ostendit autem Aristoteles in primo Ethicorum [3] quod Aristo-virtus est duplex; una est secundum ipsam in parte animae telian ethic.

---

[1] aut multis, om. M.   [2] auxilii, D.

[3] The *Nicomachean Ethics* were translated from the Arabic by Hermann (known as Alemannus) in 1240 A. D., at Toledo. They were probably included

Theory of the mean.

sensitiva, in quantum obedit rationi, vel in ratione dominante super partes animae sensitivae, et sic regulante eas ut ejus obediant impeiio. Et hujus modi virtus moralis vocatur, et consuetudinalis, qua homines consuescunt mores honestos. Et docet secundo[1] Ethicorum quod sunt duodecim, et de eis tractat in quarto, et vocat eas medietates, quia quaelibet earum est medium inter duo vitia contiaiia ad invicem et virtuti. Nam unum extremum deficit a virtute et aliud superabundat; ut accidit de avaritia quae deficit a largitate, et de prodigalitate quae superabundat. Nam largus dat solum quae dare debet, avarus nihil dat vel parum; piodigus omnia effundit. Et sic de vitiis circumstantibus alias medietates

Twelve moral virtues

Et haec duodecim secundum Aristotelem sunt hujusmodi. Prima est fortitudo in agressione teiribilium et sustinentia adversoium. Secunda est castitas tam in eis quae gustus sunt, quam in illis quae sunt tactus. Tertia est largitas circa mediocres expensas. Nam quarta virtus est magnificentia, quae est circa magnifica, vel ciica templa et cultum divinum, et hospitalitates et caetera bona communia Et sicut magnificentia et largitas differunt circa pecuniam, sic magnanimitas et quaedam alia virtus se habent circa meritum et honorem virtutis. Unde magnanimus est qui non deprimitur adversitate nec prosperitate gloriatur, sed solum de virtute. Unde magnanimitas est oinatus omnium virtutum, sicut dicit Aristoteles, qua extollit homo animum super omnia humana, et soli virtutis innititur dignitati, et haec est emeritae probitatis

in the translation of Aristotle from the Greek which William of Moerbeke (often called Flemingus, or Brabantinus) made at the instigation of Thomas Aquinas An earlier translation, also apparently from the Greek, was in the hands of Albertus Magnus, and it is cited by William of Auvergne, who died 1248 This, there is some ground for thinking, was made by, or under the direction of Robert Grosse-tête [See Jourdain, pp 60, 144, 180, 288, 296] A comparison between Bacon's short sketch of Aristotelian Ethic, and the elaborate treatment of the subject in the *Summa* of Aquinas, would be out of place here. Readers of the latter do not need to be told that the discussions turn in many places entirely on the comparison of one passage of the *Ethics* with another, or with a passage from some other work of 'The Philosopher' Aquinas's treatment of the theory of the mean, and of its conciliation with the exalted enthusiasm of Christian virtue, is very characteristic of his general method and spirit (see Prima Secundae Quaest. lxiv. Art 1-4)

[1] secundo Ethicorum, D. et O., primo Ethicae M.

in omnibus, neque injuriam reputat nec inimicitias. Nam non meditatur injuriarum ultiones, neque malorum servat memoriam, nec aliquid sua ira dignum aestimare dignatur, nec stultitiam hominum curat nec incurias, sed omnia animi magnitudine dissimulat ; nec gaudet de honore sibi facto, aut modicum, quia virtuti perfectae, ut dicit Aristoteles, non invenitur reverentia aequalis, nec quantum meretur : nec admiratur quicquam, cum non sit aliquid respectu ejus eximium, promptus ad retributiones et beneficia, similis Deo quantum homini possibile est.

Sexta medietas quae se habet ad largitatem sicut largitas ad magnificentiam, non habet nomen in Latino, sed consistit circa minora merita quam magnanimitas, et competit cuilibet juxta statum suum. Septima virtus est mansuetudo quae compescit iras. Octava est socialis amicitia in convictu, ut placeat homo alteri, non adulatione nec sit invidus aut molestus sed modestus [1]. Nona est veritas quae excludit ab homine simulationem et fictionem vitae, ut qualis apparet exterius talis sit in conscientia apud se. Decima est in solatio honesto, ut excludatur scurrilitas, et quod homo non sit sylvester et rudis, conturbatus [2] et tristis ad solatia aliorum. Nam tranquilla requies et jocosum solatium sunt necessaria in usu vivendi inter homines [3], ut ait philosophus. Undecima est verecundia ad peccata, quae maxime est necessaria juvenibus, ut non inclinentur de facili ad vitia. Et ideo dicit Aristoteles, Laudamus juvenes verecundos. Nam Seneca [4] in libro Epistolarum primarum refert de quodam juvene qui peccavit, et cum sapiens quaerebat an verecundaretur, et responsum est quod sic, dixit, Ergo res salva est. Duodecima est de justitia.

Et praeter has virtutes sunt aliae nobiliores quae non dependent a sensu sed sunt absolute in mera ratione, et ideo vocantur virtutes intellectuales, quae sunt intellectus, scientia, ars, prudentia, et sapientia. Sed haec possunt considerari in pure speculativis, ut finis eorum est veritas nuda. Et sic non sunt virtutes sed habitus scientiales et cogitativi, aut possunt

Speculative virtues only deserve the name when connected with divine or moral purposes.

---

[1] nec discolus aut molestus, D. et O.
[2] conturbandus, M.   [3] inter homines, M., juvenibus, D. et O.
[4] *Sen. Ep. Mor.* lib. iv. 11 (Haase's ed.).

esse in rebus operabilibus, et secundum quod finis eorum est bonum. Et sic quoque sunt virtutes, scilicet quando ista tendunt ad salutem animae; et hoc est quando feruntur circa cultum divinum, et circa bonum publicum inter cives, et circa vitae et morum honestatem, et circa considerationem vitae eternae et hujusmodi. Et intellectus est habitus principiorum in operabilibus et scientia est habitus conclusionum. Ars vero est notitia bonorum operum[1] in effectu, et prudentia est habitus directivus horum. Sapientia vero est perfecta notitia bonorum spiritualium cum amoris suavitate, in qua est pax mentis humanae quanta possibilis est ei in hac vita; et ideo haec est principium felicitatis futurae, et fere idem quod felicitas, ut dicit Aristoteles sexto Ethicorum[2].

Aristotle's distinction between natural and acquired virtue

Et in eodem dicit quod in omni genere virtutis est una naturalis, et alia per adquisitionem, ut invenimus unum hominem castum per naturam et audacem, et sic de aliis virtutibus. Et similiter in fine decimi distinguit, et ibi dicit quod virtutes naturales non sunt a nobis, sed per gratiam divinam, quod est verbum mirabile. Ergo longe magis virtutes quae adquiruntur sunt a Deo, quae sunt longe nobiliores, quamvis consuetudo actionis virtuosae eas conservet et roboret et exprimat, propter quod consuetudinales vocantur, et ex operationibus nostris dependere dicuntur.

Ancient philosophers upheld virtue as the sole good

Et omne bonum hominis in hac vita et solum ponunt virtutem, secundum quod Seneca in libro de Beata Vita per totam docet[3], et Tullius in quinto de Quaestionibus Tusculanis ubique. Atque ipsemet in libro de Paradoxis jurejurando confirmat quod nunquam aliquid ducet in bonis nisi virtutem. Quod et auctoritate unius de septem sapientibus confirmat. Qui cum omnes de locis suis fugerent propter expugnantes eos, dicebant ei, Quare non res suas secum transferret sicut caeteri?

[1] operum, om. O et D.

[2] *Eth. Nic* vi 12 § 5 ἔπειτα καὶ ποιοῦσι μέν, οὐχ ὡς ἡ ἰατρικὴ δὲ ὑγίειαν, ἀλλ' ὡς ἡ ὑγίεια, οὕτως ἡ σοφία εὐδαιμονίαν· μέρος γὰρ οὖσα τῆς ὅλης ἀρετῆς τῷ ἔχεσθαι ποιεῖ καὶ τῷ ἐνεργεῖν εὐδαίμονα The references in the following paragraph are to vi 13 § 1, 2, and x 9 § 6 The words τὸ μὲν οὖν τῆς φύσεως δῆλον ὡς οὐκ ἐφ' ἡμῖν ὑπάρχει, ἀλλὰ διά τινας θείας αἰτίας τοῖς ὡς ἀληθῶς εὐτυχέσιν ὑπάρχει, would naturally strike Bacon as *verbum mirabile.*

[3] It will be seen that this work is largely quoted from afterwards See pp 335-347.

dixit, Omnia mea mecum porto ; nihil suum definiens nisi
virtutem. Et hic fuit Bias Prieneus, secundum quod Valerius
Maximus libro quarto docet. Et Seneca, in libro ad Serenum,
Quomodo in sapientem nec injuria nec contumelia cadit[1], refert
etiam quod Stilbon philosophus cum suam civitatem et omnia
bona temporalia tyrannus occupaverat et invaserat, quaesitus
a tyranno si aliquid perdidisset ; Nihil, inquit, Omnia enim
mea mecum sunt ; et se non invictum tantum sed indemnem
testatus est. Habebat enim vera secum bona, in quae non est
manus interjectio. At quae dissipata et direpta ferebantur non
judicabat esse sua, sed adventitia fortunae nutum fortunae
sequentia.

Et etiam virtus vita hominis est. Quia Seneca dicit in
primis epistolis quod homines prius moriuntur quam incipiant
vivere ; loquens de iis qui in peccatis se occupant usque ad
mortem naturalem. Unde Apuleius nobilissimus[2] in libro
de Deo Socratis admiratur nimis quod homines non curant
animas suas ut vivant. Et ait, 'Nihil aeque miror quam cum
cupiant homines optime vivere et sciant non in alia[3] re quam
in animo vivi, nec fieri posse quin, ut optime vivas, animus
colendus sit, tamen suum animum non colant ; ut, si quis velit
cernere, acriter oculi curandi sunt, si velis perniciter currere,
pedes curandi sunt, similiter in caeteris membris sua cuique cura
est. Quod cum omnes facere perspiciam, nescio satis mecum
reputare et admirari cur non etiam animum similiter ratione
excolant ; quae quidem ratio vivendi omnibus aeque necessaria
est, et non ratio pingendi nec ratio psallendi ; et idem de caeteris
artibus, ne omnes prosequar, quas licet tibi nescire, nec pudet.
Cum vero dicis, Non pudet me nescire vivere bene, nunquam
hoc dicere audebis. Et cum primis mirandum est, quod ea
quae minime volunt videri nescire tamen discere negligunt, et
ejusdem artis disciplinam simul et ignorantiam detractant.'

Et hoc maxime est contra eos qui aliis sunt in exemplum
et doctrinam morum ; de quibus Aristoteles dicit in Elenchis,
Dicunt decoratissimas orationes, volunt autem contraria.
Secundum quod Tullius de talibus secundo de Quaestionibus

Virtue the life of man.

Cicero on consistency of practice with principle.

[1] Otherwise called *De Constantia Sapientis.* See pp. 303-311.
[2] nobilissimus, om. O. et D.   [3] altera. *pro* alia. D. et O.

S 2

Tusculanis quaerit [1], ' Quotus eorum est qui sit ita morigeratus animo et vita constitutus ut ratio postulat ? Quis disciplinam suam non ostentationem scientiae sed legem vitae putet, qui sic obtemperet sibi ipsi ut suis decretis pareat? Videre licet alios tanta levitate et jactatione ferri ut his fuerit non didicisse melius ; alios pecuniae cupidos , gloriae nonnullos ; multos libidinum servos, ut cum eorum vita mirabiliter pugnet eorum oratio. Quod quidem mihi videtur esse turpissimum. Ut enim si Grammaticam professus quisque barbare loquatur · aut si absurde canit is qui se velit haberi musicum, hic turpior sit quod in eo ipso peccet cujus profitetur sapientiam, sic in vitae ratione peccans hic turpior sit quod in officio cujus magister esse vult labitur, artemque vitae professus delinquit in vita.' Cum tamen Xalenchus legislator apud Locrenses mirabili juris aequitate et zelo virtutis legem de adulteris quam dederat de poena duorum oculorum in filio voluit observari, repugnante civitate propter patris honestatem ; sed verax judex unum oculum sibi abstulit, alterum filio, ne legem quam dederat violaret. Haec scribit Valerius Maximus libro sexto.

The beauty of virtue — Caeterum omnes philosophi volunt quod virtutis honestas sua miranda pulcritudine quemlibet debet invitare, quoniam honestum est, ut ait Tullius in libro de Officiis, quod sua vi nos trahit et sua dignitate nos allicit Apuleius etiam in libro tertio de dogmate Platonis dicit virtutem esse animi pulcritudinem. Et Tullius, quarto de Quaestionibus Tusculanis, dicit [2] ' Ut corporis est quaedam apta figura membrorum cum colorum quadam suavitate eaque pulcritudo vocatur, sic in animo opinionum judiciorumque aequalitas et constantia cum firmitate quadam et stabilitate virtutem subsequens aut virtutem ipsam antecedens pulcritudo vocatur' Et Apuleius virtutem non solum esse pulcritudinem animi sed sanitatem et vires. Et sic Cicero, ut ex secundo et tertio et quarto et quinto de Quaestionibus Tusculanis, multipliciter manifestum est.

Et licet impossibile aut difficile sit eum qui induratus est in moribus antiquis tempore longo mutari ad virtutes, ut

---

[1] *Tusc. Disp.* ii 4. The quotation, like many others made by Bacon from Latin authors, is nearly but not quite accurate.

[2] *ib.* iv. 13

Aristoteles dicit in fine Ethicae, tamen Seneca dicit libro
secundo de Ira, 'Nihil est[1] tam difficile et arduum quod non
humana mens vincat et in familiaritatem perducat assidua
meditatio. Nulli enim sunt tam ferrei et sui juris affectus ut
non disciplina perdomentur. Quodcunque sibi animus imperavit obtinuit. Quidam ne unquam riderent consecuti sunt.
Quidam vino et omni humore interdixere corporibus. Alius
contentus brevi somno vigiliam indefatigabilem extendit.
Didicerunt quidam[2] tenuissimis et adversis funibus currere
et ingentia vixque humanis toleranda viribus onera portare, et
in immensam altitudinem, ac sine ulla respirandi vice, perpeti
maria. Mille quidem sunt alia in quibus pertinacia impedimentum omne transcendit.' Ostenditque nihil esse difficile cui
sibi ipsa mens patientiam indiceret. Nam ut Averroes dicit
secundo Physicorum, multi veneno nutriri consueti sunt, ut
scribit in libro Secretorum Aristoteles. Ipse enim puellam
speciosam Alexandro missam cum caeteris muneribus veneno
deprehendit esse nutritam. Labor igitur improbus omnia
vincit, ut ait Virgilius.

Et ideo nulla est difficultas in virtute apud eum qui illam
amat. Nam avida periculi virtus est. Quo tendit, non quid
passura sit, cogitat, ut scribit Seneca de Copia Verborum, et
illud idem recitat in libro alio[3] in quo quaerit quare multa
incommoda[4] bonis accidant. Et addit ibi cum id quod passura
est gloriae pars est. Militares viri gloriantur vulneribus laeti
fluentem meliore casu sanguinem ostentant. Idem licet
fecerint qui integri revertuntur ex acie, magis spectatur qui
saucius redit. Et septimo de Beneficiis[5] dicit, quod facile est
scire et habere virtutes quantum est a parte illarum, et a parte
naturae; et addit dicens, 'Quicquid hos meliores beatosque
facturum est aut in aperto aut in proximo natura posuit, si quis

Cicero and Seneca maintain change of inveterate habits to be difficult but not impossible.

---

[1] Seneca, *De Ira*, ii. 12. (The three parts of the *De Ira* are marked as Dial. III, IV, and V in most editions of Seneca: e. g. in that of Haase, Leipsic, 1887, which has been used in this work.)

[2] quidam, om. M.   [3] Seneca, *Dial.* i. 4.

[4] mala, pro incommoda, D. et O. The version of the quotation given by M. is, 'pars est gloriae tolerantia adversitatum,' which is less correct than that of O

[5] Ch. 1. of seventh book. Bacon has somewhat changed the order of the sentences in this quotation.

animum virtuti consecravit Et quocunque vocat illa planum
putat, si sociale animal et in commune genitum mundum ut
unam domum spectat, semperque tanquam in publico vivit,
se magis quam alios veritus. Subductus ille tempestatibus
tribulationum in solido ac sereno stetit. Consummavit
scientiam utilem. Nullius enim rei difficilis est inventio nisi
cujus hic unus inventae [1] fructus est invenisse.' Et hoc est in
speculativis puris, non in eis quae ad vitam beatam pertinent
immediate. Et Seneca in secundo libro de Ira [2] contra
quaerentes solatia vitiorum pro difficultate virtutis, sic ait,
'Non est in vitiis quod dicas excidi non posse ; sanabilibus
aegrotamus malis, ipsosque nos in rectum genitos Natura si
emendari velimus juvat. Nec ut quibusdam visum est arduum
in virtutes et asperum iter est, plano itur ipso Deo juvante.
Multo difficilius est facere ista quae facitis Quid est animi
quiete otiosius, quid ira laboriosius ? quid clementia remissius,
quid crudelitate negotiosius ? Vacat pudicitia, libido occupa-
tissima est. Omnium denique virtutum tutela facilis est, vitia
magno coluntur' Et Tullius tertio de Quaestionibus Tusculanis dicit 'Sicut ingeniis nostris scientia innata virtutum, quae
si adolescere liceret ipsa nos ad beatam vitam natura
produceret Eandem sententiam dicit Seneca in libro
Epistolarum primarum. Illa tamen, ut dicit libro primo de
Ira, certissima [3] est virtus quae se diu multumque suspexit ac
rexit et ex lento et destinato provexit.'

CAPITULUM III.

De peccato vero sermocinantur in communi sicut de
virtute. Nam Tullius quinto de Quaestionibus dicit, 'Quod
peccare nemini licet'; quia peccata impediunt totam animi
perfectionem et adquisitionem felicitatis aeternae. Quoniam
Algazel [4] dicit in Logica quod haec felicitas est ex perfectione animae Perfectio autem ejus consistit in duobus,
in munditia et ornatu. Munditia est ut expurgetur a sordidis

The way in which these phi- losophers spoke of sin

Algazel, Socrates, Cicero,

---

[1] in mente, *pro* inventae, D et O., wrongly.　　　　[2] *De Ira*, ii 13.

[3] *ib* i 11.

[4] Agazel, M. The passage is cited in the first chapter of Scientia Experimentalis, p. 170

moribus et sanctificetur a fantasiis turpibus ; ornatus ut depin- Seneca, on spiritual blindness.
gatur in ea certitudo veritatis divinae, et esse totius universi
secundum speciem ejus, revelatione, in qua non sit error nec
occultatio ; verbi gratia sicut speculum, cui non est perfectio
nisi appareat in eo forma pulcra ; quod non fit nisi cum
omnino tersum fuerit a sorde et rubigine et postea apponantur
ei formae pulcrae. Anima igitur est sicut speculum ; nam
depinguntur in ea formae totius universi cum mundata et
tersa fuerit a sordidis moribus. Haec Algazel. Et ideo
peccata excaecant hominem, quia omnis malus est ignorans
ut Aristoteles dicit, secundo Ethicorum[1]. Et Socrates ait
quod non est possibile ut quis faciat factum pravum nisi
propter ignorantiam : quoniam quando venerit ad passionem
desiderii peccandi, amittit scientiam et absorbetur intellectus.
Tanta enim est vilitas et turpitudo peccati quod sapiens dixit,
Si scirem deos esse ignoscituros et homines ignoraturos de-
dignarer peccare ; propter quod Tullius in secundo Academicorum dicit homines tenebras et solitudines nactos ad per-
petranda peccata, quia per se foeditate sua ipsa turpitudo
deterret. Et Seneca quinto Naturalium dicit quod propter
turpitudinem scelera conspectum sui reformidant, quibus
abscondendis nulla nox satis atra est. Apuleius etiam in
tertio de Beatitudine Platonis dicit, Malitiam seu peccatum
esse animae foeditatem, et non solum hoc sed infirmitatem
et aegritudinem. Et hoc idem ex Tullio in Quaestionibus
Tusculanis multipliciter patet.

Peccatum autem non solum excaecat, nec foedat, nec debili-
tat animam rationalem, sed convertit in vitam bestialem, sicut Human nature lowered to the level of brutes.
philosophi ostendunt in multis locis. Unde Seneca in libro
de Vita Beata ait, 'Eodem loco[2] pono homines quo in numerum
pecorum et animalium redegit hebes natura et ignorantia sui.
Nihil interest inter hos et illa, quoniam illis nulla ratio est,
his prava et malo suo atque in perversum solers.' Et Philosophia probat, quarto Consolationum, quod mali non sunt
quia idem[3] est quod ordinem retinet servatque naturam. Sed

---

[1] *Eth. Nicom.* iii. 1 § 14 ἀγνοεῖ μὲν οὖν πᾶς ὁ μοχθηρὸς ἃ δεῖ πράττειν.

[2] *De Vita Beata*, cap. 5.

[3] The meaning is that only those who keep within bounds can be regarded

peccatum est contra ordinem naturae, ergo mali esse desistunt. Et ideo necesse est ut quos ab humana conditione dejecit improbitas infra hominis meritum detrudat. Evenit ergo ut quem transformatum vitiis videas hominem aestimare non possis. Et infert, 'avaritia fervet alienarum opum violentus ereptor? lupi similem dixeris. Ferox et qui linguam litigiis exercet? cani comparabis. Insidiator occultus subripuisse fraudibus gaudet? vulpeculis exaequatur. Irae intemperans fremit? leonis animum gestare credatur. Pavidus ac fugax non metuenda formidat? cervis similis habeatur. Segnis ac stupidus torpet? asinum vivit. Levis et inconstans studia permutat? nihil avibus differt Foedis immundisque libidinibus immergitur? sordide suis voluptate detinetur. Itaque fit ut qui probitate deserta homo esse desierit, vertatur in belluam '

Influence of example

Et quia libenter excusamus nostra peccata quaecunque, parva vel magna, multa vel pauca, Seneca libro secundo[1] de Ira quaerit, Cui tandem vitio[2] advocatus defuit? sed aliorum non sic excusamus vitia. Nam in eodem dicit, Aliena vitia in oculis habemus, a tergo nostra sunt. Et quia cum sancto sanctus eris et cum viro innocente innocens eris, ideo dicit Seneca libro secundarum Epistolarum, 'Nulla res[3] animis adeo honesta induit dubiosque et in malum inclinabiles revocat ad rectum quam bonorum conversatio ' Et in tertio libro de Ira, 'Finguntur[4] a conversantibus mores, et ut quaedam in contactos corporis vitia transiliunt, ita animus mala sua proximis tradit. Ebriosus convictores in amorem meri traxit. Impudicorum coetus fortem et si liceat virum emollit. Avaritia in proximos virus suum transtulit. Eadem e converso ratio virtutum est ut omne quod secum habent mitigent. Nec tam valetudini corporali profuit mitis regio et salubrius coelum quam animis parum firmis in meliore turba versari. Quae res quanto possit intelliges, si videris feras convictu nostro mansuescere nullique immani bestiae vim suam permanere, si

as preserving their identity The passage is condensed from the second *Prosa* of the fourth book of Boetius' work. The extract that follows is from the third *Prosa* of the same book

[1] D has primo; M. secundo, which is right
[2] *De Ira*, ii 13 In M. this is referred to the wrong dialogue.
[3] *Ep* lib xv 2 § 40   [4] *De Ira*, iii. 8. Seneca has sumuntur.

hominis contubernium diu passa est. Accedit huc quod non
tantum exemplo melior sit qui cum quietis hominibus vivit,
sed quod causas vitii non invenit nec vitium suum exercet.'

Et in eodem libro ad correctionem omnium vitiorum dicit Self-exami-
quod 'omnes sensus [1] perducendi sunt ad firmitatem. Nam nation.
patientes sunt si animus desit illos corrumpere, qui quotidie
ad rationem reddendam vocandus est. Faciebat hoc Sextius
ut consummato die cum se ad nocturnam quietem recepisset,
interrogaret animum suum, Quomodo hodie malum tuum
sanasti? cui vitio obstetisti? qua parte melior es? Quicquam
ergo est melius pulcriusque hac consuetudine excutiendi
totum diem? Qualis ille somnus post recognitionem sui
sequitur; quam tranquillus altus et liber cum aut laudatus
est animus aut admonitus; et speculator suique censor secretus
cognoscit de moribus suis.' Et ipse in eodem libro dicit de
seipso, 'Utor hac potestate, et quotidie apud me causam
dico [2] cum sublatum e conspectu lumen est; totum diem jam
mecum scrutor, factaque ac dicta mea metior, nihil mihi ipse
abscondo, nihil transeo. Quare enim quicquam ex erroribus
meis timeam, cum possim dicere, Vide ne istud amplius
facias, nunc tibi ignosco.'

Et quia beatus [3] est ille qui allidit parvulos suos ad petram, Training of
ideo dicit Seneca ad Marciam 'omnia vitia [4] penitus insident the young.
nisi dum surgunt oppressa sint, leniore medicina est oriens
adhuc restringenda vis, vehementius contra inveterata pugnandum est. Nam vulnerum sanitas facilis est dum a sanguine recentia sunt.' Et quia hoc maxime debet fieri in
aetate juvenili, ideo dicit Aristoteles secundo Ethicae [5], Quod
non parvum differt sic aut sic assuesci a juventute. Nam
virgae recenti, quae in omnem partem flecti potest et de facili
a curvitate in rectitudinem ducitur, comparat innocentiam ju-
venilem. Et Seneca secundo de Ira dicit, 'Facile [6] est teneros
adhuc animos componere; difficulter enim rescinduntur vitia

---

[1] *De Ira*, iii. 36   All the MSS. give infirmitatem for firmitatem; and saepius
for Sextius; and M. is quite incorrect in the whole quotation.

[2] duco, *pro* dico, O.

[3] The meaning of this reference to Psalm cxxxvii. 9 does not seem obvious.

[4] *Ad Marciam*, i. M. has insurgunt for insident.

[5] *Eth. Nic.* ii. 1 § 8.   [6] *De Ira*, ii. 18.

quae nobiscum creverunt.' Item Seneca ad Helviam dicit,
'In hoc casu[1] nunc compone juvenis mores, nunc formam.
Altius praecepta descendunt quae teneris imprimuntur aeta-
tibus. Multum ei dabis, etiam si nihil dederis ei praeter
exemplum.' Et ideo in secundo de Ira dicit, 'Proximis[2]
applicatur omne quod tenerum est, et in eorum similitudinem
crescit. Nutricum et pedagogorum retulere mox in adolescen-
tiam mores. Apud Platonem educatus puer, cum ad parentes
relatus vociferantem et clamantem videt patrem, Nunquam
hoc, inquit, apud Platonem vidi. Non dubito quin citius
patrem imitatus esset quam Platonem, si apud patrem nutritus
fuisset.'

<h2 style="text-align:center">CAPITULUM IV[3].</h2>

Each of the seven mortal sins denounced by these philosophers.

Et si consideremus ea quae dicunt et fecerunt in particulari
de hujusmodi moribus, gratissima dinoscuntur[4]. Omnia vero
reducuntur ad contemptum divitiarum contra avaritiam, vel
ad despectum honorum contra superbiam, vel ad fugam
deliciarum contra luxuriam et gulam, vel ad motus et passiones
animi contra iram et invidiam et accidiam; ut sic peccata
septem mortalia devitentur. Et omnia peccata praeter iram
ad prospera feruntur. Nam languet animus in divitiis et
honoribus et deliciis dum in illis delectatur peccatis. Nam de
avaritia, superbia, luxuria, gula, planum est quod ad delectationem magna concupiscentia promoventur. Invidia etiam
de bono et prosperitate alterius exoritur. Accidia quidem
nascitur ex hoc quod in deliciis et caeteris prosperitatibus
animus absorbetur. Tunc enim evenit homini taedium veri
boni quod in virtute consistit, et tristatur ad omne virtutis
opus, iners et languidus cui mors animae in januis est, ut vita
spiritualis ocius finiatur. Sola quidem ira prospera neglexit
et pugnat in adversis. Propter quod primo tangam quae

---

[1] *Ad Helviam*, 18.   [2] *De Ira*, ii. 21.

[3] In D. and O. this chapter is headed 'Incipit Distinctio quarta, habens
capitula tria.' This is omitted in M. and is evidently a mistake, as the fourth
section of this seventh Part comes much farther on. I have thought it best
to call it cap. iv. See conclusion of cap. i. of this third part, p. 255.

[4] discriminantur, M.

pertinent ad contemptum prosperorum; secundo quomodo adversa non sunt formidanda.

Portatur [1] igitur Aristoteles summus in medium ante alios qui in contemptum mundi cum omnibus suis divitiis et honoribus et voluptatibus patriam reliquit, in exilio vitam suam finivit. Et Theophrastus ejus praecipuus successor in philosophia, ut Tullius recitat de eis in quinto de Quaestionibus Tusculanis. Non solum autem ipsi, sed alii nobilissimi philosophi et patres philosophorum, ut Xenocrates qui fuit veteris Academiae princeps, sicut dicit Censorinus in libro de Die Natali, et Carneades, qui fuit auctor tertiae Academiae quae dicitur nova. Platonici enim vocati sunt Academici a loco in quo Plato studuit, et diversificati sunt in sectas multas post mortem magistri sui. Sed non solum isti, sed et quam plures alii famosi, quos nominat Tullius usque ad sexdecem : et alii innumerabiles, ut ipse dicit, aetates suas in exilio et perpetua peregrinatione consumpserunt, qui semel egressi nunquam domum regressi sunt. Et cum quaereretur [2] a Socrate cujus est, respondit, Mundanus sum; totius enim mundi se esse incolam et civem arbitrabatur, ut testatur Cicero quinto de Quaestionibus Tusculanis. Et ideo Seneca Marcello [3] exulanti dicit, ' Quod si patria cares non est miserum Ita te disciplinis imbuisti ut scires omnem locum sapienti patriam esse. Humile tugurium nempe virtutes recipit. Jam omnibus templis formosius erit cum illic justitia conspecta fuerit cum continentia, cum prudentia pietas, omnium officiorum recte dispensatorum ratio, humanorum divinorumque scientia ; nullus angustus est locus qui hanc tam magnarum virtutum turbam capit.' Et Ptolomaeus in sapientiis suis Almagesti praepositis dicit ' Inter homines altior est qui non curat in cujus manu sit mundus.' Nec mirum si hic philosophus hoc dicit qui plus in coelestibus et mundi partibus principalibus [4] cognoscendis laboravit. Probat enim in primo libro Almagesti quod tota terra nullam quantitatem sensibilem habet respectu coeli, sicut supra copiosius confirmatur. Et Seneca ad Helviam [5] dicit, Angustus animus est quem terrena delectant.

Renouncement of the world.

---

[1] Ponatur, M., portatur, D. et O.   [2] loqueretur, M.
[3] *Ad Helviam*, cap. 9.   [4] principibus, D. et O.   [5] *Ad Helviam*, cap 9

Nam quo altius turres sustulerint, quo majore mole fastigia
coenationum subduxerint, hoc plus erit quod illis coelum
abscondit. Et Xenophon Socraticus dixit nihil egere est Dei,
quam minimum autem proximum est Deo, sicut recitat
Censorinus

Seneca on
the insigni-
ficance of
the earth as
compared
with the
universe Et Seneca quinto Naturalium veraciter judicans mundum
terrenum esse punctum respectu coeli, quod per astronomicam
scitur certitudinem, omnia quae in hoc mundo humano inter
homines describuntur vilificat et adnihilat, respectu coeli
ad quod factus est homo Dicit igitur ' Qui jam animum laxat.[1]
et praeparat ad cognitionem coelestium dignumque efficit ut
in consortium Dei veniat, tunc consummatum habet plenum-
que bonum sortis humanae ; cum calcato omni malo petit
altum et in interiorem naturae sinum venit, tunc juvat inter
ipsa sidera vagantem divitum pavimenta videre et totam cum
auro suo terram, non illo tantum quod egessit, sed illo quod in
occulto servat posteriorum avaritiae ' ' Hoc est punctum quod
inter tot gentes ferro et igne dividitur. O quam ridiculosi
sunt termini mortalium ! ultra Istrum Dacus non exeat.
Parthis obstet Euphrates, Danubius Sarmatica atque Romana
disterminet, Rhenus Germaniae modum faciat. Pyrenaeus
inter Galliam et Hispaniam medium extollat jugum. Inter
Aegyptum et Aethiopiam arenarum inculta vastitas jaceat.
Si quis formicis det intellectum hominis, nonne illae unam
aream in multas divident provincias ? Cum videbis exercitus
subrectis ire vexillis, equitem modo ulteriora explorantem
modo a lateribus affusum, formicarum iste discursus [est] in
angusto laborantium. Quid illi et nobis interest nisi exigui
mensura corpusculi ? Punctum est istud in quo navigatis, in
quo regnatis, in quo bellatis. Sursum ingentia spatia sunt in
quorum possessionem[2] animus admittitur ; ac velut vinculis
liberatus in originem redit. Et hoc argumentum est divinitatis suae, quod illum delectant divina nec ut alienis, sed ut
suis interest tunc contemnet prioris domicilii angustias Quod
enim ab ultimis Hispaniae usque ad Indos jacet paucissi-

---

[1] This is not from the fifth, but from the prologue to the first book of
Naturales Quaestiones The quotation has been somewhat altered by Bacon.

[2] passionem, *pro* possessionem, M.

morum dierum spatium est si navem suavis ferat ventus. At,
illa regio coelestis per triginta sex millia [1] annorum velocissimo
sideri viam praestat.'

Et Apuleius, in libro de Deo Socratis, dicit convenienter
omnia bona extrinseca et corporis esse despicienda nec consideranda in laude hominis boni, sub his verbis ' In hominibus [2]
contemplandis noli aliena existimare sed ipsum hominem
penitus considera, ipsum ut meum Socratem pauperem specta.
Aliena autem voco quae parentes pepererunt, et quae fortuna
largita est, quorum nihil laudibus Socratis mei admisceo,
nullam generositatem, nullos longos natales, nullas invidiosas
divitias. Igitur omnia simul dona numeres; generosus est?
parentes laudas. Dives est? non credo fortunae. Nec magis
ista dinumero. Validus est? aegritudine fatigabitur. Pernix
est? abibit in senectutem. Formosus est? expecta paulisper,
et non erit. At enim bonis artibus doctus, et apprime
eruditus, et quantum licet homini sapiens et boni consultus?
tandem aliquando ipsum virum laudas. Hoc enim neque a
patre hereditarium est, neque a casu pendulum, nec a suffragio
adminiculum, nec a corpore caducum, nec ab aetate mutabile.
Haec omnia meus Socrates habuit et ideo caetera habere
contempsit.' Propter quod Tullius in libro de Paradoxis
gloriatur se nunquam aurum nec argentum nec honorem nec
aliquid hujus mundi computare inter bona. Et Sallustius in
Catilinario dicit 'fortuna res cunctas magis ex libidine quam
ex vero celebrat. Primo pecuniae deinde imperii cupido fuit.
Ea quasi materies omnium malorum fuere. Namque avaritia
fidem probitatem caeterasque artes bonas subvertit; pro his
superbiam, crudelitatem, Deum negligere, omnia venalia
habere edocuit. Avaritia pecuniae studium habet quam nemo
sapiens concupivit. Ea quasi venenis malis imbuta corpus
animumque virilem effeminat; semper infinita insatiabilis, nec
copia nec inopia minuitur.' Et Seneca libro tertio de Ira
dicit, ' Circa pecuniam [3] plurimum vociferationis est; haec fora

(marginal note:) Apuleius, Cicero, Sallust and others on the vanity of worldly prosperity

---

[1] Seneca has triginta annos. Bacon refers to the precession of the equi-
noxes; Seneca to the revolution of Saturn. Suavis should be suus.

[2] Apuleius, *de Deo Socratis*, cap. 24. There are several mistakes in D. O.
and M., which it was necessary to correct if the passage was to be intelligible.

[3] *De Ira*, iii. 33.

defatigat, venena miscet, gladios tradit, haec est sanguine nostro delibata. propter hanc tribunalia magistratuum premit turba, reges saeviunt, civitates evertunt, fremitu judiciorum basilicae resonant, evocati ex longinquis regionibus judices sedent, judicaturi utrius justior avaritia sit.' Et in libro de Copia Verborum, dicit, ' Avarus nihil recte facit nisi cum moritur.' Sallustius vero libro memorato dicit ; ' Ambitio quidem dominandi multos mortales falsos fieri coegit , aliud in pectore clausum, aliud in lingua promptum habere. Et cum vita hominum sine cupiditate ageretur in terris, satis cuilibet sua placebant. Verum ubi superbia dominandi invasit, fortuna simul cum moribus immutatur.' Propter quod in libro de Beneficiis Seneca alloquens superbos propter bona fortunae dicit, ' Omnia quae vos[1] tumidos et super humana elatos oblivisci cogunt vestrae fragilitatis, quae ferreis claustris custoditis, quae ex alieno sanguine rapta vestro defenditis, propter quae ruptis toties affinitatis amicitiae collegiique foederibus inter contendentes duos terrarum orbis elisus est, non sunt vestra ; jam ad alium dominum spectantia sunt ; aut hostis illa, aut hostilis animi successor, aut ignis aut alium infortunium invadet Quaeris quomodo illa tua facies? dona dando. Consule igitur rebus tuis, et certam tibi earum atque inexpugnabilem possessionem para, honestiores illas non solum, sed tutiores facturus In quo te divitem atque potentem putas, quamdiu possides, sub nomine sordido jacet; domus est, servus est, nummi sunt. Cum donasti beneficium est.' Et ideo quaerit in libro primarum Epistolarum, Quis est dignus Deo nisi qui opes contempsit?

CAPITULUM V.

Cicero, Seneca, and others on carnal appetites.   De voluptatibus quidem vitae satis pulcra loquuntur. Et Cicero libro de Senectute sic dicit[2], Cum homini Deus nihil praestabilius mente dedisset, huic divino muneri nihil est tam inimicum quam voluptas. Impedit enim consilium voluptas rationi inimica et mentis oculos perstringit. Magnus etiam

---

[1] *De Beneficiis*, vi 3 The last words of the quotation have needed some correction from the original

[2] *De Senectute*, xii. 40, 41.

Archytas Tarentinus Pythagoricus et Platonis magister nemini censebat fore dubium quin, quamdiu voluptate gauderet, nihil agitare mente, nihil ratione nihil cogitatione consequi posset ; si quidem ea, cum major esset atque longior, omne lumen animi extingueret. Unde Tullius tertio de Quaestionibus Tuscu-lanis dicit, 'Intemperantiam esse fontem omnium perturba-tionum animi quae est a tota mente a recta ratione defectio, sic adversa a prescriptione rationis ut nullo modo appetitiones animi nec regi nec contineri queant.' Et ideo Plinius dicit decimo quarto Naturalis Historiae, 'Postquam voluptas vivere coepit vita desit.' Aristoteles etiam libro de Regimine Vitae [1] dixit Alexandro, 'Declina conatus bestialium voluptatum, carnales enim appetitus inclinant animum ad corruptibiles voluptates animae bestialis nulla discretione praehabita. Et ideo corpus corruptibile laetabitur, et contristabitur incorrup-tibilis intellectus Conatus ergo carnalis voluptatis generat carnalem amorem. Carnalis autem amor generat avaritiam, avaritia generat desiderium divitiarum ; desiderium divi-tiarum inverecundiam ; inverecundia praesumptionem, prae-sumptio infidelitatem. Et ideo voluptas maculas inducit secum in animam hominis, per quas redditur tenebrosa.' Et ideo dicit Aristoteles, in libro Problematum, Quod magis dicimur incontinentes et vituperabiles propter gustum et tactum quam propter alios sensus, quoniam a pessimis de-lectationibus vincimur et in quibus communicamus cum brutis etiam animalibus. Illa enim non delectantur in visu et auditu et olfactu [2] sicut homo. Nam odorem non quae-runt propter se, sed propter cibum ad quem ducuntur per odorem. Sed homo delectatur in odore non famelicus, ut in rosis et in aliis odoriferis. Et multum in auditu et in visu delectatur ; sed bruta non nisi propter ea quae ad gustum vel ad tactum pertinere noscuntur. Et ideo fiunt leges et documenta vivendi honeste circa delectationes et gustus et tactus ; et laudamur magis quando abstinemus ab his et vitu-peramur propter eas delectationes quia viles sunt et brutales.

---

[1] What follows is an extract from the *Secretum Secretorum*, for which, as already mentioned, *De Regimine Vitae* is a second title.

[2] gustu, D. et O.

Et Seneca dicit secundo de Ira, Ubi animum[1] simul et corpus
voluptates corrupere nihil adversi tolerabile videtur, non quia
dura sunt, sed quia mollis patitur. Et ideo cum duplex sit
principalis modus voluptatis unus in libidine, alius in crapula
et ebrietate, quaerit Tullius in quinto de Tusculanis Quaestionibus ' Illum quem libidinibus furentem[2] et inflammatum
videmus, omnia rabide appetentem cum inexplebili cupiditate
affluentius undique voluptates hauriat eo gravius ardentius-
que sitientem nonne recte miserrimum dixeris?' Et Seneca
dicit septimo de Beneficiis[3] quod 'voluptas fragilis est, brevis
fastidio objecta quo avidius hausta est, citius in contrarium
recidens, cujus necesse est aut poeniteat aut pudeat in quo
nihil magnificum aut quod naturam hominis Deo proximi
deceat, res humilis membrorum turpium exitu foeda.' Et
Seneca in libro Declamationum secundo dicit, Adolescens
luxuriosus insanit, nam et senectuti dedecus parit, et adole-
scentiam juvenum impudentiorem reddit. Et Cicero quarto
de Quaestionibus hunc libidinosum curare docens, ostendit
istius voluptatis vilitatem sub his verbis; 'Sic ergo[4] affectioni
huic adhibenda curatio est ut ostendatur quam leve quam
contemnendum, quam nihil sit omnino, quam facile vel aliunde
vel alio modo perfici, vel omnino negligi possit. Abducendus
est non nunquam ad alia studia, solicitudines, curas, negotia;
loci deinque mutatione, tanquam aegroti non convalescentes,
curandus est. Maxime autem admonendus est quantus sit
furor amoris. Omnibus enim ex animi perturbationibus est
profecto nulla vehementior, ut si jam ipsa illa accusare nolis,
stupra dico et adulteria, incesta denique quorum omnium
accusabilis est turpitudo; sed ut haec omittas, perturbatio
ipsa mentis in amore foeda per se est. Nam ut haec praeteream quae sunt furoris, haec ipsa per sese quam habent
levitatem quae videntur esse mediocria, injuriae, suspiciones,
inimicitiae, bellum, pax rursum' inita, quae omnia consequentur libidinosos. Hoc fit ut 'postulans certa ratione agere
nihilo plus agas, quam si des operam ut cum ratione insanias.
Haec inconstantia mutabilitasque mentis quem non ipsa

---

[1] *De Ira*, ii. 25.   [2] *Tuscul. Disp.* v. 6.   [3] *De Beneficiis*, vii. 2.
[4] *Tuscul. Disp.* iv. 35.

pravitate deterreat? Et etiam illud quod in omni perturbatione dicitur demonstrandum nullam esse nisi opinabilem nisi
judicio susceptam nisi voluntariam. Etenim si naturalis
amor esset et amarent omnes et semper amarent, neque
alium pudor, alium cogitatio, alium satietas deterreret.' Et
propter hoc Aristoteles in Secretis Secretorum dicit Alexandro
'Clemens Imperator, nolite inclinare ad coitus mulierum, quia
coitus est quaedam proprietas porcorum. Quae gloria est tibi
si exerces vitium irrationalium bestiarum, et actus brutorum?
Crede mihi indubitanter quod coitus est destructio corporum
et abbreviatio vitae, et corruptio virtutum, legis transgressio,
femineos mores generat.' Et ideo, ut omne malum moris
vitetur, Seneca ad Helviam dicit, 'Si cogitas libidinem non
voluptatis causa homini datam sed propagandi generis, quem
non violaverit hoc secretum et infixum visceribus ipsis exitium
omnis alia cupiditas intactum praeteribit.'

De voluptate vero quae est in gula Seneca loquitur pulcre Gluttony
ad Helviam, 'O[1] miserabiles quorum palatum non nisi ad and
drunken-
pretiosos cibos excitatur! Pretiosos autem non eximius ness.
sapor aut aliqua faucium dulcedo, sed raritas et difficultas
parandi facit. Alioquin, si ad sanam illis placeat mentem
reverti, quid opus est tot artibus ventri servientibus? quid
vastatione sylvarum, quid profundi perscrutatione? passim
jacent alimenta quae rerum natura omnibus locis disposuit.
Sed haec velut caeci transeunt, . . . et cum famem exiguo
possint sedare, magno irritant. Undique convehunt omnia
nota fastidienti gulae; et quod dissolutus deliciis stomachus
vix admittit, ab ultimo portatur Oceano. Deus istos perdat
quorum gulae luxuria sic fines loci transcendit.' Et de crapula
et ebrietate Seneca dicit in libro Epistolarum primarum [2], 'O
quam multa ebrii faciunt quibus sobrii erubescant! [Dic] nihil
aliud esse ebrietatem quam voluntariam insaniam. Extende in
plures dies illum ebrii habitum, numquid de furore dubitabis?
. . . Certe eruit omne vitium ebrietas et incendit et detegit;
obstantem malis conatibus verecundiam removet; . . . ubi
animum possedit nimia vis vini, quicquid mali latebat emergit.

---

[1] *Ad Helviam*, 10. The order of the sentences is somewhat changed by Bacon.
[2] *Epist.* lib. xii. 1.

Tunc libidinosus cupiditatibus suis quantum petierunt sine dilatione permittit; tunc impudicus morbum profitetur, tunc petulans non linguam non manum continet.' Et quia sic est, ideo Aristoteles dicit in secundo Ethicorum quod ebrio debetur duplex maledictio. Et post multa de hac materia dicit Seneca in loco praefato, 'Fere vinolentiam crudelitas sequitur, debellatur enim exasperaturque sanitas mentis. Quemadmodum difficiles faciunt oculos diutini morbi ad minimam radii solis offensionem, ita ebrietates continuae efferant animos. Nam cum saepe apud se non sint, consuetudine insaniae durata vitia e vino concepta etiam sine illo valent.' Et Seneca primo de Naturalibus Quaestionibus contra deliciosos in potu ait 'O Deus bone, quam facile est extinguere sitim sanam! sitim istam putas delicatorum?' quasi dicat non, sed febris est. 'Et quidem eo acrior quod non tactu venarum, neque in cutem effuso calore deprehenditur; sed cor ipsum excoquit luxuria, invictum malum[1].'

Simplicity of life and detachment from temporal cares. Placet praeteritis nunc in fine subjungere Anacharsis philosophi epistolam voluptati dissonantem quam Hammoni diviti scripsit sub his verbis: 'Anacharsis Hammoni salutem. Mihi amictui est Scythicum tegimen, calceamentum solorum callum, cubile terra; pulmentum fames: lacte, caseo, carne vescor. Quare ut ad me quietum licet venias. Munera illa quibus delectatus es civibus tuis vel diis immortalibus dona.' Tullius quinto Quaestionum hanc epistolam libenter recitat[2]. Seneca in libro primarum Epistolarum, [dicit] 'Qui exit in lucem hujus mundi, contentus sit ut pane et aqua vivat.' Et in libro suo qui est Quare multa mala bonis viris accidant exhortatur nos ad fugam deliciarum, dicens, 'Fugite[3] delicias, fugite enervatam felicitatem qua animi permadescunt, et nisi aliquid intervenerit quod humanae sortis admoneat, velut perpetua ebrietate sopiuntur.' Et in Phaedone Platonis legimus quod manifestus est ille philosophus absolvens quam maxime animam a corporis communione, qui minime solicitus est voluptatum quae per corpus sunt. Meditatio autem philosophorum est solutio et separatio animae a corpore. Confidere docet de sua anima virum qui voluptates quae circa corpus

---

[1] *Nat. Quaest.* iv. 13.   [2] *Tusc. Disp.* v. 32.   [3] *Dialog.* i. 4.

sunt permittit valere velut alienas, exornans animum non
alieno sed sui ipsius ornatu, sobrietate, justitia, fortitudine,
liberalitate, atque virtute. Quapropter Tullius in libro de
Immortalitate Animae ex multis concludit quod 'tota philosophorum vita commentatio mortis est'; secernere a corpore
animum [1], ecquid aliud est quam emori [discere]? et ideo infert, 'Distinguamus ergo nos a corporibus, id est consuesca-
mus mori, et sic dum erimus in terris erimus illi coelesti vitae
similes, et cum illuc ex his vinculis feremur . . . tunc denique
vivemus.' Nam 'haec quidem vita mors est.' ut ipse dicit eleganter. Et Seneca ad Marciam 'Nunquam [2] magnis ingeniis
cara in corpore mora est; exire atque erumpere gestiunt;
aegre has angustias ferunt, vagi per omne, sublimes et ex
alto assueti humana despicere. Inde est quod Plato clamat
sapientis animum totum in mortem prominere, hoc velle,
hoc meditari, hac semper cupiditate ferri.' 'Haec quae
vides circa nos, ossa nervos et obductam cutem vultumque
et ministras manus, et caetera quibus involuti sumus, vincula
animorum et tenebrae sunt; obruitur his animus, effugatur,
inficitur, arcetur a veris et a suis in falsa conjectus; omne illi
cum hac gravi carne certamen est: nititur illo unde dimissus
est, ibi illum eterna requies manet.' Et ideo dicit Avicenna
in Moralibus, 'Non liberabitur homo ab hoc mundo et ab ejus
illecebris nisi postquam homo totus suspensus ab illo mundo
celesti desideret id quod est ibi, et amor eorum quae sunt
ibi removeat eum omnino a consideratione ejus quod est
post se [3].'

Capitulum VI [4].

Dictum est de prosperis, et quomodo peccata sex mortalia
nutriuntur per ea. Nunc dicendum est de adversis, et quomodo ira pugnat cum illis, licet turpiter devincatur. Primo

Anger: its
distinction
from other
mortal
sins.

---

[1] *Tusc. Disp.* i. 31.   [2] *Ad Marciam*, 23, 24.

[3] Here MS. M. ends with the remark, Explicit hic moralis philosophia
Bacun.

[4] D. and O. have the heading, 'Incipit Distinctio Quinta habens novem
capitula.' But the nine chapters are not all noted, and no further *Distinctio*
is spoken of. I have thought it best to number the chapters of this third part

ponam radices circa ea quae sunt consideranda in remedio Irae, et secundo de gloriosa sustinentia adversorum.

Picture of this vice drawn from Seneca's Dialogues on Anger Primum vero remedium contra iram est ut comprehendamus ejus conditiones horribiles, ut quilibet has memorans irasci studeat abhorrere. Ira autem est peccatum pessimum. Nam iratus blasphemat in Deum, amittit proximum, confundit se ipsum, bona sua temporalia dissipat, non verens pro motu irae bona eterna negligere, et se ad poenas infernales obligare. Primo ergo considerandum est quod ira est contra omnem humanam naturam. Nam descriptio hominis, secundum quod homo est, est ut sit animal mansuetum natura. Et ideo Seneca in libro primo de Ira probat iram esse contra humanam naturam in hunc modum : 'Si hominem [1] inspexerimus, quo quid est mitius dum in recto animi habitu est? quid autem ira crudelius?' Et infert 'Ira est avida poenae, cujus cupidinem inesse pacatissimo hominis pectori minime secundum ejus naturam est.' Caeterum aliter arguit sic. 'Homo in adjutorium mutuum genitus est, ira in exitium hic,' id est homo. 'congregari vult, illa discedere : hic prodesse, illa nocere hic etiam ignotis succurrere, illa carissimos perdere : hic aliorum incommodis vel impendere se paratus est, illa in periculum, dummodo deducat, descendere Quis ergo magis naturam rerum ignorat, quam qui optimo ejus operi et emendatissimo,' scilicet homini, 'hoc ferum atque perniciosum vitium assignat?' 'Beneficiis enim humana vita constat, et concordia, nec terrore sed mutuo amore in foedus auxiliumque commune constringitur.' Et in primo libro comparat illos bestiis quae alienae sunt a natura humana, dicens, 'Ira [2] se profert et in faciem

consecutively, without regard to *Distinctiones* The remainder consists entirely of quotations from Seneca, with an occasional comment from Bacon. It will be seen that Bacon himself apologizes for their length, his justification being partly, that the books of Seneca from which he quotes were not generally known ; and partly, their intrinsic worth and beauty. In fact, using Seneca's writings as a rich quarry, Bacon builds out of them a manual of Christian morality He has hitherto been dealing with the first six of the mortal sins, involving, in one way or other, slavery to pleasure He now passes to the failure to endure pain, as shown in the vice of Anger He concludes by describing the state of patient forbearance and resignation under extremest trial

[1] *De Ira,* 1 5 Here, as elsewhere, Bacon changes the order of the sentences very freely.

[2] *ib.* 1.

exit; quantoque major hoc effervescit manifestius. Non vides
ut omnium animalium, simul ad nocendum insurrexerint,
praecurrant notae[1], ac tota corpora solitum quietumque egrediantur habitum? spumant apris ora, dentes acuuntur attritu,
taurorum cornua jactantur in vacuum et arena pulsu pedum
spargitur, leones fremunt, inflantur irritatis colla serpentibus,
rabidorum canum tristis aspectus est.' Et quod magis elongentur homines iracundi a benignitate humana quam aliae
bestiae, sententiat in tertio libro suo, 'Ferarum[2] mehercules
sive illas fames agitat, sive infixum visceribus ferrum, minus
tetra facies est, etiam cum venatores suos semianimes morsu
ultimo petunt, quam hominis ira flagrantis.' Deinde contra
naturam hominis est ira, quia proprium subjectum primo
destruit et confundit. Nam primo hominem transfigurat
exterius quantum ad totum corpus in foedam et horribilem
formam. Unde Seneca in principio libri sui sic eloquitur:
'Exegisti[3] a me, Novate, ut scriberem quemadmodum posset
ira leniri, nec immerito mihi videris hunc affectum pertimuisse
maxime ex omnibus tetrum et rabidum. Caeteris enim
aliquid quieti et placidi inest, hic totus concitatus ac in impetu
est doloris.' Et in secundo libro de Ira dicit. 'Nihil tamen[4]
aeque profuerit quam primum intueri deformitatem rei. Nec
ullius affectus facies turbatior. Pulcherrima ora foedavit,
torvos vultus ex tranquillissimis reddit. Linquit decor omnis
iratos. Et sive amictus illis compositus est, ad legem irae
trahent vestem omnemque curam sui effundent, sive capillorum
natura vel arte jacentium non informis habitus, cum animo in-
horrescunt; tumescunt venae, concutietur crebro spiritu pectus,
rabida vocis eruptio colla distendit, tum artus trepidi, inquietae
manus, totius corporis fluctuatio. Qualem intus esse putas
animum cujus externa imago tam foeda est? Quanto illi intra
pectus terribilior vultus est, [acrior spiritus, intentior impetus[5]]
rupturus se nisi eruperit. Qualia poetae inferna monstra
finxere succincta igne et flatu, talem nobis iram fingeremus

---

[1] D. and O. have rotae, and several other words in this quotation have
needed correction.
[2] *De Ira*, iii. 4. [3] *ib.* i. 1. [4] *ib.* ii. 35.
[5] acrior ... impetus, om. MSS.

sibiloque mugitu et stridore perstrepentem, omni odio labo-
rantem sui, maxime si aliter nocere non possit, terras, maria,
coelumque ruere cupientem[1].' Et in tertio libro dicitur,
' Necessarium[2] est itaque foeditatem ejus et feritatem coarguere
et ante oculos ponere, quantum monstrum_ sit homo in
hominem furens ;' et 'ut iracundum descripsimus acrem et
nunc subducto retrorsus sanguine fugatoque pallentem, nunc
in os omni colore et spiritu verso subrubicundum et similem
cruento, venis tumentibus, et oculis nunc trepidis et exsilien-
tibus, nunc in uno obtutu defixis et haerentibus. Adjice-
dentium inter se arietatorum non alium sonum quam est apris
tela sua attritu acuentibus. Adjice articulorum crepitum cum
se ipsas manus frangunt, et pulsatum saepius pectus, anhelitus
crebros tractosque altius gemitus, instabile corpus, incerta
verba, subitis exclamationibus trementia labra interdumque
compressa, et dirum quoddam exsibilantia.' Praeterea contra
naturam hominis est quia corpus multis gravaminibus laedit et
variis passionibus et informitatibus flagellat. Nam Seneca
dicit in fine secundi libri ' Videndum[3] quam multis per_se ira
nocuerit. Alii nimio fervore rupere venas, et sanguinem super
vires elatus clamor egessit, et luminum suffudit aciem in
oculos vehementius humor egestus, et in morbos aegri
recidere.' Et vidimus sanos multoties homines aegritudines
varias incurrere ferventiore ira permotos.

Anger de-
structive of
intellectual
faculties

Sed similiter a parte animae est ira innaturalis homini.
Duae enim sunt partes animae intellectivae ; una est specu-
lativa et ratione utens ; alia est practica et in amorem virtutis
ordinata. Primam vero perturbat ira et est ei maxime
inimica, et eam multoties ducit in furorem et insaniam.
Nam in secundo libro dicit Seneca, ' Ratio[4] utrique parti
tempus dat, et sibi petit ut excutiendae veritati tempus habeat.
Ira festinat. Ratio adjudicari vult quod aequum est. Ira illud
aequum non vult quod Ratio judicavit. Ratio nihil praeter
ipsum de quo agitur spectat. Ira vanis et extra causam
obversantibus commovetur. Iracundia non vult regi ; iras-

---

[1] The latter part of this quotation is somewhat condensed from the original.
[2] *De Ira,* iii. 3, 4   [3] *ib.* ii. 36.
[4] *ib* i 18, 19 (not from the second book).

citur veritati ipsi si contra voluptatem suam apparuerit. Cum
clamore et tumultu et totius corporis jactatione, quos destina-
vit insequitur, adjectis conviciis maledictionibusque. Hoc
non facit Ratio, sed, si ita opus est, silens quieta familias rei
publicae pestilentes cum conjugibus ac liberis perdit, tecta
ipsa diruit, et solo exaequat, et inimica libertati nomina ex-
tirpat, haec non frendens nec caput quassans nec quicquam
indecorum agens.'

Et iterum Ira rationem deducit in insaniam et furorem. Compa-
rison with
mania.
Nam Seneca in fine secundi libri de Ira dicit, ' Nulla [1]
celerior ad insaniam via est. Multi itaque continuaverunt
irae furorem, nec quam expulerant mentem unquam receperunt. Ajacem in mortem egit furor, in furorem ira.' Et
in tertio dicit, ' Quid ergo [2]? sanum hunc aliquis vocat, qui,
velut tempestate correptus, non it, sed agitur ; et furenti malo
servit nec mandat ultionem suam, sed ipse ejus exactor animo
simul et manu saevit.' Et in primo libro dicit: ' Ut [3] scias
animos non esse sanos quos ira possedit, ipsum illorum
habitum intuere. Nam ut furentium certa indicia sunt,
audax et minax vultus, tristis frons, torva facies, citatus
gradus, inquietae manus, color versus, crebra et vehementius
acta suspiria, ita irascentium eadem sunt signa ; flagrant,
emicant oculi : multus ore toto rubor, exaestuante ab imis
praecordiis sanguine ; labra quatiuntur, dentes comprimuntur,
horrent ac subrigent capilli, spiritus coactus ac stridens,
articulorum se ipsos torquentium sonus, gemitus mugitusque
et parum explanatis vocibus sermo praeruptus et complosae
saepius manus, et pulsata humus pedibus et totum concitum
corpus magnas irae minas agens, foeda visu et horrenda
facies . . . Nescias utrum magis detestabile vitium sit an
deforme.' Demum tota innaturalis homini ira est, cum non
abhorreat homo iratus ad omne periculum vitae se praebere,
nec mortem timet, sed gratis ut se vindicet, mortis se subjicit
periculo. Unde in fine secundi dicit, ' Irati gladiis et pugnare
parati sunt et incumbere.' Et in principio tertii, ' Iratus non
sine pernicie [4] sua perniciosus, et ea deprimens quae mergi nisi
cum mergente non possunt.' Et non solum se ipsum perimit

---

[1] *De Ira*, ii. 36.　　　[2] *ib.* iii. 3.　　　[3] *ib.* i. 1.　　　[4] *ib.* iii. 3.

sed proximum amittit; et non solum inimicos invadit ad
mortem, sed causa mortis est amicorum. Cujus rei pulcherrimum exemplum Seneca promit in secundo libro de quodam
qui captus a tyranno eum tanta delusit cautela ut ipsemet
tyrannus interficeret omnes inimicos suos ; et ipse tandem
tyrannus emoritur. Dicit ergo, 'Notus est[1] ille tyrannicida
qui imperfecto opere comprehensus, et ab Hippia tortus ut
consocios indicaret, circumstantes tyranni amicos nominavit,
quibus maxime caram ejus salutem sciebat. Et cum ille
singulos ut nominati erant occidi jussisset interrogavit ecquis
superesset ; Tu, inquit, solus. Neminem enim alium, cui
carus esses; reliqui. Effecit igitur ira ut tyrannus tyrannicidae
manus accommodaret, et praesidia sua gladio suo caederet.'

Anger in-
compatible
with
virtuous
life.
(1) With
clemency.

Sicut vero partem speculativam animae confundit, et ei
innaturalis est ira, sic et practicam, et longe magis. Nam
haec habet virtutem pro dote, in hac virtus consistit ; et ira
vitium est. Cum ergo omnes virtutes, secundum Senecam
libro Epistolarum primarum, et secundum Tullium libro de
Officiis, et secundum eundem libro secundo de Quaestionibus
Tusculanis, sunt connexae, ut qui habeat unum habeat omnes
propter generales circumstantias in quibus connectuntur,
licet differant in specialibus circumstantiis, necesse est quod
ira non compatiatur secum aliquam virtutem, cum mansuetu-
dinem, quae aliis virtutibus annexa est principaliter, excludat.
Et hoc est quod dicit Seneca, secundo de Ira : 'Necesse est[2]
prius virtutem ex animo tollas, quam iracundiam recipias, quoniam cum virtutibus vitia non coeunt ; nec magis quisquam
eodem tempore et iratus potest esse et vir bonus, quam aeger
et sanus.' Denique tollit virtutes nobilissimas scilicet mansue-
tudinem, clementiam, magnanimitatem, pietatem, gaudium,
et pacem cordis. Aristoteles enim in quarto libro Ethicorum,
docet quod mansuetudo est virtus contraria irae. Et Seneca
dicit in primo libro de Clementia, nullam[3] ex omnibus virtutibus homini magis convenire quam clementiam, cum sit nulla
humanior. Sed ira excludit clementiam quia in crudelitatem
degenerat ; quae crudelitas est recte contraria clementiae ; ut
dicit Seneca libro secundo.

[1] *De Ira*, ii. 23.　　　[2] *ib.* ii. 12.　　　[3] *De Clementia*, i. 3.

Et licet clementia omnibus conveniat, tamen, ut ait Seneca, nullum clementia magis quam regem et principem decet. Reges enim Israel clementes sunt, ait Scriptura. Nam ut dicit Seneca, 'Pestifera[1] vis est [valere] ad nocendum; illius demum magnitudo stabilis atque fundata est quam omnes tam supra se esse quam pro se sciunt: quo precedente non tanquam noxium animal defugerint, sed tanquam ad clarum ac beneficum sidus certatim advolant'; et addit, quoniam 'non decet regem saeva nec inexorabilis ira,' 'Principem talem civibus se esse decet qualem Deum sibi.' 'Si Deus[2] placabilis et aequus non statim delicta peccantium persequitur, quanto aequius est hominem hominibus praepositum miti animo exercere imperium, et cogitare utrum mundi status gratior oculis pulchriorque sit sereno et puro die an cum fragoribus crebris omnia quatiuntur; . . . atqui non alia facies est quieti moratique imperii quam sereni coeli et nitentis!' 'Haec est vera clementia,' ut infert[3], 'quae non saevitiae paenitentia cepit nullam habere maculam. Haec est in maxima potestate verissima animi temperantia. Clementia non tantum honestiores sed tutiores praestat. Tyranni in voluptate saeviunt; reges non nisi ex causa et necessitate. Clementia efficit ut magnum inter regem et tyrannum discrimen sit. Non potest habere quisquam fidos et bonae voluntatis ministros, quibus utitur non aliter quam bestiis.' Nam severitas assiduitate amittit auctoritatem. 'E converso est is in cujus animo nihil hostile, nihil efferum est; qui potentiam suam placide ac salutariter[4] exercet; sermone affabilis, accessu facilis, vultu qui maxime populos demeretur amabilis, . . . de quo eadem homines secreto loquuntur et palam.'

Et pulchrum exemplum[5] affert, dicens 'Natura commenta est regem, quod et ex aliis animalibus licet cognoscere, et ex apibus, quarum regi amplissimum cubile est medioque ac tutissimo loco. Onere vacat exactor alienorum

Clemency in rulers.

Example of bees.

---

[1] *De Clementia*, i. 3.
[2] *ib.* i. 7. Here again Deus is substituted for Dei; peccantium for potentium.
[3] *ib.* i. 10, 13.   [4] salubriter, O.
[5] *De Clementia*, i. 19.

operum ; et amisso rege totum dilabitur ; nec unquam plus
quam unum patiuntur, melioremque pugna quaerunt In-
signis regi forma est dissimilisque caeteris tum magnitudine,
tum nitore. Iracundissimae ac pro corporum captu pugna-
cissimae sunt apes, et aculeos in vulnere relinquunt: rex
ipse sine aculeo est.   Noluit illum Natura nec saevum
esse nec ultionem magno constaturam petere, telumque detraxit, et iram ejus inermem reliquit : exemplar hoc magnis
regibus ingens est . . cum tanto hominum moderatior esse
animus debeat quanto vehementius nocet.   Utinam eadem
homini lex esset, ut ira cum telo suo frangeretur, nec saepius
liceret nocere quam semel ' Et infert, ' Errat si quis existimat
tutum esse regem ubi nihil a rege tutum.   Securitas securi-
tate mutua paciscenda est.   Non opus est muris turribusque
se sepiie . . . salvum regem in aperto clementia praestabit.'
Unum est inexpugnabile munimentum amor civium.   Quid
enim pulcrius est quam vivere optantibus cunctis ?' ' Hor-
tamur[1] igitur ut manifeste laesus animum in potestate habeat,
et poenam, si tuto poterit, donet sin minus, temperet, longe-
que sit in suis quam in alienis injuriis exorabilior. Nam
quemadmodum non est magni animi qui de alieno liberalis
est, sed ille qui quod alteri donat sibi detrahit, ita cle-
mentem vocabo, non in alieno dolore facilem, sed eum qui
cum suis stimulis agitetur, non prosilit.' Et iterum dicit,
' Verecundiam[2] peccandi facit ipsa clementia regentis,' 'Nec
minus turpia principi sunt multa supplicia quam medico
multa funera.' 'Natura' enim 'contumax est humanus animus
et in contrarium atque arduum nitens, sequiturque facilius
quam ducitur Et ut generosi et nobiles equi fraeno facili
reguntur, ita clementiam voluntaria innocentia impetu suo
sequitur.' Et tandem convertens sermonem ad principem
Romanum[3] dicit, 'Tradetur ista animi tui mansuetudo,
diffundeturque paulatim per omne imperii tui corpus, et
cuncta in similitudinem tuam formabuntur, a capite bono
in omnes valetudine dilatata.'

Sic igitur induxi aliqua ad ostendum pulchritudinem et

[1] *De Clementia,* i 20.   [2] *ib* i 22, 24

[3] *ib* ii 2

nobilitatem clementiae ut principale propositum elucescat, (2) Anger
scilicet insania iracundiae, quae hanc virtutem gloiiosam destruit, et in crudelitatem convertit. Nunc volo inferre aliqua
verba de aliis virtutibus cum clementia superius numeratis,
quas omnes elidit iracundia furiosa. Et illa quae maxime
est annexa clementiae est magnanimitas, quae, ut Aristoteles
docet quarto Ethicorum, est ornatus omnium virtutum. De
cujus proprietate est ut habens eam injuriarum sit immemor,
et negligat eas, sicut superius est annotatum, et non dignetur
irasci nec reputet aliquem sua iracundia dignum. Unde
Seneca dicit libro secundo de Ira, 'Magni[1] animi est injurias
despicere; ultionis contumeliosissimum genus est non esse
visum dignum ex quo peteretur ultio.' Et in libro de quatuor
cardinalibus virtutibus dicit Seneca; 'Si magnanimus fueris[2],
nunquam judicabis tibi fieri contumeliam. De inimico dices,
Non nocuit mihi, sed animum nocendi habuit : et cum illum
in potestate tua videris, vindictam putabis vindicare potuisse.
Scias enim honestissimum et majus genus vindictae esse
ignoscere.' Et in libro secundo de Ira dicit, 'Pusilli
hominis[3] est et miseri repetere mordentem. Mures formi-
caeque, si manum admoveris, ora convertunt; imbecillia se
laedi putant, si tanguntur.' Secundum quod in primo libro
dicit, 'Iracundissimi[4] sunt infantes, senesque et aegri : et in-
validum omne natura querulum est.' Et in tertio libro dicit,
'Nunquam[5] sine querela aegri tanguntur. Ira pusilla et angusta
est. Nemo enim non eo a quo se contemptum judicat, minor
est. At ille ingens animus et vere aestimator sui non vindicat
injuriam quia non sentit. Ut tela a duro resiliunt, et cum
dolore caedentis solida feriuntur, ita nulla magnum animum injuria ad sensum sui adducit, fragilior eo quem petit. Quanto
pulcrius velut nulli penetrabilem telo omnes injurias con-
tumeliasque respuere! Ultio enim doloris confessio est; non
est magnus animus, quem incurvat injuria. Aut potentior
te, aut imbecillior laesit : si imbecillior, parce illi; si potentior,
tibi. Nullum est argumentum magnitudinis certius quam

The marginal note reads: (2) Anger incompatible with magnanimity.

---

[1] *De Ira*, ii. 32.
[2] From the book otherwise called *De formula honestae vitae*
[3] *De Ira*, ii 31   [4] *ib* i 13   [5] *ib* iii 5 6

nihil posse quo instigeris accidere' 'Quis enim traditus dolori et furens, non piimam rejecit verecundiam? Quis impetu turbidus et in aliquem ruens, non quicquid in se verecundi habuit, abjecit?'

Magnanimity in rulers.

Cum igitur nihil aeque hominem quam magnus animus decet, ut dicit Seneca libro secundo de Clementia, et hanc virtutem gloriosissimam confundit ira, et evacuat, debet homo iracundiam a suo animo funditus extirpare, et maxime qui praeest. Quoniam in primo libro dicit, quod 'magni animi[1] est injurias in summa potentia pati, nec quicquam gloriosius esse principe impune laeso.' Et in secundo de Ira affert exemplum ad hoc. 'Ille magnanimus[2] et immobilis est qui more magnae ferae latratus suorum civium securus exaudit.' Et adhuc in tertio adjicit, 'Illud non veniet[3] in dubium quin se exemerit turbae et altius steterit quisquis despexit lacessentes. proprium est enim verae magnitudinis non sentire se esse percussum Sic immanis fera ad latratum canum lenta respexit.' Nam leo non dignatur festinare ad clamores venantium et tumultus. 'Sic irritus ingenti scopulo fluctus adsultat. Qui non irascitur, inconcussus injuria perstitit; qui vero irascitur motus est.' Unde hoc est consilium quod contra iram adhibet dicens, 'Vide ne magnitudo animi tui creditumque apud plerosque robur cadat'; propriissime respicit homines magnam auctoritatem habentes. Et in tertio, 'Pars[4] superior mundi et ordinatior ac propinqua sideribus nec in nubem cogitur nec in tempestatem nec versatur in turbinem; omni tumultu caret. Inferiora fulminantur. Eodem modo sublimis animus, quietus semper et in statione tranquilla collocatus, omnia intra se premens quibus ira contrahitur, modestus et venerabilis est et dispositus; quorum nihil invenies in irato.' Unde ira non habet aliquid magnitudinis, secundum quod dicit in primo libro. 'Ne illud quidem[5] judicandum est, aliquid iram ad magnitudinem animi conferre. Non enim est illa magnitudo, tumor est. Nec corporibus copia vitiosi humoris intentis morbus incrementum est, sed pestilens abundantia. Omnes quos vecors animus

---

[1] *De Clementia,* i. 20.   [2] *De Ira,* ii 32   [3] *ib.* iii. 25
[4] *ib.* iii 6.   [5] *ib.* i 20.

supra cogitationes extollit humanas altum quidem et sublime spirare se credunt : ceterum nil solidi subest, sed in ruinam prona sunt quae sine fundamentis crevere. Non habet ira cui insistat : non ex firmo mansuroque oritur ; sed ventosa et inanis est.' 'Ut exulcerata et aegra corpora quae ad tactus levissimos gemunt, ita ira muliebre maxime et puerile vitium est ... Non est quod credas irascentium verbis quorum strepitus magni minacesque sunt ; intra est mens pavidissima,' quia turbantur et laeduntur ad minima. Unde crocodilo[1] simillimus est iracundus qui est animal audacissimum timido, et timidissimum audaci. Nam persequentem fugit et fugientem persequitur : sic maxime accidit assuetis ad iram. Nam humiliantibus sibi insurgunt : sed cum magnanime eis resistitur, tabescunt. Unde nunquam turbarentur ad modica nec frequenter nisi propter animi imbecillitatem. Cum igitur ira aliena sit a magnanimitate quae est virtus honore dignissima, penitus a cordibus nostris releganda est.

Et non solum propter hanc virtutem magnanimitatis et caeteras praedictas ; immo propter alias, ut misericordia, pietas, patientia, gaudium et pax cordis. Tullius quidem Caesarem rogans pro Marcello ut ei parceret, ait, Nulla de tuis virtutibus plurimis nec admirabilior nec gratior est misericordia ; homines ad deum nulla re propius accedunt quam salutem hominibus dando. Nihil habet fortuna tua majus quam ut possis, nec natura tua melius quam ut velis, servare plurimos. Propter quod in persona cujuslibet, dicit Seneca libro tertio, 'Quis[2] sum cujus aures laedi nefas? ignoverunt multi hostibus ; ego non ignoscam pigris, negligentibus. garrulis? puerum aetas excusat, feminam sexus, extraneum libertas, domesticum familiaritas.' 'Amicus est : fecit quod voluit : inimicus, fecit quod debuit. Prudentiori cedamus, stultiori remittamus. Pro quocumque illud nobis respondeamus, sapientissimos viros multa delinquere ; neminem esse tam circumspectum cujus non diligentia aliquando sibi ipsa excidat, ... neminem tam timidum offensarum qui non in illas dum vitat incidat ... Quod si prudentissimi peccant cujus non error bonam causam habet ? ... Iniquus est qui

(3) Anger incompatible with mercy and forgiveness.

[1] See *Nat. Quaest.* iv. 2.   [2] *De Ira*, iii. 24, 25, 26, 27.

commune vitium singulis objecit. Non est Aethiopis inter suos insignitus color, nec rufus crinis et coactus in nodum apud Germanos virum dedecet. Nihil in uno judicabis notabile aut foedum, quod genti suae publicum est. Et ista quae retuli unius regionis atque anguli consuetudo defendit; vide nunc quanto in iis justior venia sit, quae per totum genus humanum vulgata sunt. Omnes inconsulti et improvidi sumus; omnes incerti queruli ambitiosi. Quid levioribus verbis ulcus publicum abscondo? Omnes mali sumus. quicquid itaque in alio reprehenditur, id unusquisque in sinu suo inveniet.' 'Placidiores invicem simus: mali inter malos vivimus. Una res nos facere quietos potest, mutuae facilitatis conventio Ille jam mihi nocuit, illi ego nondum. Sed jam aliquem fortasse laesisti; sed laedes. Noli aestimare hanc horam, hunc diem. Totum inspice mentis tuae habitum etiam si nihil mali fecisti, potes facere. Quanto satius est sanari injuriam quam ulcisci! Multum temporis ultio absumit, multis se injuriis objicit, dum una dolet. Diutius irascimur omnes quam laedimur. quanto melius est abire in diversum nec vitia vitiis opponere! Num quis[1] satis constare sibi videatur, si mulam calcibus repetat et canem morsu? Ista, inquis, peccare se nesciunt. Primum quam iniquus est, apud quem hominem esse ad impetrandam veniam nocet. Deinde si caetera animalia hoc irae tuae subducit quod consilio carent, eodem loco tibi sit quisquis consilio caret Quid enim refert an alia mutis dissimilia habeat, si hoc quod in omni peccato muta defendit simile habet, caliginem mentis? Peccavit; hoc enim primum? hoc extremum? Et iste peccabit, et in istum alius, et tota vita inter errores volutabitur.'

Et ideo dicit in secundo libro, 'Ne singulis[2] irascaris, universis ignoscendum est. generi humano venia tribuenda est.' 'Num quis irascitur pueris quorum aetas nondum novit rerum discrimina? Major est excusatio et justior hominem esse quam puerum.' 'Quid tollit iram sapientis? turba peccantium. Intelligit quam et iniquum sit et periculosum irasci publico vitio.' 'Non irascetur peccantibus

---

[1] Nunquam satis, D et O.　　　　　　[2] *De Ira*, ii. 10

sapiens, quia scit neminem nasci sapientem. Scit etiam paucissimos omni aevo sapientes evadere, quia conditionem humanae vitae perspectam habet. Nemo naturae sanus irascitur. Quid enim si mirari velit non in silvestribus dumis poma pendere? Quid si miretur spineta et sentes non utili aliqua fruge compleri? Nemo irascitur ubi vitium natura defendit. Placidus itaque sapiens et aequus erroribus, non hostis, sed corrector peccantium, omnes[1] tam propitius aspicit, quam aegros medicus.' Ex his igitur manifestum est quod misericordia et iracundia constare non possunt.

Similiter et aliae virtutes magnificae repugnant irae ut Pietas, Patientia, Gaudium et Pax cordis. Et quia planum est de eis, et sermo effusus est de aliis quae his virtutibus cognatae sunt, ideo non oportet in eis immorari. Pietas vero quae ad omnia valet, secundum Aristotelem, tollitur per iram, quia animus iracundi impius est et crudelis, propter nimium vindictae desiderium. Et quod patientiam tollat et gaudium, et pacem cordis, manifestum est ; et ideo totum bonum aufert et extinguit, et omne scutum contra adversitatem frangit. Nam dum homo patientiam et gaudium mentis et pacem tenet, nihil timet, in nullo turbatur, incuriam non sentit, sed possessionem animi sui nactus, quicquid vocatur adversum despiciet. Sic igitur se ipsum homo iracundus, tam a parte animae quam corporis, destruit per iram, in hoc quod ipsa ira agit in proprium subjectum, tollens quicquid laudabile est in eo. Sed non solum sic accidit iracundis periculum, immo ira agitati et jam furentes in vindictam, se ipsos omni periculo vitae exponunt, et mortem non timentes, manibus inimicorum cum impetu se opponunt, gladiis pugnare parati et incumbere, ut dicit Seneca libro secundo[2].

Et in tertio refert quod Cambysem[3] regem nimis deditum vino Praexaspes unus ex carissimis monebat ut parcius biberet, turpem esse dicens ebrietatem in rege, quem omnium oculi auresque sequerentur. At ille objurgatoris filium [procedere] ultra limen jubet, tunc intendit arcum et ipsum

(4) Anger incompatible with inward peace.

Examples of uncontrolled anger.

---

[1] sic MSS. ; omnia ista, Sen.
[2] Here follows a repetition of the story of Hippias, told p. 280.
[3] *De Ira*, iii. 14, 15, 16, 17.

cor adolescentis figit. Et infert, 'Non dubito quin Harpagus[1] regi Persarum aliquid tale suaserit, quo offensus illi liberos epulandos apposuit.' 'Et Darius qui primus post ablatum Mago imperium Persas obtinuit, rogatus ab Oeobazo nobili sene ut ex tribus liberis unum patri in solatium relinqueret et duorum opera uteretur, omnes se illi dixit remissurum, et occisos in conspectu parentis abjecit.' Et infert 'Dabo tibi ex sinu Aristotelis Alexandrum regem qui Clitum carissimum sibi et una educatum inter epulas transfodit, et Lysimachum aeque familiarem sibi leoni objecit, et Telesphorum amicum suum undique decurtatum cum aures illi nasumque abscidisset in cavea velut novum animal et inusitatum diu pavit.' Cumque perambulavit mundum, Aristotele et Callisthene ducibus, Callisthenem[2] unum e magnis interfecit, ut Seneca narrat in libro Naturalium. Et Aristotelem in tantum provocavit quod coactus fuit se et mundum liberare per venenum quod ei miserat bibendum, sicut narrat Plinius trigesimo Naturalis Historiae. Sed haec pauca sufficiunt exempla, quia nota et scripta sunt de quibus est sermo.

Capitulum VII

Other results of anger hatred of self, of men, of God

Non solum vero iracundia destruit proprium subjectum et proximum et amicos amittit ; sed divitias dissipat, famam negligit, honorem contemnit. Nam amor vindictae superat omnem aliam affectionem animi et omne aliud vitium devincit. Quoniam dicit Seneca, in fine secundi de Ira, 'Avaritiam[3] durissimum malum minimeque flexibile ira calcavit, adacta opes suas spargere, et domui rebusque in unum collatis injicere ignem Quidam vero ambitiosus magno aestimata projecit insignia, honoremque delatum repulit. Nullus affectus est in quem non ira dominetur.' Et non tantum iratus se ipsum perdit, nec solum proximum, nec bona fortunae, sed Deum offendit et amittit. Non quidem tantum quia ira peccatum est, sed quia specialiter iracundi in Deum blasphemant, ut sunt exempla infinita, et fuerunt et erunt. Et contra

---

[1] *De Ira,* iii 15. 16, 17   [2] *Nat Quaest* vi 23   [3] *De Ira,* ii. 36.

tales, Seneca secundo de Ira dicit, ' Deus [1] non vult obesse
nec potest. Natura illi mitis est et placida, tam longe remota
ab aliena injuria quam a sua. Dementes itaque et ignari
veritatis illi imputant saevitiam maris, immodicos imbres, et
pertinaciam hyemis . . . Nihil ergo horum in nostram injuriam
fit, immo nihil non ad salutem.' Unde recitat primo libro
quod ' Caius Caesar [2] eo quod comessatio sua fulminibus terre-
retur ad pugnam vocavit Deum. Quanta dementia fuit !
[putavit] aut sibi noceri ne a Deo quidem posse, aut se nocere
Deo posse.'

Et cum proposita sunt mala multa, quae contigerunt ex
ira, quia homo amittit corpus, et rationem, et virtutem
et proximum et res et honorem et Deum, adhuc potest
ostendi ejus malitia singularis qua excedit omnia alia peccata. Unde Seneca dicit in libro tertio ' ut ira qualis sit [3]
appareat, comparanda cum pessimis est. Avaritia acquirit et
contrahit quo aliquis melior utatur. Iracundus tamen iras-
cendo plus quam id erat propter quod irascebatur, amittit.
Pejor est quam luxuria, quoniam illa sua voluptate fruitur,
haec alieno dolore. Vincit malignitatem et invidiam ; illae
enim infelicem fieri volunt, haec facere. Illae fortuitis malis
delectantur ; haec non potest expectare fortunam. Nocere ei
quem odit non noceri vult ' vel ab alio vel a fortuna.
Et in principio ibi dicit, ' Nec aliorum [4] more vitiorum
solicitat animos,' ' incitata et se ipsa rapiens violentia non
paulatim procedit : cita est nec in ea tantum in quae desti-
navit, sed in occurrentia impetum facit. Caetera vitia
impellunt animos, ira praecipitat. Etiam si resistere contra
affectus suos non licet, at certe affectibus ipsis licet stare.
Haec, non secus quam fulmina procellaeque et si qua alia
irrevocabilia sunt, quia non eunt sed cadunt, vim suam magis
ac magis tendit. Alia vitia a ratione, sed hoc a sanitate
desciscit. Alia accessus lenes habent et incrementa fallentia :
in ira dejectus animorum est. Nulla itaque res urget [5] magis

Com-parison with other vices.

---

[1] *De Ira,* ii. 27. Seneca has ' di immortales.'
[2] *ib.* i. 20. Deum in this quotation substituted for Jovem.
[3] *ib.* iii. 5.
[4] *ib.* iii. 1, 2. D. and O. have, ' in se ipsam rabies violenta.'
[5] assurgit, *pro* urget, D. et O.

attonita et in vires suas prona, et sive successit superba, sive
frustratur, insana. Ne repulsa quidem in taedium acta, ubi
adversarium fortuna subduxit, in se ipsam morsus suos vertit.
Nec refert quantum sit ex quo surrexerit, ex levissimis enim
in maxima evadit. Nullam transit aetatem; nullum hominum
genus excipit. Quaedam enim gentes beneficio egestatis non
novere luxuriam. Quaedam quia exercitae et vagae sunt
effugere pigritiam . . . Nulla gens est quam non instiget ira . . .
Denique caetera singulos corripiunt. Hic unus affectus est
qui interdum publice concipitur. Nusquam populus universus
faeminae amore flagravit, nec in pecuniam aut lucrum tota
civitas spem suam misit. Ambitio viritim singulos occupat.
Saepe in iram uno agmine itum est. Viri faeminae senes
pueri principes vulgusque consensere, et tota multitudo verbis
paucissimis concitata ipsum concitatorem antecessit. Ad
arma protinus ignesque discursum est.' Et in primo libro
dicit, 'Jamque [1] si effectus ejus damnaque intueri velis, nulla
pestis humano generi pluris stetit. Videbis caedes ac venena,
et reorum [2] mutuas sordes et urbium clades et totarum exitia
gentium . . . nec intra moenia coercitos ignes, sed ingentia
spatia regionum hostili flamma relucentia. Aspice nobilissi-
marum civitatum fundamenta vix notabilia: has ira dejecit.
Aspice solitudines per multa milia sine habitatore desertas:
has ira exhausit.' Et quoniam Seneca in libro tertio dicit,
'Ne irascamur [3] praestabimus, si omnia vitia irae nobis subinde
proposuerimus . . . accusanda est apud nos et damnanda.
Ejus ergo mala perscrutanda sunt atque in medium protra-
henda'; ideo in prioribus enarravi omnes radices malorum
irae quatenus funditus extirpetur, nec ulla ejus remaneant in
animis vestigia.

Capitulum VIII.

Examples of self-restraint in Socrates and other philosophers.

Et non solum consideratio horum permonet ut iracundiae
renuntiemus, sed exempla sapientum et magnificorum principum praeclara recitabo quae omnem hominem quemcunque
iracundum possunt merito demulcere, et ab animo iracundiam
fugare. Solinus in libro de Mirabilibus Mundi recitat inter

[1] *De Ira*, i. 2.   [2] eorum, D. et O.   [3] *De Ira*, iii. 5.

caetera miracula, quod Socrates, parens philosophorum gran-
dium, nunquam vultum mutavit, sed semper in eodem animi
et faciei habitu permansit. Et Seneca libro secundo de
Ira idem tangit de Socrate. Et Hieronymus tangit contra
Jovinianum de Socrate habente pessimam uxorem, cum
quaereretur ab eo quare tam acerbam uxorem non abigeret,
dixit, Exerceor domi, ut foris injuriam et contumeliam facilius
feram. Et ibidem recitat Hieronymus quod quodam tempore
a superiore loco aqua perfusus erat immunda post convitia
infinita per uxorem, nec aliud dixit quam hoc; Sciebam,
inquit, ut futurus ista tonitrua imber sequeretur. Et
narrat Cassianus in libro Collocationum de quodam expro-
brante Socrati quod esset corruptor puerorum ; scholaribus
autem volentibus insurgere in eum compescit eos dicens,
Sum etenim, sed me contineo. Seneca vero secunda de Ira
dicit, Socrates servo ait, Caederem te nisi irascerer. Et in
tertio libro dicit 'Socratem aiunt colapho[1] percussum nihil
amplius dixisse quam molestum esse quod nescirent homines
quando cum galea prodire deberent.' 'Plato vero, Socratis
discipulus, servum sua manu caesurus, postquam intellexit
irasci se, sicut sustulerat manum, suspensam detinebat, et
stabat percussuro similis. Interrogatus deinde ab amico
quid ageret, Exigo, inquit, poenas ab homine iracundo ; oblitus
jam servi, quia alium quem potius castigaret invenerat.' Hoc
narrat Seneca libro tertio de Ira. Et infert ex eo alium
exemplum. 'Ob peccatum quoddam Plato commotior, Tu
igitur, Speusippe, servulum istum verberibus objurga: nam
ego irascor. Ob hoc non cecidit . . . Irascor inquit, plus
faciam quam oportet, libentius faciam: non sit iste servus in
ejus potestate qui in sua non est.' Et in secundo libro refert
exemplum, quod superius positum est, de puero nutrito apud
Platonem qui, cum domum reversus vidit patrem clamosum,
dixit hoc non vidisse se apud Platonem. Et Archytas Tarentinus alter magister Platonis cum villico suo factus esset
iratior, ait, Quo te modo accepissem, nisi iratus essem ! Haec
verba Tullius[2] recitat quarto de Quaestionibus Tusculanis.
Et Eusebius in Chronicis refert, quod Xenophon Socraticus

[1] *De Ira*, iii. 11, 12.   [2] *Tusc. Disp.* iv. 36.

major post Platonem, maledicenti ei quodam dixit, Tu mihi
maledicis: ego teste conscientia didici maledicta contemnere.
Diogenes Philosophus[1]. ut refert Seneca libro tertio de Ira,
'cui de ira cum maxime disserenti adolescens protervus in-
spuit, tulit hoc leniter et sapienter. Non quidem, inquit,
irascor, sed dubito tamen an irasci oporteat.' Et infert
Seneca, 'Quanto videtur sapiens melius qui, cum agenti causam
in frontem mediam quantum poterat attracta pingui saliva
inspuisset Lentulus factiosus, abstersit faciem, et, affirmo,
inquit, omnibus, Lentule, falli eos qui te negant os habere.'
Democritus vero philosophus similis Socrati fuit in vultus
serenitate. Nam ut Seneca narrat, libro secundo de Ira,
'Nunquam sine risu[2] in publico fuerat: adeo illi nihil vide-
batur serium eorum quae serio gerebantur.' Sed Heraclitus
philosophus, ut ibidem recitat Seneca, 'quotiens prodierat et
tantum circa se male viventium immo male pereuntium numerum viderat, flebat, miserebatur omnium.'

Self-
restraint in
ordinary
men.

Exempla igitur haec et hujusmodi sunt philosophorum.
Sunt autem et aliorum facta imitanda   Cum vero Cambyses
rex pessimus sagittam in cor filii demisisset, et quaereret a
patre an certam haberet manum, atque negavit Apollinem
certius demittere sagittam, non maledixit regi nullumque
emisit calamitosi verbum, cum aeque cor suum quam filii
transfixum videret[3]. Nam, si quid tanquam iratus dixisset,
nihil tanquam pater facere potuisset   Haec dicit Seneca
libro tertio de Ira.   Et infert cum Rex Persarum apposuit
Arpago amico suo 'liberos epulandos et quaesivit an placeret
conditura, respondit, Apud regem omnis coena jucunda est
... hoc interim colligo, posse ex ingentibus malis nascentem
iram abscondi et ad verba contraria cogi'

in rulers

Et addit, 'Sed cum utilis[4] sit servientibus affectuum suorum

---

[1] *De Ira,* iii 38   [2] *ib* ii 10

[3] *ib* iii 14   It might be wished that Bacon had quoted the words of
righteous indignation with which Seneca tells the story   'Di illum male
perdant animo magis quam conditione mancipium!' Sceleratius telum illud
laudatum est quam missum'   But this and the following story are only mentioned to show the possibility of self-restraint, without touching the question
how far self-restraint was praiseworthy or blameworthy.

[4] *ib.* iii 16, 22, 23

et praecipue hujus rabidi atque effreni continentia, utilior est
regibus. Nam perierunt omnia, ubi quantum ira suadet
fortuna permittit.' 'Quid enim facilius fuit Antigono regi
quam duos manipulares suos duci jubere, qui incumbentes
regis tabernaculo faciebant quod homines periculosissime
et libentissime faciunt [qui] de rege suo male existimant?
Audierat omnia Antigonus utpote cum inter dicentem et
audientem palla interesset, quam ille leviter commovit, et
Longius, inquit, discedite ne vos rex audiat. Idem quadam
nocte cum quosdam ex militibus suis exaudisset omnia
mala imprecantes regi qui ipsos in illud iter et inex-
tricabile lutum [1] deduxisset, accessit ad eos qui maxime
laborabant, et cum ignorabant a quo adjuvarentur, "Nunc,"
inquit, "maledicite Antigono cujus vitio in has miserias
incidistis: ei autem bene optate qui vos ex hac voragine
eduxit." Idem tam miti animo hostium suorum maledicta
quam civium tulit. Itaque cum in parvulo quodam castello
Graeci obsiderentur, et fiducia loci contemnentes hostem
multa in deformitatem Antigoni jocarentur, et nunc staturam
humilem nunc collisum nasum deriderent, "Gaudeo," inquit,
"et aliquid boni spero [si in castris meis Silenum habeo [2]]".
Cum vero hos fame domuisset, captis sic usus est ut eos qui
militiae utiles erant in cohortes describeret, caeteros praeconi
subjiceret: idque se negavit facturum fuisse, nisi expediret
his dominum habere qui tam malam haberent linguam.'

'Si vero aliqua,' ut ait Seneca in hoc loco, 'in Philippo rege
patre Alexandri virtus fuit, haec erat contumeliarum patientia,
ingens instrumentum ad tutelam regni. Nam cum legati
Atheniensium venirent ad eum, et ipse quaereret quid esset
gratum Atheniensibus, unus respondit, "Te suspendere." Et
cum indignatio circumstantium ad tam inhumanum responsum
exorta erat, eos Philippus conticescere jussit, et illum legatum
salvum et incolumem dimitti. "At vos" inquit, "caeteri
legati nuntiate Atheniensibus multo superbiores esse qui ista
dicunt, quam qui impune dicta audiunt."' Alexander [3] vero
Macedo Antigoni nepos, et filius Philippi qui licet superbus

---

[1] inextricabilem luctum, D. et O.   [2] Omitted in MS.
[3] *De Ira*, ii. 23.

et perversus moribus fuerit, tamen, ut ait Seneca secundo libro,
'cum legisset epistolam matris qua admonebatur ut a veneno
Philippi medici caveret, acceptam potionem non deterritus
bibit Plus sibi de amico suo credidit. Hoc ego in Alexandro laudo, quia nemo tam obnoxius irae fuit. Quanto
major moderatio in regibus hoc laudanda magis est.' Seneca
libro tertio [ait] 'Pisistratum[1] Atheniensium tyrannum memoriae proditur, cum multa in crudelitatem ejus ebrius conviva
dixisset, nec deessent qui vellent ei manus commodare, et alius
hinc et alius illinc faces subderent, placido animo tulisse et
hoc irritantibus respondisse "non magis se succensere quam
si quis obligatis oculis in se concurrisset."' Marcus Cato[2]
secundum historias, nulli secundus virtute, in sapientia magnus
princeps Romanorum, quem, ut dicit Seneca secundo libro,
'cum ignorans in balneo quidam percussit imprudens (quis enim
illi sciens faceret injuriam?) postea satisfacienti inquit, "Non
memini me percussum"; melius putavit non agnoscere quam
vindicare' Et in tertio libro dicit 'Multa divus Augustus[3]
digna memoria fecit dixitque ex quibus apparet iram illi non
imperasse. Timagenes historiarum scriptor quaedam in ipsum,
quaedam in uxorem ejus, quaedam in totam domum ejus
dixerat, nec perdiderat dicta. Magis enim circumfertur et in ore
hominum est temeraria urbanitas. Saepe illum monuit Caesar
ut moderatius lingua uteretur. Patienter sustinuit; nunquam
cum Pollione hospite inimici sui questus est. Hoc dumtaxat
Pollioni dixit, "Fruere, mi Pollio, fruere."' Et infert Seneca,
'Dicat itaque sibi quisque, Numquid potentior sum Philippo?
illi tamen impune maledictum est. Numquid in domo mea
plus possum quam in toto orbe terrarum divus Augustus
potuit? Ille tamen contentus fuit a conviciatore suo secedere.'

CAPITULUM IX.

Remedies against anger

Remedia vero habemus contra iram, ex consideratione
malarum conditionum ejus: deinde per exempla sapientium et
potentium excitamur. Ad haec docet Seneca remedia magis

---

[1] *De Ira*, iii. 11.   [2] *ib.* ii. 32
[3] *ib.* iii. 23, 24 The quotation is much condensed

propria. Quorum unum est notitia veritatis ante quam iras- (1) Clear information as to the facts in dispute.
camur. Nam, ut dicit secundo libro, ' Ex [1] his quae nos
offendunt, alia renunciantur nobis, alia ipsi audimus aut
videmus. De his quae narrata sunt, non debemus cito credere ; multi enim mentiuntur ut decipiunt, multi quia decepti
sunt. Alius criminatione gratiam captat et fingit injuriam,
ut videatur doluisse factam. Est aliquis malignus, et qui
amicitias cohaerentes diducere velit. . . . De parvula summa
judicaturo tibi res sine teste non probaretur. Testis sine
jurejurando non valeret. Utrique parti dares actionem, dares
tempus, non semel audires. Magis enim veritas elucet, quo
saepius ad manum venit. Amicum condemnas de praesentibus? antequam audias, antequam interroges, antequam illi
aut accusatorem suum nosse liceat aut crimen, irasceris? . . .
Hic ipse qui ad te detulit, desinet dicere si probare debuerit.
"Non est," inquit, "quod me protrahas. Ego productus negabo ;
alioquin nihil unquam tibi dicam." Eodem tempore et instigat,
et ipse se certamini et pugnae subtrahit. Qui dicere tibi nisi
clam non vult, paene non dicit. Quid est iniquius quam
secreto credere, palam irasci ?' Et iterum dicit, ' Plurimum [2]
mali credulitas facit. Saepe ne audiendum quidem est, quoniam in quibusdam rebus satius est decipi quam diffidere.'
Quarundam vero rerum testes sumus, sed 'tollenda est ex
animo suspicio et conjectura, fallacissima irritamenta ; " Ille
me parum humane salutavit. Ille osculo meo non adhaesit.
Ille inchoatum sermonem cito abrupit. Ille ad coenam non
vocavit. Illius vultus aversior visus est." Non deerit suspi-
cioni argumentatio : simplicitate opus est et benigna rerum
aestimatione ; nihil nisi quod in oculos incurret manifestumque
erit credamus ; et quotiens suspicio nostra vana apparuerit,
objurgemus credulitatem. Haec enim castigatio consuetudinem efficiet non facile credendi.' Et ideo dicit in tertio
libro, ' Multos absolvemus [3] si coeperimus ante judicare quam
irasci. Nunc autem primum impetum sequimur ; deinde
quamvis vana nos concitaverint, perseveramus ne videamur
cepisse sine causa : et quod iniquissimum est, pertinaciores nos
facit iniquitas irae. Retinemus enim illam et augemus, quasi

[1] *De Ira*, ii. 29. [2] *ib.* ii. 24. [3] *ib.* iii. 29, 30.

argumentum sit juste irascentis graviter irasci.' . . . 'Quod
accidere vides animalibus brutis, id in homine deprehendes. . . .
Et taurum color rubicundus excitat, ad umbram aspis assurgit,
ursos leonesque mappa proritat. Omnia quae fera ac rabida
sunt, consternantur ad vana' Et consimile dicit libro secundo,
'Vanis vana¹ terrori sunt Curriculi motus rotarumque
versata facies leones redegit in caveam. Elephantos porcina
vox terret' Et in tertio dicit: 'Idem inquietis? et stolidis
ingeniis evenit. Rerum suspicione feriuntur adeo quidem ut
injurias vocent modica beneficia, in quibus frequentissima,
certe acerbissima, iracundiae materia est Carissimis enim
irascimur quod minora nobis praestiterint quam mente con-
cepimus, quamque alii tulerint ... "Minus habeo quam speravi
. . . quam debui" Haec pars maxime metuenda est; hinc
pernicissimae irae nascuntur, et sanctissima quaeque invasurae. .
Divum Julium plures amici confecerunt quam inimici, quorum
non expleverat spes inexplebiles . . . Neque enim quisquam
victoria liberalius usus est, ex qua nihil sibi vindicavit nisi
dispensandi potestatem. Sed quemadmodum sufficere tam
improbis desideriis posset, cum tantum omnes concupiscerent,
quantum unus poterat? . . . Haec res sua in reges arma convertit, fidissimosque eo compulit ut de morte eorum cogitarent,
pro quibus et ante quos mori votum habuerant. Nulli ad
aliena respicienti sua placent. . . . Tanta importunitas hominum est, ut quamvis multa acceperint, injuriae loco sit plus
accipere potuisse. Dedit mihi praeturam: sed consulatum
speraveram. . . . Dedit mihi quae debebat alicui dare. de suo
nihil protulit. Age potius gratias pro his quae accepisti.
Reliqua expecta, et nondum plenum esse te gaude. Inter
voluptates est superesse quod speres . . . Considera quanto
antecedas plures quam sequaris.'

(2) Delay in taking action   Secundum est mora in exactione poenae. Unde Seneca
dicit secundo libro, 'Maximum³ remedium irae mora est. Hoc
ab illa pete in initio, non ut ignoscat, sed ut judicet · desinet,
si expectat.' Et in tertio dicit 'Nihil tibi⁴ liceat, dum
irasceris Quare? quia vis omnia licere Pugna tecum:

---

¹ *De Ira*, ii. 11   ² *ib* iii 30, 31
³ *ib* ii. 29   ⁴ *ib.* iii. 12, 13.

si vincere iram non potes, te incipit vincere. Si absconditur,
si exitus illi non datur, signa ejus obruamus, et illam quantum
fieri potest occultam secretamque teneamus. Cum magna id
nostra molestia fiet. Cupit enim exsilire et incendere oculos
et mutare faciem. Sed si eminere illi extra nos licuit, supra
nos est. In imo pectoris secessu recondatur: feraturque, non
ferat. Immo in contrarium omnia ejus indicia flectamus.
Vultus remittatur, vox lenior sit, gradus lentior. Paulatim
cum exterioribus interiora formantur. In Socrate irae
signum erat vocem submittere, loqui parcius. Apparebat
tunc illum sibi obstare ... Rogemus amicissimum quemque
ut tunc maxime libertate adversus nos utatur, cum minime
illam pati poterimus, nec adsentiatur irae nostrae. Contra
hoc potens malum, et apud nos gratiosum ... optimum est
notis vitiis impedimenta prospicere, et ante omnia ita
componere animum, ut etiam gravissimis rebus subitisque
concussus iram aut non sentiat, aut magnitudine inopinatae
injuriae exortam in altum retrahat, nec dolorem suum pro-
fiteatur.'

Et in secundo libro similiter utrumque remedium jam
dictum congregat pulcre et utiliter, dicens, 'Contra primas[1]
itaque causas pugnare debemus: causa enim iracundiae
opinio injuriae est. cui non facile credendum est. Ne apertis quidem manifestisque statim accedendum est. Quaedam
enim falsa veri speciem ferunt. Dandum semper est tempus:
veritatem tempus aperit. Ne sint aures criminantibus
faciles; hoc humanae naturae vitium suspectum notumque
nobis sit, quod quae inviti audimus libenter credimus, et
antequam judicemus, irascimur. Quid quod non crimina-
tionibus tantum sed suspicionibus impellimur? et ex voltu
risuque alieno pejora interpretati innocentibus irascimur?
Itaque agenda est contra se causa absentis et in suspenso
ira retinenda. Potest enim poena dilata exigi: non potest
exacta revocari.' Et ideo adhuc dicit in tertio, 'Non expedit[2]
omnia videre, omnia audire; multae nos injuriae transeant,
ex quibus plerasque non accipit, qui nescit. Non vis esse
iracundus? ne fueris curiosus. Qui inquirit quid de se dictum

---

[1] *De Ira*, ii. 22.   [2] *ib.* iii. 11.

sit, qui malignos sermones, etiamsi secreti habiti sunt, eruit, se ipse inquietat. Quaedam interpretatio eo perducit ut videantur injuriae; itaque alia differenda sunt, alia deridenda, alia donanda. Circumscribenda multis modis ira est : pleraque in lusum jocumque vertantur.' Et praeter haec omnia argumentum triplex contra iram proponit in secundo : arguit enim sic : 'Nefas est [1] nocere patriae ; ergo civi quoque, nam hic pars patriae est. Sanctae partes sunt, si universum venerabile est. Ergo et homini, nam hic in majori tibi urbe civis est,' scilicet in mundo. Secundum est per simile in membris ejusdem corporis, sic : 'Quid si nocere velint manus pedibus, manibusque oculi ? Ut omnia inter se membra consentiunt, quia singula servari totius interest, ita homines singulis parcent, quia ad coetum geniti sunt.' Tertium argumentum est propriissimum et pulcherrimum, cujus conclusionem praemittit, dicens, 'Ergo ira abstinendum est, sive par est qui lacessendus est, sive superior, sive inferior. Cum pare contendere anceps est, cum superiore furiosum, cum inferiore sordidum.' Et ait, 'Vir bonus [2] est qui injuriam fecit? Noli credere. Malus ? noli imitari. Dabit poenas alteri quas debet tibi : et sibi dedit, qui peccavit.'

Reason for dwelling so long on this vice.

Multa vero alia sunt consideranda circa iram, quae omnia pendent principaliter ex libris Senecae, de Ira et de Clementia. Sed quia sermo praesentis tractatus est persuasionis gratia, non scripti principalis, ideo facio finem in his. Abundantius vero locutus sum de hoc vitio quia totum genus humanum semper violabit et confundet dum homo statum istius mortalitatis obtinebit. Vitium enim pessimum est, et maxime homini innaturale, et in periculum ejus excandens. Et ideo copiosius et specialius de hac parte conscripsi.

CAPITULUM X [3].

Et cum jam dictum est de ira, quae pugnat cum adversis et vincitur, nunc aliqua inferentur quae vincunt adversa et

[1] *De Ira*, ii. 31, 34.

[2] *ib*. ii. 30. In this quotation Bacon substitutes imitari for mirari.

[3] The following pages to p. 303 are occupied with extracts from Seneca's dialogue *De Providentia*. Apart from obvious errors of the transcriber, some of

negligunt prospera hujus mundi. Fecit vero Seneca librum
ad Lucilium cujus titulus est, Cum mundus providentia
gubernetur, quare multa mala viris bonis accidant? In quo
dicit, 'Cum videris bonos viros acceptosque Deo laborare
sudare, per arduum escendere [1], malos autem lascivire et
voluptatibus fluere, cogita nos filiorum modestia delectari,
vernularum licentia: illos disciplina tristiori contineri; horum
ali audaciam. Bonum virum Deus in deliciis non habet;
experitur, indurat, sibi illum parat. Nihil accidere bono viro
mali potest: non miscentur contraria. Quemadmodum tot
amnes, tantum superne dejectorum imbrium, tanta medica-
torum vis fontium non mutant saporem maris, ne remittunt
quidem; ita adversarum impetus rerum viri fortis non vertit
animum. Manet in statu, et quicquid evenit in suum colorem
trahit: est enim omnibus externis potentior. Nec hoc dico,
non sentit illa; sed vincit, et quietus et placidus contra incurrentia attollitur. Omnia adversa exercitationes putat' . . .
'Marcet sine adversario virtus. Tunc apparet quanta sit
quantumque polleat, cum quid possit patientia ostendit.'
'Quicquid accidit boni consulant, in bonum vertant. Non
quid, sed quemadmodum feras, interest. Non vides quanto
aliter patres aliter matres indulgeant? Illi exercitari jubent
liberos ad studia subeunda mature, feriatis diebus non
patiuntur esse otiosos, et sudorem illis, aliquando lacrymas
excutiunt. At matres fovere in sinu, continere in umbra
volunt: nunquam flere, nunquam laborare, nunquam con-
tristari. Patrium Deus adversos bonos viros habet animum,
et illos fortiter amat, et, Operibus, inquit, doloribus damnis
exagitentur, ut verum colligant robur. Languent per iner-
tiam saginata: nec labore tantum, sed motu et ipso sui onere
deficiunt. Non fert ullum ictum illaesa felicitas. At ubi
assidua fuit cum incommodis suis rixa, callum per injurias
duxit, nec ulli malo cedit, sed etiam si cecidit, de genu

Resigna-tion in adversity; from Seneca's dialogue De Provi-dentia.

Cap. 1, 2.

which are noted, the quotations are nearly exact, except that here as elsewhere, for Di immortales, Bacon usually substitutes Deus; the singular being
of course in many places used by Seneca himself. Words necessary to complete the sense have been occasionally supplied from Seneca, and are enclosed
in brackets.

[1] D. et O. extendere.

pugnat' ... 'Ecce [par] deo dignum [spectaculum], vir fortis cum fortuna mala compositus.'

De Provi- 'Nihil mihi videtur infelicius eo cui nihil unquam evenit
dentia, adversi[1]. Non licuit enim illi se experiri.... Indignus visus est
cap. 3. a quo aliquando vinceretur fortuna; quasit dicat, "Istum mihi
adversarium assumam? statim arma submittet. Non opus est
in illum tota potentia mea ... non potest sustinere vultum
meum ... pudet congredi cum homine vinci parato." Ignominiam judicat gladiator cum inferiore componi, et scit eum
sine gloria vinci, qui sine periculo vincitur. Idem facit fortuna:
fortissimos sibi pares quaerit, quosdam fastidio transit, contu-
macissimum quemque et rectissimum aggreditur, adversus
quem vim suam intendat.... Magnum[2] exemplum nisi mala
fortuna non invenit ... Quanto plus tormenti tanto plus
est gloriae: ... prosperae res in plebem et in vilia ingenia
deveniunt.

Cap. 4. 'At calamitates terroresque mortalium sub jugum mittere,
proprium viri magni est. Semper vero esse felicem et sine
morsu animi transire vitam ignorare est rerum naturae alteram
partem. Magnus es vir; sed unde scio, si tibi fortuna non
dat facultatem exhibendae virtutis? ... Miserum te judico
quod nunquam fuisti miser. Transisti sine adversario vitam.
Nemo sciet quid potueris; ne tu quidem ipse. Opus est
enim ad notitiam sui experimento. Quid quisque possit
nisi tentando[3] non didicit. Itaque quidam ipsi ultro se
cessantibus malis obtulerunt et virtuti iturae in obscurum
occasionem per quam enitesceret[4] quaesierunt. Gaudent,' inquit, 'magni viri aliquando rebus adversis, non aliter quam
fortes milites bellis[5]. ... Avida est periculi virtus: quo tendat,
non quid passura sit cogitat: quoniam etiam quod passura
est, gloriae pars est. Militares viri gloriantur vulneribus;
laeti fluentem meliori casu sanguinem ostentant. Idem licet
fecerint qui integri revertuntur ex acie, magis spectatur qui
saucius redit. ...' 'Gubernatorem in tempestate, in acie

---

[1] Of this sentence, quoted from Demetrius, Seneca says that it is always ringing in his ears.
[2] malum, *pro* magnum, MSS.   [3] experimento, *pro* tentando, in MSS.
[4] innotesceret, MSS.   [5] belli triumpho, MSS.

militem intelligas. Unde possum scire quantum adversus
paupertatem tibi animi sit, si divitiis diffluis? Unde possum
scire, quantum adversus ignominiam et infamiam odiumque
populare constantiae habeas, si inter plausus senescis? ...
Nolite vos expavescere quae Deus velut stimulos admoveat
animis; calamitas virtutis occasio est. Illos merito quis dixerit
miseros qui [nimia] felicitate torpescunt, quos velut in mari
lento tranquillitas iners detinet ... magis urgent saeva inex-
pertos; grave est teneris cervicibus jugum. Ad suspicionem
vulneris tiro pallescit; audacter veteranus cruorem suum
spectat, qui scit se saepe vicisse post sanguinem.

'Hos itaque Deus quos probat, quos amat, indurat ... exercet.
Eos autem quibus indulgere videtur, molles venturis malis
servat. Erratis si quem judicatis exceptum: veniet ad illum diu
felicem sua portio. Quisquis videtur dimissus esse, dilatus
est. Quare Deus optimum quemque aut mala valetudine aut
luctu aut aliis incommodis afficit? Quia in castris quoque
periculosa fortissimis imperantur. Dux lectissimos mittit
qui nocturnis hostem adgrediantur insidiis. ... Nemo eorum
qui exeunt dicit, male de me imperator meruit; sed, bene
judicavit. Idem dicant quicumque jubentur[1] pati timidis igna-
visque flebilia; digni visi sumus Deo in quibus experiretur,
quantum humana natura posset pati. Fugite delicias, fugite
enervatam felicitatem, qua animi permadescunt et, nisi aliquid
intervenit quod humanae sortis admoneat, velut perpetua
ebrietate sopiti. ... Cum omnia quae excesserunt modum
noceant, periculosissima felicitatis intemperantia est. ...
Hanc rationem Deus sequitur in bonis viris quam in discipulis
suis praeceptores, qui plus laboris ab iis exigunt in quibus
certior spes est. ... Nunquam virtutis molle documentum est.
Verberat nos et lacerat fortuna. Patiamur; non est saevitia,
certamen est; quo saepius adierimus, fortiores erimus. Soli-
dissima corporis pars est quam frequens usus exagitavit.
Praebendi fortunae sumus, ut contra illam ab ipsa duremur.
Paulatim nos sibi pares faciet. Contemptum periculorum
assiduitas periclitandi dabit. Sic sunt nauticis corpora a
ferendo mari dura; agricolis manus tritae, ad excutienda

---

[1] videntur, *pro* jubentur, MSS.

tela militares lacerti valent, agilia sunt membra cursoribus; id in quoque solidissimum est quod exercuit. Ad contemnendam malorum potentiam animus patientia pervenit. . . . Quid miraris bonos viros, ut confirmentur, concuti? Non est arbor solida nec fortis nisi in quam frequens ventus incursat. Ipsa enim vexatione constringitur, et radices certius figit. Fragiles sunt quae in aprica valle[1] creverunt. Pro ipsis ergo bonis viris est ut esse interriti possint, multum inter formidolosa versari et aequo animo ferre quae non sunt mala nisi male sustinenti.

Cap. 5. 'Hoc est propositum Deo quod sapienti viro ostenderet. . . . Boni viri laborant, impendunt, impenduntur et volentes quidem; non trahuntur a fortuna, sequuntur illam et aequant gradus. Si scissent antecessissent . . . Hoc[2] unum de te, Deus, queri possum quod non ante mihi voluntatem tuam notam fecisti; prior enim ad ista venissem, ad quae nunc vocatus adsum. . . . Vis aliquam partem corporis? sume. Non magnam rem promitto. Cito totum relinquam. Vis spiritum? nullam moram faciam, quominus recipias quod dedisti. A volente feres, quicquid petieris. Quid ergo? maluissem offerre quam tradere. Accepimus peritura perituri. . . . Nos laeti ad omnia et fortes cogitemus nihil perire de nostro. Quid est boni viri? praebere se fato. Grande solatium est cum universo rapi. . . . Ignis aurum probat; miseria viros fortes.

De Providentia, cap. 6. 'Quare tamen bonis viris patitur aliquid mali Deus fieri? omnia mala ab illis removet, scelera, flagitia, cogitationes improbas, avida consilia, libidinem caecam, et alieno imminentem avaritiam. Ipsos tuetur ac vindicat. . . . Democritus divitias projecit, onus illas bonae mentis existimans. Quid

---

[1] At this point the Dublin MS. suddenly shifts into another context; the rupture of continuity occurring on the twelfth line of folio 224 *a*. The sentence is continued on folio 229 *c*, thirteen lines from the bottom. In the Bodleian MS. a corresponding error occurs; but the sentence is broken off at the end of one folio, and is continued with the first word of a subsequent folio: a mere transposition of pages, in fact. This seems to indicate that the Dublin MS. was copied from O.

[2] The following eight lines are quoted by Seneca from Demetrius, under the form of a prayer to the Immortal Gods.

ergo? miraris, si id Deus bono viro accidere patitur quod vir
bonus aliquando vult sibi accidere? . . . Puta itaque Deum
dicere, Quid habetis quod de me queri possitis vos quibus
recta placuerunt? aliis bona falsa circumdedi, et animos
inanes velut longo fallacique somnio lusi; auro illos et ebore
adornavi; intus boni nihil est. Isti quos pro felicibus[1] aspicis si non qua occurrunt, sed qua latent videris, miseri sunt,
sordidi, turpes, ad similitudinem parietum suorum extrinsecus
culti. Non est ista solida et sincera felicitas. Crusta est,
et quidem tenuis. Itaque dum illis licet stare et ad arbitrium
suum ostendi, nitent et imponunt' (id est pingunt). 'Cum
aliquid inciderit quod disturbet et detegat, tunc apparet quantum altae ac verae foeditatis alienus splendor absconderit.
Vobis dedi bona certa, mansura, quanto magis versaverit aliquis
et undique inspexerit, meliora majoraque. Permisi vobis
metuenda contemnere, cupiditates fastidire. Non fulgetis
extrinsecus, bona vestra introrsus obversa sunt. Sic mundus
exteriora contempsit, spectaculo sui laetus. Intus omne
posuit bonum. Non egere felicitate, felicitas vestra est. At
multa incidunt tristia horrenda, dura toleratu. Quia non
poteram vos istis subducere, animos vestros adversus omnia
armavi. Fortiter ferte; hoc est quo Deum antecedatis; Ille
extra patientiam malorum est; vos supra patientiam. . . .
Dum optatur vita, mortem condiscite.'

Capitulum XI.

Et in libro ad Serenum, Quare in sapientem non cadit Proofs that
injuria nec contumelia; proponit nunquam sapientem in- the wise man can be
juriam recipere nec contumeliam posse. Et probat hoc, affected
dicens; 'Ego vero[2] sapientem non imaginario honore ver- neither by injury nor
borum exornare constitui, sed eo loco ponere quo nulla insult.
permittatur injuria. Quid ergo? nemo erit qui lacessat, From Seneca's
qui temptet? nihil in rerum natura tam sacrum est, quod dialogue De Con-
sacrilegum non inveniat; sed non ideo divina minus in stantia. Cap. 3.

---

[1] fidelibus, *pro* felicibus, MS.

[2] From this point to p. 311, follow extracts from the dialogue Ad Serenum,
De Constantia Sapientis (noted as *Dial.* lib. ii. in Haase's edition).

sublimi sunt. . . . Invulnerabile est non quod non feritur, sed quod non laeditur: ex hac tibi nota sapientem exhibeo. Numquid dubium est quin certius robur sit quod non vincitur quam quod non lacessitur, cum dubiae sint vires inexpertae, at merito certissima firmitas habeatur quae omnes incursus respuit? sic tu sapientem melioris scito esse naturae, si nulla illi injuria nocet, quam si nulla ei fit. Et illum fortem virum dicam, quem bella non subigunt nec admota vis hostilis exterret, non cui pingue otium est inter desides populos. Hoc igitur dico, sapientem nulli esse injuriae obnoxium. Itaque non refert quam multa in illum conjiciantur tela, cum sit nulli penetrabilis; quomodo quorundam lapidum inexpugnabilis ferro duritia est, nec secari adamas aut caedi vel deteri potest, sed incurrentia ultro retundit. Quemadmodum quaedam non possunt igne consumi, sed flamma circumfusa rigorem suum habitumque conservant: quemadmodum projecti quidam in altum scopuli mare frangunt nec ipsi ulla saevitiae vestigia tot verberati saeculis ostentant;

Cap. 4. ita sapientis animus solidus est et id roboris colligit, ut tam tutus sit ab injuria quam illa quae retuli.' . . . 'Majore enim intervallo a contactu inferiorum abductus est, quam ut ulla vis noxia usque ad illum vires suas perferat. . . . Quicquid [fit] in sapientem proterve, petulanter, proterve, frustra temptatur.'

De Constantia, cap. 5. 'Dividamus, si tibi videtur, Serene, injuriam a contumelia. Prior illa natura gravior est, haec levior et tantum delicatis gravis, qua non laeduntur homines sed offenduntur. Tanta est tamen animorum dissolutio et vanitas, ut quidam nihil acerbius putent: sic invenies servum qui flagellis quam colaphis caedi malit, et qui mortem ac verbera tolerabiliora credat quam contumeliosa verba. Ad tantas ineptias perventum est, ut non dolore tantum sed doloris opinione vexemur[1], more puerorum, quibus metum incutit umbra et personarum deformitas et depravata facies. . . . Injuria propositum hoc habet aliquem malo afficere. Malo autem sapientia non relinquit locum. Unum enim illi malum est turpitudo peccati[2], quae intrare eo ubi jam virtus honestumque

---

[1] versemur, MSS.   [2] peccati, ins. MSS.

est, non potest. . . . Omnis injuria est diminutio ejus in quem
incurrit, nec potest quisquam injuriam accipere sine aliquo
detrimento vel dignitatis vel corporis vel rerum extra nos
positarum. Sapiens autem nihil perdere potest. Omnia
enim in se reposuit, nihil fortunae credit, bona sua in solido
habet, contentus virtute, quae fortuitis non indiget ideoque
nec augeri nec minui potest. Nam [et] in summum perducta
incrementi non habet locum, et nihil eripit fortuna nisi quod
dedit. Virtutem autem non dat, ideo nec detrahit. Libera
enim est, inviolabilis, immota, inconcussa. Sic contra casus
indurat ut ne inclinari quidem, nedum vinci possit. . . . Rectos
oculos tenet, nihil ex vultu mutat, sive illi dura sive secunda
ostentantur. Itaque nihil perdet quod perire sensurus sit.
Unius enim in possessione virtutis est, ex qua depelli nunquam
potest. Caeteris precario utitur: quis autem jactura movetur
alieni? Quodsi injuria nihil laedere potest ex his quae
propria sapientis sunt, quia virtute sua salva sunt, injuria
sapienti non potest fieri. Megaram rex[1] Demetrius ceperat
cui cognomen[2] Poliorcetes fuit. Ab hoc autem Stilbon
philosophus interrogatus num aliquid perdidisset, Nihil, inquit;
omnia mea mecum sunt. Atqui et patrimonium ejus in
praedam cesserat, et filias rapuerat hostis et patria in
alienam ditionem[3] pervenerat, et ipsum rex circumfusus vic-
toris exercitus armis ex superiore loco rogitabat. [At] ille
victoriam illi excussit, et se urbe capta non invictum tantum,
sed indemnem esse testatus est: habebat enim vera secum
bona, in quae non est manus injectio. At quae dissipata
et direpta ferebantur, non judicabat sua, sed adventicia et
nutum fortunae sequentia; ideo ut non propria dilexerat.
Omnium enim extrinsecus affluentium lubrica et incerta
possessio est.' Sapiens 'aspicit dura . . . et fert secunda
moderate, nec illis cedens[4] nec his fretus. Unus idemque
inter diversa est, nec quicquam suum nisi se putat esse,
ea parte qua melior est. . . . Illa quae sapientem tuentur
et a flamma et [ab] incursu tuta sunt; nullum introitum
praebent, excelsa, inexpugnabilia, deo aequa.'

De Con-
stantia,
cap. 6.

---

[1] rex, ins. MSS. [2] nomen, MSS. [3] conditionem, MSS.
[4] cadens, MSS. In this sentence Seneca has, aspiciat, and, ferat.

'Non est quod dicas ista, ut soles, hunc sapientem nostrum[1]
nusquam inveniri.   Non fingimus illud humani ingenii vanum
decus, nec ingentem imaginem falsae rei concipimus, sed
qualem confirmamus et exhibuimus . . . raro forsitan mag-
nisque aetatum intervallis unum.   Neque enim magna et
excedentia solitum et vulgarem modum crebro gignuntur.
Caeterum M. Cato vereor ne supra nostrum exemplar sit.
Denique validius debet esse quod laedit eo quod laeditur.
Non est autem fortior nequitia virtute : non potest ergo
laedi sapiens.   Injuria in bonos nisi a malis non temptatur.
Bonis inter se pax est.   Mali non tam bonis[2] perniciosi quam
inter se.   Quodsi laedi nisi infirmior non potest, malus autem
bono infirmior est . . . injuria in sapientem virum non cadit.
[Illud] enim jam non es admonendus, neminem bonum esse
nisi sapientem.   Si injuste, inquis, Socrates damnatus est,
injuriam accepit.   Hoc loco intelligere nos oportet posse
evenire ut faciat aliquis injuriam mihi, et ego non accipiam :
tanquam si quis rem quam e villa mea subripuit in domo
mea ponat, ille furtum fecerit, ego nihil perdiderim. . . . Si
quis cum uxore sua tanquam aliena concumbat, adulter erit,
quamvis illa adultera non sit.   Aliquis mihi venenum dedit,
sed vim suam remixtam cibo perdidit ; venenum illud dando
sceleri se obligavit, etiam si non nocuit. . . . Omnia scelera
etiam ante effectum operis, quantum culpae satis est, perfecta
sunt. . . . Si injuriam accepi, necesse est factam esse.   Si est
facta, non est necesse accepisse me ; multa enim incidere
possunt quae submoveant injuriam.'

'Praeterea justitia nihil injustum pati potest, quia non
coeunt contraria . . . ergo sapienti injuria non potest fieri.
Nec est quod mireris : si nemo potest illi injuriam facere,
ne prodesse quidem quisquam potest.   Sapienti nihil deest
quod accipere possit loco muneris. . . . Non potest ergo
quisquam aut nocere sapienti aut prodesse ; quoniam divina
nec juvari desiderant nec laedi possunt.   Sapiens autem
vicinus proximusque Deo consistit, excepta mortalitate similis
Deo.   Ad illa nitens pergensque excelsa, ordinata, intrepida,
aequali et concordi[3] cursu fluentia, secura, benigna, bono

---

[1] virum, *pro* nostrum, MSS.   [2] boni, MSS.   [3] ex certo cursu, MSS.

publico nata, et sibi et aliis salutaria, nihil humile concupiscet, nihil flebit, qui rationi innixus per humanos casus divino incedet animo. Non habet unde accipiat injuriam. Ab homine me tantum dicere putas? Ne a fortuna quidem, quae, quotiens cum virtute congressa est, nunquam par recessit. . . . Et si fortunae injurias moderate fert, quanto magis hominum potentium, quos scit fortunae manus esse?'

'Adjice nunc quod injuriam nemo immota mente accipit, Cap. 9. sed ad sensum ejus perturbatur. Caret autem perturbatione vir erectus. Erroribus moderatur suis altae quietis et placidae. Nam si tangit illum injuria, et movet et impedit. Caret autem ira sapiens, quam excitat injuriae species, nec aliter careret ira nisi et injuria, quam scit sibi non posse fieri: inde tam erectus laetusque est, inde continuo gaudio elatus. Adeo ad offensiones rerum hominumque non contrahitur[1], ut ipsa illi injuria usui sit, per quam experimentum sui capit et virtutem temptat.'

'Quoniam priorem partem percurrimus, ad alteram trans- Cap. 10. eamus,' scilicet contumeliam. 'Est minor injuria, quam queri magis quam exequi possimus, quam leges quoque nulla vindicta dignam putaverunt. Hunc affectum movet humilitas animi contrahentis se ob factum dictumque inhonorificum. Ille me hodie non admisit cum alios admitteret: sermonem meum aut superbe adversatus est, aut palam risit . . . et alia hujus notae, quae quid vocem nisi querelas nausiantis animi? in quae fere delicati et felices incidunt. . . . Nimio otio ingenia natura infirma et muliebria, et inopia verae injuriae lascivientia, his commoventur, quarum pars major constat vitio interpretantis. Itaque nec prudentiae quicquam in se esse nec fiduciae ostendit, qui contumelia afficitur. Non dubie enim contemptum se judicat, et hic morsus non sine quadam humilitate animi evenit supprimentis se ac descendentis[2]. Sapiens autem a nullo contemnitur. Magnitudinem suam novit, nullique tantum de se licere nuntiat sibi, et omnes has, quas non miserias animorum sed molestias dixerim, non vincit sed ne sentit quidem. Alia sunt quae sapientem feriunt,

---

[1] trahitur, MSS. [2] detendentis, MSS.

etiam si non pervertunt[1], ut dolor corporis et debilitas, aut amicorum liberorumque amissio, et patriae bello flagrantis calamitas. Haec non nego sentire sapientem. Nec enim lapidis [illi] duritiam ferrive asserimus. Nulla virtus est quae non sentiat perpeti. Quid ergo est? quosdam ictus recipit, sed receptos evincit et sanat et comprimit. Haec vero minora ne sentit quidem, nec adversus ea solita illa virtute utitur dura tolerandi, sed aut non adnotat, aut digna risu putat.

De Constantia, cap. 11.

'Praeterea cum magnam partem contumeliarum superbi insolentesque faciant et male felicitatem ferentes, habet quo istum affectum inflatum respuat, pulcherrimam virtutem omnium magnanimitatem: illa quicquid ejusmodi est transcurrit, ut vanas species somniorum visusque nocturnos nihil habentes solidi atque veri ... Contumelia a contemptu dicta est, quia nemo nisi quem contempsit tali injuria notat. Nemo autem majorem melioremque contemnit, etiam si facit aliquid quod contemnentes solent. Nam et pueri os parentum feriunt, et crines matris turbavit laceravitque infans et sputo adspersit, aut nudavit in conspectu suorum tegenda, et verbis obscaenioribus non pepercit. Et nihil horum contumeliam dicimus. Quare? quia qui fecit contemnere non potest ... Quanta autem dementia est iisdem modo delectari, modo offendi, et rem ab amico dictam maledictum vocare, [a servulo] joculare convicium?

Cap. 12.

'Quem animum nos adversos pueros habemus, hunc sapiens adversus omnes, quibus etiam post juventam canosque puerilitas est. An quicquam isti profecerunt quibus animi mala[2] sunt auctique in majus errores, qui a pueris magnitudine tantum formaque corporum differunt, caeterum non minus vagi incertique, voluptatum sine delectu appetentes, trepidi et non ingenio sed formidine quieti? Non ideo quicquam inter illos puerosque interesse quis dixerit, quod illis talorum nucumve et aeris minuti avaritia est, his auri argentique et urbium ... Ergo par pueris longiusque progressis sed in alia majoraque error est. Non immerito itaque horum contumelias

[1] pro virtute, MSS.
[2] This passage is regarded as a *locus corruptus* by most editors of Seneca.

sapiens ut jocos accipit. Et aliquando illos tanquam pueros
malo poenaque admonet et afficit, non quia accepit injuriam,
sed quia fecerunt emendat [1], et ut desinant facere. Sic enim
et pecora verbere domantur, nec irascimur illis cum sessorem
recusaverunt, sed compescimus ut dolor contumaciam vincat.
Ergo et illud solutum scies . . . quare si non accepit injuriam
sapiens nec contumeliam, punit eos qui fecerunt? non enim se
ulciscitur, sed illos emendat.'

'Quis enim phrenetico medicus irascitur? . . . hunc affectum Cap. 13.
adversus omnes habet sapiens quem adversus aegros suos
medicus . . . Scit sapiens omnes hos qui togati purpuratique
incedunt. valentes coloratosque male sanos esse; quos non
aliter videt quam aegros intemperantes [2]. Itaque ne succenset
quidem, si quid in morbo petulantius ausi sunt adversus
medentem, et quo animo honores eorum nihilo aestimat, eodem
parum honorifice facta. Quemadmodum non placebit sibi si
illum mendicus [3] coluerit, nec contumeliam judicabit, si illi
homo plebis ultimae salutanti mutuam salutationem non
reddiderit, sic ne suspiciet quidem, si illum multi divites
suspexerint. Scit enim illos nihil a mendicis differre, immo
miseriores esse. Illi enim exiguo, hi multo egent. Et rursus
non tangetur, si illum rex Medorum Attalusve Asiae salutantem
silentio ac vultu adroganti transierit. Num moleste feram si
mihi non reddiderit nomen aliquis ex his . . . quorum tabernae
pessimorum servorum turba refertae sunt? Non, ut puto . . .
Nullius ergo movebitur contumelia. Omnes enim inter se
differunt, sapiens quidem pares illos ob aequalem stultitiam
omnes putat. Nam si semel se demiserit eo, ut aut injuria
moveatur aut contumelia, non potuerit unquam esse securus.
Securitas autem proprium bonum sapientis est, nec committet
ut, judicando contumeliam sibi factam, honorem habeat ei qui
fecit. Necesse est enim a quo quisque contemni moleste ferat
suspici gaudeat.'

'At sapiens colaphis percussus quid faciet? quod Cato, Cap. 14.
quum illi os percussum esset: non excanduit, non vindicavit

---

[1] emundatis is the reading of D. and O., emendatis of most editions of
Seneca. Both are unintelligible; emendat is, has been suggested.

[2] intemperatos, MSS.   [3] medicus, MSS.

injuriam, ne remisit quidem, sed factam negavit ; majore animo
non agnovit quam ignovisset. Quis enim nescit nihil ex his
quae creduntur mala aut bona ita videri sapienti ut omnibus ? ...
non respicit quid homines turpe judicent aut miserum. Sed
ut sidera contrarium mundo iter intendunt, ita hic adversus
opinionem omnium vadit.'

De Con-
stantia,
cap. 15. 'Et cum cogitastis quantum putetis vos pati posse, sapientis
patientiae paulo ulteriorem terminum ponitis ; at illum in
aliis mundi finibus sua virtus collocavit, nihil vobiscum commune habentem. Quare et aspera et quaecumque toleratu
gravia sunt audituque et visu refugienda, non obruetur eorum
coetu, et qualis singulis talis universis obsistet. Qui dicit illud
tolerabile sapienti, illud intolerabile, et animi magnitudinem
intra certos fines tenet, male agit : vincit nos fortuna, nisi tota
vincitur . . . Domus sapientis angusta, sine cultu, sine strepitu,
sine adparatu, nullis adservatur[1] janitoribus ; sed per hoc limen
vacuum et ab ostiariis liberum fortuna non transit. Scit non
esse illic sibi locum, ubi sui nihil est.'

Cap. 16, 17. 'Epicurus . . . dixit injurias tolerabiles [esse] sapienti ; nos
injurias non esse. Nec est quod dicas hoc naturae repugnare.
Non negamus rem incommodam esse verberari et impelli et
aliquo membro carere ; sed omnia ista negamus injurias esse.
Non sensum illis doloris detrahimus, sed nomen injuriae ;
quod non potest recipi virtute salva . . . [Utraque exempla][2]
hortantur contemnere injurias, et quas injuriarum umbras
ac suspiciones dixerim, contumelias, ad quas despiciendas non
sapiente opus est viro sed tantum conspiciente ; . . . si merito
ista mihi accidunt . . . judicium est. Si immerito, illi qui
injusta facit, erubescendum est . . . Fructus contumeliae in
sensu et indignatione patientis est.'

Cap. 18. 'Respiciamus eorum exempla quorum laudamus patientiam,
ut Socratis, qui comoediarum publicatos in se et spectatos[3]
sales in partem bonam accepit, risitque non minus quam cum

---

[1] acervatur, MSS.

[2] Seneca had been comparing the Epicureans and Stoics to two brave
gladiators when wounded ; the first did his best to staunch the blood from his
wounds, the second maintained that he was not wounded at all. Bacon, as
will be seen afterwards, is very unwilling to praise Epicurus.

[3] expectabat, *pro* et spectatos, MSS.

ab uxore Xanthippe immunda aqua perfunderetur. Antistheni
mater barbara et Thraessa objiciebatur : respondit et deorum
matrem Idaeam esse.

'Non est in rixam colluctationemque veniendum . . . Cap. 19.
Quicquid horum ab imprudentia fiet . . . negligendum et
honores injuriaeque vulgi in promiscuo habendae ; nec his
dolendum nec illis gaudendum . . . Non est autem libertas
nihil pati. Libertas est animum superponere injuriis.'

Capitulum XII [1].

Seneca libro ad Helviam matrem suam scribens de conso- Consola-
latione loquitur de remediis non solum contra luctum et tion under
adversity.
dolorem sed contra paupertatem et exilium et contumeliam From
et multa hujusmodi adversa. Male igitur sustinenti aliquam Seneca's
dialogue,
adversitatem remedium proponit. dicens ; 'omnes itaque Ad Helviam
luctus illi suos omnia lugubria admovebo. Hoc erit non Matrem.
molli via mederi, sed urere ac secare. Quid consequar ? ut Cap. 2.
pudeat animum tot miseriarum victorem aegre ferre unum
vulnus in corpore tam cicatricoso. Fleant itaque diutius et
gemant quorum delicatas [2] mentes enervavit longa felicitas
et ad levissimarum injuriarum motus conlabantur ; at quorum
omnes anni per calamitates transierunt, gravissima quoque
[forti] et inmobili constantia perferant. Unum habet assidua
infelicitas bonum, quod quos semper vexat, novissime indurat.'

'Quemadmodum tirones leviter saucii tamen vociferantur et Cap. 3.
manus medicorum magis quam ferrum horrent. at veterani
quamvis confossi patienter ac sine gemitu velut aliena corpora
exsaniari patiuntur' . . . et ideo enarrat matri omnia mala
quae fortiter passa est, ut dolorem filii sui elidat.

Deinde ipse Seneca per exemplum sui ipsius vult eam
consolari, dicens ; 'Vincam autem puto primum, si ostendero Cap. 4, 5.
nihil me pati propter quod ipse dici possim miser . . . Indico
me non esse miserum. Adjiciam, quo securior sis, ne fieri
quidem me posse miserum.' Et hoc probat sic. 'Bona
quidem condicione geniti sumus si eam non deseruerimus. Id

---

[1] Extracts from dialogue *Ad Helviam Matrem*, to p. 319.
[2] dilatatas, MSS.

egit [rerum] natura ut ad bene vivendum non magno apparatu
opus esset. Unusquisque facere se beatum potest. Leve
momentum in adventiciis rebus est et quod in neutram partem
magnas vires habeat; nec secunda sapientem evehunt nec
adversa demittunt. Laboravit enim semper ut in se plurimum
poneret, intra se omne gaudium peteret. Quid ergo?
sapientem esse me dico? Minime Nam id quidem si pio-
fiteri possum, non tantum negarem miserum esse me, sed
omnium fortunatissimum et in vicinum Deo perductum prae-
dicarem; nunc, quod satis est ad omnes miserias leniendas,
sapientibus me viris dedi, et nondum in auxilium mei validus
in aliena castra confugi, eorum scilicet, qui facile se ac suos
tuentur Illi me jusserunt stare assidue velut in praesidio
positum, et omnes conatus fortunae et omnes impetus prospicere multo ante quam incurrant. Illis gravis est quibus
repentina est; facile eam sustinet qui semper expectat. Nam
et hostium adventus eos prosternit quos inopinantes occupavit:
at qui futuro se bello ante bellum paraverunt, compositi et
aptati primum, qui tumultuosissimus[1] est, ictum facile exci-
piunt. Nunquam ego fortunae credidi, etiam cum videretur
pacem agere. Omnia illa quae in me indulgentissime con-
ferebat, pecuniam honores gratiam eo loco posui, unde posset
sine motu meo repetere. Intervallum inter illa et me magnum
habui. Itaque abstulit illa, non avulsit. Neminem adversa
fortuna comminuit nisi quem secunda decepit. Illi qui
munera ejus velut sua et perpetua amaverunt, qui se suspici
propter illa voluerunt, jacent et moerent, cum vanos et
pueriles animos omnis solidae voluptatis ignaros falsa et
mobilia oblectamenta destituunt. At ille qui se laetis rebus
non inflavit nec mutatis contrahit, adversus utrumque statum
invictum animum tenet exploratae jam firmitatis nam in
ipsa felicitate quid contra infelicitatem valeret expertus est.
Itaque ego in illis quae omnes optant existimavi semper nihil
veri boni inesse: tum inania et . . decepturo fuco circumlita
inveni, intra nihil habentia fronti suae simile.'

Et postea descendit ad mala specialia, scilicet exilium,
paupertatem, contumeliam, dicens: 'Nunc in his quae mala

[1] impetuosissimus, MS

vocantur nihil tam terribile ac durum invenio quam quod opinio vulgi minabatur . . . Populi scita ex magna parte sapientes abrogant.

'Remoto ergo judicio plurium quos prima rerum species, utcumque credita [est] aufert, videamus quid sit exilium : nempe, loci commutatio est. [Ne] angustare videar vim ejus, et quicquid pessimum in se habet subtrahere ; hanc commutationem loci sequuntur incommoda ; paupertas, ignominia, contemptus . . . Primum illud intueri volo quid acerbi afferat ipsa loci commutatio.' Ad Helviam, cap. 6.

'Aspice agedum hanc frequentiam cui vix urbis,' Romae scilicet, 'immensae tecta sufficiunt : maxima pars istius turbae patria caret . . . Jube istos omnes ad nomen citari et, unde domo, quisque sit quaere : videbis majorem partem esse quae relictis sedibus suis venerit in maximam [1] . . . urbem non tamen suam. Deinde ab hac civitate discede, quae veluti communis potest dici. Omnes urbes circumi ; nulla non magnam partem peregrinae multitudinis habet.'

Secundam rationem ex proprietate animae affert, dicens ; 'Mobilis et inquieta homini mens data est : nunquam se tenet, spargitur, et cogitationes suas in omnia nota atque ignota dimittit, vaga et quietis impatiens et novitate rerum laetissima. Quod non miraberis, si primam ejus originem adspexeris : non est ex terreno et gravi concreta corpore ; ex illo coelesti spiritu descendit. Coelestium autem natura semper in motu est, fugit, et velocissimo cursu agitur. Aspice sidera mundum illustrantia ; nullum eorum perstat . . . Nunc et humanum animum moleste ferre transitum et migrationem puta ; cum natura [2] assidua et citatissima commutatione vel delectet se vel conservet.'

Tertiam rationem inducit ex experientia per omnes nationes, dicens ; 'A coelestibus agedum te ad humana converte : videbis gentes populosque universos mutasse sedes. Quid sibi volunt [3] in mediis barbarorum regionibus Graecae urbes ? quid inter Indos Persasque Macedonicus sermo ? Cap. 7.

[1] Bacon omits the words et pulcherrimam, which would hardly be true of Rome in the thirteenth century.
[2] Seneca has Dei natura.   [3] vult, MSS.

Scythia et totus ille ferarum indomitarumque gentium tractus civitates Achaiae Ponticis impositas littoribus ostentat. Totum Italiae [latus quod infero mari adluitur major Graecia fuit, Tuscos] Asia sibi vindicat. Tyrii Africam incolunt. In Hispaniam Poeni, Graeci se in Galliam intulerunt, in Graeciam Galli. Pyrenaeus Germanorum transitus non inhibuit. Per incognita versavit se humana levitas ... Alii longo errore jactati non judicio elegerunt locum sed lassitudine ... Illud utique manifestum est nihil eodem loco mansisse quo genitum est ... Omnes autem istae populorum transportationes quid aliud quam publica exilia sunt?'

Ad
Helviam,
cap. 8.
'Adversus ipsam commutationem locorum detractis caeteris incommodis quae exilio adhaerent satis hoc remedii putat Varro, doctissimus Romanorum, quod quocunque venimus eadem rerum natura utendum est. M. Brutus satis hoc putat quod licet in exilium euntibus virtutes suas secum ferre. Haec [etiam] si quis singula parum judicat efficacia ad consolandum exulem, utraque in unum collata fatebitur plurimum posse. Quantulum enim est quod perdidimus? duo quae pulcherrima sunt quocunque nos moverimus sequentur : natura communis et propria virtus.' Sic vero rerum communem naturam dicit esse 'quicquid optimum est [1] ; id extra humanam potentiam jacet ; nec dari nec eripi potest. Mundus hic, quo nihil neque majus neque ornatius rerum natura genuit, animus contemplator admiratorque mundi, pars ejus magnificentissima propria nobis et perpetua et tamdiu nobiscum mansura sunt quamdiu [ipsi] manebimus. Alacres itaque et erecti, quocunque res tulerit intrepido gradu properemus ... Undecumque ex aequo ad coelum dirigitur acies, paribus intervallis omnia divina ab omnibus humanis distant.'

Cap. 9.
'Angustus animus est quem terrena delectant' ... sicut superius est allegatum ex hoc libro. 'Brutus in eo libro quem de virtute composuit ait se Marcellum vidisse Mytilenis exulantem, et quantum modo natura hominis pateretur beatissime viventem, neque unquam cupidiorem bonarum artium quam illo tempore ... Adjicit, visum sibi se magis in exilium ire qui sine illo rediturus esset quam illum in exilio relinqui.

[1] Bacon here condenses a somewhat pantheistic passage of his author.

O fortunatiorem Marcellum eo tempore quo exilium suum
Bruto adprobavit, quam quo reipublicae consulatum ! . . . Ita
te, Marcelle, disciplinis imbuisti ut scires omnem locum sapienti
viro patriam esse.'

'Bene ergo exilium tulit Marcellus, nec quicquam in animo Cap. 10.
ejus mutavit loci mutatio, quamvis eam paupertas sequeretur. In
qua nihil mali esse quisquis modo nondum pervenit in insaniam
omnia subvertentis avaritiae atque luxuriae, intelligit . . .
Corporis exigua desideria sunt; frigus submoveri vult, ali-
mentis famem ac sitim extinguere. Quicquid extra con-
cupiscitur vitiis non usibus laboratur. Non est necesse omne
perscrutari profundum, nec strage animalium ventrem onerare,
nec conchylia ultimi maris ex ignoto litore eruere; di istos
deaeque perdant quorum luxuria tam invidiosi imperii fines
transcendit . . . Undique convehunt omnia nota fastidienti
gulae. Quod dissolutus [deliciis] stomachus vix admittat, ab
ultimo portatur Oceano. Vomunt ut edant, edunt ut vomant,
et epulas quas toto orbe conquirunt nec concoquere dignantur.
Ista si quis despicit quid illi paupertas nocet? . . . O miserabiles' . . . ut superius est notatum [1]: et infert; 'Libet dicere;
Quid deducitis naves? quid manus et adversus feras et
adversus homines armatis? quid tanto tumultu discurritis?
quid opes opibus adgeritis? non vultis cogitare quam parva
vobis corpora sint? nonne furor et ultimus mentium error est,
cum tam exiguum capias, cupere multum? Licet itaque
augeatis census, promoveatis fines: nunquam tamen corpora
vestra laxabitis . . . Haec accidunt divitias non ad rationem
revocantibus, cujus certi fines sunt, sed ad vitiosam consuetudinem, cujus immensum et incomprehensibile arbitrium
est. Cupiditati nihil est satis, naturae satis est etiam
parum.'

'Nihil homini natura quod necessarium faciebat fecit Cap. 11.
operosum . . . Non fortunae iste vitio sed suo pauper est . . .
Qui continebit itaque [se] intra naturalem modum paupertatem
non sentiet; qui naturalem modum excedit eum in summis
quoque opibus paupertas sequetur. Necessariis' enim 'rebus
exilia' semper 'sufficiunt, supervacuis nec regna. Animus est

qui divites facit. Hic in exilia sequitur, et in solitudinibus asperrimis, cum quantum satis est sustinendo corpori invenit, ipse bonis suis abundat et fruitur; pecunia ad animum nihil pertinet non magis quam ad deum immortalem Omnia ista . . . lapides, aurum, argentum et magni mensarum orbes terrena sunt pondera quae non potest amare sincerus animus ac naturae suae memor, levis ipse, expers, et quandoque emissus fuerit ad summa emicaturus: interim quantum per moras membrorum et hanc circumfusam gravem sarcinam licet, celeri et volucri cogitatione divina perlustrat. Ideoque nec exulare[1] unquam potest liber et Deo cognatus et omni mundo omnique aevo par . . . Corpusculum hoc, custodia et vinculum animi, huc atque illuc jactatur. In hoc supplicia, in hoc latrocinia, in hoc morbi exercentur; animus quidem ipse sacer et aeternus est, et cui non possit injici manus'

Ad Helviam, cap 12 . . . 'Aspice quanto major pars sit pauperum quos nihilo notabis tristiores sollicitioresque divitibus immo nescio an eo laetiores sint, quod animus illorum in pauciora distringitur . . . Me quidem quotiens ad antiqua exempla respexi, paupertatis uti solatiis pudet, quoniam quidem eo temporum luxuria prolapsa est, ut majus viaticum exulum sit quam olim patrimonium principum fuit. Unum fuisse Homero servum, tres Platoni, nullum Zenoni a quo coepit Stoicorum rigida ac virilis sapientia [satis constat]. Num ergo quisquam eos misere vixisse dicet, ut non ipse miserrimus ob hoc omnibus videatur?'

Cap 13. 'Responderi potest: Quid artificiose ista diducis, quae singula sustineri possunt, collata non possunt? Commutatio loci tolerabilis est, si tantum locum mutes. Paupertas tolerabilis est, si ignominia absit quae vel sola opprimere animos solet. Adversus hunc quisquis me malorum turba terrebit, his verbis utendum erit; Si contra unam quamlibet partem fortunae satis tibi roboris est, idem adversus omnes erit. Cum semel animum virtus induraverit, undique invulnerabilem praestat; si avaritia te dimiserit, vehementissima generis humani pestis, moram tibi ambitio non faciet. Si ultimum diem non quasi poenam sed quasi naturae legem aspicis, ex

[1] exclamare, MSS.

quo pectore metum' mortis 'ejeceris, in id nullius rei timor audebit intrare. Si cogitas libidinem non voluptatis causa homini datam sed propagandi generis, quem non violaverit hoc secretum et infixum visceribus ipsis exitium, omnis alia cupiditas intactum praeteribit. Non singula vitia ratio sed pariter omnia prosternit ; in universum semel vincitur.' Et infert de ignominia ; 'Ignominia tu putas quemquam sapientem moveri posse qui omnia in se reposuit, qui ab opinionibus vulgi secessit? plus etiam quam ignominia est mors igno-miniosa. Socrates tamen eodem illo vultu quo triginta tyrannos solus aliquando in ordinem redegerat, carcerem intravit, ignominiam ipsi loco detracturus. Neque enim poterat carcer videri in quo Socrates erat … Nemo ab alio contemnitur, nisi a se ante contemptus est. Humilis et projectus animus sit isti contumeliae opportunus ; qui vero adversus saevissimos casus se extollit et ea mala quibus alii opprimuntur evertit ipsas miserias infularum[1] loco habet ; quando' scilicet 'ita affecti sumus ut nihil aeque magnam apud nos admirationem occupet quam homo fortiter miser. Ducebatur Athenis ad supplicium Aristides, cui quisquis occurrerat dejiciebat oculos et ingemiscebat, non tanquam in hominem justum, sed tanquam in ipsam justitiam animadver-teretur. Inventus est tamen qui in faciem ejus inspueret … at ille abstersit faciem et subridens ait comitanti se magi-stratui ; admone istum ne postea tam improbe oscitet … Si magnus vir cecidit, magnus jacuit ; non magis illum [putes] contemni quam cum aedium sacrarum ruinae calcantur, quas religiosi aeque ac stantes adorant.'

Et cum dederit matri haec adversorum remedia, resumit omnia mala quae ei contigerunt ut doceat eam virum vincere qui tot animo virili prostravit. Dicit igitur, 'Sed quanto ista Cap. 15. duriora sunt, tanto major tibi virtus advocanda est, et velut cum hoste noto ac saepe jam victo acrius est congrediendum. Non ex intacto corpore tuo sanguis hic fluxit : per ipsas cicatrices percussa es.'

[1] in fabularum, MSS.

CAPITULUM XIII.

Is death an evil? [From De Remediis Fortuitorum.] Cap. 2.

Seneca de remediis fortuitorum[1], Gallioni scribens dicit, 'Morieris, Ista est hominis natura non poena.   Hac conditione intravi ut exirem.   Stultum est timere quod vitare non possis . . . Morieris: nec primus nec ultimus: multi me antecesserunt, omnes sequentur . . . Me nescio [esse] animal rationale et mortale?

Cap. 7.

'Male de te opinantur homines. Sed mali. Nunc malis displicere, laudari est. Non potest ullam auctoritatem habere sententia ubi qui damnandus est damnat . . . Male de te loquuntur. Moverer, si judicio facerent; nunc morbo faciunt. Non de me loquuntur sed de se. Nesciunt bene loqui. Faciunt non quod mereor sed quod solent . . .'

Cap. 8.

'Exulabis. Erras: Omnium una est patria. Non patria mihi interdicitur sed locus[2] . . . Nulla terra exilium est sed altera patria . . . Patria est ubicunque bene est. Illud autem per quod bene est, in homine non in loco est . . . Si sapiens est, peregrinatur: si stultus, exulat.'

Cap. 9.

'Dolor imminet. Si exiguus est, feramus: levis est patientia. Si gravis est, feramus: non levis est gloria . . . Dura res est dolor. Immo tu mollis. Pauci dolorem ferre potuerunt. Simus ex paucis.'

Cap. 10.

'Paupertas mihi gravis est. Immo tu paupertati. Non in paupertate vitium est sed in paupere. Illa expedita est, hilaris, tuta . . . Pauper es quia videris. Nihil deest avibus. Pecora in diem vivunt . . . Accepit ille grandem pecuniam. Ergo [et] superbiam . . . Hominem illum judicas? Arca est. Quis aerario, quis plenis invidet loculis? Quem tu dominum aestimas pecuniae loculus est. Si prodigus est non habebit, si avarus, non habet. Iste quem tu felicem credis saepe dolet, saepe suspirat. Multi illum comitantur. Mel muscae sequuntur, cadavera lupi, frumentum formicae. Praedam

---

[1] This treatise is in a very fragmentary condition, and its authenticity has been often doubted. Haase, however, gives strong reasons for accepting it as Seneca's. It is not included in Lipsius' edition (1605).

[2] Contrast the sounder doctrine of Danton, when urged to flee from the guillotine: Does a man carry his country at the sole of his foot?

similiter ista turba, non hominem.' Mors, exilium, luctus, dolor, et hujusmodi non sunt supplicia sed tributa vivendi.

CAPITULUM XIV.

Ad Marciam scribens Seneca pro consolatione doloris de morte filii sic ait:

'Renovat se et corroborat cotidie luctus . . . et fit infelicis animi . . . voluptas dolor.' 'Cogita non magnum esse in rebus prosperis fortem se gerere ubi secundo cursu vita procedit. Ne gubernatoris [quidem] artem tranquillum mare et obsequens ventus ostendit ; adversi aliquid incurrat oportet quod animum probet . . . Nulla re major invidia fortunae [fit] quam aequo animo.' 'Turpis est navigii rector cui gubernacula fluctus eripuit, qui fluitantia vela deseruit, permisit tempestati ratem. At ille [vel] in naufragio laudandus quem obruit mare navem tenentem et obnixum.'

'Naturale desiderium est suorum. Quis negat, quamdiu modicum est ? . . . Sed plus est quod opinio adjicit quam quod natura imperavit. Adspice mutorum animalium quam concitata sint desideria et tamen quam brevia. Vaccarum uno die alterove mugitus auditur, nec diutius equarum vagus [ille] amensque discursus est. Ferae cum vestigia catulorum consectatae sunt . . . [cum] ad cubilia expilata redierunt, rabiem intra exiguum tempus extinguunt. Aves cum stridore magno inanes nidos circum fremuerunt, intra momentum tamen quietae volatus suos repetunt. Nec ulli animali longum fetus sui desiderium est nisi homini . . . Ut scias autem non esse hoc naturale, luctibus frangi ; primum magis feminas quam viros, magis barbaros quam placidas [1] gentes, magis indoctos quam doctos, eadem orbitas vulnerat. Atqui ea quae a natura vim acceperunt eamdem in omnibus servant. Apparet non esse naturale quod varium est. Ignis omnes aetates omniumque urbium cives tam viros quam feminas uret. Ferrum in omni corpore exhibebit secandi potentiam. Quare ? quia vires illi a natura datae sunt . . . Paupertatem, luctum, ambitionem alius aliter sentit, prout illum consuetudo infecit : et

Consolation for the death of a son. [From Seneca's dialogue, Ad Marciam.] Cap. 1, 5, 6.

Cap. 7.

---

[1] 'placidae eruditaeque gentis homines,' Seneca.

imbecillum impatientemque reddidit praesumpta opinio de non timendis terribilis.

Ad Marciam,
cap. 8, 9. 'Deinde quod naturale est non decrescit mora; dolorem' autem 'dies longa consumit.' Sed dices 'Non putavi futurum. Quicquam tu putas non futurum quod multis scis posse fieri, quod multis vides evenisse? Egregium versum et dignum qui non e populo exiret,

Cuivis potest accidere quod cuiquam potest.

'Ille amisit liberos; et tu amittere potes. Ille damnatus est; et tua innocentia sub ictu est. Terror decipit hic . . . aufert vim praesentibus malis qui futura prospexit.

Cap. 10. 'Quicquid est hoc, Marcia, quod circa nos ex adventicio fulget, liberi, honores, opes, ampla atria, clientium turba, referta vestibula . . . caeteraque ex incerta et mobili sorte pendentia, alieni commodati[que] adparatus sunt. Nihil horum dono datur; collaticiis et ad dominos redituris instrumentis scena adornatur. Alia ex his primo die, alia secundo referentur, pauca usque ad finem perseverabunt. Itaque non est quod nos suspiciamus tanquam inter nostra positi : mutua accepimus. Usus fructusque noster est, cujus tempus ille arbiter muneris sui [1] Deus temperat: nos oportet in promptu habere quae in incertum diem data sunt, et adpellatos sine querela reddere. Pessimi debitoris est creditori facere convicium . . . Saepe admonendus est animus, amet ut recessura, immo tanquam recedentia. Quicquid a fortuna datum est, tanquam exemptum auctore possideas . . . Nihil de hodierna nocte promittitur . . . nihil de hac hora. Festinandum est; instatur a tergo . . . Rapina rerum omnium est ; miseri nescitis fuga vivere.'

Cap. 11. 'Quid opus est partes deflere? tota flebilis vita est. Urgebunt nova incommoda priusquam veteribus satisfeceris . . . Quid est homo? quodlibet quassum vas et quolibet fragile jactatu. Non tempestate magna ut dissiperis est opus. Ubicumque arietaveris solveris. Quid est homo? imbecillum corpus et fragile, nudum, suapte natura inerme, alienae opis indigens, ad omnis fortunae contumelias projectum . . . cujus-

---

[1] Deus is interpolated here by Bacon.

libet ferae pabulum, cujuslibet victima . . . frigoris aestus laboris impatiens . . . Odor illi saporque et lassitudo et vigilia . . . et cibus, et sine quibus vivere non potest, mortifera sunt . . . non omne coelum ferens, aquarum novitatibus [flatuque] non familiaris aurae et tenuissimis causis morbidum ; . . . cum interim quantos tumultus hoc tam contemptum animal movet ! in quantas cogitationes oblitum conditionis suae venit ! Immortalia aeterna volutat animo, et in nepotes pronepotesque disponit, cum interim longa conantem eum mors opprimit, et hoc quod senectus vocatur, paucissimorum circuitus annorum.'

' Nulli fere magna bona et diuturna contingunt. Non durat nec ad ultimum exit nisi lenta felicitas.' Ad Marciam, cap. 12.

Et infert exempla patientiae in amissione filiorum. ' Ne Cap. 13. nimis admiretur Graecia illum patrem qui, in ipso sacrificio nuntiata filii morte, tibicinem tantum tacere jussit, et coronam capiti detraxit, caetera rite perfecit. Pulvillus effecit pontifex cui Capitolium dedicanti mors filii nuntiata est, quam ille exaudisse dissimulavit et solemnia[1] verba concepit, gemitu non interrumpente precationem.'

' Cornelia Scipionis filia, Gracchorum mater, duodecim Cap. 16. partus totidem funeribus recognovit . . . Gracchos, quos qui bonos viros negaverit magnos fatebitur, et occisos vidit mater et insepultos. Consolantibus tamen miseramque dicentibus, "Nunquam," inquit "infelicem me dicam quae Gracchos peperi." Octavia et Livia[2], altera soror Augusti, altera uxor, amiserunt filios duos juvenes, utraque spe futuri principis certa . . . Octavia nullas admisit voces . . . Talis per omnem vitam fuit qualis in funere . . . secundam orbitatem judicans lacrimas mittere nullam imaginem filii carissimi voluit, nullam sibi de eo fieri mentionem . . . Livia nec plus doluit quam aut honestum erat Caesari aut aequum matri. Non desiit filii sui celebrare nomen, nunquam[3] privatim publiceque repraesentare, libentissime de illo loqui de illo audire.'

' Plena et infesta variis casibus vita est, a quibus nulli longa Cap. 16.

---

[1] After solemnia Seneca has the words pontificia carmina which Bacon omits. In the sentence that follows, he has slightly altered Seneca's construction.

[2] This passage is taken out of its order from cap. 2 and 3 of the *Ad Marciam*.

[3] Seneca has, ' ubique illum sibi privatim,' etc.

est pax, vix induciae sunt . . . Est quidem natura mortalium
ut nihil magis placeat quam quod amissum est.'

Cap. 19. 'Opinio est quae nos cruciat, et tanti quodque malum est,
quanti illud taxavimus. In nostra potestate remedium est[1].'

Cap. 21. 'Omnia humana brevia et caduca sunt et infiniti temporis
nullam partem occupantia . . . cujus quantumcumque fuerit
incrementum non multum aberit a nihilo. Uno modo multum
est quod viximus si satis est . . . Nulla erit illa [brevissimi]
longissimi[que] aevi differentia, si inspecto quanto quis vixerit
spatio, comparaveris quanto non vixerit.'

Cap. 22. 'Quereris, Marcia, non tam diu filium tuum vixisse quam
potuisse? unde enim scis an diutius illi expedierit [vivere]?
an illi hac morte consultum sit? Quem invenire hodie potes
cujus res tam bene positae fundataeque sint ut nihil illi
procedente tempore timendum sit? Labant humana et
fluunt . . . ideoque felicissimis optanda mors est' . . . 'Nihil
[est] tam fallax quam vita humana, nihil tam insidiosum;
non . . . quisquam illam accepisset nisi daretur inscientibus.'

Ad Mar- 'Praeter hoc quia[2] omne futurum incertum est, et ad
ciam, deteriora certius, facillimum ad superos est iter animis cito
cap. 23. ab humana conversatione dimissis. Minimum enim faecis
ponderisque traxerunt antequam altius terrena concipe-
rent . . . Liberati leviores ad originem suam revolant . . .
Nec unquam magnis ingeniis cara in corpore mora est.'
Et caetera[3] ut superius est annotatum.

CAPITULUM XV.

Two
reasons for
these long
extracts
from
Seneca.
(1) Their
superiority
to Chris-
tian teach-
ing in this
branch of
moral
philosophy.

Ampliavi jam hanc partem tertiam Moralis Philosophiae,
ultra illud quod a principio aestimavi. Sed delectat sententiarum moralium pulcritudo; et praecipue quia magna rationis
vivacitate eruuntur per philosophorum industriam. Et tanto
avidius recipiendae sunt, quanto nos philosophantes Christiani
nescimus de tanta morum sapientia percogitare, nec tam
eleganter persuadere. Utinam operibus comprobaremus ea
quae ipsi philosophi nobis tam sapienter proponunt Quamvis

[1] remedium habemus, Seneca.　　　　　　　[2] quod, Seneca.
[3] Already quoted in cap. 5. See p. 275.

enim de virtutibus gratum[1] facientibus, de fide et spe et caritate et hujusmodi, possimus ex Christiana professione sentire quae ipsi philosophi nescierunt, tamen in virtutibus quae communiter requiruntur ad vitae honestatem, et ad communionem humanae societatis, et sermonem, sumus eis impares, et operibus minus efficaces, sicut manifestum est ex consideratione sapientiae quam proponunt. Et hoc est satis vituperabile nobis et omni derisione dignissimum. Necessarium esset igitur philosophantibus Christianis quod considerent meram gloriam quae a philosophis proponitur. Atque ad hoc excitamur per sanctorum exempla. Nam diligenter traxerunt ad divinam doctrinam philosophorum [dicta] et maxime ea quae ad mores et instituta vivendi pertinebant.

Sed et causa specialis est quod in his libris Senecae moror ; quia licet hujusmodi libros persecutus sim ab infantia, tamen libros *De Ira* et *Ad Helviam*, et *Cur bonis mala accidunt*, et *An in sapientem cadunt contumeliae et injuriae*, et *Ad Marciam*, et tres[2] ad hoc sequentes, non potui unquam videre nisi nunc ; et nescio si ad manus Vestrae Gloriae pervenerunt, propter quod abundantius hic scribere sum conatus.

(2) The dialogues here quoted are but little known.

Capitulum XVI.

Seneca ergo ad Paulinum de vitae brevitate eum consolans sic incipit perorare ;

'Major pars mortalium de naturae malignitate conqueritur, quod in exiguum aevi gignimur . . . Non exiguum temporis habemus, sed multum perdidimus. Satis longa vita et in maximarum rerum consummationem large data est, si tota bene collocaretur. Sed ubi per luxum et negligentiam diffluit, ubi nullae bonae rei impenditur, ultima demum necessitate cogente, quam ire non intelleximus, transisse sentimus. Ita est, non accepimus brevem vitam, sed fecimus ; nec inopes ejus, sed prodigi sumus. Sicut amplae et regiae opes, ubi ad

Extracts from Seneca's dialogue De Brevitate Vitae. Cap. 1.

---

[1] We should expect gratiam ; but gratum is the reading of both MSS.

[2] These appear to be, (1) *De Brevitate Vitae* : (2) *De Vita Beata* and *De Otio* (marked as seventh and eighth of the Dialogues in Haase's ed. ; but formerly regarded as one) : (3) *De Tranquillitate* (the ninth dialogue in Haase's ed.).

malum dominum pervenerunt, momento dissipantur; at quamvis modicae si bono custodi traditae sunt, usu crescunt, ita aetas nostra bene disponenti multum patet.'

De Brevi-
tate Vitae,
cap 2

'Vita si uti scias, longa est. Alium 'insatiabilis tenet avaritia, alium in supervacuis laboribus operosa sedulitas. Alius vino madet. Alius inertia torpet . . Omne spatium non vita, sed tempus est. Urgentia circumstant vitia undique nec resurgere aut in dispectum veri attollere oculos sinunt, [sed] mersos et in cupiditatem infixos premunt. Nunquam illis recurrere ad se licet. Si quando aliqua fortuito quies contigit, veluti profundo mari, in quo post ventum quoque-volutatio est, fluctuantur nec unquam illis a cupiditatibus suis otium instat.' 'Ille illius cultor est, hic illius. Suus nemo est.'

Cap 3

'Omnia licet, quae unquam ingenia fulserunt, in hoc unum consentiant, nunquam satis hanc humanarum mentium caliginem mirabuntur.' 'Nemo invenitur qui pecuniam suam dividere velit; vitam unusquisque quam multis distribuit! Adstricti sunt in continendo patrimonio; simul ad jacturam temporis ventum[1] est, profusissimi in eo cujus unius honesta avaritia est . . Centesimus tibi vel supra premitur annus; agedum, ad computationem aetatem tuam revoca. Dic quantum ex isto tempore creditor, quantum amica, quantum rex, quantum cliens abstulerit, quantum lis[2], quantum servorum coercitio, quantum officiosa per urbem discursatio. Adjice morbos quos manu fecimus. Adjice quod [et] sine usu jacuit; videbis te pauciores annos habere quam numeras. Repete memoria tecum quando certus consilii fueris . . . quando tibi[3] usus tui fuerit, quando in statu suo vultus, quando animus intrepidus, . . . quam multi vitam tuam diripuerint, te non sentiente quid perderes . . . intelliges te immaturum mori Quid ergo est in causa? tanquam semper victuri vivitis. Numquam vobis fragilitas vestra succurrit. Omnia tanquam mortales timetis, omnia tanquam immortales concupiscitis.

---

[1] temporum perventum, MS   [2] Seneca has, lis uxoria
[3] Here begins the passage into which, as mentioned on p. 302, the scribes of D and O. suddenly pass, without any perception of a rupture of continuity The error is accurately copied in the Gale MS., in the possession of Trin Coll. Camb , which is a copy of D.

Audies plerosque dicentes, A quinquagesimo anno in otium secedam! Sexagesimus me annus ab officiis dimittet ... Quis ista sicut disponis ire patietur? Non pudet te reliquias vitae tibi reservare, et id tempus solum bonae menti destinare, quod in nullam rem conferri possit? Quam serum est tunc vivere incipere, cum desinendum est ... differre sana consilia, et inde vitam velle inchoare quo pauci perduxerunt.'

'Potentissimis et in altum sublatis hominibus excidere voces Cap. videbis, quibus otium captent[1] laudent omnibus suis bonis praeferant. Cupiunt interim ex illo fastigio suo, si tuto liceat, descendere. Nam ut nihil extra lacessat aut quatiat, in se ipsa fortuna ruit. Divus Augustus cui Deus plura quam ulli praestitit, non desiit quietem sibi precari, et vacationem a republica[2] petere. Omnis ejus sermo ad hoc semper revolutus est ut speraret otium. Hoc labores suos, etsi falso, dulci tamen oblectabat solatio ... Sed ista fieri speciosius quam promitti possunt ... Tanta visa est res otium ut illam quia usu non poterat cogitatione praesumeret. Qui omnia videbat ex se uno pendentia, qui hominibus gentibusque fortunam dabat, illum diem laetissimum cogitabat quo magnitudinem suam exueret. Expertus enim erat quantum illa bona per omnes terras fulgentia sudoris exprimerent, quantum occultarum sollicitudinum tegerent,' non removerent.

'Marcus Cicero ... dum fluctuatur cum Republica et illam Cap. pessum euntem tenet ... quotiens illum ipsum consulatum suum non sine causa sed sine fine laudatum detestatur! Quam flebiles voces exprimit ... Supervacaneum est commemorare plures qui cum aliis felicissimi viderentur, ipsi in se verum testimonium dixerunt, perosi omnem actum suorum annorum ... Vita licet supra mille annos exeat in artissimum tamen contrahetur[3].'

'In primis autem illos numero, qui nulli rei nisi vino ac Cap. libidini vacant. Nulli enim turpius occupati sunt. Caeteri etiam si vana gloriae imagine teneantur ... omnes virilius[4]

---

[1] optent, Seneca. In the next sentence the MSS. read concupiunt for cupiunt.
[2] The MSS. have Romano populo instead of republica.
[3] contrahe, O.   [4] viribus, MSS.

peccant; in venerem ac libidinem projectorum inhonesta tabes est. . . . Deinde inter omnes convenit nullam rem bene posse exerceri ab homine occupato; non eloquentiam, non liberales disciplinas, quando districtus animus nihil altius recipit, et omnia velut inculcata respuit. Nihil minus est hominis occupati quam vivere: nullius rei difficilior scientia est. Professores aliarum artium vulgo multique sunt. Quasdam vero [ex his] pueri admodum ita percepisse visi sunt, ut etiam praecipere possent: vivere tota vita discendum est; et quod magis fortasse mirabere, tota vita discendum est mori. Tot maximi viri relictis omnibus impedimentis, cum divitiis, officiis voluptatibusque renuntiassent, hoc unum in extremam usque aetatem egerunt ut vivere scirent. Plures tamen ex his nondum se scire confessi vita abierunt. . . . Magni mihi crede et supra humanos errores eminentis viri est nihil ex suo tempore dilabi[1] sinere. Et ideo ejus vita longissima est, quia quantumcunque patuit, totum ipsi vacavit. Nihil inde incultum otiosumque [vacavit] nihil sub alio fuit. Neque enim quicquam reperit[2] dignum quod cum tempore suo permutaret custos ejus parcissimus[3]. Itaque satis illi fuit; iis vero necesse est defuisse, ex quorum vita multum populus tulit,' plus vitia detraxere. . . . 'Dispunge, inquam, et recense vitae tuae dies; videbis paucos admodum et reiculos[4] apud te resedisse . . . At ille qui nullum non tempus in usus suos confert, qui omnes dies tanquam vitam[5] ordinat, nec optat crastinum nec timet: fortunam jam ut volet ordinat; vita jam in tuto est. Huic adjici potest, detrahi nihil. Et adjici sic quemadmodum saturo jam et pleno aliquid cibi, quod nec desiderat, capit. Non est itaque quod quemquam propter canos aut rugas putes diu vixisse; non ille diu vixit, sed diu fuit. Quid enim si illum multum putes navigasse quem saeva tempestas a portu exceptum huc et illuc tulit, ac vicibus ventorum ex diverso furentium per eadem spatia in orbem egit? Non ille multum navigavit, sed multum jactatus est.

De Brevitate Vitae, cap. 8.

'Mirari soleo cum video aliquos tempus petentes, et eos

---

[1] delibari, in Seneca.   [2] respexit, D. et O.   [3] peritissimus, MSS.
[4] ridiculos, D. et O.   [5] unam, O.

qui rogantur facillimos. Illud uterque spectat propter quod
tempus petitum est, ipsum quidem neuter: quasi nihil petitur,
quasi nihil datur res omnium pretiosissima, luditur. Fallit
autem eos quia res incorporalis[1] est, quia sub oculos non venit.'
. . . At 'nemo aestimat tempus. [Utuntur] illo laxius quasi
gratuito. At eosdem aegros vide si mortis periculum proprius
est admotum, medicorum genua tangentes; si metuunt
capitale supplicium, omnia ut vivant paratos impendere; tanta
in illis discordia affectuum est. Quodsi posset quemadmodum
praeteritorum annorum cujusque numerus proponi, sic futurorum, quomodo illi qui paucos viderent superesse, trepidarent,
quomodo illis parcerent? Atqui facile est quamvis exiguum
dispensare quod certum est: id debet servari diligentius, quod
nescias quando deficiat.'

'Impendio vitae vitam instruunt. Cogitationes suas in Cap 9.
longum ordinant. Maxima porro vitae jactura dilatio est . . .
illa eripit praesentia, dum ulteriora promittit. Maximum
vivendi impedimentum est expectatio, quae pendet ex cras-
tino, perdit hodiernum: quod in manu fortunae positum est,
disponis; quod in tua, dimittis. Quo spectas, quo te extendis?
omnia quae ventura sunt, in incerto jacent. protinus vive.
Clamat ecce[2] maximus vates. . . . *Optima quaeque dies miseris
mortalibus aevi Prima fugit.'*

'Quid cessas? nisi occupas, fugit. Et cum occupaveris
tamen fugiet. Itaque cum celeritate temporis utendi velocitate
certandum est . . . Hoc quoque pulcherrime ad exprobrandam
infinitam cogitationem, quod non optimam quamque aetatem,
sed "diem" dicit' poeta. 'De die tecum loquitur, et de hoc
ipso fugiente. Non dubium est ergo quin prima quaeque
optima dies fugiat mortalibus miseris, id est, occupatis,
quorum pueriles adhuc animos senectus opprimit, ad quam
imparati inermesque perveniunt. Nihil enim provisum est:
subito in illam nec opinantes inciderunt.'

'Solebat dicere Fabianus, non ex his cathedrariis philo- Cap. 10.
sophis, sed ex veris et antiquis, Contra affectus impetu, non
subtilitate, pugnandum; nec minutis vulneribus sed incursu

---

[1] incomparabilis, D.   [2] quomodo, D. et O.

avertendam aciem non probam[1]. . . . Tum ut illis error expro-
bretur suus, docendi non tantum deplorandi sunt.   In tria
tempus[2] dividitur; quod fuit, quod est, quod futurum est.
Ex his quod agimus breve est : quod acturi sumus, dubium :
quod egimus, certum.   Hoc est enim in quod fortuna jus
perdidit, quod in nullius arbitrium reduci potest. Hoc amittunt
occupati.   Nec enim illis vacat praeterita respicere; et si
vacet, injucunda est poenitendae rei recordatio.   Inviti itaque
ad tempora male exacta animum revocant, nec audent ea
retemptare, quorum vitia . . . retractando patescunt.   Nemo,
nisi [a] quo omnia acta sunt sub censura sua, quae nunquam
fallitur, libenter se in praeteritum retorquet.   Ille qui multa
ambitiose concupiit, superbe contempsit, impotenter vicit,
insidiose decepit, avare rapuit, prodige effudit, necesse est
suam memoriam timeat.   Atqui haec est pars temporis
nostri sacra ac dedicata, omnes humanos casus supergressa,
extra regnum fortunae subducta, quam non inopia, non metus,
non morborum incursus exagitet.   Haec nec turbari nec eripi
potest; perpetua ejus et intrepida possessio est.   Singuli
tantum dies, et hi per momenta, praesentes sunt; at praeteriti
temporis omnes cum jusseritis aderunt, ad arbitrium tuum
inspici se ac detineri patientur . . . Securae et quietae mentis
est in omnes vitae suae partes discurrere; occupatorum animi,
velut sub jugo sint, flectere se ac respicere non possunt.
Abit igitur vita eorum in profundum . . . sic nihil refert
quantum temporis detur . . . per quassos foratosque animos
transmittitur.   Praesens tempus brevissimum est ; adeo quidem ut quibusdam nullum videatur.   In cursu enim semper
est, fluit et praecipitatur, ante desinit esse quam venit. . . .
Solum igitur ad occupatos praesens pertinet tempus, quod
tam breve est ut adripi non possit, et id ipsum illis districtis in
multa subducitur.

De Brevi-
tate Vitae,
cap. 11.
'Denique vis scire quam non diu vivant? Vide quam
cupiant diu vivere.   Decrepiti senes paucorum annorum
accessionem votis mendicant.   Minores natu ipsos esse
fingunt.   Mendacio sibi blandiuntur, [et tam] libenter se

[1] improbrari, D. et O.   [2] In tria tempora vita (Seneca).

fallunt quam si una fata decipiant. Jam vero quum illos
aliqua imbecillitas mortalitatis admonuit, quemadmodum
paventes moriuntur, non tanquam exeant de vita, sed tanquam
extrahantur. Stultos se fuisse, ut non vixerint, clamitant et
si modo evaserint, ex illa valitudine in otio victuros. Tunc
quam frustra paraverint quibus non fruerentur, quam incas-
sum omnis labor eorum ceciderit cogitant. At quibus[1] vita
procul ab omni negotio agitur . . . nihil ex illa spargitur,
nihil fortunae traditur . . . nihil negligentia interit, . . . nihil
supervacuum est. . . . Quantulacunque itaque abunde sufficit,
et ideo, quandoque dies ultimus venerit, non cunctabitur
sapiens ire ad mortem certo gradu.'

Et quia sapientem posuit in otio, et stultos ac vitiosos esse
occupatos, et non esse otiosos, ideo dividit eos in tres. Quidam
enim habent mentes solicitudinibus peccatorum et vanitatum
occupatos, quamvis nihil horum aut parum, fortasse quia non
possunt, faciant. De quibus dicit. 'Quorumdam otium occu- Cap.12,13
patum est; in villa, aut in lecto suo, in media solitudine.
Quamvis enim ab hominibus recesserint, sibi ipsi molesti sunt,
quorum non otiosa vita dicenda est, sed desidiosa occupatio.'
Non otiosi sunt quorum voluntates multum negotii habent.
Qui vero peccatis et stultitiis occupatur continue, et se im-
mergit in vitia, de eo dicit ; 'Non hic otiosus est. Aliud illi
nomen imponas. Aeger est, immo mortuus [est].' Qui vero
non vitiis hujusmodi corporalibus mente nec opere vacant,
tamen curiositate studii delectantur, de illis dicit, 'Nemo
dubitabit quin operose nihil agant,' quum 'literarum inutilium
studiis detinentur quae . . . sive contineas[2], nihil tacitam conscientiam juvant, sive proferas, non doctior videaris sed
molestior. Ecce Romanos quoque invasit inane studium. . . .
His diebus audivi quendam referentem quae primus quisque
ex Romanis ducibus fecisset : primus Curius Dentatus in
triumpho duxit elephantos. . . . Romanis [quis] primus
persuaserit navem conscendere ? Claudius is fuit. Caudex
ob hoc ipsum appellatus, quia plurium tabularum contextus
caudex apud antiquos vocatur, unde publicae tabulae codices

[1] This sentence has been much abridged by Bacon.
[2] contumelias, MSS.

dicuntur. Et naves nunc, quae ex antiqua consuetudine commeatus per Tiberim subvehunt[1], codicariae vocantur. Non est profutura talis scientia. . . . Num et hoc cuiquam curare permittes quod primus L. Sulla in circo leones solutos dedit, cum alioqui adligati darentur, ad conficiendos eos missis a rege [Boccho jaculatoribus?] . . . Num et Pompeium primum in circo elephantorum duo de viginti pugnas edidisse, commissis more proelii noxiis hominibus, ad ullam rem bonam pertinet? . . . memorabile putavit spectaculi genus novo more perdere homines . . . Satius erat ista in oblivionem ire, ne quis postea potens disceret, invideretque rei minime humanae. . . . Alia deinceps innumerabilia quae aut ficta sunt, aut mendaciis similia. . . . Dubitare se enim [Fabianus noster aiebat] an satius esset nullis studiis admoveri quam his implicari.'

Comment of Bacon on foregoing paragraph.

Haec tamen recitavit Seneca, ut daret exempla verbo suo, atque tanquam vitanda concludit. Ego vero haec introduxi[2] magis propter utilitatem expositionis vocabulorum antiquorum, in quibus nos omnes quantum ad vocabulorum antiquorum proprietatem erramus, non solum in humanis verum etiam in divinis. Nam caeterorum vocabulorum obmisso relatu, habemus hic quid Circus significet, unde ludi circenses, de quibus in Epistola ad Paulinum praeposita Bibliae, Hieronymus eloquitur. Non dicuntur circenses ludi quia circa enses, licet hoc recitet Isidorus octavo decimo Etymologicorum, nec aliis modis quibus fingitur mendax explanatio. Sed circenses a circo dicuntur, qui fuit locus rotundus ad modum circuli in quo gladiatores et jaculatores ad invicem contra feras in spectaculum publicum dimicabant, sicut adhuc fit in multis provinciis quod homines congregantur in circuitu circa illos qui ad invicem confligunt cum feris.

De Brevitate Vitae, cap. 14.

Sed cum Seneca redeundum est ad propositum dicente, 'Soli omnium otiosi sunt qui sapientiae vacant; soli vivunt; nec enim suam tantum aetatem tuentur'; verum 'omne aevum suo adjiciunt. Quicquid annorum ante illos actum est, illis adquisitum est. Nisi ingratissimi sumus, illi clarissimi

[1] subeunt, MSS.

[2] It is curious to find Bacon, in opposition to the main argument, extracting value from what was held by Seneca to be useless knowledge.

sacrarum opinionum conditores nobis nati sunt, nobis vitam
praeparaverunt. Ad res pulcherrimas ex tenebris ad lucem
erutas alieno labore deducimur. Nullo nobis saeculo inter-
dictum est, in omnia admittimur. Et si magnitudine animi
egredi humanae imbecillitatis angustias libet, multum per
quod spatiemur temporis est. Disputare cum Socrate licet,
dubitare cum Carneade[1], . . . hominis naturam cum Stoicis
vincere, cum Cynicis excidere, quum rerum natura in
consortium omnis aevi patiatur incedere. Quidni ab hoc
exiguo et caduco temporis transitu in illa toto nos demus
animo quae immensa quae aeterna sunt, quae cum melioribus
communia? . . . Qui Zenonem qui Pythagoram cotidie et
Democritum caeterosque antistites bonarum artium, qui
Aristotelem et Theophrastum volent habere quam familia-
rissimos . . . ferent ex illis quicquid volent[2]. Per illos non Cap. 15.
stabit quominus plurimum quod ceperint hauriant. Quae
illum felicitas, quam pulchra senectus manet qui se in horum
clientelam contulit! habebit cum quibus de minimis maxi-
misque rebus deliberet, quos de se cotidie consulat, a quibus
verum audiat sine contumelia . . . ad quorum se similitudinem
effingat. . . . Hi tibi dabunt ad aeternitatem iter, et te in illum
locum ex quo nemo dejicitur, sublevabunt, haec vera[3] ratio
est extendendae mortalitatis[4]. . . . Honores, monumenta,
quicquid aut decretis ambitio jussit aut operibus exstruxit,
cito subruitur. . . . Quae consecravit sapientia . . . nulla
abolebit aetas . . . Sapientis ergo multum patet vita. Non
idem illum qui caeteros terminus claudit. Solus generis
humani legibus solvitur. Omnia illi saecula ut deo serviunt.
Transiit tempus aliquod ; hoc recordatione comprehendit.
Instat ; hoc utitur. Venturum est ; hoc praecipit' et disponit[5]. . . .

'Illorum brevissima . . . aetas est qui praeteritorum oblivi- Cap.16,17.
scuntur, praesentia negligunt, de futuro timent. . . . Gaudia

[1] It is noteworthy that the following words, cum Epicuro quiescere, are
omitted by Bacon.
[2] 'feres . . . voles,' Seneca.   [3] una, Seneca.
[4] Seneca adds, 'immo in immortalitatem vertendae.'
[5] The last three lines of this paragraph are incorrectly transcribed by
D. and O.

quoque eorum trepida sunt; non enim solidis causis innituntur, sed eadem qua oriuntur vanitate turbantur.... Maxima quaeque bona sollicita sunt, nec ulli fortunae minus bene quam optimae creditur. Alia felicitate ad tuendam felicitatem opus est, et pro ipsis quae successere votis vota facienda sunt. Omne enim quod fortuito obvenit, instabile est. Quo altius surrexerit opportunius est in casum. Neminem porro casura delectare[1] debent. Miserrimam ergo necesse est, non tantum brevissimam, vitam eorum esse qui magno parant labore quod majore possideant. Operose adsequuntur quae volunt, anxii tenent quae adsecuti sunt. . . . Novae occupationes veteribus substituuntur. Spes spem excitat, ambitionem ambitio. Miseriarum non finis quaeritur, sed materia mutatur. . . . Nunquam deerunt[2] vel infelices vel miserae sollicitudines, omne per occupationes vitae rodetur otium. Otium nunquam agetur. Vita semper optabitur.

De Brevitate Vitae, cap. 18. 'Excerpe itaque te vulgo, carissime, et in tranquilliorem portum, non pro aetatis spatio jactatus, tandem recede. Cogita quot fluctus subieris, quot tempestates partim privatas sustinueris, partim publicas in te converteris. Satis jam per laboriosa et inquieta documenta exhibita tibi virtus est: experire quid in otio faciat. Major pars aetatis, certe melior rei publicae data sit: aliquid temporis tui sume etiam tibi . . . Tu quidem orbis terrarum rationes administras tam abstinenter quam alienas, tam diligenter quam tuas, tam religiose quam publicas. In officio amorem consequeris in quo odium vitare difficile est. Sed tamen, mihi crede, satius est vitae suae rationem quam frumenti publici nosse.'

Cap. 19. 'Nunc dum calet sanguis vigentibus ad meliora eundum est. Expectat te in hoc genere vitae multum bonarum artium, amor virtutum atque usus, cupiditatum oblivio, vivendi ac moriendi scientia, alta[3] rerum quies. Omnium quidem occupatorum conditio misera est, eorum tamen miserrima, qui

---

[1] delectant, Seneca.

[2] Haase's edition reads thus: 'Nunquam deerunt vel felices vel miserae sollicitudinis causae ; per occupationes vita trudetur: otium nunquam agetur, semper optabitur.'

[3] aliarum, D. et O.

ne suis quidem laborant occupationibus, ad alienum dormiunt
somnum, ad alienum ambulant gradum . . . Hi si volent
scire quam brevis ipsorum vita sit, cogitent ex quota parte
sua sit.'

'Lex a quinquagesimo anno militem non legit, a sexagesimo Cap. 20.
senatorem non citat. Difficilius homines a se otium impetrant
quam a lege.'

Capitulum XVII.

Et in solatium[1] mortis propriae et suorum eleganter dicit Extracts
'Quis tam superbae quam impotentis arrogantiae est, ut in from
Seneca's
hac naturae necessitate omnia ad eundem finem revocantis dialogue
se unum ac suos seponi velit, ruinaeque etiam ipsi mundo Ad Polybium
imminenti aliquam domum subtrahat[2]? Maximum igitur Cap 1.
solatium est cogitare id sibi accidisse quod omnes ante se passi
sunt omnesque passuri Et ideo mihi videtur rerum natura
quod gravissimum fecerat commune fecisse ut crudelitatem
fati consolaretur aequalitas.'

'Diutius accusare fata possumus, mutare non possumus . . . Cap.4,6,9
Quid autem tam humile ac muliebre est quam consumendum
se dolori committere?' Et quia magnus homo fuit cui
loquitur, ideo dicit 'multa tibi non licent quae humilibus et
in angulo jacentibus licerent. Magna servitus est magna
fortuna.' 'Mihi crede, beatior est is cui fortuna supervacua
est, quam is cui parata est. Omnia ista bona quae nos
speciosissima[3] sed fallaci voluptate delectant, pecunia, dignitas,
potentia aliaque complura, ad quae caeca cupiditas generis
humani obstupescit, cum labore possidentur cum invidia
conspiciuntur, eosdemque ipsos quos exornant, premunt.
Plus minantur quam prosunt. Lubrica et incerta sunt. Nunquam bene tenentur, nam, ut nihil de tempore futuro timeatur,
ipsa tamen magnae[4] felicitatis tutela solicita est. Si velis
credere altius veritatem intuentibus, omnis vita supplicium
est: in hoc profundum inquietumque projecti mare, alternis

---

[1] Here follow extracts from the dialogue *Ad Polybium*, regarded by the first
editors of Seneca as part of the dialogue *De Breuitate*.
[2] subruat. MSS.   [3] speciosa, Sen.   [4] magnitudine, O.

aestibus reciprocum, et modo adlevans nos subitis incrementis, modo majoribus damnis deferens assidueque jactans, nunquam stabili consistimus loco. Pendemus et fluctuamur et alter in alterum inlidimur, et aliquando naufragium facimus, semper timemus. In hoc tam procelloso et in omnes tempestates exposito mari navigantibus nullus portus nisi mortis est . . . Est, mihi crede magna felicitas in ipsa felicitate moriendi. Nihil in totum diem quidem certum est. Quis in tam [1] obscura et involuta veritate divinat utrumne morienti [2] mors inviderit an consuluerit ?'

Ad Poly-
bium,
cap 10, 11

'Iniquus est qui muneris sui arbitrium danti non relinquit ; avidus qui non lucri loco habet quod accepit, sed damni quod reddidit Ingratus est qui injuriam vocat finem voluptatis, — stultus qui nullum fructum esse putat bonorum nisi praesentium. . . . Si quis pecuniam creditam solvisse se moleste ferat, eam praesertim cujus usum gratuitum acceperit, nonne injustus vir habeatur? Dedit natura vitam, quae, suo jure usa, tum eam aufert [3]. Nec illa in culpa est cujus nota erat conditio, sed mortalis animi spes avida, quae subinde quid rerum natura sit, obliviscitur, nec unquam sortis suae meminit nisi cum admonetur.' 'Quanto ille justior qui nuntiata filii morte dignam magno viro vocem [4] emisit ; "Ego cum genui tum moriturum scivi" . . Gaudeamus eo quod dabitur, reddamusque id cum reposcemur . . Utrumne stultius sit nescio mortalitatis legem ignorare an impudentius recusare.'

Cap 15,16.

'Divus Augustus amisit Octaviam sororem carissimam . . . generos, liberos, nepotes ; ac nemo magis ex omnibus mortalibus hominem esse se, dum inter homines erat, sensit ; tamen tot tantosque luctus cepit rerum omnium capacissimum ejus pectus, victorque divus Augustus, non gentium tantummodo externarum, sed etiam dolorum fuit.' 'Sed ut omnia alia exempla praeteream . . . bis me fraterno luctu adgressa fortuna est, bis intellexit laedi me posse, vinci non posse . . . sic tamen affectum meum rexi ut nec relinquerem quidquam

---

[1] vitam, for, in tam, O. et D   In the same sentence morienti is substituted for fratri tuo of original.

[2] Substituted for fratri tuo of Seneca   [3] Condensed from original

[4] The MSS. have, magnam viri fortis vocem

quod exigi deberet a bono fratre, nec facerem quod reprehendi posset in principe.' 'Nam non sentire mala sua non est hominis, et non ferre non est viri.' _{Cap. 17.}

Capitulum XVIII.

Post haec accedendum est ad sentencias Senecae de vita beata et de tranquillitate animi. Nam quae in illis libris scribuntur animum contra adversa roborant, confirmant, et deducunt in negligentiam prosperorum. Princeps igitur moralium dogmatum Seneca inchoat librum de Vita Beata ad Gallionem in hunc modum : _{The Blessed Life ; from Seneca's dialogue De Vita Beata.}

'Vivere, Gallio frater, omnes beate volunt, sed ad pervidendum quid sit quod beatam vitam efficiat, caligant . . . Ut eo quisque ab ea longius recedat quo ad illam concitatius fertur, si via lapsus est. quae ubi in contrarium ducit, ipsa velocitas majoris intervalli causa fit . . . Quamdiu autem passim vagamur, non ducem secuti, sed fremitum et clamorem dissonum in diversa vocantium, conteretur vita inter errores brevis, etiamsi die noctuque bona mente laboremus . . . quoniam quidem non eadem hic quae in caeteris peregrinationibus conditio est. In illis enim comprehensus aliquis limes et interrogati incolae non patiuntur errare. At hic tristissima [1] quaeque via et celeberrima maxime decipit. Nihil ergo magis praestandum est quam ne pecorum ritu sequamur antecedentium gregem, pergentem non quo eundum est, sed quo itur. Atqui nulla res nos majoribus malis implicat quam quod ad rumorem componimur, optima rati ea quae magno assensu recepta sunt' et caetera [2] sicut in prima parte hujus operis suo loco collocavi. 'Nocet enim applicari antecedentibus, et dum unusquisque mavult credere quam judicare, nunquam de vita judicatur . . . Sanabimur si modo separemur a coetu.' _{Cap. 1.}

'Non est quod mihi illud discessionum more respondeas; " Haec [pars] major esse videtur" : ideo enim pejor est. Non tam bene cum rebus humanis agitur [ut] meliora pluribus _{De Vita Beata, cap. 2.}

---

[1] certissima, O.   [2] See vol. i. p. 5.

placeant'; et caetera prout superius . . . 'Quaeramus quid optimum factu[1] sit, non quid usitatissimum, et quid nos in possessione felicitatis constituat, non quid vulgo, veritatis pessimo interpreti, probatum sit . . . Habeo melius et certius lumen quo a falsis vera dijudicem ; animi bonum animus inveniat. Hic si unquam respirare illic et recedere in se vacaverit, o quam sibi ipse verum tortus a se fatebitur ac dicet, Quicquid feci adhuc, infectum esse mallem . . . Mihi ipsi nondum amicus sum . . . Ista quae spectantur, ad quae consistitur, quae alter alteri stupens monstrat, foris nitent, introrsus misera sunt.

De Vita Beata, cap. 3.

'Quaeramus aliquid non in speciem bonum, sed solidum et aequale et a secretiore parte formosius . . . nec longe positum [est] ; invenietur. Scire tantum opus est quo manum porrigas ; nunc velut in tenebris vicina transimus . . . Sed ne te per circuitus traham . . . rerum naturae assentior. Ab illa non deerrare et ad illius legem exemplumque formari sapientia est. Beata est ergo vita conveniens naturae suae ; quae non aliter contingere potest, quam si primum sana mens est et in perpetua possessione sanitatis suae, deinde fortis ac vehemens, tunc pulcherrima et patiens[2] apta temporibus, corporis sui pertinentiumque ad id curiosa non anxie ; tum aliarum rerum quae vitam instruunt diligens sine admiratione cujusquam, usura fortunae muneribus, non servitura. Intelligis, etiamsi non adjiciam, sequi perpetuam tranquilli-tatem, libertatem, depulsis iis quae aut irritant nos aut territant. Nam pro voluptatibus et pro illis quae parva ac fragilia sunt . . . ingens gaudium subit, inconcussum et aequale, tum pax et concordia animi et magnitudo cum mansuetudine.'

Cap. 4.

'Potest aliter quoque definiri bonum nostrum eadem sententia, non iisdem verbis . . . Summum bonum est animus fortuita despiciens, virtute laetus ; aut, invicta vis animi, perita rerum, placida in actu cum humanitate multa et conversan-tium cura. Libet et ita finire, ut beatum dicamus hominem

---

[1] factum, O. In the same sentence, after felicitatis Bacon omits the word aeternae.

[2] 'pulcherrima compatiens apta temporibus corpori suo pertinentibus,' MSS.

cui nullum bonum malumque sit nisi bonus malusque animus :
honesti cultor, virtute contentus quem nec extollant fortuita
nec frangant, qui nullum majus bonum [1] eo quod sibi ipse dare
potest noverit, cui vera voluptas erit voluptatum contemptio.
. . . Quid enim prohibet nos beatam vitam dicere liberum
animum et erectum et interritum ac stabilem, extra metum
extra cupiditatem positum, [cui] unum bonum sit honestas,
unum malum turpitudo, caetera vilis turba rerum, nec detra-
hens quicquam beatae vitae nec adjiciens, sine auctu ac
detrimento summi boni veniens ac recedens. Hoc ita fundamentum necesse est velit nolit sequatur hilaritas continua et
laetitia alta . . . ut quae suis gaudeat nec majora domesticis
cupiat . . . Hanc non alia res tribuit quam fortunae negligentia ;
tum orietur . . . quies mentis in tuto collocata, et sublimitas,
expulsisque terroribus ex cognitione veri gaudium grande
et immotum, comitasque et diffusio animi, quibus delectabitur
non ut bonis sed ut ex bono suo ortis.'

'Beata ergo vita est in recto certoque judicio stabilita et Cap.
immutabilis. Tunc enim pura mens est et soluta omnibus
malis, cum non tantum lacerationes sed etiam vellicationes
effugerit, statura semper ubi consistit, ac sedem suam etiam
irata et infestante fortuna vindicatura.'

Et quod voluptas carnalis non sit summum bonum ostendit,
dicens 'Voluptas ad vitam turpissimam venit, [at] virtus Cap.
malam vitam non admittit . . . [infelices ob ipsam voluptatem
sunt] quod non eveniret si virtuti se voluptas immiscuisset,
quia virtus saepe caret ea, nunquam indiget. Quid dissimilia,
immo diversa, componitis ? Altum quiddam est virtus, ex-
celsum, regale, invictum, infatigabile ; voluptas humile, servile,
imbecillum, caducum, cujus statio ac domicilium fornices et
popinae sunt. Virtutem in templo convenies, in foro, in curia
. . . callosas habentem manus ; voluptatem latitantem saepius
ac tenebras captantem circa balnea ac sudatoria . . . mero et
unguento madentem.' Item, 'Summum bonum immortale
est . . . nec satietatem habet nec poenitentiam. Nunquam
recta mens vertitur, nec sibi odio est . . . At voluptas cum

[1] cui nullum magis bonum MSS. In the same sentence, non erit is the
reading of the MSS. for noverit.

maxime delectat extinguitur. Non multum loci[1] habet, itaque cito implet, et taedio est, et post primum impetum marcet; nec id unquam certum est cujus in motu natura est. Ita ne potest quidem ulla ejus esse substantia, quod venit transitve celerrime in ipso usu sui periturum. Eo enim pervenit ubi desinat, et dum incipit[2] spectat ad finem.'

De Vita Beata, cap. 8.

Item, 'quid quod tam bonis quam malis voluptas inest? nec minus turpes dedecus suum quam honestos egregia delectant. Ideoque praeceperunt veteres optimam sequi vitam, non jucundissimam, ut rectae ac bonae voluntatis non dux sed comes sit voluptas. Natura enim duce utendum est: hanc ratio observat, hanc consulit. Idem est ergo beate vivere, et secundum naturam. Hoc quid sit jam aperiam. Si corporis dotes et apta naturae conservabimus diligenter et impavide, tanquam in diem data et fugacia, si non subierimus eorum servitutem nec nos aliena possederint si corpori [grata et] adventicia eo nobis loco fuerint, quo sunt in castris auxilia et armaturae [leves]; serviant ista, non imperent; ita demum utilia sunt menti. Incorruptus vir sit externis et insuperabilis miratorque tantum sui, fidens animo atque in utrumque paratus artifex vitae. Fiducia ejus non sine scientia sit, scientia non sine constantia; maneant illi semel placita, nec ulla in decretis ejus litura sit. Intelligitur, etiam si non adjecero, compositum ordinatumque fore talem virum, et in iis quae aget cum comitate magnificum . . . in se revertatur[3]. Nam mundus quoque cuncta complectens, rectorque universi Deus in exteriora quidem tendit, sed tamen in totum undique in se redit. Idem nostra mens faciat; cum secuta[4] sensus suos per illos se ad externa porrexerit, et illorum et sui potens sit. Hoc modo una efficietur vis ac potestas concors sibi, et ratio illa certa nascetur, non dissidens nec haesitans in opinionibus, . . . quae cum se disposuit et partibus suis consensit, et ut ita dicam concinuit, summum bonum tetigit. Nihil enim pravi nihil lubrici superest, nihil in quo arietet aut labet. Omnia faciet ex imperio suo nihilque inopinatum accidet, sed

---

[1] laeti for loci, MSS.   [2] decipit, O.

[3] revertatur. This sentence is very imperfectly transcribed in D. and O.

[4] consecuta, for, cum secuta, O. et D.

quicquid agetur, in bonum exibit facile et parate et sine
tergiversatione agentis. Nam pigritia et haesitatio pugnam et
inconstantiam ostendit. Quare audaciter [licet] profitearis
summum bonum esse animi concordiam [1]. Virtutes enim ibi
esse debebunt ubi consensus atque unitas erit: dissident vitia.

'Sed tu, inquit, non ob aliud virtutem colis quam quia Cap. 9.
aliquam ex illa quaeris voluptatem . . . Non, si voluptatem
praestatura virtus est, ideo propter hanc petitur . . . sed labor
ejus, quamvis aliud petat, hoc quoque assequetur. Sicut in
arvo quod proscissum est segeti, aliqui flores internascuntur,
non tamen huic herbulae, quamvis delectet oculos, tantum
operis insumptum est. Aliud fuit serenti propositum, hoc
supervenit. Sic et voluptas non est merces nec causa virtutis, sed accessio . . . Summum bonum in ipso judicio est et
habitu optimae mentis, quae cum suum implevit, et finibus se
suis cinxit, consummatum est summum bonum nec quicquam
amplius desiderat. Nihil enim extra totum est, nec magis
quam ultra finem. Itaque erras cum interrogas quid sit illud
propter quod virtutem petam ; quaeris enim aliquid supra
summum. Interrogas, quid petam ex virtute? ipsam. Nihil
enim habet melius, ipsa pretium sui . . . Cum enim dicam
summum bonum est infragilis animi rigor et providentia et
subtilitas et sanitas et libertas et concordia et decor. Quid
mihi voluptatem nominas? hominis bonum [quaero].'

Et quia cavillator statim diceret quod non loquitur de Cap. 10
voluptate carnali sed spirituali et mentali, ideo inducit
verbum cavillantis excludentis carnalem voluptatem, ut aliam
virtuti det ; propter quod sic ait ergo cavillator, 'Quaero [2] non
ventris qui pecudibus ac beluis laxior est. Dissimulas, inquit,
quod a me dicatur. Ego enim nego quenquam posse jucunde
vivere nisi simul et honeste vivit ; quod non potest mutis
contingere animalibus, nec bonum suum cibo metientibus.
Clare, inquit, et palam testor hanc vitam, quam ego jucundam
voco, non sine adjecta virtute contingere.' Sed Seneca obviat,
dicens quod voluptas non solum est in gula et luxuria, sed in
aliis vitiis spiritualibus, quia homines ita gaudent in aliis

---

[1] constantiam, O.

[2] In Seneca the passage runs, 'Hominis bonum quaero, non ventris,' etc.

sicut in istis. Et ideo non potest virtus esse propter voluptatem animi, cum concomitetur peccata, quamvis virtutem
comitetur, quia res communis est virtuti et vitio, eo quod
homines gaudent et jocundantur in malo sicut in bono. Et
hoc est quod infert ; 'Quis ignorat plenissimos esse voluptatibus stultissimos quosque ? et nequitiam abundare jucundis
animumque ipsum genera voluptatis prava et multa suggerere ?
in primis insolentiam et nimiam aestimationem sui tumo-
remque elatum super caeteros et amorem rerum suarum
caecum et improvidum ' . . . Quia tunc diceretur ei quod
saltem homo bonus jocundatur et gaudet et ideo voluptatem
habet animi, dicit quod 'virtus voluptates aestimat antequam
admittat, neque si probavit [1] magni pendit, utique enim
admittit, nec tum usu earum sed temperantia laeta est.' Et
ait cavillatori, 'Tu voluptatem complecteris, ego compesco.
Tu voluptate frueris, ego utor. Tu illam summum bonum
putas, ego nec bonum. Tu omnia voluptatis causa facis, ego
nihil.'

De Vita
Beata,
cap. 11, 12. 'Non voco autem sapientem, supra quem quicquam est,
nedum voluptas. Ab hac enim occupatus quomodo resistet
labori periculo et egestati . . . quomodo conspectum mortis,
quomodo doloris feret? Quomodo mundi fragores et tantum
acerrimorum hostium a molli adversario victus?' Et quia
cavillator adhuc instaret, ideo infert oppositionem ejus 'Non
vides quam multa sit suasura voluptas ? "Nihil," inquit, "poterit
turpiter suadere, quia adjuncta virtuti est."' Sed removet hoc
dicens, 'Non vides iterum quale sit summum bonum, cui
custode opus est, ut bonum sit ? virtus autem quomodo voluptatem reget quam sequitur, cum sequi parentis sit, regere
imperantis ? a tergo ponis quod imperat? egregium autem
habet virtus apud vos officium, voluptates,' scilicet, 'praegustare,
. . . et quod plerisque contingit hilarem insaniam insanire ac
per risum furere. At contra sapientium remissae voluptates
et modestae ac paene languidae sunt, compressaeque et vix
notabiles, ut quae neque accersitae veniant nec, quamvis per
se accesserint, in honore sint, neque ullo gaudio percipientium
exceptae. Miscent enim illas et interponunt vitae ut ludum

---

[1] et quas si probavit, MSS.

jocumque inter seria. Desinant ergo inconvenientia jungere
et virtuti voluptatem implicare per quod vitium pessimis
quibusque adulantur. Ille effusus in voluptates, ructabundus [1]
semper atque ebrius, quia scit se cum voluptate vivere, credit
et cum virtute. Audit enim voluptatem separari a virtute non
posse; deinde vitiis suis sapientiam inscribit. et abscondenda
profitetur. Itaque . . . vitiis dediti . . . quaerunt libidinibus
suis patrocinium aliquod ac velamentum; et quod unum
habebant in malis bonum perdunt, peccandi verecundiam ' . . .

'Parum est luxuriae quod naturae satis est . . . Quisquis Cap. 13.
ad virtutem accessit dedit generosae indolis speciem. Qui
voluptatem sequitur [videtur] enervis [2] fractus degenerans, vir
perventurus in turpia, nisi aliquis distinxerit ei voluptates, ut
sciat quae ex eis intra naturale desiderium desistant. quae
praeceps ferantur infinitaeque sint et quo magis implentur [3] eo
magis inexplebiles . . . Non est bonum quod magnitudine
laborat sua.'

'Et si placet [4] ista junctura virtutis et voluptatis, virtus
antecedat, comitetur voluptas, et circa corpora ut umbra Cap. 14. 15
versetur . . . habebimus voluptatem, sed domini ejus et tem-
peratores erimus. Aliquid nos exorabit, nihil coget. At ei
qui voluptati tradiderunt principatum utraque caruere; virtutem amittunt, et non ipsi voluptatem sed ipsos voluptas
habet, cujus aut inopia torquentur aut copia strangulantur;
miseri si deseruntur ab illa, miseriores si obruuntur . . . Quae
quo plures majoresque sunt eo ille minor [et] plurium servus
est quem felicem vulgus appellat . . . Qui sectatur voluptatem
primam libertatem negligit, ac pro ventre dependit: non
voluptatem sibi emit, sed se voluptatibus vendit. Quid tamen,
inquit, prohibet in unum virtutem [et] voluptatem confundi,
et ita effici summum bonum, ut idem honestum et jucundum
sit? Quia pars honesti non potest esse nisi honestum. Nec
summum bonum habet in se sinceritatem suam, si aliquid in se
viderit dissimile meliori. . . . Qui vero virtutis voluptatisque

---

[1] raptabundus, MS.   [2] inermis, D.

[3] ferantur, *pro* implentur, D.

[4] Here is another break in both MSS., like that before mentioned, in which
the transcriber of D. blindly copies the error of O.

societatem facit ... fragilitate alterius boni quicquid in altero
vigoris est hebetat, libertatem illam [1] qua nihil pretiosius novit
invictam sub jugum mittit. Nam quae maxima servitus est,
incipit ei opus esse fortuna ... Non ergo das virtuti fundamentum grave [et] immobile sed jubes illam in loco volubili
stare. Quid enim tam volubile quam fortuitorum expectatio,
et corporum rerumque corpus afficientium varietas? Quomodo potest hic Deo parere et quicquid evenit bono [animo]
excipere ... casuum suorum benignus interpres, si ad voluptatum dolorumque punctiunculas concutitur? Sed ne patriae
quidem bonus tutor ac·vindex est, nec amicorum propugnator,
si ad voluptates vergit. Illo ergo summum bonum ascendat,
unde nulla vi detrahitur quo neque dolori neque timori neque
spei sit aditus, nec ulli rei quae deterius summi boni jus faciat.
Ascendere autem illo sola virtus potest; illius gradu clivus
iste frangendus est. Illa fortiter stabit et quicquid evenerit
feret, non patiens tantum sed etiam volens, omniumque temporum difficultatem sciat esse legem naturae. Et ut bonus
miles fert vulnera, enumerabit cicatrices et transverberatus
telis moriens amabit eum pro quo cadit imperatorem. Habebit [2] illud in animo vetus preceptum, Deum sequere. Quisquis
autem queritur et plorat et gemit, imperata facere vi cogitur, et
invitus rapitur ad jussa nihilo minus. Quae autem dementia
est potius trahi quam sequi! tam ignorantia conditionis est
suae quam stultitia dolere ... admirari et indigne ferre ea
quae tam bonis accidunt quam malis. [Quicquid ex universi
constitutione patiendum est, magno suscipiatur] animo. Ad
hoc sacramentum adacti sumus ferre mortalia nec perturbari
iis quae vitare non est nostrae potestatis ... Deo parere
libertas est.

De Vita
Beata,
cap. 16.

'Ergo in virtute posita est [vera] felicitas. Quid haec virtus
tibi suadebit? ne quid aut bonum aut malum existimes quod
nec virtute nec malitia continget. Deinde ut sis immobilis et
contra malum ex bono, ut qua fas est Deum effingas. Quid
tibi pro hac expeditione promittit? ingentia et aequa divinis;
nihil cogeris, nullo indigebis, liber eris, tutus, indemnis. Nihil

---

[1] Seneca has, 'libertatem illam ita demum, si nihil se pretiosius novit, invictam.'
[2] habebat aliquando D. et O.

frustra temptabis, nihil prohibeberis, omnia tibi ex sententia
cedent. Nihil adversum accidet, nihil contra opinionem ...
Quid ergo? Virtus ad beate vivendum sufficit. Quidni
sufficiat? immo superfluit. Quid enim deesse potest extra
desiderium homini[1] posito? Quid extrinsecus opus est ei qui
omnia [sua] in se collegit ?'

Sed quia nulli aut paucissimi sunt tales, et objici possent
Senecae aliquae imperfectiones suae, ut non ad limam omnia
quae virtus exposcit perfecerit, doctor virtutis ideo hujusmodi ei facta oppositione respondet.

'Nunc hoc respondeo tibi ; non sum sapiens et. ut malivo-
lentiam tuam pascam, nec ero. Exige itaque a me ut non
optimis par sim, sed ut malis melior : hoc mihi satis est cotidie
aliquid ex vitiis meis demere et errores meos objurgare ...
Delenimenta magis quam remedia podagrae meae compono,
contentus si rarius accedit et si minus verminatur : vestris
quidem pedibus comparatus debilis cursor sum.'

'Aliter, inquis, loqueris, aliter vivis. Hoc . . . Platoni
objectum est . . . hoc Zenoni. Omnes isti dicebant non
quemadmodum ipsi viverent[2], sed quemadmodum esset ipsis
vivendum. De virtute, non de me, loquor, et cum vitiis convicium facio ... Nec malignitas me ista multo veneno tincta
deterrebit ab optimis. Ne virus quidem istud quo alios
spargitis quo vos necatis me impediet [quo minus perseverem]
laudare vitam, non quam ago, sed quam agendam scio : quominus virtutem adorem, et ex intervallo ingenti reptabundus
sequar.'

'Multum praestant philosophi quod loquuntur honesta . . .
Nam si quidem et paria dictis agerent, quid illis beatius ?
Interim non est quod contemnas bona verba et bonis
cogitationibus plena praecordia. Studiorum salutarium
etiam citra effectum laudanda tractatio est. Quid mirum si
non escendunt in altum ardua adgressi ? sed vires[3] suscipe.
etiam si decidunt, magna conantis. Generosa res est alta
tentare et mente majora concipere quam quae etiam ingenti

Seneca's defence against charges of incon- sistency.

Cap. 17.

Cap. 18.

Cap. 20.

---

[1] hominum, D. ; homini, O.   [2] vixerunt D. et O.
[3] Si vir es suspice, is the reading in Haase's ed. of Seneca.

animo . . . effici possunt. Qui sibi hoc praeposuit; Ego mortem eodem vultu cum quo audiam videbo; ego laboribus quanticumque illi erunt, parebo animo fulciens corpus: ego divitias et praesentes et absentes aeque contemnam, nec, si alicubi jacebunt, tristior, nec si circa me fulgebunt, animosior: ego fortunam nec venientem sentiam nec recedentem: ego terras omnes tanquam meas videbo, meas tanquam omnium: ego sic vivam quasi sciam aliis me natum . . . unum me donavit omnibus uni mihi omnes; quicquid habebo nec sordide custodiam nec prodige spargam; nihil magis possidere me credam quam bene donata, non numero nec pondere beneficia nec ulla nisi accipientis aestimatione perpendam; nunquam id mihi multum erit quod dignus accipiet: nihil opinionis causa, omnia conscientiae[1] faciam: populo spectante fieri credam quicquid me conscio faciam; edendi mihi erit bibendique finis desideria naturae restinguere, non implere alvum et exinanire; ero amicis jucundus, inimicis mitis et facilis; exorabor antequam roger, honestis precibus occurram; patriam meam esse mundum sciam et praesidem Deum[2]; hunc supra me circaque me stare factorum dictorumque censorem; quandoque aut natura spiritum repetet aut ratio dimittet, testatus exibo bonam me conscientiam amasse, bona studia, nullius per me libertatem deminutam . . . qui haec facere proponet, volet, temptabit, ad deos iter faciet: nae ille, etiamsi non tenuerit, "magnis [tamen] excidit ausis." Vos quidem, qui virtutem cultoremque ejus odistis, nihil novi facitis. Nam et solem lumina aegra formidant et . . . nocturna animalia . . . ad primum ejus ortum stupent, et latibula sua passim petunt . . . gemite, infelicem linguam bonorum exercete convicio . . . citius frangetis dentes quam imprimetis.'

De Vita Beata, cap. 21. 'Quare ille philosophiae studiosus est, et tamen dives vitam agit? quare opes contemnendas dicit et habet? vitam contemnendam putat, et tamen vivit? valetudinem contemnendam putat, et tamen illam diligentissime tuetur? . . . et exilium vanum nomen putat et ait: quid est mali mutare regiones; et tamen . . . senescit in patria?'

Et solvit hanc quaestionem, ostendens quomodo bonus [est]

---

[1] causa scientiae, D.   [2] praesides deos (Seneca).

sapiens qui vult habere divitias, et non vult esse pauper : qualiter ad eas se debet habere, ponens differentiam inter usum sapientis et stultorum.   Nam stulti hujus mundi divitiis abutuntur.   Sapiens vero sicut malus necessaria vitae requirit : et sic ex abundantia propter utilitates mundi vult habere necessaria sibi et aliis ut indigentibus subveniat, et negotia reipublicae tractet.   Et ita cum propter honestum finem et utilem divitias possideat, non amittet virtutem, quam malus perdet propter abusum divitiarum.   Dicit ergo 'ista debere contemni a sapiente non ne habeat, sed ne sollicitus habeat. Non abigit illa a se, sed abeuntia securus prosequitur.   Divitias quidem ubi tutius fortuna deponet quam ibi, unde sine querela reddentis receptura est ? . . . Non amat sapiens divitias sed mavult.   Non in animum illas sed in domum recipit . . .'

Et stulto loquitur 'Mihi si [divitiae] effluxerint, nihil auferent nisi semet ipsas ; tu stupebis, et videberis tibi sine te relictus, si illae a te recesserint.   Apud me divitiae aliquem locum habent, apud te summum . . . Divitiae meae sunt : tu divitiarum es.' ^{Cap. 22.}

'Habebit philosophus amplas opes, sed nulli detractas nec alieno sanguine cruentas, sine cujusquam injuria partas, sine sordidis quaestibus, quarum tam honestus sit exitus quam introitus, quibus nemo ingemiscat nisi malignus . . . Ille patrimonio suo per honesta quaesito nec gloriabitur nec erubescet. Habebit . . . quo glorietur si aperta domo et admissa in res suas civitate poterit dicere ; quod quisque agnoverit tollat. O magnum virum, optime divitem ! . . . Veniant [divitiae], hospitentur.   Nec jactabit illas nec abscondet ; alterum, infruniti animi[1] est, alterum timidi et pusilli . . . Habebit opes sed tanquam leves et avolaturas : nec alii nec sibi graves esse patietur . . . Donabit bonis . . . aut eis quos facere poterit bonos.   Donabit cum summo consilio dignissimos eligens . . . Donabit ex recta et probabili causa.   [Nam] inter turpes jacturas malum munus est : habebit sinum facilem, non perforatum, ex quo multa exeant et nihil excidat.' ^{Cap. 23.}

'Et hoc primum attendite ; aliud est studiosus sapientiae, aliud jam adeptus sapientiam.   Ille tibi dicet, Optime loquor, ^{Cap. 24.}

[1] aurum, D. et O.

sed adhuc inter mala volutor plurima. Non est quod me ad formulam meam exigas . . . Facio me et formo et ad exemplar ingens attollo. Si processero quantum proposui, exige ut dictis facta respondeant.' Sed secundus, 'assecutus . . . humani boni summa aliter tecum aget, et dicet stulto; Primum non est quod tibi permittas de melioribus ferre sententiam; mihi jam, quod argumentum est recti, contingit malis displicere. . . Divitias nego bonum esse : nam si essent, bonos facerent. Nunc quoniam apud malos deprehenduntur, bona dici non possunt; hoc illis nomen nego . . .'

Cap. 25. 'Pone in opulentissima me domo; pone aurum et argentum . . . non suspiciam me ob ista, quae, etiamsi apud me, extra me tamen sunt . . . Inter egentes abige : non tamen ideo me despiciam, quod in illorum numero consedero qui manus ad stipem porrigunt. Quid enim ad rem an frustum panis desit cui non deest mori posse? . . . Nihilo me feliciorem credam quod mihi molle erit amiculum, quod purpura convivis meis substernetur . . . Nihilo miserius ero, si lassa cervix mea in manipulo foeni adquiescet . . . Nulla hora sine aliqua querela est; non ideo me dicam inter miserrima miserum . . . Provisum est enim a me ne quis mihi ater dies esset . . . Ergo non ego aliter, inquit sapiens, vivo quam loquor. Sed vos aliter auditis. Sonus tantummodo verborum ad aures vestras pervenit : quid significet non quaeritis.

Cap. 26. 'Quid ergo inter me stultum et te sapientem interest, si uterque habere volumus divitias? Plurimum. Divitiae enim apud sapientem virum in servitute sunt, apud stultum in imperio. Sapiens divitiis nihil permittit, vobis divitiae omnia. Vos tanquam aliquis vobis aeternam possessionem earum promiserit, assuescitis illis et cohaeretis; sapiens tunc maxime paupertatem meditatur cum in mediis divitiis constitit . . . Marcetis in vestris rebus nec cogitatis quot casus undique immineant, jam jamque pretiosa spolia laturi. Sapienti quisquis abstulerit divitias omnia illi sua relinquet. Vivit enim praesentibus laetus, futuris securus. Nihil magis Socrates ille . . . persuasit mihi quam ne ad opiniones vestras actus vitae meae flecterem. Solita conferte undique verba : non conviciari vos putabo, sed vagire velut infantes miserrimos' scio

. . . 'Vestras hallucinationes[1] fero quemadmodum Jupiter optimus maximus ineptias poetarum, quorum alius illi alas imposuit, alius cornua, alius adulterum illum induxit . . .'

'Ecce Socrates ex illo carcere quem intrando purgavit omni- que honestiorem curia reddidit, proclamat, Quis iste furor, quae ista inimica Deo hominique natura est infamare virtutes et malignis sermonibus sancta violare? Si potestis bonos laudate; si minus transite. Quod si vobis exercere tetram istam licentiam placet, alter in alterum incursitate. Nam cum in coelum insanitis, non dico sacrilegium facitis, sed operam perditis . . . Produci enim virtuti et temptari expedit, nec ulli magis intelligunt quanta sit, quam qui vires ejus lacessendo senserunt. Duritia silicis nullis magis quam ferientibus nota est. Praebeo me non aliter quam rupes aliqua in undoso mari destituta, quam fluctus non desinunt undique verberare, nec ideo aut loco eam movent aut per tot aetates crebro incursu suo consumunt. Adsilite, facite impetum. Ferendo vos vincam. In ea quae firma et inexsuperabilia sunt, quicquid incurrit malo suo vim suam exercet. Proinde quaerite aliquam mollem cedentemque materiam, in qua tela [vestra] figantur. Vobis autem vacat aliena scrutari mala et sententias ferre de quoquam? quare hic philosophus laxius habitat, quare hic lautius coenat? papulas observatis alienas, obsiti plurimis ulceribus? Hoc tale est quale si quis pulcherrimorum corporum naevos aut verrucas derideat, quem fera scabies depascitur. Objicite Platoni quod petierit pecuniam, Aristoteli quod acceperit, Democrito quod neglexerit, Epicuro quod consumpserit. Mihi ipsi assem[2] objectate. O vos maxime felices cum primum vobis imitari vitia nostra contigerit! Quin potius mala vestra circumspicite, quae vos ab omni parte confodiunt, alia grassantia extrinsecus, alia in visceribus ipsis ardentia? . . . Quid porro? non nunc quoque etiam si parum sentitis turbo quidam animos vestros rotat et involvit fugientes petentesque eadem.'

De Vita Beata, cap. 27, 28.

---

[1] ruminationes, *pro* hallucinationes, O.
[2] Seneca has, Alcibiadem et Phaedrum.

Capitulum XIX[1].

Rest.
From
Seneca's
dialogue
De Otio,
Cap. 1.

'Nam inter caetera mala illud pessimum est quod vitia ipsa mutamus ... vexatque nos hoc quoque quod judicia nostra non tantum prava sed etiam levia sunt. Fluctuamus, aliudque ex alio comprehendimus, petita relinquimus, relicta repetimus. Alternae inter cupiditatem nostram et poenitentiam vices sunt. Pendemus enim toti ex alienis judiciis, et id optimum nobis videtur quod petitores laudatoresque multos habet, non id [quod] laudandum petendumque est. Nec viam bonam aut malam [per se] aestimamus, sed turbam vestigiorum in quibus nulla sunt redeuntium.'

Cap. 5.

'Homo ad immortalium cognitionem nimis mortalis [est].'

Et quia studium sapientiae et virtutis adhuc reprehenditur a multis quia negotia publica deserit, ideo allegat contra otium sapientis: dicit ergo, 'Natura utrumque me facere voluit, et agere et contemplationi vacare.'

Cap. 6.

'Imperfectum ac languidum bonum est in otium sine actu projecta virtus, nunquam id quod didicit ostendens ... Nec tantum quid faciendum sit cogitare debet, sed etiam aliquando manum exercere ... Ad otium sapiens secedit, ut sciat ea se ... acturum, per quae posteris prosit. Nos certe sumus qui dicimus et Zenonem et Chrysippum majora egisse quam si duxissent exercitus, gessissent honores, leges tulissent; quas non uni civitati sed toti humano generi [tulerunt]. Quid est ergo, quare tale otium non conveniat bono viro per quod futura saecula ordinet, nec apud paucos concionetur sed apud omnes ... quique sunt quique erunt[2]? ... invenerunt, quemadmodum plus quies illorum hominibus prodesset quam aliorum discursus et sudor. Ergo nihilominus hi multum egisse visi sunt, quamvis nihil publice agerent ... Ad quam

Cap. 8.

rempublicam sapiens accessurus est? ... Ad Atheniensium, in qua Socrates damnatur, Aristoteles, ne damnaretur, fugit? in qua opprimit invidia [virtutes?] ... Ad Carthaginiensium

---

[1] The dialogue *De Otio*, in the older editions of Seneca, was attached to *De Vita Beata.*

[2] 'Qui sunt discursus siderum,' is the reading of the MSS.; either an interpolation, or a corruption of the text.

ergo rempublicam sapiens accedet in qua assidua seditio [est] et optimo cuique infesta libertas . . . Si percensere singulas voluero, nullam inveniam quae sapientem aut quam sapiens pati possit.'

Capitulum XX.

Nunc in fine inferam aliqua ex libro Senecae ad Serenum de tranquillitate animi, quia haec comitatur vitam beatam ; et certum est quod non potest in hac vita beatitudo possibilis perfici sine animi tranquillitate. Nec vita verae beatitudinis futurae complebitur sine illa, qua habita necesse est omnia adversa tolerari posse de facili. Sed quia nos non magis adulamus aliis quam nobis ipsis, et falsam animi laetitiam vitia nostra palliando metimur, ideo dicit porro egregie, 'Familiariter domestica aspicimus, et semper judicio favor officit. Puto multos potuisse ad sapientiam pervenire nisi putassent se pervenisse, nisi quaedam in se dissimulassent, quaedam opertis oculis transiluissent. Non est enim quod magis aliena judices adulatione [nos] perire quam nostra. Quis sibi verum dicere ausus est? Quis non inter laudantium blandientiumque positus greges plurimum tamen sibi ipse adsentatus est?'

'Quod desideras, Serene, magnum et summum est Deoque vicinum, non concuti. Hanc stabilem animi sedem Graeci εὐθυμίαν[1] vocant, de qua Democriti volumen egregium est ; ego tranquillitatem voco . . . Ergo quaerimus quomodo animus semper aequalis secundoque cursu eat, propitiusque sibi sit, et sua laetus aspiciat, et hoc gaudium non interrumpat, sed placido statu maneat nec attollens se unquam nec deprimens ; id tranquillitas erit.' Et primo tangit vitia mentis quae tollunt tranquillitatem, ut ea sciamus vitare, quatenus ad statum animi[2] redeamus. Dicit ergo : 'Sunt qui levitate vexantur ac taedio assiduaque mutatione propositi quibus semper placet quod reliquerunt . . . marcent et oscitantur. Adjice eos qui non aliter quam quibus difficilis somnus est,

Peace of mind. From Seneca's dialogue De Tranquillitate Animi.

Cap. 1.

Cap. 2.

---

[1] This word is hopelessly mis-spelt in D. and O, and is in Roman letters.
[2] Some such word as hunc, or priorem seems missing.

versant se et hoc atque illo modo componunt, donec quietem
lassitudine inveniant : statum vitae suae formando subinde
in eo novissime manent, in quo illos non mutandi odium
sed senectus ad [novandum] pigra deprendit. Adjice [et]
illos qui non inconstantiae vitio parum leves sunt sed iner-
tiae, et vivunt non quomodo volunt sed quomodo coeperunt.
Innumerabiles . . . proprietates sunt sed unus effectus vitii ;
sibi displicere ;' per quae tranquillitas abscedit. 'Hoc oritur
ab intemperie animi et cupiditatibus timidis aut parum
prosperis, ubi aut non audent quantum concupiscunt aut
non consequuntur, et in spem toti prominent[1], semper instabiles
mobilesque sunt, quod necesse est accidere pendentibus ad
vota sua . . . Illos poenitentia coepti tenet et incipiendi
timor ; subrepitque illa animi jactatio non invenientis exitum,
quia nec imperare cupiditatibus suis nec obsequi possunt,
et cunctatio vitae parum se explicantis, et inter destituta
vota torpentis animi situs. Quae omnia graviora sunt,
ubi odio infelicitatis operosae ad otium perfugerunt et ad
secreta studia, quae pati non potest animus ad civilia erectus
agendique cupidus et natura inquietus, parum scilicet in se
solatiorum habens ; ideo detractis oblectationibus quas ipsae
occupationes discurrentibus praebent, domum, solitudinem,
parietes non fert ; invitus aspicit se sibi relictum. Hinc illud
est tedium et displicentia sui, et nusquam residentis animi
volutatio, et otii sui tristis atque aegra patientia . . . Inclusae
cupiditates sine exitu se ipsae strangulant: inde moeror
marcorque et mille fluctus mentis incertae, quam spes in-
choatae habent [suspensam] deploratam, tristem. Inde ille
affectus otium suum detestantium querentiumque nihil ipsos
habere quod agant, et alienis incrementis inimicissima invidia.
Alit enim livorem infelix inertia et omnes destrui cupiunt,
quia se non potuerunt provehere . . . Natura enim humanus
animus agilis est et pronus ad motus. Grata omnis illi
excitandi se abstrahendique materia est, gratior pessimis quibusque ingeniis quae occupationibus libenter deteruntur. Ut
ulcera quaedam nocituras manus appetunt et tactu gaudent,
et foedam corporis scabiem delectat quicquid exasperat : non

---

[1] permanent, D. et O.

aliter dixerim his mentibus in quas cupiditates velut mala
ulcera eruperunt, voluptati esse laborem vexationemque. Sunt
enim quaedam quae corpus quoque nostrum . . . delectent, ut
versare se et mutare nondum fessum latus, et alio atque alio
positu ventilari. . . . Proprium aegri est nihil diu pati et muta-
tionibus ut remediis uti. . . . Infirmi sumus ad omne tolerandum,
nec laboris patientes nec voluptatis, nec nostrae nec ullius rei
diutius. Hoc quosdam egit ad mortem, quod proposita saepe
mutando in eadem revolvebantur et non reliquerant novitati
locum. Fastidio esse illis coepit vita et ipse mundus.'

Deinde remedia infert contra haec vitia. Et primo tangit De Tran-
super opinionem alienam dicens. 'Adversus hoc taedium quo quillitate
auxilio putem utendum quaeris. Optimum erat, ut ait Atheno- cap. 3.
dorus, actione rerum et rei publicae tractatione et officiis civilibus se detinere. Nam ut quidam sole atque exercitatione et
cura corporis diem ducunt, athletisque longe utilissimum est
lacertos suos roburque, cui se uni dedicaverunt, majore temporis
parte nutrire ita vobis animum ad rerum civilium certamen
parantibus in opere esse longe pulcherrimum est. Nam cum
utilem se efficere civibus mortalibusque propositum habeat,
simul et exercetur et proficit qui in mediis se officiis posuit,
communia privataque pro facultate administrans.'

Hoc autem Senecae non placet, sed studium sapientiae.
Dicit ergo ; 'Sed quia in hac tam insana hominum ambitione,
tot calumniatoribus in deterius recta torquentibus, parum tuta
simplicitas est, et plus futurum semper est quod obstet quam
quod succedat, a foro quidem et publico recedendum est : sed
habet ubi se etiam in privato laxe explicet magnus animus.
Nec ut leonum animaliumque impetus caveis coercetur sic
hominum, quorum [maximae] in seducto actiones [sunt]. Ita
tamen delituerit ut, ubicumque otium suum absconderit, prodesse velit singulis [universisque] ingenio, voce, consilio. Nec
enim is solus reipublicae prodest qui . . . tuetur reos et de
pace belloque censet ; sed qui juventutem exhortatur, qui in
tanta bonorum praeceptorum inopia virtutem instillat animis,
qui ad pecuniam luxuriamque . . . ruentes . . . retrahit et si
nihil aliud certe [moratur], in privato publicum negotium
agit. An ille plus praestat, qui inter peregrinos et cives aut

urbanus praetor adeuntibus [adsessoris] verba pronuntiat,
quam qui quid sit justitia, quid pietas, quid patientia, quid
fortitudo, quid mortis contemptus, quid Dei intellectus, quantum
adjutorium hominum sit bona conscientia? Ergo si tempus
in studia conferas quod subduxeris officiis, non deserueris nec
munus detrectaveris. Neque enim ille solus militat qui in
acie stat et cornu [dextrum laevumque] defendit, sed qui
portas tuetur, et statione minus periculosa non otiosa tamen
fungitur, vigiliasque servat et armamentario praeest; quae
ministeria, quamvis incruenta sint, [in] numerum stipendiorum
veniunt. Si te ad studia revocaveris omne vitae fastidium
effugeris, nec noctem fieri optabis taedio lucis, nec tibi gravis
eris nec aliis supervacuus. Multos in amicitiam attrahes,
adfluetque ad te optimus quisque. Nunquam enim quamvis
obscura virtus latet sed emittit sui signa : quisquis dignus
fuerit, vestigiis illam colliget. Nam si omnem conversationem
tollimus et generi humano renuntiamus, vivimusque in nos
tantum conversi, sequetur hanc solitudinem omni studio
sapiente carentem inopia rerum agendarum. Incipiemus
aedificia alia ponere, alia subvertere . . . et male dispensare
tempus . . . qua re nihil turpius est. Saepe grandis natu senex
nullum habet aliud argumentum quo se probet diu vixisse
praeter aetatem.'

De Tran-
quillitate,
cap. 4.

'. . . In domibus, in spectaculis, in conviviis bonum con-
tubernalem, fidelem amicum, temperantem convivam agat.
Officia civis amiserit ; hominis exerceat. Animos nostros
non unius urbis moenibus clusimus, sed in totius orbis com-
mercium emisimus patriamque nobis mundum professi sumus,
ut liceret [latiorem] virtuti campum dare. . . . Nunquam
inutilis est opera civis boni. Auditus est visusque ; vultu
nutu . . . incessuque ipso prodest. Ut salutaria quae citra
gustum tactumque odore proficiunt, ita virtus utilitatem etiam
ex longinquo et latens fundit, sive spatiatur . . . sive pre-
carios habet excessus . . . sive otiosa mutaque est et angusto
circumsepta . . . in quocunque habitu est, prosit. Quid? tu
parum utile putas exemplum bene quiescentis? Longe itaque
optimum [est] miscere otium rebus, quotiens actuosa vita
impedimentis fortuitis aut civitatis conditione prohibetur.

Numquam enim usque eo interclusa sunt omnia ut nulli
actioni locus honestae sit.

'Numquid potes invenire urbem miseriorem quam Athe- Cap. 5.
niensium fuit, cum illam triginta tyranni divellerent? Mille
trecentos cives. optimum quemque occiderant, nec finem ideo
faciebant, sed irritabat se ipsa saevitia. . . . Socrates tamen in
medio erat, et lugentes patres consolabatur, et desperantes
de republica exhortabatur, et divitibus opes suas metuentibus
exprobrabat . . . et imitari volentibus magnum circumferebat
exemplar cum inter triginta tyrannos liber incederet.   Hunc
tamen Athenae ipsae in carcere occiderunt, et qui tuto insul-
taverat agmini tyrannorum civis liber, tamen ipsa libertas
non tulit [1].'

'Inspicere autem debemus primum nosmet ipsos ; deinde Cap. 6.
ea quae aggredimur negotia ; deinde eos quorum causa aut
cum quibus.   Ante omnia . . . necesse est nosmet ipsos
aestimare, quia fere plus nobis videmur posse quam possumus ; alius eloquentiae fiducia prolabitur, alius patrimonio
suo plus imperavit quam ferre posset : alius infirmum corpus
laborioso pressit officio.   Quorundam parum idonea est verecundia rebus civilibus. quae primam frontem desiderant.
Quorundam contumacia non facit ad aulam.   Quidam non
habent iram in potestate, et illos ad temeraria verba quaelibet
indignatio offert.   Quidam urbanitatem ' in reprehensionibus
' nesciunt continere, nec periculosis abstinent salibus.   Omnibus
his utilior negotio quies est. . . . Aestimanda sunt deinde ipsa
quae aggredimur, et vires nostrae cum rebus quas temptaturi
sumus comparandae.   Debet enim semper plus esse virium
in actore quam in onere.   Necesse est opprimant opera quae
ferente majora sunt.   Quaedam praeterea non tam magna
sunt negotia quam faecunda, multumque negotiorum ferunt.
Et haec refugienda sunt ex quibus nova occupatio multi-
plexque nascetur.   Nec accedendum eo unde liber regressus
non sit ; iis admovenda manus est quorum finem aut facere
aut certe sperare possis.   Relinquenda quae latius actu
procedunt nec ubi proposueris desinunt.

'Hominum itaque dilectus habendus est, an digni sint Cap. 7.

---

[1] 'libertatem libertas non tulit,' Seneca.

quibus partem vitae nostrae impendamus; an ad illos temporis nostri jactura perveniat. Quidam enim ultro officia nobis nostra imputant. Athenodorus ait ne ad coenam quidem se ituium ad eum qui sibi nil pro hoc debiturus sit. . . . Consideiandum est utrum natura tua agendis rebus an otioso studio contemplationique aptior sit; et eo inclinandum quo te vis ingenii feret. . . Male enim respondent coacta ingenia [1]. . . Nihil autem aeque oblectat animum quam amicitia fidelis et dulcis. Quantum bonum est ubi sunt praeparata pectora in quae tuto secretum omne descendat, quorum conscientiam minus quam tuam timeas, quorum sermo solicitudinem leniàt, - sententia consilium expediat, hilaritas tristitiam dissipet, conspectus ipse delectet! quos scilicet vacuos [a] cupiditatibus quantum fieri poteiit eligemus. Serpunt enim vitia et in proximum quemque transiliunt et contactu nocent [2]. Itaque quod in pestilentia curandum est, ne correptis jam corporibus et moibo flagrantibus assideamus, quia pericula trahemus adflatuque ipso laborabimus, ita in amicorum legendis ingeniis dabimus operam ut quam minime inquinatos [3] adsumamus. Initium morbi est aegris sana miscere Nec hoc praeceperim tibi ut neminem nisi sapientem [4] sequaris aut attrahas Ubi enim istum [5] invenies quem tot saeculis quaerimus? Pro optimo est minime malus . . Nunc vero in tanta [bonorum] egestate minus fastidiosa fiat electio. Praecipue tamen vitentur tristes et omnia deplorantes, quibus nulla non causa in querelas placet. Constet illi licet fides et benevolentia'; tranquillitati tamen inimicus est comes pertuibatus et omnia gemens

De Tranquillitate, cap 8. 'Transeamus ad patrimonia, maximam aerumnarum materiam. Nam si omnia alia quibus angimur compares, mortes, aegrotationes, metus, desideria, dolorum laborumque patientiam, cum iis quae nobis mala pecunia nostra exhibet, haec pars multum praegravabit Itaque cogitandum est quanto levior dolor sit non habere quam perdere , et intel-

---

[1] In Haase's edition of Seneca, this and the foregoing sentence occur somewhat earlier In the earliest printed edition (1492) they come in the oider in which Bacon quotes them.

[2] intrant *pro* nocent, D et O [3] inflammatos, D. et O.
[4] perfectae sapientiae, D et O. [5] illud, D et O.

ligemus paupertati eo minorem tormentorum quo minorem
damnorum esse materiam.   Erras enim si putas animosius
detrimenta divites ferre : maximis minimisque corporibus
par est dolor vulneris.   Bion eleganter ait, " Non minus molestum esse calvis quam crinitis pilos velli." . . . Tolerabilius
est . . . non adquirere quam amittere ; ideoque laetiores
videbis quos nunquam fortuna respexit quam quos deseruit.
Vidit hoc Diogenes, vir ingentis animi, et effecit ne quid
sibi eripi posset.   Tu istud paupertatem, inopiam, egestatem
voca, quod voles ignominiosum securitati nomen impone :
putabo hunc non esse felicem, si quem mihi alium inveneris
cui nihil pereat.   Aut ego fallor, aut regnum est inter
avaros, latrones . . . unum esse cui noceri non possit.   Si
quis de felicitate Diogenis dubitat, potest idem dubitare et
de Dei immortalis[1] statu, an parum beate degat, quod illi
nec praedia nec horti sint, nec alieno colono rura pretiosa,
nec grande in foro foenus.   Non te pudet, quisquis divitiis
adstupes ? respice agedum mundum ; non videbis Deum[2] omnia
dantem, nihil habentem ?   Hunc tu pauperem putas, an Deo
immortali similem, qui se fortuitis omnibus exuit ? Feliciorem
divitem[3] putas ? . . . Diogeni servus unicus fugit, nec eum
reducere, cum monstraretur, tanti putavit.   Turpe est, inquit,
Manen sine Diogene posse vivere. Diogenem sine Mane non
posse.   Videtur mihi dixisse ; Age tuum negotium, fortuna.
Nihil apud Diogenem jam tui est.   Fugit mihi servus ? immo
liber abiit. . . . Sed quoniam non est nobis tantum roboris,
angustanda [certe] sunt patrimonia, ut minus ad injurias fortunae simus expositi.   Habiliora sunt corpora in bella quae
in arma sua contrahi possunt, quam quae superfunduntur et
undique magnitudo sua vulneribus objecit : optimus pecuniae
modus est qui nec in paupertatem cadit, nec procul a paupertate discedit.

'Placebit autem haec nobis mensura, si prius parcimonia _{Cap. 9.}
placuerit, sine qua nec ullae opes sufficiunt . . . praesertim
cum in vicino remedium sit, et possit ipsa paupertas in divitias
se, advocata frugalitate, convertere.   Assuescamus a nobis

---

[1] Deorum immortalium (Seneca).   [2] Seneca has, nudos videbis deos.
[3] Seneca has, Demetrium Pompeianum.

removere pompam, et usus rerum, non ornamenta metiri. Cibus famem domet, potio sitim .. discamus membris nostris inniti, cultum victumque non ad nova exempla componere ...discamus continentiam augere, luxuriam coercere. gloriam temperare, iracundiam lenire, paupertatem aequis oculis aspicere, frugalitatem colere, etiamsi multos pudebit[1], ut populus desideriis naturalibus parvo parata remedia adhibere, spes effrenatas et animum in futura eminentem velut sub vinculis habere, id agere ut divitias a nobis quam a fortuna petamus. ... Assuescamus ergo coenare sine populo, et servis paucioribus serviri, et vestes parare in quod inventae sunt, et— habitare contractius.'

Et infert remedium de studio, dicens; 'Studiorum quoque quae liberalissima impensa est tamdiu rationem habet, quamdiu modum. Quo innumerabiles libros et bibliothecas, quarum dominus vix tota vita indices perlegit? onerat discentem turba, non instruit, multoque satius est paucis te auctoribus tradere, quam errare per multos. Quadraginta millia librorum Alexandriae arserunt; pulcherrimum regiae opulentiae monumentum alius laudaverit, sicut et Livius qui elegantiae regum curaeque egregium id opus ait fuisse; non fuit elegantia illud aut cura, sed studiosa luxuria, immo ne studiosa quidem, quoniam non in studium sed in spectaculum comparaverant. . . Vitiosum est ubique quod nimium est. Quid habes cur ignoscas homini armaria captanti, aut ignotorum auctorum aut improbatorum et inter [tot] millia librorum oscitanti, cui voluminum suorum frontes maxime placent titulique? . . Ignoscerem plane, si studiorum nimia cupidine oriretur. nunc ista conquisita cum imaginibus suis descripta et sacrorum opera [ingeniorum] in speciem et cultum parietum comparantur

De Tranquillitate, cap 10.

'Ad aliquod genus vitae difficile incidisti, et tibi ignoranti vel publica fortuna vel privata laqueum impegit, quem nec solvere posses nec erumpere. Cogita compeditos primo aegre ferre onera et impedimenta crurum. Deinde ubi non indig-

---

[1] The text of this passage is generally recognized by Seneca's editors as corrupt I give it as amended by Haase D. and O. have 'hos pudebit ei plus desideriis,' etc

nari illa sed pati proposuerunt, necessitas fortiter ferre docet,
consuetudo facile. Invenies in quolibet genere vitae oblectamenta et remissiones et voluptates, si volueris. . . . Nullo
melius nomine de nobis natura meruit, quam [quod] cum
sciret quibus aerumnis nasceremur, calamitatum mollimentum
consuetudinem invenit, cito in familiaritatem gravissima ad-
ducens. Nemo duraret si rerum adversarum eandem vim
assiduitas haberet quam primus ictus. Omnes cum fortuna
copulati sumus : aliorum aurea catena est, aliorum laxa,
aliorum arta et sordida. Sed quid refert [1]? eadem custodia
universos circumdedit, allegati[que] sunt etiam qui adliga-
verunt . . . alium honores, alium opes vinciunt. Quosdam
nobilitas, quosdam humilitas premit. Quibusdam aliena supra
caput imperia sunt, quibusdam sua. Quosdam exilia uno
loco tenent, quosdam sacerdotia. Omnis vita servitium est.
Assuescendum [est] itaque condicioni suae et quam minimum
de illa querendum. . . . Nihil tam acerbum est in quo non
aequus animus solatium inveniat. . . . Adhibe rationem diffi-
cultatibus ; possunt et dura molliri et angusta laxari. . . Non
sunt praeterea cupiditates in longinquum mittendae, sed in
vicinum illis egredi permittamus. . . . Relictis his quae aut
non possunt fieri aut difficulter possunt, prope posita speique
nostrae adludentia sequamur ; et sciamus omnia aeque levia
esse, extrinsecus diversas facies habentia, introrsus pariter
[vana]. Nec invideamus altius stantibus ; quae excelsa videbantur, praerupta sunt. . . . Multi sunt . . . in fastigio summo
ex quo non possunt nisi cadendo descendere ; sed hoc ipsum
testatur maximum onus suum esse, quod aliis graves esse
cogantur, nec sublevatos se, sed suffixos. Justitia, mansuetudine humana, larga . . . manu praeparent multa ad secundos
casus praesidia quorum spe [securius] pendeant. Nihil tamen
aeque hos ab his animi fluctibus vindicaverit, quam semper
aliquem incrementis terminum figere, nec fortunae arbitrium
desinendi dare, sed multo quidem citra exempla consistere,
sic et aliquae cupiditates animum acuent, et finitae non in
immensum incertumque producent.

'Ad imperfectos et . . . male sanos hic meus sermo pertinet, Cap. 11.

---

[1] Si quis refert, D. et O.

non ad sapientem. Huic non timide nec pedetentim ambu-
landum est. Tanta enim fiducia sui est ut obviam fortunae
ire non dubitet, nec unquam loco illi cessurus sit . . . quia non
mancipia tantum possessionesque et dignitatem sed corpus
quoque suum et oculos et manum, et quicquid cariorem vitam
facturum est, seque ipsum inter precaria numerat, vivitque ut
commodatus[1] sibi et reposcentibus sine tristitia redditurus
Nec ideo vilis est sibi quia scit se ipsum suum non esse, sed
omnia tam diligenter faciet, tam circumspecte, quam religiosus
homo sanctusque solet tueri fidei commissa. Quandocumque
autem reddere jubebitur[2], non queretur cum fortuna, sed dicit, ·—
Gratias ago pro eo quod possedi habuique. Magna quidem
res tuas mercede colui, sed, quia illa imperas, do, cedo gratus
libensque . . Signatum argentum domum familiamque meam
reddo restituo Adpellavit[3] natura quae prior nobis credidit,
et huic dicemus; "Recipe animum meliorem quam dedisti˙
Non tergiversor nec refugio. Paratum habes a volente quod
non sentienti dedisti." . . . Male vivet quisquis nesciet bene
mori. Huic itaque primum rei pretium detrahendum est et
spiritus inter vilia[4] numerandus. . . . Saepe vero causa moriendi
est timide mori Fortuna illa quae ludos sibi facit; "Quo,"
inquit, "te reservem, malum[5] et trepidum animal? eo magis
convulneraberis et confodieris quia nescis praebere jugulum;
at tu et vives diutius et morieris expeditius, qui ferrum non
subducta cervice nec manibus oppositis, sed animose recipis."
. . . At qui sciat hoc sibi cum conciperetur statim condictum,
vivet ad formulam, et simul illud quoque eodem animi robore
praestabit, ne quid ex iis quae eveniunt subitum sit. Quicquid enim fieri potest, quasi futurum sit, prospiciendo, malorum
omnium impetus emolliet, qui ad praeparatos expectantesque
nihil afferunt novi, securis et beata tantum spectantibus graves
veniunt. Morbus enim, captivitas, ruina, ignis nihil horum
repentinum [est]. Sciebam in tumultuosum me contubernium
naturam clausisse Totiens in vicinia mea conclamatum est,
totiens immaturas exequias fax cereusque praecessit. Saepe

---

[1] commodius, D et O.   [2] videbitur, D et O.
[3] adpellaverit, Seneca   [4] in servitia, *pro* inter vilia, D. et O.
[5] nullum, D. et O

a latere [1] ruentis aedificii fragor sonuit. Multos ex iis quos
forum, curia sermo mecum contraxerat, nox abstulit et junctis
[ad] sodalitium manus copulatas interscidit ; debeo ego mirari
ad me aliquando pericula accessisse quae circa me semper
erraverint. . . . Publius, tragicis comicisque vehementior ingeniis,
. . . hoc ait ;

"Cuivis potest accidere quod cuiquam potest."

'Hoc si quis in medullas demiserit et omnia aliena mala,
quorum ingens cotidie copia est, sic adspexerit, tanquam liberum
illis et ad se iter sit, multo antea se armabit quam petatur
Sero animus ad periculorum patientiam post pericula instruitur.
Non putavi hoc futurum . . . quae sunt divitiae quas non
egestas et fames et mendicitas a tergo sequatur? . . . quod
regnum est cui non parata sit ruina et proculcatio? . . . nec
magnis ista intervallis divisa sed horae momentum interest
inter solium et aliena genua   Scito ergo omnem conditionem
versabilem esse et quicquid in ullum incurrit posse in te
quoque incurrere.   Locuples es : numquid divitior Ptolemaeo [2]
. . . mendicavit stillicidia : fame ac siti periit. . . . Quo die
[Sejanum] senatus deduxerat, populus in frusta divisit. . . .
In tanta ' igitur ' rerum sursum ac deorsum euntium versatione,
si non quicquid fieri potest pro futuro habes, das in te vires
rebus adversis, quas infregit quisquis prior vidit.'

'Circumcidenda concursatio, qualis est magnae parti homi- De Tran-
num domos et theatra et foro pererrantium.   Alienis se quillitate,
negotiis offerunt semper aliquid [agentibus] similes.   Horum   cap 12.
si aliquem exeuntem e domo interrogaveris; Quo tu? quid
cogitas? respondebit tibi.   Non scio ; sed aliquos videbo, aliquid agam.   Sine proposito vagantur quaerentes negotia . . .
inconsultus illis vanusque cursus est qualis formicis per arbusta
repentibus, quae in summum cacumen deinde in imum inanes
aguntur. . . . Omnis itaque [3] labor aliquo referatur, aliquo
respiciat.   Non industria inquietos, [sed] insanos falsae rerum
imagines agitant [4]. . . . Eodem modo unumquemque ex his quos

---

[1] altius, D. et O. The transcription of this and the following passages has
many errors, which are not all noted here.   [2] Pompeio, D. et O.
[3] Bacon has somewhat altered the order of the sentences in this passage.
[4] inquietant, O.

inanes et leves causae per urbem circumducunt et [qui] ad
augendam turbam exeunt . . quidam [quasi] ad incendium
currunt aut salutaturi [aliquem] non resalutaturum. aut funus
ignoti hominis prosecuturi[1]. . . . Ex hoc malo dependet illud
temerarium vitium, auscultatio et publicorum secretorumque
inquisitio, et multarum rerum scientia, quae nec tuto narrantur
nec tuto audiuntur

De Tran-
quillitate,
cap. 13 'Hoc secutum [puto] Democritum ita coepisse Qui tran-
quille volet vivere, nec privatim agat multa nec publice, ad
supervacua [referentem]. . Nam qui multa agit saepe fortunae sui potestatem facit, quam tutissimum est raro experiri, [ceterum] semper de illa cogitare et nihil sibi de fide ejus
promittere. Hoc est quare sapienti nihil contra opinionem
dicamus accidere. Non illum casibus hominum excerpimus
sed erroribus · nec illi [omnia] ut voluit cedunt, sed ut cogitavit. Imprimis autem cogitavit aliquid posse propositis suis·
resistere Necesse est autem levius ad animum pervenire
destitutae cupiditatis dolorem, cui successum non utique
promiseris.

Cap 14 'Faciles nos facere debemus ne nimis destinatis rebus in-
dulgeamus[2], transeamusque [in] ea in quae nos casus deduxerit,
nec mutatione aut casus aut consilii pertimescamus dummodo
nos levitas, inimicissimum quieti vitium, non excipiat. Nam
et pertinacia[3] necesse est anxia et misera sit . levitas multo
gravior, nusquam se continens Utrumque infestum est tranquillitati, et nihil mutare posse, et nihil pati. Utique animus
ab omnibus externis in se revocandus est, sibi confidat, se
gaudeat, sua suspiciat, recedat quantum potest ab alienis, et
sibi applicet, damna non sentiat, etiam adversa benigne inter-
pretetur. Nuntiato naufragio Zenon philosophus[4], cum omnia
sua audiret submersa. Jubet, inquit, me fortuna expeditius
philosophari. Minabatur Theodoro philosopho tyrannus
mortem et quidem insepultam; Habes, inquit, cur tibi placeas.
Hemina[5] sanguinis in tua potestate est; nam quod ad sepul-
turam pertinet, O te ineptum si putas mea interesse supra

[1] This sentence has been much altered from the original.
[2] immisceamus, D et O   [3] pertimescentia, O
[4] noster, Seneca   [5] Anima *pro* hemina, D et O

terram an infra putrescam. Canus Julius vir . . . magnus . . .
cum Caio Caesare diu altercatus, . . . morti addictus dixit,
Gratias tibi ago optime princeps. . . . Ludebat quoque
latrunculis, cum centurio agmen periturorum trahens illum
quoque excitari juberet. Vocatus numeravit calculos, et
sodali suo, Vide, inquit, ne post mortem meam mentiaris te
vicisse. Tum adnuens centurioni, Testis, inquit, eris uno me
istum antecedere. . . . Tristes erant amici talem amissuri virum:
Quid moesti, inquit, estis? Vos quaeritis an immortales animae
sint: ego jam sciam. Nec desiit veritatem in ipso fine scrutari, et ex morte sua quaestionem habere. . . . Nec jam procul
erat tumulus in quo Caesari . . . fiebat cotidianum sacrum.
Is, quid, inquit, Cane, nunc cogitas? aut quae tibi mens est?
Observare, inquit Canus, proposui illo velocissimo momento
an sensurus sit animus exire[1] se. Promisitque, si quid
explorasset, circumiturum et indicaturum quis esset status
animarum. Ecce in media tempestate tranquillitas. Ecce
animus aeternitate dignus, qui statum[2] suum in argumentum
veri vocat, qui in ultimo illo gradu positus exeuntem animum
percunctatur, nec usque ad mortem tantum. sed aliquid etiam
in ipsa morte discit.'

'Sed nihil prodest privatae tristitiae causas abjecisse' nisi Cap. 15.
publicas vincamus. 'Occupat enim [nos] nonnunquam odium
generis humani, et occurrit tot scelerum felicium turba; . . .
rara simplicitas . . . et ignota innocentia. . . . In hoc itaque
flectendi sumus, ut omnia vulgi vitia non invisa nobis sed
ridicula videantur, et Democritum potius imitemur quam
Heraclitum. Hic enim, quoties in publicum processerat,
flebat, ille ridebat. Huic omnia quae agimus miseriae, illi
ineptiae videbantur. . . . Adjice quod de humano genere melius
meretur qui ridet illud, quam qui luget; ille et spei bonae
aliquid relinquit; hic autem stulte deflet quae corrigi posse
desperat. Et universa contemplatus majoris animi est qui
risum non tenet quam qui lacrimas. . . . Singula propter quae
laeti ac tristes sumus sibi quisque proponat, et sciet verum
esse quod Bion dixit; omnia hominum negotia similia initiis
esse, nec vitam illorum magis sanctam aut severam esse quam

---

[1] exuere se, D. et O.   [2] fatum, Seneca.

conceptum nihilo natum. Sed satius est publicos mores et humana vitia placide excipere nec in risum nec in lacrimas excidentem [1]. Nam alienis malis torqueri aeterna miseria est, alienis delectari malis voluptas inhumana.'

De Tranquillitate, cap. 16

'Sequetur pars quae solet non immerito contristare ... ubi bonorum exitus mali sunt, ut Socrates cogitur in carcere [mori]. ... Cicero clientibus suis praebere cervicem. Cato ... virtutum viva imago, incumbens gladio simul de se ac de republica palam facere [2]. ... Vide quomodo quisque illorum tulerit, et si fortes fuerunt, ipsorum illos animos desidera. Si muliebriter et ignave perierunt nihil periit. ... Neminem flebo laetum, neminem flentem': in sufferendo pericula 'ille lacrimas meas ipse abstersit, hic suis lacrimis effecit ne ullis dignus sit.'

CAPITULUM XXI.

Bacon's remarks on the importance of relaxation.

Et quia secundum Scripturam corpus quod corrumpitur aggravat animam, et terrena inhabitatio deprimit sensum multa cogitantem, ideo ad tranquillitatem animi necessarium est ut humana fragilitas a curis interioribus et exterioribus aliquando relaxet animum ad solatia et recreationes corpori necessarias. Nam aliter spiritus fit anxius et hebes et accidiosus et tristior quam oporteret, et cum taedio boni languens et querulus et pronus ad motus impatientiae et irae frequenter. Propter quod sanctissimi viri aliquando curas laxabant spirituales in solatia, et rigorem abstinentiae solvebant aliquando, nec non vigilias temperabant excessivas. Unde beatissimus Johannes Evangelista in solatium humanae fragilitatis cum perdice ludebat, sicut dicitur in Collationibus Cassiani [3]; et beatus Benedictus monachos ducens in solatium corporale redarguitus a viatore transeunte, dixit ei quod tenderet arcum magis ac magis. Quo respondente, Non faciam, quia frangerem cordam, intulit sensum a simili quod in tantum posset

---

[1] excidere, D. et O.   [2] se expedicus, D. et O.

[3] This was the celebrated Semi-Pelagian of the fifth century. The anecdote will be found in the twenty-first chapter of the twenty-fourth of the Collations (p. 623 of the Frankfurt edition of 1722). It is almost identical with the story of St. Benedict which follows.

cogere monachos ad rigorem patientiae quod sustinere non
possent, sed ipsa violentia frangerentur. Et ideo Jacob Patriarcha se excusavit a societate Esau, nam, si secum ambulasset
fortius, morerentur filii sui et uxores et animalium greges.

Propter quod Seneca sapientissimus, cui sunt revelata quod Confirmed
paucis Divinitas concessit, ut ait Apostolus [1], aestimans pondus by Seneca
humanae fragilitatis, convertit se in fine persuasionis suae de
animi tranquillitate ad solatia et recreationes corporales, ut
interpositis hujusmodi remediis, fortius vires resumantur.
Nam et Cato ait, Interpone tuis interdum gaudia curis; ut
dicat Deo quilibet cum psalmista, Fortitudinem meam ad te
custodiam. Seneca igitur hujusmodi solatia tangens sic eloquitur; 'Miscenda sint ista et alternanda, solitudo et frequentia. De Tran-
Illa nobis faciet desiderium hominum, haec nostri, et erit quillitate,
altera alterius remedium. Taedium turbae sanabit solitudo. cap. 17.
taedium solitudinis turba. Nec in eadem intentione retinenda
mens est, sed ad jocos evocanda, et caeteras corporis recreationes. 'Cum puerulis Socrates ludere non erubescebat.
Cato vino laxabat animum curis publicis fatigatum. Scipio
illud triumphale et militare corpus movit ad tripudia, non
molliter se infringens ut mos est, ad muliebrem mollitiem, sed
ut antiqui illi viri solebant inter lusum ac festa tempora
virilem in modum tripudiare, non facturi detrimentum etiam
si ab hostibus suis spectarentur [2]. Danda est animis remissio ;
meliores activioresque [3] requieti resurgent. Ut fertilibus agris
non est imperandum, cito enim illos exhauriret nunquam
intermissa faecunditas, ita animorum impetus assiduus labor
franget : vires recipient resoluti paululum et remissi. Nascitur
ex assiduitate laborum animorum hebetatio [4] quaedam et
languor. Nec ad hoc tanta hominum cupiditas tenderet,
nisi naturalem quandam voluptatem lusus haberet jocusque :
quorum tamen frequens usus omne animis pondus omnemque
vim eripiet. Nam et somnus refectioni necessarius est, hunc

---

[1] A quotation from the fourteenth letter of the apocryphal correspondence
between Paul and Seneca. Paul says : 'Perpendenti tibi ea sunt revelata quae
paucis Divinitas concessit. Certus igitur ego in agro tam fertili semen fortis-
simum sero;' et seq.

[2] sectarentur, D. et O.   [3] acrioresque, Seneca.
[4] hesitatio, D. et O.

tamen si [per] diem noctemque continues mors erit. Multum
interest remittas aliquid an solvas Conditores legum festos
instituerunt dies, ut ad hilaritatem homines publice cogerentur,
tanquam necessarium laboribus interponentes temperamentum;
et magni viri sibi menstruas certis diebus dabant ferias.
Quidam vero nullum non diem[1] inter otium et curas divi-
debant, quos nulla res ultra decimam horam retinuit; ne
epistulas quidem post hanc horam legebant, ne quid novae
curae nasceretur, sed totius diei lassitudinem duabis illis
horis ponebant .. Majoresque nostri novam relationem in
senatu post horam decimam fieri vetabant Indulgendum
est animo dandumque subinde otium, quod alimenti et virium
loco sit, et ambulationibus apertis vagandum, ut coelo libero
et multo spiritu augeat attollatque se animus. Aliquando
vectatio iterque et mutata regio vigorem dabunt, convictusque
et liberalior potio, ... eluit[2] enim curas vinum, et ab imo
animum movet, et ut morbis quibusdam ita tristitiae medetur.
Liber, qui est Bacchus, non ob licentiam linguae dictus est
inventor vini, sed quia liberat a servitio curarum animum
atque audaciorem in omnes conatus facit ... Solonem' unum
de septem sapientibus. 'Arcesilaumque philosophum indulsisse
vino credunt. Catoni ebrietas objecta est Facilius[3] efficiet,
quisquis objecerit, hoc crimen honestum quam turpem Ca-
tonem. Sed ut libertatis ita vini salubris moderatio est; nec
saepe faciendum est, ne animus malam consuetudinem ducat.
Et tamen aliquando in exultationem libertatemque extra-
hendus, tristisque sobrietas removenda paulisper. Nam sive
Graeco poetae credimus, Aliquando etiam insanire jucundum
est, sive Platoni, Frustra poeticas fores compos sui semper
pepulit, sive Aristoteli, Nullum magnum ingenium[4] sine mix-
tura dementiae fuit. Non potest grande aliquid et super
caeteros loqui nisi mota mens, cum vulgaria et solita contempsit, instinctuque sacro surrexit excelsior, tunc demum
aliquid cecinit grandius homine mortali Non potest sublime

---

[1] The quotation in the MSS being unintelligible here, the words of Seneca are given

[2] Bacon here omits words which encourage occasional excess

[3] This sentence is unintelligibly transcribed in the MSS

[4] Arist *Poet.* cap 17 εὐφυοῦς ἡ ποιητική ἐστιν ἢ μανικοῦ.

quicquam et in arduo positum contingere quamdiu apud se
est. Desciscat oportet a solito, et efferatur, et mordeat frenos,
et rectorem rapiat suum, eoque ferat quo per se timuisset
ascendere.'

Hic finis verborum Senecae[1]; volentis quod per recreationes
aliquando excellentes intendat animi vigorem, et majora conetur
quam si se spiritualibus et mentalibus occupationibus con-
tinuis se daret. Heliseus quidem propheta jussit psalterium
adduci ut harmoniae corporalis delectatione excitatus animus
facilius ad divina raperetur.

[1] The foregoing extracts from Seneca contain many variations from the text
now usually adopted. Some of these are evidently due to Bacon himself,
occurring naturally as the result of condensation. Some may be due to the
imperfection of the text used by him [This may have been a copy of the
Milan MS, considered by experts to be of the ninth century, and containing
the Dialogues for which, Bacon tells us, he had for a long time made search in
vain. Such a copy may have been sent to him by Campano of Novara] Other
errors are doubtless due to the incompetence of Bacon's transcribers Some
of the more obvious mistakes have been corrected. But no attempt has been
made to elevate this series of extracts to the standard of a critical edition

PARS QUARTA
PHILOSOPHIAE MORALIS.

Capitulum I.

The Christian faith the highest of all subjects, and the goal of philosophy. Protraxi hanc partem tertiam Philosophiae Moralis gratis propter pulcritudinem et utilitatem sententiarum moralium, et propter hoc quod libri raro inveniuntur a quibus erui has morum radices, flores et fructus. Nunc autem volo accedere ad partem quartam hujus scientiae, quae licet non sit tam copiosa et tam praegnans sicut tertia, est tamen mirabilior et dignior non solum ea parte sed omnibus: quoniam consistit[1] in persuasione sectae fidelis credendae et amandae et operibus comprobandae, quam debet humanum genus recipere. Nec est aliquid de philosophia magis necessarium homini, nec tantae utilitatis nec tantae dignitatis. Nam maxime propter hanc partem verum est quod Morali Philosophiae subjiciuntur omnes scientiae. Tota enim sapientia ordinatur ad salutem humani generis cognoscendam; et haec salus consistit in perceptione eorum quae ducunt hominem in felicitatem alterius vitae. De qua dicit Avicenna quod ipsa est quam oculus non vidit nec auris audivit, ut prius tactum est. Et cum haec pars quarta philosophiae intendit hanc salutem investigare, et ad eam allicere homines, ideo omnes scientiae artes et officia, et quicquid cadit in consideratione hominis, obligatur huic parti nobilissimae civilis scientiae; et hic est finis humanae considerationis.

Influence of established law on the welfare of states. Propter quod utilissimum est considerare intentionem hujus partis; et cuilibet Christiano competit propter suae professionis confirmationem, et quatenus habeat unde corrigat oberrantes. Nunquam vero Deus potest denegare humano

---

[1] consistit, om. D.

generi cognitionem viae salutis, cum omnes homines velit
salvos fieri secundum Apostolum. Et sua bonitas infinita est,
propter quod reliquit semper hominibus modos per quos
illuminentur ad cognoscendum vias veritatis. Aristoteles
quidem in sua Politica descendit ad species sectarum, et dicit
quod ipse vult considerare de sectis et legibus civitatum
quatuor vel quinque simplicium, et videre quae leges cor-
rumpant civitates et regna, et quae non. Dicitque quatuor
vel quinque simplices esse sectas corruptas, intendens quod
secta vel lex dicitur simplex propter legem simplicem, et
composita propter finem compositum, quia omnis secta variatur
secundum conditionem finis, ut docet Alpharabius in libro
De Scientiis, exponens sententiam Aristotelis circa sectas[1].
Istique fines simplices secundum Alpharabium, evidentius
tamen secundum Boetium, tertio de Consolatione Philosophiae, sunt ; Voluptas, Divitiae, Honor, Potentia, Fama seu
Gloria nominis[2].

Et nunc recitabo principales nationes apud quas variantur The re-
sectae per mundum quo modo currunt ut sunt, Saraceni, ligions of
Tartari, Pagani, Idololatrae, Judaei, Christiani. Non enim the world
sunt plures sectae principales, nec possunt esse usque ad
sectam Antichristi[3]. Sectae autem compositae sunt ex
omnibus istis, vel quatuor quibusque, vel tribus, vel duobus,
secundum diversas combinationes.

Sed praeter hos fines est alius, scilicet felicitas alterius Their
vitae, quam diversi diversimode quaerunt et intendunt Quia various
quidam ponunt hanc in deliciis corporis, quidam in deliciis tions of a
animae, quidam in deliciis utriusque. Adhuc sunt sectae future life

[1] The reference is to the fifth chapter of Alpharabius' short work *De Scientiis*
(see note, vol. 1. p. 101) : ' Universalis scientia inquirit de speciebus accidentium et consuetudinum voluntarium, et de habitibus et motibus et gestibus
a quibus procedunt illae actiones et consuetudines, et de finibus propter quas
sint . . . et ex finibus propter quas fiunt distinguit actiones quae sunt in usu,
et declarantur quae ex eis vere sunt beatitudo, et putantur, cum non sint,
beatitudo. . . . Quae autem putantur beatitudo et non sunt, sunt sicut victoria,
et gloria, et dilectiones.'

[2] Cf. *Consol. Philosophiae*, lib. iii. Prosa 2. 'Habes ante oculos propositam
fere formam felicitatis humanae ; opes, honores, potentiam, gloriam, voluptates.'

[3] Both MSS. have Christianam. But I think it so certain that Bacon wrote
Antichristi that I have ventured to insert it in the text

compositae ex hac felicitate, et aliis finibus omnibus vel pluribus, et hoc diversis modis. Nam licet futuram felicitatem intendant, tamen multi dant se voluptatibus, et alii ad divitias anhelant, et quidam ad honores aspirant, et quidam ad potentiam dominandi, et quidam ad gloriam famae. Tangam autem primo tres divisiones sectarum ut pateat ad quid tendatur Deinde negotiabor circa electionem sectae fidelium, quae sola debet mundo communicari.

Saracens — Quidam autem volunt istos fines vitae praesentis habere, non aestimantes se deficere a futura felicitate qualitercunque abutantur bonis temporalibus, et immergant se illecebris voluptatum, ut Saraceni qui uxores multiplicant quantum volunt, secundum legem suam

Tartars — Quidam vero ardent libidine dominandi, ut Tartari secundum quod imperator eorum dicit unum dominum[1] debere esse in terra sicut unus Deus in coelo, et ille dominus debet ipse esse et constitui, ut patet in epistola quam misit Domino Ludovico regi Franciae, in qua petit ab eo tributum, sicut in libro[2] fratris Gulielmi de moribus Tartarorum continetur, quem librum scripsit praedicto Regi Franciae Et patet ex operibus eorum quomodo jam regna Orientis possederunt, de nullis deliciis curantes. sed magis inhumani in hac parte lacte equino abutentes pro potu, et cibos immundos et immunde soliti sunt percipere, ut ex libro praedicto, et fratris Johannis de vita Tartarorum, et ex Cosmographia Ethici philosophi manifestum est Nam iste philosophus et illi

---

[1] dominum, O ; deum, D The letter of Mangu which Rubruquis took back with him to Louis IX, began thus · 'Praeceptum eterni Dei est, in Caelo non est nisi unus Deus aeternus, super Terram non est nisi unus dominus Chingis Chan ' The letter concludes in the same defiant strain 'Si vultis nobis obedire, mittatis nuncios vestros ad nos et sic certificabimur utrum volueritis habere nobiscum pacem vel bellum ' The predecessor of Mangu, Kuyuk, had replied to Pope Innocent IV's mission, directed by Carpini, in a similar way 'Si pacem desideratis habere nobiscum, tu papa, imperatores, reges omnes cunctique potentes civitatum et terrarum rectores ad me pro pace diffiniendo nullo modo venire differatis, et nostram audietis responsionem pariter et voluntatem .. Vos habitatores occidentis Deum adoratis et solos vos Christianos esse creditis, et alios contemnitis ; sed quomodo scitis cui gratiam suam conferre dignetur? Nos Deum adoramus, et in fortitudine ipsius ab oriente usque ad occidentem delebimus omnem terram.'

[2] Already often referred to See vol. i p 356

libri de moribus Tartarorum describunt hanc gentem pessimam et immundissimam, ut patuit in parte Mathematicae [1]
de gentibus et locis hujus mundi.

Pagani vero puri qui consuetudine vivendi pro ratione *Pagans.*
legum utentes, ut Praceni [2] et nationes confines eis, deliciis
divitiis et honore istius vitae detinentur, cum intentione
alterius, ut qualis fuerit hic et quantus, talis et tantus aestimatur fore in vita futura.   Unde in morte faciunt se comburi
publice cum lapidibus pretiosis et auro et argento et dextrariis
et familia et amicis et omnibus divitiis et bonis, sperantes
quod post mortem omnibus his gaudebunt.

Similiter Idololatrae cum bonis istius mundi credunt pos- *Idolaters.*
sidere futura, excepto quod Sacerdotes eorum castitatem [3]
vovent, et a delectatione luxuriae gaudent abstinere, sicut
patet ex regionibus Orientis in parte Aquilonari, ut prius
tactum est in Locis Mundi.   Et omnes isti expectant bona
corporalia alterius vitae, nihil de spiritualibus sapientes ; et
non est contra leges eorum ut, qualitercumque possint, quaerant bona mundi hujus, nec se reputant, qualitercumque
contingat, frustrari a vita futura.

Sed Judaei bona temporalia et aeterna sperabant ; diver- *Jews.*
simode tamen, quia spiritualiter sapientes virtute legis aspirabant ad bona non solum corporis sed animae.   Literaliter
vero considerantes legem, credebant bona alterius vitae
tantum corporalia.   Similiter nec per fas et nefas, secundum
legem eorum, quaerunt temporalia, sed auctoritate Dei et
secundum jura.   Licet enim spoliaverint multas nationes et

[1] D. has Metaphysicae. But the reference is to the geographical section
of the fourth part of the *Opus Majus.* Cf. vol. i. p. 371, for a notice of John
Carpini's report on Tartary. The fourth chapter of Carpini's work treats of
the good and the bad side of the Tartar character. After doing justice to
their admirable military discipline, and to the chastity of their women, he
describes their intemperance, their foul feeding, their treachery, and the
systematic slaughter of their captives. (*Soc. de Géog. Recueil de Mémoires.*
vol. iv. (1839), pp. 594 and 633-641.)

[2] This word is so spelt in D. and O. But it should have been written Pruseni
or Prusceni, as in vol. i. p. 360, where the Prusceni and other surrounding
tribes are spoken of as Pagans. Cf. p. 377, where their ill-treatment by the
Teutonic knights is spoken of as a bar to their conversion.

[3] See vol. i. p. 373. By Rubruquis, as by Marco Polo, the Buddhists are
always spoken of as Idololatrae.

subjugaverint, hoc fecerunt secundum justitiam. Nam eis
debebatur de jure haereditario Terra Promissionis, eo quod
fuerunt de stirpe filii Noe; et filii Cham invaserunt illas
regiones injuste, cum non fuerunt datae in sortem eorum a
principio. Nam Egyptus, et Africa, et Aethiopia fuerunt
datae filiis Cham, ut patet ex Scriptura, et per Sanctos, et
per historias; et prius tactum est de hoc[1].

Christians   Christiani vero spiritualibus spiritualia comparantes secundum legem suam, possunt temporalia habere propter humanam
fragilitatem ut exerceant spiritualia in hac vita, quatenus
tandem perveniant ad aeternam, tam corporaliter quam spiritualiter. Et tamen in illa vivent sine rebus extrinsecis quibus
in hac vita praesenti utuntur homines. Nam corpus animale
fiet spirituale, et totus homo glorificabitur, et vivet cum Deo
et angelis.

Relative value of these religions.   Principales igitur sectae sunt hae. Paganorum prima est,
minus de Deo scientium, nec habent sacerdotium, sed quilibet
pro voluntate sua fingit sibi Deum et colit quod vult, et sacrificat ut sibi placet. Deinde sunt Idololatrae, qui sacerdotes
habent et synagogas et campanas magnas, sicut Christiani,
quibus vocantur ad suum officium, et orationes certas et
sacrificia determinata, et ponunt plures Deos, nullum autem
omnipotentem. In tertio gradu sunt Tartari, qui unum Deum
adorant omnipotentem et colunt. Sed nihilo minus ignem
venerantur et limen domus. Nam omnia transducunt per
ignem, unde res mortuorum et exennia et nuntios ducunt
inter ignes et alia, ut purificentur. Nam lex eorum dicit
omnia expiari per ignem. Quicunque etiam calcat super
limen domus damnatur ad mortem. Et in his duobus et
quibusdam aliis sunt brutales multum. In quarto gradu sunt
Judaei, qui plus secundum suam legem deberent sentire de
Deo, et veraciter aspirare ad Messiam, qui est Christus. Et
sic fecerunt illi qui spiritualiter legem sciebant, ut Sancti
Patriarchae et Prophetae. Quinto loco sunt Christiani, qui
legem Judaeorum spiritualiter peragunt, et addunt ad ejus
complementum fidem Christi. Postremo veniet lex Antichristi, qui subvertet alias leges ad tempus, nisi quod electi

[1] Cf vol 1 p 316

in fide Christiana stabunt, licet cum difficultate propter furorem persecutionis. Sex igitur sunt leges secundum hanc distinctionem et sex secundum priorem, penes voluptatem, divitias, honorem, potentiam, famam, ac felicitatem alterius vitae neglectis his bonis temporalibus.

Atqui superius [1], in comparatione Mathematicae ad Ecclesiam, revolutae sunt sectae secundum vias Astronomiae, et inventae sunt sex, ut lex Saturni, lex Martis, lex Solis, lex Veneris, lex Mercurii, lex Lunae. Qualitercumque igitur sectas distinguamus, inveniemus semper sex. Nam prima et principalis distinctio haec est penes planetas ; ad illam sequuntur aliae, quoniam coelestis virtus inclinat hominem ad legum susceptionem, aut omnino, aut ut multum, aut ut facilius suscipiantur. Nam licet anima rationalis non cogitur ad aliud, tamen, ut superius est verificatum, multum alteratur complexio hominis ad scientias, ad mores et leges, quibus alterationibus anima excitatur in quantum est actus corporis, et inducitur ad actus publicos et privatos per coelestem constellationem, salva in omnibus arbitrii libertate [2]. Et inde accidit quod, secundum conjunctiones Jovis cum aliis planetis, sex oriuntur in cordibus hominum innovationes legum et consuetudinum, sicut superius est notatum. Et plures sectae non possunt esse nisi sex ; et aliquando homines unius sectae inclinant se ad sectam alterius, propter fortitudinem constellationis, et aliquando mutant sectam propriam omnino, vel principaliter, vel miscent conditiones alterius sectae, secundum quod diversae constellationes occurrunt. Et sic accidit quod fiunt sectae compositae ex partibus plurium sectarum. Nam Saraceni licet principaliter utuntur lege Venerea, tamen miscent multum de lege Judaeorum et lege Christiana, quoniam variis baptismatibus, sicut Judaei, utuntur, et sacrificiis consimilibus in parte. Christum autem dicunt Filium Virginis, et maximum prophetarum et multa Evangelica dicta retinent in sua lege, et omnes desiderant mori morte Christianorum ; sicut in disputatione quam habuerunt cum Christianis et Idololatris coram magno imperatore Tartarorum professi sunt, ut in libro de moribus Tartarorum

Connexion of these religions with planetary influences.

---

[1] See vol. i. pp. 254-269.   [2] Cf. vol. i. pp. 246-252.

docetur[1]. Tartari vero legem Martis principaliter confitentur. Nam et ignem venerantur, et bello student et philosophiae magnalibus vacant, more antiquorum Chaldaeorum quibus lex Martis ascribitur. Et tamen inclinant se ad legem Mercurialem. Nam filios eorum permittunt instrui in Evangelio et vitis Patrum. Et quando infirmantur, petunt sacerdotes Christianos et crucem, et aquam benedictam, sicut in libro fratris Gulielmi docetur, et experientia hominum fide dignorum nos certificat in hac parte. Lex vero Judaeorum est Saturni ; et lex Christianorum Mercurialis ab astronomis dicitur, propter certas causas ut superius annotatum est. Sectae vero Paganorum et Idololatrarum reducuntur ad sectam Martis et Aegyptiacam, quae est secta colens solem, qui est dux militiae coelestis. Nam istae duae sectae et illae colunt creaturam pro creatore, eo quod Idololatrae imagines manu factas et coelestes venerantur. Et ideo, in quantum coelestes naturas colunt, cum Aegyptiacis concordant. In quantum haec inferiora, cum Martis lege conveniunt. Pagani vero simul colunt inferiora et coelestia. Quicquid enim eis occurrit utile, sive Sol sive Luna sive animal sive lucus sive aqua sive ignis, sive aliud aliquid, colunt per amorem. Quicquid vero eis terribile est colunt per timorem.

Which of these religions is the true?

Propositis vero his Sectis principalibus tam secundum usum gentium quam secundum vias Astronomiae, et secundum diversitates finium sequitur consideratio qualiter oporteat persuadere de sectae veritate. Dictum est quidem prius in Mathematicis circa infidelium conversionem quod dupliciter [2] contingit fieri persuasionem de sectae veritate quae sola est

---

[1] See note on p. 387.

[2] It is interesting to compare what follows with the third and fourth chapters of the first book of Thomas Aquinas' treatise *Contra Gentiles*, e. g. 'Est in his quae de Deo confitemur, duplex veritatis modus. Quaedam namque vera sunt de Deo quae omnem facultatem rationis excedunt, ut Deum esse trinum et unum. Quaedam vero sunt ad quae etiam ratio naturalis pertingere potest, sicut est Deum esse, Deum esse unum, et alia hujusmodi, quae etiam philosophi demonstrative de Deo probaverunt, ducti naturalis lumine rationis.' What particular passage in the fourth part of the *Opus Majus* is referred to by Bacon is not quite clear. But it is full of passages that would be apposite. Cf. vol. i. pp. 253-4. The whole of the second part is directed to the same purpose.

Christiana. Quoniam aut per miracula, quae sunt supra nos et supra infideles, de qua via nullus potest praesumere ; aut per viam communem eis et nobis, quae est in potestate nostra, et quam non possunt negare, quia vadit per vias humanae rationis et per vias philosophiae ; quae etiam propria est infidelibus ; quoniam ab eis totam habemus philosophiam, et non sine causa maxima, quatenus nos pro nobis habeamus confirmationem fidei nostrae, et ut pro salute infidelium possimus efficaciter perorare. Nec oportet objici illud Gregorii quod fides non habet locum, ubi humana ratio praebet experimentum[1]. Nam hoc est intelligendum ubi homo Christianus solum inniteretur humanae rationi aut principaliter. Sed hoc non debet fieri : immo credendum est Ecclesiae et Scripturae et Sanctis et doctoribus Catholicis et hoc principaliter.

Two ways of demonstrating the Christian faith ; revelation and philosophy.

Sed in solatium humanae fragilitatis, quatenus vitet tentationes erroneas, utile est Christiano habere rationes efficaces eorum quae credit, et debet habere rationem suae fidei pro causa omni requirenti eam, sicut docet beatus Petrus in Epistola prima, dicens. Dominum autem Christum sanctificate in cordibus vestris, parati semper ad satisfactionem omni poscenti vos reddere rationem de ea quae est in vobis fide et spe. Sed non possumus hic arguere per legem nostram, nec per auctoritates Sanctorum, quia infideles negant Christum Dominum et legem suam et sanctos. Quapropter oportet quaerere rationes per alteram viam, et haec est communis nobis et infidelibus, scilicet philosophia. Sed potestas philosophiae in hac parte maxime convenit cum sapientia Dei, immo est vestigium sapientiae divinae datum a Deo homini, ut per hoc vestigium excitetur ad divinas veritates. Nec ista sunt propria philosophiae sed communia theologiae et philosophiae, fidelibus et infidelibus, a Deo data et revelata a philosophis, quatenus genus humanum praeparetur ad divinas veritates speciales. Et rationes de quibus loquor, non sunt alienae a fide, nec extra principia fidei, sed ex radicibus ejus eruuntur, sicut manifestum est ex dicendis.

With the heathen philosophy must be employed first.

Possem vero ponere vias simplices et rudes vulgo infidelium

The appeal here made

---

[1] Aquinas (*Summae Prima*, Quaest. 1, art. 8) quotes the same passage from Gregory, and deals with it in a similar way.

is to the more instructed amongst them

proportionales, sed hoc non expedit. Nam vulgus est nimis imperfectum, et ideo persuasio fidei quae vulgo debetur est rudis et indigesta et indigna sapientibus. Volo igitur altius procedere, et dare persuasionem de qua sapientes habent judicare. In omni enim natione sunt aliqui industrii et apti ad sapientiam, quibus rationabiliter persuaderi potest; ut, ipsis informatis, fiat vulgo per eos persuasio facilior

Some knowledge is innate

Suppono vero in principio tres esse cognitiones, una est per studium inventionis propriae per viam experientiae. Alia est per doctrinam Tertia est ante istas, et via in eas, quae vocatur cognitio naturalis; et hoc ideo quia est communis omnibus Illud enim naturale est quod omnibus ejusdem speciei est commune, ut comburere est naturale igni, sicut Aristoteles exemplificat quinto Ethicorum; et Tullius hoc idem dicit in principio de Quaestionibus Tusculanis, et videmus per exempla infinita Nam dicimus voces brutorum significare naturaliter, quia sunt communes individuis suae speciei; et hujusmodi naturaliter a nobis cognita sunt in quibus omnes concordamus, ut quod omne totum majus est sua parte, et hujusmodi, tam incomplexa quam complexa. Scimus etiam quod anima rationalis nata est veritatem cognoscere et amare eam, cujus amoris probatio est operis exhibitio, secundum Gregorium et omnes sanctos et philosophos. Quidam autem aestimant quod duae partes sunt in anima diversae, seu duae potentiae, ut una sit qua verum cognoscat, alia qua velit audire veritatem cognitam Quidam vero credunt quod una est substantia animae quae utraque facit. quia isti actus sunt ordinati ad invicem, eo quod veritatis cognitio est propter ejus amorem; una enim et eadem potentia Secundum eos primo apprehendit veritatem, et postea eam cognitam diligit et complet in opus. Unde Aristoteles vult tertio [1] de Anima quod intellectus speculativus veritatis per extensionem ad ejus amorem fit practicus. Nec unquam facit differentiam specificam inter intellectum speculativum et practicum, sicut facit inter intellectum et sensum et animam

---

[1] *De Anima,* iii cap 7 The whole chapter is to the point, and especially § 6: καὶ τὸ ἄνευ δὲ πράξεως τὸ ἀληθὲς καὶ τὸ ψεῦδος ἐν τῷ αὐτῷ γένει ἐστὶ τῷ ἀγαθῷ καὶ κακῷ, ἀλλὰ τῷ γ' ἁπλῶς διαφέρει καί τινι.

vegetivam. Arguit enim secundo de Anima haec tria esse
diversa secundum speciem, quia operationes sunt diversae
secundum speciem, ut intelligere, sentire, et vegetare ; nec
ordinantur ad invicem. Sed cognitio veritatis ordinatur ad
amorem ejus et propter eam fit ; et ideo una est potentia, seu
natura, seu substantia, animae rationalis quae cognoscit veritatem et amat eam. Unde tertio de Anima, Aristoteles sic
incipit[1] : De parte autem animae qua cognoscit et sapit
dicendum est ; volens quod eadem sit pars quae habet
utramque operationem ; sicut est in sensitiva : quod eadem
est potentia quae cognoscit et appetit, ut patet in omni sensu.
Nam tactus cognoscit calidum et appetit, et gustus saporem,
et sic de aliis.

Sed de his non est magna vis qualitercunque dicamus. *Belief in*
Scimus enim quod anima rationalis veritatem nata est cog- *God is*
innate, but
noscere et amare. Veritas autem sectae in tantum percipitur *feeble.*
quantum Dei cognitio abundat in quolibet, quia omnis secta
refertur in Deum ; et ideo, qui vult in cognitionem certam
sectae devenire, oportet quod a Deo incipiat. Cognitio
vero Dei, quoad quaestionem an sit, nota est omnibus naturaliter, sicut docet Tullius libro de Immortalitate Animae.
Et probat hoc dicens, Nulla gens[2] tam fera est et immanis
cujus mentem non imbuerit Dei opinio, nec est aliqua quin
cultum divinum aliquem exhibeat. Quod si Avicenna dicat
primo Metaphysicae[3] quod esse Dei quaeritur in hac scientia
per demonstrationem, dicendum est quod hoc est verum
quantum ad plenam certitudinem. Nam cognitio naturalis
quam quilibet habet de Deo est debilis, et debilitatur per
peccata quae multiplicantur in quolibet. Nam peccatum
obscurat animam, et maxime quantum ad divina.

Et ideo oportet quod juvetur haec cognitio per argumentum *It needs*
et per fidem. Sed cognitio de unitate Dei et quid sit Deus *the support*
of argu-

---

[1] *De Anima*, iii. cap. 4. The words are, περὶ δὲ τοῦ μορίου τῆς ψυχῆς ᾧ γινώσκει
θ' ἡ ψυχὴ καὶ φρονεῖ . . . σκεπτέον.

[2] This seems taken from two passages in *De Natura Deorum*, i. 16 and 23.

[3] Avicenna's words are (*Met.* lib. i. cap. 1), 'Inquiramus ergo quid sit
subjectum hujus scientiae, et consideremus an subjectum hujus scientiae sit ipse
Deus excelsus. Sed non est. Immo ipse est unum de eis quae quaerantur in
hac scientia.'

ment as well as of faith.

et qualis et cujusmodi non est nota naturaliter. Nam in his discordabant homines semper, alii ponentes plures Deos, alii aestimantes stellas esse deos, alii res inferiores, ut adhuc pure pagani et idololatrae. Et ideo oportet quod errent in secta. Caeteri homines qui unum Deum dicunt non intelligunt alia quae vera sunt de Deo. Et ideo oportet quod persuasor sectae in principio sciat persuadere quae requiruntur de Deo in communi. Non tamen oportet quod descendat ad omnes particulares veritates in primis; sed paulatim procedat et a facilioribus incipiat in hunc modum. Sicut enim geometer ponit suas descriptiones, ut res innotescant quid sint, et quomodo vocentur, quibus utitur, sic oportet hic : quia nisi hoc sciat quid est quod dicitur per nomen, non erit aliqua certificatio.

Proofs of God's existence.
(1) The consent of the majority of mankind.

Deus igitur est prima causa ante quam non est alia, quae non exivit in esse nec potuit non esse, infinitae potentiae, sapientiae, et bonitatis: Creator omnis rei et gubernator cujuslibet, secundum quod singulorum capax est natura. Et in hanc descriptionem concordant Tartari, Saraceni, Judaei, et Christiani. Sapientes etiam Idololatrarum et Paganorum, accepta ratione de hoc, non possunt contradicere; nec per consequens vulgus, cui praesunt sapientes tanquam rectores et duces. Nam fiet eis modus duplex arguendi ad hoc: unus per consensum omnium aliarum nationum et sectarum et reliqui totius generis humani. Sed majori parti minor se debet conformare : et turpis est pars quae suo non congruit universo. Et constat sapientiores homines esse apud alios sectas ; et hoc non ignorant pagani et idololatrae. Nam quando fit cum eis collatio convincuntur de facili, et suam ignorantiam manifeste percipiunt; sicut patuit per Imperatorem Tartarorum qui convocavit ante se Christianos, Saracenos, et Idololatras, ut de sectae veritate conferent; et statim confundebantur Idololatrae et convincebantur. Istud factum patet ex libro de moribus Tartarorum Domino regi Franciae qui nunc est directo [1]. Et quando Christiani conferunt cum Paganis, ut sunt Praceni [2] et aliae nationes conjunctae, de facili cedunt et vident se erroribus detineri. Cujus probatio est quod liben-

[1] See note on p. 387.   [2] Praceni for Prusceni as on p. 369.

tissime volunt fieri Christiani, si Ecclesia vellet demittere eos in sua libertate et gaudere bonis suis in pace[1]. Sed Christiani principes qui laborant ad eorum conversionem, et maxime fratres de domo Teutonica volunt eos reducere in servitutem, sicut certum est Predicatoribus et Minoribus et aliis viris bonis per totam Alemanniam et Poloniam. Et ideo repugnant; unde contra violentiam resistunt, non rationi sectae melioris.

Deinde persuasor sectae fidelis habet ex parte Metaphy- (2) Secon-sicae et istius Scientiae Moralis unde per alium modum dary causes lead up to arguendi procedat; quod volo modo innuere, donec com- a first pleatur scriptura[2] quam Vestra Celsitudo deposcit. Et cause. quidem homini industrio et consideranti efficaciam rationis potest proponi tanquam receptibile, quod causae non vadunt in infinitum, quoniam non possunt esse nec intelligi infinitae. Omnia enim quae sunt et quae intelliguntur sunt in aliquo numero comprehensa, ut dicit Aristoteles tertio Physicorum. Non est igitur causa ante causam in infinitum. Ergo standum est ad aliquam causam primam, quae non habet causam ante se, et omnis multitudo ad unitatem reducitur. Et in omni genere est unum primum ad quod caetera reducuntur. Quare, si haec sit causa prima, non habens aliam causam ante se, manifestum est quod non exivit in esse per causam, nec aliud est causa sui esse, nec facit se esse post non esse, quia tunc, dum non esset, haberet esse, ut faceret se esse. Omne enim quod facit aliud esse post non esse, habet esse dum hoc facit; ergo nihil est causa sui esse. Quapropter haec causa prima nunquam habuit non esse, ergo semper fuit. Sed si hoc, tunc semper est. Quoniam multa sunt quae semper erunt, et tamen non semper fuerunt, ut Angeli, et Animae, et Coelum, et Terra, et hujusmodi. Et ideo illud quod nunquam habuit non esse longe facilius conservabit suum esse in aeternum. Quod etiam nunquam habuit non esse est elongatum in infinitum a non esse; et ideo impossibile est quod cadat in non esse. Res enim aliquae quae exiverunt in esse possunt non esse, quia non est infinita earum elongatio a non esse. Nam

[1] Such a word as *sineret* seems to be wanted.

[2] Another reference to the *scriptum principale* which Bacon always kept before him.

aliquando non fuerunt : ergo cum non esse elongetur in
infinitum ab eo quod semper fuit, non est proportio inter
illa. Et ideo talis res non poterit non esse : et istud est
receptibilius omni eorum quae hic dicuntur, et ideo magis
est conceptibile quam indigens probatione.

Eternity of existence implies infinite power.   Quod autem res quae semper fuit et erit sit infinitae
potentiae, manifestum est. Quia si sit finitae potentiae tunc
sua potentia est imperfecta, quia in omni finito potest aliquid
addi, et omne imperfectum est naturaliter subjectum muta-
tioni, sed non est possibile poni aliquam mutationem nisi
ponatur prima. Primum enim est ante posterius naturaliter.
Et ideo cum prima mutatio sit circa esse et non esse, oportet
quod haec sit possibilis in eo quod habet potentiam finitam.
Sed haec mutatio non cadit in eo quod semper fuit et semper
erit ; quapropter nec finitas potentiae.

Infinite power implies infinite essence.   Item Philosophia arguit tertio de Consolatione [1] hoc modo.
In omni genere ubi reperitur imperfectum natum est reperiri
perfectum. Et ideo in genere potentiae oportet reperire
potentiam perfectam postquam imperfectam reperimus. Sed
perfectum [2] est cui nihil deest, nec aliquid addi potest ; secundum Aristotelem tertio Physicorum et quinto Metaphysicae.
Et cui nihil addi potest illud est infinitum ; quia finito
omni in quantum hujusmodi, potest fieri additio, et aliud
extra illud intelligi potest. Oportet ergo quod potentia perfecta sit infinita. Sed in rebus aliis ab hac causa quam
quaerimus non est potentia perfecta et infinita, ergo in hac
erit talis potentia. Sed si potentia ejus est infinita, tunc
essentia est infinita, quia potentia non excedit essentiam.
Nam essentia vel est aequalis potentiae vel major. Et jam
positae sunt demonstrationes ad hoc in eis quae dicta sunt
de materia [3]. Manifestum est igitur quod essentia causae
primae est infinita.

---

[1] *Consol. Philosophiae*, lib. iii. Prosa x : ' Omne enim quod imperfectum esse
dicitur, id imminutione perfecti imperfectum esse perhibetur. Quo fit ut si in
quolibet genere imperfectum quid esse videatur, in eo perfectum quoque aliquid
esse necesse sit. Etenim, perfectione sublata, unde illud quod imperfectum
perhibetur extiterit ne fingi quidem potest.'

[2] *De Coelo*, ii. 4 τέλειόν ἐστιν οὗ μηδὲν ἔξω λαβεῖν αὐτοῦ δυνατόν.

[3] Cf. vol. i. pp. 143-148.

Et certe si essentia et potentia sint infinitae, oportet quod bonitas ejus sit infinita[1], quia res cujus essentia est finita habet bonitatem finitam. Ergo infinita habebit infinitam ; et aliter non est proportio bonitatis ad essentiam in hac causa; quod non potest esse in tanta majestate. Et si .bonitas esset finita, esset imperfecta, et ei addi posset aliquid, et minui, et ita posset subjici transmutationi ; et ideo natum est habere non esse, ut prius arguebatur de potentia. Sed quod habet infinitatem majestatis in essentia et potentia et bonitate non est possibile quod careat cognitione, quia res quae hujusmodi est habet utilitatem, nec potest ad infinitatem majestatis deduci, ut elementa et lapides et vegetabilia.

Infinite power and essence imply infinite goodness and wisdom.

Deinde videmus quod res carentes potentia infinita, ut animalia et homines et angeli, habent cognitionem, propter nobilitatem suae naturae : ergo cum natura causae jam quaesitae sit nobilior in infinitum quam aliquid hujusmodi, habebit potestatem cognoscendi. Sed cum omnia alia quae in ea sunt inveniuntur infinita, haec causa habet sapientiam infinitam. Item si esset finita, esset imperfecta, et subjecta naturaliter transmutationi ad majus et minus, ut patet in caeteris cognoscentibus, sicut omne imperfectum. Et ideo prima mutatio quae est circa esse et non esse posset hic reperiri, ut superius est persuasum. Oportet igitur quod sit sapientia infinita in hac causa; sed si potentia ejus est infinita potest hunc mundum producere, et ejus sapientia infinita novit de hoc optime ordinare, et ejus bonitas requirit quod fiat, quia optimi est optima facere, et suam bonitatem communicare aliis, in quantum possibile est eis. Ergo haec causa produxit mundum necessario.

Nisi cavillator dicat quod mundus non exivit in esse unquam, nec habuit non esse. Sed tunc esset infinitae potentiae sicut haec causa, et ideo esset par ei et Deus, quod nullus

The universe not eternal, nor is there more than one

---

[1] Bacon does not attack the objection to which Aquinas gave such prominence (*S. T.* Quaest ii Art. iii) : ' Si Deus esset nullum malum inveniretur. Invenitur autem malum in mundo. Ergo Deus non est.' The reply being in the words of St. Augustine 'Deus cum sit summe bonus, nullo modo sineret aliquid mali esse in operibus suis, nisi esset adeo omnipotens et bonus ut bene faceret etiam de malo. Hoc ergo ad infinitam Dei bonitatem pertinet ut esse permittat mala, et ex eis eliciat bona' (Cf. Quaest. xix. Art. ix).

dignatur audire, nec aliqua secta ponit Si enim mundus semper fuerit, et nunquam habuit non esse ante esse, tunc non exivit in esse post non esse. Nec simul habuit esse et non esse, quia secundo contradictorum non sunt simul vera nec tempore nec natura. Ergo mundus fuit productus in esse, sed non nisi ab hac prima causa. Nisi dicas quod plures sunt hujusmodi causae, quod esse non potest quia neutra esset infinitae potentiae Quia si una est infinitae potentiae potest facere quicquid vult, ergo contra voluntatem alterius, ergo reliqua non est infinitae potentiae postquam potest ejus voluntas impediri. Et saltem in uno mundo unus erit Deus· Nam unus sufficit ad unum mundum. Et Aristoteles octavo Physicorum dicit quod melius est ponere unum quam plura, postquam unus sufficit, sed plures mundi coesse non possunt, ut prius habitum est in capitulo de unitate[1] mundi. Manifestum est igitur quod unus est Deus tantum Item si plures mundi essent, adhuc sufficeret unus Deus, quia ipse infinitae est potentiae, ergo producere et regere posset omnes illos mundos, quia omnes illi, quotquot essent, non facerent aliquod infinitum.

Caeterum Aristoteles[2] in octavo Physicorum et in undecimo Metaphysicae concludit unum primum motorem esse, seu unam primam causam esse, per hoc quod unus est motus primus, scilicet diurnus, et unus mundus. Et quod non possunt plures mundi esse ipse demonstrat in primo Coeli et Mundi[3], per hoc quod tunc terra istius mundi esset similis in natura et specie terrae alterius mundi Sed res ejusdem naturae habent motum naturalem ad eundem locum, ut secundo gravia quaecunque nata sunt moveri in deorsum idem. Ergo terra alterius mundi nata esset moveri ad locum eundem ad quem nata est moveri terra istius mundi, cum sit ejusdem naturae

---

[1] Vol. 1 pp 164–5

[2] In *Nat Auscult* lib viii, after having shown (cap. 6) that the Prime Motor is itself motionless, Aristotle goes on to show that the *primum mobile* (τὸ πρῶτον ἱπὸ τούτου κινούμενον) is eternal, and that this eternal motion must be circular. In *Metaph.* xi 8 § 2, these conclusions are restated, and eternity of motion is predicated not merely of the universe as a whole (ἡ τοῦ παντὸς ἁπλῆ φορά) but of each of the planetary orbs.

[3] *De Coelo*, i 8, 9

specificae. Sed terra alterius mundi non posset moveri ad centrum istius mundi nisi transiret circumferentiam alterius mundi, et hoc est moveri sursum in circumferentiam[1] alterius mundi ut ipsum penetraret, et tandem caderet in centrùm istius mundi. Cum igitur hoc sit impossibile, non potest fieri quod duae terrae sint nec duo mundi. Est igitur Deus unus, qui est causa prima omnium causarum, qui semper fuit et semper erit, habens majestatem infinitam et infinitatem potentiae, sapientiaé et bonitatis, Creator omnium rerum et gubernator. Nec possent esse plures Dei, sed unus Benedictus in saecula saeculorum, Amen.

Postquam hoc piincipium sufficienter verificaverit persuasor sectae, tunc debet ulterius arguere, quod homo tenetur facere ejus voluntatem, et ei servire cum omni reverentia Nam ejus Majestas est infinita, ut jam habitum est. Ergo ei debetur reverentia infinita. Caeterum beneficium creationis est infinitum, in hoc quod non potest fieri nisi per potentiam infinitam. Nulla enim potentia finita potest creare, quia infinita est distantia inter non esse et esse. Ergo oportet quod transitus de non esse ad esse sit per infinitam potentiam agentis Quapropter creatura debet Creatori reverentiam infinitam. Unde dicit Avicenna in Moralium Radicibus quod est de jure Dei ut obediatur praeceptis ejus Oportet enim obedire mandatis ejus cujus est creatura. *Duty of obedience to God*

Sed et tertia ratio hujus rei est propter felicitatem infinitam quam dabit obedientibus sibi, et propter poenam infinitam quam infliget inobedientibus sibi. Unde has causas reddit Avicenna quare serviendum est Deo, dicens quod obedientibus sibi praeparavit promissionem felicem quam nec oculus vidit nec auris audivit, et inobedientibus sibi praeparavit promissionem terribilem. Et hoc manifestum est per Metaphysicam et primam partem hujus Scientiae Moralis. Nam anima est immortalis, sicut dicit Aristoteles, et Avicenna et omnes philosophi nobiles ; et Tullius fecit librum de hac immortalitate. Et Seneca ubique hoc confitetur ; et omnes sectae aspirant ad vitam alteram. Etiam pagani puri credunt se victuros post mortem in corpore et anima, ut tactum est prius ; et ideo *Belief in a future state universal.*

[1] The MSS have centrum ; which I have ventured to correct.

ponunt resurrectionem mortuorum Unde Saraceni hoc
ponunt. Sed non aestimant nisi delicias corporales nunc in
hac vita. Nam Avicenna dicit in Radicibus Moralium quod
Machometus non dedit nisi gloriam corporum, non animarum,
nisi in quantum anima condelectatur corpori. Et Judaei
similiter resurrectionem ponunt, et Christiani. Et si primi et
ultimi, scilicet Pagani et Christiani, in hoc concordant, necesse
est omnes sectas medias ; et ideo Idololatras sicut alias
oportet fateri hoc. Et philosophi notabiliter hoc docent, sicut
prius ostensum est in prima parte hujus Scientiae Moralis.

Future bliss

Sed non potest esse quod homo placens Deo in hac vita
post resurrectionem habeat vitam qualem nunc habemus,
quia haec est plena omnibus miseriis, nec est de bonitate
naturae humanae Et ideo, cum resurrectio fiet ut reducatur
ad statum immortalitatis, oportet quod ab his miseriis liberemur. Nec consequentur aliquam miseriam qui Deo servierunt,
quia justum est ut praemium eis reddatur secundum largitatem
divinae bonitatis. Et iterum boni habent plerumque plura
mala hic quam mali Ergo si Deus est justus judex, non
tribuit in praesenti vita bonis sua praemia, nec per consequens
in alia vita erunt similia praesentibus. Ergo oportet quod
liberentur justi ab omni miseria ; et cum ille status est perfectus, oportet quod fiat gloria corporis et animae. Sed
appetitus animae rationalis transcendit omne bonum finitum
Et ideo ejus appetitus non potest claudi nisi per bonum
infinitum, et hoc est Deus, et ideo gloria humana erit in
participatione bonitatis Deitatis , et ex hoc sequitur corollarium
philosophiae nobilissimum, libro Consolationum tertio[1] conclusum, quod participatione Deitatis fient homines Dei, licet
unus Deus sit natura

Future misery.

Similiter cum mali hic offendunt Divinam bonitatem quae
infinita est, et cadunt in crimen laesae majestatis, necesse est
quod poena eorum sit ineffabilis in alia vita et infinita

[1] *Consol Philosophiae,* lib. iii Prosa x ' Quoniam beatitudinis adeptione fiunt
homines beati, beatitudo vero est ipsa divinitas, divinitatis adeptione beatos fieri
manifestum est. Sed uti justitiae adeptione justi, sapientiae sapientes fiunt, ita
divinitatem adepti Deos fieri simili ratione necesse est. Omnis igitur beatus,
Deus , sed natura quidem unus, participatione vero nihil prohibet esse quam
plurimos.

duratione. Quae cum ita sint, necesse est homini ut velit
Deo placere quod faciat ejus voluntatem, quatenus ei sic
serviat ut fugiat poenam intolerabilem, et consequatur beati-
tudinem infinitam.

Si vero oportet hominem facere voluntatem Dei propter Necessity
causas dictas, scilicet dignitatem majestatis infinitae, et propter tion fol-
of revela-
beneficium creationis et conservationis in esse naturae, et lows:
(1) From
propter retributionem futuram, tunc oportet quod cognoscat discordance
divinam voluntatem, et ea quae Dei sunt, et statum futurae of religions
and sects
felicitatis et miseriae. Sed haec non potest homo scire per
se ipsum; quod manifestum est propter errores et haereses
et diversitates, immo contrarietates sectarum principalium, et
non solum harum, sed propter articulos ejusdem sectae
principalis. Apud enim Chiistianos videmus tot diversitates.
Nam quidam sunt haeretici, quidam schismatici, quidam vero
Christiani. Et haereticorum diversitas est infinita Similiter
apud Judaeos: nam quidam fuerunt Pharisaei, quidam Sadu-
caei, et alii contrariantes ad invicem, ut Evangelia docent,
et Josephus in Antiquitatum libris manifestat. Similiter
Saraceni: nam Avicenna, et philosophi caeteri contradicunt
plebi et sacerdotibus. Ostendunt enim quod non solum est
gloria corporum, sed propria et major animarum ; et determinant quod secta illa cito destruetur. Et similiter Idololatrae habent sectas diversas. Nam illi qui vocantur Ingures [1],
quorum literas habent Tartari, ponunt Deum unum, quod non
facit alia multitudo Idololatrarum, sicut in libro de moribus
Tartarorum edocetur. Tartari vero similiter multum discordant. Nam quidam convertunt se ad Christianorum ritum,
quidam ad Saracenorum, quidam ad Idololatrarum, licet in
principali secta concordent [2]. Paganorum quidem major est

[1] See Marco Polo (Yule's ed.), vol. i. p. 225
    Rubruquis speaks of the Ingures (pp. 282-3 and 288, ed cit.) as a tribe or
nation who, owing to mixture with Nestorians and Mahommedans, held a modified form of idolatry (Buddhism). ' Sunt,' he says, ' quasi secta divisa ab aliis '
And again, ' Ingures qui sunt mixti cum Christianis et Saracenis, per frequentes
disputationes, ut credo, pervenerunt ad hoc quod non credunt nisi unum Deum.'
It was on the northern limit of their territory, says Rubruquis, that Cara Corum,
the headquarters of the Mongol power, was situated.

[2] Rubruquis says that on feast days Mangu held formal receptions of the
representatives of the various religions round him, Christian, Mahommedan and

diversitas et error, quia quilibet fingit sibi Deum ut vult, et colit quod sibi placet.

(2) From limitation of man's faculties Caeterum potentia sciendi in homine ad corpora hujusmodi et similia non sufficit, ut manifestum est cuilibet. Nemo enim scit veraciter et sufficienter naturam unius rei minimae, ut unius herbulae, vel muscae, vel alterius. Et videmus discordiam infinitam sapientum in naturis rerum corporalium. Multo magis igitur errabit homo circa res insensibiles, ut sunt substantiae spirituales, et status alterius vitae, et maxime circa ea quae ad Deum et voluntatem Dei pertinent. Quapropter necesse est quod habeat revelationem.

Et hoc est quod Aristoteles dicit in secundo Metaphysicae quod intellectus humanus se habet ad hujusmodi manifestissima in natura sua sicut oculus vespertilionis[1] et noctuae ad lumen solis. Et Avicenna dicit primo Metaphysicae quod homo se habet ad ea quae sunt Domini saeculorum in regno suo, sicut surdus a nativitate ad delectationem harmonicam et sicut paralyticus ad cibum delectabilem. Quapropter non poterit homo ascendere ad haec ut de his certificet sicut nec vespertilio nec noctua et surdus et paralyticus de his quae tacta sunt. Praeterea Alpharabius dicit in Moralibus[2] de hac materia quod, sicut se habet puer indoctus ad hominem sapientissimum sapientia humana, sic talis sapiens se habet ad divinas veritates, et ideo non poterit proficere nisi per doctrinam et revelationem. Et addit quod, si homo posset consequi veritatem sectae divinae, tunc non necesse esset mundo ut esset revelatio et prophetia. Sed haec, ut dicit, concessa sunt mundo, et necessaria sunt. Igitur non potest homo scire

Buddhist An Armenian monk whom Rubruquis found there, assured Rubruquis that Mangu while desirous that all should pray for him, believed only in Christianity 'But he was speaking falsely,' says Rubruquis; 'he believed none of them, as will be seen afterwards, they all hang round his court like flies round a honey pot, they all think themselves his intimate friends, and prophecy smooth things' (p. 313, ed cit).

[1] *Met.* lib. 1. (minor) cap 1 "Ὥσπερ γὰρ τὰ τῶν νυκτερίδων ὄμματα πρὸς τὸ φέγγος ἔχει τὸ μεθ' ἡμέραν, οὕτω καὶ τῆς ἡμετέρας ψυχῆς ὁ νοῦς πρὸς τὰ τῇ φύσει φανερώτατα πάντων

[2] I am unable to verify this reference The book *De Scientiis* already referred to does not contain any such passage; and no other printed work of Alpharabius is known to me. But the editor of *De Scientiis* speaks of other works as yet untranslated from the Arabic

hujusmodi veritates per se ipsum. Et hoc manifeste docet Avicenna in Radicibus moralis philosophiae, dicens quod necesse est ut fiat revelatio sectae a Deo; et quod homo mortalis non potest ad haec immortalia transcendere; secundum quod dicit Seneca, libro de Tranquillitate animi, quod homo nimis est mortalis ad immortalia.

Deinde, sicut non potest homo ad haec per se pertingere, sic nec debet praesumere de his certificare per se sine revelatione et doctrina, propter duas rationes. Una ratio stat in hoc quod ea quae sunt alterius saeculi, et praecipue voluntas Dei et quae ad Deum pertinent, sunt dignitatis infinitae. Ergo non sunt proportionalia miseriae humanae; nec est homo dignus ut ea nitatur ex sua propria virtute explorare, ut intelligat; quare sufficit ei ut credat edocenti. Nec etiam est dignus fide istorum propter sua peccata et miserias. Gaudeat igitur ut doceatur ab alio, sed non nisi a Deo vel ab Angelis auctoritate Dei. Manifestum est igitur quod non debet homo conari ut inquirat de istis divinis veritatibus antequam doceatur et credat. Item Deus ipse in infinitum melius et certius novit quae ejus sunt quam creatura possit scire. Et auctoritas Dei est infinita ac sapientia, respectu cujus nulla auctoritas humana habet comparationem nec sapientiam, et maxime respectu eorum quae Dei sunt.

Religious truth would be inaccessible without revelation.

Relinquitur ergo quod auctoritas Dei requiri debet sola, postquam ejus bonitas est infinita quae vult humano generi revelare quod necesse est ad salutem. Et proculdubio nos videmus adimpletum in sectis, quod omnes credunt suas sectas per revelationem haberi. Nam de Christianis et Judaeis planum est. Saraceni etiam credunt quod Machometus habuerit revelationem, et ipsemet fingit; alias non fuisset ei creditum. Et si non habuit Deum revelantem, daemones ei revelaverunt. Tartari similiter dicunt quod Deus revelavit sectam eorum, sicut in libro memorato scribitur, et certum est. Similiter et Idololatrae et Pagani credunt quod Deus revelet ea quae ad hujusmodi sectas pertinent: quia aliter non crederet homo homini in hac parte. Omnis enim qui sectam proponit ascribit Deo auctoritatem ut melius ei credatur.

All religions claim revelation.

Quoniam igitur hae sectae ita se habent, oportet ulterius persuaderi quod revelatio debet fieri uni soli perfecto legislatori, et quod una lex perfecta debet a Deo dari. Et hoc ostenditur propter discordias et haereses. Nam si plura essent capita, non posset humanum genus uniri, quia quilibet pro sua sententia stare contendit Item postquam unus est Deus, et unum est genus humanum regulandum secundum sapientiam Dei, necesse est quod haec sapientia unitatem sortiatur ab unitate duplici praedicta, aut aliter non esset conformis nec uni Deo nec uni humano generi. Si enim essent plures Dei et plures mundi, et, ut ita dicam, plura genera humana, tunc possent esse plures sapientiae divinae[1]. Sed non est possibile Deos multos esse, nec plures mundos Ergo non est possibile sapientiam Dei multiplicem esse. Item cum secta perfecta debet ostendere homini quicquid necessarium est sciri de Deo et quicquid utile est homini, tunc alia aut erit superflua si eadem sententiet, aut erronea si contraria promulget Quapropter non potest esse nisi una secta fidelis et perfecta, et similiter unus solus legislator qui accipiat eam a Deo, quia si secta una est, et legislator est unus, et e contrario. Et hoc est quod Avicenna docet in Radicibus Moralium, et Alpharabius in Moralibus. Oportet enim, ut dicit Avicenna, quod unus sit mediator Dei et hominum, et vicarius Dei in terra, qui recipiat legem a Deo et promulget eam De quo ait Alpharabius, Cum probatum fuerit quod advenit nobis per inspirationem a Deo non est possibile ut sit mendax. Et cum certificaverimus veritatem hujusmodi, tunc oportet quod remaneat illud quod dicit. Et neque debet esse perscrutatio ulterior de dictis ejus, neque consideratio si ei credendum est omnino.

Which is the true revelation ? Hoc autem stabilito, inquirendum est quis debeat celebrari pro legislatore, et quae sit secta divulganda per mundum. Ritus vero principales, ut dictum est, sunt aut Paganorum qui sola consuetudine vivunt, et qui sacerdotes non habent, sed quilibet sibi est doctor. Secundus ritus est Idololatrarum qui

---

[1] A remarkable speculation Note throughout Bacon's argument the inseparable connexion of the unity of God with the unity of the world, of the church, and of man.

sacerdotes habent, et conveniunt in aliquibus ordinationibus,
et congregantur in unum locum horis debitis pro solemni-
tatibus faciendis.   Nam campanas habent magnas sicut
Christiani ut prius habitum est[1].   Differunt etiam Idololatrae
a Paganis.   Nam Idololatrae manufacta colunt : Pagani vero
naturalia ut nemora, aquas, et infinita talia.   Tertius ritus
est Tartarorum qui philosophiam sectantur et artes magicas.
Quartus est Saracenorum.   Quintus Judaeorum.   Sextus
Christianorum.   Non enim sunt sectae plures principales in
hoc mundo, nec erunt usque ad sectam Antichristi[2].

Quoniam vero Pagani et Idololatrae ponunt creaturam esse
Deum etiam multitudinem Deorum affirmant, et utrumque
eorum est impossibile per praedicta, manifestum est ritus
esse erroneos.   Unde Imperator Tartarorum qui Manguncha[3]

The claim of the Tartars abandone by them- selves.

[1] Cf. vol. i. p. 373, where it is said that the use of bells by the Buddhists (Idololatrae) had deterred Oriental Christians from using them.

[2] Cf. note on p. 367.

[3] This is the reading of O.: Mangu Khan is of course meant.   The account of this religious parliament will be found in pp. 352-360 of Rubruquis' narrative; it is full of interest.   There was a very large gathering of Nestorian Christians, of Musulmans and of Buddhists, here called Tuini, each bringing their wisest as champions.   Violent or contentious language was strictly forbidden under pain of death.   Three arbiters, a Christian, a Mahommedan, and a Buddhist, were appointed.   Rubruquis, with some difficulty, persuaded the Nestorians to let him begin the conference with the subject of the unity and omnipotence of God, against which the Buddhists pleaded the existence of evil.   'Si deus tuus talis est ut dicis, quare fecit dimidietatem rerum malam? Falsum est, dixi: qui fecit malum non est Deus.   Et omnia quae-cunque sunt bona sunt.   Ad istud verbum mirati sunt omnes Tuini, et redigerunt in scripto illud tanquam falsum vel impossibile.'   Rubruquis, evading this point, forces them to admit that no one of their own gods was omnipotent, on which all the Mahommedans present burst into laughter.   These Mahommedans seem not to have been of the strictest; for when the Nestorians began to controvert their views, they remarked, We admit that your law is true, we confess the truth of everything in the gospel; therefore we do not care to dispute with you.   They declared, moreover, that in all their prayers they asked that their death might be like that of the Christians.

On the following day Mangu had a friendly interview with Rubruquis, but told him to return to Europe.   He assured him that he too believed in one God: but that as a man's hand had several fingers, so God had given to men various rules of life.   To the Christians he gave their scriptures; to the Tartars their diviners.   The Tartars were, however, he remarked, more obedient to their authority than the Christians to theirs.   The letters given by Mangu for delivery to King Louis were similar to those which Mangu's predecessor Kuyuk had sent by Carpini to Innocent IV.

dicitur, de quo superius tactum est in eis quae de Locis Mundi dicta sunt, convocavit fratrem Gulielmum praedictum cum Christianis, et Saracenos et Idololatras, ut disputarent de sectis. Et Christiani et Saraceni statim convicerunt Idololatras, et sectam suam evacuaverunt, sicut frater Gulielmus in suo libro recitat Domino Ludovico illustri regi Francorum, de quo superius est notatum. Et quia spurcitia Paganorum et Idololatrarum manifesta est, ideo non oportet plus immorari ad praesens.

The claim of Pagans and Idolaters may be dismissed at once. Quamvis vero Tartari unum verum Deum colant, tamen nihilominus declinant ad Idololatriam. Nam ignem venerantur credentes omnia purgari et expiari per eum. Unde transducunt filios suos per ignem et nuncios et munera. Similiter limen domus celebrant; nam quicunque calcat super limen morti condemnatur[1]. Unde similiter Azotii non calcabant super limen templi Dagon, primo Regum quinto. Praeterea ipsi non habent sacerdotes nisi philosophos qui etiam declinant ad artes magicas, et utuntur responsis daemonum, sicut docetur in libro de moribus eorum, et hoc certum est. Unde philosophiam non transcendunt, sive veram sive magicam. Sed supra habitum est quod philosophia est circa sectam. Nam perfectus in sapientia philosophiae est respectu sectae revelandae sicut puer indoctus respectu hominis perfecti in sapientia philosophiae, sicut superius est edoctum. Ergo manifestum est quod Tartarorum secta non est illa quam quaerimus, et hoc ipsimet fatentur. Nam praefatus imperator Tartarorum confessus est sectam Christianorum dari a Deo et esse optimam. Et faciunt instrui filios suos in Evangelio et vita sanctorum, et recipiunt aquam benedictam et crucem et sacerdotes Christianos quando infirmantur, et ad eos recurrunt tanquam ad ultimum refugium, sicut habetur in libro de moribus eorum, et certum est per experientiam. Nam et Imperatrix illius imperatoris vocavit fratrem Gulielmum et sacerdotes Christianos cum aqua benedicta et cruce, petens

---

[1] The Franciscan Thomas, who accompanied Rubruquis, got into serious difficulties by accidentally touching the threshold as he was leaving the royal presence. (See p. 319 of R.'s narrative.)

ab eis consilium, cum fuerat infirmata [1]. Facile est igitur
consideranti has evacuari debere sectas. Sed tres aliae sunt
magis rationabiles, scilicet, secta Judaeorum, Saracenorum,
et Christianorum.

Quod autem sola lex Christiana sit praeferenda potest
homo considerare his modis. Primo per sententias philosophorum superius annotatas in applicatione mathematicae ad
Ecclesiam, et in prima parte Moralis Philosophiae [2]. Nam ibi
dantur nobilia testimonia de articulis fidei Christianae, scilicet
de beata Trinitate, de Christo, et de beata Virgine; de
creatione mundi, de angelis, de animabus et de futuro judicio,
de vita aeterna, de resurrectione corporum, de poena purga-
torii, de poena inferni, et hujusmodi quae in secta Christianorum
continentur.

Christian revelation supported by philosophy.

Non sic autem Philosophia est conformis sectae Judaeorum
et Saracenorum; nec dant philosophi eis testimonia. Ergo
manifestum est quod cum Philosophia est pracambula ad
sectam, et disponit homines in eam, oportet quod sola Christianorum secta sit tenenda. Item philosophi non solum dant
viam in sectam Christianam, sed destruunt alias duas sectas.
Quoniam Seneca in libro suo quem fecit contra sectam [3]
Judaeorum ostendit multis modis quod irrationabilissima est
et erronea, secundum quod ad solam literam tenetur, ut
Judaei carnales crediderunt qui eam sufficere ad salutem
aestimaverunt.

Not so the Mahomme- dan: or the Jewish.

Et philosophi Saraceni suam legem vituperant et determinant quod cito deficiet. Nam Avicenna nono Metaphysicae
suae redarguit Machometum propter hoc quod solum posuit
delicias corporales et non spirituales. Et Albumazar in primo
libro Conjunctionum docet quod ad plus non durabit secta
illa nisi per 693 annos, et jam transierunt 665 [4], et ponit
quod potest deficere in minori, sicut superius in Mathematicis

---

[1] Cf. pp. 321-4 of the narrative.

[2] Cf. vol. i. pp. 253-4, and vol. ii. pp. 228-48.

[3] Among the fragments of Seneca (41, 42), there is a passage (quoted by
St. Augustine, *De Civitate Dei*, vi. 11), in which he attacks the Sabbatarian practices
of the Jews. But no systematic treatise attacking Judaism as a whole is extant.

[4] 665 Mahommedan years of 354 days, equal very nearly 644⅔ of our own
years; which brings the date to 1267 of our era, i. e. to the year in which
Bacon was writing. Cf. vol. i. p. 266.

est notatum. Et patet quod Tartari fere totum dominium Saracenorum deleverunt, et Aquilone et Oriente et meridie, usque ad Egyptum et Africam. Ita quod Kaliph qui est loco papae apud eos jam destructus est tredecim annis, et Baldach civitas istius Kaliph capta cum infinita multitudine Saracenorum. Sed aliter possumus hoc idem videre per Sibyllas: Nam, sicut superius patuit, ipsae praedicabant Christum esse Deum, et omnes articulos principales Christianae fidei protulerunt. Sed nullum testimonium dant aliis : immo solam hanc sectam salutis esse dixerunt.

Jewish expectation of Christ, indicated in Josephus and Esdras. Est et alia via considerandi ista, descendendo ad proprietates legislatoris et sectarum. Secta quidem Judaeorum non ponit fidem in Moyse, sed expectat Messiam qui est Christus ; licet Judaei non expectent Christum qui est caput Christianorum, sed alium quem fingunt adhuc venturum. Ergo manifestum est quod illa lex non sufficit, cum legislatorem perfectiorem expectent quam sit Moyses. Quod autem hic sit Christus Dominus Christianorum potest per legem eorum probari, et per auctoritates eorum. Nam prophetia Danielis manifesta est per computationem annorum usque ad Christum ; post enim tempus illud venit. Et praeterea adveniente Christo cessavit sacerdotium Judaeorum et regalis dignitas apud eos, ut ipsi negare non possunt. Sed hoc adimpletum est tempore Christi. Nam jam transiit regnum Judaeorum primo ad Herodem et postea ad Romanum imperium, ut historiae Judaeorum docent, sicut patet ex libris Josephi Judaei qui destructionem Judaeorum per Titum et Vespasianum narravit. Caeterum Josephus dicit ibidem quod in tempore suo apparuit Jesus Christus sanctissimus homo, si fas eum dicere hominem, de quo omnia impleta sunt quae Prophetae nostri locuti sunt de eo, sicut ipse gloriose testatur. Item ipse dicit quod, quando Dominus crucifixus fuit, audita est vox coelestium virtutum in Jerusalem, Relinquamus has sedes. Qui cum sit maximus auctorum apud Judaeos et Graecos et Latinos in historiis scribendis, ut omnes sapientes et sancti fatentur, manifestum est per eum quod Messias quem lex Judaeorum promittit est Dominus Jesus Christus quem colunt Christiani.

Idem patet per Esdram libro quarto. Nam refert Deum

Patrem sic dixisse, Revelabitur Filius meus Jesus cum eis qui cum eo jocundabuntur qui relicti sunt in annis quadringentis : et post annos quingenti morietur Filius meus Christus, et convertetur saeculum [1]. Sed tot anni fluxerunt ab Esdra ad Christum. Item in libro duodecim Patriarcharum docetur manifestissime de Christo. Nam quilibet Patriarcha docebat tribum suam certificationem de Christo, sicut adimpletum est.

Et si dicatur quod hi libri sunt Apocryphi, id est de quorum auctoribus non est certum, hoc non tollit veritatem, quia libri hi recipiuntur a Graecis, Latinis, et Judaeis. Nam beatus Ambrosius in Omelia super Evangelium Lucae recitat illam auctoritatem Esdrae. Et multis aliis utitur Ecclesia in officio de libro illo. Multi enim sunt libri in usu Latinorum, Hebraeorum, et Graecorum de quibus non est certum qui sunt auctores : immo de paucis nos Latini sumus certificati, et in multis erramus. Nam cum aestimamus quod Avicenna fecit librum Coeli et Mundi qui communiter habetur, falsum est. Et multi commentarii libri aestimantur esse ipsius Averrois qui non sunt, sed magis Alpharabii, ut super librum Physicorum Aristotelis. Et in theologia libri Ecclesiastici et Sapientiae non habent certos auctores, cum alii aestimant hos esse Solomonis, alii Philonis, alii alterius. Unde non obstat quod liber sit ignoti auctoris, dummodo a multitudine sapientum comprobetur.

Apocryphal books true, though of doubtful authorship.

Praeterea si consideremus sectam Judaeorum ad literam ut ipsa datur, est abominabilis, irrationabilis, et intolerabilis. Abominabilis vero est quia primorum arietum, vitulorum, taurorum, et hircorum in Templo occisio per sacerdotes horribilis est et immundissima ; et omnino irrationabilis est, quia continet abusiones infinitas, ut patet cuilibet ; et importabilis, quia onus ibi est infinitum ; nec unquam potuerunt Judaei adimplere caerimonias illius legis ; sicut beatus Petrus ait, Nec nos nec patres nostri. Et planum est hoc ex serie Scripturae legis : quoniam propter impossibilitatem onerum

The bad side of Judaism.

---

[1] 2 Esdras. ch. vii. 28, 29 (revised version) : 'For my son Jesus shall be revealed with those that be with Him, and shall rejoice them that remain four hundred years. After these years shall my son Christ die and all that have the breath of life.'

converterunt se ad Idololatriam et alienos deos secundum
singulas aetates   Et Deus ipse testatur quod ei non placuerunt hujusmodi caerimoniae, sicut in Psalmis pluribus continetur, cum dicitur, Sacrificium et oblationem noluisti, aures
autem perfecisti mihi.   Et in alio, Non accipiam de domo tua
vitulos neque de gregibus tuis hircos.   Et primo Isaiac
patet manifeste et alibi.   Unde ne omnino fierent Idololatrae,
Deus occupavit eos in hujusmodi caerimoniis   Deinde lex
non promittit nisi bona temporalia et corporalia ; sed secta
perfecta promittit bona aeterna et spiritualia, ut patet ex
praehibitis.

Eodem modo contingit nos descendere ad sectam Saracenorum et legislatorem eorum.   Ipse quidem Machometus
in Alkoran, qui est liber legis suae, dicit Christum natum de ,
virgine Maria[1] sine commixtione hominis afflatu Spiritus
Sancti, et dicit eum esse majorem prophetam Dei   Unde.
praefert Christum Machometo, et ideo lex Christi praeferenda
est.   Cum ergo debet una lex esse in mundo, ut probatum
est, tunc erit illa quae melior et dignior est , et haec est secta
Christi. Item philosophi Saracenorum reprobant hanc sectam.
Sed secta veritatis licet sit supra philosophiam, non tamen
est contra eam, nec a philosophia reprobata, sed approbata ;
sicut de secta Christi in Mathematicis et in prima parte
Moralis Philosophiae edocui.   Similiter ostendunt quod destruetur haec secta, et tempus notatur suae destructionis.
Sed secta salutis semper durabit usque ad vitam aeternam,
quia ducit in eam ; ergo non est secta Machometi   Item
legislator fuit vilissimus in vita ; nam pessimus adulter fuit,
sicut in libro Alkoran scribitur.   Omnem enim mulierem
pulcram a viris eorum rapuit ipse per violentiam et violavit.
Sed adulterium est contra omnem legem et sectam ; quia hoc
est quod inducit discordiam civium , et similiter falsos haeredes
instituit, et ideo dissolvit jura rei publicae.

Caeterum si descendamus intimius[2] magis ad has tres sectas,

*Mahom-
medan
claims re-
futed by
Mahom-
medans
themselves*

[1] The teaching of the Koran as to Mary will be found in the 3rd and 19th
chapters (Sale's ed.). The miraculous conception was accepted , Jesus being
regarded as a great prophet. This was of course accompanied by indignant
and repeated denial of the Incarnation.

[2] intimis, D , intimius, O.

possumus uberius videre quae sit tenenda. Et pro radice Weight of
istius considerationis, oportet ponere quod historiae omnium testimony
from all
nationum concedendae sunt aequaliter, ubi occurrit forma dis- three re-
putandi. Nam si Christiani negent historias Saracenorum et ligions in
favour of
Judaeorum, illi negabunt eodem jure historias Christianorum. Christ.
Sustineamus gratia disputationis historias istarum sectarum,
ut videamus quae praevalere debeat in hac parte. Dicitur
igitur in historia Evangelica quod inter natos mulierum non
surrexit major Johanne Baptista; sed idem Johannes dicit
quod non est dignus solvere corrigiam calceamenti Jesu
Christi; ergo nec Machometus nec Moyses, quia non est
comparatio eorum ad Christum, nec legis ad legem. Item
Alpharabius docet in libro de Scientiis modos probandi sectas,
et duos prae aliis notabiles ponit. Unus est quod ille debet
esse legislator perfectus cui perhibent testimonium prophetae
praecedentes et subsequentes. Sed non perhibent testimonium
prophetae praecedentes et subsequentes Moysi nec Machometo. Ergo Christus solus est legislator quem quaerimus.
Quod autem prophetae priores perhibeant testimonium Christo
hoc ipsemet testatur, dicens Lucae ultimo, Sicut scriptum est
in lege Moysis et Prophetis et Psalmis de me. Et Johannis
secundo, Moyses enim scripsit de me; et per prophetiam
Danielis manifestum est praetactam; et per Isaiam qui dicit,
Ecce virgo concipiet et pariet filium; cui Machometus concordat cum dicit Christum esse filium Virginis; et per Josephum,
qui testatur quod omnia impleta sunt in Christo quae per
prophetas dicta sunt de eo. Sed hoc non solum patet sic, sed
per prophetas posteriores eo, qui sunt sancti innumerabiles,
qui non solum dederunt testimonium Christo, sed testantur
quod prophetae priores omnia locuti sunt de eo.

Istis autem sanctis prophetis posterioribus credendum est Six reasons
propter sex rationes. Nam prima et potissima ratio quare for accepting the
his credendum est est sanctitas perfecta. Quoniam Tullius witness of
in Topicis, ubi docet considerationes auctoritatis, digne attri- the Saints.
buit eam primo et per se virtuti; quia homo bonus et sanctus
non vult mentiri. Secunda conditio est sapientia ineffabilis
qua sciverunt cavere ab omni errore. Nam non solum apparentia coram oculis cognoverunt sed absentia; et non solum

corporalia sed spiritualia secundum conscientias hominum ;
et non solum praesentia sed praeterita et futura, pleni spiritu
prophetico, sicut historiae Christianorum narrant infinities.
Tertia conditio fuit potentia miraculorum inenarrabilis qua
praediti sunt illi sancti   Sed Alpharabius dicit quod propter
miracula credendum est.   Hic enim est alter modus probandi
sectam, scilicet per miracula, quem ponit.   Quarta conditio
fuit in his sanctis quod usque ad mortem steterunt pro sua
doctrina, quod non fecissent, nisi scivissent summam veritatem
esse in ea   Quinta conditio est quia existentes in diversis
partibus mundi eandem sententiam protulerunt, nullo ab alio -
recipiente doctrinam   Ergo oportuit quod per inspirationem
Dei loquerentur, et ideo sine errore.   Sexta conditio est quia
fuerunt idiotae et laici, ut Petrus et alii, et pauperes, et viles
homines et abjecti · et tamen praevaluit eorum sententia
contra imperatores et philosophos et pontifices eorum.   Manifestum est igitur per haec quod isti sunt digni ut eis credatur.
Sed isti dicunt prophetas priores dare testimonium Christo.
ergo hoc est verum.   Et praeterea ipsimet dant testimonia
infinita Christo   immo tota vita eorum, non solum doctrina,
fuit confirmatio legis Christianae.   Cum ergo Prophetae
priores et posteriores innumerabiles dederunt testimonium
Christo, ita etiam quod Moyses et Machometus dederunt ei
testimonium, et non sic habent Moyses et Machometus, ut
planum est ex historiis Judaeorum et Saracenorum , oportet
ergo quod Christus sit legislator perfectus

Miracles   Hoc idem probatur per secundum modum Alpharabii de
probando sectas, qui est penes miracula.   Nam etsi Moyses
fecit grandia secundum veritatem, et Machometus secundum
fraudes et apparentias, quae etiam gratia disputationis conce-
dantur, tamen non habent comparationem ad miracula Christi.
Nam concedentes eorum miracula omnia et historias omnes,
inveniemus in historia evangelica Johannis ultimo capitulo ;
Sunt autem haec et multa alia quae fecit Jesus, quae si scri-
bantur per singula, nec ipsum arbitror mundum capere [posse]
eos, qui scribendi sunt, libros ; propter multitudinem et magnitudinem miraculorum: quod non potest haberi de historiis
Moysi et Machometi. Item dicit, Ut autem sciatis quod

Filius hominis habet potestatem dimittendi peccata, ait
paralytico, Tibi dico, surge. Sed dimittere peccatum et
curare animam est infinitum miraculum, et majus quam infinita
miracula facere corporalia. Et huic annexum est maximum
argumentum pro Christo. Nam nullus potest dimittere
peccatum nisi fuerit Deus: ergo ipse fuit Deus. Item historiae omnes confitentur ipsum esse Deum, et istae historiae
illatae sunt per sanctos quorum est sextupla conditio praedicta, qui non potuerunt mentiri. Igitur oportet quod hoc
sit verum. Et prophetae priores fatentur ipsum esse Deum.
Unde Isaias, Vocabitur Emanuel, id est, Nobiscum Deus. Et
David, Sedes tua Deus in saeculum saeculi. Et alibi infinities,
secundum quod sancti posteriores qui errare non possunt
prophetias exponunt. Cum igitur sit Deus, quod non esse
verum de Machometo nec de Moyse, etiam Judaei et Saraceni
testantur, manifestum est quod ipse est perfectus legislator
et solus, ut nulla sit comparatio Moysi et Machometi nec
alterius ad ipsum.

Et adhuc patet istud item per collationem legum. Nam Ethical
omnis sanctitas et vitae perfectio traditur in lege Christiana, superiority
of Chris-
et nulla immunditia peccati conceditur. Sed apud Macho- tianity.
metum multa peccata conceduntur, ut planum est in Alkoran,
et nulla vitae perfectio observatur, quoniam deliciis luxuriae
propter multitudinem uxorum [1] absorbentur. Similiter Judaei
supra omnia aspirabant ad generationem. Nam sub male-
dictione legis continebatur sterilis, nec est virginitas ab eis
laudata, nec paupertas voluntaria, nec obligatio hominis ad
voluntatem alterius, quae tria sunt maxima perfectio. Nam
nullus potest dubitare quin virginitas est res mundissima
et sacratissima, et paupertas voluntaria est res ab omnibus
philosophis approbata, secundum quod satis patet superius
ex tertia parte Moralis Philosophiae. Sed maximum quidem
et arduissimum est subjicere se voluntati alterius omnino; ut
quilibet novit. Et ideo cum haec docentur in lege Christi,
et non in lege Machometi nec in Moysi, manifestum est
Christi legem omnino praevalere. Item certificatio de Deo,
et de vita futura beatorum et malorum, habetur per legem

[1] uxoriae, D.

Christi, ut de beata Trinitate et resurrectione et aliis Sed haec non habentur per legem Moysi, nec per Machometum, ut planum est. Ergo lex Christi praeferri debet. Sed talis est divulganda per mundum, ut ostensum est prius. Ergo oportet ut haec sit lex Christiana.

Special examination of the doctrine of the Eucharist.

Probato quod lex Christiana sola tenenda est, tunc patent omnes ejus articuli. Nam si totum approbatur, oportet quod quaelibet ejus pars concedatur. Quum tamen alius articulus videtur humanae fragilitati gravis, eo quod quidam negant, et aliis est dubium, alii cum difficultate recipiunt, quibusdam durum videtur, alii imperfecte sentiunt, pauci de facili et cum plena pace et suavitate animi tenent, et est hoc Sacramentum Altaris, circa quod, secundum Apostolum, multi sunt infirmi et imbecilles et dormiunt multi; ideo circa hoc dignum duxi negotiari, ut ostendatur quod est verissimum et certissimum, quod debet ardentissime desiderari et instantissime peti, quod ferventissime debemus expectare, cum omni reverentia colere, cum gaudio et devotione tenere, fide certissima contemplari, quod, si non esset, diligentissime a Deo impetrari, et non corruptibilibus auro et argento emi, sed vita et morte[1]. quod si fuerit et ignoretur, debet statim cum proponitur recipi, immo rapi de ore proferentis, immo sine doctore sciri et amari super omnia, ut homo fidelis nihil aliud gaudeat scire nec habere; quoniam, hoc scito, sciuntur omnia quae ad salutem pertinent, hoc ignorato omnia ignorantur, hoc habito, omnia habentur, et quo qui caret nihil convincitur possidere. Quia igitur hoc sapere necessarium est cuilibet, cum tamen multi ignorant hoc Sacramentum, alii, quando convertuntur ad fidem, hic turbantur magis quam alibi, multi Christiani, qui cum sensu humano nituntur judicare de divinis, titubant aut imperfecti sunt, ideo quomodo et infidelibus et Christianis fiat certissima persuasio de hac veritate optimum est considerare. Ponam igitur radices hujus persuasionis secundum gratiam mihi datam

Proofs from Scripture and from general assent of the Church.

Igitur quod sit verissimum, scilicet quod in hoc Sacramento Dominus Jesus est verus Deus et verus homo ostenditur primo per probationem totius sectae Christianae; et cum

[1] debet seems wanting, but is delayed till the next clause.

illa probata est, et hoc est unum quod profitetur haec secta, manifestum est quod veritatem habebit. Item praeter vias communes toti sectae, habet haec beata veritas suos modos proprios sicut tota secta. Nam per Scripturam sacram in Evangeliis et apud Apostolum hoc manifeste docetur ; Patres vestri manducaverunt manna et mortui sunt ; qui manducat me vivit propter me ; et, Ego sum panis vivus, qui de coelo descendi : si quis manducaverit ex hoc pane, vivet in aeternum. Et decimo sexto Sapientiae, Angelorum esca nutris populum tuum ; et infra, Substantiam enim tuam et dilectionem quam in filios habes ostendis. Haec est esca in quam desiderant Angeli prospicere, secundum Petrum Apostolum. Et ideo non est istud manna populi antiqui, cum illud non sit Angelorum esca ; cum dicit, Substantiam tuam [1], etc., patet non esse intelligendum de manna antiquo. Et Apostolus qui primo persecutus est veritatem Christi postea confitetur quod accepit a Domino hoc sacrificium. Praeterea per Scripturam sacram non solum patet, sed per omnes sanctos qui testimonium perhibent de hoc articulo, qui mentiri non poterant propter conditiones quas superius de eis enumeravi. Caeterum hoc patet per communem consensum et definitionem omnium doctorum Catholicorum, ut magistrorum et lectorum in lege Dei. Nam omnes una sententia testantur Christum esse in hoc Sacramento.

Deinde miracula sunt hic infinita quae in scriptis sanctorum et historiis inveniuntur. Sed duo ponam hic, quae adhuc non sunt scripta, quae certissima sunt et nulli dubitationi subjecta. Nam quaedam matrona Deo devota desiderans habere prolem ab episcopo hereticorum fuit excitata, cui filium promisit. Et vocato Nigromantico qui daemones scivit suscitare, convenerunt in locum secretum domina et Episcopus falsus et Nigromanticus. Quo peragente quae voluit in circulis et carminibus, apparuit Daemon in specie pueri coronati qui ab eis sciscitabatur quid vellent. Et Nigromanticus et Episcopus fallax quaesiverunt a Domina quid desideraret. Dum autem ipsa perterrita et timore Dei correpta nihil respondit, recessit

Miraculous proofs have occurred in this generation.

---

[1] Wisdom, ch. xvi. 20, 21. In the version adopted by the Revisers, the force of Bacon's quotation is diminished.

Daemon ad murum quendam prope et deposita corona a
capite suo adoravit et genu flexit. Quo facto reversus est ad
eos, iterum quaerens quid vellent. Et cum Dominam homines
perversi sollicitabant, ipsaque prae timore non est ausa loqui,
rediit Diabolus ad locum priorem ubi adoraverat, et inclinavit
caput suum, sed non deposuit coronam nec genu flexit
Deinde rediit ad eos, et quaesiverunt ab eo quare sic primo
fecit et sic secundo Ipse vero dixit quod quidam infirmus
jacuit ultra murum in domo quadam, et sacerdos portavit
corpus Christi ad eum et 'oportuit me,' dixit Daemon,
'coronam de capite meo deponere et adorare et genu flectere,
quia scriptum est, In nomine Jesu omne genu flectitur coelestium, terrestrium, et infernorum Et quando secunda vice
redii, dederat sacerdos corpus Christi infirmo, et portabat
vas vacuum, et ideo non deposui coronam nec genu flexi,
sed tantum propter reverentiam portitoris et vasis Christi
ego inclinavi caput et adoravi.' Tunc Episcopus haereticus
factus est verus Christianus, et statim incepit fidem Christi
praedicare, et haereticam confundere pravitatem O quam
vera probatio et quam nobilis est ista, cujus laus enarrari
non potest! Et vivunt multi qui istud factum noscunt
certitudinaliter

Accidit etiam in ordine Fratrum Minorum quod unus frater
per multos annos hoc Sacramentum communicare non poterat,
nec stetisset coram altari cum fratribus quando communi-
cabant, si quis ei totum mundum dedisset, qui tamen nescivit
quid esset in causa. Et sicut Deo placuit, unus frater sapiens
et sanctus dixit ei quod vel fuit in peccato mortali crudeli, vel
non fuit baptizatus Ipse vero, diligenter considerans quod
non habuit conscientiam de peccato, incepit dubitare de
baptismo. Et inquirens a parentibus de modo baptizandi,
invenit quod ipse et alius puer fuerunt sacerdoti simul prae-
sentati, qui alterum baptizavit et istum per simplicitatem
neglexit. Quo comperto fecit se in ordine baptizari, et postea
recepit Sacramentum Altaris sicut alius homo. Ex quo patet
quod veritas hujus Sacramenti per Baptismum probata est et
vera est, et veritas Baptismi per hoc Sacramentum. Et ideo,
cum Ecclesia tenet quod Baptismus primo habet fieri ut

caetera consequantur, manifeste patet per hoc miraculum quod verum est quod Sancta Ecclesia credit de hoc nobilissimo Sacramento.

Praeter vero hos modos probationis sunt rationes hujus- Rational proofs. modi. Sicut enim Creator se habet ad creaturam et qualem First. ad esse Naturae rerum, sic Redemptor ad redempta sive ad eos qui sunt in esse Gratiae, et abundantius. Nam plus est recreare quam creare ; sed ex lege majestatis Creatoris est [quod]¹ ubique praesens est creaturae, nec est aliqua expers suae praesentiae. Ergo ex potestate Recreantis infiniti erit quod praesens sit cuilibet recreato habenti esse gratiae. Sed aliter non datur praesentia ejus nobis nisi ex hoc Sacramento. Ergo necesse est hoc Sacramentum esse.

Item necessitas creaturae infinita requirit praesentiam Second Creatoris. Nam aliter deficeret, eo quod creatura in non esse proof. tenderet, nisi manu teneretur per praesentiam majestatis : ut philosophia et theologia concordant. Sed tanta, immo major, est necessitas recreati ad Redemptorem ; ergo oportet quod Recreator sit in recreato et ei fiat praesens, si debeat stare in esse recreati, id est in esse gratiae. Nam sicut esse naturae se habet ad Creatorem, sic esse gratiae ad Recreantem. Et ideo sicut creatura caderet in non esse naturale nisi esset prae- sentia Creantis, sic recreatum caderet in non esse oppositum gratiae nisi per praesentiam Redemptoris teneatur.

Item potentia Christi est infinita, cum sit Deus, et ejus Third sapientia est infinita, et bonitas similiter. Quapropter si ex proof. infinitate potentiae potest hoc facere, et ex infinitate sapientiae novit hoc facere, ergo ex infinitate bonitatis vult hoc facere ; quia optimi est optima facere. Et ideo, habens bonitatem infinitam, debet facere bonum infinitum et quantum potest recipi ab eo. Sed hoc bonum recipi potest a recreato, id est existente in esse gratiae, ergo oportet quod fiat ei.

Et adhuc per simile patet hoc. Nam creatura in esse Fourth naturae quaelibet recipit a Creatore quantum potest capere proof. secundum suum statum : secundum quod dicit Tullius in libro de Natura Deorum, Omnes partes ² mundi ita constitutae sunt,

---

¹ quod, though not in the MSS., seems called for.
² *De Nat. Deor.* ii. 34.

ut neque ad usum possint meliores esse, nec ad speciem pulcriores Ergo similiter quodlibet recreatum habens esse gratiae recipiet de bonitate recreantis quantum potest capere Sed potest capere bonitatem suae substantiae; ergo hanc recipiet secundum sententiam libri Sapientiae, cum dicitur, Substantiam tuam eis dedisti Et ideo oportet quod omnis homo stans in gratia recipiet suum Salvatorem secundum quod Ecclesia ordinavit.

Fifth proof. Caeterum peccatum originale deleri non potest sine hac hostia Deo offerenda Sed hodie multiplicantur peccata mortalia Ergo oportet quod haec hostia satisfaciat Deo patri pro peccatis mundi. Item Deus assumpsit hanc humanitatem ut permitteret sanguinem fundi de ea pro nobis moriendo et sic redemit nos Sed plus est hoc quam nos pascere hac carne et hoc sanguine. Ergo si quod plus est voluit ex sua bonitate pro nobis facere, multo fortius voluit facere quod minus est, cum sit nobis utile, conveniens, et necessarium.

Not merely assent is needed, but passionate assent Haec vero et hujusmodi possunt aptari ad hoc quod hoc Sacramentum possit habere veritatem, ut nullus possit nec debeat contradicere Sed hoc non solum requiritur, sed ut facillime recipiatur, et facilius et libentius et devotius quam aliqua veritas quae potest in hac vita nobis proponi . immo ut in hac vita quiescamus sicut in dulcedine vitae aeternae , ut nihil velimus nisi propter hoc , quo si careremus, reputaremus nos nihil scire vel habere respectu hujus gloriosae veritatis qua deificamur et assumimur in vitam aeternam.

The content of this Sacrament Circa vero ejus facilitatem sunt plures modi Unus est per considerationem illius quod continetur in hoc Sacramento, alius per modum existendi , tertius per modum utendi, et quidam alii, ut notabitur Res quidem contenta est in culmine majestatis et gloriae atque in plenitudine salutis et in fine pulcritudinis, haec plana sunt cum Deus et Homo glorificatus et unus in una persona ibi consistant. Deus enim ex sua natura habet infinitatem majestatis et bonitatis, et pulcritudinis, ut patet ex his quae tacta sunt superius. Nam quicquid est in eo est infinitum. Similiter homo, assumptus in gloriam Dei et bonitatem et pulcritudinem, communicat infinitatem triplicem ratione unionis individuae personae. Et ideo plena infinitas gloriae et salutis et pulcritudinis in contento hujus sacramenti reperitur.

Similiter in modo existendi. Nam cum hic et in coelo sit The ubi-haec persona in natura divina et humana ejusdem majestatis quity in it of Christ's consimiliter, sic in omni ecclesia, et in omni qui habet gratiam, twofold recipitur simile et simul. Hoc est potentiae infinitae, quia nature. non limitatur ad hoc nec ad illud, et hoc infinitae majestati attestatur. Similiter, quod in qualibet parte hostiae totus Christus est, hoc est potentiae infinitae : quia non est limitatus ad partem, nec partes ejus secundum partes hostiae dividuntur. Est igitur trip'ex ratio majestatis in modo existendi. Item quarto est ibi evidens ratio majestatis. Nam humanitas licet secundum se sit creatura, tamen ibi transcendit leges creaturae, nec habet modum existendi qui debetur creaturae, scilicet non commetitur se dimensionibus nec loco corporali, sicut nec Deitas ; et ideo quantum ad modum existendi sublimatur ad modum existendi divinum, ut omnem legem existendi quae creaturae debeatur excedat. Et hoc fieri potest per virtutem Dei infinitam, sicut per eandem facta est assumptio humanitatis in unionem personalem.

Similiter vero est ibi infinitas nostrae salutis ex bonitate The power infinita descendens. Nam cum confertur nobis, vel cum volu- conferred upon the mus per nostrum ministerium [quod] mirabiliter existat in hoc priest. Sacramento Salvator, plus nobis conceditur quam si daretur nobis unde posset quilibet mundum novum sibi facere, immo plus quam si faceret infinitos. Nam mundorum infinitorum utilitas nulla nobis est respectu illius Sacramenti. Non ergo oportet nos dicere cum Propheta, Si moram fecerit, expecta eum. Nec cum alio, Utinam dirumperes coelos et descenderes ; quia in nostra potestate positum est ut faciamus eum existere apud nos quando volumus secundum divinae bonitatis dispensationem qua dicitur, Hoc facite in meam commemorationem. Nam mandavit nubibus, et januas coeli aperuit, et pluit nobis manna vitae aeternae quando volumus proferre verba quinque. Mira Dei bonitas ! quae, cum nihil sit facilius nobis quam verbum formare, dedit nobis potestatem ut solo verbo faceremus Dominum Salvatorem nobiscum existere cum volumus. Non enim oportet nos in coelum ascendere, maria transire, nec arare, nec metere pro hoc pane, nec vineas pro hoc potu plantare nec calcare, sed cum facilitate verba quinque proferre, ut sit nobiscum Deus et Dominus noster qui est benedictus in saecula. Propter hoc dicitur Deuteronomiae xxx, Mandatum hoc quod ego praecipio tibi non supra te est, nec procul positum, nec in coelo situm, ut possis dicere, Quis nostrum ad coelum valet ascendere ut deferat illud ad nos, et audiamus atque opere compleamus? nec trans mare positum ut causeris et dicas, Quis ex nobis transire poterit mare et istud usque ad nos deferre, ut possimus audire et facere quod praeceptum est? Sed juxta te est valde sermo in ore tuo et in corde tuo. Non oportet ergo, ut vitam aeternam habeamus, nisi corde credere, et sermonem proferre brevem et numero quinario verborum coartatum. Nam hic numerus in rerum variarum comprehensione distincta est melior omnibus numeris, secundum Aristotelem libro Secretorum.

The true nature of it mercifully hidden from sense.

Deinde quod a nostro sensu occultatur accidit nobis ex ejus a nobis incomprehensibilitate. Nam sustinere sensibiliter majestatem non possemus, sed deficeremus penitus propter reverentiam et devotionem et admirationem : sicut Apostoli post resurrectionem non potuerunt sustinere Dominicam praesentiam sensibilem. Nec etiam beatus Dionysius Areopagita potuit perferre praesentiam Virginis Mariae post ascensionem Domini. Immo cum de Graecia in terram sanctam transiret ut matrem Domini videret, ingrediens locum ubi beata et gloriosa virgo oravit, cecidit tanquam mortuus, exclamans quod educeretur, libere confitens quod nullus fidelis deberet videre gloriosam Virginem propter ejus reverentiam. Ergo longe magis nullus posset sustinere praesentiam Domini sensibilem ; et hoc probamus per experientiam. Nam illi qui exercitant se in fide et amore istius Sacramenti non possunt sustinere devotionem quae ex pura fide nascitur, quin defluant in lacrymas, et dulcedine devotionis totaliter liquescat animus super se elevatus, nesciens ubi sit nec de quibus. Quapropter sensibilem praesentiam impossibile esset homini fideli sustinere, et ideo summa bonitate nobiscum dispensatum est ut occultetur a nobis visio sensibilis.

Praeterea nec possemus sustinere propter horrorem et abominationem. Nam cor humanum non posset perferre ut carnes crudas et vivas masticaret et comederet et sanguinem crudum hauriret. Et ideo infinita bonitas Domini in occultatione hujus Sacramenti declaratur. Caeterum alia utilitas est maxima ut discamus aspirare ad vera bona. Nam omnia principalia bona nostra et mala sunt invisibilia; ut Deus, Angeli et Sancti, et vita aeterna et virtus ac gratia, Daemones, purgatorium, et infernus. Et hoc non posset esse de genere principalium bonorum nostrorum nisi occultaretur a sensibus nostris, propter quod Dominus dicit, Nisi ego abiero, Paracletus non veniet ad vos; quatenus sciamus quod debeamus adherere bonis invisibilibus quae non apparent; secundum Apostolum, Ea quae sunt, id est apparent, reputemus non esse, et ea quae non apparent reputemus esse et bona. Necesse fuit nobis et propter utilitatem nostram infinitam ut bonum infinitum occultaretur a sensibus nostris, et solo mentis intuitu hanc salutem sciremus.

Tertio recipimus facilitatem credendi propter usum istius Sacramenti. Nam si modus existendi habet infinitatem salutis et majestatis et pulcritudinis, multo magis ipse usus in quo Deo conjungimur. Tria sunt hic consideranda. Nam nutrimur corpore glorioso et sanguine glorificato potamur, immo toto Christo, Deo et Homine, reficimur. Hoc autem est vita aeterna et salus infinita quantum potest haec mortalitas sustinere. Non enim sufficit Deo suis creaturis nos pascere et potare sensibiliter, sed se ipso et sui carne et sanguine spiritualiter refovere. Deinde ex participatione Dei et Christi deificamur et christificamur et fimus Dei, secundum quod Philosophia tertio Consolationum concludit quod participatione Deitatis fiunt multi dei, licet unus sit per naturam. Et ideo participatione Christi fimus Christi. Et propter hoc dicit Scriptura, Ego dixi, dii estis; et alibi, Nolite tangere Christos meos. Et quid potest homo plus petere in hac vita [1]?

[margin note: Incorporation with Christ.]

[1] Here the MS. both in D. and O. breaks off abruptly. In the fourteenth chapter of *Opus Tertium*, in which the six divisions of this treatise on moral philosophy are briefly described, we see of what the missing fifth and sixth parts consisted.

'Quinta pars est de sectae jam persuasae et probatae exhortatione, ad implendum in opere et ad nihil faciendum in contrarium, et hic exigitur modus praedicationis. Et tam haec pars quam quarta utitur potenter ornatu rhetorico, non solum in verbis sed et in sententiis, et in gestibus corporis et in animi motibus, sicut ego declaro per radices certas secundum vias sanctorum et non solum philosophorum. Nam, ut Augustinus docet quarto de Doctrina Christiana, summa eloquentia est in usu sanctorum in Scriptura; et optime hoc docet. Hanc autem partem elevo ad considerationes scientiarum, quia compono eam ad usum theologiae, et similiter facio de omnibus quae scripsi, tam in Opere Majori quam Minori. Nam una comparatio est philosophiae ad theologiam, ut saepe dixi.'

'Sexta vero pars moralis philosophiae est de causis ventilandis coram judice inter partes, ut fiat justitia: sed hanc solum tango propter causas quas assigno.'

From other parts of the *Opus Tertium* (Brewer, pp. 266 and 304-8), it would seem that in the fifth part of this treatise Bacon enlarged on the importance of oratory, style, and gesture to the moral and religious teacher. 'Docetur,' he says, 'quo modo fiant sermones sublimes tam in voce quam sententia, secundum omnes ornatus sermonis, tam metrice et rhythmice quam prosaice, ut animus ad id quod intendit persuasor, rapiatur sine praevisione, et subito cadat in amorem boni et odium mali, secundum quod docet Alpharabius in libro de Scientiis.'

TRACTATUS
FRATRIS ROGERI BACON

DE

MULTIPLICATIONE SPECIERUM

TRACTATUS

FRATRIS ROGERI BACON

DE

MULTIPLICATIONE SPECIERUM.

———•———

Incipit Tractatus Magistri Rogeri Bacon de Multiplicatione
Specierum [1].

CAPITULUM I.

Primum igitur capitulum circa influentiam agentis habet tres Various
names for
veritates seu conclusiones : prima est quid sit secundum nomen what is

---

[1] The theory of Democritus as to emanations from objects of sense is spoken
of by Aristotle in *De Divinatione per Somnum*, ch. 2. He remarks, ὥσπερ λέγει
Δημόκριτος, εἴδωλα καὶ ἀπορροίας αἰτιώμενος· ὥσπερ γὰρ ὅταν κινήσῃ τι τὸ ὕδωρ
ἢ τὸν ἀέρα, τοῦθ' ἕτερον ἐκίνησε καὶ παυσαμένου συμβαίνει τὴν τοιαύτην κίνησιν
προϊέναι μέχρι τινός, τοῦ κινήσαντος οὐ παρόντος, οὕτως οὐδὲν κωλύει κίνησίν τινα καὶ
αἴσθησιν ἀφικνεῖσθαι πρὸς τὰς ψυχὰς τὰς ἐνυπνιαζούσας, ἀφ' ὧν ἐκεῖνος τὰ εἴδωλα
ποιεῖ καὶ τὰς ἀπορροίας.

From the comparatively simple conception of motion propagated through
space from particle to particle had thus arisen the highly artificial conception,
which we find expounded with much detail in the fourth book of Lucretius.
of films peeled off from the surface of things ('membranae summo de corpore
rerum dereptae '), which resemble in shape and colour the things themselves,
and which are called idola, simulacra, or, to use an expression employed by
Bacon, 'umbra philosophorum.'

   ' Dico igitur rerum effigias tenuisque figuras
    Mittier ab rebus summo de corpore rerum,
    Quae quasi membranae vel cortex nominitandast.
    Quod speciem ac formam similem gerit eius imago
    Cuiuscumque cluet de corpore fusa vagari.'

But let it be stated at once that but few traces of this crude philosophy will
be found in Bacon's treatment of the subject. He takes care at once to supply
a series of synonyms for the word, so as to guard his readers against attaching

et secundum essentiam. Recolendum est igitur quod in tertia parte [1] hujus operis tactum est, quod essentia, substantia, natura, potestas, potentia, virtus, vis, significant eandem rem, sed differunt sola comparatione. Nam essentia dicitur secundum se considerata, substantia dicitur respectu accidentis aut respectu operationis eliciendae, sed natura dicit aptitudinem operandi, caetera ulteriorem inclinationem. Sed potentia et potestas sunt idem, et communiter sumuntur respectu operationis completae vel incompletae. Virtus vero et vis sunt idem, sed dicunt complementum solum operationis. Et hic loquor de potentia quae elicit actionem, non de illa quae expedit. Nam haec est in secunda specie qualitatis; quae vero elicit est in omnibus activis, et hae sunt substantiae et sensibilia

importance to the metaphor conveyed by it. In a page of the *Opus Tertium*, in which this treatise is referred to, it is spoken of as Tractatus de radiis. And just as a modern physicist will speak of a ray of light without holding the emission theory, so Bacon uses the expression *species* as equivalent to force; and the multiplication of *species* for the radiation or propagation of force.

[1] The third part of the *Opus Majus* deals with languages. In the fourth part the question of species is discussed (cf. vol. i. p. 111 et seq.), but no such statement as that in the text is to be found, nor does the fifth part (*Perspectiva*) contain it. It is thus clear that this treatise is part of a larger work in which questions of physical philosophy were handled. In the *Opus Tertium* are to be found several allusions to the present work. Bacon observes (cap. xi. p. 38, ed. Brewer): 'Completiorem tractatum mitto vobis de hac multiplicatione.' And again (cap. xxxvi. p. 117), 'In opere primo (i. e. *Opere Majori*) posui multa de hac materia. Et praeter hoc misi tractatum specialem de hoc negotio ex proposito editum.' Other references to it will be found on pp. 99, 161, and 227. It seems probable that this treatise, or at least something like it, had been already written when Pope Clement's message to Bacon was delivered. The passage in *Opus Tertium* (p. 13), is not at all decisive to the contrary. It only asserts that communication of any writing to outsiders was forbidden.

But what was the larger work of which this treatise was a part? Our thoughts turn at once to the 'Scriptum Principale,' so often spoken of by Bacon as an unaccomplished project. Referring to the Introduction for further details, I may observe here that among the copious extracts given by Emile Charles from the MS. in the Mazarine library containing the 'Communia Naturalium' of Bacon, are certain passages implying that this work was begun before 1267. The subject of *Multiplicatio Specierum* is discussed in it at considerable length, though less fully than in the treatise now before us, which may possibly be a later and amplified edition. [This MS., now numbered 3576, is nearly identical with the Br. Mus. MS. Royal, 7 F vii, as I can testify from inspection of both. Neither are spoken of by Brewer; cf. however his remarks on 8756 (Additional, Br. Mus.) p. lii.]

propria, nisi sit instantia in sono, sicut inferius exponetur[1]. Aliter sumitur virtus pro effectu primo virtutis jam dictae, propter similitudinem ejus ad hanc virtutem, et in essentia et in operatione, quia similis est ei in distinctione et in essentia specifica, et per consequens est similis in operatione, quia illa quae sunt similis essentiae habent similes operationes. Et haec virtus secunda habet multa nomina; vocatur enim similitudo agentis, et imago, et species, et idolum, et simulacrum, et phantasma, et forma, et intentio, et passio, et impressio, et umbra philosophorum, apud auctores de aspectibus.

Species autem non sumitur hic pro quanto universali apud Porphyrium, sed transumitur hoc nomen ad designandum primum effectum cujuslibet agentis naturaliter. Et ut in exemplo pateat haec species, dicimus lumen solis in aere esse speciem lucis solaris, quae est in corpore suo, et lumen forte cadens per fenestram vel foramen nobis satis est visibile, et est species lucis stellae. Et Avicenna dicit tertio de Anima, quod lux est qualitas corporis lucentis, ut ignis vel stellae, lumen vero est illud quod est multiplicatum et generatum ab illa luce quae sit in aere, et in caeteris corporibus raris, quae vocantur media, quia mediantibus illis multiplicantur species. Sed tamen usualiter lucem accipimus pro lumine et e contrario. Et quando per medium vitri aut crystalli aut panni fortiter colorati transit radius, apparet nobis in obscuro juxta radium color similis colori illius corporis bene colorati. Et ille color in opaco dicitur similitudo et species coloris in corpore fortiter colorato per quod transit radius. Dicitur autem similitudo et imago respectu generantis eam cui assimilatur et quod imitatur. Dicitur autem species respectu sensus et intellectus secundum usum Aristotelis et naturalium; quia dicit secundo de Anima quod sensus universaliter suscipit species rerum sensibilium, et in tertio dicit quod intellectus est locus specierum. Dicitur vero idolum respectu speculorum; sic enim multum utimur. Dicitur phantasma et simulacrum in apparitionibus somniorum, quia istae species penetrant sensus usque ad partes animae interiores et appa-

Sense in which the word is used here.

[1] See p. 419.

rent in somniis tanquam res quarum sunt, quia eis assimilantur; et anima non est ita potens judicare in somnis sicut in vigilia, et ideo decipitur, aestimans species esse ipsas res quarum sunt propter similitudinem. Forma quidem vocatur in usu Alhazen, auctoris Perspectivae vulgatae. Intentio vocatur in usu vulgi naturalium propter debilitatem sui esse respectu rei, dicentis quod non est vere res, sed magis intentio rei, id est, similitudo. Umbra philosophorum vocatur, quia non est bene sensibilis nisi in casu duplici dicto, scilicet de radio cadente per fenestram, et de specie fortiter colorati, et dicitur esse philosophorum, quia soli potenter philosophantes cognoscunt istius umbrae naturam et operationem, ut ex hoc tractatu clarescet. Dicitur vero virtus respectu generationis et corruptionis; unde dicimus solem facere virtutem suam in materiam mundi pro generatione et corruptione faciendis; et sic de omni agente dicimus quod facit virtutem suam in patiens. Impressio vocatur quia est similis impressionibus, unde Aristoteles tertio de Anima[1] comparat generationem speciei impressioni factae ab annulo et sigillo in cera, licet non sit simile per omnia, sicut postea scietur. Vocatur autem passio, quia medium et sensus in recipiendo speciem patiuntur transmutationem in sua substantia, quae transmutatio tamen est in perfectionem et salutem, nisi fiat plus quam sola species, ut postea melius exponetur.

Species is the first effect of the agent, and resembles it. Investigandum est igitur quid sit secundum suam essentiam; et quum intentio est ostendere quod haec species sit similis agenti et generanti eam in essentia et definitione, ideo primum oportet duci in medium, quod omnes habent confiteri, scilicet quod species est primus effectus agentis. Per hanc enim omnes aestimant effectus caeteros produci, unde sapientes et insipientes circa multa in specierum cognitione differunt. Communicant tamen in hoc, quod agens influit speciem et

---

[1] Cf. *De Anima*, ii. 12, § 1, also iii. 12, § 9. In a previous chapter (ii. 7), Aristotle, after explaining the necessity of a medium for all senses except touch and taste, conceives sensation to take place by motion of the medium originating at the object, thence propagated from point to point till it ultimately reached the sense-organ, τὸ μὲν χρῶμα κινεῖ τὸ διαφανές, οἷον τὸν ἀέρα, ὑπὸ τούτου δὲ συνεχοῦς ὄντος κινεῖται τὸ αἰσθητήριον. He compares the action of the object on the medium to that of a seal on wax; an analogy which Bacon discusses afterwards, partly accepting and partly rejecting it. See p. 432.

materiam patientis, quatenus per eam primo factam possit educere de potentia materiae effectum completum quem intendit. Et ideo nulli dubium est quin species sit primus effectus. Quod vero iste primus effectus cujuslibet agentis naturaliter similis sit ei in essentia specifica et natura et operatione, manifestum est ex dicendis, quia agens intendit assimilare sibi patiens, eo quod patiens, ut vult Aristoteles in libro de Generatione, universaliter est in actu[1] tale quale est agens, sicut idem dicit; et in principio est de se dissimile[2] agenti ante actionem, et per actionem fit simile, ut dicit; et agens statim, quando operatur in patiens, assimilat illud ei, et facit illud patiens esse tale quale est ipsum agens in actu, sicut Aristoteles dicit. Et ideo si ignis est agens, facit ignem, si calor calorem, si lux lucem, et sic de omnibus. Sed plus potest in primum effectum et immediatum quam in secundum et mediatum, ergo illum maxime assimilabit. Propter quod oportet ponere quod virtus, seu species, facta ab agente sit consimilis agenti natura, definitione, et in essentia specifica et operatione. Item omnis diversitas ad identitatem reducitur, et dualitas ab unitate descendit et non e contrario, et ideo primus effectus agentis non potest esse diversus ab eo in essentia specifica, ut postea nascatur consimilis et uniformis. Nam sic diversitas esset principium unitatis, quod est contra naturam. Item effectus lucis sunt hi, scilicet species ejus, et lux generata in medio, calor, putrefactio, mors, sic enim in re corrumpenda ordinantur. Sed nos videmus quod tertius gradus effectus magis distat ab agente in natura quam secundus, quare secundus magis quam primus, vel erunt idem in essentia vel numero, et hoc est quod intendimus. Unde species lucis est lux licet primo incompleta, et postea completa, in quibus potest compleri, ut in luna et stellis, quae sunt retentiva lucis.

Item species ignis, si non est similis natura et essentia et definitione igni, ut sit in eadem specie specialissima cum igne, tunc non erit in aliquo praedicamento, quod est impossibile, It belongs to the same category.

---

[1] This, which is the reading of O, seems preferable to potentia, which is that of Reg. Cf. *De Generatione*, i. cap. 21.
[2] Not difficile, as in J.

quia in praedicamentis accidentium esse non potest, quia non
contingit hoc assignari in quo praedicamento esset, neque in
tantum possit primus effectus elongari ab agente ut transeat
in aliud praedicamentum.   Nullus enim potest dicere quod
species albedinis et lucis transit in aliud praedicamentum;
et ideo nec species ignis, praecipue cum per hanc speciem
dicatur ignis generari.   Nullum enim accidens est principium
generandi substantiam, sed nec potest esse aeris vel aquae,
nec in aliqua specie specialissima substantiae, nec subalterne,
ut patet.   Quare oportet quod sit in eadem specie cum igne.
Nec convenit dici quod est medium inter substantiam et
accidens, quia metaphysicus probat quod inter ea non potest
esse medium.   Atque non potest dici quod reducatur ad
speciem ignis specialissimam, et sit in eodem genere et in
eadem specie specialissima solum per reductionem; quia
quaelibet res habet aliquam essentiam et naturam, quae est
necessario substantia determinata, vel accidens; et ideo
secundum se collocabitur et per se in aliqua rerum manerie,
et hoc est in aliquo praedicamentorum, et in aliquo genere,
et in aliqua specie specialissima.

Illustration from light and colour.   Item per Ptolemaeum[1] secundo de Opticis sive de Aspectibus declaratur quod a colore et luce advenit medio et visui
coloratio et illuminatio, sed coloratio non est nisi per esse
coloris, nec illuminatio nisi per esse lucis; et videmus hoc per
experimentum.   Nam radius solaris cadens per fenestram
est nobis visibilis, et immutat visum per se et primo, nec est
color, et ideo est lux vera.   Solum enim lux et color nata
sunt immutare visum per se et primo.   Similiter quando
aspicimus radios penetrantes vitra bene colorata, videmus in
opaco juxta vitrum colorem sensibilem qui visum immutat
per se et sensibiliter, et tamen scimus quod est species et
similitudo coloris vitri.   Quapropter species coloris est color,
et species lucis est lux, et sic de omnibus; ergo species
communicat cum suo agente in natura et definitione.   Et ideo
dicit Aristoteles in secundo de Anima[2], quod susceptivum

[1] Cf. Ptol. *Optica*, pp. 8–15.
[2] Cf. *De Anima*, ii. 7, § 4 ἔστι δὲ χρώματος μὲν δεκτικὸν τὸ ἄχρουν, ψόφου δὲ τὸ
ἄψοφον· ἄχρουν δ' ἐστὶ τὸ διαφανὲς καὶ τὸ ἀόρατον.

coloris et soni et omnis sensibilis est non coloratum et absonum et carens naturis sensibilium de se, ut medium et organum sentiendi ; volens per hoc quod medium et sensus recipiant colorem et sonum ut recipiant species illorum, et sic de aliis speciebus sensibilium ; et ideo species de qua hic loquimur est similis agenti in natura specifica et definitione.

Si igitur contra hoc objiciatur, quod tunc species solis erit sol, et species hominis homo, et sic de omnibus rebus, quod omnino absurdum est ; dicendum quod ista nomina, homo, sol, asinus, planta, et hujusmodi, imponuntur rebus in esse completo, et ideo non dicuntur de illis quae habent esse incompletum, quamvis sint ejusdem essentiae ; ut embryo in ventre matris non dicitur homo, et maxime ante receptionem animae intellectivae. Et tamen postquam essentia animalis transmutatur et promovetur, ut fiat species humana, oportet quod sit renovatum ultra essentiam generis, antequam anima rationalis infundatur et sit de natura hominis, quia natum est recipere animam rationalem, et non animam asini, nec aliam. Non igitur dicimus quod illud sit homo, et tamen est in specie hominis, sed secundum esse incompletum. Similiter vero dicimus de specie hominis, quae est similitudo ejus facta in aere ab eo ; non enim est homo, quia habet esse incompletissimum quod potest inveniri in specie hominis, et longe incompletius quam embryo ante receptionem animae rationalis ; quia embryo compleri potest in hominem, species vero nequaquam. Et considerandum est, quod quaedam possunt facere fortes species, ut color, et lux, et calor, et quaedam talia, ut exponetur postea. Sed res quanto sint nobiliores, ut coelestia et homo et hujusmodi, tanto incompletiorem faciunt speciem. Cujus causa dabitur inferius. Et ideo species coloris et lucis et caloris magis potest dici lux et calor vel color, quam species solis vel hominis dicatur homo vel sol. Semper tamen erit ejusdem naturae specificae, sed sub esse incompletissimo, et impossibili ad complementum ; propter quod non recipit nomen quod esse completiori est impositum.

Ex quo sequitur secunda veritas, quod impossibile est quod sit effectus similis agenti in essentia, nisi unus ; et hic vocatur primus, et vocatur univocus, et ejus generatio dicitur univoca.

[marginal note, right column, paragraph 2:] The species is in an incompleted stage of being.

[marginal note, right column, last paragraph:] Only the first effect of the agent is

Alii possunt esse plures et vocantur equivoci, et generatio
eorum dicitur equivoca, ut calor et putrefactio et mors sunt
effectus plures lucis ; sed equivoci, non univoci. Solum enim
lumen in medio, vel lux in corpore stellae producta per lumen
solis[1], dicitur effectus univocus lucis solaris. Sed in principio,
dum est effectus incompletus, nominatur species et virtus, et
nominibus praedictis ; et hoc est dum patiens manet in natura
sua specifica, assimilatum tamen agenti per speciem illam et
virtutem ; ut ligna, cum in principio igniuntur, habent speciem
et virtutem ignis dum adhuc ligna manent in sua natura
specifica, licet assimilentur igni per speciem receptam.   Cum
autem agens invalescit super patiens, ut tollat naturam
specificam patientis et corrumpat eam, ut inducat completum
effectum suum in materiam convenientem ei et patienti, ut
accidit in rebus generabilibus et corruptibilibus, tunc cessat
effectus vocari species et virtus, et caeteris nominibus dictis,
et vocatur nomine ipsius agentis.   Ut cum ignis invalescit
super ligna, et corrumpit naturam specificam ligneam, inducens
completam ignis essentiam, tunc quod generatum est vocatur
ignis, et non species, nec virtus, sed fit carbo vel flamma[2], et
ideo species ignis et ignis completus non differunt, nisi sicut
incompletum et completum.   Et propter hoc unus effectus et
idem numero est qui primo vocatur species, dum habet esse
incompletum, et deinde sortitur plenum nomen agentis et
generantis, quando completur in esse, et destructa est natura
totalis specifica patientis   Sed hoc est intelligendum in istis
rebus inferioribus corruptibilibus.   In rebus vero incorruptibilibus potest bene species aliqua compleri in effectum completum sine destructione patientis, quia patiens natum est ad
hujusmodi effectum de natura sua ; ut stellae et luna natae
sunt habere lucem perfectam quantum exigit earum natura,
licet sol plus habeat de luce ; et tamen in principio fit species
lucis usque ad lunam et stellas, et postea completur in eis ; sicut
fuit a prima creatione, et sicut post eclipses stellarum accidit.
Nam primo debiliter habent lucem, tanquam similitudinem et
speciem, et postea claram, et completam.   Cujus signum est

[1] Cf the explanation of lunar and stellar light in vol 1. p. 129.
[2] flamina, J

quod luna, etiam quando in eclipsi est, rubea est, quia extra umbram non recipit lucem ; sed in umbra habet speciem lucis debilem, quae venit a luce transeunte extra per latera et fines umbrae, sicut postea magis explanabitur. Veruntamen sciendum, quod species solis, quae est de natura ejus specifica, non potest compleri in luna et stellis, licet in eis fiat lux, quia tunc oporteret lunam et stellas fieri solem, quod est impossibile. Lux enim est qualitas communis soli et stellis et igni, licet magis sit in sole ; et ideo potest species lucis compleri in luna et stellis et non species substantiae solis, quia sol et luna et stellae differunt in substantia specifica, sicut ex posterioribus manifestum erit. Et lux non est de eorum substantia, sed accidens commune eis et igni ; licet aliqui solebant dicere lucem esse formam substantialem solis et stellarum ; sed hoc est falsum.

Et haec nunc dicta manifestantur per hoc, quod si sint duo effectus omnino similes agenti et omnino diversi numero, ita quod non sint sicut unus effectus, qui primo est incompletus, et postea ille idem numero compleatur, tunc cum agens agat in eandem partem patientis, erunt in eadem parte patientis duae formae ejusdem speciei ponentes in numerum. Sed hoc non est possibile, quia forma appropriat et numerat sibi materiam propriam in qua est ; et tunc essent duo ignes in eadem parte ligni igniti, quod fieri non potest propter dictam rationem. Et iterum quia sequeretur quod alter esset otiosus ; una enim illarum formarum sufficeret perficere materiam in qua est, ergo reliqua superfluit ; sed natura nihil facit superflue nec otiosum nisi ex errore, ut in monstris et peccatis naturae, quod hic non habet locum.

Sciendum tamen quod licet species sit similis nomine et definitione generanti eam, ut species ignis in aere et ligno, tamen magis proprie et intelligibilius dicitur quod aer vel lignum assimiletur igni per speciem, quam quod ibi sit individuum ignis, propter hoc quod individuum aeris vel ligni est ibi actu existens in sua natura specifica, et ideo non sunt ibi duo individua, ponentia in numerum, scilicet unum aeris, et aliud ignis, sed unum absolute, scilicet aeris, quod habet esse completum, et ideo praevalet in hac parte ut fiat ab eo denominatio individuitatis. Est tamen hoc individuum aeris igni assimilatum in natura igneitatis per speciem ignis praesentem in eo; unde hoc individuum dicitur aer ignitus. Nec enim est tantum aer, nec tantum ignis, nec principaliter ignis, sed principaliter aer ignitus tantum; et ideo quod ibi est de igne est individuum ignis incompletum, et in alio completiori existens, quod principalius est et quod magis est nominatum. Et ideo multo minus dicemus quod in aere est individuum hominis vel solis vel alterius rei nobilis; sed dicemus quod aer est assimilatus homini vel soli per speciem, quae tamen est ejusdem naturae specificae in qua est homo vel sol, et in forma eadem collocatur, licet secundum esse incompletissimum; quod etiam impossibile est compleri, ut docebatur prius. Et propter illud esse incompletissimum dicitur individuum aeris assimilatum soli, non individuum solis cum individuo aeris, nam a completo fit denominatio.

Si vero contra hanc veritatem et priorem adhuc dicatur, quod Aristoteles dicit in libro de Sensu et Sensato [1], quod color non habet esse nisi in mixto, et similiter odor et sapor, et hujusmodi, et ideo in aere et simplicibus elementis et corporibus non potest esse color aliquis: dicendum est quod color secundum esse completum non potest esse ibi, nec odor, nec sapor, nec hujusmodi, sed tantum secundum esse incompletum. Et iterum concedendum est quod aer et caetera simplicia, quantum recipiunt de esse coloris et hujusmodi passionum quae sunt naturaliter in mixtis, tantum recipiunt de esse mixtionis. Agens enim quod potest alterare aerem ad colorem, potest alterare ad mixtionem; scilicet ut in aere simplici species cujuslibet mixti fiat, secundum quod requiritur ad species passionum quae fiunt in aere ab illis passionibus cujusmodi sunt color et odor et hujusmodi. Nam aer est in potentia ad mixtum, et potest mixtum completum fieri de eo, et ideo multo fortius potest alterari ad esse mixti quantum species mixti requirit.

[1] The reference is to the third chapter of the treatise *De Sensu et Sensili*, in which the nature of colour is discussed at considerable length. It will be seen that Aristotle was very far from saying that there could be no colour in elemental bodies, though his own explanation is, as may be supposed, obscure and inadequate.

③ Tertio sciendum est quod agens naturaliter facit eundem Uniformity effectum primum, ut speciem, in quamcunque agat, ita of action quod uniformiter agit a parte sua ; quia solum agens quod agents. agit secundum libertatem voluntatis et per deliberationem, potest agere difformiter a parte sua. Agens naturale non 5 habet voluntatem nec deliberationem, et ideo uniformiter agit. Etiam si agens habens voluntatem, ut homo, agat per modum naturae in generando speciem, adhuc agit uniformiter et uno modo a parte sua, quia et natura et modus naturae se habent uno modo. Et propter hoc quodcunque patiens ei occurrat, semper facit eundem effectum primum ; et ideo sive agat in sensum, sive in contrarium, sive in materiam ei proportionalem quae non sit contraria, oportet quod solam faciat speciem incompletam vel completam, ita quod non facit alium effectum primum. Quapropter calidum sive agat in sensum tactus, sive in frigidum ei contrarium, semper facit speciem quantum ad effectum primum. Et si sol operetur in ista inferiora, quae non sunt ei contraria, similiter facit solam speciem, quantumcunque sunt diversa ad invicem et contraria. Similiter si res agat in intellectum faciet speciem suam solam, sicut in sensum, et ideo sicut in contrarium. Sed de hoc, scilicet quando in universali et in particulari fiat species in diversis patientibus tam spiritualibus quam corporalibus, patebit inferius. Nunc autem solum hic tango de patientibus propter respectum agentis ad illa in faciendo eundem effectum primum in quodcunque fiat actio, et quia sic est quod agens naturaliter agit a parte sua uno modo, et omne agens quod est agens naturaliter et per modum naturae. Ideo cum calidum diversas operationes facit in frigidum et tactum, hoc erit propter diversitatem recipientium, sicut sol per eandem virtutem dissolvit ceram et constringit lutum.

Et ex hoc evacuatur error eorum qui aestimant quod agens aliud immittit in sensum, et aliud in contrarium, volentes quod fiat species in sensum, et non in contrarium, sed alia virtus ; dicentes quod calidum corrumpit frigidum, sed non corrumpit sensum, dummodo non excedat. Aristoteles enim dicit in secundo de Anima[1] quod actio in contrarium est in

---

[1] Cf. *De Anima*, ii. 5, §§ 5, 6 οὐκ ἔστι δ' ἀπλοῦν οὐδὲ τὸ πάσχειν, ἀλλὰ τὸ μὲν

corruptionem, sed actio in sensum est in salutem et perfectionem, et delectatur sensus in specie sensibili, sed in contrarium semper laeditur et corrumpitur in parte vel in toto. Et licet in sensu aliqua passio sit et laesio ex sensibili quantumcunque proportionali, secundum auctores Aspectuum, et praecipue per Alhazen primo de Aspectibus, tamen simul cum hoc est delectatio vincens illam passionem et laesionem, quod non est in contrario. Et ideo posuerunt aliud recipi in sensum et aliud in contrarium, quod impossibile est per praedicta. Et hoc confirmatur per Aristotelem in septimo Physicorum[1], ubi dicit quod quale naturale alterat et alteratur in eo quod sensibile, sed in eo quod sensibile non facit nisi illud quod natum est sensum immutare, et hoc est species; ergo in eo quod omne agens naturale agit naturaliter non facit nisi speciem.

CAPITULUM II[2].

What things produce species?

Deinde considerandum est secundum principale circa influentiam corporalem scilicet, quae res agant et faciant hujusmodi species. Et habet octo veritates[3]. Et planum est

1. Qualities that act on the senses (except perhaps sound) produce species.

de sensibilibus propriis quod agant species, quia immutant sensum, et universaliter sensus recipit species sensibilium, ut Aristoteles dicit, et in hoc omnes auctores et magistri concordant; nisi in sono. Non enim video quomodo sonus faciat speciem aliquam; sed aliter tamen fit sufficienter per tremorem partium rei percussae, quia in prima parte rei percussae generatur sonus non nisi per tremorem partium, et egressum etiam continuum a situ naturali. Nam rarefiunt partes consequenter et ordinate egrediuntur a situ naturali per violentiam

---

φθορά τις ὑπὸ τοῦ ἐναντίου, τὸ δὲ σωτηρία μᾶλλον τοῦ δυνάμει ὄντος ὑπὸ τοῦ ἐντελεχείᾳ ὄντος καὶ ὁμοίου. Aristotle proceeds to show that the action of *sensibilia* on sense-organs is of the latter kind. The reference to Alhazen that follows is from the first chapter of his *Optics*.

[1] libro physicorum, J. The reference seems to be to *Nat. Auscult.* vii. 2, §§ 3-5.

[2] In Reg. the reading is, 'Distinctio secunda; in qua consideratur quae res possint facere species, habens capitula. Et primum est quod sonus multiplicat speciem et similiter odor.' But as *Distinctions* are not indicated throughout this MS., I have merely kept the division into Parts and Chapters, as given in O.

[3] octo conclusiones sive veritates, O., octo veritates, Reg.

percussionis, ex quo egressu causatur tremor qui facit primum sonum tanquam effectum aequivocum, et consimilis tremor fit in secunda parte rei percussae per primam partem trementem. Nam ad tremorem primae tremit secunda, ad tremorem secundae tremit tertia, et sic ultra ; et ideo de secundo tremore nascitur secundus sonus, qui est similis primo sono nomine et definitione ; et ideo ejus similitudo et species debilior est primo, quia tremor secundus debilior est primo, et quod fit a virtute violenter movente, et omnis motus violentus, debilitatur et deficit in fine. Quapropter soni generatio *10* semper debilitatur, sicut in aliis speciebus et virtutibus. Quare cum sonus omnis ex tremore causatur immediate, et non est res fixa nec permanens, ideo non videtur mihi quod aliquis sonus ex alio generatur ; et ideo alium habent soni modum quam qualitates aliae sensibiles ; sed in omnibus est simile, praeterquam in causa generationis soni et modi generandi. Unde secundus sonus est species primi, et tertius secundi, et sic ulterius ; sed non fit secundus a primo, nec tertius a secundo propter causam dictam [1].

Secundo est magna dubitatio de substantiis, et major ignorantia. Quod vero substantia agat similiter speciem manifestum est per hoc, quod substantia nobilior est accidente quasi in infinitum : quapropter poterit effectum sibi similem producere longe magis quam accidens, et hunc effectum vocamus speciem. Item substantia generatur et ignis, et aliae multae ; sed nullum generans est vilius generato ; quare non generabitur natura substantialis ignis ab accidente ; ergo a substantia. Sed quod in fine generationis dicitur ignis, vocatur species in principio, et dum habet esse incompletum. Ergo substantia generat suam speciem in principio sicut accidens. Item accidens non generatur in aliquo nisi prius natura generetur suum subjectum proprium, propter quod Aristoteles dicit septimo

2. Sub- 20 stances produce species. Relation of accident to substance in this matter

---

[1] Cf. pp. 56–57, also p. 72 of this vol., in which the problem of sound is treated in the same way. Cf. also *De Anima* ii. 8, for Aristotle's view. Aristotle held that the conditions of sound were (1) percussion of a hard object, or of a column of air enclosed in a tube, (2) vibration of the air between the sonorous body and the ear, (3) vibration of air contained in the internal ear. He says nothing of the succession of vibrations in the body from which the sound originates.

Metaphysicae [1], quod prius est aggregatum quam accidens absolute consideratum. Ergo cum subjectum proprium caloris est pars illius aggregati, et hoc est substantia ignis, fiet ibi species substantiae ignis, sicut species caloris. Et Averroes vult quod omne accidens alicui subjecto per accidens est accidens per se alterius subjecti, aut iretur in infinitum. Ergo calor ignis fit in aqua et in alio; cum calor sit accidens aquae, erit accidens per se alicujus alterius, per cujus generationem in ipsa aqua regenerabitur calor in ea. Ergo substantia ignis ibi fiet, sive species substantiae ejus similis substantiae. Et illud subjectum proprium cadit in definitionem accidentis, sicut Aristoteles determinat septimo Metaphysicae. Et in tertio dicit quod eadem sint principia essendi et cognoscendi: quapropter accidens non potest esse sine suo subjecto proprio. Et ideo si caliditas ignis renovatur in aqua per actionem ignis in eandem, oportet quod natura substantialis ignis, quae est subjectum proprium caliditatis ignis, ibi renovetur prius natura, quum subjectum est prius natura suo accidente, licet sint simul tempore. Sed illam caliditatem generatam in aqua, vel alio quocunque, vocamus speciem caliditatis; ergo similiter illa natura substantialis ibidem generata vocabitur species substantiae. Item sicut se habet accidens ad substantiam [2], sic species accidentis ad speciem substantiae; ergo sicut accidens non potest esse sine substantia, sic nec species accidentis sine specie substantiae.

Defective translation of Aristotle has caused confusion.

Ex quibus sequitur necessario quod falsa est positio eorum, qui dicunt speciem tantum fieri ab accidentibus. Et si textus Aristotelis perverse translatus et ideo male expositus adducatur in contrarium, solvendum est secundum virtutem rationum praedictarum. Si enim allegetur illud septimi Physicorum, quale alterat et alteratur, in eo quod sensibile, ut fiat vis in hoc, planum est quod alteratio est in faciendo speciem sensibilem, quare alteratio est penes accidens. Sed ad hoc non arctatur generatio quae fit e forma substantiali.

---

[1] Cf. *Metaphys.* vi. 17, §§ 7, 8, where Aristotle shows that a composite whole is something more than the addition of its elements.

[2] The MSS. (Reg. included) have, substantia ad accidens; but the sense seems to require the transposition given in the text.

Et ideo licet accidens, per quod est alteratio, faciat speciem
sensibilem, non propter hoc oportet quod forma substantialis
faciat speciem sensibilem, sed aliam speciem quam sensibilem,
saltem a sensu communi et particulari; et ad literam Aristoteles in illo capitulo tractat modum alterationis, ut manifestum
est in textu, quum vult ostendere quod alterans et alteratum
sint simul, et nihil ipsorum medium [1].

Potest etiam aliter dici magis realiter, quod etsi illud
verbum extendatur ad omne agens naturale quod substantia
facit speciem sensibilem, non tamen a sensibus exterioribus
quinque nec a sensu communi. Sed potest tamen sentiri
bene, quasi a cogitatione et aestimatione, quibus ovis sentit
speciem complexionis lupi inficientem et laedentem organum
aestimativae, et ideo fugit lupum primo aspectu, licet nunquam prius viderit eum [2]. Et haec est species substantiae
nocivae vel inimicae ipsi ovi. Et e contrario species substantiae amicae et convenientis alterius ovis confortat organum
aestimativae, et ideo non fugit una ovis aliam. Unde bene
potest anima sensitiva percipere substantiam per speciem
suam, ut nunc dictum est, licet pauci considerent hoc, cum
velit vulgus naturalium, quod substantialis forma non immutet
sensum, et sic loquimur communiter. Sed hoc intelligendum
est de sensibus exterioribus et sensu communi, qui retinent
naturam sensus et nomen; non enim aestimationem et cogitationem vocamus sensus, licet sint partes animae sensitivae
Quinque enim sensus particulares et sensus communis, si
volumus adjungere eis imaginationem, quod bene possumus
facere, ut patuit in praecedentibus, et magis tangetur posterius,
non comprehendunt nisi accidentia, quamvis per eos transeant
species formarum substantialium. Sed horum plenior certificatio patebit in suo loco [3].

Si etiam dicatur illud Aristoteles de Sensu et Sensato,
quod ignis secundum quod ignis non agit nec patitur, sed
secundum quod contrarium, dicendum est quod hic et hujus-

[1] Cf. *Nat. Auscult.* vii. 2, §§ 2, 3 φανερὸν ὅτι τοῦ κατὰ τόπον κινουμένου καὶ κινοῦντος οὐδέν ἐστι μεταξύ. Ἀλλὰ μὴν οὐδὲ τοῦ ἀλλοιουμένου καὶ τοῦ ἀλλοιοῦντος.
[2] See *Perspectiva*: Pars I, Dist. I, cap. iv.
[3] See pp 427-8.

modi auctores intelliguntur ad literam de alteratione et generatione sensibili, et manifesta sensui particulari et communi. Hanc enim naturalis philosophus considerat, quia principaliter considerat ea quae sunt ad sensum, secundum quod dicit Aristoteles pluries quod considerat materiam [1] sensibilem et ea quae sensus sunt ; et ideo haec potest esse una causa quare inter virtutes animae sensitivae nihil tangit de aestimativa et cogitativa, quae naturam sensibilem vulgariter excedunt. Sensibilia enim vulgato nomine dicuntur, quae apprehenduntur a sensibus particularibus et communi, et ideo non cogit illa auctoritas nec aliqua consimilis. Et potest etiam veraciter dici quod substantiae est aliquid contrarium, ut inferius exponetur ; et est contrarietas inter formas substantiales elementorum et substantias eorum ; et tamen non agunt ad invicem transmutando se et mutuo corrumpendo. Sed quoad eorum substantiales naturae considerantur in se, non possunt contrarietatem habere ; sed in quantum contrariae sunt, [agunt se corrumpendo, secundum eorum substantiales formas [2].] Et hoc est quod Aristoteles dicit, quod ignis et terra non agunt secundum quod ignis et terra, sed in quantum contraria [3]. Non tamen intelligit hic de sola contrarietate inter accidentia elementorum, licet de illa magis exemplificat, quia sensibilior est ; sed de contrarietate formarum substantialium eorum, propter quae fit fallacia contradicentis in cavillatione. Et licet Aristoteles dicat logice, quod substantiae nihil est contrarium, tamen patet quod uno modo est contrarietas aliquarum formarum circa idem subjectum actualiter constitutum in esse specifico, ut albedinis et nigredinis circa sortem, et calidi et frigidi circa lignum. Et hujusmodi contrarietas non est in substantia sed maxime aut solum in qualitate, et de hac loquitur in Praedicamentis suis logice, et ad instructionem grossam, et similiter in quinto Physicorum. Sed aliter dicit, in fine de Generatione, substantiam esse substantiae contrariam ; et in primo Physicorum [4], quod con-

---

[1] naturam, O., materiam, Reg.

[2] The words in brackets are omitted in Reg.

[3] *De Gen.* ii. 8, § 2 τῇ μὲν γὰρ ἀέρι, ὕδωρ δὲ πυρὶ ἐναντίον ἐστίν, ὡς ἐνδέχεται οὐσίαν οὐσίᾳ ἐναντίαν εἶναι. Cf. *De Coelo*, ii. 3, § 3.

[4] Cf. the discussion of this question in *Nat. Auscult.* i. cap. 5, 6, 7.

trarietas est duarum formarum circa subjectum ens in potentia,
quod est res alicujus generis, non alicujus speciei, ut forma
gravis et levis circa idem genus, cujus essentia est eadem
materia communis gravi et levi, in qua communicant, et circa
quam mutuo se transmutant et expellunt, cum de terra fit
ignis, et e contrario, et quodlibet elementum de alio, et
mixtum de elemento, et e contrario, vel unum mixtum de alio,
propter commune genus et materiam circa quam variantur
et diversificantur et contrariantur, ut contrarietas exigitur in
substantia. Et ideo forma substantialis ignis facit suam *10*
speciem substantialem in corpore terrae vel ligni, vel alterius,
et corrumpit formam substantialem terrae vel ligni, tanquam
sibi contrariam ea contrarietate quae in substantiis reperitur
et requiritur.

Tertio considerandum est quod species substantiae non est
tantum ipsius formae seu materiae, sed totius compositi ; eo
quod Aristoteles vult primo de Anima quod omnes operationes sunt ipsius conjuncti et compositi [1]. Etiam nititur
ostendere, quod intelligere est [2] ipsius compositi, unde
homo intelligit, licet per animam ; et magis proprie et verius
sic dicitur quam quod anima intelligat in homine. Quapropter
generatio speciei erit ipsius compositi, et ideo species est
similitudo totius compositi. Praeterea ea forma proprie esse
non potest nisi in materia propria ; quapropter si innovatur
in ligno vel in quocunque alio forma ignis, oportet quod ibi
innovetur materia ejus. Et hoc patet per praedicta, quoniam
si accidens non potest innovari nisi cum subjecto suo
proprio, oportet [3] poni speciem subjecti generari in materia
in qua species accidentis sui proprii, et essentialior est comparatio formae ad materiam quam accidentis ad substantiam,
necesse est ubi generatur forma vel species formae, quod ibi
generetur materia vel species materiae, et ideo species com-

3. The
species of
substance
not of form
only, but
of matter
com-
pounded
with form.

15

---

[1] oppositi, J. compositi, is the reading of O. and of Reg. The reference
would seem to be rather to the first chapter of the second book, containing
Aristotle's celebrated definition of the *Psyche*. Such expressions as πᾶν σῶμα
φυσικὸν μετέχον ζωῆς οὐσία ἂν εἴη, οὐσία δ' οὕτως ὡς συνθέτη, were in Bacon's
mind. As a Christian philosopher he attached infinite importance to the composite nature of man ; as may be seen in his moral philosophy.

[2] intelligere est magis proprie, O. Reg. omits magis proprie.

[3] quod non oportet, O. The reading in the text is that of Reg

posita generatur. Ad hoc idem est quod Aristoteles in septimo
Metaphysicae probat et determinat, quod forma tantum non
generatur, sed compositum novum ex materia nova et forma
nova[1]. Cum ergo effectus generantis univocus sit unus et
idem qui primo vocatur species, et postea sortitur nomen
generantis, oportet quod species sit composita, et hoc est
omnino necessarium. Ex quo sequitur quod error est eorum
qui ponunt speciem esse similitudinem formae, et non materiae
nec compositi, nec habent auctoritatem nec rationem per se
apparentem, sed solam consuetudinem falsitatis. Si dicatur
quod tunc materia faciat speciem, quod falsum est, quia ejus
non est agere, sed recipere tantum et pati; sed dico quod
compositum per formam facit sibi simile in quantum est
compositum, et ideo per unam et eandem actionem compositi,
per formam oritur in patiente species totius compositi, et
ideo non solum formae, sed materiae, primo tamen et principaliter compositi. Si dicatur quod nullum agens finitae
potentiae potest in totum compositum, quia hoc est creatio;
nam materia semper supponitur in actione naturae; dicendum est quod materia est subjectum generationis simpliciter,
sed materia specifica renovatur sicut forma, ut prius in Communibus Naturalium[2] demonstratum est. Et sicut est in
generatione completa, quod materia specifica completa et
forma specifica completa et compositum specificum completum generantur, sic est hic in generatione incompleta,
quae est generatio speciei, quod materia incompleta et forma
incompleta et compositum incompletum fiunt sicut esse
specierum requirit. Et ideo fit hic species materiae sicut
formae, et propter hoc species composita generatur.

4. Species produced by sense-organs. Quarto potest verificari, quod omnis substantia corporalis
potest facere speciem, et non est calumnia nisi in uno casu
ut in sensu. Quoniam cum[3] accidentia et substantiae
viliores quolibet sensu faciunt speciem, necesse est quod

---

[1] Cf. *Metaph.* viii. 8, §§ 4 and 9, § 7.

[2] The unpublished work on 'Philosophia Naturalis' spoken of in the note on
p. 408, of which the present treatise, or a shorter version of it, is a part, begins
with an elaborate discussion of 'Communia Naturalium.' Some account of
Bacon's peculiar views on matter and form will be found in the Introduction.

[3] tantum, J.

sensus faciat. Et hoc patet considerando particulariter in singulis. De visu enim patet hoc, quia homo videt oculum alterius sine speculo et per speculum, et oculum proprium per speculum, sed nihil videtur sine specie, et hoc nullus negare potest absolute. Sed multi negaverunt aliquid fieri ab oculo propter actum videndi complendum, ponentes quod visio compleatur solum intus recipiendo, et non extramittendo, nec quod aliquid fiat ab oculo quod operetur et faciat ad actionem videndi. Quod autem hoc sit falsum patet per Aristotelem nono Metaphysicae expresse, et per Tideum de Aspectibus manifeste, et per Ptolemaeum in libro Aspectuum multipliciter. Et haec verificari debent in sequentibus, et solventur omnia, quae Alhazen et Avicenna et Averroes videantur in contrarium fabulari; et ostendetur quod non est contra eos haec veritas, et hoc fiet quando erit sermo in particulari de agentibus et patientibus. Similiter instrumenta tactus, gustus, olfactus, auditus, cum sint corpora sensibilia naturalia, possunt per suos colores et odores et sapores et quatuor qualitates tangibiles facere species sicut res aliae, et sensum immutare quantum est de se, et multo magis erunt activa specierum in quantum sunt animata, quia sic sunt nobiliora, et ideo magis activa. Quapropter faciunt species; et hoc negari non potest absolute, sed an hae species ab eis factae cooperentur ad actus sentiendi, dubium esset aliquibus, non tamen illis qui bene examinant veritatem; quia proculdubio faciunt species a se, ut compleantur et certificentur suae operationes per illas species circa sensibilia, ut expresse potest probari per Aristotelem et Avicennam in libris de Animalibus et multis modis. Sed haec inferius habent certificari; nunc in tantum sufficiat quod sensus universaliter faciat speciem, sicut alia agentia corporalia [1].

Deinde considerandum est de aliis a praedictis, an faciant species; non enim est ita notum de caeteris rebus corporalibus, et quae sunt passiones corporum, an faciant vel non.

Quia vero Aristoteles dicit quarto Metaphysicae quod materia est in sola potentia passiva, et in libro de Generatione quod materiae debetur pati, et formae agere, et omnes abhor-

5. Matter does not produce them.

---

[1] Cf. the discussion of this point in *Perspectiva*, pp. 49-53.

rent dicere materiam aliquo modo agere, potest dici quod materia nullo modo facit speciem, sed per actionem compositi et formae generatur species materiae specificae sicut et formae et compositi, ut tactum est prius.

Many attributes of body do not. Species affecting vision come solely from light and colour. Alia autem corporalia, quae maxime accedunt ad ista accidentia, sunt sensibilia communia, quia per se sunt sensibilia, ut Aristoteles dicit, quae sunt magnitudo, figura, numerus, motus et hujusmodi usque ad viginti, cum eis quae reducuntur ad illa, sicut habitum est prius. De his vero dicit Ptolemaeus [1] in secundo libro de Aspectibus, quod non faciunt passionem in visum similem eis nomine et definitione, sed solum lux et color hanc faciunt, quae passio nominatur ab eo coloratio et illuminatio. Alia autem sensibilia comprehenduntur per aliam viam, ut determinat. Et hoc idem vult Alhazen secundo Aspectuum, et expresse determinat hoc quarto Aspectuum, dicens quod nihil venit a corporibus nisi species lucis et coloris. Et uterque determinat hanc viam aliam, propter quam visus solum non sufficit ad judicandum veritatem horum; nec ei attribuitur judicium de aliis, sed aliis virtutibus animae, mediante visu vel tactu vel alio. Unde Alhazen dicit, quod virtus distinctiva et ratiocinativa haec judicant, mediante sensu particulari. Et Tideus de Aspectibus his concordat, volens quod situm et figuram et magnitudinem et hujusmodi non potest visus cognoscere nisi species visus fieret ad rem ipsam, quoniam species istorum sensibilium contrariae non fiunt a rebus, secundum eum. Et istud patet [2] per hoc quod nos percipimus visum pati e forti luce et colore, ita quod quando aspeximus fortem lucem vel colorem, et convertamus nos postea ad alia visibilia debilioris lucis et coloris, non statim percipimus illa alia visibilia, propter impressionem adhuc remanentem a forti colore vel luce, sed cum paulatim evanescit, augmentatur visio et apprehensio rerum illarum. Sed hoc non accidit nobis in videndo forte densum vel rarum, vel asperum vel lene, vel magnitudinem vel corporeitatem, vel figuram, vel hujusmodi, quando postea aspicimus alia visibilia; et per hoc scimus quod sensus non patitur ab his sicut a sensibilibus propriis. Item si non esset densum, a parte post

---

[1] See Ptol. *Opt.*, pp. 8–13.   [2] Cf. p. 103.

ipsius perspicui, non percipimus ipsum perspicuum ; similiter nec densum, nisi quia inter nos et ipsum est perspicuum ; nec corpus et figuram et caetera percipimus, nisi quando percipimus densum. Sed tamen perspicuum sine denso et densum sine perspicuo habent esse naturale et vere esse ; quare si ex natura sua activa facerent speciem in visum, tunc videremus aerem et sphaeram ignis, et sphaeras coelestes extra loca planetarum, cum in omnibus his sint quantitas et figura, magnitudo, et corporalitas, perspicuitas et hujusmodi, et tunc sine hujusmodi perspicuis videremus densum, et densum de se natum esset facere speciem. Sed visus non judicat de denso nisi mediante perspicuo ad quod terminatur [1].

Caeterum quantitas debetur materiae quia est passio mate- riae et ideo non dicitur esse activa, sicut nec materia quae est substantia, et ejus subjectum proprium, quare nec passiones quantitatis, quae sunt rectum, curvum, figura, superficies et forma corporis, nec hujusmodi. Et iterum susceptivum soni est absonum, et coloris similiter, et aliorum immutantium medium et sensum. Sed sensus et medium habent quantitates et figuras et hujusmodi. Item multa horum reperiuntur in subjecto generationis, et ideo praecedunt generationem et sequuntur corruptionem, et sunt in rebus ingenerabilibus et incorruptibilibus et in omnibus corporibus omnia aut plura. Propter quod oportet quod horum saltem multorum non sit generatio nec corruptio. Augmentatio enim vel diminutio potest in his esse, sed quae de novo generentur, et eorum pariter totaliter non accidit in omnibus ; sed immutatio speciei est per generationem et ejus annihilatio per corruptionem totaliter. Quapropter non sunt generativa speciei haec quae sic reperiuntur circa subjectum naturae et materiam naturalem.

Sed eadem ratio est sensibilis, in omnibus istis, quae vocantur sensibilia communia, eadem ratio, dico, generalis propter quod si aliqua non sunt nata facere speciem, nec alia. Et tamen contra hoc videtur esse, quod ista sunt sensibilia per se sicut propria, propter quod videretur quod speciem agerent et immutarent plures sensus, sicut sensibile proprium immutat

6. No species from Quantity.

7. Nor from sensibilia communia. perception of which depends on the organ of judgement.

[1] Cf. pp. **62-66** for discussion of opacity of object and transparency of medium as conditions of vision.

unum sensum. Dicendum est, quod non ob hoc dicuntur
sensibilia per se, nec propria nec communia, sed quia virtus
distinctiva quae est cogitativa, cujus esse est in media cellula[1]
cerebri, judicat de his sensibilibus tam propriis quam communibus, mediante sensu communi et particulari, qui solum de
partibus animae sensitivae vocantur a vulgo nomine sensus;
et quia de sensibilibus per accidens eadem cogitativa potentia
judicat, mediante aestimatione et memoria, et non mediante
sensu communi et particulari; propter quod sensibilia communia et propria vocantur per se sensibilia, quia mediante
sensu, et non aestimatione, comprehenduntur. Horum autem
intellectus planior patet non solum ex praecedentibus, sed
dependet ex subsequentibus; et ideo quod hic minus planum
est, requiratur a locis aliis propriis.

Objection that opacity is visible, and therefore generates rays. Quod autem posset dici quod nihil videtur nisi densum, et
densum, etiam sine colore et luce innata, potest videri ut in
terra et aqua, et forte in coelo octavo vel nono, secundum
diversitatem opinionum de illis, ut inferius patebit, propter
quod densum videtur esse maxime sensibile et visibile; et ideo
Reply: the rays are those of colour and light, which opacity renders visible. quod speciem faceret in sensum. Dicendum est quod hoc
non valet, non enim est maxime visibile propter hoc quod
nihil sine eo videtur, quia occasio magis est quam causa, et
quia per aliud comprehenditur, sicut perspicuum interjacens.
Et ideo non est ex sua natura absoluta ut videatur, sed
dependet a perspicuo; propter quod non debet facere speciem
ut de se immutet, nec requiritur ejus perceptio ad hoc ut
percipiantur color et lux, sed sufficit visui quod color et lux
fiant in denso aliquali, scilicet, ut terminetur visus; non enim
terminatur nisi per densum. Ad esse ergo coloris et lucis
requiritur densitas, ut visus terminetur ad colorem et lucem.
Sed tunc ex natura sua propria faciente speciem videntur
prius quam percipiatur densum, quoniam densum non comprehenditur solo sensu, sed per cogitationem, nec per se, sed
per collationem ad perspicuum, et mediante eo, sicut patet
ex libris Aspectuum.

Quod vero dicit Alhazen secundo de Aspectibus[2], quod in

---

[1] Cf. p. 9, as to the cerebral organ of virtus cogitativa.

[2] Concavum nervi communis is, as explained in *Perspectiva*, p. 14, the retina.
Alhazen, in the passage here referred to (lib. ii. prop. 16) explains that each

concavo nervi communis duorum oculorum, et in parte membri Objection that magnitude is directly apprehended by the eye.
sentientis, id est, anterioris glacialis quae est anterior pars
pupillae, figuratur circumferentia rei visae, sed circumferentia
reducitur ad sensibilia communia, ut patet ex eodem libro,
quapropter videretur quod quantitas et figura, et hujusmodi,
faciant impressionem et speciem in organo, et ideo prius in
aere ; ad hoc dicendum est quod illud intelligendum est, sicut
loquitur de magnitudine rei visae, quando dicit quod ordi- Reply, that points of light and colour only are directly apprehended.
natur et describitur in superficie membri sentientis. Hoc
enim non est quia magnitudo faciat suam speciem, sed quia
a tota rei magnitudine venit species coloris et lucis, et a tota
superficie. Et tunc species coloris venientes a singulis partibus rei visae non confunduntur in una parte pupillae, sed
distinguuntur et ordinantur in superficie pupillae, in quantitate sensibili secundum numerum partium in re visa, ut visus
distincte comprehendat totum colorem vel lucem rei visae.
Sic igitur describitur in pupilla magnitudo rei visae, id est,
color totius magnitudinis vel lux, ita quod solum sit ibi species
coloris vel lucis ordinata in pupilla et non ipsius magnitudinis. Propter quod similis intellectus est de figuratione
circumferentiae rei, et descriptione ejus in membro sentiente
et nervo communi, scilicet, quod color vel lux ipsius circumferentiae totius faciat speciem suam, quae figuratur et ordinatur in organo et medio, sed non ipsa circumferentia ; hic
enim est auctoris intellectus de omnibus talibus.

Quod autem dictum est quod species materiae renovatur Further objection, and reply.
sicut formae, tunc proprietatum materiae species debent
similiter renovari cum suo subjecto, sed quantitas est pro-

point of light and colour in the object is represented on the retina and is there
apprehended by the ultimum sentiens. He comes extremely near to the conception, first, I believe, realized by Kepler, and subsequently set forth in the
Dioptrique of Descartes, of a clear retinal image as a condition of distinct vision.
What hindered his precise apprehension of the truth was the notion that the
sentient function though carried on more actively by the nervous structure, was
yet vaguely distributed through the other structures of the eye (virtus sensitiva
est per totum istius corporis). But his view of the function of the retina may
be gathered from these words : 'Si res visa habuerit unum colorem, erit illa
pars (i. e. concavum nervi) corporis sentientis unius coloris ; et si partes rei
visae fuerint diversi coloris, erunt partes illius corporis partis sentientis diversi
coloris ; et ultimum sentiens sentit colorem rei visae ex coloratione quam invenit
in illa parte.'

prietas materiae; dicendum est quod species materiae primae non renovatur sed specificae, et illius proprietates renovantur; sed hae non sunt corporeitas, et figura, et hujusmodi communia, quum sint proprietates materiae primae. Si igitur ista sensibilia communia non faciant species, multo fortius nec aliae res praedicamentales et corporales, ut ratio, relatio, situs, quando et hujusmodi. Sensibilia autem per accidens [1] dicuntur respectu sensuum particularium et communis, qui autonomatici vocantur sensus, sed tamen multa eorum sunt sensibilia per se ab aestimativa, ut prius dictum est de substantiis. Sed sensibilia per accidens, alia a substantiis, sicut filius et pater, et caeterae res praedicamentales a substantiis et sensibilibus propriis et communibus non sunt activa specierum, postquam sensibilia per se multa non possunt facere species, cum tamen sint magis activa quam talia sensibilia per accidens.

8. Are there species from universals?

Post haec autem octavo [2] expedit considerari quod sicut rerum quaedam sunt universales, quaedam singulares, sic species fiunt ab his et illis. Et ideo sicut species singularum sunt singulares, sic universalium universales. Et cum universale non sit nisi in singularibus, sicut ostensum est in Metaphysicis [3] propter contentiones multorum, nec potest singulare carere suo universali, erit proportio speciei universalis ad speciem singularem, sicut rei universalis ad rem singularem, quarum sunt hae species. Et ideo cum singularia hominis faciunt suas species in medio et in sensu et intellectu, sic homo universalis simul facit suam speciem in speciebus singularibus; ita quod sicut homo universalis est una natura specifica in quolibet singulari tota et totaliter, sic species universalis est una natura specifica suo modo et tota et totaliter, et in qualibet specie singulari, nec e contrario. Et propter hoc iteratur in medio, et sensu, et intellectu species universalis, quando venit cum specie cujuslibet singularis, et sic figitur in anima et fortius quam species alicujus singularis. Et hoc determinat Alhazen evidenter in libro secundo.

[1] Cf. *Perspectiva*, pp. 74-75.   [2] octavo omitted in O.

[3] Some remarks on Bacon's attitude in the controversy as to Universals will be found in the Introduction; and Charles' monograph, pp. 383-384, contains important quotations from the Mazarine MS. bearing on the subject.

Ex his igitur sequitur corollarium, quod sive in medio sive Species of the same nature as its agent. in sensu, sive in intellectu sint species universales, oportet quod ibidem sint species singulares eis respondentes. Et ideo non intelligo quod in intellectu aliquo creato sint tantum species universales fixae sine singularibus speciebus, ut per applicationem multarum talium specierum universalium, quarum res universales sint in aliquo individuo alicujus speciei, fiat cognitio de tali re singulari. Quanquam et ipsa applicatio non est mihi intelligibilis. Sed de his tractabitur alias suis locis.

Ex dictis in hoc capitulo patet, quod cum quaeritur univer- /c saliter de omni specie in medio an sit substantia vel accidens, nulla est quaestio, et similiter an species sit quoddam compositum vel simplex, et an universale vel singulare. Nam species substantiae est substantia, et species accidentis est accidens, et species compositi est compositum, et species simplicis est simplex, ut materiae species est materia, et formae forma, et species rei universalis est universalis, et rei singularis est singularis. Quia breviter dicendum, quod sicut se habet accidens ad substantiam, et forma ad materiam, et universale ad singulare, scilicet, quod nullum istorum est sine 2c suo compari, sic se habet species accidentis ad speciem substantiae, et species materiae ad speciem formae, et species rei universalis ad speciem rei singularis, ita quod nulla est earum sine sua socia.

Capitulum III[1].

Habito de agente, consequenter considerandum de modo How are species propagated? agendi, quod est tertium hic principale, et habet tres conclusiones. Quarum prima est, quod non potest species exire

---

[1] This chapter deserves special attention, as justifying what has been said in the note on p. 408, that though the word *species* recalls the crude philosophy of emanations, best known to us through the poem of Lucretius, in Bacon's mind it had almost entirely lost that connotation, and is used as the word ray, current, or undulation might be used by a modern scientist, to express action of one body on another· the *multiplication of species* expressing the continuity of such action, in other words, the propagation or radiation of force. With regard to the part taken by the medium in the transmission of force, it will be seen that Bacon's view is far more nearly akin to the views of Descartes, Young, or Faraday than to the emission theory of Newton. Action at a distance was as inconceivable to him as to Aristotle, and to most modern physicists.

1. Not by emission.

nec emitti ab ipso agente, quia accidens non permutat sub-jectum, nec pars substantialis sine corruptione substantiae totius. Sed maxime activa, ut substantiae spirituales et coelestia, non sunt corruptibilia ; quare species nullo modo exibit ab agente, cum omne quod est in eo sit substantia vel accidens, nec contingit ponere medium, ut prius declaratum est. Quapropter male loquitur vulgus et improprie, quando dicit quod agens emittit a se speciem, exemplificans in odora-bili, quod aliquid emittit, ut in mosco sine accensione, vel in thure accenso. Sed dicendum est quod odorabile, in quantum activum est speciei, non emittit aliquid, sed in quantum patitur per calidum intra resolvens aut extra ; et ideo agens naturale, in quantum agens, non emittit aliquid, sed in quantum patitur et destruitur. Caeterum actio non est in deperditionem et corruptionem agentis, sed in perfectionem , quia tunc unumquodque perfectum est, cum sibi simile facere potest, secundum Aristotelem secundo de Anima[1].

Nor (2) by creation or (3) by in-troduction of anything into the matter acted on ;

Deinde manifestum est quod agens non creat speciem ex nihilo, neque accipit eam alicubi extra se vel extra patiens, ut eam reponat in patiente , hoc enim ridiculum esset. Qua-propter improprie et male dicitur, quod agens immittit aliquid in patiens et quod influit , nam tunc ab extra ingrederetur aliquid in ipsum patiens, quod non potest esse, quia tunc vel exiret ab agente, vel agens inveniret id extra se vel patiens, vel crearet illud de nihilo, quorum quodlibet est falsum.

Nor (4) by impress of agent on patient as with a seal

Et ideo oportet unam duarum viarum eligi, scilicet quod per viam impressionis[2] fiat species, aut quod per naturalem immu-tationem et eductionem de potentia materia patientis. Sed via impressionis non est possibilis, quoniam impressio non fit nisi in superficie, ut sigilli in cera, per elevationem quarundem partium superficiei et depressionem aliarum. Sed actio naturalis est in profundo patientis Item per species rerum sentimus res ipsas ; sed per impressiones quae fiunt in cera et hujusmodi non sentimus res imprimentes, ergo non est con-

---

[1] *De Anima*, ii. 4, § 2

[2] Cf. p. 410, where reference is made to *De Anima*, ii. 12, § 1 ἡ αἴσθησίς ἐστι τὸ δεκτικὸν τῶν αἰσθητῶν εἰδῶν ἄνευ τῆς ὕλης, οἷον ὁ κηρὸς τοῦ δακτυλίου ἄνευ τοῦ σιδήρου καὶ τοῦ χρυσοῦ δέχεται τὸ σημεῖον

similis actio hinc et inde. Ex quo sequitur quod improprie
dicitur quod speciei generatio est per viam impressionis,
secundum quod utimur hoc nomine prout est impressio in
sigillo et hujusmodi. Sic enim ad literam intelligit vulgus
species imprimi ab agentibus, sed non est ita. Si tamen
largius accipiatur impressio, prout communiter signat omnem
transmutationem patientis per actionem agentis, sicut aliquando inveniuntur auctoritates accipi apud ipsos auctores
vel apud interpretes, tunc posset dici quod per impressionem
fieret species. Et sic convenit quodammodo cum impres- *10*
sione primo modo dicta; licet non omnino, quia continet eam
sicut universale suum particulare, haec enim impressio est
communiter, sive fiat actio in superficie sive in profundo. Et
sic usus est Aristoteles cum dicit secundo de Anima, quod
sensus suscipit species sensibilium, sicut cera speciem annuli;
quodammodo enim est similitudo, sed non plena; et sic multae
auctoritates inveniuntur, quod modo habent similitudinem.

Cum igitur nullo praedictorum modorum fiat generatio
speciei, manifestum est quod quinto modo oportet fieri, scilicet per veram immutationem et eductionem de potentia
activa materiae patientis. Non enim aliquis est alius modus
excogitabilis praeter praedictos, et haec est conclusio tertia.
Et non est solum per hunc locum; patet hoc a divisione[1].
'Sed necessarium est hoc, quoniam effectus naturaliter facti
dicuntur generari secundum Aristotelem de potentia materiae
activa, ut omnes fatentur sine contradictione. Sed species est
effectus agentis naturalis, et naturaliter productus est, quare
species ipsa debet de potentia materiae generari. Item
potentiae receptivae respondet dator formae, et hic est
Creator; quare si in materia esset potentia solum receptiva *30*
specierum, tunc poneremus in rebus naturalibus datorem
formarum, contra Aristotelis doctrinam; ergo non fiet species
in potentia receptiva, sed de potentia activa materiae naturalis
seu patientis. Et iterum patet ex dictis quod haec virtus est
eadem cum effectu completo. Illa enim fit ipse effectus
completus quando agens invalescit, et ideo idem erit modus
producendi effectum istum incompletum et completum.

But (5) the latent activities of the *20* matter acted on are called out.

---

[1] additione, Reg, a divisione, O.

Quare si completus effectus educitur de potentia materiae, oportet quod prius educatur effectus incompletus de eadem potentia.

It is objected that this would imply action at a distance

Sed contra hoc quaedam objectio decipit multos   Arguitur enim, quod agens et patiens simul sunt, et nihil est ipsorum medium, secundum quod Aristoteles probat septimo Physicorum, et determinat nono Metaphysicorum, et libro de Generatione. Praecipua enim conditio agendi est quod conjungatur agens cum patiente sine medio, et aliter non transmutabit ipsum Sed conjunctio duplex intelligitur, scilicet vel secundum substantiam vel secundum virtutem ut dicunt ; sed agens non potest esse simul cum profundo patientis, secundum suam substantiam , quare oportet quod sit simul secundum virtutem ut generet effectum suum per eductionem ejus de profundo patientis Et ideo dicit multitudo quod virtutis est datio et infusio in profundum patientis, ut de potentia ejus educatur effectus, et quod non debeat virtutis generatio fieri de potentia illa , et ideo ponitur quod virtus seu species non educitur de potentia materiae, sed quod datur et infunditur, et quod est aliud ab effectu intento finaliter et solum fit ab agente, ut transmutetur profundum patientis et ut per illam educatur effectus de potentia materiae, verum instrumentum est agentis ad effectum producendum principale Et aliter, ut dicunt, non posset agens producere effectum quem intendit, ut ignis ignem, seu formam ignis, nec homo hominem, nec aliquod agens produceret effectum ei similem nomine et definitione.

Objection refuted (1) by reference to the argument on p 414 et seq.

Et sic cogimur redire ad praedictam pluralitatem [1] effectuum univocorum Sed cum illa suo loco non poterunt contradici, quia sequitur [2] quod species est ipse effectus agentis primus et univocus, complendus per operationem completam, ut tunc recipiat nomen et definitionem agentis, sicut prius ostensum est, nec potest esse nisi unus talis effectus, [ideo] manifestum est has cavillationes vanas esse.

(2) The objector s view

Et iterum contingit argui contra generationem [3] [virtutis, quam ipsi fingunt aliam ab effectu principali, sicut contra

---

[1] praedicta circa pluralitatem, J   Cf pp 414, 415
[2] consequetur, J , sequitur, O
[3] The words in brackets are omitted in Reg.

generationem] effectus principalis, scilicet, quomodo[1] faciat
agens eam in profundo patientis, cum substantia agentis non sit
infra illud profundum? Quapropter fictio illius virtutis praeter
effectum principalem non evadet hanc objectionem ; quia qua
ratione agens non potest generare effectum principalem in
profundo patientis sine tertio ab eis, eo quod non sit secundum
se in illo profundo, et hoc tertium est virtus, sequitur quod nec
generabit virtutem in profundo illo sine aliquo tertio, cum
ipsum agens, dum generat virtutem hanc, non sit in profundo
patientis, et sic ibitur in infinitum. Et ideo propter evasionem
illius objectionis non debet fingi talis virtus praeter effectum
principalem. Contra igitur sic arguentes est argumentum
eorum, sicut contra eos quos impugnant ; et ideo male arguunt.

would imply perpetual generation of new force.

Item species accidentis, ut caloris vel alterius, est forma accidentalis ipsius patientis, et species formae substantialis ignis
fit forma substantialis patientis quando gignitur, quia calor et
species caloris sunt ejusdem essentiae specificae, et universaliter species cum eo cujus est, ut prius ostensum est. Et
ideo sicut calor est forma ejus in quo est, sic species caloris et
sic de aliis. Sed nulla forma alterat materiam cujus est actus
nisi tantum anima ; quia anima non solum est actus sed motor
sui corporis. Unde forma ignis non alterat materiam ignis
vel alterius, ergo non potest species facta in prima parte
patientis alterare illam partem ad alium effectum producendum
in ea, sed partem secundam. Et ita quae fit in secunda
alterabit tertiam, et sic ulterius.

(3) The effect generated in the first part of the patient becomes a force acting on the second, and so onward

Praeterea in confirmationem istius sententiae quaero ab eis
qui sic dicunt, quo devenit haec virtus, postquam effectus
principalis generatus est ; ut postquam ignis generavit ignem
ex alia materia, vel homo hominem, vel quodlibet aliud juxta
speciem suam, quid accidit de hac virtute? Si enim non est
educta de potentia materiae, tunc non corrumpetur in eam ;
ergo si corrumpatur, corrumpetur in nihil ; quare fuit producta de nihilo ; ergo fuit creata, quod est impossibile. Si
dicatur quod non corrumpitur sed manet in generato, sequitur
inconveniens quoniam cum generabitur oportet quod sit
corruptibilis ; omne generabile est corruptibile, et probabitur

(4) What becomes of the force supposed to be emitted by the agent?

---

[1] quo, J. : the sense has been obscured by defective punctuation.

post quod sit corruptibilis et quod corrumpitur. Et si nunquam corrumpatur, vel statim vel tarde, non corrumpetur in
potentiam materiae, sed in nihil, ut dictum est, et tunc fuit
facta de nihilo et creata, quod est impossibile. Nec cadit
creatura in nihil propter hoc quod a Creatore continente manu
tenetur ; derogaretur enim infinitati bonitatis et sapientiae et
potentiae Creatoris. Item res agens per necessitatem et sine
deliberatione agit uniformiter ; ergo agens eodem modo agit
in faciendo speciem et effectum quemcunque, quantum est
a parte sua. Cum igitur a parte materiae recipientis non est
diversitas quia etiam uniformis est, manifestum est speciem
fieri ab agente, sicut alium effectum, et ita de potentia
materiae.

Action is
propagated
from
particle to
particle.

Quapropter cum haec omnia inconvenientia sequuntur ex
hoc, quod dicitur quod species non de potentia materiae generatur, oportet [1] quod sic fiat ejus generatio. Et ad objectionem
communem respondendum est, scilicet quod agens non debet
esse in profundo patientis neque secundum substantiam suam,
neque aliter ut de potentia profundi educatur aliquid. Hoc
enim non requirit actio naturalis, nec Aristoteles hoc determinat, sed solum quod inter agens et patiens nihil sit medium.
Tunc enim substantia agentis activa tangens sine medio substantiam patientis potest ex virtute et potentia sua activa
transmutare primam partem patientis quam tangit, et redundat
actio in profundum illius partis, quia illa pars non est superficies, sed corpus quantumcunque sit parva, nec sine profunditate sua potest accipi nec intelligi, et ideo nec tangi nec
alterari. Sed illa pars, licet quantitatem habeat, et sit maximum quod potest secundum naturam recipere actionem
agentis, tamen valde modicum est et insensibile. Postquam
enim agens tangit patiens, et non solum superficiem nudam,
sed substantiam, mediante superficie, et haec substantia sit
corpus, quantumcunque sit parva, et ideo habens profundum,
dico quod agens tangit profundum primae partis quantum
sufficit, nec oportet quod sit in illo profundo, neque secundum
substantiam, neque aliter. Et sic fit tota actio naturae et
generatio effectuum naturalium ; nec plus requiritur, sed verum
judicium ; quamvis falsae imaginationi nihil sufficiat.

---

[1] oportet, Reg., sed, J.

Et jam patet quod objectio vana est, quae dicit speciem non esse formam aeris, quia est motor et facit calorem in eo. Dicendum est enim, quod non est motor ejus cujus est forma sed alterius; unde species in prima parte aeris non inducit calorem in ea, sed in secunda parte facit calorem, et sic ulterius; ut tactum est in objectione veridica facienda in his terminis. Si dicatur quod species fortis et sensibilis sit a vitro bene colorato, quando radius solis fortis penetrat hujusmodi vitrum, sed non possit tam vehemens color produci ita cito de potentia materiae, et praecipue aeris, quod est corpus simplex; quapropter videtur quod alius modus sit gignendi speciem, quam de potentia materiae; dicendum est quod non est alius modus, ut probatum est, et ad hanc cavillationem dicendum est quod in duobus peccat. Unum est quod supponit colorem fortem esse generatum a vitro sicut apparet, non tamen est ita fortis sicut videtur. Nam quando radius solis transit per hujusmodi vitrum, non apparet color talis, et ideo magis est in apparentia quam in existentia coloris veri, et est sola species, et ideo potest produci de potentia materiae, praecipue alicujus mixti. Nam quando iterum supponit haec cavillatio, quod proprie fiat in aere; dicendum est, quod species vitri prius fit in aere quam in opaco mixto, sed debilior longe fit in aere propter simplicitatem corporis; sed quando venit ad corpus mixtum, quod magis aptum est ad colorem, potest species in aere existens educere de potentia materiae speciem pleniorem, sicut virtus magnetis differtur in aere usque ad ferrum, sed fortior est in ferro quam in aere propter aptitudinem ferri majorem. In mixto tamen opaco concedendum est hoc, quod species sola est licet appareat habere multum de colore. Hujus autem apparentiae causa duplex est. Una est multitudo lucis penetrantis vitrum; nam in debili luce non apparet sic; lux enim nata est detegere colores et facere eos apparere. Alia causa est debilitas coloris opaci, respectu fortis coloris vitri et speciei ejus respectu fortis coloris speciei vitri; et ideo non solum color vitri apparet sensui fortis et bene sensibilis respectu coloris opaci, sed species coloris vitri potest sensui apparere, licet species coloris opaci non appareat. Dico igitur quod

Special objection as to the propagation of heat and colour.

hujusmodi apparitio est species, et non est ita vivus color sicut apparet, et habet satis parum de esse, ut bene possit educi de potentia materiae opaci. Item ponamus quod habeat tantum de esse sicut apparet, quid prohibet ipsum de potentia saltem corporis mixti educi, quia corpora mixta nata sunt colorari? Nos enim videmus multos effectus naturae completos subito quasi fieri, ut una candela accendatur ab alia, et combustibilia statim igniuntur, cum igni applicantur; quare similiter potest esse hic.

CAPITULUM IV.

Six propositions. 1. The smallest quantity of an agent is effective in its degree. Sed nunc ad illa plenius intelligenda oportet annecti capitulum quartum, quod habet sex conclusiones. Prima est quod ad agens in hac influentia non exigitur quantitas determinata. Secunda est, quod totum agens secundum lineam profunditatis suae agit secundum se totum in patiens, et non aliqua sola pars signanda. Tertia est, quod omne agens attingit aliquam partem patientis quam potest alterare, et non plus. Quarta, quod minus quam illud non potest esse subjectum sufficiens actionis, ut est in suo toto. Quinta est quod medietas agentis non alterat unam medietatem, et altera medietas aliam. Sexta, quod medietas primae partis patientis alterata non potest secundam alterare.

First proof. Prima igitur est, quod ad agens in hac influentia non exigitur quantitas determinata, ita quod in minori non possit agere. Nam tunc in rebus inanimatis oporteret ponere virtutem augmentativam, sicut in animatis, ut per aliquod corporale veniens convertendum in rem inanimatam[1] virtus illa augmentativa duceret illam rem ad debitam quantitatem in qua possit operari, sicut accidit de animatis pro actione generandi secundum propagationem. Haec enim est necessitas quare in rebus animatis est augmentatio. Sed istud locum non habet in rebus inanimatis, quare ad actionem earum non requiritur quantitas determinata. Et haec est actio speciei

---

[1] animatam, J., which vitiates the reasoning, inanimatam, O. The argument rests upon an entirely just appreciation of the difference between living and dead matter.

quae universaliter est communis rebus animatis, quia in actione ista omnia agunt eodem modo.

Item Aristoteles vult tertio Physicorum[1], quod omne agens Second physice patitur et transmutatur insimul dum agit, et quod proof. omne patiens physice agit; et in libro de Generatione primo 5 vult idem. Sed in quacunque quantitate parva ponatur aliquid, illud potest alterari et corrumpi per agens forte, ergo simul aget ut corrumpens patiatur et alteretur. Nec contingit dicere quod patitur in hoc quod illud corrumpendum resistit per naturam contrarietatis, licet non alteret ipsum corrumpens Nam sic coelum pateretur ab ipsis inferioribus, et computaretur inter agentia physice, eo quod suae virtuti resistit materia elementaris. Aliter enim non fieret motus nec actio in tempore. Cum enim lux solaris dicitur generare calorem in aere frigido, necesse est quod frigiditas aeris resistet luci, sicut resistit igni, sed non alterat lucem sicut ignem. Cum ergo coelum non agat physice nec patiatur per Aristotelem, ut omnes volunt; tunc cum dicitur quod agens physice patitur et quod patiens physice agit, hoc non est solum in resistendo, sed in hoc quod patiens transmutat et alterat ipsum agens.

Item Averroes dicit super secundo Metaphysicae, quod nulla Third substantia est otiosa in fundamento naturae, et ideo oportet proof. quod substantia sub quacunque quantitate possit suam facere operationem. Item per Aristotelem septimo Physicorum[2], ubi dicit quod si aliqua virtus alteret aliquid mobile in aliquo tempore, tunc medietas virtutis mobile ei proportionale alterabit tantum et in tanto tempore. Si allegetur illud in primo Objections Physicorum de carne minima[3]; dicendum est, quod non and replies. loquitur nisi de minimo secundum sensum, et non secundum

---

[1] *Nat. Auscult* iii. 1 § 8 πολλὰ ποιήσει καὶ πείσεται ὑπ' ἀλλήλων· ἅπαν γὰρ ἔσται ἅμα ποιητικὸν καὶ παθητικόν. Ὥστε καὶ τὸ κινοῦν φυσικῶς κινητόν πᾶν γὰρ τὸ τοιοῦτον κινεῖ κινούμενον καὶ αὐτό. In the view here adopted by Bacon from Aristotle, we have a very distinct foreshadowing of Newton's law of Action and Reaction, recently extended to every department of Physics.

[2] *Nat Auscult.* vii. 5, §§ 1, 2.

[3] *Nat. Auscult.* i. 4, § 5 εἰ δὲ ἀδύνατον ζῷον ἢ φυτὸν ὁπηλικονοῦν εἶναι κατὰ μέγεθος καὶ μικρότητα, φανερὸν ὅτι οὐδὲ τῶν μορίων ὁτιοῦν . . . Δῆλον τοίνυν ὅτι ἀδύνατον σάρκα ἢ ὀστοῦν ἢ ἄλλο τι ὁπηλικονοῦν εἶναι τὸ μέγεθος ἐπὶ τὸ μεῖζον ἢ ἐπὶ τὸ ἔλαττον. Aristotle is explaining that if there are limits of magnitude (superior and inferior) for the animal or plant as a whole, there must be limits

naturam et simpliciter, nam hoc sufficit suae demonstrationi contra Anaxagoram, qui posuit omnia esse in quolibet, ut in aqua esse ignem, et carnem, et os, et caetera omnia; sed denominatur magis a quo secundum sensum excedit alia et abundat. Veritas igitur est, quod distinctio carnis-stat secundum sensum, ut minor accipi non possit sensibilis, et sic de quacunque re. Deveniatur igitur ad carnem minimam secundum sensum, et tamen haec erit secundum quantitatem divisibilem et secundum substantiam, licet sensum non possit immutare aliqua pars ejus. Accipiatur igitur aliqua pars ut medietas sit, ita haec pars non habet virtutem carnis sensibilem; ergo caro non dicetur magis quam aliud, quia pars quaelibet denominatur a superabundanti secundum sensum, ut posuit Anaxagoras. Quapropter non erit caro secundum rectam denominationem carnis, sed neque aliquid aliud, quia nil aliud sensibiliter in eo potest denominari; nam 'maxime videretur hoc de carne; quare non erunt omnia in eo, nec principium materiale erit in quo sunt omnia, nec aliquid erit, et sic destruitur positio Anaxagorae, qui posuit omnia esse in quolibet, quod denominatur a superabundanti secundum sensum, et sic habet intelligi pertractatio rationis Aristotelis in illo loco, et dictum commentatoris ibidem habet sic exponi Quod allegatur ex fine libri[1] de Sensu et Sensato nihil est, nam ibi loquitur de actione in sensum, ut patet ex contradistinctione libri, quia loquitur de sensibilibus agentibus in sensum. Et bene concedendum est quod aliquid sensibile potest esse tam parvae quantitatis, quae non immutabit sensum, et tamen alterabit aerem et sensum, sed sensus non percipiet, et sensus perceptionem dicimus ejus immutationem.

The smallest particle of matter has gravity;   Quod vero Averroes vult secundo Coeli et Mundi, et alibi, quod terra, vel aliud, non habet speciem vel actionem terrae nisi in quantitate debita, potest hic intelligi ad actionem non impe-

for their organs· and he is using this inference as an argument against Anaxagoras' view that body consisted of infinitely small and infinitely numerous elements Bacon's point seems to be that, while organic tissue, like every other form of matter, is infinitely divisible, yet beyond a certain stage of division it is indistinguishable from inorganic matter

[1] Cf. *De Sensu et Sensili*, cap 7 ὅτι δὲ τὸ αἰσθητὸν πᾶν ἐστι μέγεθος καὶ οὐκ ἔστιν ἀδιαίρετον αἰσθητόν, δῆλον, et seq.

ditam, vel quoad actionem sensibilem in sensibili tempore. though
Nam ad hoc quod lapis debeat medium penetrare, ut resis- resistance
tentia media non impediat ipsum, et ut faciat actionem medium
divisionis et descensus in tempore sensibili sensibilem, oportet ceal it.
quod quantitatem habeat sufficientem, nec in omni quantitate
potest hoc facere; et sic de aliis rebus intelligendum est.
Nam proculdubio non exigit grave quantitatem determinatam.
Nam sit *a* grave illud, et cum sit quantum, sint *b* et *c* partes
ejus; *a* igitur est gravius quam *b*, quia per additionem
ipsius *c*, additur ad gravitatem; ergo *b* est grave, ergo *a*
totum non fit minimum grave. Et sic in infinitum: ut
Aristoteles tertio Physicorum vult quod divisio magnitudinis
naturalis vadit in infinitum, quia ibi loquitur de rebus naturalibus; ergo non solum quantitas, sed quantitas naturalis.
Quapropter natura sensibilis, quae est naturalis, est divisibilis
in infinitum; et ideo agens sensibile naturale non determinat
sibi quantitatem.

Secunda conclusio est, quod totum agens secundum lineam 2. Force
profunditatis suae agit secundum se totum in patiens, et non the whole
aliqua sola pars signanda quae tangit patiens. Nam tunc depth of
reliqua pars esset otiosa. Item tunc parvum corpus sicut not merely
magnum aequalem faceret operationem; et loquor de magni- from the
tudine secundum profundum. Et ideo si medietas solis contact
secundum profundum amoveretur, tunc ageret tam nobilem with the
actionem sicut nunc; et sic de quolibet agente; quod est
impossibile. Si dicatur quod una pars secundum profundum
tangit patiens, et aliae non, et agens et patiens debent esse
similes sine medio, ut Aristoteles dicit: dicendum est, quod
totum secundum profunditatem acceptum tangit patiens in
sua superficie sicut aliqua pars illius profundi, et sicut interior
pars cujuslibet partis datae distat in superficie patientis per
corpus illius partis interjacens, et inde ipsa pars dicitur sufficienter conjungi patienti respectu actionis, sic similiter erit
de toto quod sufficienter conjungitur cum patiente per tactum
suae superficiei sine medio, licet extremum totius alterum
distet a patiente per corpus interjacens totius. Unde non
requiritur alia approximatio, nisi quod agens conjungatur in
sua superficie cum superficie patientis, quantumcunque alia

extremitas agentis distet. Si dicatur quod si pars posterior agentis agat speciem, tunc faceret eam in partem priorem, et ideo alterabit seipsum prius quam patiens; dicendum est, quod pars hic non agit per se, nec est distinctio partium in actione, ut una faciat unam partem et alia aliam, sicut objectio procedit, sed totum facit totam actionem.

3. Definite portion of patient affected in each action.

Tertia conclusio est quod omne agens contingit aliquam partem patientis quam potest alterare ita quod plus non alteret. Nam agens non projicit nec infundit aliquid in patiens, ut prius probatum est, sed ipsum per sui contactum transmutat; sed agens non transmutat superficiem, quare oportet quod aliquam partem substantiae patientis alteret, quae pars est corpus necessario, licet non actu divisum a toto. Sed quia approximatio requiritur ad actionem tanquam necessaria conditio, ideo oportet quod partis alterandae extremitas remotior ab agente sit remota ad minus, quam fieri potest[1] per naturam, et ideo non erit haec pars cujuslibet quantitatis sed determinatae, ita quod plus alterare non poterit. Caeterum nos videmus quod sol et luna aeque cito immutant quantitatem eandem medii, et candela et ignis locum obscurum eundem aeque cito illustrant, licet unum intensius et magis quam aliud; et sic de omnibus agentibus; quare oportet quod quantitas determinetur. Si dicatur, quod hoc est secundum sensum, sed aliter erit secundum naturam actionis; dicendum est, quod tunc sensibilis excellentia unius agentis super aliud ut in centupla vel majori faceret sensibilem differentiam secundum quantitatem. Et ita sol longe plus quam centies posset illustrare tantam quantitatem spatii plus quam luna, quia sol est centies major quam tota terra et fere septuagies, et luna non est nisi una de 39 partibus terrae[2], vel circiter hoc, sicut Ptolemaeus docet in Almagesti. Sed non accidit soli, quod in eodem tempore centies plus de spatio illustret quam luna. Si dicatur quod si aliqua virtus movet aliquod mobile

---

[1] quod fieri non potest, Reg. The reading in the text is that of O. What we should expect is ad minimum quod fieri possit per naturam.

[2] Cf. vol. i. p. 233. J.'s error in putting cccxc is the more unaccountable, that in Reg., a MS. which he had constantly before him, and which he usually followed, 39 (in Arabic figures) is clearly written. It seems clear that Bacon did his best to familiarize his limited public with the Arabic notation of numbers.

per aliquod spatium, tunc duplum illius virtutis potest movere
idem mobile per duplum illius spatii, secundum Aristotelem
septimo Physicorum; concedendum est hoc in motu locali
naturali gravium et levium, non in violento; nam homo debilis
projiciet ita longe unum folium sicut fortis. Sed nec in alteratione concedendum est, quia alteratio non respicit quantitatem
per se, sed formam quae debet intendi vel remitti in eadem
quantitate. Et similiter generatio et corruptio. Unde concedendum est, quod si aliqua virtus posset alterare vel generare
aliam formam, tunc dupla virtus potest facere duplum illius
in eodem subjecto, sed non in duplo spatio[1].

Deinde quaeratur quarto, an minus quam illud potest esse
sufficiens subjectum actionis. Et dicendum est quod non, ut
est in toto; sed si dividatur a toto, tunc potest esse subjectum
sufficiens. Ad hoc enim quod aliquid patiatur ab alio, non
requiritur in rebus generalibus nisi quod contrarietas sit, et
quod approximentur. Et si coelum est agens, non requiretur
nisi materia obediens et approximatio; sed haec duo sunt
hic. Si dicatur, quod contraria nata sunt fieri circa idem, et
ideo si determinatur hic quantitas patientis in magnitudine,
similiter in parvitate; dicendum est quod non; quia approximatio non salvatur in omni extensione[2] magnitudinis, sed
salvatur in omni divisione quantitatis. Et ideo non sequitur,
nec oportet quod contraria semper ferantur circa idem, quando
unum inest determinate propter aliam causam, ut est hic.

4. Less than that portion will not suffice.

Deinde quinto, an medietas agit in medietatem, vel totum
agit in medietatem. Et dicendum est quod totum; quia
prima pars non ageret in primam partem, sed secundam, quia
secunda ei conjungitur, nec in secundam, quia secunda pars
agentis magis ei appropinquat. Item si prima pars agentis
ageret in partem primam, et secunda in secundam, tunc
magis ageret secunda in primam quam in secundam, quia ei
conjungitur. Si objiciatur de septimo Physicorum, quod si
virtus tota agit totam actionem, ergo medietas medietatem;

5. The whole agent acts on each part of the portion affected.

---

[1] There is here a glimpse of the truth that a given amount of energy may
manifest itself either in change of velocity or direction, or change of constitution
of the body on which work is done.

[2] extensione, Reg., continuatione, O.

dicendum est, quod jam patuit prius quod actio totius est indivisa, dum partes sunt etiam in toto, sed si totum divideretur et patiens similiter, consequeretur haec regula.

6. The whole of the portion affected changed by the agent; not the second half by the first.
Deinde sexto, an medietas alterata potest reliquam alterare. Dicendum quod non, quia tunc non esset quantitas determinata in magnitudine ad actionem, et tunc medietas medietatis prima alteraretur, et sic in infinitum. Si igitur objiciatur, quod dum medietas illius partis remanet in toto, oportet quod agens illam medietatem primo alteret quam alteretur secunda, et antequam totum alteretur, per secundam conclusionem septimi Physicorum, quae est, quod nullum mobile primo movetur, sed aliqua pars ejus, quia parte quiescente quiescit totum, et ideo pars primo movetur; sed species in illa prima medietate est completa in actu suo, ergo non erit otiosa, quare alterabit medietatem secundam, et praecipue cum medietas sufficeret ad hoc; ergo agens principale non alterabit medietatem secundam, et praecipue cum medietas prima est magis conjuncta cum medietate secunda, quam agens principale; dicendum est, quod tunc eadem est objectio de illa medietate prima, nam habet medietatem, de qua eodem modo potest argui, et sic ulterius in infinitum, quod est impossibile; et sic sequetur quod non contingit dare aliquam partem determinatam in quam possit agens datum; quia quaelibet habet medietatem, quam solam medietatem primam alterabit agens principale secundum has rationes. Et ideo hae objectiones nullae sunt, quae redarguunt ipsum qui eas proponit.

Conclusion.
Praeterea solvendum est aliter, videlicet quod licet agens prius alterat medietatem primam quam secunda alteretur, tamen illam secundam alterabit agens et non medietas prima, quia agens potest in eam et habet majorem virtutem quam medietas prima jam alterata, et ideo potentius et melius potest medietatem secundam alterare, quam prima medietas, et natura facit quod melius est et perfectius, propter quod concedit principali agenti, ut alteret secundam medietatem, et denegat hoc primae medietati, ita ut non terminetur actio ipsius agentis donec compleat suam actionem per alterationem utriusque medietatis. Sed si objiciatur illud Aristotelis in

septimo Physicorum in fine, quod si aliqua virtus alteret aliquod
mobile in aliquo tempore, tunc medietas virtutis alterabit
medium mobilis secundum aequalem alterationem in toto eo
tempore ; dicendum est, quod haec intelligenda sunt si mobile
dividatur actualiter ; sed dum totum est integrum, non deter-
minabitur actio, antequam totum alteretur. Si dicatur, quod
idem manens idem natum est facere idem, ergo idem manens
idem natum est pati idem, et eodem modo, quare sive sit in
toto medietas sive separata, poterit esse subjectum passionis
in quo terminetur actio agentis ; dicendum est quod non sequitur, quia in toto est pars in potentia, non in actu. Et
similiter cum hoc dicendum est, quod totum potest in totum,
et ideo natura non abscindit suam actionem, usquequo compleatur in tota parte patientis, in qua natum est agens suam
actionem complere. Et etiam dicendum est, quod agens
principale potest melius et perfectius alterare secundam
medietatem, quam eandem alteret prima[1] medietas, ut
dictum est.

CAPITULUM V.

Nunc considerandum est quintum principale circa influen-   On what
tiam agentis in patiens, et consistit in his quae exiguntur a   bodies can
                                                                action be
parte patientis. Et sunt conclusiones tres. Prima est de   exercised?
inferioribus respectu coelestium. Et quod a superioribus   (1) Action
                                                              of celestial
                                                              bodies on
                                                              terrestrial
[1] post, the reading of Reg , has been adopted by J. ; but O. has prima, which
is more intelligible.

The foregoing chapter may be regarded as an attempt to conciliate the
infinite divisibility, in other words the continuity of matter, with its molecular
or particulate constitution. That the smallest conceivable portion of matter had
gravity Bacon clearly grasped. His language on that point is emphatic and
remarkable. But in the transmission of radiant force, as he conceived it,
a certain definite portion or region of matter was acted on as a whole ; this,
when its latent activities had been evoked, became itself the force acting on the
succeeding region ; and so onward. This region must be regarded, he says,
practically as a whole : its parts cannot be regarded as acting separately. Just
so the modern physicist, while maintaining the existence of an absolutely continuous ether, is driven to suppose that portions of it assume a definite shape :
as vortex-atoms or otherwise. Similarly in the undulatory theory the wave,
whether of water, air, or ether, has to be considered as a definite whole. How
far these theories are to be regarded as more than useful, or indeed indispensable,
working hypotheses, cannot be discussed here. The point of interest is to trace
their operation in the thirteenth century.

possint pati inferiora patet, quia communicant in materia, et quod illa quae communicant in genere communicant in materia, ut dicitur quinto Metaphysicorum[1]. Et ideo licet non communicent in tantum ut sit mutua generatio et corruptio completa inter inferiora et coelestia, hoc enim negatur libro de Generatione et alibi, tamen postquam in genere communicant, oportet quod in materia communicent, secundum quod Aristoteles dicit. Et ideo manifestantur haec in Prioribus, quod essentia generis proximi est materiale principium in naturalibus respectu duarum specierum, et individuum generis respectu duorum individuorum illarum specierum. Congruentia autem est ad hoc ; quoniam quanto magis partes universi assimilentur, tanto major est salus earum et utilitas. Et ideo cum inferiora non possunt assimilari per naturas completas, naturae coelorum congruit ut saltem per species receptas. Necessitas autem concludit hoc idem per generationem rerum et corruptionem, cujus causa principalis est duplex allatio solis sub obliquo circulo ; sed sol non est per substantiam in inferioribus, et ideo per virtutem. Et sic de aliis corporibus coelestibus. Et per experientiam patet illud de luce diffusa a coelestibus per omnia inferiora. Et ideo cum objiciatur quod natura coelestis non est generabilis et corruptibilis, propter quod non generabitur in materia elementari ; dicendum est quod hoc est verum sub esse completo, sed sub esse speciei non est inconveniens, immo necessarium.

(2) Action of celestial bodies on each other. Sed secundo sciendum est, quod coelestia possunt recipere species ab aliis coelestibus, ut luna et stellae recipiunt virtutem et speciem solis, ita quod lux solis veniens ad superficiem lunae vel stellae cujuslibet educit ibi per naturalem immutationem lucem de potentia materiae[2]. Et hoc dicit commentator super secundum Coeli et Mundi, et arguit ad hoc per aequalitatem angulorum incidentiae et reflexionis, ut patebit inferius. Et Aristoteles ipse dicit octavo Metaphysicorum quod non omne alterabile est generabile, propter coelestia ; et hoc est quia alteratio lucis est in coelestibus. Et ideo dicit Aristoteles secundo Meteorologicorum[3], quod sol illuminat

---

[1] Cf. *Metaphys.* iv. 6, § 15.   [2] Cf. vol. i. p. 129.
[3] Metaphysicorum, J., Meteorum, Reg. Cf. *Meteorologica*, i. 8, § 6.

omnes stellas. Si igitur objiciatur, quod Aristoteles vult in primo Coeli et Mundi, quod natura coeli sit incorruptibilis, nec sit alterabilis, nec passibilis; dicendum est, quod alteratio est duplex secundum Aristotelem secundo de Anima[1], uno modo, ut ejus utar eloquio, in habitus naturam et perfectionem; et haec est alteratio quae est per species et virtutes, seu fiat in sensum seu in aliud. Et cum hoc non fiat sine quadam generatione, concedenda est haec generatio speciei, quae est in perfectionem appetitus coelestis naturae, non in corruptionem, nisi ipsius defectus, et cujusdam imperfectionis quam habent luna et stellae respectu solis praecipue. Alia est alteratio seu transmutatio quae est cum completa generatione novae formae in patiente, et cum completa ablatione et corruptione naturae specificae patientis. Et hujusmodi transmutatio vel alteratio non est in coelestibus, et haec non est in speciebus. Et si dicatur quod potentia in coelestibus est completa per actum, et appetitus materiae est terminatus, dicendum est quod respectu novae formae quae tolleret formam praesentem in corpore coeli per veram et completam corruptionem naturae specificae coelestis, est appetitus terminatus; et non respectu speciei et virtutis lucis et hujusmodi, quae simul stant cum natura specifica lunae et stellarum. Unde appetitus quidem est in luna et stellis incompletus de se, et perficitur per speciem et virtutem solis. Et similiter per species alterius cujusque stellae; quaelibet enim facit suam speciem in aliam.

[Tertio[2]] Sciendum est, quod non solum contingit fieri speciem in coelestibus ab aliquo coelesti, sed ab inferioribus. Est enim ad hoc possibilitas et congruentia, sicut dictum est de actione coelestium in inferiora; sed absoluta necessitas non est propter coelestia in se, sed in quantum sunt partes universi assimilandae aliis per receptionem specierum, et in quantum sunt medium in sensu. Si enim oculus esset in orbe lunae, posset videre multa in sphaeris elementorum posita, sed non videt nisi per species, et cum species visus nostri exigitur ad actionem videndi, ut prius tactum est, et tenendum secundum

(3) Action of terrestrial bodies on celestial.

---

[1] Cf. *De Anima*, ii. 5, § 5 οὐκ ἔστι δ' ἁπλοῦν οὐδὲ τὸ πάσχειν, ἀλλὰ τὸ μὲν φθορά τις ὑπὸ τοῦ ἐναντίου, τὸ δὲ σωτηρία μᾶλλον τοῦ δυνάμει ὄντος ὑπὸ τοῦ ἐντελεχείᾳ ὄντος καὶ ὁμοίου, οὕτως ὡς δύναμις ἔχει πρὸς ἐντελέχειαν.

[2] The word in brackets is not in the MSS, but is evidently required.

auctores, et probatur post[1], tunc in videndo stellas, oportet quod visus nostri species generetur in coelo, sicut in sphaeris elementorum. Et ideo quicquid hic objiceretur de intransmutabilitate coeli, et quod non est generabile nec corruptibile, dicendum, quod hoc solum intelligendum est de transmutatione et generatione et corruptione quae tollunt naturam specificam patientis, et renovant aliam formam specificam in esse completo. Sed bene est hic alteratio, quae est per generationem speciei, qua coelestis natura assimiletur inferiori propter majorem conformitatem universi et salutem, et propter necessitatem sensus et maxime visus, cujus species venit ad stellas, et ad quam species stellarum veniunt ad visum.

In certain respects terrestrial things may rank above celestial.

Si vero objiciatur, quod omne agens est nobilius patiente, ut Aristoteles dicit tertio de Anima, dicendum quod hoc est verum in quantum hujusmodi; quoniam in quantum coelum habet aptitudinem et potentiam et appetitum quendam respectu virtutum rerum inferiorum, quibus caret ut assimiletur eis propter majorem proportionem universi, in hoc est minus nobile quam res inferior quantumcunque vilis, quae talem speciem habet in actu et completam. Nec derogatur in hoc nobilitati coelestis substantiae, quia non est hoc ad ejus ignobilitatem, sed ad decorem, ut completa sit concordia partium universi et salus et perfectio, quatenus conveniant ad invicem, quantum possibile est. Si objiceretur ex decimo Metaphysicorum [2], quod corruptibile et incorruptibile non communicant in genere, et hoc non posset exponi de genere praedicabili, ut patet, cum sint in eodem praedicamento, necesse est exponi eodem genere subjecto, quia genus dicitur aequivoce ad subjectum et ad idem, quod de pluribus differentibus specie praedicatur in eo quod quid, quare videtur quod in eodem subjecto coelesti non erit natura corruptibilis cum incorruptibili, praecipue cum corpus coeleste sit simplex. Aliud enim est de homine qui est compositae naturae multipliciter, in quo est aliud corruptibile et aliud incorruptibile. Sed dicendum

---

[1] prius, J., post, O. and Reg.

[2] Cf. *Metaphysica*, ix. 10, § 1 ἀνάγκη ἕτερον εἶναι τῷ γένει τὸ φθαρτὸν καὶ τὸ ἄφθαρτον.

est, quod corruptibile et incorruptibile completa in esse
naturae non possunt esse in eodem simplici, possunt tamen
esse dummodo unum sit in esse specifico naturali completum,
et aliud sit assimilatio ejus ad aliquod alterum ; hoc enim est
possibile et valde conveniens, et quodammodo necessarium.

Si dicatur illud Aristotelis primo Meteorologicorum [1] quod
coelum non recipit peregrinas impressiones, et has vocat altera-
tiones formarum elementarium ; dicendum est, quod non sunt
peregrinae propter esse speciei renovandae, de qua hic loquimur,
sed solum propter completum esse hujus formarum et trans-
mutationum, quae accidunt per corruptionem patientis in parte
vel in toto, et per laesionem suae substantiae specificae ; et
hujusmodi transmutationes non fiunt in coelestibus. Si objiciatur quod cum coelum agat in haec inferiora, et possit ab
eis pati per generationem speciei tunc erit agens physice,
cujus contrarium vult tertio Physicorum, et libro de Generatione, et alibi pluries ; dicendum est, quod passio quae est in
generatione speciei non inducit actionem physicam, sed ista
quae est per corruptionem essentiae patientis, quae non est in
coelestibus. Quod autem dicit Avicenna tertio de Anima,
quod absurdum est dicere quod coeli patiantur a nostro
visu, dicendum est quod ipse prius immediate tetigit quo modo
intelligit hanc passionem ; loquens contra eos qui posuerunt
aerem et coelum in tantum pati a visu et alterari, ut aer
et coelum essent instrumentum sentiendi visibile et deferendi
seu reddendi visui ejus speciem, et quod a visu fieret aliquid
corporale protensum in medio usque ad rem visam. Et non
loquimur contra hoc, quod coelum sit sicut medium in visu
recipiens speciem visus et visibilis ; [hoc enim necessarium est][2].

Capitulum VI.

Nunc considerandum est sextum principale circa influentiam On earth,
agentis in patiens, et in hoc consistit ut sciatur quae agentia the centre
of the uni-
verse, the

[1] Cf. *Meteorologica*, i. 2.

[2] These words omitted in O. Throughout this chapter Bacon is feeling his
way towards the abolition of the distinction, supposed to be absolute, between
terrestrial and celestial substance ; a distinction which Giordano Bruno and
Galileo were one day to obliterate. But this could not be done in the thirteenth
century as the next chapter shows.

.action of species is carried out to completion.

corporalia possunt complere suas species in patientibus extrinsecis quae ab eis tanguntur, ut tollant naturam specificam patientis, et faciant effectus completos similes eis nomine et definitione. Et scimus quod de complemento universi sunt generabilia et corruptibilia. Si enim omnia essent ingenerabilia et incorruptibilia, non essent nisi sphaerae elementorum et coelestia et substantia spiritualis, et ita omnia alia deessent mundo, quod inconveniens esset. Sed cum mundus sit sphaericae figurae propter rationes proprias, quae postea inducendae sunt suo loco, nunc una est necessaria ad praesens, videlicet quod sphaericae figurae esse debet, ut undique e partibus sphaerae confluant virtutes coelorum in centrum hujus sphaerae quod est locus generationis. Et haec est terra, quae est locus mixtionis et generationis et corruptionis.

The motors of the heavenly spheres not susceptible of such change.

Et ideo superiora, ut coelestia, sunt ingenerabilia et incorruptibilia secundum ordinem universi, et quia continuant generationem et corruptionem in his inferioribus. Quando vero oportet quod moveantur propter generationem et corruptionem, quia motus adducit generans, id est, stellam, ut Aristoteles dicit in fine de Generatione, et exemplificat in obliquo circulo solis, in quo movetur per accessum et recessum respectu climatum et regionum, ideo oportet dari motores continuos motuum coelestium. Sed cum hic motus non sit naturalis, eo quod non est a contrario in contrarium, propter uniformitatem orientis et occidentis et caeterarum partium coeli in quibus non est contrarietas, oportet quod hi motus sint voluntarii, et ideo a substantiis habentibus voluntatem vel rationem, cujusmodi sunt intelligentiae. Propter quod oportet quod intelligentiae moveant orbes et stellas ; et quia omne movens nobilius est moto, oportet quod hujusmodi motores sint incorruptibiles et ingenerabiles, quamvis et rationes aliae sint ad idem et caetera nunc tacta.

Action of the four elements and especially of fire is carried to completion.

Sed transeo ad ea quae sunt propria ad id quod intendo, scilicet ad videndum quae agentia possunt complere effectus et quae non. Et patet quod quatuor elementa possunt hoc facere. Aristoteles enim dicit libro Meteorologicorum, quod aqua multoties convertit aerem in se, et e contrario ; et quodlibet potest fieri ex quolibet, ut vult libro de Generatione.

Et maxime ignis hoc facit, quia magis est nobile, et ideo magis activum, et omnia corporalia non coelestia in se converteret; et ageret in infinitum, si ei materia combustibilis apponeretur, secundum quod vult Aristoteles secundo de Anima; licet hoc verbum habeat suam expositionem, ut tangetur post. Verum non solum effectum suum complet in elementis, sed in mixtis omnibus. Alia vero elementa non tantum possunt facere; sunt enim longe debilioris operationis, et multas operationes debiles et insensibiles faciunt. Et hae solae substantiae corporales possunt suas species complere in effectus suos factas, scilicet in patientibus extra eas. Unde nec mixta inanimata, nec animata generata ex putrefactione, nec propagata, nec coelestia faciunt nisi species suas in rebus mundi eis propinquis extra se. Hoc dico propter plantas et matres in animalibus, quae in semine deciso perficiunt species in effectus completos cum adjutorio virtutis coeli et motorum in coelestibus. Sed tamen nec plantae nec matres facientes suas species in corporibus extra se complent eas, velut ignis complet speciem factam in ligno ei appropinquato extra se in effectum plenum similem ei nomine et definitione.

Sed gravissimum dubium est in hac parte, eo quod nobiliora sunt omnia mixta, inanimata et animata et coelestia, quam elementa, et ideo habent plus de virtute activa, et ideo in materia mundi magis videntur posse complere suas species. Nec est impedimentum per hoc quod dici solet, quod non est aptitudo a parte materiae mundi ad tam nobiles formas complendas ut corporum coelestium et hominum, et hujusmodi propagatorum. Quoniam si quaeratur, cum elementum agit in mixtum vel in aliud elementum, quae est aptitudo a parte materiae naturalis, non potest dici, nisi quia illa materia apta nata est, et habet aptitudinem naturalem ad species diversas et communes eis. Et haec secundum veritatem est essentia alicujus generis proximi, quae est in potentia ad species contrarias et apta nata ad utramque, ut substantia corporea non coelestis est in potentia ad elementum et mixtum, et res significata per hanc circumlocutionem est subjectum et materia in transmutatione mixti in elementum, et e contrario. Et quando elementum est

Why mixed substances, being nobler than elementary, cannot always do the same.

fortius mixto corrumpit naturam specificam mixti usque ad radicem communem ei et mixto ; id est ad essentiam illius generis de cujus potentia producitur natura specifica elementi. Et e contrario, cum mixtum, vel aliud agens sufficiens ad generationem mixti, sicut coelum, potest invalescere super elementum, tollit naturam specificam elementi, et de radice communi et ex ejus potentia producit naturam specificam mixti [1].

Constat igitur ratio generationis effectus completi in duobus, scilicet quod agens habeat potentiam majorem quam patiens ut vincat, et quod materia [2] sit communis agenti et patienti, quae materia est essentia alicujus generis proximi quod commune est duabus speciebus, scilicet, agenti et patienti. Et in genere individuorum est individuum generis respectu duorum individuorum diversarum specierum (sicut enim se habet genus ad species, sic individuum generis ad individua specierum), loco principii naturalis apti ad utrumque. Haec uberius patuerunt in praecedentibus. Sed nunc sufficit ad hoc quod volo ut concedatur sine contradictione quod victoria alterius speciei agentis, posita sub genere et potentia generis proximi, sufficiunt ad generationem et corruptionem effectuum completorum. Cum igitur coelum majoris sit potentiae ad agendum quam ignis et quam aliquod corpus inferius, et communicat in genere proximo cum corpore non coelesti (communicant enim in primo genere subalterno) et coelum est nobilius et magis activum, invenitur hic tota ratio effectus complendi. Et sic ulterius de homine et omnibus mixtis, quae sunt nobiliora elementis, et ideo magis generativa specierum suarum complendarum in effectus, cum inveniatur

---

[1] On the views expressed in this and the following paragraph, as to the successive integrations or disintegrations of matter, some light is thrown by an extract from Bacon's ' Communia Naturalium ' given in the Introduction.

[2] See Arist. *De Generatione*, i. 7, § 11 ὅσα μὲν οὖν μὴ ἐν ὕλῃ ἔχει τὴν μορφήν, ταῦτα μὲν ἀπαθῆ τῶν ποιητικῶν, ὅσα δ' ἐν ὕλῃ, παθητικά. Τὴν μὲν γὰρ ὕλην λέγομεν . . . τὴν αὐτὴν εἶναι τῶν ἀντικειμένων ὁποτερουοῦν ὥσπερ γένος ὄν. Aristotle distinguishes in this chapter between primary and secondary agents. We may say that the physician heals, or that his wine and food heals. In the first case there is no reaction from the body acted on ; in the second case there is. The secondary agent being of the same *genus* as the patient is affected by the patient. Τὸ σιτίον ποιοῦν καὶ αὐτὸ πάσχει τι, ἢ γὰρ θερμαίνεται ἢ ψύχεται ἢ ἄλλο τι πάσχει ἅμα ποιοῦν.

materia seu essentia generis proximi communis duabus
speciebus quibuscunque datis. Quapropter sequitur quod in
illis et in omnibus agentibus est aptitudo ut compleant suos
effectus, quantum est a parte agentium et patientium, et
materiae communis eis.

Sed tamen licet sit aptitudo dicta, non tamen est potestas
nec possibilitas ad hos effectus complendos propter multas
rationes. Non enim omne quòd habet aptitudinem, habet
possibilitatem ; ut caecus aptus natus est ad videndum, non
tamen potest videre, nec potentiam videndi habet per naturam.
In proposito vero est sola aptitudo, et tamen ante privationem ;
unde non est ablata potentia per inductionem privationis, ut
in caeco, sed excluditur potentia, et similiter actus propter
videndi necessitatem. Cum enim non sit quasi proportio
virtutis activae in corpore respectu substantiae spiritualis, et
similiter in corpore non coelesti respectu substantiae coelestis,
si complerentur species substantiarum spiritualium, omnia
fierent spiritualia, et si complerentur species substantiarum
coelestium tollerentur omnes naturae corporales inferiores, et
fierent solum substantiae coelestes ; et ideo destrueretur ordo
universi et mundi. Propter quod licet ex lege naturae particularis aptitudo sit a parte substantiae spiritualis activae, et
a parte substantiae coelestis activae, et a parte materiae communis substantiae spirituali et corporali, et similiter communis
substantiae coelesti et non coelesti, ut fierent substantiarum
spiritualium et coelestium effectus completi, tamen ex ordinatione divina, et ex lege naturae universalis, de qua facit
Avicenna mentionem sexto Metaphysicae, abscinditur potentia,
et excluditur actus ; ita quod non possunt substantiae spirituales nec substantiae coelestes facere nisi suas species et
nullo modo complere effectus eis similes nomine et definitione ;
quia tunc fierent omnia spiritualia et coelestia, et destruerentur
res multae quae sunt de complemento universi. Non solum
secundum statum praesentis cursus, sed simpliciter hoc dico,
quia finaliter multa auferentur omnino a numero rerum quae
tamen nunc sunt necessaria in mundo propter hominem,
propter quem facta sunt caetera. Et tamen nihilominus ex
natura particulari ipsius substantiae spiritualis et coeli est

[margin note:] Such a result would subvert the order of the universe ; the stronger agents would change everything into their own like-ness.

quod sit aptitudo a parte sua ut produceret effectum completum, et aptitudo est a parte materiae mundi, quae est communis spirituali et corporali atque coelesti et non coelesti.
Nec obstat quod tunc aliqua spiritualia et coelestia essent
generata et alia creata, quoniam si Creator crearet modo
unum hominem, et alius generaretur per propagationem,
modus hic diversus exeundi in esse non diversificaret speciem;
prima enim individua animalium et plantarum non fuerunt
generata, sed vel creata vel plasmata. Et substantiae spirituales et coelestes generatae non essent corruptibiles, sed
incorruptibiles sicut aliae, quia nulla virtus activa creata
haberet posse super earum corruptionem, nec unquam de-
ficerent in se. Propter quod sermo ille, quod omne generabile
est corruptibile, arctandus est ad ea quae actualiter nunc in
mundo subsunt generationi, non ad omnia quae apta nata
sunt generari, quae quia solum aptitudinem habent et non
potentiam nec actum, ideo non computantur inter generabilia
de quibus loquimur in hoc mundo.

Eodem modo est per omnia de aliis nobilibus agentibus
comparatis ad ignobiliora, ut de hominibus respectu aliarum
rerum generabilium et corruptibilium. Si enim species
hominum complerentur in patientibus extrinsecis, tunc caeterae res destruerentur et delerentur de mundo, quod fieri
non debet ex lege naturae universalis; licet ex natura particulari humana sit aptitudo ad hujusmodi effectus complendos propter nobilitatem ejus respectu aliarum rerum
generabilium. Et quia aptitudo materiae communis invenitur
sed utilitas totius mundi praefertur, et etiam hominis propria,
quia sine aliis rebus vivere et esse non posset, propter quod [1]
non respondet huic aptitudini potentia nec actus; et ideo
arctata est generatio hominis ad modum propagandi; non
solum propter alias res, sed propter ipsos homines, ne multi-
plicarentur plus quam oporteret. Insuper ipsa mors singulorum secundum statum praesentis vitae, necessaria est ex
lege naturae universalis, ut dicit Avicenna secundo Physicorum, licet natura particularis illius vel istius non intendit
corruptionem, sed vitam et salutem.

[1] quod, om. J.

Et eodem modo est de aliis rebus mixtis omnibus ad
patientia viliora semper comparatis, quod ex lege naturae
universalis intendentis bonum commune ablata est potentia et
actus similiter complendi species in effectus completos, licet
ex natura particulari sit ibi aptitudo; propter quod arctata
est generatio effectus completi in paucissimis, scilicet in
elementis, et praecipue in igne.   Nec accidit inconveniens de
hoc, quia ignis qui est in aliis nobilior in sua sphaera non
facit speciem nisi in alia corpora mundi, eo quod locus salvat
locatum.   Et est simile de eo respectu aliorum, sicut de coelestibus respectu inferiorum.   Alius autem ignis hic inferius
generatus non generatur nisi determinata quantitate secundum usum hominum, et reprimitur ejus actio et cavetur,
nisi quando ex stultitia humana multiplicat se ultra modum
in nocumentum rerum aliarum.

Et eadem ratio est de sphaeris aliorum elementorum quantum ad puritatem naturarum suarum. Ut continent se mutuo,
nobilius non corrumpit vilius, sed per suam virtutem salvat,
sicut locus salvat locatum, ut Averroes determinat secundo de
Anima ; quamvis ex hoc quod miscentur ad invicem, et in
quantum per virtutes coelorum alterantur, contrahunt naturam
activam et corruptivam mutuo, et possunt sic facere effectus
completos ; ut dictum est, quod aqua convertit aliquando
aerem in se, et e contrario.   Et hujusmodi elementorum
transmutatio maxime accidit in elementis, scilicet ut sunt in
mixto, aut in confinio sphaerarum suarum ; ubi etiam quodammodo miscentur et confunduntur naturae eorum ad invicem,
sicut patet ex libro Meteorologicorum et de Generatione.
Similiter etiam alterantur ad invicem in simplicitate sua
propter mixti necessariam generationem ; quorum tunc
alteratio magis est per virtutem coeli, quam per unum
elementum in sua sphaera transmutans illud.

Et cum dictum est quae substantiae possunt complere
species, et quae non, sciendum est in accidentibus.   Et certum
est quod quatuor qualitates tangibiles, scilicet caliditas et
frigiditas, siccitas et humiditas, possunt suas species complere in patientibus aliquibus, et maxime caliditas, quia magis
est nobilis et magis activa, et magis mundo necessaria.

No such
danger fol-
lows from
the action
of elemen-
tary sub-
stances,
even of fire.

The com-
pletion of
species by
attributes.
It can only
be asserted
of the four
tangible
qualities,
and of light.

Similiter et lux potest in aliquibus corporibus aptis complere effectum suum, ut lux solis complet effectum in corpore planetarum et stellarum et nubibus, ita quod sufficienter generata in eis potest facere ad inferiora suam speciem et virtutem efficaciter; et in flamma et carbone similiter. Unus enim fumus inflammatus illuminat alium et res multas, et similiter carbo illuminatus alias res illuminat ei junctas, ut compleatur species lucis in eis. Color autem non sic potest, quamvis aliquis color fortis faciat sensibilem speciem, quae bene apparet, praecipue in obscuro juxta radium lucis, sicut contingit de coloribus fortibus vitrorum, quando per ea radius transit solaris sensibiliter. Sed hoc expositum est prius. Odor vero non complet speciem quia illud quod relinquitur extra odorabile fortiter immutans sensum est fumus subtilis resolutus per calidum extra vel intra, et non est species nec effectus completus odoris, sed corpus quoddam in esse specifico odorabilis constitutum, quod dividit partes medii et obtinet locum inter latera continentis. Sapor vero non facit extra se speciem nec complet eam, licet magna sit immutatio gustus per saporem, quia sapor non immutat bene nisi propter humiditatem salivalem cui commiscetur, et per quam saporabile resolvitur ut fortius immutet. Sonus vero non facit effectum completum, cum nec videatur facere speciem, ut tactum est prius[1]. Et cum hae qualitates sensibiles non omnes faciunt effectum completum, multo magis nec aliae qualitates in prima specie et secunda et quarta. Quoniam autem non agunt aut minus activae sunt in res extra, et multo minus res aliae praedicamentales, ideo sola quatuor tangibilia et lux videntur posse complere suos effectus extra se. Et sic terminatur prima pars istius tractatus, quae est de generatione speciei.

---

[1] prius, cf. pp. 418-419.

PARS SECUNDA

MULTIPLICATIONIS SPECIERUM.

CAPITULUM I.

Nunc dicendum est de secundo principali scilicet de multi-plicatione ipsa ab agente et a loco primo suae generationis, secundum omne genus lineationis et anguli et figurae, in quibus natura delectatur operari. Et haec multiplicatio est actio univoca agentis et speciei, ut lux generat lucem, et lux generata generat aliam, et sic ulterius. Sed in quarto[1] principali est consideratio de actione aequivoca, quae est ut lux generat calorem et hujusmodi. Et haec multiplicatio habet veritates multas, quae in capitulo decimo congregantur. *[margin: Mode in which force is propa-gated.]*

Et prima est quod prima pars patientis transmutata et habens speciem in actu transmutat partem secundam, et secunda tertiam, et sic ulterius. Et hoc vult Aristoteles secundo de Somno et Vigilia[2], et septimo Physicorum[3], et primo de Generatione[4] et Corruptione. Et oportet hoc, quo-niam agens non conjungitur secundae parti patientis nec aliis, et eas non transmutat[5]. Et prima pars jam habens speciem in actu, habet unde possit secundam alterare, propter quod alterabit eam. Secundo sciendum, quod oportet partes has esse aequales et ejusdem quantitatis, sicut in motu locali idem mobile semper transit partes aequales spatii. Et causa est, quod oportet hic approximationem in omnibus esse aequalem. Nam super approximationem fundatur actio naturalis. Si dicatur quod prima pars habet minus de virtute *[margin: First part of patient when trans-muted acts on second part, and so onward. These suc-cessive parts are equal]*

[margin numbers: 5, 10, 15, 20]

---

[1] This should be *quinto*. Cf. p. v. cap. 1. But it was never fully dealt with.

[2] The reference seems to be to *De Insomniis*, cap. 2 τὸ κινῆσαν ἐκίνησεν ἀέρα τινά, καὶ πάλιν οὗτος κινούμενος ἕτερον.

[3] *Nat. Auscult* vii. cap. 2, §§ 4 and 5.   [4] *De Gen.* i. cap. 6.

[5] This sentence, as given in J., is quite unintelligible. The reading in the text is that of Reg.

quam agens, ergo minus alterabit; dicendum quod non in quantitate sed in qualitate.

From each point of contact between agent and patient force radiates in every direction.

Praeterea considerandum quod ab eodem puncto, seu a parte agentis minima secundum latitudinem et longitudinem, seu a parte prima patientis, quod magis proprie dicitur, multiplicantur species radiosae quasi infinitae; quia qua ratione ille punctus lucis et alterius multiplicabit se in partem unam, eadem ratione in partem alteram; aut igitur secundum omnem aut secundum nullam; ergo secundum omnem directionem positionis sursum et deorsum, ante et retro, et secundum omnes diametros. Item ubicunque ponitur oculus secundum omnes diametros fit visio illius partis, si non sit obstaculum. Sed oculus non videt nisi per speciem venientem. Ergo oportet quod ad omnem partem veniant species radiosae ab eodem puncto; nec est aliquid hic in contrarium, quod probabiliter possit dici. Et tamen non pono infinita in actu, sumendo infinitum absolute, sed sub sensu Aristotelis secundo de Generatione; scilicet non tot quin plura; quia non tot radii signandi sunt et fiendi ab eodem puncto, quin plures possunt signari. Nec tamen fit hujusmodi species radiosa a parte agentis, quae exeat ab ea, sed ut dictum est, ut fiat de potentia patientis, a virtute tamen et potentia activa partis ipsius agentis. Et non solum est de parte verum, quod sic fiunt infiniti radii in omnem partem, in qua non fit impedimentum; sed de quocunque agente est ita, quod agens est tanquam punctus communis a quo lineae in omnem partem fiunt infinitae super quas multiplicantur species radiosae. Et tamen magis proprie dicitur quod prima pars patientis est tanquam hujusmodi punctus, quia in veritate prima origo speciei est totaliter in prima parte patientis, et ab ea diffunditur ubique in omnem partem, et secundum omnes directiones positionis et omnes diametros. Unde prima pars patientis est tanquam centrum commune ad infinitas lineas et radios, et est terminus omnium ad quem terminantur. Pars vero agentis est centrum et terminus ad quem contiguantur. Et quia hujusmodi multiplicatio, cujuscunque sit, est similis radiis multiplicatis a stella, ideo universaliter omnem multiplicationem vocamus radiosam, et radios dicimus fieri, sive sint lucis, sive coloris, sive

alterius. Et alia ratio est hujusmodi nominationis ; quia,
scilicet, magis manifesta est nobis multiplicatio lucis quam
aliorum, et ideo transumimus multiplicationem lucis ad alias [1].

Sed animadvertendum est de istis lineis super quas est Rays of
multiplicatio quod oportet quod sint rectae, quantum est ex force pro-
natura multiplicationis usque quo recipiant impedimentum straight
reflexionis et fractionis, aut mutentur propter animae necessi- lines unless
tatem, ut patebit inferius. Et post impedimentum multipli- refracted.
cationes non cessant quin vadant super rectas lineas quantum
est de se. Quod autem multiplicatio ex natura sua appetat
fieri secundum rectas lineas, auctores Aspectuum, praecipue
Ptolemaeus et Alhazen, determinant ; et per experimenta
docent ad sensum quod multiplicatio in omnibus rebus inanimatis currit per lineas rectas, donec per obstaculum redeat et
faciunt angulum, aut per corpus, scilicet alterius raritatis quod
est magis vel minus rarum, occurrens aliud a primo, in quod
secundum corpus multiplicatio cadens non perpendiculariter
facit angulum, ut patebit satis inferius. Et Jacobus Alkindi
in libro de Aspectibus dicit, hoc manifestum est ex rectitudine
finium umbrarum corporum et luminibus per fenestras ingre-
dientibus. Unde hoc ita manifestum est ex hujusmodi
omnibus considerationibus, quod non est necesse quaerere
experimenta secreta, nisi per pulchritudinem operationum
naturae.

Sed sciendum quod hujusmodi lineae, super quas est multi- Rays of
plicatio, non sunt habentes solam longitudinem inter duo puncta force have
extensam, sed earum quaelibet est habens latitudinem et pro- in three
funditatem, sicut auctores Aspectuum determinant. Alhazen [2] dimensions.
in quarto libro hoc ostendit, quod omnis radius qui venit
a parte corporis habet necessario latitudinem et profunditatem,
sicut longitudinem. Et similiter Jacobus Alkindi dicit, quod
impressio similis est cum eo a quo fit ; imprimens autem

---

[1] This indication of the characters common to all radiant forces is remarkable.
It will be remembered that this treatise is spoken of in the *Opus Tertium* as
Tractatus de radiis.

[2] Alhazen, lib. iv. 16. His words are—'Omnis linea per quam movetur lux a
corpore luminoso ad corpus oppositum est linea sensualis non sine latitudine.'
He distinguishes in the same section linea sensualis, a line visible to the eye,
from an imaginary line, linea intellectualis.

corpus est habens tres dimensiones, quarum radius habet corporalem proprietatem ; et addit, quod radius non est secundum lineas rectas inter quas sunt intervalla, sed multiplicatio est continua, quare non carebit latitudine. Et tertio dicit, quod illud quod caret latitudine, profunditate, et longitudine, non sentitur visu. Radius igitur non videtur, quod falsum est. Et scimus quod radius non potest transire nisi per aliquam partem medii, sed quaelibet pars medii est habens trinam divisionem. Sed oportet hic descendere ulterius ad omnes modos linearum super quas est multiplicatio possibilis, quoniam licet natura appetat operari super lineas rectas, tamen impeditur aliquando, vel alias propter necessitatem aliquam mutat incessum, et facit eam decurrere super lineas non rectas. Et quibus modis hoc fiat intendo nunc declarare.

Capitulum II.

Five kinds of rays to be considered. 1. Direct rays where the medium is uniform or where the ray is perpendicular to media varying in density.

Secundum vero quinque modos linearum potest haec fieri multiplicatio. Prima est protensa ab agente in continuum et directum, et vocatur recta, super quam currit generatio speciei quousque medium, hoc est, corpus in quo multiplicatur, est uniforme, scilicet unius raritatis, ut est aer vel aqua vel aliud, et non recipit obstaculum, nec sit medium animatum ut in humoribus contentis in nervis sensuum, et principalem habeat multiplicationem, non accidentalem, quia his modis quatuor currit multiplicatio speciei super lineam habentem angulum. Diaphanum vero et diaphonum perspicuum, et pervium transparens translucens, et lucidum, et luce transeunte, non fixa, et rarum, haec omnia significant idem secundum rem, sed differunt secundum considerationes aliquas. Nam rarum dicit dispositionem corporis absolute secundum quod partes ejus remotae jacent, ut est aer et aqua et hujusmodi. Alia dicuntur per comparationem ad sensum vel sensibile, secundum quod species eorum potest transire, ut patet in aqua et aere, et sphaera ignis, et orbibus planetarum extra corpora eorum. Nam visus penetrat haec omnia, et species rerum penetrant ipsa. Et diaphanum idem est quod duplicis apparitionis, scilicet in superficie et in profundo. Nam phano Graece idem

est quod appareo Latine, et dia idem est quod duo [1]. Et
phonos est sonus, unde diaphonum quasi duplicis sonoritatis
tam scilicet in imo quam in summo. Lucidum vero dicitur
dupliciter, vel idem quod habet lumen innatum sicut ignis,
carbo, flamma, et stellae, vel quod non de se lucet, sed est
medium in luce per quod transit, ut aqua vel aer, vel aqua et
ignis in sua sphaera, et orbes planetarum. Unde Aristoteles
dicit secundo de Anima quod color est motivus visus secundum
actum lucidi, id est, medii illuminati ut aeris vel alterius. Et in
primo Meteorologicorum dicit quod ignis est lucidus in sphaera
sua, sed tamen non habet lucem fixam sed transeuntem, quia
non habet lucem fixam nisi in carbone et flamma. Densum
vero opponitur omnibus istis, sed primo et per se contrariatur
raro, quia densum est quod habet partes propinque jacentes
et mediante raro apponitur aliis. Si etiam medium sit duplex
in natura et specie, et tamen conveniat in diaphaneitate
ordinata, ut accidit in confinio aeris et ignis, ad hoc est incessus
rectus; unde omnes radii qui transeunt a sphaera ignis in
sphaeram aeris tenent incessum rectum, et non faciunt
angulum, sicut inferius explanabitur suo loco. Et sic est de
corporibus coelestibus. Nam orbes coelestes, licet sint diversi
in natura et specie, tamen conveniunt in diaphaneitate, ut non
impediatur incessus rectus quoad judicium sensus nostri.
Si autem sint media diversae diaphaneitatis sensibiliter, ut est
coelum et ignis, similiter aer et aqua, tunc si species venit
perpendiculariter super ea adhuc fit incessus rectus, nec fit
angulus. Unde omnes radii, qui cadunt perpendiculariter
super corpora mundi, hoc est, in centrum mundi, tenent
incessum rectum in illis corporibus.

Sed quando species non cadit perpendiculariter super 2. Re-
corpus secundum diversae diaphaneitatis a primo, tunc mutatur fracted rays
incessus, nec fit rectus in corpore secundo secundum incessum direction is
quem habuit in primo, sed in ingressu speciei in corpus se- obliqueand
cundum incipit declinare ab incessu recto ad dextram vel change in
sinistram, et facit angulum; et hoc est proprie fractio speciei medium.

---

[1] The habit of spelling dia as dya, and the pronunciation of the Greek *v* as
the Italian i, may explain this error. Bacon corrected some of his Greek
mistakes in his later writings, as I have before remarked. See vol. i. p. 239.

et incessus fractus secundum quod moderni utuntur. Sed tamen auctores Aspectuum vocant fractionem reflexionem, et ab eis vocatur species reflexa, et radius reflexus; sed quia aliter utimur reflexione, et similiter ipsi auctores, et magis proprie sicut postea scietur. ideo imputandum est vitio translationis, quae non distinxit in Latino aequivocationem et dubietatem alterius linguae. Et ideo apud Ptolemaeum et Alhazen et caeteros valde cavendum[1] est, quod sciatur quando accipitur reflexio pro fractione, et quando non, et maxime primo libro, et secundo et septimo, ubi multum accipitur reflexio pro fractione, et similiter apud libros Ptolemaei ei conformes. Sed quoniam fractio non plene intelligitur sine incessu recto et perpendiculari ducendo a loco fractionis in corpus secundum, ideo ponam exemplum, ubi traham perpendicularem et incessum rectum et fractionem in aere et aqua.

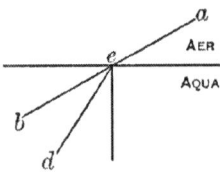

FIG. 73.

Quando enim species descendit ab aere in aquam non perpendiculariter, oportet quod frangatur, et cadet fractio inter incessum rectum et perpendicularem ducendam a loco fractionis. In sphaericis vero corporibus perpendicularis cadit in centrum sphaerae. Et quia facta est mentio de fractione in corporibus mundi sphaericis, ideo nunc subjungam exemplum in eis, ut inferius in planis, et secundum omnes modos sphaericorum ubi in particulari dicetur de natura fractionis. Sit igitur agens *a*, ut avis in aere vel nubes vel aliud, et medium subtilius sit aer. et densius sit aqua; *a* igitur facit perpendiculariter et non perpendiculariter suam speciem per medium aeris et aquae. Quando vero illa species venit non perpendiculariter ad superficiem aquae, invenit medium densius, et ideo oportet quod mutet incessum suum rectum et declinet ab eo, et faciat angulum, et transibit usque ad *d*, relinquens densum quod vadit ad *b*, quia frangitur inter incessum rectum et perpendicularem ducendam a loco fractionis qui est *e*. Quomodo vero multis aliis modis fiat fractio,

---

[1] Bacon's caution is most needful. Cf. passages quoted on pp. 473 and 475. Ptolemy, however, sometimes uses the word *reverberatio* for reflected rays.

patebit inferius. Sufficit enim nunc ut videatur in universali, qualiter frangitur radius per angulum declinando ab incessu recto.

Si vero corpus secundum non differt in diaphaneitate a primo, sed omnino est densum, ita quod potest impedire transitum speciei, tunc species sumens occasionem a denso in partem alteram redit ex propria virtute ; ut cum non possit se multiplicare in densum corpus multiplicat se in primo corpore faciens angulum, et dicitur species reflexa proprie, et in communi usu apud omnes ; nec tamen repellitur per violentiam, sed solum sumit occasionem a denso impediente transitum, et vadit per aliam viam, ut possibile est ei. Sic sit *a b* densum, et *o* agens ; species igitur veniens ab *o* ad *a b* non potest transire, et ideo constituit angulum, et redit per lineam *c d*. Prima vero species, quae est *o c*, vocatur species vel radius incidentiae, quia incidit ad densum ; et alia pars vocatur species reflexa vel conversa, et tamen tota multiplicatio vocatur reflexa vel conversa, et denominatur pars e toto.

3. Reflected rays.

Fig. 74.

Quarta linea est tortuosa super quam venit species aliquando, et hoc non est in medio inanimato. Impossibile enim est quod agens in medium inanimatum faciat speciem tortuose ; sed recte, ut prius ostensum est. Sed in medio animato per virtutem animae dirigitur species secundum exigentiam operationum animae, et quia operationes animae circa species fiunt in nervis tortuosis, sequitur species tortuositatem nervi propter necessitatem operationum animae ; unde species tangibilium currunt per fila nervorum tortuosa ab ipsa cute corporis per vias flexuosas usque ad instrumentum tactus, quod radicatur juxta cor[1]. Et similiter est de specie gustus, quae currit per

4. In animate bodies the ray may pass tortuously along a nerve.

[1] From the discussion at the beginning of *Perspectiva* (pp. 4-5, and p. 9), it would seem that Bacon regarded the brain as the *sensorium commune*. Here, however, he reverts to the Aristotelian view that, at least for the senses of touch and taste, the heart was the centre. See Dr. Ogle's recently published commentary on the Aristotelian treatise *Youth and Old Age, Life and Death, and Respiration*, pp. 3-7, and pp. 111-112 : 'The flesh and the tongue were (for Aristotle) in no connection whatever with the brain (nerves of course being then undiscovered) and were indeed shut off from it completely by the bony

nervum linguae continuatum flexuose usque ad prope cor ; quia
organa radicalia istarum duarum virtutum sunt prope cor,
ut Aristoteles dicit libro de Animalibus. Similiter species
omnium sensibilium vadunt ad cor, quia ibi est radicaliter
virtus sensitiva, sicut Aristoteles et Avicenna determinant.
Sed nervi sic a sensibus usque ad cor extensi habent multas
flexuositates, et ideo species incedit per lineam tortuosam.
Et hoc Alhazen determinat in pluribus locis in libro suo.

5. Accidental rays proceeding not from an object but from a primary ray.

Quinta vero linea, super quam vadit species, differt ab
omnibus praedictis quia scilicet non venit ab agente, sed ab
aliqua praedictarum linearum quatuor, et ideo non venit
a re faciente speciem, sed a specie. Verum species super
eam decurrens est species speciei, sicut lux in angulo domus
venit a radio solari cadente per fenestram. Nam radius ille
venit a sole super lineam rectam fractam vel reflexam, et
ideo est multiplicatio principalis. Sed ista lux, quae a radio
venit ad partes alias domus, est multiplicatio accidentalis; et
quod omnino alia sit multiplicatio haec a praedictis, non solum
patet per praedicta, sed per hoc quod oculus per eam non
videbit agens principale, sed ejus speciem principalem rectam
vel fractam vel reflexam, quoniam oculus in angulo domus
non videt solem, sed radium cadentem per foramen vel fenestram vel aliam aperturam. Quod si ponatur ad radium
principalem, videbit solem ; et Plinius dicit secundo Naturalium,
et scitur per experientiam, quod oculus existens in profundo
putei videt stellas fixas de die, quia radii solis principales
non cadunt in puteum, sed accidentales tantum ; et ideo non
impeditur oculus in contuitione stellarum per radios principales earum cadentes in puteum ; sed existens in superficie
putei recipit impedimentum per radios principales solis, qui
sunt fortiores longe quam radii principales stellarum, propter
quod occultantur a visu, quia major lux abscondit minorem.
Quae etiam multiplicatio accidentalis specierum coelestium

walls of the skull. They were, however, not thus shut off from the heart,
which was, moreover, made of the same substance as themselves, and could
therefore readily respond to their motion. As, then, all five senses alike could
communicate their motions to the heart, while only three could communicate
them to the brain, the heart and not the brain must be the *sensorium commune.*'
It will be noticed, however, that Bacon was not ignorant of nerves.

et aliarum rerum plurium est magis necessaria hominibus et caeteris animalibus et multis rebus quam multiplicatio principalis, quia illae res non possunt continue sustinere species principales.

CAPITULUM III.

Et quatenus haec plenius cognoscantur, oportet nos descendere in particulari ad has lineas propter actionem specierum in hoc mundo, de qua dicetur inferius; quia nisi sciatur varietas multiplicationis, non potest sciri diversitas actionis. Notum est autem satis quod species veniens super lineam rectam potest dici cadere ad lineam vel ad superficiem. Si ad lineam, tunc cadit vel ad rectam, vel ad convexam, vel concavam, vel tortuosam; si ad rectam. vel cadit ad angulos rectos vel obliquos. Si ad convexam, tunc vel cadit ad angulos obtusos aequales, si per centrum transeat, ut in quarta parte hujus tractatus ostensum est, vel ad unum obtusum et alium rectum, si non vadat per centrum. Si ad concavum, tunc potest cadere ad aequales, quorum uterque est acutorum maximus, qui sunt anguli semicirculi, si per centrum transeat; vel ad obliquos inaequales, qui sunt anguli portionum majoris et minoris. Si vero super tortuosam, tunc vel cadit super partem rectam, vel concavam, vel convexam et variatur multiplicatio sicut prius. Et haec omnia patent ex quarta[1] parte, et diversificant actionem speciei in hoc mundo, ut patebit. Et similiter multiplicatio cadens ad lineas dictas vel est perpendiculariter vel non, secundum quas multum variatur actio naturae. Quae autem sint perpendiculares, et quae non, ad singulas lineas dictas patuit ex quarta parte, et patebit postea quantum necessarium est. Si vero dicatur species recta venire ad superficiem (vel corpus, quod idem est, cum

Fuller investigation. The surface on which the ray falls, and the angle of incidence must be considered.

---

[1] Here seems to be a reference to the fourth part of the *Opus Majus.* Bacon may have inserted it as a note; or it may have been added by a later writer, which, however, is not probable, as it is found in the contemporary MS. Reg. The alternative is to suppose that *quarta* is here wrongly written for *quinta*; since the fifth part of the present treatise reverts to the questions here discussed. A little further on, p. 468, we find a repetition of a remark made on p. 121 of vol. i. But throughout Bacon's work repetitions are so numerous that it is sometimes difficult to found inferences upon them.

non cadat super corpus nisi quia super aliquam superficiem),
tunc cadit super superficiem planam, vel concavam, vel convexam, in quibus multum diversificatur actio naturalis, et
maxime secundum quod concava et convexa dividuntur in
sphaerica, pyramidalia, et columnaria, et ovalia, et annulosa,
et lenticularia. Haec enim specialiter diversificant actionem
specierum venientium ad ea propter diversitatem suarum
specierum ; ad quas cadunt species perpendiculariter et non
perpendiculariter, secundum diversas positiones et modos
varios, juxta proprietatem singularum superficierum dictorum
corporum. Nec est notabilis diversitas nisi in dictis corporibus recipientibus species agentium ; quoniam corpora quae
habent superficies concavas vel convexas, in quibus est notabilis diversitas vel varietas actionis naturalis, sunt sphaerica,
vel pyramidalia, vel columnaria, vel ovalia, vel annulosa, vel
lenticularia ; nam caetera habent planas superficies.

The two
modes of
refraction;
from a rarer
medium to
denser, or
conversely. Similiter oportet secundo sciri quod diversificatur multiplicatio super lineas fractas. Et fractio est duobus modis.
Quando igitur medium secundum est densius, tunc fractio
speciei est in superficie corporis secundi inter incessum
rectum et perpendicularem ducendam a loco fractionis in
corpus secundum, et declinat ab incessu recto in profundum
corporis secundi, dividens angulum qui est inter incessum
rectum et perpendicularem ducendam a loco fractionis in
corpus secundum. Non tamen dividit illum angulum semper
in duas partes aequales, licet hoc senserunt aliqui, quoniam
secundum diversitatem densitatis medii secundi accidit major
recessus et minor fractionis ab incessu recto, secundum quod
Ptolemaeus in quinto Aspectuum, et Alhazen in septimo
determinant quantitates angulorum fractionis multipliciter
diversificari. Nam quanto corpus secundum est densius,
tanto minus recedit fractio ab incessu recto, propter resistentiam medii densioris, densitas enim resistit radio, ut
Alhazen dicit. Quando vero corpus secundum est subtilius,
tunc fit fractio speciei in superficie corporis secundi ultra
incessum rectum, per recessum a perpendiculari ducenda
a loco fractionis ; id est, quod inter fractionem et perpendicularem illam cadit incessus rectus. Et variatur recessus

fractionis et anguli quantitas, secundum quod corpus subtilius est minus et magis subtile.

Figurabo igitur in planis et sphaericis quomodo intelliguntur radii fracti et non fracti. Primo in planis; et loquor

de corpore secundo
planae superficiei, quia
de ejus figura est tota
vis. Si ergo corpus
secundum sit planae
superficiei, tunc radius
veniens perpendiculari-
ter non frangitur ut
dictum est; sed omnes
non perpendiculares
franguntur. Si ergo

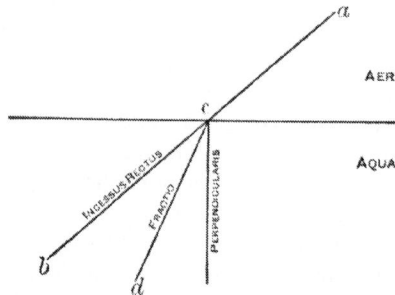

FIG. 75.

corpus secundum quod est planum densius est, tunc fractio
est, ut dictum est, inter incessum rectum et inter perpendicularem ducendam a loco fractionis in illud corpus secundum

FIG. 76.

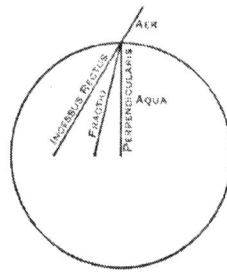

FIG. 77.

hoc modo. Si vero corpus secundum est subtilius, tunc
incessus rectus fit inter fractionem et perpendicularem ducendam a loco fractionis, verbi gratia. Si vero corpus secundum
quod sit sphaericum est densius priori, tunc fiet fractio in
superficie ejus inter incessum rectum et perpendicularem in
centrum ejus ducendam a loco fractionis hoc modo. Si vero

corpus secundum sit subtilius, tunc incessus rectus fit inter
perpendicularem ducendam a loco fractionis et inter ipsam
fractionem, ut hic. Et in hanc duplicem
fractionem, Ptolemaeus quinto de Aspectibus, et Alhazen septimo, et omnes
concordant; nec potest aliter esse, atque
probant hoc per instrumenta, quae
docent ibi figurari ad hoc, ut videatur
sensibiliter quomodo franguntur radii
non perpendiculares. Similiter probant has fractiones per causas et
experimenta.

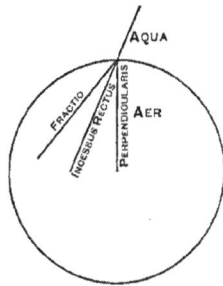

Fig. 78.

Causam autem hujus fractionis
assignant per hoc, quod casus speciei
perpendicularis fortis est, sicut patet in lapide cadente
deorsum, si non obliquatur ejus casus, ut si aliquis impedi-
verit casum perpendicularem et fecerit lapidem deviare ab
incessu perpendiculari, manifestum est sensui quod debilem
faciat penetrationem. Unde homo cadens perpendiculariter
ab alto moritur ex casu. Quod si aliquis pellat eum ab incessu
recto dum cadat, quatenus declinet ab incessu perpendiculari,
salvatur. Similiter ensis vel securis, vel aliud natum scindere,
si aptatur a manu percutientis perpendiculariter super lignum,
penetrat et dividit illud ; si oblique, tunc vel non scindet, vel
minus longe quam quando fuit perpendicularis. Quod si
corpus recipiens rem cadentem perpendiculariter resistit
omnino, tunc res cadens perpendiculariter rediret propter
incessus fortitudinem in eandem viam per quam incessit,
sicut de pila jacta ad parietem vel ad aliud resistens omnino.
Et pila cadens ex obliquo labetur ex altera parte incessus
perpendicularis secundum casum obliquum, ut patet ad
sensum, et non rediret in viam qua venit propter casus
debilitatem. Experimenta de his sunt infinita.

Sed diaphanum non omnino resistit speciei ut redeat; hoc
enim facit solum corpus densum, a quo fit reflexio. Quapropter species veniens super diaphanum quodcunque pertransit in illud, sive cadat oblique, sive perpendiculariter.
Sed cum perpendicularis sit fortior, et species obliqua debilior,

non possunt eandem legem retinere in corpore diaphano, sed non est alia via quam incessus rectus vel declinatus. Et incessus rectus fortior est; quapropter ille debetur speciei perpendiculari, ut rectus incedat in secundo corpore sicut in primo; et declinatum speciei obliquae competere necesse est. Et ideo perpendicularis species non declinat nec frangitur, quia declinatio est fractio, sed obliqua frangetur in superficie secundi corporis, propter hoc quod diaphanum resistit ei magis quam perpendiculari, propter debilitatem ejus, et fortitudinem perpendicularis. Omne enim diaphanum habet aliquid grossitiei, unde potest aliquantulum resistere et impedire transitum speciei. Determinata enim est, ut dicit Alhazen septimo, natura diaphaneitatis in rebus naturalibus ut non vadat in infinitum, sed stat ad aliquam grossitiem etiam in coelesti corpore; propter quod tam perpendicularis quam obliqua species impedietur aliquantulum, sed magis species obliqua Non enim aufertur a perpendiculari rectitudo incessus propter ejus fortitudinem, sed tantum successio major causatur in suo transitu propter grossitiem medii qualemcunque. Si enim esset vacuum medium sine omni grossitie naturali et posset transire lux in eo, seu etiam quodcunque corpus, fieret ibi successio quae esset causata a parte medii solum propter prius et posterius ipsius spatii, et non propter medii grossitiem resistentem. Sed in medio naturali pleno, quod habet aliquam grossitiem naturalem, oportet quod ratione grossitiei quae non omnino cedit nec omnino resistit, sed partim sic et sic, causabitur successio nova propter illam resistentiam. Et ideo diaphanum per suam grossitiem resistit speciei obliquae et perpendiculari, et inducit successionem in utraque; et in hoc communicant; sed ulterius propter debilitatem speciei obliquae impedit eam plus, et denegat viam incessus recti quam prius habuit in corpore altero.

Causa vero quare a corpore subtiliori species veniens in corpus grossius frangatur versus partem perpendicularis ducendae a loco fractionis, inter scilicet incessum rectum et illam perpendicularem, est quia, sicut incessus perpendicularis fortior est, sic omnis incessus ei magis vicinus est fortior remotiori, ut ratio dictat et asserunt auctores. Et ideo cum

Why a ray passing from rarer to denser medium is refracted towards the perpendicular.

multum velocius feratur species in corpore subtiliori quam possit in corpore secundo densiori propter magnam resistentiam grossitiei corporis talis, virtus naturalis generans ipsam speciem appetit faciliorem transitum et eligit illum; et hic est versus perpendicularem. Quapropter sic debet frangi inter incessum rectum et perpendicularem ducendam a loco fractionis.

Why, when passing from denser to rarer, it is refracted away from perpendicular.

Et cum contrariorum contrariae sint causae, et contrariarum causarum contrarii effectus, tunc oportet quod, cum species veniat a densiori in subtilius, declinet a perpendiculari, ut incessus rectus cadat inter lineam fractionis et perpendicularem ducendam a loco fractionis. Cum enim in corpore denso priori magnam resistentiam habeat, propter grossitiem excellentem super grossitiem secundi corporis, cujus grossities est subtilitas magna, ut de facili agat species veniens in ipsum, non oportet quod quaerat faciliorem transitum, scilicet versus perpendicularem; quia omnis transitus est ei facilis respectu difficultatis quam habuit in priori corpore, et ideo potest ire in partem diversam a perpendiculari, et necessario debet hanc partem eligere, quia quantum potest uniformiter agit et uno modo, et ideo invita transit ad contrarietatem dispositionis suae vehementem. Propter quod, cum in primo corpore habuit magnam difficultatem transitus seu modicam facultatem, ideo ex uniformitate sua, quam intendit semper quantum potest, non debet eligere contrarietatem excellentem, ut ad partem facillimi transitus, scilicet versus perpendicularem, declinet; sed quodammodo continuet, ut potest et debet, difficultatem transitus, seu minorem facilitatem; et hoc est transeundo ultra incessum rectum per elongationem a perpendiculari, cum ei sufficiat ille transitus, et poterit eum adimplere; sicut quando species venit a subtiliori in grossius, continuat in grossiori facilitatem transitus in corpore secundo, ut ejus incessus in utroque corpore sit proportionalis quantum potest et uniformis; quanquam et similiter cum hoc grossities superflua corporis secundi excitat virtutem generativam speciei, ut ad partem facilioris transitus declinet.

Experimental proof. Concentra-

Et quod per causam manifestum est de duplici fractione, possumus multipliciter verificare per effectum et experientiam. Nam si quis crystallum sphaericum vel corpus urinale rotun-

dum plenum aqua teneat in radiis fortibus solis, stans contra
radios venientes per fenestram, inveniet punctum in aere
inter ipsum et urinale, cui puncto si combustibile apponatur,
quod de facili comburatur, accendetur et inflammabitur; quod
impossibile est fieri, nisi ponamus duplicem fractionem praedictam. Nam radius solaris exiens a puncto solis per centrum
urinalis non frangitur, quia est perpendicularis super urinale
et aquam et aerem, eo quod per eorum centrum transeat.
Idem enim est centrum omnium istorum trium, quia idem est
centrum continentis et contenti. Omnes autem radii, qui
exeunt ab eodem puncto solis a quo dicta perpendicularis
exivit, franguntur necessario super corpus urinalis, quia cadunt
ad angulos obliquos, et quoniam corpus urinalis est densius

(margin: tion of rays after two refractions through a lens.)

Fig. 79.

aere, ideo fractio vadit inter incessum rectum et perpendicularem ductam a loco fractionis in centrum urinalis, et quando
transit extra ad aerem, tunc cum occurrat corpus subtilius,
cadit incessus rectus inter fractionem et perpendicularem
ducendam a loco fractionis, ut possit radius fractus cadere
super perpendicularem primam, quae venit a sole sine fractione. Et cum radii infiniti exeunt ab eodem puncto solis
et unus solum est perpendicularis supra urinale, omnes alii
franguntur, et concurrunt in punctum unum super perpendicularem, quae cum eis exit a sole, et hic punctus est locus combustionis, quia in eo congregantur radii infiniti, et congregatio
lucis facit combustionem, quae congregatio non fieret nisi per

duplicem fractionem, sicut patet in figura   Et sicut super
perpendicularem principalem concurrunt duo radii in punctum
unum per duplicem fractionem, sic intelligendum est de omnibus radiis exeuntibus ab eodem puncto solis, qui sunt nobis
infiniti.

CAPITULUM IV.

Celestial
refraction Postquam autem manifesta est varietas haec in fractionibus
specierum et virtutum agentium multiplicatarum, oportet
considerare in quibus corporibus mundi principalibus possibile
est fieri hanc fractionem, ut videatur in quibus frangantur—
virtutes coelorum et in quibus non. Per hoc enim certificabitur postea diversitas actionis stellarum in omnia inferiora.

No refrac-
tion in
celestial
spheres,
their
density
being
uniform Et primo secundum quod in corpore coelesti non fit aliqua
fractio sensibilis nec de qua curandum est, propter uniformi-
tatem coelestis perspicui. Fractio enim non est nisi quando
occurrit corpus secundum alterius diaphaneitatis , sed orbes
coelestes sunt ejusdem diaphaneitatis, aut simpliciter, aut
quoad sensum nostrum ; propter quod radii stellarum fixarum
non reputantur frangi in sphaeris planetarum, nec radii planetarum superiorum in sphaeris inferiorum, quamvis sint orbes
contigui et diversarum superficierum. Ad fractionem enim,
ut satis tactum est secundum documenta auctorum, requiritur
quod corpus secundum sit alterius diaphaneitatis a primo, et
hoc sensibiliter, si judicium nostrum debeat esse hic ut curetur,
unde non invenitur per instrumenta diversitas sensibilis quae
causaretur ex fractione in coelo, nec auctores hoc percipiunt,
sed supponunt non esse.

Refraction
at surface
of sphere
of air
shown by
Ptolemy. Sed in superficie ignis[1] franguntur omnes radii non perpendiculares , et hoc vult Ptolemaeus quinto Aspectuum, et
Alhazen in septimo, et demonstrant hoc per considerationes
instrumentorum. Et propter pulchritudinem harum veritatum
et probationis, volo recitare verba multa dictorum philosophorum, quatenus evidentius et certius appareant quae

---

[1] It will be seen from this passage that the sphere of fire was regarded as
identical, or at any rate as of the same density, with the sphere of air. Later
on in this chapter, pp. 476-7, this is explained. The space occupied by the
planetary and stellar spheres was conceived to be pervaded by ether.

dicenda sunt. Coelum autem vocat aethera in quo dicit
sidera collocari, et corpus contiguatum aetheri vocat aerem,
sub aere comprehendens sphaeram ignis propter rationem
dicendam inferius. Et similiter Alhazen non curat de diversitate ignis et aeris, ut patebit.

Dicit igitur Ptolemaeus, ' Possibile[1] est nobis dignoscere,
quod in loco contiguationis aeris ad aetherem fit reflexio
radii,' id est, fractio lineae ; ' invenimus enim res, quae oriuntur
et occidunt magis declinantes ad septentrionem, cum fuerint
prope horizonta, et metitae fuerint per instrumenta quibus
mensurantur sidera. Cum enim fuerint orientes vel occi-
dentes, circuli utrique aequidistantes aequinoctiali qui describuntur super illas propinquiores sunt septentrioni quam
circuli qui describuntur super illas cum fuerint in medio
coeli. Et quanto magis appropinquant horizonti habent
majorem declinationem ad septentrionem. Siderum vero
semper apparentium distantia a septentrionali polo erit minor
cum fuerit in meridionali linea versus horizonta ; et cum fuerit
in linea meridionali in loco qui est propinquior puncto qui
est super caput nostrum fit in ipso loco circulus aequidistans
aequinoctiali major, in priori autem loco minor. Quod accidit
propter flexionem radii, quae fit a superficie quae determinat
inter aerem et aethcrem, quae debet esse sphaerica, et centrum
ejus est centrum commune universis elementis, quod est
centrum terrae.'

Igitur videtur stella describere minorem circulum de aequidistantibus aequinoctiali quando est in horizonte quam quando
plus ascendit, ita quod quanto magis ascendit versus zenith
capitis, tanto majorem aequidistantem videatur describere ;
quae aequidistans est major necessario propter majorem distantiam a polo, ut patet ad sensum in sphaera, quoniam
portio circuli meridionalis seu cujuslibet coluri major est
inter polum et aequidistantem quam describit stella, cum
fertur per zenith capitis, quam quando est in horizonte. Et

---

[1] Ptol. *Optic.*, p 151. This is a literal quotation from the fifth chapter of
Ptolemy's optical work. In this chapter, which is the most original of the
treatise, Ptolemy gives tables of refraction for different angles from 10° to 80°
for rays passing from air to water, from water to air, and from water to glass ;
one of the earliest attempts to deal quantitatively with experimental research.

cum hoc sit verum, de necessitate sequitur, quod stella non videatur semper in loco suo vero, nec per lineas rectas. Quoniam si in suo loco vero semper videretur et per lineas rectas, tunc eandem distantiam a polo habere judicaretur in horizonte et alibi, quia in eadem nocte et semper videretur ferri in eodem circulo aequidistante. Nisi quod in maximo tempore aliter apparet, secundum quod Thebit[1] et multi probationum magistri firmaverunt, scilicet capita Arietis et Librae zodiaci mobilis in circulis brevibus circa capita Arietis et Librae zodiaci immobilis circum ferri, aut totum zodiacum mobilem moveri motu accessionis et recessionis secundum latitudinem ascendendo et descendendo, ut sapientes Indi posuerunt, aut propter aliquem alium motum, quem magistri probationum excogitaverunt esse possibilem in coelo stellato, sive sit inventus adhuc, sive non ; secundum quod unus eorum Albategni dicit, possibile est aliquem motum in coelo latere omnem philosophum. Cum igitur non videatur stella secundum lineas rectas, propter diversam distantiam a polo quam habere non potest secundum veritatem, oportet quod videatur reflexe, vel secundum lineam fractam ; sed non est ibi reflexio, cum non sit ibi densum ; oportet ergo quod per lineam fractam videatur.

Alhazen's instrumental proof of Ptolemy's discovery.

Et Alhazen exponit Ptolemaeum in hac parte sicut in aliis dicens, quod 'si aliquis voluerit hoc experiri, accipiat instrumentum de armillis et ponat illud in loco eminenti, et in quo poterit apparere horizon orientalis, et ponat instrumentum armillarum suo modo proprio, scilicet, quod ponat armillam quae est in loco circuli meridionalis in superficie circuli meridiei, et polus ejus sit altior terra, secundum altitudinem poli mundi super horizonta loci in qua ponitur instrumentum, et in nocte observet[2] aliquam stellam fixarum magnarum, quae transit per zenith capitis illius loci aut prope, et observet eam in ortu suo ab oriente ; stella autem orta, revolvat armillam, quae revolvitur in circuitu poli aequinoctialis donec fiat aequidistans aequinoctiali, et certificetur locus stellae ex armilla, et sic

---

[1] For Thebit's imagined 'motion of trepidation' cf. vol. i. p. 192.

[2] J. has *preservet* here and elsewhere throughout the quotation. I have corrected it from Risner's edition of Gerard's translation of Alhazen (lib. vii. 15).

habebit longitudinem stellae a polo mundi, et deinde observet
stellam usquequo perveniat ad circulum meridiei, et moveat
armillam, quam prius moverat, donec fiat aequidistans aequinoctiali, et sic habebit longitudinem stellae a polo mundi, cum
stella fuerit in vertice capitis. Hoc autem facto, inveniet remotionem stellae a polo mundi apud ascensionem [id est,
ortum] minorem remotione ejus a polo mundi in hora existentiae ejus in verticatione capitis. Ex quo patet quod visus
comprehendit stellas reflexe[1], id est, fracte, non recte: stella
enim fixa semper movetur per eundem circulum de circulis
aequidistantibus aequatori diei, et nunquam exit ab ipso, ita
quod appareat, nisi in longissimo tempore. Et si stella com-
prehenderetur recte, tunc lineae radiales extenderentur a recto
visu ad stellas, et extenderentur formae stellarum per lineas
radiales recte quousque pervenient ad visum. Et si forma
extenderetur a stella ad visum recte, tunc visus comprehen-
deret eam in suo loco, et sic inveniret distantiam stellae fixae
a polo mundi in eadem nocte eandem. Sed distantia stellae
mutatur in eadem nocte a polo mundi, ergo visus non recte
comprehendit stellam. In coelo autem non est corpus densum
tersum neque in aere, a quo possunt formae reflecti[2]. Et cum
visus non comprehendat stellam recte, nec secundum reflexionem, ergo secundum refractionem, cum his tribus solis
modis comprehenduntur res a visu.' Haec sunt verba Alhazen
in septimo.

Similiter ostendit illud idem per lunam, quoniam si per
computationem, id est, per tabulas et canones lunae distantia
a verticatione capitis aequatur, et similiter per instrumentum
sumatur altitudo lunae, invenietur minor distantia lunae
a verticatione capitis per considerationem instrumenti quam
per computationem. Ergo lux lunae non videtur recte per
duo foramina instrumenti per quod sumitur elevatio; tunc

[1] The printed translation of Alhazen has refracte; but this is probably
a correction of the editor; Bacon seldom uses the word refractio, but simply
fractio.

[2] Jebb's edition has converti, which I have corrected from the printed text
of Alhazen. It will be seen, however, by reference to p. 463, that the reflected
ray was sometimes spoken of as *conversus*; another illustration of the ambiguous
use of words relative to this subject, spoken of on p. 462. Alhazen's reference
to lunar observations immediately follows.

enim distantia ejus a verticatione capitis esset ista quae esset inventa per computationem; sed non est ita; ergo lux lunae non extenditur a coelo ad aerem per lineas rectas; quare per fractionem. Et qua ratione de lumine lunae, similiter de lumine aliarum stellarum; et ideo oportet quod species omnium stellarum frangantur, et sic patet quod fractio debeat esse omnium radiorum coelestium in superficie ignis qui non cadunt perpendiculariter super corpus ignis.

Proof that in this case the refraction is from rare to dense.

Quod autem haec fractio sit propter transitum speciei a subtiliori in densius versus perpendicularem declarant per hoc, quod circulus aequidistans aequinoctiali transiens per stellam, quando venit ad circulum meridiei et zenith capitis, est vere designans locum stellae, et est in quo deferebatur stella a principio noctis quousque veniret ad circulum meridiei; quoniam visus tunc comprehendit stellam recte; quia linea extensa a visu ad zenith est perpendicularis super corpus coeli et corpus ignis, ut certum est, et uterque hoc dicunt, Ptolemaeus et Alhazen. Cum ergo stella est in verticatione capitis et in circulo majori, qui secundum veritatem est circulus ejus, tunc species radiosa non frangitur, quia perpendicularis non frangitur. Sed cum appareat in circulis minoribus versus horizontem, et in horizonte erit necessario fractio, ut prius probatum est, et videbitur stella per lineas fractas, quia tunc radii cadunt ad angulos obliquos super sphaeras elementorum; sed quaelibet illarum fractarum declinat ad diametrum mundi, qui exit a puncto fractionis, sicut docent Ptolemaeus et Alhazen figurationibus diversis, et hic diameter est perpendicularis super concavitatem coeli et convexitatem sphaerae ignis; quapropter fractio haec est secundum legem incessus a subtiliori in densius per declinationem ad perpendicularem, ut cadat species fracta inter incessum rectum et perpendicularem ducendam a loco fractionis, qui est mundi diameter in hac parte.

No refraction from sphere of fire to that of air.

Secundum autem Ptolemaeum et Alhazen oportet scire secundo quod non fit fractio in superficie aeris, qui proprie dicitur aer, secundum quod distinguimus aerem ab igne, cum non inveniatur aliqua diversitas aspectus nostri causari nisi propter unicam fractionem specierum venientium a stellis per sphaeram aeris et ignis, quantum est de puritate naturae suae. Hoc dico, quia mediantibus nubibus et vaporibus accidit magna diversitas, quia sol et stellae omnes videntur esse majoris quantitatis in horizonte quam in medio coeli, propter inter-positionem vaporum exeuntium in aere inter nos et stellas orientes, in quibus vaporibus franguntur radii solares praeter fractionem quam habuerunt in superficie ignis, quae fractio facit ut videantur majoris quantitatis in horizonte quam in coeli medio. Quamvis et alia sit causa hujus majoritatis perpetua, sicut Ptolemaeus et Alhazen determinant; de qua fractione per vapores exemplificabitur postea in figura, cum fiet mentio de actione speciei. Sed dum sphaera aeris est munda a vaporibus, non est ibi fractio, ut auctores Aspectuum certificant, secundum quod dicit Alhazen, quia 'aer[1] quanto magis appropinquat coelo tanto magis purificatur, donec fiat ignis. Subtilitas ergo ejus fit ordinate secundum successionem, non in differentia terminata. Formae ergo eorum quae sunt in coelo quando extenduntur ad visum, non reflectuntur [id est, non franguntur] apud concavitatem sphaerae ignis, cum non sit ibi superficies concava determinata. Nullum ergo invenitur corpus subtilius aere, cum quo extenduntur formae visibilium et franguntur apud superficiem ejus, nisi corpus coeleste.' Hoc dicit Alhazen; quapropter secundum ipsum et Ptolemaeum non est fractio speciei in superficie sphaerae aeris, cum venit species a sphaera ignis. Sed in superficie aquae est fractio sensibilis, propter manifestam diversitatem diaphaneitatis aeris et aquae cum differentia superficierum.

Sed adhuc tertio sciendum est, quod a tropico Cancri versus polum nostrum fit fractio omnium specierum venientium a planetis, propter hoc quod species illae multiplicantur super lineas quae non sunt perpendiculares, eo quod non cadunt in centrum mundi, sed tendunt ad horizonta, propter quod oportet quod nulla species directa veniat citra illum tropicum ad loca climatum, similiter nec ultra tropicum Capricorni, per eandem rationem. Sed nec a stellis quae sunt inter

Between the tropic and the pole all planetary rays re-fracted.

---

[1] The nine lines that follow are quoted from Alhazen, vii § 51. In Risner's edition of Gerard's Latin version, refringuntur is substituted for reflectuntur. In the MSS. (Reg and O.) Bacon inserts the gloss after non reflectuntur, which I have enclosed in brackets.

tropicos veniunt species directae ultra eos propter consimilem rationem. Ab illis tamen stellis fixis quae sunt extra tropica possunt venire perpendiculares ad loca climatum, quando scilicet transeunt earum species super lineas cadentes in centrum mundi per loca illa.

Capitulum V.

Habens quatuor conclusiones.

Reflexion of rays. No bodies are wholly impervious to rays. Those of heat and sound may pass where luminous rays cannot.

Reflexio vero, ut dictum est, est generatio radii in partem contrariam incessus incidentis super corpus densum impediens transitum speciei. Considerandum autem primo quod nullum est tam densum quin species potest transire, quia omnia communicant in materia, et ideo potest fieri transmutatio cujuslibet per aliud saltem quae est per multiplicationem speciei, et ideo per medium dolii aurei et aenei species ignis et soni transeunt [1]. Et cum Boetius velit tertio de Consolatione et alii, quod lynceus oculus possit penetrare parietes densos, oportet quod species oculi et visibilium transeunt per medium parietis. Sed tamen sunt multa densa quae visum hominum impediunt omnino et alios sensus similiter, ita quod species sensibiles non pertranseant in tanta fortitudine ut valeant sensum humanum immutare, licet secundum veritatem transeant, sed insensibiliter nobis.

The same bodies may reflect and refract.

Sunt etiam alia corpora mediocris densitatis, a quibus fit reflexio simul et fractio, ut est aqua. Nam videmus pisces et lapides in ea per fractionem, et videmus solem et lunam per reflexionem, sicut experientia docet. Unde propter densitatem, quae sufficit reflexioni aliquali, radii omnes reflectuntur, sed propter mediocritatem densitatis, quae non impedit transitum lucis, franguntur radii in superficie aquae. Et ideo quilibet radius solis cadens super aquam multiplicat sibi similem tam reflexione quam per viam fractionis; et ideo debilior est reflexio quam illa quae fit a denso perfecte, et debilior fractio quam si corpus secundum esset tam rarum ut nulla fieret reflexio, sicut est in aere.

---

[1] ·This is a striking proof of Bacon's sound instinct in physical reasoning, tending, as it did, towards the correlation of radiant forces. Cf. vol. i. p. 114.

Considerandum etiam secundo quod durum et solidum nec Distinction
faciunt reflexionem nec fractionem, sed solum densum et rarum. between
Nam crystallus est dura res et solida, et vitrum et hujus- and
modi multa, et tamen quia rara sunt, pertransit species visus density.
et rerum visibilium, et fit bona fractio in eis; quod non contingeret si esset ita densa sicut sunt dura et solida. Densum
enim est quod habet partes propinque jacentes, et rarum est
quod habet partes distanter jacentes, et ideo vitrum est
rarum, et crystallum et hujusmodi non densum perfecte, licet
aliquantulum, sed sufficienter sunt rara ut permittant species
lucis transire. Durum autem et solidum[1] non dicuntur ex
congregatione partium, sed ex stabilitate et firmitate et fixione,
propter naturam siccitatis, ad quam consequitur durities et
soliditas, ut Aristoteles vult secundo de Generatione[2].

Tertio considerandum est quod densum laeve et politum, For dis-
ut speculum, facit bonam reflexionem et sensibilem propter flexion the
aequalitatem suae superficiei Partes enim ipsius omnes surface
concordant in una actione, ut dicit Averroes super secundo de smooth.
Anima[3], capitulo de sono; et ideo aequaliter et concorditer
agunt, et integra fit reflexio speciei a superficie speculari.
Sed partes corporis asperi, propter ejus superficiei inaequali-
tatem non concordant in una actione, propter quod dissipatur
tota species, et amittens suam integritatem non sufficit repraesentare rem cujus est, et ideo non videtur per corpora aspera
sicut per specula. Et Ptolemaeus dicit secundo Aspectuum,
quod de aspero fit confusio, eo quod partes non sunt ordine
consimiles. Et Alhazen dicit in quarto libro, quod ex politis
corporibus, non ex asperis, fit bona reflexio, quoniam corpus
politum ejicit speciem lucis, sed asperum non potest, quum in
corpore aspero sunt pori, quos subintrat species lucis vel
alterius.

Atque oportet scire quarto, quod determinant auctores No change
Perspectivae, quod reflexio non est intelligenda ut forma seu in the
species veniat a re, et figuretur in corpore polito, et faciat mirror.
suam speciem ulterius in sensum; quoniam tunc si sentiens flected ray

---

[1] Bacon means that the hardness and solidity of bodies have nothing to do
with the way in which light affects them. This depends on their density and
rarity. With the paragraph that follows cf. pp. 130-1.

[2] *De Gen.* lib. ii. cap. 2.   [3] Arist. *de Anima*, lib. ii. cap. 8, § 1.

is continuous with the incident ray; the direction only is changed.

primo videns illam formam in parte speculi prima propter hoc, quod forma ibi fixa est, incipiat moveri a situ illius partis, adhuc videret se in parte illa speculi, quia forma ejus fixa est ; sicut quando sic movetur videret rem quantumcunque fixam in suo loco. Sed nunc non est ita ; eo quod cum videns est in directo secundae partis, vel tertiae vel quartae, videt se vel formam non in prima parte, sed in secunda vel tertia vel quarta, vel aliqua alia respectu cujus se habet. Amplius viso aliquo corpore, et vidente ab eo situ remoto, poterit accidere quod non videbit corpus illud in speculo illo, licet videat totam speculi superficiem ; quod quidem non esset si imprimeretur forma in speculo, cum videatur speculum et speculum non mutet locum, et corpus visibile similiter sit immotum, quia forma ejus similiter inficiet speculum sicut prius. Amplius viso corpore in speculo et post elongato, comprehendetur corpus magis intra speculum quam prius, quod non erit si forma corporis sit in superficie speculi. Et planum est consideranti quod nulla forma est impressa in speculo per reflexionem, sed magis contrarium ; quoniam reflexio, ut dictum est prius, est virtutis venientis ad superficiem densi generantis se in partem contrariam et contra incessum incidentem, occasione sumpta a densitate speculi, quae prohibet transitum ipsius virtutis se multiplicantis. Et ideo non imprimit haec virtus aliquid in speculo, sed facit suam speciem in aere recedendo a speculo per continuam generationem. Verum tali impressioni factae in speculo repugnat ipsa proprietas reflexionis ; quod si ex abundanti virtute generativa sui similis posset illa species, veniens ad superficiem speculi, non solum per reflexionem generare se in contrariam partem in aere, sed in substantia speculi, sicut bene possibile est, tamen illa species sic in speculo producta nihil facit ad visionem per reflexionem, et per proprietatem speculi, scilicet ut per eam res visibilis cognoscatur et videatur ; hoc enim impossibile est, et otiosum si sic esset : impossibile quidem, propter rationes tactas de modo videndi per reflexionem, et secundum proprietatem reflexionis ; otiosum autem esset et vanum, quia sufficit reflexio seu forma reflexa, ut perficiat visionem de re visibili, quantum ad hanc visionem

exigitur, quoniam visio per reflexionem denominatur solum
a reflexione, sicut fit solum secundum ejus proprietatem, et
non per alicujus formae impressionem.   Caeterum magis
impediret haec impressio, quia esset sicut macula in speculo,
et ideo si esset bene fortis et sensibilis sentiretur, et non ipsa
res per eam, sicut nec aliquid videmus per maculam in
speculo, quantumcunque esset ei aliquid simile, sed ipsam
solam maculam ; quoniam si imago Herculis esset ibi depicta
quantumcunque similis, non videretur Hercules juxta positus,
sed solum imago ; quare similiter hic sola imago impressa
videretur, et non res cujus esset imago.   Cum tamen dicimus
et scimus nos videre ipsam rem per imaginem suam mediante
speculo ; et ideo nihil aliud videmus nisi ipsam rem per
speciem reflexam, sicut nihil nisi rem videmus per speciem
venientem super lineam rectam super [1] speculo ; et ideo sicut
res est terminus lineae rectae per quam fit visus rectus, et
dicitur sola videri, et non aliqua forma vel imago, sic terminus
lineae reflexae erit ipsa res, et illa sola per eam videbitur, et
nulla imago in speculo nec in aere ; sed tamen fiet ejus imago
ab ipsa re usque ad speculum, a quo redibit ad oculum, ut sic
solum compleatur visio per reflexionem.

Considerandum [2] ergo in hac parte, quod dum superficies Reflexion
speculi sit una, aut sit multipliciter fracta dummodo partes from a
habeant eundem situm et aequalem situm sicut ante fractio- broken
nem, fit una reflexio, et apparet una imago unius rei. Quando mirror.
vero partes franguntur et mutant situm, tum secundum multitudinem partium est multitudo reflexionum, et multitudo
imaginum unius rei.   Et quoniam hoc non est propter solam
partium divisionem, sed propter difformitatem situs, ideo
oberrant qui putant ex sola fractione semper imagines multiplicari ; nam sensus probat contrarium.

CAPITULUM VI.

Habens duas conclusiones.

Deinde considerandum quod radii quidam cadunt super Vertical
speculum ad angulos obliquos et convertuntur seu redeunt ad rays reflected

[1] sub, J. Cf. pp. 132-3.   [2] Cp. p. 145.

vertically; obliquos, et quidam cadunt ad angulos rectos et ad rectos con-
oblique vertuntur, ut dicit auctor libri de Speculis Comburentibus, figu-
obliquely. rando per radium conversum duos angulos rectos, quia radius
conversus continet cum linea, quae est directae communis inter
superficiem duarum linearum quae sunt radius conversus, et
inter superficiem planam quae est superficies speculi (aut superficies contingentes specula concava et gibbosa), duos angulos
aequales[1]. Quando igitur cadit radius ad angulos obliquos,
tunc angulus incidentiae vocatur iste qui est acutus, et a parte
anguli obtusi fit reflexio secundum quantitatem anguli incidentiae, ita quod illa pars anguli obtusi quae separatur per
lineam reflexam, et linea quae est communis directae de qua
dictum est, est angulus reflexionis. Et sic linea incidens et
linea rediens sunt diversae et in diversis locis sitae, in eadem
tamen superficie, et constituunt unam lineam totalem, quae
ab auctore libri de Speculis Comburentibus vocatur radius

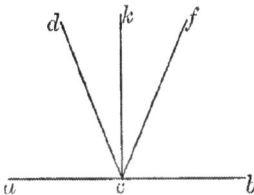

FIG. 80.

conversus; quamvis et ejus pars
una quae a superficie speculi oritur
vocetur proprie reflexa vel conversa et alia quae a re venit vocetur
proprie incidens. Et dicit Ptolemaeus tertio de Aspectibus, quod
talis est positio radii incidentis et
reflexi ad angulos obliquos, quod
unusquisque istorum duorum per-
venit ad punctum speculi a quo fit reflexio, et continent cum
perpendiculari quae ab ipso puncto procedit de speculo aequales
angulos, et hoc vult Alhazen et alii. Ut si speculum sit *a b*,
et radius incidens sit *d c*, et reflexio *c f*, et perpendicularis sit
k c, tunc angulus *d c k* et *k c f* sunt aequales. Quando vero fit
reflexio ad angulos rectos, tunc redit radius in se, et simul loco
sunt incidens linea et rediens, et fit radius unus compositus ex
incidenti et rediente. Quando vero reflectuntur ad angulos

---

[1] This is expressed very cumbrously, and would be quite unintelligible if
Bacon did not explain in the next sentence that radius conversus was used by
some authors to denote the whole ray, the incident as well as the reflected part.
Superficies duarum linearum, is the plane of the two lines; the line in the
reflecting surface with which the angles of incidence and reflexion are made
lies, of course, in the same plane with them (directa communis).

obliquos, tunc radius incidens et reflexus separantur loco et distant, sed tamen sunt in eadem superficie.

Deinde considerandum est secundo. quod reflexio omnis fit ad angulos aequales, sicut Ptolemaeus de Opticis, hoc est, Aspectibus, et Alhazen in Perspectiva, et Jacobus Alkindi de Aspectibus, et omnes auctores concordant. Unde experimentum et causa et effectus hoc ostendunt, et docent fieri instrumenta ad hoc experiendum[1]. Et de facili possumus dicere quod si accipiatur instrumentum columnare rotundum circiter altitudinem pedis et dimidii cujus latitudo est semipedalis concavum interius et sine basi superiori habens basim inferiorem, in qua constituatur speculum convexum, cujus speculi superficiei subtendatur conus quartae partis circuli de aere vel alio metallo, et illius quadrantis basis tangat instrumenti concavitatem lateralem habentem foramina parva rotunda in circuitu, e directo quorum lineantur in lamina dicta protractiones linearum super quas veniunt radii ad speculum et super quas reflectuntur, ita quod linea incidens super speculum et reflexa contineant angulos aequales cum superficie speculi, inter quas perpendicularis cadat in foramina ad superficiem speculi, quam perpendicularem circumstant lineae incidentes et reflexae, videbitur ad sensum quomodo natura operatur miro modo; quoniam radius veniens redibit super lineam continentem aequalem angulum angulo incidentiae, et non super aliam, si experimentator sciat se aptare ad secreta naturae continenda; et radius veniens super perpendicularem redibit in se, ut ad sensum patere potest

(margin note: Equality of angles of incidence and reflexion proved by experiment.*)*

---

[1] The fourth book of Alhazen, cap 3, gives a very detailed account of the construction of the apparatus for testing the equality of the angles of reflexion and incidence. The cases of plane, spherical, cylindrical and conical mirrors are separately investigated. [See also Vitello, lib. v. 9, which is almost exactly copied from Alhazen, though as usual without acknowledgement.] The description illustrates the extreme care taken by the Arab investigators in the construction of their instruments. The orifices in the armillary through which the rays were admitted were half a barleycorn, or one-sixth of an inch in diameter. But for more precise investigation the orifice was closed with wax, and a smaller opening made through the central point. Farther, a comparison was made between the ray passing from the orifice in the armillary to the point of reflexion through a closed tube and a similar ray unconfined in its passage. It was noted that the reflected ray was found feebler in the first case, though the direction was unaltered.

And also by reasoning; in the case both of plane and of curved surfaces.

Et ratio ad hoc est, cum species venit ad speculum, si transiret in ejus profundum, faceret angulos interiores aequales exterioribus super communem differentiam superficiei, in qua est radius incidens, et superficiei speculi plani, aut superficiei contingentis speculum convexum vel concavum, quia omnis linea recta stans super aliam facit angulos rectos vel aequales duobus rectis, et ita ex utraque parte faciet rectos vel aequales rectis; sed omnes recti sunt aequales, et omnes duo aequales rectis sunt aequales conjuncti aliis duobus aequalibus rectis; quapropter anguli duo interiores $a\ b$[1] sunt aequales angulis duobus exterioribus c et d; et anguli contra positi aequales sunt; quapropter angulus a et angulus c sunt aequales; sed tamen non potest species transire superficiem speculi sensibiliter, ut nunc est intentio, qualem angulum faceret intra speculum, ut est a, talem faciet in suo reditu citissimo a superficie speculi, qui vocatur angulus reflexionis, ut est e, pars ipsius d; quia eodem modo se habet ad superficiem speculi extra et intra; ergo cum angulus incidentiae, scilicet c, et hic angulus reflexionis, scilicet e, sint aequales angulo interiori,

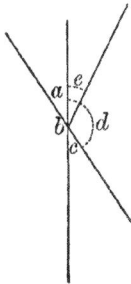

FIG. 81.

scilicet ipsi a, ut habitum est, erunt aequales inter se, ut patet in figura subscripta.

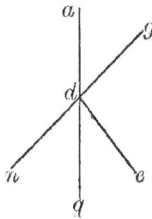

Hoc etiam demonstratur in libro Jacobi Alkindi de Aspectibus, et primo in planis speculis sic; si $a\ q$ linea moveatur super polos suos a et q immobiles, cadet $d\ n$ linea super $d\ e$, quando per motum $a\ q$ lineae $d\ n$ veniet ad partem alteram in circuitu, et ideo idem angulus constituetur ex $d\ e$ et $d\ q$ ac ex $d\ n$

FIG. 82.

et $d\ q$, postquam $a\ q$ revolvitur tantum in loco suo, et poli ejus sunt immobiles; sed angulus $g\ d\ a$ et angulus $n\ d\ q$ sunt aequales, quia sunt contra positi, quare $g\ d\ a$ et $e\ d\ q$ erunt aequales. Et hanc probationem eandem affert Euclides ad quintam propositionem sui libri.

---

[1] The angles *a* and *b* are here called inner angles, as being behind the mirror. The incident and reflected rays are represented as on the right of the mirror.

Et hoc probato ostenditur idem in reflexione a concavis et convexis. Nam ex nunc probatis patet quod anguli *h b n* et *c b z* sunt aequales, et quia *a b n* et *g b z* sunt anguli contingentiae, et ideo aequales, cum uterque omnium acutorum minimus, ut ex libro Elementorum patet, tunc si illos angulos contingentiae auferimus a totalibus angulis *h b n* et *c b z*, oportet quod *h b a* et *c b g*

FIG. 83.

sint aequales, qui sunt anguli reflexionis a concavo speculo, cujus figura haec est. Et si *n b d* et *z b e* anguli contingentiae addantur ad *h b n* et *c b z* aequales, oportet per conceptionem quod *h b d* et *c b e* sint aequales; et sic anguli reflexi a superficie convexa erunt aequales, ut patet in figura. Et haec eadem demonstrantur in principio libri de Speculis vulgati, quoniam prima propositio dicit,

FIG. 84.

In planis speculis et convexis et concavis visus in aequalibus angulis revertuntur. Sed de convexis et concavis probat eodem modo, sicut jam probatum est. De planis vero aliter dicit hoc modo, scilicet quod proportio *g k* est ad *k a* sicut cathetorum, scilicet *b g* et *d a*, hoc enim est in elementis positum, anguli ergo *b g k* et *d a k* erunt similes per Euclidem; ergo angulus *e* est aequalis angulo *z*. Similia enim trigona sunt aequiangula, ut ex elementis patet: cujus figura est haec.

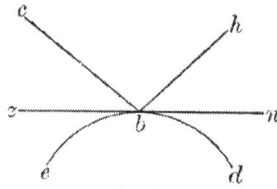

FIG. 85.

Et per effectum similiter potest declarari. Further practical proof. Quia enim angulus incidentiae et reflexionis sunt aequales, non potest visus compleri per reflexionem. ita ut forma impressa in speculo faciat visionem (de qua impressione tactum est) quoniam propter aequalitatem angulorum incidentiae et reflexionis, oportet quod oculus videns per reflexionem occurrat radio reflexo, quoniam ille radius propter ejus aequalitatem ad angulum incidentiae vadit ad partem determinatam, ita quod non ad aliam. Et ideo si oculus sit in illa parte videbit, si vero in alia, non videbit; quod dicitur videri per reflexionem. Sed si visio compleretur per reflexionem per impressionem speciei in parte determinata speculi non oporteret visum esse in loco determinato, nec in termino reflexionis, quoniam ubicunque poneretur, dummodo videret speculum, videret illam formam impressam, sicut maculam in parte determinata, aut sicut ipsam speculi partem; et ideo falsa est illa opinio vulgi, qui aestimat formas seu species imprimi in speculo ad hoc, ut visus compleatur per reflexionem per illam formam.

Et non solum sic ostenditur per effectum aequalitatis angulorum incidentiae et reflexionis, sed per alium effectum in coelestibus. Quia enim talis aequalitas est necessaria, ideo lux veniens a luna illuminans totum hemisphaerium habitationis impossibile est [1] quod sit lux solis reflexa a superficie lunae. Si enim esset lux solis reflexa iret ad partem determinatam horizontis propter aequalitatem angulorum incidentiae et reflexionis. Sed non est ita, cum totum quod est supra horizontem illuminat. Sed de hoc fiet sermo plenior in sequentibus.

Capitulum VII.

Habens duas conclusiones.

Divergence of rays in plane mirrors. In spherical concave

Et ulterius sciendum est quod radii adhuc diversimode reflectuntur a speculis diversis. Et una notabilis diversitas est ista, scilicet quae ponitur in libro Speculorum Comburentium, et est quod radius qui convertitur a speculo plano ad punctum

---

[1] See vol. i. p. 109, where the same statement is made. Yet the description given (vol. ii. pp. 109-113) on the phases of the moon, shows that Bacon was well aware of the dependence of the moon's phases on solar light. He also knew perfectly well that reflexion of an image depended on smoothness of the mirror, the light falling on a rough surface being, as described on p. 130, broken and diffused. But it was, I imagine, impossible for him to conceive the surface of the moon or of any celestial body as other than polished. Consequently no other solution was left to him than the one put forward on vol. i. p. 129; viz. that the moon, and the other stars, had innate or latent light of their own which was called into activity by the light of the sun.

unum, non convertitur nisi ab uno puncto tantum ipsius mirrors,
speculi, et ille qui convertitur ex speculo sphaerico, non con- rays convertitur nisi a circumferentia unius circulorum qui cadunt in different
illa sphaera. Sed philosophi aspexerunt in proprietatibus points on
the axis
sectionum pyramidum [1], et invenerunt radios cadentes super
communem planitiem superficiei concavae corporis ovalis
figurae, aut secundum figuram annuli, converti ad punctum
unum eundem, quoniam propter aequalitatem cujuslibet anguli
reflexi ad angulum incidentiae non possunt duo radii venientes
a plano speculo converti ad unum et eundem punctum in
superficie, in qua radii extenduntur incidentes et reflexi.
Sed propter figuram speculi concavi aptiorem, omnes radii
qui cadunt in circumferentiam unius circuli circa axem transeuntem per centrum speculi concavi, reflecti possunt ad unum
punctum ipsius axis, et qui cadunt in circumferentia alterius
circuli describendi circa axem, possunt reflecti ad punctum
aliud in axe, et sic de omnibus circulis imaginandis circa
axem ; quorum omnium punctus qui est extremitas axis inferior
est polus ; quorum circulorum quidam sunt minores et quidam
majores, secundum quod eorum circumferentiae magis et minus
accedunt ad axem. Et hi circuli sunt intra sphaeram imaginandi, sicut extra describimus aequinoctialem et aequidistantes ei, et radii circumferentiae minimi circuli concurrunt in
puncto axis superiori et majoris circumferentiae, post illam
ad punctum inferiorem, ita quod quanto circulus est minor,
tanto radii ejus reflectuntur altius, et quanto circulus est
major, tanto reflectuntur ejus radii inferius.

Quod ad praesens demonstrare volo in sphaerico circulo Geometri-
dimidiato. Nam radii infiniti exeunt a centro solis, qui cal determination

---

[1] Conic sections; the cone being always spoken of as pyramis. From this
passage and from the last paragraph of this chapter we see that Bacon knew
that by using parabolic mirrors, all the reflected rays would be concentrated in
a single focus. Nevertheless he exaggerates the defects of the spherical mirror,
from a small portion of the surface of which all the rays are practically focussed in
a single point. He does not seem to distinguish the case of parallel rays, proceeding from a distant source of light, from that of divergent rays, when the
source of light is near. See, however, p. 497.

Alhazen's work shows no acquaintance with parabolic mirrors. But their
properties and the mode of constructing them are minutely described by Witelo
(*Vitellonis Opticae*, lib. ix. cap. 39–44).

cadunt in superficiem speculi concavi, quorum unus transit per centrum speculi et per axem ejus et per polos. In isto igitur speculo concavo contingit imaginari circulos magnos transeuntes per polos ejus infinitos intersecantes se, sicut sunt coluri in sphaera, quorum omnium diameter est linea quae est axis sphaerae. In quolibet igitur circulorum istorum cadunt radii infiniti, et aliqui cadunt prope polum axis inferiorem, et aliqui altius; omnes tamen transeunt per polum superiorem seu per terminum diametri altiorem versus solem, et postea transeunt ultra in semicirculo cadentes in puncto suae circumferentiae, aliqui altius, aliqui inferius, tanquam lineae a termino diametri ductae usque ad diversa puncta in circumferentia utriusque semicirculi hoc modo. Sed lineae cadentes propinquius ipsi *b* faciunt angulum obtusum minorem et acutum angulum majorem quam lineae cadentes remotius. Cum

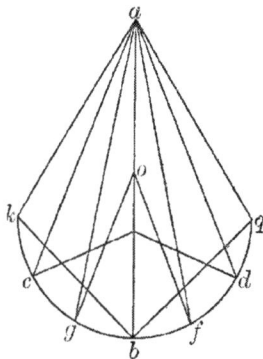

Fig. 86.

ergo acuti anguli sint anguli incidentiae, et ab obtusis fiat reflexio, et anguli incidentiae et reflexionis sint aequales, oportet ut radius *a g*, quando reflectitur, minus distet a via incidentiae, et majorem angulum reflexionis relinquat quam radius *a c*; ergo *a g* radius reflectetur ad punctum altiorem in diametro *a b* quam *a c* radius. Et adhuc *a k* radius reflectitur inferius quam *a c*; hoc enim exigit aequalitas angulorum incidentiae et reflexionis. Et sic in alio semicirculo *a f* reflectitur altius quam *a d*, et *a d* altius quam *a q*. Sed si *a g* et *a f* sint aequales, ponantur ita, et tunc reflectentur ad punctum idem in axe. Nam anguli incidentiae quos faciunt sunt aequales; ergo anguli reflectionis sunt aequales; quare radius *g o* reflexus nec plus nec minus distabit a loco incidentiae quam *f o* reflexus; et ideo oportet quod ad idem punctum diametri transeant, scilicet ad *o*; et similiter *a c* et *a d* reflectentur ad idem punctum, posito quod sint aequales; et eodem modo *a k* et *a q*, qui cadunt in terminis diametri et in finibus medietatis sphaerae, quoniam radii reflectuntur ad terminum axis inferiorem. Nam cum radius incidentiae scilicet *a k* vel *a q*, attingit quartam circuli habens angulum minoris portionis valde acutum, cui habet aequari angulus reflexionis, oportet quod linea reflexa cadat in extremitatem poli sphaerae et axis ejus inferiorem. Nulla enim alia linea alibi terminata constituet angulum reflexionis aequalem angulo incidentiae nisi illa, quia nulla constituit portionem aequalem portioni quam angulus incidentiae facit nisi illa. Oportet enim quod sit quarta circuli. Quare nullus angulus portionis reflexus potest esse aequalis angulo incidentiae, nisi iste quem constituit linea cadens in extremitatem axis.

Quoniam igitur in hoc coluro seu circulo lineae aequales et arcus resecantes aequales, et quae aequaliter declinant ab axe, reflectuntur ad idem punctum axis, oportet quod ita sit in omnibus aliis coluris quasi infinitis habentibus eundem axem sphaerae pro diametro. Ex quibus manifestum est quod si comparaverimus omnes istos coluros ad invicem et sumpserimus lineas aequales in omnibus, qui de suis coluris arcus resecent aequales, quae etiam lineae aequaliter declinent ab axe communi, oportet quod anguli incidentiae et reflexionis sint aequales ubique. Et quoniam reflexio haec fit necessario ad axem, tunc omnes illae lineae reflectuntur per aequalem distantiam ab incidentiis suis et respectu axis; quare oportet quod in idem punctum axis concurrant omnes. Sed si haec vera sunt, tunc, cum dicit Theodosius vicesima octava [1] propositione libri sui primi, ' Si a polo alicujus circuli in sphaera signati recta linea ad sphaerae superficiem producatur, quae sit aequalis lineae ab eodem polo super ejus circumferentiam decedenti, necesse est eam in ejusdem circuli circumferentia terminari,' oportet quod circumferentia circuli quae transit per extremitatem unius istarum linearum transeat per omnes, quoniam omnes sunt aequales et aequaliter distantes ab axe communi, et aequales arcus suorum colurorum resecantes. Quapropter

---

[1] The first book of the Spherics of Theodosius only contains twenty-three propositions; and this is not among them. It is evident enough however; and is indeed involved in the fifth of his definitions; Κύκλου πόλος ἐν σφαίρᾳ ἐστὶ σημεῖον ἐπὶ τῆς ἐπιφανείας τῆς σφαίρας ἀφ' οὗ πᾶσαι προσπίπτουσαι εὐθεῖαι πρὸς τὴν τοῦ κύκλου περιφέρειαν ἴσαι ἀλλήλαις εἰσίν.

patet ultima conclusio, quod omnes radii cadentes in circumferentiam cujuscunque circuli imaginati in concavitate speculi sphaerici circa axem reflectantur ad unum et idem punctum in axe. Et qui in alia circumferentia cadent, reflectentur in alium punctum, et qui in tertia in tertium, et sunt isti circuli quasi aequidistantes in sphaera, ut aequinoctialis et sui compares.

The circles used in this demonstration are purely imaginary. Considerandum tamen quod isti circuli non faciunt ad reflexionem sed accidunt omnino. Non enim in eorum superficiebus jacent radii incidentes et reflexi, sed in coluris dictis coincidunt isti circuli solum in locis reflexionum, qui sunt in coluris, propter aequalem distantiam ab axe in circuitu, et ex hoc oriuntur isti circuli et possunt intelligi circa axem. Et ideo multi decipiuntur aestimantes quod hi circuli sunt necessarii ad reflexionem, quia omnes radii cadentes in unam circumferentiam reflectuntur ad punctum unum. Sed hoc omnino accidentale est; quoniam etsi non essent hi circuli, fieret reflexio, sed nobis manifestatur levius per imaginationem istorum circulorum. Et haec reflexio probatur per experientiam et effectum. Nam speculo concavo ad solem posito, ignis accenditur, ut dicit ultima propositio de Speculis, scilicet in puncto axis ad quem reflectuntur omnes radii circumferentiae unius circuli. Unde si stupa vel aliud combustibile apponatur, sole fortiter radiante, comburi potest in puncto illo.

Construction of mirrors the curvature of which shall effect complete convergence. Sed non omnes radii cadentes in superficie illius speculi concurrunt in punctum unum, nec ad omnem distantiam quam volumus. Et ideo philosophi ingeniati sunt specula concava aliarum figurarum quam sunt specula dicta communiter concava, ut fiat congregatio omnium radiorum cadentium in superficie speculi ad punctum unum in axe, et non solum fiat ad aliquam determinatam distantiam, sed ad omnem quantum voluerit experimentator perfectus. Et hoc probatur per auctorem libri de Speculis Comburentibus, qui dicit, qualiter autem habeamus speculum concavum comburens, cujus combustio sit secundum longitudinem notam quamcunque voluerimus, ponemus laminam de chalybe, etc., quod docet fieri secundum figuram ovi vel annuli, et ponit ad hoc demon-

strationes suas, ut ex libro ejus pateat, quas nimis longum
esset enarrare, et difficilius explicari quam praesens opusculum
requirat. Breviter tamen sciendum quod istud speculum sic
debet figurari, quatenus omnes anguli cadentes in omnibus
circulationibus circa axem fiant aequales, ut si speculum concavum sphaericum premeretur undique aequaliter, donec
omnes aequidistantes circa polum suum possent recipere
terminos linearum, quae in omnium colurorum singulis punctis
facerent angulos aequales. Et quatenus in quolibet coluro
imaginato, quorum diameter est axis speculi, radii cadentes
tam longe quam prope respectu axis constituant angulos
aequales, ut scilicet quos angulos unus radius faciat in medietate coluri faciat quilibet, et hoc est impossibile in sphaera.
Sed oportet quod speculum sphaericum mutet undique suam
figuram, ut laxetur sphaericitas ex omni parte, quatenus
declinet ad ovalem figuram vel annularem, ubi coluri et
aequidistantes imaginandi non sunt veri circuli. Nam non
omnes lineae ductae a puncto in medio ad circumferentiam
sunt aequales, sed sunt sicut communes sectiones pyramidum
rotundarum et superficierum planarum, quae secantur secundum longitudinem, non secundum latitudinem[1]. Docet enim
Euclides in tricesima tertia[2] propositione de Speculis, sic
figurari speculum, ut congregatio radiorum fiat ante et retro,
quod qualiter possit intelligi, exponetur inferius.

CAPITULUM VIII.

Habens unam veritatem principalem, et tres incidentales
vel annexas.

Deinde consideranda est multiplicatio secundum figuras, et Rays from
patet quod multiplicatio est sphaerica naturaliter, quoniam agent diverge
equally in

---

[1] The definition is not quite clear, but probably indicates that the section was
to be made parallel to the side of the cone, i. e. was to be a parabola

[2] The Greek original of the *Catoptrica*, attributed to Euclid, only contains
thirty-one propositions. But this work, considered by the best authorities to
be of far later date, possibly by Theon, has come down to us in an imperfect
state. The book *De Speculis*, attributed to Euclid, exists only in a Latin version.
It appears to be taken from the *Catoptrica*. See Heiberg's edition of Euclid's
Optica, Prolegomena, pp. l–li. On parabolic mirrors cf. vol. 1. p. 116.

all directions as from the centre of a sphere.

agens undique et in omnem partem et secundum omnes diametros facit speciem suam, ut probatum est prius [1]. Quare oportet quod agens sit centrum a quo lineae in omnem partem procedant; sed tales lineae sunt semidiametri sphaerae, et non possunt terminari nisi ad superficiem sphaericam. Item natura facit quod melius est ad salutem rei, et ideo acquirit sibi figuram, quae magis operatur ad salutem. Sed vicinia partium in toto est maxime operativa salutis earum et totius; quia divisio et distractio earum saluti maxime repugnat; quapropter omnis natura acquirens sibi figuram ex sua proprietate debet quaerere illam quae maxime habet viciniam partium in toto, nisi propter causam finalem repugnet Sed haec est sphaerica, quoniam omnes partes plus vicinantur in ea quam in alia, cum non pellantur in angulos nec latera, in quibus distant partes ad invicem; quapropter lux adquiret sibi figuram sphaericam, sicut guttae roris pendentes a terminis herbarum sphaericam sibi figuram acquirunt, quamvis in rebus animatis, propter operationes animae varias, oportet quod figura sit secundum exigentiam operationum animae; et hoc volunt omnes auctores. Possent autem rationes hic induci de proprietatibus figurae sphaericae; sed quia sunt communes figurationi aliarum rerum multarum et propriae speciei, nec est necesse modo eas induci, ideo pertranseo; inferius enim circa mundi corpora figuranda considerabitur ratio istius figurae.

How far the shape of a ray is affected in passing through an orifice

Sed in oppositum arguitur quod lux cadens per foramen oblongum vel multiangulum cadit in figuram secundum figurationem foraminis, praecipue si sit aliquantum magnum, quia si sit valde parvum, tunc lumen in figura cadit rotunda Et dicendum est, quod licet in distantia parva non acquirat sibi figuram debitam, tamen in sufficienti distantia acquiret. Quanto enim foramen est majus, tanto in majori distantia acquirit, quia scilicet majores dimensiones foraminis multilateri magis a circulo et sphaera elongantur. Si enim paries in tantum a foramine elongaretur, quantum foramen ab agente, ut a sole, vel alio, necesse est quod species solis fiat aequalis proportioni solis multiplicanti speciem illam, ut patet

[1] See p. 458.

per vigesimam quintam et quartam primi Elementorum. Anguli
enim duorum triangulorum, quorum unius basis est chorda
portionis in sole multiplicantis speciem, et alterius chorda
speciei cadentis super parietem, sunt aequales, quia contra-
ponuntur; et ex hypothesi latera triangulorum illorum sunt
aequalia; quare bases sunt aequales, quae sunt chordae
portionum solis et suae speciei, ut patet in figura. Et ideo
patet, quod ex elongatione accidit acquisitio quantitatis et
figurae quae non accidit ex propinquitate distantiae. Et
similiter videmus, quod radii solis vel alterius cadentis in
meridie transeuntes per idem foramen faciunt speciem magis
rotundam quam in mane. Unde non oportet quod licet sit
idem foramen, quod propter hoc sit omnibus modis eadem
conditio speciei, et prope et longe, et in una hora
et in alia, et ad unum casum radiorum et alium;
non enim ita est. Nam in mane cadunt radii
ad angulos obliquos per medium vaporum,
propter quas causas debiliores sunt, facientes
speciem debiliorem, quae causae non accidunt
in meridie, et ideo acquirunt sibi figuram rotundam in meridie, quoniam fortiores sunt.
E contrario accidit quod in meridie sit species
minoris quantitatis quam in mane, quia colligitur in sphaera
quod in alia figura minus rotunda dispergitur.

Fig 87.

Quod autem lux ignis ascendit in figura pyramidali, hoc est The
ratione corporis ascendentis, non ratione lucis, quia figura illa conical shape of
apta est motui sursum; praecipue, quia partes ignis interiores flame.
propter distantiam a contrario continentur, scilicet aere fracto
sunt efficaciores in ascensu, et ideo in ascendendo expediunt
se, et ideo altius attingunt, et aliae partes consequuntur per
ordinem, secundum quod magis aut minus distant a contrario
circumstanti, quapropter rotundantur in pyramidem[1]. Sed
tamen si ad locum naturalem ignis devenit, non stat in
pyramide, sed sphaericam figuram eligeret, in qua quiesceret
naturaliter. Nam ignis in sphaera jacet in concavitate orbis
lunae sphaericae. Et sicut dicit Euclides libro de Speculis et
probatur in septima propositione, figura lucis est major quam

[1] Cf. vol. i. p. 118.

foramen Sed hoc est intelligendum in distantia debita, quoniam valde prope foramen non accideret hoc, sed intersectio radiorum cum debita distantia est causa hujus

Et considerandum est quod semper est majus lumen et fortius in medio lucis cadentis ; et causa hujus est, quia ad illud medium pertingunt radii non solum intersecantes se, sed recti ad circumferentiam non attingunt nisi intersecantes, qui sunt causa debilitationis Quoniam vero in sphaera possunt omnes figurae corporales et regulares intelligi et in sphaera possunt omnes circuli circumduci, in quibus omnes figurae superficiales regulares possunt similiter inscribi, atque licet proprie inscribi aliae non possunt per definitionem inscriptionis, tamen valent figurari in sphaera omnes. Quapropter in multiplicatione sphaerica omnia genera figurationum includuntur : et ideo omnis multiplicatio speciei secundum quamlibet figuram potest reperiri in multiplicatione sphaerica quam facit Sed quantum ad fortem illuminationem cujuslibet puncti rei tenebrosae, sola figura pyramidalis requiritur naturaliter , et non quaelibet, sed illa cujus basis est super os luminosi corporis, et ejus conus cadit in partem tenebrosi corporis. Nam in hac sola figura salvatur perfecta illuminatio et actio naturae. ut exponetur inferius suo loco.

Capitulum IX

Habens tres veritates.

Rays proceed from all points in the agent This is shown by examination of shadows.

Habito in universali de figuratione specierum, nunc magis in particulari considerandum propter quaedam corpora, a quibus est principalis multiplicatio in hoc modo considerata, ut est in sphaericis, cujusmodi sunt stellae et oculi. Et certum est quod ab una parte agentis tantum non sit species, nec a duabus solum, sed ab omnibus, quod certificatum est per dicta Jacobi Alkindi de Aspectibus. Quoniam si ab una parte, ut ponamus a centro de quo maxime credebant aliqui speciem radiosam solum fieri, tunc omnis umbra dilataretur quanto magis procederet, ut arguit praedictus philosophus et patet in figura. Et destruit consequens ex hoc, quod umbra

coangustatur in pyramidalem figuram, quando corpus illuminatum minus est illuminante, et protenditur in infinitum contenta
lineis aequidistantibus, quando illuminans et illuminatum sunt
aequalia, et dilatatur solum quando illuminatum est majus

Fig. 88.

Fig. 89.

Fig. 90.

illuminante, sicut patet in figura. Similiter nec potest fieri
a duobus partibus tantum, quoniam si aequidistanter fiat
multiplicatio, tunc species lucis seu alterius et umbra per
consequens similiter continerentur semper duabus lineis
aequidistantibus, et neque augmentarentur neque minuerentur,
sed protenderentur in infinitum. Si vero non aequidistanter
fiat multiplicatio a duabus partibus, tunc cum natura operatur
semper uno modo, oportet quod fiat lumen semper dilatando,
et in umbram semper dilataretur in infinitum: vel semper
contrahendo, et tunc umbra semper contraheretur et arctaretur.
Et haec patent ex positione figurarum praesentium; et ideo

oportet quod sit a pluribus una et duabus, sed qua ratione a tribus, et a quatuor et ab omnibus; propter quod oportet quod sit ab omnibus et a tota superficie agentis [1].

Et hujus causam praeter dicta dat Jacobus in hoc, quod agens est consimilis in toto et in qualibet parte, ut lucidum et coloratum, et sic de aliis, sive sit substantia, sive accidens, dummodo sit homogeneum. Si vero sit heterogeneum, adhuc componitur ex partibus homogeneis Et praeter hoc patet ex dictis a principio quod omnis natura substantialis est activa praeter materiam, et ideo quaelibet pars substantiae facit speciem, sed aliquando sunt diversarum naturarum. Et similiter de partibus habentibus diversas formas activas-accidentales, ut diversos colores vel hujusmodi, quodlibet tamen talium de quibus habitum est prius, quod natum est agere, aget speciem, sive tota superficies agentis habeat alicujus illorum naturam, sive aliqua pars superficiei habeat unum, et alia habeat aliud.

The axis of each cone of rays is the really effective part

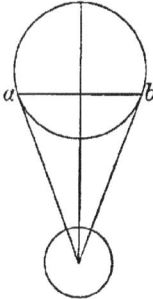

Fig. 91

Sed tamen secundo considerandum, quod radii quibus utuntur astronomi et perspectivi et caeteri, qui per foramina instrumentorum considerant radios, oportet quod concurrant in centrum si imaginentur trahi in corpus sphaericum, et sunt perpendiculares super sphaeram, et quilibet eorum est axis unius pyramidis luminosae, cujus conus cadit in aliquod punctum corporis patientis; et tota illa pyramis denominatur ab illo radio; unde tota vocatur nomine illius in consideratione philosophantium. Et causa hujus est, quia fortitudo pyramidis est ab hoc radio Nam hic radius est brevior omnibus, sicut patet per undevisesimam primi Euclidis [2], ut in hac figura patens est Nam facit angulos rectos cum chorda portionis sphaerae. Et ideo per undevisesimam latera duorum triangulorum reliquo sunt longiora. Item plus de virtute activa causat illum radium, quia totum profundum sphaerae usque ad alteram extremitatem diametri, quod est majus quolibet illorum, quia perficit illas lineas pyramidis, ut patet per octavam tertii

[1] Cf. vol. 1. p. 119.   [2] 29, J.

Elementorum Euclidis ; imaginato circulo *a b* ; qui transeat
per polos sphaerae, cujus unus sit in termino axis pyramidis.
Sequitur enim per octavam tertii, quod illa linea intra circulum,
quae transit per centrum, erit omnium longissima, et sic
habebit plus de virtute profundi ipsius agentis. Quare axis
pyramidis a majori virtute causabitur quam aliae lineae.

Et tertio sciendum quod quia hi radii nati sunt concurrere
in centrum, non sunt aequidistantes, unde radii solares sic
accepti philosophice non sunt aequidistantes, sicut docet
Euclides in libro suo de Speculis nona propositione ostendens
quod lumen solis, quod venit ad nos, non est aequidistans,
licet appareat. Si tamen objiciatur quod umbrae sunt aequidistantes, ergo et radii ; dicendum est,
quod umbrae diversarum rerum ut
hominum vel aliarum rerum objec-
tarum rectae, solum sunt aequidistantes secundum sensum, sed non
secundum veritatem. Nam axes umbrarum, sicut pyramidum luminosarum,
vadunt in centrum solis. Quoniam
igitur concursus radiorum et umbrarum
distat a nobis quasi per infinitam
distantiam respectu judicii sensus
nostri, non percipimus concursum,

(margin note): Rays from a very distant source appear parallel, though strictly speaking they are not.

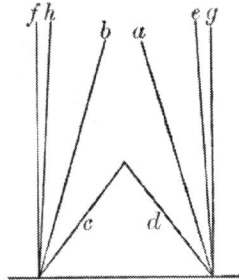

Fig. 92.

et ideo judicamus esse aequidistantes[1]. Nam soli *f g*
radii sunt aequidistantes ad angulos rectos, et *c* et *d* radii
noti sunt non esse aequidistantes, quia punctus concursus
eorum est notus oculo qui prope est. Sed *a b* non bene
apparent non esse aequidistantes quia longiores sunt, et
punctus concursus non apparet. Item *h* et *e* longe minus
apparebunt non esse aequidistantes quia propinqui sunt
aequidistantibus, et remotius concurrunt. Multa enim sunt
quae secundum sensum nostrum apparent aequidistare ; propter
hoc, quod concursum eorum non percipimus sensu, ut parietes
domus videntur secundum sensum nostrum esse aequidistantes,
sed non sunt, cum tendant in centrum mundi, quia omne grave

[1] Cf. vol. ii. p. 118.

tendit ad centrum. Similiter, circuli meridiani diversi videntur esse aequidistantes, sed tamen concurrunt in polis mundi, et sic de multis. Sic igitur est hoc intelligendum.

CAPITULUM X.

Habens tres veritates.

The visual cone from a sphere embraces less than half the surface.

Et quoniam bonitas operationum naturae est per multiplicationes venientes in figura pyramidali, ut tactum est superius et explicabitur inferius, quarum pyramidum coni cadunt in partes patientium et bases sunt in agentibus, atque sphaerica corpora, ut stellae, maxime in hoc mundo sunt activa, oportet considerare multiplicationem speciei pyramidalem, quando habet fieri a talibus sphaericis dictis. Et patet jam origo dicendorum per vicesimam quartam [1] de visibus, quae dicit, quod de sphaera cernitur, ejus medio minus est. Impossibile quidem est quod diametri sphaerarum sint bases pyramidum dictarum, quia lineae contingentes diametri terminos non possunt concurrere, eo quod contineant angulos rectos super illos terminos, ut patet per decimam sextam tertii Euclidis, nec possunt lineae rectae intercidere, per eandem [2]. Et lineae exeuntes a terminis diametri extra lineas contingentiae non possunt concurrere, quia faciunt angulos majores rectis, secundum quod cadunt a stellis ad terram. Et si basis pyramidis cadentis in terram non possit esse diameter stellae, non poterit multo magis esse chorda majoris portionis. Quapropter oportet quod sit chorda minoris portionis. Et quia magna differentia est actionis penes pyramides breviores et longiores, ut patebit, ideo consideranda est differentia multiplicationis pyramidis longioris et brevioris. Et patet figuranti, quod pyramis brevissima, quae veniat a tota chorda minoris portionis, est illa cujus lineae laterales sunt contingentes sphaeram in terminis illius chordae, nec tamen contingunt eam propter terminos chordae ; sed quia illi termini sunt termini diametrorum duorum, ut patet. Et omnes aliae

---

[1] This proposition forms part of the twenty-third of Euclid's *Optica.* Σφαίρας ὁπωσδηποτοῦν ὁρωμένης ὑπὸ ἑνὸς ὄμματος ἔλασσον ἀεὶ ἡμισφαιρίου φαίνεται.

[2] incidere in eandem, J., intercidere per, Reg.

pyramides sunt longiores, quarum omnium basis una est, scilicet chorda illius portionis, ut patet in figura per decimam nonam tertii Elementorum, quae pyramis maxime est activa, et quanto longiores tanto minus agunt, ut exponetur et probabitur inferius.

His habitis, optimum est considerare, quod licet quaelibet agentis pars nata est multiplicare se sphaerice, tamen ab aliis partibus et exterioribus obstaculis recipit impedimenta. Quoniam tamen in sphaericis corporibus est impedimentum regulare et naturaliter, et haec corpora maxime multiplicant virtutes in hoc mundo, ut stellae, et maxime judicant de hac multiplicatione in omnibus rerum differentiis, ut oculi, ideo justum est in his videre quantum contingat impedimenti et quantum non, ut nobis determinetur multiplicatio istorum corporum nobilium.

Et satis convenienter determinat Jacobus Alkindi veritatem hujus rei, dicens quod ab omni puncto corporis sphaerici convexi, ut oculi vel stellae, venit species radiosa ad omnia loca medii, ad quae a quolibet puncto dato in agente corpore contingit duci lineam rectam, et solum ad illa medii puncta ad quae lineae rectae possunt a puncto agentis sphaerici et convexi deduci. Quod autem virtus extendatur radiosa *The ray can only affect those points to which straight lines can be drawn from the source of action.*

super lineas rectas ad loca medii, jam ostensum est secundum ipsum et secundum alios auctores Aspectuum. Sed quod non possit ad alia loca pertingere species radiosa quam ad illa ad quae a puncto agente ducantur lineae rectae, hoc ostendit per sextam decimam tertii Elementorum, ponens exemplum in terminis et figura sic.

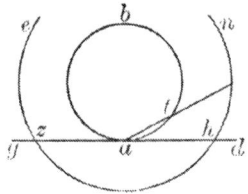

FIG. 93.

Corpus sphaericum convexum faciens virtutem et speciem, ut stella vel oculus, sit *a b*, et linea contingens ipsum in puncto *a* sit *g d*; corpus illuminandum sit *e n*; arcus vero illius corporis qui secatur a linea *g d* sit *h z*; dicit igitur, quod ab *a* puncto possibile est duci lineas rectas ad omnem punctum in arcu *z h*, et patet per petitionem; sed ad puncta in arcubus *e z* et *n h* non est possibile lineas rectas duci ab *a* puncto, per secundam partem decimae sextae tertii Euclidis. Si enim aliqua linea recta contingat circulum, non est possibile, ut dicit iste Jacobus, ut a nota, supra quam contingat circulum, producatur linea recta in partem circuli, nisi linea circulum secans, sicut est linea *a n*, quae circulum secat in *t* puncto. Non est ergo possibile ut protrahatur ab *a* puncto linea recta ad notam *n*, gibbositas namque *a t* prohibet lineam a rectitudine; nec ad notam aliquam aliam, quae sit in arcu *h n*. Et similiter in arcu *e z*; quoniam impossibile est lineam rectam cadere inter lineam contingentiae et circumferentiam circuli. Quapropter non veniet species ab *a* puncto usque ad loca quae sunt in arcubus *e z* et *h n*, sed solum ad puncta arcus *h z*, ut patet in figura. Igitur ex his colligendum est praecise, quod ad nihil spatii, quod est inter lineam contingentiae et corpus sphaericum, potest venire species a puncto in quo linea sphaeram contingit; sed ad omnia illa loca, quae separantur a corpore sphaerico per lineam contingentiae, possibile est ut veniat species, et virtus

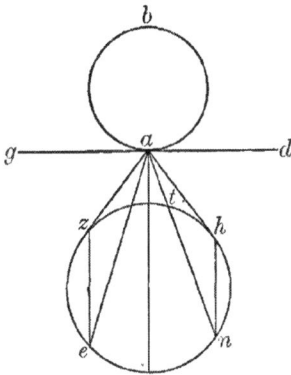

FIG. 94.

corporis agentis, non solum prope sed longe, secundum fortitudinem virtutis ipsius.

In the mutual action of two spheres more than half the surface of the smaller is involved, less than half of the larger.

Similiter cum hoc considerandum est quod dicitur libro de Crepusculo, cum duae sphaerae sunt aequales, tunc illud de utraque quod respicit aliam est medietas sphaerae; cum vero altera est minor, tunc illud quod ex minore respicit majorem est plus medietate minoris, et de majore, minus medietate illius. Et ex hoc patet, cum species venit a majori sphaerico super minus, veniet a minore ejus portione, et cum veniat a minori sphaera super majorem, veniet a majori portione sphaerae minoris; et cum aequales sint sphaerae, veniet species a medietate sphaerae utriusque. Et juxta hoc manifestum est quantum de superficie patientis recipit speciem

agentis. Quoniam, cum aequalia corpora influunt in se invicem, species agentis occupat medietatem patientis, et neque
plus neque minus; et cum majus et minus in se invicem
multiplicant species suas, tunc species minoris occupabit
minus medietate majoris, et species majoris plus medietate
minoris; et haec omnia patent in figura. Propter quod, cum a
sole et stellis venit multiplicatio ad terram et caetera minora
sphaerica, oportet quod plus medietate terrae recipiat speciem
solis et stellarum quae sunt majores terra. Et similiter est de
stellis respectu solis, cujus speciem recipiunt. Et e contrario
species corporum convexorum minorum non occupabunt
mediatetem majorum sphaericorum. Quapropter species
terrae vel totius oculi, multiplicata ad stellas et ad alia majora
eis, occupabit de eorum con-
vexitate minus medietate.
Quamvis non loquor hic de
virtute oculi pyramidali,
cujus conus tendit ad centrum visus, et basis cadit
ad superficiem rei visae,

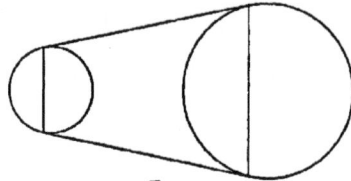

FIG 95

quae virtus facit operationem videndi, ut inferius demonstra-
bitur; sed de specie totius oculi, seu quocunque alio corpore
sphaerico multiplicato ampliori modo quo potest ad superficiem corporis sphaerici majoris. De specie enim visus quae
deservit operationem videndi coarctata in pyramide visuali,
cujus conus nititur in centrum visus, certum est quod non
potest ejus basis occupare mediatetem corporis convexi
majoris neque aequalis neque minoris, sicut dicitur[1] vigesima
quinta libri de Visu, propter hoc quod radii istius pyramidis
concurrunt in visum, cujus ratio patet satis ex praedictis.

---

[1] i. e. Euclid's. This is the twenty-third of Euclid's *Optica*, already referred
to. It may be noted that, in J., the 16th prop. of Eucl iii. is several times
spoken of as the 25th. The old way of writing Arabic numerals made this
mistake easy to a scribe unfamiliar with them. With the latter part of this
chapter cf. vol. i. pp. 124–5.

PARS TERTIA

MULTIPLICATIONIS SPECIERUM.

Incipit tertia pars hujus tractatus.

CAPITULUM I.

The species has no bodily existence apart from that of the medium through which it passes.

Habito de lineatione et figuratione speciei multiplicata, consequenter considerandum de modo ejus existendi in medio, et habet capitula tria. In primo consideratur an species sit corpus veraciter, sicut multi posuerunt. Quod vero non sit corpus probatur per hoc, quod non dividit latera continentis medii, quod est locum in alio occupare, ut omnes sciunt. Et ideo si species esset corpus secundum se, essent duo corpora simul, quod non est possibile. Et Aristoteles dicit tertio Metaphysicae [2], quod corpora esse simul verificari non potest de naturalibus nec de mathematicis nec de spiritualibus corporibus. Et quarto Physicorum dicit, quod dimensio corporalis dato vacuo non potest aliam sustinere secum, et ideo posito vacuo nullum corpus recipietur in eo, ut ipse vult ibi, quia non cederent dimensiones vacui dimensionibus corporis advenientis, eo quod in vacuo nulla est natura quae cedat, cum nec habeat mollitiem, nec aliam passionem naturalem, nec sua dimensio stans fixa in loco suo permitteret aliam recipi, ut dicit, quia dimensio vacui habet unde impleat locum. Repletio enim loci est per trinam dimensionem, quam dederunt philosophi vacuo veraciter, ut aestimaverunt. Non enim est repletio vacui per calidum et frigidum, nec aliquam aliam passionem naturalem, sed solum per trinam dimen-

---

[1] *Met.* ii. 5, § 10 ὅταν γὰρ ἅπτηται ἢ διαιρῆται τὰ σώματα, ἅμα ὁτὲ μὲν μία ἀπτομένων, ὁτὲ δὲ δύο διαιρουμένων γίγνονται. Cf. *De Anima*, lib. ii. 7, § 2 οὐδὲ γὰρ δύο σώματα ἅμα δυνατὸν ἐν τῷ αὐτῷ εἶναι. The point as to the dimensions of a vacuum is discussed in *Natur. Auscult.* iv. 8, § 13, but the conclusion drawn is somewhat different from Bacon's.

sionem, ut dicit Aristoteles. Ex quibus omnibus patet quod species in medio, non faciens dimensionem inter latera ejus, non potest habere aliam dimensionem a dimensione medii, quia de se non possunt compati simul.

Item prius[1] tactum est quod generatio naturalis non tollit naturam corporis, quia certum est quod natura praesupponit corpora in principio materiali; aliter enim posset de corpore fieri spiritus, ut angelus vel anima, per naturam ; sed hoc est impossibile ; ergo natura non aufert a principio materiali in quod agit dimensionem corporis, nec generat novam cum illa sufficiat. Unde corpus quod est genus secundum, nec est generabile nec corruptibile, sed creabatur in elementis et de elementis, remanet in mixtis sine generatione et corruptione, licet augmentetur vel diminuatur ; quia augmentum et diminutio sunt circa quantitatem, non generatio nec corruptio. Haec sunt magis verificata in prioribus ; sed nunc quae dicta sunt sufficiant. Quapropter cum medium sit principium materiale, in quo et de cujus potentia per agens et generans educitur species, non poterit haec species habere aliam naturam corporalem a medio distinctam. Et hoc certum est per hoc, quod effectus completus similis agenti nomine et definitione non habet novam dimensionem corporalem, sed illam quae fuit medii sive corporis in quo generatur talis effectus completus, quando agens invalescit super ipsum, et tollit naturam specificam ejus, de cujus potentia educit illum effectum completum. Quapropter concedendum est illud idem de specie, quae est effectus incompletus, vadens ad effectum completum nunc dictum.

Quod autem dici possit quod ad minus species substantiae corporeae cum sit idem in essentia, nomine, et definitione cum eo cujus est, erit corpus et habens trinam dimensionem, et locum per se occupabit sicut agens; dicendum est, quod habebit haec species quantum potest de omnibus his ; sed quia nimis est sub esse incompleto, nec per se existens, sed in alio quod per illam assimilatur agenti, manens in natura sua specifica corporali, replens locum praecise, quod ideo praevalet in hac parte, ut ei locus ascribatur et trina dimensio simul,

[1] Cf. Part I. ch. iii. of this treatise

in quo loco et sub trina dimensione claudit secum ex incidenti
debilitatem speciei [1]. Ideo haec species non meretur dici
corpus, saltem cum medio in quo est ponens in numerum in
trina dimensione et loci determinatione; sed est una dimensio
et unus locus, quibus unum corpus principaliter correspondet,
scilicet ipsum medium, assimilatum tamen agenti per speciem
ejus corporalem incompletam, unde est corpus in actu distinctum, et ideo est corporale in corpore actualiter, alias
accidentaliter existens

The species in the first part of the line of force is not identical in substance with the species in the second

Quod etiam generaliter pro omni specie videatur posse
proferri, quod species incedit per se in medio, licet medium
sit immobile et quietum, et ex sua potestate petit loca diversa,
non operante aliquid ipso medio, nec juvante movente nec
moto; sit ita, quod quiescat; quare est corpus, cum nihil
per se transmutat locum in corpore quiescente nisi corpus;
dicendum est, quod non est idem numero in prima parte
medii et secunda et aliis. Nec illud quod est in parte prima
exit eam, nec similiter quod est in secunda vadit ad tertiam,
sed quaelibet in suo quiescit loco [2]; et ideo non est aliquid quod
moveatur ibi de loco ad locum, sed est continua generatio
novae rei, sicut est de umbra quae non movetur sed renovatur
diversa et diversa, nec est renovatio penes loca proprie et per
se, sed penes subjecta, quia species est passio medii, nec locus
ibi requiritur nisi locus medii

Why a transverse wind does not affect the direction of the force

Si dicatur quod moto aere per ventum vel aliud, non
movetur species, sed secundum eandem extensionem lineae
vel sphaerae continue a suo agente multiplicatur, occupans
locum fixum immobilem secundum se totum, licet renovetur
secundum partes medii in eodem loco, ut nunc tactum est,
sed si esset indistinctum ab aere et ejus passio, tunc moveretur moto aere, quia moventibus nobis moventur omnia quae
in nobis sunt indistincta in dimensionibus; dicendum est,
quod haec est fallacia consequentis a duabus causis ad unam.

---

[1] The ray, being nothing whatever but a portion of the medium momentarily
modified by the agent, has no dimensions other than those of that portion of the
medium.

[2] This passage, and indeed the whole chapter, contains striking anticipations
of modern physical theories as to propagation of force If the word *wave* or
undulation were substituted for *ray* or *species*, little would need changing.

Quod enim species sic jaceat in uno incessu immobiliter licet aer moveatur, hoc potest esse, aut quia nata est occupare locum per se ut corpus, et sic non est hic, aut quia propter directionem agentis debentis facere suam actionem in partem unam, ipsa species quae est passio medii tenet incessum unum, sed tamen semper praesupponit partem aeris in qua sit, per quam habeat locum, licet illa pars aeris sit diversa et diversa succedens propter motum quarundam partium aeris. Locum immobilem non tenet species ut corpus et per se, sed semper per partem aeris prius renovatam in tali loco, quae pars speciei est subjectum. Et non solum pars aeris renovatur in qua species jaceat sicut in subjecto non in loco, sed ipsa species in partibus renovatis renovatur, nec manet eadem numero. Quoniam, etsi aer quiesceret. renovaretur in parte renovata, et in parte alia et alia ; et ideo cum partes aeris succedunt in eodem loco, non manet eadem species occupans locum illum, sed corrumpitur cum pars aeris in qua fuit mutat illum locum, et non generatur nova, antequam alia pars veniat in illum locum, et ideo non habet locum per se sed per aliud. / ?

Si vero arguitur de reverberatione a corpore, patet ex dictis quod non fit ex violentia, sed generat se in partem sibi possibilem cum prohibetur transire propter densitatem resistentis. Si enim violenter repercuteretur ut pila a pariete, oporteret necessario quod esset corpus. Quod si dicatur, cum facit se iterum per reflexionem in alium locum per suam naturam propriam, medio nec pellente nec movente nec moto, nec aliquo alio juvante nec faciente quod removeat locum, quod non accidit in umbra, quia ad motum corporis renovatur, videtur quod per se locum occupare debeat ; dicendum est, quod locum non quaerit ut corpus sed subjectum, nec tamen unum in numero illud quaerit solum sed diversum semper, propter hoc quod species in una parte medii generata potest facere sibi similem in alia. Et ideo non est ibi acquisitio loci ut corpus acquirit, sed est ibi renovatio speciei per generationem in partibus medii pluribus.

What happens in the case of reflexion.

Quod vero diversum est hic et in umbra, accidit non ex hoc quod species sit corpus, sed quia habet virtutem activam, quae potest sibi similem producere in parte medii conjuncta illi in qua est secundum omnes diametros. Sed umbra non est activa nec sui similis generativa, sed convertitur umbra per aliud et requirit illud aliud, scilicet corpus objectum praeter medium in quo sit. Sed species solum requirit medium postquam est in medio jam multiplicata, et potest sibi similem per se facere et sua potestate activa.

Light is not body. Multae aliae tricae possunt hic objici, quae nihil valent. Et ideo transeo determinando quoddam incidens, quia inter omnes species maxime aestimatur de luce sive lumine in medio quod sit corpus. Sed hoc esse non potest secundum Aristotelem, qui dicit quod lux non est corpus, nec defluxus corporis. Similiter nec tenebrae est corpus sed passio, quare nec ejus oppositum quod est lumen, ut arguit. Et iterum tertio dicit quod tunc ab oriente ad occidens translatum non lateret nos, licet in parvo spatio nos posset aliquo modo latere. Et in veritate lux est in tertia specie qualitatis, cum sit possibilis qualitas inferens sensui per se passionem, quare non erit corpus. Quae vero dicuntur in contrarium, omnia sunt fantasiae communes omni speciei, cujusmodi dicta sunt et consimiles, praeter exemplum Aristotelis in Topicis [1] cum recitat quod ignis est lux, quia species ignis dicit tres, carbonem, flammam et lucem. Hoc multipliciter evacuatur per hoc quod ipsemet dicit, quod exempla ponimus non ut vera sint, sed ut sentiant qui addiscunt.

In the Topics Aristotle does not express his own opinions. Et omnia ejus exempla in Topicis [2] sunt positiones philosophorum, secundum definitionem positionis ibidem datam, et ideo fere omnia sunt falsa. Unde haec falsitas venit ex hoc quod posuerunt stellas esse ex luce sua calidas et igneas, quia lux calefacit, sicut ipse recitat secundo Coeli et Mundi. Et ideo posuerunt lucem esse ignem, et unam speciem ignis esse lucem stellarum, nec posuerunt stellam esse nisi lucem congregatam et densatam secundum trinam dimensionem ; et ideo posuerunt lucem esse corpus. Sed haec omnia falsa sunt. Quod autem minus [3] communiter dicitur ad hanc auctoritatem Aristotelis,

---

[1] *De Anima*, lib. ii. cap. 7 τὸ φῶς . . . οὔθ' ὅλως σῶμα οὐδ' ἀπορροὴ σώματος οὐδενός. In the following passage Aristotle rejects the view of Empedocles, that light consisted in the passage of particles between the sky and earth.

[2] Lib. v. cap. 5, § 11.

[3] This is the reading of Reg., J. has mitius.

cum dicit lucem esse tertiam speciem ignis, hoc dicitur pro
igne secundum se et secundum suam essentiam, non pro aliquo
ignito, cujusmodi sunt carbo qui est substantia grossa terrestris
ardens, et flamma quae est fumus terrestris ardens. Et ita
sumitur lux concretive, non pro forma, sed pro subjecto sub
forma, scilicet pro substantia et natura lucida, aestimando
quod ignis de se luceat et in sphaera sua. Hoc omnino
falsum est, quia certificabitur in posterioribus quod impossibile
est quod ignis de se luceat, nec in sphaera sua nec alibi quam
denso terrestri et aqueo, sicut Averroes declarat in diversis
locis. Et hoc tactum est supra [1], et patebit inferius.

Capitulum II.

Secundo considerandum est, an species agentis corporalis
debeat dici res corporalis vel spiritualis, propter hoc quod
multi solebant dicere, quod species habet esse spirituale in
medio et in sensu. Et patet quod est vere res corporalis,
quia non est anima, nec intelligentia, nec prima causa. Sed
omne aliud ab illis est vere res corporalis. Item species
agentis corporalis est similis ei nomine et definitione, ut in
principio ostensum est, sed res spiritualis non est hujusmodi
respectu corporis. Item species est ejusdem essentiae cum
effectu completo, ut prius probatum est. Sed effectus completus corporalis agentis est vere corporalis, ergo et species.
Item nullum agens et generans est ignobilius generato, ut
dicitur quarto Metaphysicae et tertio de Anima; si igitur
species est res spiritualis, non habebit causam corporalem;
ergo nulla species fieret a corporibus, quod falsum est. Sed
tamen hic necessario concludunt et dicunt quidam quod
species rei corporalis, licet nec sit corpus distinctum a medio,
nec sit res spiritualis sed corporalis secundum suam essentiam,
habet tamen esse spirituale in medio, unde habet secundum
eos modum existendi spiritualem, et non corporalem, et ita
habebit esse spirituale, licet sit res corporalis secundum essentiam, ita quod accipiant spirituale in propria significatione
alia a corporali. Sed istud stare non potest, quia universaliter
modus existendi proportionatur essentiae habenti illum modum,

Proofs that the ray is of corporeal not spiritual nature.

[1] Cf. p. 461; 'Ignis non habet lucem fixam nisi in carbone.'

ut videmus in singulis. Et hujus causa est, quia esse est propria
passio ejus cujus est, secundum veritatem et Avicennam, vel
essentialius[1] secundum Averroem et vulgus sequens eum;
et ideo si essentia cui debetur esse est corporalis, et modus
existendi erit corporalis; praecipue cum istud esse habeat in
re corporali et secundum ejus proprietatem. Ex quo contingit iterum arguere, quod omne quod recipitur, recipitur
per modum recipientis, ut omnes concedunt, et multipliciter
dicit auctoritas primi libri de Causis, et Boetius quinto de
Consolatione et alibi. Cum igitur medium corporale recipiens
speciem de cujus potentia educitur, ut prius probatum est,
habet esse penitus corporale, non poterit haec species habere
nisi esse corporale. Item essentia nobilior est quam ejus
essendi modus, ut certum est; sed spirituale est nobilius
corporali, quare modus essendi spiritualis non debetur rei corporali secundum essentiam. Item spiritus existens in se vel
in re spirituali, si ponatur absolutus a corpore, ut anima, non
amittit aliquid de dignitate sui modi essendi spiritualis,
quae suae essentiae proportionalis est; ergo nec corporalis
essentia existens in corpore amittit aliquid de esse corporali,
quod proportionatur suae essentiae. Et iterum, quod plus
est, spiritus in corpore conjunctus, sicut forma et perfectio, ut
anima rationalis, non amittit suum esse spirituale quod debetur suae essentiae, immo magis istud esse spirituale redundat
in corpus quam e contrario; et fit homo quasi totus quodammodo spiritualis propter nobilitatem animae spiritualis, cum
anima sit principalior quam corpus quasi sine comparatione. Quapropter corporale, cum existit in corporali, longe
minus amittit esse quod secundum legem corporalem ei
debeatur. Item esse non habet ipsa species a casu nec
fortuna, sed nec a creatione, ut planum est, nec aliquid creatum
est causa sui esse, quare habebit esse ex suis causis. Sed
causae suae sunt omnino corporales, scilicet generans et
materia corporalis, de cujus potentia generatur. Quare
oportet quod esse speciei sit corporale. Item esse habet
secundum rationem trinas dimensiones, licet indistincte a
medio; ergo habet esse corporale. Et in idem inconveniens

---

[1] O. has exemplarium. The text follows Reg.

redit quod dicitur a vulgo, quod species non habet esse
materiale, quod materiale vocatur hic corporale, et sic est;
et ideo falsum est istud sicut aliud, scilicet quod dicitur habere
esse spirituale, et magis falsum. Quoniam angelus et anima,
licet sint substantiae spirituales, tamen habent esse in materia,
quia sunt compositae ex vera forma et vera materia, ut nunc
suppono, et probatur inferius[1]; quare multo magis habebit
species esse materiale. Idem educitur de potentia materia
activa, quare esse materiale habet. Item probatum est prius
quod species substantiae corporalis est similitudo totius compositi, et quod non renovatur in medio esse formale tantum,
cum species generatur, sed esse materiale, et vera materia
sub esse incompleto. Quapropter insania est dicere, quod
species non habet esse materiale. Item est simile agenti
nomine et definitione; ergo habet esse materiale, sicut illud.
Item est idem in essentia cum effectu completo quod habet
esse naturale. Item propter nobilitatem generantis respectu
generati sequeretur quod aliquod spirituale[2] daret esse
spirituale speciei. Sed non potest hoc dici.

Quoniam igitur istud non potest salvari aliquo judicio Erroneous
rationis, nec etiam habet probabilitatem aliquam, ut patet conclusions on
homini volenti dimittere stultitiam vulgi, et sequi rationem, this sub-
ideo absolute definio, quod species rei corporalis est vere bad trans-
corporalis, et habet esse vere corporale, ut expositum est, lations.
Spiritual
praecipue ut est in corpore, de cujus potentia educitur. Postea used laxly
vero inquiretur de speciebus rerum spiritualium, ut sunt anima for *imperceptible.*
et intelligentia et causa prima, qualiter se habeant ibi. Nec
est aliquid contra illud nisi mala translatio verborum Averrois,
Avicennae, et Aristotelis. Scimus quidem quod innumerabilia
sunt ad literam eorum quae sustinere non possumus. Nec
etiam vulgus naturalium propter horrorem falsi cupit sustinere;
sed oportet interpretari et exponi in melius, cujus causae
datae sunt a principio. Et ideo quod translatio imponit
Averrois in libro de Sensu et Sensato, et super librum Aristo-

---

[1] In Bacon's 'Communia Naturalium' the distinction between different kinds
of matter running parallel to the distinction between different kinds of form
is carefully elaborated. See Introduction.

[2] corporale, D. and O. But spirituale is the reading of Reg., and is undoubtedly
right. Eight lines further, J. has corporalium, wrongly, for spiritualium.

telis de Anima, quod species rei corporalis habet esse immateriale et esse spirituale in medio; dicendum est, quod omnino intelligendum est de esse insensibili, ad quod vulgus vel translator traxit hoc nomen spirituale, propter similitudinem rerum spiritualium ad insensibiles. Nam res spirituales sunt insensibiles, et ideo convertimus sermonem vulgariter transumentes hoc nomen insensibile ad spirituale, ut omne quod non habet esse sensibile nobis dicatur habere esse intelligibile et spirituale. Sic spirituale est aequivoce acceptum, et remanet veraciter de natura corporali, et secundum esse corporale. Et ideo quod Aristoteles dicit secundo de Anima, quod sensus suscipit species sensibilium sine materia; dicendum est, quod ipse sumit ibi sine materia, hoc est immateriale, pro insensibili; non pro spirituali, secundum quod opponitur corporali. Sed si cavillator dicat species habere esse sensibile, ut patet de radio cadente per fenestram, et de specie colorum fortium, ut patet cum radius penetrat vitra vel pannos bene coloratos, jam solutum[1] est primum quod hoc est in paucis speciebus, et in illis in quibus est accidit et per accidens est, ut prius expositum est.

Reply to Avicenna's view as to the non-material character of certain impressions.

Quod autem contra medicos dicentes substantiam cerebri mollem ut recipiat aptas figuras imaginandi eo quod res humida de facili recipit impressiones, Avicenna decimo de Animalibus dicit sub his verbis; 'Nam videtur mihi istud, quod res humida de facili recepit alterationem, sed non omnem, sed illam quae est cum divisione et receptione figurarum. Sed imaginatio et aestimatio non sunt cum motu corporis, vel divisione aliqua in corpore, propter quae verba videatur quod species non debeat habere esse corporale; et ideo spirituale.' Dicitur ad hoc primo, quod auctoritas Aristotelis[2] praevalet in hac parte, determinans libro de Memoria et Reminiscentia, quod senes habent debilem memoriam propter nimiam siccitatem organorum, quorum organa sunt sicut ligna antiqua putrefacta quae non bene recipiunt impressiones et figuras rerum; et pueri nihilominus habent malam memoriam,

---

[1] Cf. p. 437.

[2] *De Memoria*, cap. 1.' The metaphors of running water and of a decayed wooden house are used to express the short memories of the young and the old respectively. On neither can the seal leave a permanent impression.

eo quod habeant organa nimis humida, propter quod non retinent species et figuras rerum. Deinde dico quod Avicenna est alibi istius sententiae in multis locis, tam in libris medicinalibus quam naturalibus. Dicit enim in libro de Anima primo, quod sensus communis recipit species sed non retinet, imaginatio vero retinet; addens quod aliud est retinere, aliud vero recipere, ponens exemplum de aqua quae recipit impressionem sigilli, sed non retinet. Sed innumerabilia verba sua ad hoc possent induci, nec oportet; et ideo cum non est fatendum quod ipse tantus philosophus fuerit sibi nec Aristoteli contrarius, dicendum quod male fuit illud verbum decimo de Animalibus translatum, et pejus exponitur, ut concludatur in hoc casu ex hoc esse spirituale ipsius speciei corporalis, praecipue cum sua verba ad literam nihil tangunt de esse spirituali. Et praeter haec omnia dici potest quod Avicenna non contradicit proposito in aliquo, quoniam nos loquimur hic de specie comparata ad solum corpus inanimatum in quo est, et ipse loquitur de specie comparata ad animam et ad corpus animatum, praecipue ratione animae, de qua comparatione nihil loquimur hic. Haec enim auctoritas habet locum proprium in sequentibus; et ibi dabo ejus intellectum, secundum quod videbitur expedire.

CAPITULUM III.

Et cum jam ventilaverim diu esse materiale[1] et corporale ipsius speciei rei corporalis in medio, quod tamen jam teneo secundum veritatem, sequitur tertia veritas mirabilis vulgo ex imaginatione falsa. Nulli tamen sapienti sit stupenda; sed propter magnitudinem occultationis tantae veritatis, et propter hanc eliciendam, laboravi evidentius circa esse naturale et corporale specierum in medio corporali. Dico igitur praecise quod species rerum corporalium miscentur in omni parte medii[2], quando ad invicem concurrunt illae quae sunt contrariae, et non sunt contingentes. Et similiter illae quae sunt ejusdem speciei. Contraria enim naturaliter miscentur, aut unum vincit super reliquum ut illud corrumpat,

Mixture of rays in the medium.

---

[1] naturale, J.   [2] Cf. *Perspectiva*, pp 39-42.

et non numerantur simul in eadem materia et subjecto. Similiter res ejusdem speciei non simul numerantur in eadem materia et subjecto. Res autem contingentes vocantur quae simul se compatiuntur, ut album et dulce, quae non sunt ejusdem generis nec ejusdem speciei. Et ideo bene numerantur, quia non est natum aliquid unum fieri ex eis, et sunt simul in eodem subjecto ut in mixto, loquendo de vera mixtione ut nunc loquimur. Cum ergo luces omnes sint ejusdem speciei et congregentur a diversis luminaribus in una parte medii, dico quod fit una lux numero; et similiter quod diversi colores ejusdem speciei, quando veniunt ad idem punctum medii, fiunt una species. Et quando contrariorum colorum species veniunt, fit una mixta ab eis, nisi altera in tantum dominetur, quod reliqua corrumpatur a causis generantibus colores. Similiter quando duae species coloris veniunt ad eandem partem medii, fit una species et unus color. Et quando species calidi et frigidi veniunt, ut una non corrumpat aliam, omnino fit mixtio, et ita fit in omnibus, quod probatur per omnia praedicta.

The supposed spiritual nature of species has suggested a doubt.

Dicit enim vulgus quod species, quia habent esse spirituale et non materiale, non miscentur sed sunt distinctae. Cum ergo probatum sit quod habent esse vere materiale, et nullo modo spirituale, quod excludat esse vere materiale, ideo manifestum est quod debent misceri vera mixtione, sicut caeterae formae materiales. Item ipsa generantia species illas, cum ad invicem veniunt in eodem subjecto, miscentur vera mixtione; sed species sunt similes nomine et definitione et essentia illis a quibus causantur; quare sequuntur naturam et proprietatem illorum. Item nullus de vulgo studentium vult negare quin effectus completi, quando veniunt in eadem parte materiae, misceantur vere; sed species sunt penitus ejusdem naturae, et fiunt hi effectus quando completur esse specierum; quare prior naturaliter est mixtio in speciebus quam in effectibus completis.

Great authority of Ptolemy

Et Ptolemaeus tertio de Opticis dicit expresse quod mixtio [1] specierum est in aere, et in colorum speciebus et in aliis. Item Alhazen in libro primo Perspectivae, dans causam

[1] See *Ptol. Optica*, p. 80 (ed. Govi).

quare una res videatur una, cum tamen ad duos oculos and Al-
veniunt duae species diversae, dicit quod duae species quae hazen in this matter.
veniunt ad duos oculos transeunt ad nervum communem, ad
quem continuantur oculi, et supponitur una alii ex eadem
parte illius nervi communis, et fit una forma ex eis; et ideo
virtus sensitiva, quae est in illo nervo, judicat de re una quod
sit una, propter unam formam quam habet. Ex qua sententia
manifestum est, quod species miscentur ad invicem, et fit una
ex illis. Plenitudo vero sapientiae istorum duorum philosophorum in libris manifestat quod nullum falsum dicunt.
Et ideo ipsi in libris Aspectuum sunt de illis auctoribus qui
in omnibus sunt recipiendi, sicut habetur in prologo istius
operis, quia florem philosophiae explicant sine falsitate
qualibet.

Sed licet haec pars sit omnino vera, tamen habet valde The difficulty of
probabiles contradictiones per auctoritates multorum male reconciling
intellectas. Et propter distinctam visus cognitionem, propter such mixture with
quam vulgus studentium aestimat quod species omnes sunt distinct
distinctae in omni parte medii, et quod aliter salvari non perception
is a real
potest distincta visus cognitio, propter quod vulgus trahit one
auctoritates multorum et magnorum ad suam partem. Sed
hoc non oportet, quia et possunt salvari auctoritates et distincta visus cognitio, licet in medio fiat vera specierum
mixtio earum quae natae sunt visui. Et ideo propter hujus
ignorantiam clamat vulgus in contrarium, et doctores vulgi
similiter, solatium suae imperitiae quaerentes manifestando
per hunc modum.

Dico igitur, quod licet species albi et nigri venientes The
superior
a diversis agentibus naturaliter misceantur in parte medii, energy of
et veniant species mixtae ad pupillam, tamen a loco mixtionis perpendicular rays
primo in medio una illarum veniet ab ipsa re sensata per- as com-
pendiculariter super oculum et pupillam, et aliae secundum pared with
oblique
lineam accidentalem; nec a re sensata veniet perpendiculariter explains it.
ad visum, sed solum a loco mixtionis, et ideo una venit
fortis et occultat aliam, sicut major lux occultat minorem,
et occupatur virtus visiva circa corpus immutans, et dimittit
aliam speciem. Et in tantum potest esse dominium unius
contrarii, quod illius species praevalebit in loco mixtionis primo,

ita quod alia omnino destruatur, et praecipue in medio a loco mixtionis ad oculum, ita quod antequam ad pupillam veniat, convertatur species una in contrariam per actionem naturalem. Et ideo judicabit visus de re una per speciem unam, aut ita fortem quod occultabitur reliqua.

Quod vero a loco mixtionis primo veniat una species perpendiculariter super lineam principalem, et alia accidentaliter, manifestum est propter situm oculi respectu duorum visibilium diversorum, quantumcunque propinque ad invicem collocantur. Quamvis enim ad locum mixtionis veniat species a visibilibus per lineam principalem rectam vel fractam vel reflexam, tamen ab illo loco planum est, quod una species super lineam principalem alterius non incedit principali multiplicatione sed accidentali, quoniam lineae principales duarum specierum vadunt per vias diversas et ad puncta diversa medii et oculi, et nunquam concurrunt nisi per aliquas reflexiones vel fractiones cogerentur concurrere. Sed linea principalis unius speciei potest bene concurrere cum linea accidentali alterius a loco mixtionis usque ad eandem partem oculi, et tunc vel consumetur species accidentalis per principalem, vel per ejus fortitudinem occultabitur, ut patet in hac lineatione.

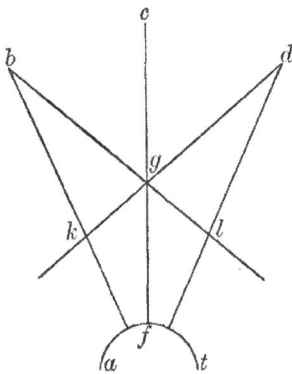

FIG. 96.

Sit $a\,t$ oculus, c punctus a quo species venit perpendiculariter ad oculum super lineam $c\,f$[1], dico quod in puncto g est vera mixtio colorum seu specierum venientium ab ipsis b et c et d; sed ab ipso g non est multiplicatio principalis nisi speciei quae venit ab ipso c, et species principalis sola potest ducere visum in rei cognitionem, et non accidentalis, ut prius dictum est. Nec perpendiculariter venit a re ipsa, sed solum a loco

---

[1] Jebb has $e\,f$. His diagram, Tab. ii. 34, is confused, the letters k and l not being noted. The diagram here given is from Reg.

mixtionis; et eodem modo est in mixtionibus apud *k* et *l.*
Quoniam igitur a re visa ad unam partem pupillae non venit
nisi una species principalis et perpendicularis habens sic
duplicem fortitudinem, scilicet ex perpendicu'aritate et ex
principalitate, propter quam alia consumitur inter locum
mixtionis et partem pupillae aut occultatur, oportet quod
haec mixtio, licet sit vera, non tamen inducat aliquam confusionem in visu, sed plenam relinquit distinctionem.

Quum igitur auctores varii, ut Alhazen libro de Aspectibus
et alii perspectivi, et etiam naturales, ut Seneca et alii in
libris naturalibus, volunt species distingui in medio, intelligendum est hoc modo, scilicet quod a rebus veniunt species
per lineas principales distinctas usque ad locum mixtionis
et deinde ulterius tendunt per diversas vias et distinctas,
loquendo de lineis principalibus, quamvis accidentales minus
coincidant a loco mixtionis in partibus medii et oculi, et adhuc
haec coincidentia reputatur distinctio, eo quod fortitudo principalis multiplicationis occultat aliam aut corrumpit penitus.
Et ideo quod Alhazen in primo libro inducit experimentum [1]
ad distinctionem specierum probandam, scilicet per discursum
earum per idem foramen usque ad partes diversas in corpore
objecto; dicendum quod verum est quod sic est distinctio ut
intendit, quia species in foramine in quo miscentur, vadunt per
lineas diversas principales, sicut extra foramen venerunt a rebus
per lineas diversas principales, quae terminantur ad puncta
diversa in corpore objecto repraesentantia species diversas principales in partibus diversis corporis objecti. Sed tamen in
foramine fuit vera mixtio, ut dictum est, visum nullo modo impediens propter causas dictas, quin distincte fiat.

(margin) Experimental researches of Alhazen on this matter.

Et jam juxta haec patet quod tenendum est de unitate speciei
quae venit a re una vel pluribus. Si enim agens sit unius
naturae activae, ut lucidum, vel unius coloris, vel cujuslibet
alterius proprietatis activae, patet unam esse multiplicationem
secundum speciem, et quantum ad unitatem secundum numerum et secundum essentiam. Nam licet quaelibet pars faciat
multiplicationem unam sphaericam, non tamen numerantur in
eadem materia et subjecto, sed cedunt omnes in unam, quia

(margin) Summary of conclusions.

[1] Cf. *Perspectiva*, p. 45.

formae ejusdem naturae non numerantur in eadem materia.
Si vero sint contrariae naturae activae in diversis partibus
agentis, ut in pica vel scuto vel aliis, tunc naturaliter
miscentur, et fit unum per essentiam. Si vero sint contingentes ut lux et calor in igne, tunc fiunt subjecto unum et
unum numero ; ut album et dulce in lacte, quia sunt in eodem
subjecto secundum numerum sed non sunt unum numero in
essentia, sicut nec in specie. Si vero sint diversae res agentes
et locis separatae, tunc fit una species his tribus modis, quando
concurrunt ad invicem in eodem loco et subjecto.

Et huic veritati conjuncta est consideratio de continuitate
speciei. Cum enim in superficie tota agentis est una natura
activa continua, et medium unum continuum, oportet quod
multiplicatio sit continua. Cum vero una natura activa sit in
una parte et alia in alia. ut in pica vel in scuto vel quomodocunque sit, dummodo sint contrariae, fit continua species et
una, sed mixta. Si vero sint contingentes, tunc non sunt
proprie continuae nec contiguae multiplicationes, sed diversae
simul existentes. Si vero media et subjecta sunt diversa, tunc
sunt species diversae et discontinuae propter diversitatem et
discontinuitatem subjectorum et mediorum [1].

[1] In what relates to mixture of radiations, the foregoing chapter should be
compared with *Perspectiva*, pp. 39 42. With the previous chapter, on the
corporeal nature of radiations, compare pp. 43-46.

PARS QUARTA

MULTIPLICATIONIS SPECIERUM.

CAPITULUM I.

Habet duas conclusiones.

Habito de generatione speciei et figuratione multiplicationis suae a loco generationis, insuper de existentia speciei multiplicatae in medio, nunc considerandum est de ejus debilitate et quibusdam annexis. Ad ejus vero debilitatem quaeritur primo, an medium ei resistat, et patet quod sic, per Alhazen et caeteros auctores Aspectuum. Nam hoc dicunt expresse. Item sive sit natura elementaris agens sive consequens ad eam, ut sapor et odor et hujusmodi, sive sit natura coeli, necesse est rarefactionem fieri et densationem, quia nihil generatur in natura sine istis, quia hae sunt primae passiones materiae naturalis ad quas aliae consequuntur, ut Aristoteles[1] vult in octavo Physicorum et alibi. Sed rarum naturaliter resistit condensationi, et densum rarefactioni, quare oportet quod omne medium sive rarum sive densum resistat. Et Alhazen vult quod rarum habet finem et statum in corporibus mundi, ita quod rarius possit intelligi esse, licet non sit. Et ideo omne rarum est respective densum, licet non absolute. Et densum natum est per se resistere, sicut docet Alhazen. Et videmus hoc per experimentum corporum densorum objectorum speciei lucis, et aliorum, propter quod omne corpus quantumcunque rarum resistit speciei.

Resistance of the medium to the processes of condensation and rarefaction involved in the propagation of force.

---

[1] *Nat. Auscult.*, lib. viii. cap. 7, § 2 πάντων τῶν παθημάτων ἀρχὴ πύκνωσις καὶ μάνωσις.

Si vero dicatur solum contrarium resistit, et multis speciebus nihil est contrarium, ut speciei lucis et cujuslibet coelestis,
et colori et sapori et hujusmodi, quae sequuntur mixtionem,
dicendum est quod virtuti coelesti non est aliquid contrarium
absolute secundum suam essentiam ; effectui tamen equivoco
ejus, cujusmodi est rarefactio, est aliquid contrarium, et similiter est de condensatione, et aliis est aliquid contrarium, et
ipsi in quantum est efficiens contrariam dispositionem in
materia, et sic de colore et aliis quae sunt in mixtis. Nam
eodem modo est de eis, sicut de coelestibus activis, et quod
plus est, quia in illis relucet vestigium contrarietatis elementaris, quia a qualitatibus elementorum contrariis causantur.
Et licet non sit in coelestibus contrarietas quatuor qualitatum
activarum et passivarum, tamen ibi est contrarietas penes
rarum et densum et penes lucidum et obscurum et hujusmodi,
sicut inferius evidentius exponetur. Si dicatur quod materia
appetit speciem, quia non est in corruptionem sed in complementum, ut dictum est prius[1], quare non resistit ; dicendum est
quod licet eam appetat, tamen est ibi aliqua transmutatio
modica circa raritatem et densitatem, et densum resistit rarefactioni, et e contrario ; quae tamen transmutatio recom-
pensatur in melius propter generationem speciei, per quam
quodlibet cuilibet assimilatur in natura propter generationem
speciei, per quam quodlibet cuilibet assimilatur in natura
propter salutem partium et totius universi. Sed haec certius
determinabuntur inferius, quando de corruptione specierum
agetur[2].

The
weakening
of force by
distance.
Deinde accedamus ad debilitatem ; et dicendum est quod
species debilitatur magis ac magis in corporibus mundi in
quibus multiplicatur, quantum est de natura multiplicationis
transeuntis quae manet sub ratione speciei. Nam hoc dico
propter hoc quod species impeditur aliquando transire per
medium corporis, et accidit quod illud corpus natum est
recipere speciem continue generatam in eo, unde fortificatur
species et fit effectus completus, sicut accidit de luce solis in
corpore lunae et stellarum. Et species ignis fortificatur
quando materia occurrit, ut in combustione magna apparet, et

[1] Cf. pp. 417-8.   [2] Cf. Part VI. of this treatise.

quando occurrunt multum inflammabilia, ut olea, et bitumina
ardentia, sicut naphtha et hujusmodi; lana etiam bene sicca
aere interposito comburitur et non aer. Sed nunc loquor de
sola specie et non de effectu completiori, quae fit ex congregatione multarum specierum in corpore apto ad eam. Et hanc
debilitatem probamus per sensum, qui minus immutatur a
longe quam prope. Item per alias operationes naturales,
quoniam patientia remotiora minus alterantur, ut minus calefit
qui ab igne est remotior, caeteris paribus.

Alhazen quidem quarto Perspectivae ponit duas causas hujus Distance
debilitationis. Una est distantia ab agente. In qua causa alone will
not account
intelligitur secundum multos expositores quod agens est for this.
fortius specie generata in prima parte spatii, et illa est fortior
specie generata in secunda, et sic ulterius. Sed haec causa
non sufficit. Nam propter debilitatem esse speciei, quod est
incompletissimum quod est, potest species prima et agens
producere speciem aequalem in materia competenti. Praeterea, quid impediet speciem primam ut faciat speciem sibi
aequalem in medio competenti? cum agens ipsum potest in
materia competenti facere in prima parte effectum completum,
ut candela una illuminat et accendit aliam, et comburit
lanam, et alia levia ei approximata. Et videmus virtutem
adamantis et magnetis fortiorem esse in ferro distanti quam in
aere propinquiori, et tamen transit per aerem ad ferrum. Et
videmus speciem vitri fortiter colorati quando multum illuminatur, apparere fortius in corpore mixto quam in aere propinquiori. Et tamen sola species et virtus magnetis est in
ferro, quia ferrum manet in natura sua specifica, et quantum ad
sensum non alteratur. Similiter de specie coloris vitri et de
hujusmodi. Quapropter distantia in quantum hujusmodi
videtur esse causa cum tali expositione.

Aliam causam assignat Alhazen in eodem loco, scilicet Dispersion
quod a specie ubique exeunt radii accidentales infiniti secun- by radiation is, in
dum omnes diametros, propter quam specierum infinitam part, the
generationem debilitatur vis generativa, secundum incessum cause.
principalem ab agente. Sed quando agens invenit materiam
semper aptiorem combustioni, ut ignis in istis combustibilibus
magnis, facit effectum semper completiorem; et tamen est ibi

multiplicatio illa accidentalis a qualibet parte ignis secundum
omnes diametros, et non impedit fortitudinem effectus ; ergo
si occurrat in speciei generatione hujusmodi materia, oportet
quod fiat species fortior, et hoc videmus in specie magnetis et
specie vitri et multis aliis.

But another
cause is
density
of the
medium;
though in
certain
cases this
diminishes
as the ray
advances.

Dicendum tamen, quod Alhazen bene dicit secundum
intentionem suam, quia certissimus auctor est, nec in aliquo
fefellit nos in sua scientia. Sed ipse intendit quod in corporibus mundi quae recipiunt multiplicationem speciei transeuntis,
quae sunt media pervia et non retinent speciem, neque propter
densitatem ut ibi aggregatur, ut corpus lunae respectu speciei
lucis, neque propter aptitudinem et convenientiam naturalem,
ut in magnete respectu speciei ferri, quae convenientia non est
in aere, et sic de multis[1]. In his, inquam, corporibus mediis
oportet quod species lucis et cujuslibet debilitetur in distantia,
quia a coelestibus in inferiora semper ad sensum vel saltem
secundum naturam augmentatur densitas, et raritas deficit
etiam in coelis et in confinio aeris et ignis, licet quantum ad
sensum non sit diversitas. Et quia densum resistit, ideo
oportet quod species secunda habeat majorem resistentiam
quam prima, et tertia quam secunda. Et similiter cum hoc
est dispersio et debilitatio, propter multiplicationes accidentales
infinitas ab omni parte medii. Sed quia secundum distantiam
majorem major crescit resistentia, ideo praevalet causa a parte
distantiae. Similiter e contrario quando species ab inferioribus
ad coelestia progreditur ; nam tunc principatur causa secunda
Alhazen, scilicet dispersio speciei secundum omnes diametros
in omni parte medii, cui debilitationi non potest respondere
subtiliatio medii continua a deorsum in sursum. Nam major
est debilitatio quam subtiliatio, et ideo semper accidit debilitatio major et major. Si tamen responderet subtiliatio
debilitationi quae est per dispersionem, constat quod fieret
species aequalis et non debilitaretur in aliquo, quia esse
speciei debile est, et ideo species in omni parte medii posset
eam producere. Similiter non solum secundum sursum et
deorsum, sed secundum alias differentias positionis accidit.
Unde quando homo stat in cacumine montis altissimi, et videt

[1] This sentence is not finished. The next continues the sense.

per medium aeris ab oriente in occidens, et a septentrione in meridiem, oportet quod debilitatio speciei sit propter dispersionem, et magis quam a deorsum in sursum, quia a deorsum in sursum est aliqua subtiliatio[1] continua. Secundum alias positiones non est necesse ; sed minor est debilitas quantum a deorsum in sursum propter aequalitatem raritatis ; quae non est a sursum in deorsum. Si tamen media in hoc mundo essent ·sic disposita, ut semper esset subtiliatio major vel aequalis debilitationi speciei ex dispersione, tunc non debilitaretur. Sed hoc non est possibile secundum vias contrarias, ut a sursum in deorsum, et e contrario ; nec est in actu secundum aliquam illarum. Accidentaliter tamen evenit quod speciei occurrat ex distantia corpus magis aptum ad esse speciei, sicut dictum est de magnete et multis. Et tunc non debilitatur, sed fortificari potest vel aequari.

Capitulum II.

Post haec sciendum de ista multiplicatione an in infinitum apta nata sit fieri, si spatium hujus mundi esset infinitum. Quod non sic fieret tenendum est, quoniam species debilitatur ex elongatione a sua origine, ut nunc declaratum est, et ideo necesse est ipsam deficere in sui multiplicatione. Quod autem diceretur quod omnis punctus lucis potest se multiplicare secundum omnes diametros ; dicendum est quod hoc falsum est absolute loquendo. Oportet enim hoc arctari ad speciem quae tantam habet fortitudinem ut possit sibi generare similem, quod non est verum de specie nimis debilitata. Quod vero dicit Aristoteles secundo de Anima, quod ignis ageret in infinitum si apponeretur combustibile[2] ; dicunt quidam quod ibi loquitur de calore igneo in corpore animato qui aget indeterminate et indiscrete respectu corporis sustentandi, nisi ab anima regularetur et dirigeretur in finem determinatum et certum, ut

If space were infinite, could force be propagated to infinite distances?

---

[1] O. and other MSS. have a deorsum in sursum. But the reverse order seems intended.

[2] *De Anima*, lib. ii. cap. 4, § 8 ἡ μὲν γὰρ τοῦ πυρὸς αὔξησις εἰς ἄπειρον, ἕως ἂν ᾖ τὸ καυστόν. Aristotle is refuting the notion that nutrition can be explained simply by reference to fire.

expedit animato corpori et partibus ejus. Et ideo infinitum vocat ibi incertum et indeterminatum et ineptum corpori animato.

Theoretically it could, if material for the continuous formation of species were always forthcoming; but this is not the case.

Sed istud non sufficit. Nam si materia magis ac magis inflammabilis continuaretur in spatio infinito, necesse esset quod actio semper iret continue secundum continuitatem materiae. Sed hujusmodi materia non invenitur respectu multiplicationis speciei, nec posset inveniri, sicut nec respectu ignis completi generandi. Sed, si inveniretur, seu respectu speciei sive respectu ignis, fieret actio in infinitum. Si tamen contra istud nunc dictum objiciatur quod nulla virtus finita se extendit ad actionem infinitam, ergo in nulla natura posset species nec ignis fieri in infinitum ; dicendum est, quod sicut in divisione continui ponimus quod potest divisio fieri in infinitum, id est, nunquam cessare nec stare ad indivisibile, non tamen quod divisio sit actu infinita, sic est de appositione materiae et de generatione speciei vel ignis quod in infinitum fieret, id est non cessaret ; nec tamen quod actio esset actu infinita. Dicendum igitur quod virtus infinita non se habet simul et semel ad infinitam actionem in actu et intensive, sed bene potest fieri aliqua actio sine fine in tempore, id est, continuari, praecipue una actio composita et aggregata ex infinitis sibi invicem succedentibus, ut divisio in infinitum, quae ex infinitis divisionibus causatur, quarum quaelibet est in se finita. Et sic est hic, quaelibet actio vel generatio speciei et ignis est finita et in tempore finito ; sed tamen hae possunt succedere sibi invicem in infinitum si materia magis ac magis apta apponeretur in infinitum. Sed non est possibile quod materia talis inveniatur in hoc mundo, et ideo speciei multiplicatio stat in actu sicut et ignis.

Argument that this material is infinitely divisible.

Si vero dicatur quod species in parte priori generata est aequalis vel multiplex ad speciem in posteriori parte vel secundum speciem aliquam majoris inaequalitatis, ergo secundum considerationem Aristotelis[1] in septimo Physicorum, ubi

---

[1] *Nat. Auscult.*, lib. vii. cap. 5, § 1 εἰ δὴ τὸ μὲν Α τὸ κινοῦν, τὸ δὲ Β τὸ κινούμενον, ὅσον δὲ κεκίνηται μῆκος τὸ Γ, ἐν ὅσῳ δὲ ὁ χρόνος ἐφ' οὗ Δ· ἐν δὴ τῷ ἴσῳ χρόνῳ ἡ ἴση δύναμις ἢ ἐφ' οὗ Α τὸ ἥμισυ τοῦ Β διπλασίαν τῆς Γ κινήσει, τὴν δὲ τὸ Γ ἐν τῷ ἡμίσει τοῦ Δ· οὕτω γὰρ ἀνάλογον ἔσται. Frequent reference is made to this passage in Part I. ch. 4 of this treatise.

dicit, quod si tota potentia potest in aliquam operationem, pars poterit in partem, et ita species in ultima parte posita poterit aliquid spatii alterare, dicendum est quod haec ratio nimis est violenta in apparentia, et solvi videretur alicui per hoc, quod prius [1] ostensum est, quod aliquod spatium est generationi speciei determinatum, ut in majori eo non fiant singulae generationes, possunt tamen in minori in infinitum. Et ideo concedendum est quod infra illam quantitatem deter- minatam potest species in penultima parte existens facere sibi simile in ultima, sed nunquam extra illam ultimam procedet, neque etiam usque ad terminum illius, et ideo pro nihilo computatur haec multiplicatio, quia haec quantitas deter- minata est valde parva et quasi insensibilis. Per totam igitur hanc quantitatem in qualibet parte patientis usque ad penultimam fieri potest generatio speciei. Sed species occupans penultimam partem spatii non faciet sibi simile per totam quantitatem ultimae partis, sed per partem ejus; et sic nunquam transibit species quantitatem ultimae partis. Sed illa quae est in penultima parte, faciet speciem modicam in aliqua parte ultimae partis. Et illa species faciet speciem in aliqua parte residui, et sic ultra. Si vero objiciatur, quod tunc in illa parte ultima non cessaret generatio speciei in tempore infinito, responderetur quod non cessaret, si species haberet esse fixum et permanens. Sed continue generatur et corrumpitur, et ideo non continuatur generatio alicujus speciei in parte illa ultima secundum divisionem partis in infinitum.

Sed ista solutio totius objectionis videtur esse nimis dura, This argu- quia indignum naturae et tanquam otiosum et frustra videretur ment carries no actio naturalis, si fieret in tempore infinito in tam parva conviction. quantitate spatii, quantum in omnibus partibus praecedentibus alterat in minimo tempore. Et ideo potest aliter responderi ad hoc, quod scilicet species in parte priori est aequalis vel in aliqua proportione respectu speciei in parte sequente secundum aliquam specierum [2] majoris inaequalitatis, et ideo nata est secundum illam proportionem alterare aliquid; sed non opor- tet quod aliquid medii illius quod prius alteratum est, sed

---

[1] Cf. p. 442.   [2] We should expect *proportionem* to follow.

subtilioris et aptioris ad alterandum, et quod est sufficiens debilitationi, quia medium naturaliter resistit, sicut Alhazen docet. Sed hujusmodi medium majoris aptitudinis et sufficientis debilitationis continuari in infinitum non est possibile. Quod si continuaretur, fieret actio. Si dicatur quod tunc erit haec species otiosa, dicendum est quod non ; quia apta nata est operari, quamvis non operetur et impediatur, sicut lapis sursum detentus, aut pluvia per densitatem medii. Non enim dicitur res otiosa, nisi quando apta nata est operari et non sit impedita per aliud. Licet enim homo non videat, non dicitur otiosus in vitium naturae, vel licet non semper in actu suscipiat disciplinam. Sed tunc est aliquid otiosum, quando, cum teneatur et debeat operari, non operatur ; sed non debet operari cum prohibetur a sua operatione, ut lapis non est otiosus quando projicitur sursum vel detinetur, non habens operationem suam. Quia enim virtus naturalis est virtus finita, ideo potest ab operatione prohiberi per impediens.

Even in a finite world the ray does not reach the extreme limit. Et jam huic conclusioni annexum est, an quaelibet res potest perficere speciem suam per totum medium quantumcunque finitum. Et dicendum est quod non. Nam res debilis virtutis facit speciem debilem, quia invenit resistentiam in medio improportionalem sibi. Medium enim hujus mundi e terra usque ad coelum ultimum non tantum subtiliatur, quantum continue debilitatur species per multiplicationes accidentales infinities infinitas, quoniam in omni puncto lucis fiunt multiplicationes accidentales infinitae. Sed, si aptitudo medii per continuam subtiliationem majorem et majorem fieret e terra in coelum secundum proportionem debilitationis speciei, bene accideret quod quaelibet res suam speciem compleret usque in coelum sphaerice. Sed nunc non est ita. Quod si objiciatur quod quae est proportio agentis fortis ad speciem fortem in distantia data, eadem est agentis debilis ad speciem debilem in eadem distantia ; dicendum est quod si sola ratio distantiae consideraretur, verum esset ; sed aliud est impediens, scilicet resistentia medii, quae impedit speciem debilem citius quam fortem.

Deinde si spatium esset vacuum infra coelum, non fieret multiplicatio speciei in eo. Et voco vacuum quod philosophi

posuerunt, scilicet spatium dimensionatum, non habens corpus It cannot
locatum, possibile tamen recipere corpora locanda, secundum pass
through a
eos. Quoniam in vacuo, dicit Aristoteles, nulla est natura, et vacuum.
ideo non competit ei aliqua actio naturalis ; sed multiplicatio
lucis est hujusmodi. Item nulla forma continere posset partes
vacui, quia nullam habent, ergo discretae ab invicem essent in
actu ; sed partes indimensionatae sunt infinitae, quare essent
infinitae actualiter in vacuo. Et ideo in medio vacuo minimo
essent infinitae in actu ; sed non contingit pertransire infinita.
Et ideo multiplicatio haec non potest fieri in vacuo aliquo
quantumcunque minimo. Quod si dicatur, in vacuo nulla est
resistentia, et ideo in eo poterit fieri multiplicatio, patet
quod non valet ; quia duo exiguntur ad hoc quod fieret
multiplicatio, scilicet quod non fuerit ibi resistentia plena
densitatis, et quod ibi sit debita dispositio medii respectu
naturalis multiplicationis, quae ibi non est ; quia in vacuo
nulla est proprietas naturae, et ideo non est proportionale
naturali multiplicationi rei naturalis. Quare nec multo minus
in nihil, ut extra coelum, quia non est comparatio alicujus ad
nihil, nec proportio ; et ideo stellae et nonum coelum et
decimum non multiplicant species extra coelum, sive nihil ibi
intelligamus, sive stulte imaginemur vacuum ; quia Aristoteles
vult quarto Physicorum, et primo Coeli et Mundi[1], quod non
est vacuum extra coelum, sed nihil.

CAPITULUM III.

Postea sciendum est quod virtutis multiplicatio est in tem- The transit
pore, sicut dicit Alhazeη secundo Perspectivae et probat per of force
occupies
duas rationes. Una est quod omnis alteratio est in tempore, time,
sed alteratur aer in speciei multiplicatione et receptione.
Item in aliquo instanti est lux in principio spatii vel medio, non
curo, sed in eodem instanti non est in fine spatii ; esset enim
in diversis locis simul et semel, quod non competit creaturae.
Quare in alio instanti est in fine quam in principio vel medio ;
sed inter quaelibet duo instantia cadit tempus medium ;

---

[1] *De Coelo,* i. 9, § 9 δῆλον ὅτι οὐδὲ τόπος οὐδὲ κενὸν οὐδὲ χρόνος ἐστὶν ἔξω τοῦ οὐρανοῦ.

quare ut concludit, oportet quod speciei multiplicatio sit in
tempore. Ex septimo vero similiter ejusdem habetur quod
citius pervenit species perpendicularis ad terminum suae
multiplicationis quam species fracta, quando veniunt ab eodem
agente. Sed citius et tardius non sunt nisi in tempore, ut
Aristoteles dicit quarto Physicorum, et sexto. Item nulla
virtus finita [1] agit in instanti, ut habetur ex sexto Physicorum
Aristotelis, quia tunc major virtus ageret in minori quam in
instanti, et tunc virtus finita et infinita aequarentur in duratione actionis, ut habetur in fine octavi Physicorum, quia virtus
infinita agit in instanti. Sed speciei est virtus finita, quare
non agit in instanti. Item quae est proportio puncti ad
lineam, est instantis ad tempus; ergo permutatim, quae est
puncti ad instans, est lineae ad tempus; sed pertransitus
puncti est in instanti, ergo et spatii linearis in tempore.
Item prius et posterius in spatio sunt causa prioris et
posterioris in translatione spatii et in duratione, et ita in
tempore, ut habetur in quarto Physicorum: ergo translatio
speciei secundum prius et posterius spatii habet prius et
posterius in duratione et ita in tempore. Item multiplicatio
speciei non dependet ab alio motu. Ponatur ergo quod non
sit alius motus. Si ergo hujusmodi motus non est motus,
tempus non est tempus, quia tempus non est sine motu. Sed
instans non est sine tempore, sicut nec punctus sine linea;
ergo translatio speciei in quantum hujusmodi non erit in
tempore nec in instante; aut oportet instans posse intelligi
sine tempore, quod esse non potest.

though the
time in
some cases Si vero objiciatur, quod multi auctores dicunt quod multiplicatio speciei lucis est subito, ut Averroes et Seneca in
Naturalibus, et alii dicunt; dicendum est, quod subito hic
sumitur pro tempore insensibili, et similiter instans, in quo
dicunt fieri hujusmodi diffusionem. Quod vero Aristoteles
dicit secundo de Anima, quod in parvo spatio possit nos motus
lucis latere, sed in magno, sicut est ab oriente in occidens,
non est hoc possibile, et ita non fiet ab oriente in occidens
insensibiliter et imperceptibiliter, sed in tempore perceptibili;

[1] This subject is discussed in *Nat. Auscult.*, lib. vi. cap. 7, and in lib. viii.
cap 10. With this chapter should be compared *Perspectiva*, pp. 68–74.

dicendum est, quod hoc dicit contra Empedoclem[1] qui ponit lucem unam et eandem numero diffundi, etiam ab oriente in occidens esse corpus motum, vel quia posuit lucem esse defluxum corporis, sicut dicit, ut rivulus defluit a fonte. Sed si esset corpus unum et idem numero sic motum, non esset possibile quod nos lateret; quia videremus quod fieret successive ab oriente ad medium coeli, et ab eo ad occidens, quoniam mutaret locum sensibiliter. Nunc autem non ponimus lucem esse corpus motum, nec ponimus eandem lucem in numero fieri ab oriente in occidens per omnes partes spatii; sed ponimus ejus generationem fieri secundum esse debile in prima parte spatii orientis, et ab illa ponimus aliam lucem fieri in sensum, et sic ultra; et ideo non apparet nobis quod fiat ibi successio, tum quia non est corpus sensibile, tum quia non est unum numero. Si etiam esset fluxus corporis oportet quod sensibilis esset, et in tempore sensibili per partes spatii habentes sensibilem distantiam.

Quod vero Aristoteles dicit libro de Sensu et Sensato[2] quod de lumine alia ratio est quam de sono et odore, loquitur de translatione specierum aliorum sensibilium, ut soni et odoris, quam dicit fieri in tempore; dicendum quod alia ratio est de lumine, quia ejus successio fit in tempore breviori et magis insensibili propter ejus subtilitatem et naturam magis activam; atque sonus fit cum motu acris propter successionem propriae delationis; et odor fit cum fumo corporali expirante et cum attractione aeris a naribus, ut Avicenna dicit tertio de Anima, et ita multiplices motus fiunt circa sonum et odorem, sed unus solus circa lucem. et brevior quam circa illos; propter quod dicit quod alia ratio est, et non quod fiat in instanti omnino

Aristotle's distinction between light and sound must be understood as relating to their very great difference in velocity.

---

[1] *De Anima*, lib. ii. cap. 7. 3 καὶ οὐκ ὀρθῶς Ἐμπεδοκλῆς, οὐδ᾿ εἴ τις ἄλλος οὕτως εἴρηκεν, ὡς φερομένου τοῦ φωτὸς καὶ γενομένου ποτὲ μεταξὺ τῆς γῆς καὶ τοῦ περιέχοντος, ἡμᾶς δὲ λαιθάνοντος. Aristotle had been explaining that light was not a *defluxus corporis* (οὐδ᾿ ἀπορροὴ σώματος οὐδενός), but the active condition of the medium (ἐνέργεια τοῦ διαφανοῦς).

[2] The passage referred to is in cap. vi. Aristotle expresses himself in a somewhat hesitating way as to the comparison of light with sound in respect of time occupied in transit. On the whole he leans towards the view that light is not to be regarded as a motion. Περὶ τοῦ φωτὸς ἄλλος λόγος· τῷ εἶναι γάρ τι φῶς ἐστίν, ἀλλ᾿ οὐ κίνησίς τις … εὐλόγως δ᾿ ἂν ἐστὶ μεταξὺ τοῦ αἰσθητηρίου, οὐχ ἅμα πάντα πάσχει, πλὴν ἐπὶ τοῦ φωτός, διὰ τὸ εἰρημένον.

indivisibili. Non enim hoc dicit, sed solum dicit in universali, quod de lumine alia ratio est; et jam assignata est ratio, quare aliter est in lumine et in aliis.

Even a great accumulation of very small periods may be imperceptible.

Sed quod inducit Jacobus Alkindi fortius est praedictis, arguens quod si in aliquo tempore licet insensibili pertransit lux spatium aliquod parvum, tunc transit duplum illius spatii in duplo temporis et triplum in triplo, et sic in maxima distantia, ut ab oriente ad occidens, fieret tempus ita multiplex ad primum tempus insensibile, quod hoc tempus multiplicatum esset sensibile; sed non est ita; ergo videtur quod lucis generatio sit omnino in indivisibili instanti et non in tempore. Sed dicendum est quod propter velocissimam speciei generationem tempus imperceptibile habet gradus multos, in quibus primi temporis minimi sumatur tempus multiplex, quantum oporteat multiplicationi toti inter oriens et occidens, ita quod ultimum multiplex sit infra metas sensibilitatis, sicut et primum tempus minimum, licet magis accedat ad sensibilitatem, remanens tamen extra ipsam.

It might be thought that emission of particles would proceed more rapidly than the propagation of species here described. But it is not so.

Si vero dicatur quod conceditur, si species corpus esset, quod pertransiret partes spatii in tempore sensibili, et nunc tot sunt generationes singulae in singulis partibus, quot essent replicationes particulares illius corporis per singulas et easdem partes spatii; ergo sicut replicationes illae corporis moti fierent in tempore sensibili, sic hae generationes in eisdem partibus spatii; dicendum est quod hoc est fortius aliis praedictis. Nam valde videtur esse simile de hujusmodi multiplicatione per singulas partes, et de translatione illius per easdem. Magis autem manet haec cavillatio, quia tempus duplicari videtur in multiplicatione, respectu temporis in translatione. Nam inter singulas multiplicationes inest quies media propter hoc, quod quaelibet pars per ordinem transmutat aliam, et prius permutatur prima pars quam permutat secundam, et sunt actiones divisae; quare agentia et patientia sunt distincta et diversa; quare quies erit media inter singulas, et omnis quies est in tempore; sed in translatione locali continua non intercipitur quies; quare cum multiplicetur tempus in generatione speciei magis quam in translatione corporis, tunc magis erit successio sensibilis in multiplicatione lucis quam si lux esset corpus vel defluxus corporis. Item tertio fortificatur haec objectio quia in hac multiplicatione speciei est actio per contrarium propter medii passionem contrariam, ut dictum est ; sed in translatione corporis non est actio per contrarium ; ergo videtur quod plus de tempore requiritur in speciei generatione quam in corporis translatione. Et aliter est, quod resistentia medii in divisione sua per corpus motum est major longe quam resistentia medii penes contrarietatem quae invenitur in generatione speciei. Nam species est res debilis valde, et ideo debilis est medii alteratio, atque materia multum appetit speciem, sed non appetit mobile, quia omni nisu ei resistit. Et propter has duas causas velocissima est speciei multiplicatio, et incomparabilis quantum ad sensum respectu translationis corporalis; et ideo possunt quietes insensibiles intercipi, ut tamen totum tempus sit insensibile respectu motus localis in tanto spatio ; tempus enim insensibile potest habere gradus innumerabiles, ut dictum est [1].

---

[1] This chapter should be compared with pp 68–71 of *Perspectiva*. It is difficult to refrain from comparing it also with the celebrated passage of the *Novum Organum* (ii. 46) in which Francis Bacon confesses to the *dubitatio monstrosa* that perhaps the passage of light from the stars to the earth might occupy time ; a *dubitatio*, however, which on further consideration, though, as most of his readers will think, upon wholly insufficient grounds, *plane evanuit* No one can doubt that on this occasion Roger Bacon showed himself a far more philosophical reasoner than his namesake. His conception of different orders of imperceptibles, recalling the successive orders of Infinitesimals of the Differential Calculus, is especially striking

It will be noticed that Bacon speaks of the disturbance of the medium caused by each successive species as *debilis* He was right in this . but it need hardly be said that the mathematical knowledge of his time was wholly incapable of measuring the amount of energy involved in it ; still less of measuring the enormous magnitude of the energy involved in the sums of such disturbances, within narrow limits of space and time. 'The radiation of energy by the sun amounts to about 7000 horse power per square foot of the sun's surface. This, striking the earth, amounts to about eighty-three foot-pounds per square foot of the earth's surface per second.'—Daniel, *Text-book of Physics*, p 432 (ed. 1884).

PARS QUINTA

MULTIPLICATIONIS SPECIERUM.

Pars Quinta, de actione speciei; et habet tria capitula.

CAPITULUM I.

Habet tres conclusiones principales.

Various degrees of action. Dicto in primis de generatione speciei; et secundo de ejus multiplicatione et figura; et tertio de ejus existentia in medio; et quarto de debilitatione et ejus annexis; nunc quinto dicendum est de ejus actione secundum omnes gradus ejus. Sed actio univoca est ejus multiplicatio, ut lux facit lucem. Actio vero aequivoca est, ut quando species facit aliquid alterius essentiae, ut lux facit calorem et alia. Nunc igitur licet principaliter intendo prosequi aequivocam; tamen quod omissum de actione univoca, quantum scilicet ad fortitudinem et debilitatem, patebit hic. Nam eadem est consideratio utrobique, sed in actione aequivoca debet fieri certificatio de his, quia principaliter et magis intenta est a natura propter rerum generationem et corruptionem in hoc mundo.

That by straight lines is the strongest. Et primo considerandum est de proprietate actionis secundum lineas, deinde secundum figuras; et primo secundum lineas rectas. Quod autem super eas sit melior actio, dicit Aristoteles quinto Physicorum et probat illud, dicens; natura operatur breviori modo quo potest, sed linea recta est brevissima omnium linearum ductarum ab eodem puncto ad aliud punctum unum et idem, ut ipse ibidem dicit, et patet ad visum. Ut si ab *a* puncto ducatur linea recta ad *q*

FIG. 97.

punctum, erit brevior quam linea reflexa inter illa puncta.
Similiter linea recta est brevior linea fracta, ut *a q* linea recta
est brevior quam *a q* fracta duplici fractione.
Sit *a* punctus sol, *a q* sit linea perpendicularis
cadens super vas vitreum rotundum, quod est *d*,
primo frangetur *a p* radius in superficie vasis,
quod est corpus alterius diaphaneitatis quam aer
extra. Item cum transit aliam partem vasis
frangetur adhuc in *c*, quia aer est alterius diaphaneitatis quam vas, et sic per duplicem fractionem cadet radius fractus in punctum *q*. Sed *a q*
linea perpendicularis non fracta est brevior, ut
manifestum est sensui. Similiter est in una fractione, ut patet in figura. Nam in hoc triangulo
a b linea continet cum basi angulos rectos, ergo
a b d angulo opponitur maximum latus per
decimam nonam primi Euclidis; sed *b o* et

Fig. 98.

d e latera parallelogrammi sunt aequalia; nam
ex hypothesi trahuntur ad aequalitatem[1]; ergo per conceptionem oportet quod *a e* linea
sit longior quam *a o*.

Similiter patet quod linea recta
est brevior quam tortuosa, ut ipsa
lineatio ostendit. Sed tamen
non oportet comparari tortuosam aliis in actione, quia nihil
deperit ejus actioni propter virtutem animae, quae speciem dirigit
tortuosam; non enim debetur
lineae tortuosae aliqua multiplicatio secundum se, sed propter
animam; et ideo non oportet

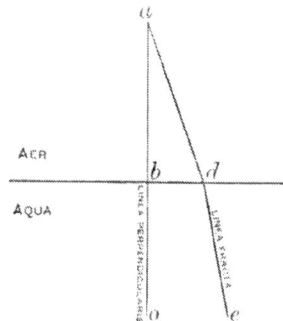

Fig. 99.

comparari eam ad alias. Non enim accidit in corporibus

---

[1] The line *d e* is of course not parallel to *b o*, as Bacon was well aware. His
use of the word parallelogrammi is therefore an oversight. It does not, however,
affect his reasoning. The length of the lines *b o* and *d e* being arbitrary, they
are taken to be equal. It follows that *a d* + *d e* are greater than *a b* + *b o*. The
figure in Jebb's edition is wrong.

mundi inanimatis. Similiter est brevior [1] quam accidentalis longe magis, quia linea accidentalis non potest nisi per incurvationem fractionis aut reflexionis venire a termino uno lineae rectae principalis ad terminum alium hoc modo.

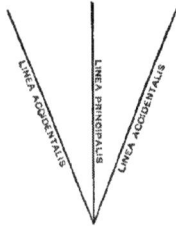

FIG. 100.

Quapropter cum natura eligit rectam lineam, nisi impediatur, fortius aget per species venientes super lineas rectas; quanto enim patiens magis appropinquat agenti, tanto plus recipit de ejus virtute, et quanto species minus recedit a sua origine, tanto fortior

Uniformity of straight lines explains their efficiency. est. Caeterum linea recta est uniformis et aequalis. Sed in omnibus aliis est difformitas et diversitas, et quaedam inaequalitas; sed melius est aequale inaequali, ut dicit Boetius in sua Practica Geometriae, et natura operatur semper meliori modo. Et dicitur in libro de Causis, quod omnis virtus unita est fortioris operationis; sed diversitas et difformitas contrariantur unitati, et unitioni, et uniformitati. Quapropter cum secundum lineam rectam sit uniformitas virtutis in suo decursu, praecipue cum Aristoteles ostendit quinto Metaphysicorum [2], quod linea recta magis est una, quia magis continua, et non habet angulum, aliae habent angulum quoquo modo, manifestum est quod fortior est virtus veniens super rectam lineam quam super alias. Et hoc est intelligendum per se loquendo, non per accidens, quia per accidens potest fieri major actio, et per reflexionem et fractionem, eo quod multae virtutes et species possunt congregari per reflexionem et fractionem, quae non possunt aggregari per rectum incessum, sicut satis patebit sequentibus. Et propter hoc possunt aggregari radii infiniti in quolibet puncto aeris per reflexionem factam a superficie terrae et aquae et corporum densorum inferiorum, quoniam fiunt infinitae reflexiones, et per has accidit intersectio radiorum infinitorum in quolibet puncto medii, et ideo est generatio caloris qui non generaretur per radios incidentales, et hoc

[1] i. e. recta est brevior.
[2] *Met.* iv. cap. 6, § 5 ἡ εὐθεῖα τῆς κεκαμμένης μᾶλλον ἕν.

magis manifestabitur post.   Sed de linea accidentali est
universaliter tenendum quod est debilior omnibus, propter
hoc quod ab agente non venit, sed a specie, et est species
speciei, ut est prius dictum, et ideo de ea non est amplius
dicendum respectu aliarum.

Sed linea recta aut cadit ad angulos aequales aut inaequales
sed fortior est actio ad angulos aequales, quia aequale melius
est, ut dictum est.   Et similiter virtus
magis uniformiter venit, et non tantum diversificatur in angulis aequalibus
sicut in angulis inaequalibus, et virtus
uniformis est majoris operationis.   Et
illa quae ad angulos inaequales cadit
est de necessitate longior, ut patet tam
in casu super lineam rectam quam
circularem, quia *a f* linea cadens ad angulos aequales super lineam rectam est
brevior *a q* linea per decimam nonam

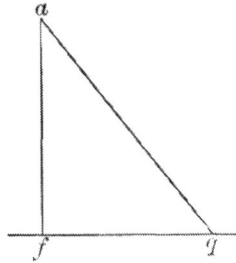
Fig. 101.

primi Euclidis.   Si enim *a f q* angulus est aequalis angulo sibi
conterminali, tunc rectus est per definitionem, et ideo per
tricesimam secundam primi *a f q* angulus est maximus in
triangulo, ergo ei opponitur maximum
latus, quod est propositum.   Similiter
quando cadit super lineam circuli *a q*,
vere facit angulos aequales sed obtusos,
quod patet si ducatur linea contingens
circulum in puncto *p*, ut expositum est
in quarta parte hujus tractatus, si proprie
velimus loqui, *a q* est brevior quam *a p*,
sicut patet per octavam tertii Euclidis,

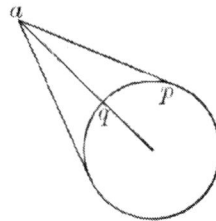
Fig. 102.

quia perficit diametrum circuli.   Si vero virtus veniat ad
angulos aequales rectos, melior est operatio, quam ad aequales
obtusos [1].

Aristoteles autem primo Coeli et Mundi dicit, quod grave
descendit ad angulos rectos, et hoc dicit Alhazen primo Aspec-

---

[1] It is not easy to follow Bacon's reasons for this statement.   They are
repeated in the next chapter.

tuum; et eadem ratio est de omni actione naturae quantum possibile est. Et Averroes dicit super secundum Coeli et Mundi, quod sol magis nos calefacit circa solstitium aestivale quam ante, quia ejus radii magis accedunt ad rectitudinem. Et hoc patet per praedicta. Et etiam magis dispergitur et diversificatur virtus in angulos obtusos aequales quam in rectos, propter hoc quod angulus ille obtusus est compositus ex recto et acuto, et ideo non est tanta uniformitas, nec unitas, nec regularis congregatio et unitio virtutis in angulis obtusis aequalibus sicut in rectis. Sed omnis virtus unita et non dispersa nec diversificata est majoris operationis. Atque cum rectum sit index sui et obliqui, secundum Aristotelem, oportet quod sit nobilius et melius, et super ipsum magis eligit natura operari.

CAPITULUM II.

Perpendicular rays the strongest whether on plane or curved surfaces.

Caeterum linearum quaedam dicuntur cadere perpendiculariter, quaedam non, secundum auctores Aspectuum. Incessus perpendicularium est fortissimus, et ideo natura eligit super illas operari; et hoc patet de omni genere perpendicularium, sive cadant super lineas, sive super superficies et corpora. Quando vero cadunt super lineas, tunc si cadant super rectas manifestum est per definitionem, quod cadunt ad angulos aequales, et quod breviores sunt aliis, et quod habent majorem uniformitatem. Et ideo ex his tribus causis virtus fortior venit super eas quia etiam cadunt ad angulos rectos, et rectitudo etiam angulorum ex sua proprietate melior est obliquitate, et ideo augmentat adhuc fortitudinem actionis. Similiter quando cadit super convexitatem circuli, habet fortitudinis causas plures, sed non tot sicut quando cadit super rectam lineam; colligitur enim ejus fortitudo ex brevitate lineae et uniformitate virtutis, in quantum uterque angulus est obtusus, et ex aequalitate; linea enim perpendicularis super circulum ut ostensum est in quarta parte hujus tractatus, est quae super ejus circumferentiam cadit ad angulos aequales et obtusos; linea vero non perpendicularis cadit ad angulos inaequales et obliquos, quorum unus obtusus est et alius acutus; ut patet ex octava tertii Euclidis, quod linea perpendicularis brevior est, quoniam illa perficit diametrum circuli. Quando vero comparatur linea perpendicularis ad superficies vel ad corpora, in idem redit, quia corpora non recipiunt nisi mediantibus superficiebus; perpendicularis autem super superficiem planam est proprie, quae est brevior omnibus lineis rectis ab eodem puncto exeuntibus cum ista perpendiculari ad superficiem planam, ut ex quarta[1] parte hujus tractatus manifestum est; et nihilominus constituit angulos rectos cum omnibus lineis rectis exeuntibus ab eodem puncto cum ea in superficie plana ad quam terminantur; et continet angulos rectos cum linea quae est differentia communis suae superficiei et superficiei planae ad quam terminatur, sicut prius declaratum est. Et ideo multipliciter patet per praedicta quod hanc eligit natura in sua actione.

Perpendicularis vero super corpus sphaericum convexum est proprie, sicut ostensum est in quarta parte, quae brevior est omnibus lineis ductis ab eodem puncto extra sphaeram ad superficiem sphaerae. Et licet hoc secundum rationem sphaerae sicut videtur in plano, non inveniat[2] angulum, tamen cum omnibus lineis contingentibus circulum circumdantem sphaeram facit angulos rectos, et cum linea quae est communis differentia suae superficiei et superficiei planae tangentis sphaeram continet angulos rectos; et cum circulis super idem punctum revolutis in superficie sphaerae, facit angulos aequales, licet obtusos; ex quibus omnibus per praedicta patet quod natura eligit operari super lineam hanc magis quam super aliam. Sed cum perpendicularis super concavitatem circuli sit, quae per centrum transit et cadit ad aequales angulos super illam concavitatem, haec non facit ita bonam

---

[1] The reference seems to be to vol. i. pp. 120-127, and is probably a gloss.

[2] This is the reading of Reg.: it is better than immutat, which is given by O. A line, Bacon means, cannot make angles with the surface of the sphere; but it can with the lines in the plane tangent to the sphere. Further, the perpendicular line here spoken of will make equal, though ' obtuse,' angles with any great circle drawn through the point at which the line meets the surface of the sphere. 'Communis differentia suae superficiei,' &c., is a lengthy way of indicating the intersection of the incident with the tangent plane.

operationem sicut aliae perpendiculares, quia longior est quam multae perpendiculares, ut patet ex septima et octava tertii Euclidis. Similiter cum perpendicularis super sphaerae concavitatem sit illa, quae transit per centrum ad angulos aequales super communem differentiam suae superficiei et superficiei planae contingentis concavitatem sphaerae ; similiter quia continet angulos aequales cum omnibus circulis super idem punctum transeuntibus ad quod perpendicularis terminatur, oportet quod sit longior aliis per septimam et octavam tertii Euclidis, et ideo non oportet quod species incidens super hujusmodi perpendiculares faciat ita fortem actionem sicut aliae perpendiculares super convexitatem sphaerae. Et per jam dicta de sphaera, patet de columna rotunda et pyramide.

Species autem veniens super lineas habet comparationem in fortitudine. Nam fracta est fortior quam reflexa, quia fortior vadit in partem incessus recti, licet parum ab eo declinet. Reflexio vero vadit in contrarium recti incessus, et ideo magis debilitat speciem quam fractio. Sed fractio quae est per recessum a perpendiculari, quae fractio et perpendicularis exeunt ab eodem puncto, est debilior quam ista quae appropinquat eidem perpendiculari, quoniam perpendicularis est fortior, et ideo accessus ad eam habet fortitudinem majorem, quamvis diversae fractiones accidunt diversimode in planis et sphaericis diversum situm habentibus, et secundum quod res in diversis corporibus habent situm diversum. Nam in corporibus mundi sphaericis incipiendo a sursum in deorsum,

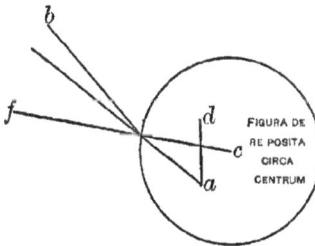

FIG. 103.

fractio semper vadit declinando ad perpendicularem quae ab eodem puncto egreditur cum ea. Quod si corpora densiora essent superius e contrario modo accideret. Et cum densiora sint inferiora secundum situm naturalem corporum mundi, planum est quod fractio posita inter centrum mundi et superius recedit a perpendiculari, ut patet in figura. Nam si *a* sit res, *a b* radius fractus recedit a perpendiculari *c f*.

Refracted
rays
stronger
than re-
flected.
Refraction
away from
the normal
weaker
than if
towards it.

Et illa quae venit a re posita ultra centrum mundi, si posset facere speciem suam superius in partem centri, iret ad perpendicularem, ut patet in figura. Nam *d b* radius fractus vadit versus perpendicularem *o c* in corpore subtili, ut in figura patet. Sed licet in corporibus mundi non sunt hujusmodi fractiones a rebus positis in medio

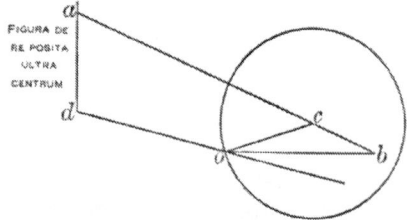

FIGURA DE RE POSITA ULTRA CENTRUM

FIG. 104.

ultra centrum, aut non bene possibiles propter densitatem terrae, tamen in aliis corporibus sphaericis positis in medio, ut sunt vitra, crystallum, et vapores sphaerici, quorum centrum non est centrum mundi, et hujusmodi, possibile est

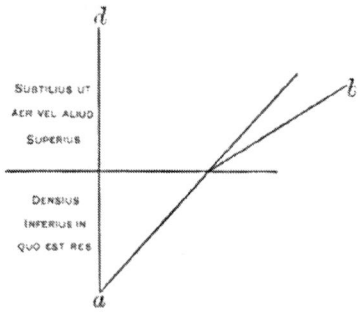

SUBTILIUS UT AER VEL ALIUD SUPERIUS

DENSIUS INFERIUS IN QUO EST RES

FIG. 105.

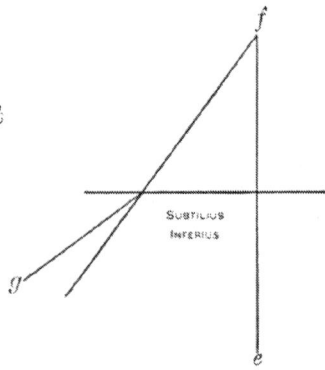

SUBTILIUS INFERIUS

FIG. 106.

fieri ambas fractiones, secundum quod res ponuntur ex una parte centri vel alia. Sed in planis corporibus quomodocunque situentur sursum vel deorsum, fractio in subtiliori corpore secundo recedit a perpendiculari quae exit ab eodem puncto, ut patet figuranti. Nam posito subtiliori superius patet quod radius *a b* fractus recedit a perpendiculari *a d*; et posito inferius patet *f g* radium fractum recedere a perpendiculari *f e*.

Reflexio vero quae est ad angulos aequales illa [1] est fortior ratione geminationis radii duplicis in eodem loco. Sed quantum est de natura reflexionis, planum est quod magis debilitat. Nam omnino vadit contra incessum naturalem, quem species veniens ab agente nititur tenere secundum incessum suum rectum. Reflexio vero ad obliquos angulos majorem facit actionem quam ad angulos rectos, non solum ex causa dicta, sed ex causa accidentali, quia plures radii possunt congregari per illam quae est ad obliquos angulos. Duo enim congregantur solum in uno loco per reflexionem ad angulos rectos. Sed infiniti possunt congregari per reflexionem ad angulos obliquos, sicut accidit in quolibet puncto aeris nostri, qui sumus inter tropicum cancri et polum septentrionalem. Omnes enim radii solares cadunt semper ad angulos obliquos in his regionibus. Reflexio quidem quae fit a speculis planis debilior est quam ab aliis, quia plures radii possunt congregari, praecipue per concava, et quae est quasi ovalis vel annularis figurae maxime congregat radios, ut dictum est prius [2], et ideo concava specula plus comburunt quam plana, et ovalia quam caetera concava.

Sed Euclides docet figurare speculum quod comburat ante et retro. Hoc autem si fiat per rationem speculi, potest intelligi de speculis concavis et ovalibus, quia in polo axis inferiori retro fit combustio et ante, similiter in singulis punctis axis, sicut volumus. Si vero ad literam intelligat de combustione ultra speculum, et possibile sit hoc per reflexionem, tunc oportet quod sit quasi annularis figurae, ut ex utraque parte cadant radii, quod est difficilis imaginationis, nec a me adhuc expertum [3]. Sed certum est quod figurari potest perspicuum, ut sit concavum ex alia, habens spissitudinem

Marginal note: Oblique reflected rays more effective than vertical, because more of them can be concentrated by mirrors.

---

[1] i. e. refractione. The ray generally speaking is more weakened by reflexion, Bacon thinks, than by refraction. But in the special case of reflexion at right angles the forces of the incident and the reflected ray are combined, so as to produce a more intense, but as he goes on to explain, a less effective result than when the rays fall obliquely. J.'s punctuation is here extremely confusing.

[2] Cf. Part II. ch. 7; ovalia here means parabolic.

[3] An arrangement of mirrors is used for lighting staircases, in which two equal parabolic mirrors are each cut by a plane perpendicular to the axis, and

magnam, quatenus retro fiat combustio per fractionem et ante per reflexionem. Si vero in omnibus his combustionibus maxime objiciatur, quod combustibile cadit inter solem et speculum, quare non fieret reflexio, nec combustio, nec radiorum incidentia ; dicendum est quod combustibile non directe apponetur, sed a latere et cum cautela, quam sciunt experimentatores, non cavillantes inexperti.

Capitulum III.

Dicto de varietate actionis penes lineas et angulos, nunc dicendum est penes figuras. Et licet sphaerica figura sit propria actioni quae est ipsa speciei multiplicatio, tamen fortitudo actionis consideratur penes figuram pyramidalem, cujus basis est superficies agentis, et ejus conus in parte patientis determinata. Nam per hanc figuram potest species venire a qualibet parte agentis objecta patienti ad singula puncta patientis, quod non accidit in aliqua alia figura. Nam radii venientes a singulis partibus agentis congregantur in conum pyramidis, qui figitur in aliquo puncto patientis. Et quia infinitae pyramides tales veniunt ab eadem superficie agentis, quarum omnium ipsa superficies basis est, ideo ad singula puncta patientis venit sua pyramis radiosa, ut actio fiat completa. Nam si ab una parte agentis ad unam partem patientis veniat radius, non posset esse nisi unus, et ille parum ageret, et ideo elegit natura pyramidem, ut in ea congreget omnes radios qui veniunt a tota superficie agentis, et multiplicet eos secundum numerum partium patientis

Et tunc considerandum est quod pyramis brevior magis operatur quam longior, quia conus brevioris pyramidis distat minus ab agente, et ideo minus debilitatur virtus veniens super eam. Ex distantia enim debilitatur virtus, et ideo patiens ad quem conus pyramidis brevioris pertingit magis alteratur. Item conus pyramidis brevioris est obtusior, et majorem

Cones of rays come to each part of the surface acted on

The shorter the cone the stronger the action.

passing through the focus, and are then united at the plane of section, so that the focus is the same for both. A light placed at the focus will then send parallel rays in opposite directions. It may be a mirror of this kind that Bacon had heard of. In this case, however, there would be no combustion, though good illumination.

angulum continent ejus radii, sicut patet ex prima et vicesima primi Elementorum, ut patet in figura. Cum ergo quatuor anguli circa conum trianguli brevioris non valent nisi quatuor rectos, et similiter anguli quatuor circa conum pyramidis longioris, quia circa punctum unum in superficie non possunt esse nisi quatuor recti aut valentes eos, ut patet ex corollario quindecimae, oportet quod postquam angulus pyramidis brevioris—sit major angulo pyramidis longioris, quod angulus contrapositus angulo brevioris pyramidis sit major angulo contraposito in longiori ; quia anguli contrapositi sunt aequales per quintam decimam primi Euclidis. Sed si isti anguli contrapositi sint majores circa conum pyramidis brevioris, quam anguli contrapositi eis aut eis consimilibus circa conum pyramidis longioris, oportet quod anguli duo alii contrapositi a lateribus coni pyramidis brevioris sint minores duobus angulis contrapositis linealiter circa conum pyramidis longioris, quia hinc inde non valent quatuor anguli nisi quatuor angulos rectos, et ideo quatuor anguli circumstantes conum pyramidis brevioris simul sumpti sunt aequales quatuor angulis pyramidis longioris simul sumptis. Quapropter si duo contrapositi a parte pyramidis brevioris sunt majores duobus consimilibus a parte pyramidis longioris, erunt alii duo minores aliis duobus. Sed quanto radii continent minorem angulum, tanto magis vicinantur ; ergo radii omnes qui sunt de corpore pyramidis brevioris, et continentes angulos cum radiis eis conterminalibus exeuntibus a cono ejus, magis vicinantur et appropinquant, quam radii consimiles in longiore pyramide. Sed vicinia radiorum magis operatur et fortior est. Quapropter conus pyramidis brevioris magis operatur [1].

Fig. 107.

Objection that the longer cone may be the stronger considered. Si vero arguatur in contrarium, videlicet quod radii infiniti veniunt ad conum pyramidis longioris sicut brevioris, et cum ille conus sit angustior, major est radiorum vicinia et congregatio, quapropter magis intendetur operatio ; atque simul si dicatur, quod omnes radii pyramidis longioris magis

[1] Cf. vol. i, pp. 123-4.

appropinquant incessui perpendicularium exeuntium a terminis basis agentis, quia pyramis longior includit breviorem
ut patet in figura, et incessus perpendicularium est fortissimus,
et quanto magis fit ei appropinquatio erit major fortitudo ;
dicendum est, quod hae rationes duae procedunt quantum
possunt, sed aliae in contrarium sunt fortiores sine comparatione, praecipue prima, et ideo priores praevalent in hac
parte. Et quum ostensum est prius quod species pyramidalis
non potest venire a tota medietate corporis sphaerici, nec

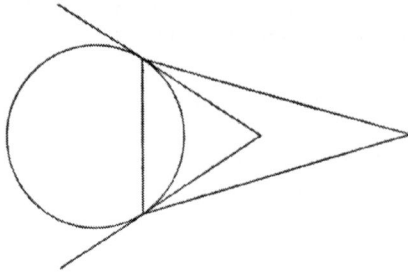

FIG. 108.

a majori portione, sed necessario a minore ; et exemplificatum
est in figura quomodo pyramides longiores fiunt, et breviores,
et quae est omnium brevissima, quoniam illa cujus latera
sunt lineae contingentes sphaeram in terminis diametrorum
ductarum a terminis chordae intersecantium se, ut patuit in
figura ; nunc planum est quod haec magis est activa propter
hoc, quod multipliciter patet ex dictis, quia brevitas figurarum
et linearum faciunt vehementem operationem propter propinquitatem agentis et patientis.

Et non solum est fortis actio in ista pyramide, licet fortior
quam in aliis, sed in omnibus pyramidibus, et non solum illis
quae cadunt ultra conum pyramidis ductae infra intersectionem
illarum linearum contingentiae, quae continebant pyramidem
praedictam. Et hae sunt illae pyramides quae includunt
dictam pyramidem ; et ideo sunt fortioris actionis quam illae
pyramides quarum coni cadunt extra intersectionem illam,
et quae non continent pyramidem praedictam brevissimam.
Quia radii qui sunt de compositione istarum pyramidum
quarum coni non includuntur infra dictam intersectionem,

Other cases considered.

non possunt a tot partibus portionis agentis venire sicut illi, qui sunt de compositione pyramidum quarum coni cadunt infra dictam intersectionem, ut patet in figura subscripta.

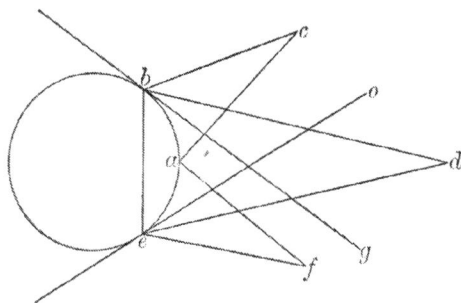

FIG. 109.

Radii enim in compositione pyramidis *b a e d* veniunt ab *e* et *a* et *b* et omnibus punctis portionis *b a e*. Sed radii componentes pyramidem *b a c*, non possunt venire a tot punctis. Nam cum *e o* linea contingit circulum non poterit a termino suo, qui est *e*, alia linea duci inter eam et circumferentiam,

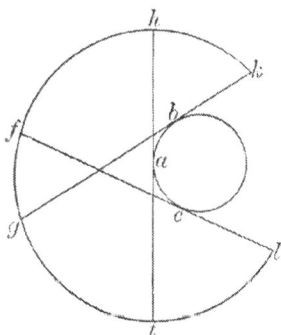

FIG. 110.

per decimam sextam tertii Elementorum Euclidis, et eadem ratione nulla intercipitur inter *b g* lineam et circumferentiam, ut exeat ab ipso *b*.

Similiter alio modo considerandum quod corpus sphaericum aliud objectum sibi fortius alterat, et aliud minus, ut docet Jacobus Alkindi. Nam corpus luminosum sit $a\ b\ c$[1], a puncto igitur *a* illuminatur totum *h t*, quia totum illuminatur a puncto quolibet, ad quod possunt duci lineae rectae. Ergo et *f g* illuminabitur ab ipso *b*. Item ab ipso *c* totum *f l* illuminatur, ergo et *f g*, quare a tota portione *b a c* illuminatur *f g* ; sed

[1] The references to this diagram in Jebb's text contain several errors which make the passage unintelligible.

portio f h non potest illuminari nisi a punctis a et b per decimam sextam tertii ; non enim potest linea duci a c puncto inter $f l$ lineam et circumferentiam. Similiter g t non illuminabitur nisi ab a et c per rationem consimilem. Sed h k non illuminabitur nisi ab ipso b solum, quia ab ipso a non ducetur linea recta ultra h, nec ab c ultra f, per decimam sextam tertii : similiter t l non illuminabitur nisi ab ipso c per consimilem rationem; quare $f g$ patiens plus alterabitur quam alia, et hoc est quod demonstrare volumus.

PARS SEXTA

MULTIPLICATIONIS SPECIERUM.

Incipit pars sexta hujus tractatus.

CAPITULUM I.

The ray is destructible like other generated things.

Dicto de generatione speciei et multiplicatione, nunc dicendum est de corruptione. Et patet eam esse corruptibilem, quia est generabilis. Omne enim generabile, vel quod generatur, natum est corrumpi, sicut Aristoteles testatur, et philosophia confitetur. Item nos videmus per experientiam quod hujusmodi species corrumpantur, ut lumen in aere corrumpitur nocte ; et lumen lunae corrumpitur in eclipsi, et sic de aliis.

Si autem objiciatur quod hujusmodi speciebus, ut luci et multis aliis, nihil est contrarium, ergo non corrumpitur, cum omnis corruptio est per contrarium, ut omnes allegant, et Aristoteles vult libro de Vita et Morte ; dicendum, quod ipse tertio Coeli et Mundi dicit corruptionem duplicem esse, unam per contrarium, aliam per defectum rei debilis in se[1]. Sua ergo auctoritas, quam vulgus sequitur, libro de Vita et Morte, intelligenda est de corruptione facta ab alio inferente passionem. Species autem propter debilitatem sui esse non habet unde se conservet et ideo deficit. Atque quia in omnes diametros agit se multiplicando, destruitur et debilitatur in tantum quod deficit ab operatione et tandem ab esse. Caeterum natura patientis specifica nata est ad contrarium speciei, si con-

---

[1] *De Coelo*, lib. iii. cap. 6 Δύο δὲ τρόπους ὁρῶμεν φθειρόμενον τὸ πῦρ· ὑπό τε γὰρ τοῦ ἐναντίου φθείρεται σβεννύμενον, καὶ αὐτὸ ὑφ' αὑτοῦ μαραινόμενον. The same view is repeated in cap. v. of the treatise previously quoted, *De Vita et Morte*. Cf. note on pp. 113–114 of Dr. Ogle's translation.

trarium habeat, vel ad dispositionem contrariam illi quae per speciem inducitur, ut natura aeris specifica, quae nata est carere rarefactione vel aliqua alia passione quam lux inducit, tandem praevalet super illam dispositionem ei contrariam et corrumpit eam, et sic per consequens species lucis vel alterius corrumpitur per accidens per contrarium, etsi non per se.

Si dicatur quod natura patientis desiderat assimilari agenti per speciem, et quod generatio speciei non est in corruptionem, sed in perfectionem et salutem, ut prius dictum est, ergo natura rei specifica non aget ad ejus corruptionem, nec per se nec per accidens, nec ad corruptionem dispositionis naturalis ad ipsam speciem; dicendum, quod natura rei patientis est in potentia et appetitu naturali consistens respectu hujus speciei et ad dispositionem naturalem ad ipsam. Sed majorem et perfectiorem potentiam et appetitum habet ad ea quae sunt suae naturae specificae. Et ideo ea quae sunt naturae suae specificae nata est conservare, et contraria corrumpere quantum est de se. Nec habet species de se unde se conservet, sed indiget aliquo conservante, ut generante vel fortitudine ipsarum propria potente conservare; et ideo cum nec fortitudo propria, nec causa extrinseca sufficit, natura propria patientis invalescit super omne quod est ei alienum, et perficit se secundum ea quae sunt ei propria; quare non habet posse conservandi alia, licet habet aptitudinem ad ea. Quoniam ergo res ita habeat potentiam et appetitum speciei alienae naturae, cum tamen per ipsam nec fiat nec conservetur, sed per aliud, ideo cum res sibi ipsi relinquitur, redit ad naturam suam propriam integra, et sic per accidens incidit corruptio speciei. Et concedendum est quod natura propria rei specifica potest aliquid corrumpere, quod appetit secundario, et per actionem et conservationem alterius, sicut est de specie.

The medium while yielding readily to disturbance yet opposes a certain passive resistance to it.

CAPITULUM II.

Deinde secundo quaeritur, an in absentia generantis speciem recedat. Et non potest dici, quod recedat cum generante, et transmutetur de loco in locum secundum mutationem localem

In the absence of the agent the action

gradually ceases. generantis; nam species tunc esset corpus, et defluxus corporis, quod Aristoteles negat secundo de Anima de luce, et prius improbatur. Et sic exiret necessario ab agente, et continuaretur cum ejus substantia; sed prius improbatum est hoc. Quapropter alia causa corruptionis ejus quaerenda est in absentia generantis, et non est alia quam duplex praedicta, scilicet debilitas sui esse et natura propria patientis quae praevalet. Sed quomodo in coelestibus, in quibus nihil est contrarium, ut Aristoteles dicit et omnes fatentur, potest natura propria praevalere ut destruatur species, et maxime completa, sicut est lux lunae quae destruitur in eclipsi? Dicendum est, quod in coelestibus non est contrarietas quae est penes quatuor qualitates activas et passivas, quae sunt caliditas, frigiditas, humiditas, siccitas, calor enim negatur in coelestibus Sed tamen contrarietas quae est inter rarum et densum, lucidum et tenebrosum, et hujusmodi, est ibi Nam una pars lunae est raiior alia, eo quod macula lunae habet plus de densitate coelestis substantiae et luna est densior caeteris corporibus coelestibus; atque potest rarefieri per generationem lucis in ea et iterum redit ad hujusmodi densitatem naturalem per privationem lucis

Influence of parent on offspring, how explained. Item si dicatur quod idem facit virtus patris in seminibus quod facit virtus coeli in materia putrefacta, ut dicit Avicenna septimo et philosophi naturales et medici confitentur, quod in semine sunt virtutes patris, et remanent in generatione prolis; quapropter possunt species remanere in absentia generantis eas, et hoc in absentia patris; ergo similiter poterit esse in aliis, dicendum est, quod pater et mater sint ejusdem naturae specificae, et ideo species et virtus patris recepta in matre conservatur per praesentiam matris, quae sufficit in loco patris propter identitatem naturae specificae. Si dicatur, quod in multis rebus manet. ut lapis calefactus bene retinet calorem et calx viva, et multa alia, dicendum quod non solum est ibi species, sed effectus completior; et natura densi bene conservantis speciem cooperatur Si dicatur quod luna et stellae sunt corpora multum densa, sicut Averroes docet secundo Coeli et Mundi, et in libro de Substantia Orbis, et multiplex probatio currit super hoc, quae non est modo necessaria, et tamen privantur lumine et eclipsantur plures earum, et omnes possunt eclipsari, si contingeret eas carere radiis solaribus, sicut est de luna ; dicendum quod non omnis densitas facit ad quamcunque speciem conservandam. Densitas tamen terrestris multum facit ad conservationem caloris. Siccum enim terrestre est combustibile, et causa est quia siccitas exigitur ad aptitudinem caloris, sed ad caliditatem exigitur siccitas cum densitate elementari, quare duo non sunt nisi in materia terrestri. Propter quod Averroes super quartum Coeli et Mundi, et alii plures, volunt quod ignis de sua essentia caliditatem non habeat, nec in sua sphaera, sed aptitudinem solam propter siccitatem, quae aptitudo ad actum reducitur, quando siccitas jungitur cum densitate terrestri.

Capitulum III.

Deinde tertio considerandum est quod cum idem agens The successive propagations of force are to be regarded as individually distinct. iterum redeat super eandem naturam patientis, facit impressionem seu speciem diversam numero a priore, quae jam corrupta est, quia actio alia et alia est numero, et ideo effectus numeratur[1]. Si dicatur, quod idem manens idem semper natum est facere idem, ut dicit Aristoteles secundo de Generatione, et ideo eandem faciet actionem et per consequens eundem effectum ; First objection and reply. dicendum. est quod ipse dicit quinto Physicorum, quod actio numeratur subjecto, specie et tempore, et ideo oportet quod in diversis temporibus actiones faciat diversas Et propter hoc ista auctoritas secundi de Generatione intelligitur de identitate in specie et non in numero. Si dicatur quod tempus non Second. facit actionem nec aliquid ipsius actionis, unde nullo modo est causa efficiens, sed mensura durationis et quantitas in nullo activa, ergo a diversitate temporis non erit causa diversitatis actionis, sed ab ipsa potentia activa, quae totaliter causat actionem ; dicendum est, quod actio et passio et motus sunt successiva, nec educuntur de potentia, quia non sunt res fixae;

---

[1] This, which is the reading of Reg., is better than mutatur, which Jebb has preferred The action, and also the result of the action, are to be separately counted. The use of such words as *wave, oscillation, undulation,* would make Bacon's meaning clear.

et ideo non corrumpuntur in eam, et propter hoc omnino
deficiunt in se et in nihil. Nam de creaturis fixis et perma-
nentibus verificatur quod non cedunt in nihil et esse in purum
nihil ; sed non de successivis. Sed infinita distantia est inter
purum nihil et esse, quam finita potentia non potest pertransire, et ideo nullum agens creatum potest suam actionem
in idem numero renovare post corruptionem, quia omne agens
creatum est potentiae finitae.

Third.   Si objiciatur quod tunc in eis quae de potentia materiae
generantur, cum eadem sit potentia materiae et eadem potentia
agentis, ergo idem fiet effectus, quod e converso ; et tunc in
eodem aere idem agens, ut sol, in singulis diebus artificialibus,
licet nox intercipiatur, faciet eandem diem numero, quae prius
fuit corrupta, cum ejus generatio sit de potentia materiae ;
dicendum est quod hoc non requiritur, quia ad effectum hunc
non pervenitur, nisi per actionem agentis, quam oportet

Fourth.   renovari, ut dictum est, et ideo effectus renovatur. Si vero
objiciatur quod, si species esset immediatus effectus agentis,
tunc posset facere eandem speciem numero secundum hanc
rationem, quia eadem est potentia materiae et eadem potentia
agentis; similiter etiam non dependet ab aliquo quod caderet
in purum nihil, et in potentia finita posset facere idem numero :
dicendum est, quod impossibile est quod species sit effectus
immediatus agentis creati, nec aliquid quod de potentia
materiae educitur, quia oportet aliquid successivum intercipi
quod de nullo fit, nec in aliquid corrumpitur, et ideo dependet
iteratio effectus ab iteratione actionis et non potest esse unus

Fifth.   numero, sicut nec actus. Si dicatur, quod tunc productio
actionis et hujusmodi successivorum erit creatio, et ita agens
creatum erit creator, dicendum est quod licet ipsa actio et
motus et tempus et passio, quae sunt via in effectum, non
cedunt in potentia materiae, nec ex ea producuntur nec ex
aliquo, tamen productio istorum non est creatio. Nam creatio
non est successivorum, secundum quod sumitur in usu ; quia
non accipitur creatio nisi respectu permanentium et rerum
fixarum in esse de nihilo, et ideo bene potest successivum
produci, non ex aliquo nec de potentia materiae, et tamen ejus
productio non est creatio, nec ipsum agens est creator,

propter hoc quod actus creandi est solum respectu permanentium producendorum ex nihilo.

Si dicatur quod arca jam facta, si resolvatur, et iterum conjungantur partes, eadem arca erit in numero et ejusdem pretii, ergo agens finitae potentiae potest facere idem numero ; dicendum est, quod materialia arcae sunt eadem numero penitus, sed compositio partium est alia numero quam prius, et haec compositio est forma arcae quam artifex introducit ; quia materia rei artificialis est naturalis substantia, et forma artificialis est accidens et debile quid respectu materiae talis, ideo vulgus materiam talem aestimat magis arcam quam compositionem. Sed tamen unde artificiatum est, oportet quod constituatur in esse specifico per ipsam compositionem quam ars introducit, quia ars solum introducit compositionem illam, eo quod ars non facit nisi formam artificialem, et ideo arca, unde arca est res artificialis, dicetur una numero vel plures per unitatem vel numerositatem compositionis, et non materiae arcae.

Sixth
A box
taken to
pieces and
recon-
structed, is
it the same
box?

Capitulum IV.

Deinde quaeritur quarto, an in aere et hujusmodi diaphanis, quando continuatur praesentia agentis super ea, species prima maneat continue, dum agens est praesens, vel corrumpatur, et alia renovetur, et sic quasi infinities in die artificiali eadem fiat species in aere et corrumpatur per actionem solis. Quod vero quasi infinities corrumpatur et renovetur, patet per auctores Perspectivae. Nam Alhazen in secundo libro determinat, quod alteratio diaphani per hujusmodi species non est fixa nec permanens, sed cito generatur et cito corrumpitur.

The agent *19*
being
present, the
generation
and de-
struction of
the *species*
alternate in
imper-
ceptible *25*
periods.

27

Item hoc patet per hoc, quod si multiplicatio lucis et collectio in eodem loco per modicam fractionem et reflexionem, ut prius exemplificatum est, inducit combustionem sensibilem, tunc longe magis fieret sensibilis combustio si ab ortu solis semper maneret prima species, et intenderetur continue usque ad occasum per continuas multiplicationes praecipue ut hic non esset reflexio nec fractio, praecipue duplex, quae cum accidit in praedictis[1] multum debilitat lucem. Sed a parte solis non est nisi una fractio et illa est debilis, quia variatio diaphani in sphaera coelesti et sphaera ignis non est tanta sicut est crystalli et aeris. Item in raro est dispersio corporalium partium, et ideo species multum dispergitur et non unitur, et non colliguntur multa in parvo loco sicut in denso. Quapropter oportet quod sit debilis operationis, et ideo in libro de Causis dicitur quod virtus dispersa est debilis operationis, et ideo haec est causa quare non potest diu conservare se in raro quamvis in denso.

Alia causa est, quia ab omni puncto aeris lucidi fit multiplicatio lucis secundum omnes diametros, et ideo quando est magna quantitas sicut accidit in raro, quasi sine comparatione est major dispersio speciei ab eo quam a denso, et ista multiplicatio infinita inducit debilitationem speciei, praecipue cum sit in materia aliena. Et quia debilitatur multum per actionem exteriorem, accidit quod non potest se conservare in materia in qua est, et ideo deficit in potentia materiae. Et his de causis potest natura medii diaphani specifica invalescere super speciem debilitatem et corrumpitur statim necessario post generationem sine tempore sensibili intercepto.

In dense matter the species has more permanence than in rare.

Sed in denso potest diu manere et intendi propter rationes contrarias, ut in luna et stellis, dum radiositas solis sit praesens eis, quia in parvo loco multum de specie colligitur et a parva quantitate respectu rari, quod tantum haberet de substantia dispersa quod sit modica dispersio per multitudinem exteriorem; et ideo fortificatur species et intenditur in tali denso, et non corrumpitur nisi per privationem actionis agentis. Unde luna et stellae semper lucent nisi per eclipsin, et ideo haec est causa duplex, quare densum bene retinet lucem et hujusmodi species, quia bene incorporantur in eo, et non sic in raro. Si dicatur quod in regionibus sub Cancro et alibi est magis combustio elementaris, et est ibi mala habitatio nec continua, ut dicit Ptolemaeus libro de Dispositione Sphaerae, quapropter manebunt species et continuabuntur sine corruptione; dicendum est, quod non oportet, quia licet corrumpantur quasi infinities illic in die sicut hic,

---

[1] i. e. as we saw previously: e. g. in p. 536 and elsewhere.

tamen aer ibi propter magnam moram solis super capita
eorum quasi per quatuor dies, ut dicit Ptolemaeus propter
parvitatem declinationum solis equidistantium[1], recipit majorem
dispositionem ad combustionem quam hic. Sicut videmus
quod propter moram solis magnam accidit in aere nostro ;
quod piope finem octavae horae et principium nonae est
major calor quam in sexta hora, quando magis appropinquat
capitibus nostris. Quamvis ergo species corrumpatur successive quaelibet, tamen relinquit ex sua praesentia aliquam
dispositionem caloris, et sic potest plus et plus calor aug-
mentari propter moram solis super eundem aerem. Si
etiam dicatur, quod cum rara non retinent species sed densa,
tunc terra et ligna et lapides et hujusmodi deberent magis
abundare in specie lucis et per consequens in calore quam
aer, potest dici quod hujusmodi densa exterius habent magis
de his quam aer et aqua et perspicua, ut in partibus exterioribus apparet quando tangimus ea. Nam lapidem expositum
soli magis calidum sentimus quam aerem, et magis etiam
visibilis est ex praesentia lucis quam aer, quia solum densum
natum est terminare visum. Sed in partibus interioribus[2]
densi non sic est, neque quantum ad visum, neque quantum
ad tactum, quando aerem percipimus visu in profundo et
calorem ejus sentimus. quia de facili recipit speciem per sui
profundum ; sed densum non sic, quia difficulter recipit
speciem propter sui compactionem, licet bene retineat, postquam receperit.

Videlicet[3] hoc est intendendum in istis rebus inferioribus
corporalibus In rebus vero incorporalibus potest vera species
animae compleri in effectum completum sine destructione
patientis. [Nam] natum est ad hujus effectum de natura
sua ; ut stellae et luna natae sunt habere lucem perfectam
quam exigit natura sua, licet sol plus habeat de luce. Et
tunc in principio fit species lucis usque ad lunam et stellas, et
postea completur in eis sicut fuit a prima creatione, et sicut

[1] solis confusionem equidistantiam, J.

[2] This is clearly intended, though the MSS. give exterioribus.

[3] The passage from this point to the end of the treatise is omitted by Jebb,
and is not found in the Oxford MS. I take it from the much older MS. Reg.

post eclipses stellarum accidit; nam primo debilitatam habent lucem, tanquam similem et speciem, et post hoc claram et completam. Cujus signum est quod luna videtur in eclipsi rubea, et quod exit in umbra; et quando est in umbra habet speciem lucis debitae quae venit de luce transeunte per latera et fines umbrae, sicut postea[1] magis explanabitur

Veruntamen sciendum quod species solis quae est de vera ejus substantia non potest compleri in luna et stellis, licet in eis fiat · quia tunc oporteret lumen et stellas fieri solem, quod est impossibile. Lux enim est quantitas communis soli et stellis et igni, licet magis sit in sole, et ideo potest species lucis compleri in luna et stellis, et non species similis soli; quia sol et luna et stellae durant in sua substantia, sicut posterioribus erit manifestum Et lux non est de eorum substantia, sed est aeris communis eis et igni; licet aliquando solebant dicere lucem esse formam substantialem solis et stellarum Sed hoc est falsum[2].

[1] Cf pp 104-5 of this volume It is probable, however, that the reference here, and a few lines lower down, is to a subsequent section of the work, of which the present treatise is but a portion.

[2] The treatise here ends with the words 'Explicit tractatus fratris R Bacoun de multiplicatione specierum' In another and more recent handwriting the words are added, 'Post istum tractatum sequi debet perspectiva' The fact that this treatise was sent to the Pope at the same time as the *Opus Majus* accounts for its having been incorporated into that work by the transcriber of O. (followed by D) Though there are references in it, like that on p 408, which imply that it was a portion of an encyclopaedic treatise, partly written, partly projected, yet there are other references, like that on p 534, to the *Opus Majus* itself. These I incline to regard as glosses, added perhaps by Bacon's pupils or transcribers

The scholastic style of the work contrasts strongly with that of the *Opus Majus*, which, as we know, was a *Persuasio Praeambula* It has been less studied than Bacon's other works, not so much from its difficulty as from the notion that it was a mere recast of Aristotelian Physics, and from the further notion that Aristotelian Physics were not worth studying. Both of these positions, I venture to think, will be abandoned, when the same attention shall have been given to the history of science that has been given during the last half century to other departments of Evolution What lifts Bacon's discussions upon force to a higher level than that of barren dialectical debate is, that they were animated by constant reference to a living and growing science due to the later Greeks, and still more to the Arabians, the science of Optic, including the study of the organs of vision and perception no less than of the force acting on them For Bacon the radiation of light was a type of all other radiant forces.

INDEX

THE END

Clarendon Press, Oxford.

SELECT LIST OF STANDARD WORKS.

1. STANDARD LATIN WORKS.

Avianus. *The Fables.* Edited, with Prolegomena, Critical Apparatus,Commentary,&c , by Robinson Ellis, M.A., LL D. 8vo. 8s 6d.

Catulli Veronensis *Liber.* Iterum recognovit, Apparatum Criticum Prolegomena Appendices addidit, R. Ellis, A M 8vo 16s

Catullus, *a Commentary on.* By Robinson Ellis, M A. *Second Edition.* 8vo. 18s.

Cicero. *De Oratore Libri Tres.* With Introduction and Notes. By A. S. Wilkins, Litt.D. 8vo. 18s.

Also, separately,
Book I. 7s. 6d.   Book II. 5s.
Book III. 6s.

—— *Philippic Orations.* With Notes. By J. R. King, M.A. *Second Edition.* 8vo. 10s. 6d.

—— *Pro Milone.* Edited by A. C. Clark, M.A. 8vo. 8s. 6d.

Cicero. *Select Letters.* With English Introductions, Notes, and Appendices By Albert Watson, M A. *Fourth Edition.* 8vo. 18s

Horace. With a Commentary. By E C. Wickham, D.D. *Two Vols.*
Vol. I. The Odes, Carmen Seculare, and Epodes. *Third Edition.* 8vo. 12s.
Vol. II. The Satires, Epistles, and De Arte Poetica. 8vo. 12s

Juvenal. *Thirteen Satires.* Edited, with Introduction and Notes, by C. H. Pearson, M A., and Herbert A Strong, M A., LL. D. *Second Edition* Crown 8vo. 9s.

Manilius. *Noctes Manilianae;* sive Dissertationes in Astronomica Manilii Accedunt Coniecturae in Germanici Aratea. Scripsit R. Ellis. Crown 8vo. 6s.

Merry. *Selected Fragments of Roman Poetry.* Edited, with Introduction and Notes, by W. W. Merry, D.D. Crown 8vo. 6s. 6d.

Oxford: Clarendon Press. London: HENRY FROWDE, Amen Corner, E.C.

Ovid. *P. Ovidii Nasonis Ibis*
Ex Novis Codicibus edidit, Scholia
Vetera Commentarium cum Pro-
legomenis Appendice Indice addidit,
R Ellis, A M. 8vo. 10s. 6d

—— *P. Ovidi Nasonis Tris-
tium Libri V.* Recensuit S G Owen,
A M 8vo. 16s

Persius *The Satires.* With
a Translation and Commentary.
By John Conington, M A Edited
by Henry Nettleship M A *Third
Edition* 8vo 8s 6d

Plautus. *Rudens.* Edited,
with Critical and Explanatory
Notes, by E A Sonnenschein,
M.A. 8vo 8s 6d

Quintilian. *Institutionis
Oratoriae Liber Decimus* A Revised
Text, with Introductory Essays,
Critical Notes, &c. By W Peterson,
M A, LL D 8vo 12s 6d

Rushforth. *Latin Historical
Inscriptions, illustrating the History of
the Early Empire* By G McN
Rushforth, M.A. 8vo 10s. net.

Tacitus. *The Annals.* Edited,
with Introduction and Notes, by
H Furneaux, M A. 2 Vols. 8vo
Vol I, Books I–VI *Second Edition.*
18s.
Vol II, Books XI–XVI 20s

—— *De Germania.* By the
same Editor. 8vo 6s 6d.

—— *Dialogus de Oratoribus.*
A Revised Text, with Introductory
Essays, and Critical and Explana-
tory Notes. By W. Peterson, M A,
LL D 8vo 10s 6d

Virgil. *With an Introduc-
tion and Notes* By T. L. Papillon,
M A, and A E Haigh, M A.
2 vols Crown 8vo Cloth, 6s each,
stiff covers 3s 6d each
Also sold in parts, as follows—
Bucolics and *Georgics,* 2s 6d
Aeneid, in 4 parts, 2s each

King and **Cookson.** *The Principles of Sound and Inflexion, as illustrated in the Greek and Latin Languages*
By J E King, M A., and Christopher
Cookson, M A 8vo 18s

—— *An Introduction to the
Comparative Grammar of Greek and
Latin.* Crown 8vo 5s 6d

Lindsay *The Latin Language* An Historical Account of
Latin Sounds, Stems and Flexions.
By W. M Lindsay, M A Demy
8vo 21s.

Nettleship. *Lectures and
Essays on Subjects connected with Latin
Scholarship and Literature.* By Henry
Nettleship, M.A. Crown 8vo 7s 6d.

—— *Second Series,* edited by
F. J. Haverfield, with Memoir by
Mis Nettleship Crown 8vo. 7s 6d.

Nettleship. *Ancient Lives of
Vergil.* 8vo, sewed, 2s

—— *Contributions to Latin
Lexicography.* 8vo. 21s.

Sellar. *Roman Poets of the
Augustan Age* By W. Y. Sellar,
M A, viz
I VIRGIL *New Edition.* Crown
8vo 9s
II. HORACE and the ELEGIAC
POETS. With a Memoir of the
Author by Andrew Lang, M A,
and a Portrait 8vo. 14s

—— *Roman Poets of the Re-
public.* *Third Edition.* Crown 8vo. 10s

Wordsworth. *Fragments and
Specimens of Early Latin.* With Introductions and Notes. By J. Wordsworth, D D 8vo. 18s.

2. STANDARD GREEK WORKS.

Chandler. *A Practical Intro-*
duction to Greek Accentuation, by H. W.
Chandler, M.A. *Second Edition*
10s. 6d.

Farnell. *The Cults of the Greek*
States With Plates. By L. R. Farnell,
M A.

Vols. I and II 8vo 32s net.
Volume III *in Preparation*

Haigh. *The Attic Theatre.*
A Description of the Stage and
Theatre of the Athenians, and of
the Dramatic Performances at
Athens. By A. E. Haigh, M.A
8vo. 12s 6d.

—— **The Tragic Drama of the**
Greeks. With Illustrations. 8vo.
12s 6d.

Head. *Historia Numorum*
A Manual of Greek Numismatics
By Barclay V. Head. Royal 8vo,
half-bound, 2l 2s.

Hicks. *A Manual of Greek*
Historical Inscriptions. By E L
Hicks, M.A 8vo 10s. 6d.

Liddell and Scott. *A Greek-*
English Lexicon, by H. G. Liddell,
D.D , and Robert Scott, D.D *Seventh*
Edition, Revised and Augmented through-
out. 4to. 1l. 16s.

Monro. *Modes of Ancient*
Greek Music. By D. B Monro, M.A.
8vo. 8s. 6d. net.

Paton and Hicks. *The In-*
scriptions of Cos. By W. R. Paton
and E. L. Hicks Royal 8vo, linen,
with Map, 28s.

Smyth. *The Sounds and*
Inflections of the Greek Dialects (Ionic).
By H. Weir Smyth, Ph D. 8vo.
24s

Thompson. *A Glossary of*
Greek Birds By D'Arcy W. Thompson. 8vo, buckram, 10s. net.

Veitch *Greek Verbs, Irregular*
and Defective. By W. Veitch, LL.D.
Fourth Edition Crown 8vo. 10s. 6d.

Wright. *Golden Treasury of*
Ancient Greek Poetry. By R S Wright,
M A *Second Edition* Revised by
Evelyn Abbott, M.A , LL.D. Extra
fcap 8vo 10s. 6d.

Aeschinem et Isocratem, *Scho-*
lia Graeca in. Edidit G. Dindorfius
8vo. 4s.

Aeschylus. *In Single Plays.*
With Introduction and Notes, by
Arthur Sidgwick, M A. *Third*
Edition Extra fcap 8vo 3s each
  I. Agamemnon.
  II. Choephoroi.
  III. Eumenides.
  IV. Prometheus Bound. With
    Introduction and Notes, by
    A. O. Prickard, M.A. *Third*
    Edition. 2s.

Aeschyli *quae supersunt in*
Codice Laurentiano quoad effici potuit et
ad cognitionem necesse est visum typis
descripta edidit R Merkel. Small
folio. 1l. 1s.

Aeschylus : *Tragoediae et*
Fragmenta, ex recensione Guil Dindorfii *Second Edition.* 8vo. 5s. 6d.

—— *Annotationes* Guil. Dindorfii. Partes II. 8vo. 10s.

Apsinis et Longini *Rhetorica.*
E Codicibus mss. recensuit Joh.
Bakius. 8vo 3s.

London HENRY FROWDE, Amen Corner, E C.

Aristophanes *A Complete Concordance to the Comedies and Fragments* By H Dunbar, M D   4to   1l 1s

—— *Comoediae et Fragmenta,* ex recensione Guil Dindorfii. Tomi II 8vo 11s

—— *Annotationes* Guil Dindorfii Partes II 8vo. 11s

—— *Scholia Graeca* ex Codicibus aucta et emendata a Guil Dindorfio Partes III. 8vo   1l

—— *In Single Plays* Edited, with English Notes, Introductions, &c, by W W Merry, D D   Extra fcap 8vo

The Acharnians *Third Edition,* 3s
The Birds 3s 6d
The Clouds *Third Edition,* 3s
The Frogs *Second Edition,* 3s
The Knights *Second Edition,* 3s.
The Wasps 3s. 6d

Aristotle. Ex recensione Im Bekkeri Accedunt Indices Sylburgiani. Tomi XI. 8vo 2l 10s

The volumes (except Vols. I and IX) may be had separately, price 5s.6d each

—— *Ethica Nicomachea,* recognovit brevique Adnotatione critica instruxit I Bywater 8vo 6s

Also in crown 8vo, paper cover, 3s 6d

—— Contributions to the Textual Criticism of the Nicomachean Ethics. By I Bywater 2s 6d

—— Notes on the Nicomachean Ethics By J A Stewart, M A 2 vols 8vo 32s

—— *The Politics,* with Introductions, Notes, &c, by W L. Newman, M.A Vols I and II Medium 8vo 28s.

—— *The Politics,* translated into English, with Introduction, Marginal Analysis, Notes, and Indices, by B. Jowett, M A Medium 8vo 2 vols 21s

Aristotle *Aristotelian Studies.* I On the Structure of the Seventh Book of the Nicomachean Ethics. By J C Wilson, M.A. 8vo, stiff covers, 5s

—— *The English Manuscripts* of the Nicomachean Ethics, described in relation to Bekker's Manuscripts and other Sources By J. A. Stewart, M A. (Anecdota Oxon) Small 4to. 3s 6d

—— *On the History of the* process by which the Aristotelian Writings arrived at their present form By R Shute, M.A. 8vo 7s 6d

—— *Physics.* Book VII. Collation of various mss ; with Introduction by R. Shute, M A (Anecdota Oxon) Small 4to. 2s

Choerobosci *Dictata in Theodosii Canones, necnon Epimerismi in Psalmos* E Codicibus mss edidit Thomas Gaisford, S T P Tomi III. 8vo 15s

Demosthenes. Ex recensione G Dindorfii Tomi IX. 8vo. 2l 6s

Separately—
Text, 1l 1s Annotations, 15s. Scholia, 10s

Demosthenes and Aeschines The Orations of Demosthenes and Aeschines on the Crown. With Introductory Essays and Notes. By G A. Simcox, M A., and W. H Simcox, M.A 8vo 12s

Demosthenes *Orations against Philip* With Introduction and Notes, by Evelyn Abbott, M A , and P. E Matheson, M A
Vol I Philippic I Olynthiacs I-III. Extra fcap. 8vo 3s.
Vol II. De Pace, Philippic II De Chersoneso, Philippic III. Extra fcap 8vo 4s 6d.

Euripides *Tragoediae et Fragmenta,* ex recensione Guil. Dindorfii. Tomi II 8vo. 10s

Oxford Clarendon Press

Euripides. *Annotationes* Guil. Dindorfii. Partes II. 8vo. 10s.

—— *Scholia Graeca,* ex Codicibus aucta et emendata a Guil. Dindorfio. Tomi IV. 8vo. 1l. 16s.

Hephaestionis *Enchiridion,* Terentianus Maurus, Proclus, &c. Edidit T. Gaisford, S.T.P. Tomi II. 10s.

Heracliti *Ephesii Reliquiae.* Recensuit I. Bywater, M.A. Appendicis loco additae sunt Diogenis Laertii Vita Heracliti, Particulae Hippocratei De Diaeta Lib. I., Epistolae Heracliteae. 8vo. 6s.

Herodotus. *Books V and VI,* Terpsichore and Erato. Edited, with Notes and Appendices, by Evelyn Abbott, M A , LL D. 8vo, with two Maps, 10s 6d

Homer. *A Complete Concordance to the Odyssey and Hymns of Homer;* to which is added a Concordance to the Parallel Passages in the Iliad, Odyssey, and Hymns. By Henry Dunbar, M.D. 4to 1l. 1s.

—— *A Grammar of the Homeric Dialect.* By D B Monro, M.A 8vo. *Second Edition* 14s

—— *Ilias,* ex rec. Guil. Dindorfii. 8vo. 5s 6d.

—— *Scholia Graeca in Iliadem.* Edited by W. Dindorf, after a new collation of the Venetian mss. by D. B. Monro, M.A. 4 vols. 8vo. 2l. 10s.

—— *Scholia Graeca in Iliadem Townleyana.* Recensuit Ernestus Maass. 2 vols. 8vo. 1l. 16s.

Homer. *Odyssea,* ex rec. G. Dindorfii. 8vo. 5s. 6d.

—— *Scholia Graeca in Odysseam.* Edidit Guil. Dindorfius. Tomi II 8vo. 15s. 6d.

—— *Odyssey.* Books I–XII. Edited with English Notes, Appendices, &c. By W. W. Merry, D D,, and James Riddell, M.A. *Second Edition.* 8vo. 16s.

—— *Hymni Homerici.* Codicibus denuo collatis recensuit Alfredus Goodwin Small folio. With four Plates. 21s net.

Homeri Opera et Reliquiae. Crown 8vo. 10s. 6d. net.

Oratores Attici, ex recensione Bekkeri:
   I. Antiphon, Andocides, et Lysias 8vo. 7s.
   II Isocrates. 8vo 7s.
   III. Isaeus, Aeschines, Lycurgus, Dinarchus, &c. 8vo. 7s.

Paroemiographi Graeci, *quorum pars nunc primum ex Codd mss vulgatur.* Edidit T. Gaisford, S.T P. 1836 8vo 5s. 6d.

Plato. *Apology,* with a revised Text and English Notes, and a Digest of Platonic Idioms, by James Riddell, M.A. 8vo. 8s. 6d.

—— *Philebus* with a revised Text and English Notes, by Edward Poste, M.A. 8vo. 7s. 6d.

—— *Republic.* The Greek Text. Edited, with Notes and Essays, by B Jowett, M.A. and Lewis Campbell, M.A. In three vols. Medium 8vo 2l. 2s.

—— *Sophistes* and *Politicus,* with a revised Text and English Notes, by L. Campbell, M.A. 8vo. 10s. 6d.

London. HENRY FROWDE, Amen Corner, E.C.

Plato. *Theaetetus*, with a revised Text and English Notes, by L. Campbell, M.A. *Second Edition.* 8vo. 10s. 6d.

—— *The Dialogues*, translated into English, with Analyses and Introductions, by B. Jowett, M.A. *Third Edition.* 5 vols. medium 8vo. Cloth, 4l. 4s.; half-morocco, 5l.

—— *The Republic*, translated into English, with Analysis and Introduction, by B. Jowett, M.A. Medium 8vo. 12s. 6d.; half-roan, 14s.

—— *With Introduction and Notes.* By St. George Stock, M.A. Extra fcap. 8vo.
I. The Apology, 2s. 6d.
II. Crito, 2s. III. Meno, 2s. 6d.

—— *Selections. With Introductions and Notes.* By John Purves, M.A., and Preface by B. Jowett, M.A. *Second Edition.* Extra fcap. 8vo. 5s.

—— *A Selection of Passages from Plato for English Readers;* from the Translation by B. Jowett, M.A. Edited, with Introductions, by M. J. Knight. 2 vols. Crown 8vo, gilt top. 12s.

Plotinus. Edidit F. Creuzer. Tomi III. 4to. 1l. 8s.

Polybius. *Selections.* Edited by J. L. Strachan-Davidson, M.A. With Maps. Medium 8vo. 21s.

Plutarchi *Moralia, id est, Opera, exceptis Vitis, reliqua.* Edidit Daniel Wyttenbach. Accedit Index Graecitatis. Tomi VIII. Partes XV. 1795–1830. 8vo, cloth, 3l. 10s.

Sophocles. *The Plays and Fragments.* With English Notes and Introductions, by Lewis Campbell, M.A. 2 vols. 8vo, 16s. each.
Vol. I. Oedipus Tyrannus. Oedipus Coloneus. Antigone.
Vol. II. Ajax. Electra. Trachiniae. Philoctetes. Fragments.

Sophocles. *Tragoediae et Fragmenta*, ex recensione et cum commentariis Guil. Dindorfii. *Third Edition.* 2 vols. Fcap. 8vo. 1l. 1s.
Each Play separately, limp, 2s. 6d.

—— *Tragoediae et Fragmenta* cum Annotationibus Guil. Dindorfii. Tomi II. 8vo. 10s.
The Text, Vol. I. 5s. 6d.
The Notes, Vol. II. 4s. 6d.

Stobaei *Florilegium.* Ad mss. fidem emendavit et supplevit T. Gaisford, S.T.P. Tomi IV. 8vo. 1l.

—— *Eclogarum Physicarum et Ethicarum libri duo.* Accedit Hieroclis Commentarius in aurea carmina Pythagoreorum. Ad mss. Codd. recensuit T. Gaisford, S.T.P. Tomi II. 8vo. 11s.

Strabo. *Selections*, with an Introduction on Strabo's Life and Works. By H. F. Tozer, M.A., F.R.G.S. 8vo. With Maps and Plans. 12s.

Theodoreti *Graecarum Affectionum Curatio.* Ad Codices mss. recensuit T. Gaisford, S.T.P. 8vo. 7s. 6d.

Thucydides. Translated into English, with Introduction, Marginal Analysis, Notes, and Indices. By B. Jowett, M.A. 2 vols. Medium 8vo. 1l. 12s.

Xenophon. Ex recensione et cum annotationibus L. Dindorfii.
Historia Graeca. Second Edition. 8vo. 10s. 6d.
Expeditio Cyri. Second Edition. 8vo. 10s. 6d.
Institutio Cyri. 8vo. 10s. 6d.
Memorabilia Socratis. 8vo. 7s. 6d.
Opuscula Politica Equestria et Venatica cum Arriani Libello de Venatione. 8vo. 10s. 6d.

3. MISCELLANEOUS STANDARD WORKS.

Arbuthnot. *The Life and Works of John Arbuthnot.* By George A Aitken. 8vo, cloth extra, with Portrait, 16s.

Bacon. *The Essays.* Edited with Introduction and Illustrative Notes, by S. H. Reynolds, M A. 8vo, half-bound, 12s. 6d.

Casaubon (Isaac), 1559–1614. By Mark Pattison, late Rector of Lincoln College *Second Edition.* 8vo. 16s.

Finlay. *A History of Greece from its Conquest by the Romans to the present time,* B. C. 146 to A. D 1864. By George Finlay, LL.D. A new Edition, revised throughout, and in part re-written, with considerable additions, by the Author, and edited by H. F. Tozer, M.A. 7 vols. 8vo. 3l. 10s.

Gaii *Institutionum Juris Civilis Commentarii Quattuor;* or, Elements of Roman Law by Gaius. With a Translation and Commentary by Edward Poste, M.A *Third Edition* 8vo. 18s.

Hodgkin. *Italy and her Invaders.* With Plates and Maps. By Thomas Hodgkin, D.C L. A.D. 376–744. 8vo. Vols I and II, *Second Edition,* 2l. 2s. Vols. III and IV, *Second Edition,* 1l. 16s. Vols. V and VI, 1l. 16s.

Hooker, Sir J. D., and B. D. Jackson. *Index Kewensis.* 2 vols. 4to. 10l. 10s. net.

Justinian. *Imperatoris Iustiniani Institutionum Libri Quattuor;* with Introductions, Commentary, Excursus and Translation. By J B. Moyle, D.C.L. *Third Edition.* 2 vols. 8vo. 22s.

Machiavelli. *Il Principe.* Edited by L. Arthur Burd. With an Introduction by Lord Acton. 8vo. 14s.

Pattison. *Essays by the late Mark Pattison,* sometime Rector of Lincoln College Collected and Arranged by Henry Nettleship, M.A. 2 vols 8vo. 24s.

Ralegh. *Sir Walter Ralegh.* A Biography. By W. Stebbing, M A 8vo. 10s 6d.

Ramsay. *The Cities and Bishoprics of Phrygia,* being an Essay of the Local History of Phrygia, from the Earliest Times to the Turkish Conquest. By W. M. Ramsay, D.C L , LL.D Vol I. Part I. *The Lycos Valley and South-Western Phrygia.* Royal 8vo, linen, 18s. net. Vol. I. Part II. *West and West-Central Phrygia.* Royal 8vo, linen, 21s net.

Selden. *The Table Talk of John Selden.* Edited, with an Introduction and Notes, by Samuel Harvey Reynolds, M A 8vo, half-roan, 8s. 6d.

Stokes. *The Anglo-Indian Codes.* By Whitley Stokes, LL D.
Vol. I. Substantive Law. 8vo. 30s.
Vol. II. Adjective Law. 8vo. 35s.

Strachey. *Hastings and The Rohilla War.* By Sir John Strachey, G.C.S.I. 8vo, cloth, 10s 6d

Thomson. *Notes on Recent Researches in Electricity and Magnetism.* By J. J. Thomson, M A., F.R.S. 8vo. 18s. 6d.

London: HENRY FROWDE, Amen Corner, E.C.

4. STANDARD THEOLOGICAL WORKS.

St. Basil : *The Book of St. Basil on the Holy Spirit.* A Revised Text, with Notes and Introduction by C. F. H. Johnston, M.A. Crown 8vo. 7s. 6d.

Bright. *Chapters of Early English Church History.* By W. Bright, D.D. *Second Edition.* 8vo. 12s.

Canons of the First Four General Councils *of Nicaea, Constantinople, Ephesus, and Chalcedon.* With Notes, by W. Bright, D.D. *Second Edition.* Crown 8vo. 7s. 6d.

The Book of Enoch. *Trans-*lated from Dillmann's Ethiopic Text (emended and revised), and Edited by R. H. Charles, M.A. 8vo. 16s.

Hatch and Redpath. *A Con-cordance to the Greek Versions and Apocryphal Books of the Old Testament.* By the late Edwin Hatch, M.A., and H. A. Redpath, M.A.
Parts I-VI. Α-ΩΧΡΊΑΣΙΣ. Imperial 4to. 21s. each.

Ommanney. *A Critical Dis-sertation on the Athanasian Creed. Its Original Language, Date, Authorship, Titles, Text, Reception, and Use.* By G. D. W. Ommanney, M.A. 8vo. 16s.

Studia Biblica et Ecclesias-tica. *Essays in Biblical and Patristic Criticism, and kindred subjects.* By Members of the University of Oxford. 8vo.
Vol. I. 10s. 6d.   Vol. II. 12s. 6d. Vol. III. 16s.   Vol. IV. 12s. 6d.

5. A NEW ENGLISH DICTIONARY on Historical Principles, founded mainly on the materials collected by the Philological Society. Imperial 4to.

				£	s.	d.
PRESENT STATE OF THE WORK.						
Vol. I. { A / B } Edited by Dr. Murray			Half-morocco	2	12	6
Vol. II. C Edited by Dr. Murray			Half-morocco	2	12	6
Vol III.	D Edited by Dr. Murray	D—Depravation		0	8	6
		Depravative—Distrustful		0	12	6
		Disobst.—Distrustful		0	2	6
		Distrustfully—Doom		0	2	6
	(The remainder of the Letter D is far advanced.)					
	E Edited by Mr. Henry Bradley	E—Every		0	12	6
		Everybody—Ezod		0	5	0
Vol. IV.	F Edited by Mr. Henry Bradley	F—Field		0	7	6
		Field—Fish		0	2	6
		Fish—Flexuose		0	2	6
		Flexuosity—Foister		0	2	6
	(The remainder of the Letter F is far advanced.)					
	G To be edited by Mr. Henry Bradley.	} *In Preparation.*				
	H To be edited by Dr. Murray.					

Oxford
AT THE CLARENDON PRESS
LONDON: HENRY FROWDE
OXFORD UNIVERSITY PRESS WAREHOUSE, AMEN CORNER, E.C.

Milton Keynes UK
Ingram Content Group UK Ltd.
UKHW022131160823
426962UK00008B/276